电子信息科学基础课程丛书

电子技术基础

（第二版）

主　编　王志军

修订者　王志军　赵　捷

内 容 简 介

本书针对高等院校非电类理科专业特点，将内容分为4部分，共11章：第1章为电路基础部分，第2～6章为模拟电子技术部分，第7～10章为数字电子技术部分，第11章为EDA仿真软件应用部分。

本书主要内容包括：电路基础知识、半导体器件、放大电路、放大电路中的反馈、集成运算放大器的应用、直流稳压电源、数字电路基础、组合逻辑电路、触发器和时序逻辑电路、脉冲电路与电子测量系统、EDA软件在电子技术中的应用。每章后有本章小结、综合案例、思考题和练习题。书后附有练习题参考答案。

本书可作为高等院校非电类理科各专业（物理、生物、化学、医学等）本科生"电子技术基础"课程的教材，也可作为相关专业教师和工程技术人员的参考书。

图书在版编目(CIP)数据

电子技术基础/王志军主编. —2版. —北京：北京大学出版社，2021.1
电子信息科学基础课程丛书
ISBN 978-7-301-31981-9

Ⅰ.①电… Ⅱ.①王… Ⅲ.①电子技术 – 高等学校 – 教材 Ⅳ.①TN

中国版本图书馆CIP数据核字（2021）第022800号

书　　名　电子技术基础（第二版）
　　　　　DIANZI JISHU JICHU（DI-ER BAN）
著作责任者　王志军　主编
责 任 编 辑　王　华
标 准 书 号　ISBN 978-7-301-31981-9
出 版 发 行　北京大学出版社
地　　址　北京市海淀区成府路205号　100871
网　　址　http://www.pup.cn　　新浪微博：@北京大学出版社
电 子 信 箱　zpup@pup.cn
电　　话　邮购部 010-62752015　发行部 010-62750672　编辑部 010-62765014
印 刷 者　北京虎彩文化传播有限公司
经 销 者　新华书店
　　　　　730毫米×980毫米　16开本　31.5印张　582千字
　　　　　2010年5月第1版
　　　　　2021年1月第2版　2023年8月第3次印刷
定　　价　79.00元

第二版前言

本书是在《电子技术基础》第一版的基础上修订而成的。本书第一版将电类本科生“电路分析”“模拟电子技术”和“数字电子技术”三门课程相关知识点进行了有机组合，构建了“信号—器件—模拟—数字—数模/模数—系统”的内容结构。为了进一步提高学生综合利用所学知识的能力，由点到面，学以致用，本书第二版的修订除了完善第一版的少部分内容外，主要是在第 1～10 章分别增加了“综合案例”内容，可供学生课外阅读，进一步拓展学生视野，提升综合分析设计能力。

第 1 章综合案例，正弦驱动的一阶 *RC* 电路的全响应，实际中带有分布参量平行导线 *RLC* 模型电路的阶跃响应。

第 2 章综合案例，三极管的工作状态的判断，二极管构成的倍压整流滤波电路的工作过程，二极管-三极管逻辑门电路。

第 3 章综合案例，复杂放大电路的图解分析方法，多级放大电路的不同分析方法，OCL 互补对称功率放大电路的深度分析。

第 4 章综合案例，反馈网络的负载效应，深度负反馈放大电路实质的深度分析。

第 5 章综合案例，精密整流电路，阻抗变换，电压源到电流源的转换和求解微分方程等运放应用电路，*RC* 有源滤波器的设计方法。

第 6 章综合案例，直流稳压电源中过压、过流和过热保护电路，线性直流稳压电源设计实例。

第 7 章综合案例，使用与非门实现任意逻辑函数，5 变量卡诺图化简方法探讨。

第 8 章综合案例，逻辑门电路符号的等效变换及其在分析组合逻辑电路中的应用，用中规模集成电路设计实现组合逻辑函数。

第 9 章综合案例，触发器的状态图，D 触发器的应用举例，JK 触发器实现同步时序逻辑电路设计实例。

第 10 章综合案例，门电路构成的施密特触发器，电压-频率变换型 ADC。

本次修订工作，第 1～6 章由王志军完成，第 7～10 章由赵捷完成，全书由王志军统稿。本书的修订得到了北京大学教务部和北京大学出版社的大力支持，对此表示衷心感谢！同时也向所有关心支持本书编写、出版、发行工作的同人致以诚挚的谢意！

由于作者的水平有限，修订教材中难免出现不足和错误，敬请读者批评指正。

编　者
于北京大学
2020 年 7 月

前　言

随着电子信息技术的迅猛发展，各学科研究中的电子设备不断普及，自动化程度不断提高，这就要求各学科研究人员掌握越来越多的电子技术知识和技能。因此，在非电类各专业，对本科生开设“电子技术基础”课程，使他们了解掌握有关电子信息专业基础知识，了解电子工程的思维方式，是非常必要的。本书就是根据北京大学面向非电类理科专业（物理、生物、化学、医学等）本科生开设的“电子技术基础”主干基础课程需要编写的教材。参考学时数为 64～96 学时。

本书的内容涉及了电子信息类本科生“电路分析”“模拟电子技术”和“数字电子技术”三门课程的内容。在教材编写中，我们不是简单地取三门电类课程的子集，而是针对非电类专业特点，将三门电类课程相关知识点进行有机结合，形成适合非电类学生的内容结构。全书分为电路基础（第 1 章）、模拟电子技术（第 2～6 章）、数字电子技术（第 7～10 章）和 EDA 仿真软件应用（第 11 章）四部分。按照“信号—器件—模拟—数字—数模/模数—系统”的内容结构编排。

本书的主要特点如下：

(1) 模拟电子技术内容以集成运算放大器的基本原理和应用为主线。为此，将差分放大器、功率放大器内容提前，结合单管电压放大器内容，为理解集成运算放大器的基本原理打下基础；结合反馈放大器知识，介绍集成运算放大器的各种实际应用，包括线性应用和非线性应用；将振荡电路内容作为正反馈放大器应用和集成运算放大器的非线性应用。

(2) 数字电子技术内容以数字逻辑和集成电路应用为主线。为此，减少逻辑门内部复杂电路内容。结合实际应用，介绍组合逻辑电路、时序逻辑电路、脉冲电路和数模转换电路的分析方法与集成电路实现；最后，结合温度测量应用实例，介绍电子测量系统，给学生建立电子系统的概念。

(3) 教材中引入 EDA 仿真技术，介绍现代化的电子电路分析设计方法，可使非电类学生能够在今后的科研中正确运用电子技术和手段，为科研服务。

(4) 每章前面有概述，后面有本章小结，帮助学生总结提高。各章配有丰富的例题、思考题和练习题，书后附有练习题参考答案。部分思考题和练习题为课程拓展知识内容，以利于培养学生的研究能力。

本书由王志军主编。第1～6章由王志军编写,第7～10章由赵捷编写,第11章由赵建业编写,全书由王志军统稿。郭海鹏参与了电路的仿真工作,刘松秋、薛志华参加了编写大纲的讨论。

本书的编写先后得到了北京市高等教育精品教材立项项目和北京大学教材建设立项项目的支持,对此表示衷心感谢!同时感谢北京大学教务部和北京大学出版社的大力支持。信息科学技术学院主管本科生教学的陈徐宗副院长,教学顾问唐振松教授也对本书提出了许多有益的建议。本书编写过程中还参考了国内外相关参考书籍和兄弟院校的教学改革成果,在此表示衷心的感谢!也向所有关心支持本书编写、出版、发行工作的同人致以诚挚的谢意!

由于作者的水平有限,时间仓促,书中难免出现不足和错误,敬请读者批评指正。

编　者
于北京大学
2009年6月

常用符号说明

一、基本符号

符号	说明
U, u	电压通用符号
I, i	电流通用符号
$\dot{U}$	复电压
$\dot{I}$	复电流
R, r	电阻通用符号
C	电容通用符号
L	电感通用符号
P	功率通用符号
f	频率通用符号
T, t	时间通用符号
A	放大倍数通用符号
F	反馈系数通用符号

二、信号符号

符号	说明
U_{m}	信号幅值
U_{pp}	信号峰峰值
U_{rms}	信号有效值
T	信号周期
$\omega(2\pi f)$	信号角频率
φ	相位角
t_{r}	脉冲信号上升时间
t_{f}	脉冲信号下降时间
τ	脉冲信号宽度
D	脉冲信号占空比
$u_{\mathrm{S}}, U_{\mathrm{S}}$	电压源、恒压源
$i_{\mathrm{S}}, I_{\mathrm{S}}$	电流源、恒流源
R_{S}	信号源内阻
$V_{\mathrm{CC}}, V_{\mathrm{DD}}, V_{\mathrm{EE}}$	直流恒压电源

三、模拟电路符号

A_u	电压放大倍数
A_{us}	源电压放大倍数
A_d	差模电压放大倍数
A_c	共模电压放大倍数
A_f	反馈放大电路放大倍数
R_i	输入电阻
R_o	输出电阻
f_H	上限截止频率
f_L	下限截止频率
f_{BW}	通频带
P_{om}	最大输出功率
η	转换效率
D	非线性失真系数
S	整流电路脉动系数
S_r	稳压电路稳压系数
τ	时间常数
f_0	电路振荡频率

四、数字电路符号

BCD	二-十进制码
Y	逻辑函数
m	最小项
×	无关项
E,EN	使能控制端
S	和
C	进位数
CP	时钟脉冲
FF	触发器
G	门
S,R	SR 触发器输入
J,K	JK 触发器输入
D	D 触发器输入

T	T 触发器输入
$\overline{S_d}$	直接置位端
$\overline{R_d}$	直接复位端
Q	触发器输出

五、器件参数符号

1. 二极管

D	二极管符号
D_Z	稳压二极管符号
R_D	二极管导通直流电阻
r_d	二极管导通动态电阻
r_Z	稳压管稳压动态电阻
U_{on}	二极管开启电压
U_D	二极管导通电压
U_R	二极管最大反向工作电压
U_{BR}	二极管反向击穿电压
I_F	二极管最大整流电流
I_R	二极管反向电流
f_M	二极管最高工作频率
U_Z	稳压管稳定电压
I_Z	稳压管稳定电流

2. 三极管

T	三极管符号
b,c,e	基极、集电极、发射极
β	共射交流电流放大系数
$\overline{\beta}$	共射直流电流放大系数
α	共基交流电流放大系数
$\overline{\alpha}$	共基直流电流放大系数
I_{CBO}	发射极开路时集电极-基极的反向饱和电流
I_{CEO}	基极开路时集电极-发射极之间的穿透电流
f_T	特征频率
U_{CES}	饱和管压降
I_{CM}	集电极最大允许电流
P_{CM}	集电极最大允许耗散功率

$U_{(BR)CEO}$	基极开路时集电极-发射极间反向击穿电压
$U_{(BR)CBO}$	发射极开路时集电极-基极间反向击穿电压
$U_{(BR)EBO}$	集电极开路时发射极-基极间反向击穿电压

3. 场效应管

d,g,s	漏极、栅极、源极
$U_{GS(off)}$	夹断电压
$U_{GS(th)}$	开启电压
I_{DSS}	饱和漏极电流
R_{GS}	直流输入电阻
g_m	低频跨导
$U_{(BR)DS}$	漏源击穿电压
$U_{(BR)GS}$	栅源击穿电压
P_{DM}	漏极最大耗散功率

4. 集成运算放大器

A	集成运放符号
A_{od}	开环差模电压增益
K_{CMR}	共模抑制比
R_{id}	差模输入电阻
R_o	输出电阻
U_{IO}	输入失调电压
I_{IO}	输入失调电流
$\Delta U_{IO}/\Delta T$	输入失调电压温漂
$\Delta I_{IO}/\Delta T$	输入失调电流温漂
U_{idmax}	最大差模输入电压
U_{icmax}	最大共模输入电压
f_H	开环带宽
f_c	单位增益带宽

5. 逻辑门

U_{IL}	输入低电平
U_{IH}	输入高电平
U_{OL}	输出低电平
U_{OH}	输出高电平
I_{IL}	低电平输入电流
I_{IH}	高电平输入电流

I_{OL}	低电平输出电流
I_{OH}	高电平输出电流
t_{on}	开启时间
t_{off}	关闭时间
U_{ON}	开门电压
U_{OFF}	关门电压
R_{ON}	开门电阻
R_{OFF}	关门电阻
U_{NL}	低电平噪声容限电压
U_{NH}	高电平噪声容限电压
N	扇出系数
t_{pd}	平均传输延迟时间
P_{ON}	空载导通功耗
P_{OFF}	空载截止功耗
V_{TH}	门电路阈值电压

六、其他符号

LSB	最低有效位
V_{REF}	参考电压
U_{T}	温度的电压当量,电压比较器门限电压
R_{L}	负载电阻
Q	静态工作点
K	热力学温度单位
S	开关
H	网络函数
ΔU_{T}	滞回比较器(施密特触发器)回差
Δ	量化单位
ε	量化误差
q	电荷
Ψ	磁通
U_{p}	纹波电压
S_{pp}	纹波抑制比

目　　录

第 1 章　电路基础知识

本章介绍电子技术相关的电路基础知识。首先介绍电子信号及其频谱，电路中理想线性二端元件，理想电压源、电流源和受控源，接着讨论几个线性电路定理，双端口网络模型以及一阶 RC 电路分析。

1.1　信号及其频谱

1.1.1　信号

自然界中存在着各种各样的物理量，如：温度、气压、亮度、声音等等。这些物理量的变化都反映出一定的消息。能反映消息的物理量称为信号，信号是消息的表现形式。

为了实现消息的共享，一直以来人们都在寻求信号存储和传输的有效方法。由于电信号易于存储、控制和传输，因而它已经成为应用最为广泛的信号。

电子技术中的信号均为电信号，通常指随时间变化的电压或电流信号(时间域)，数学上可表示为：$u=f(t)$或 $i=f(t)$。

其他非电的物理量可以通过各种传感器转换成电信号，以便于利用电子技术进行处理。

1. 模拟信号和数字信号

根据信号在时间和幅值上是连续或是离散的不同，电子技术中将信号分为模拟信号和数字信号。

时间和幅值都为连续的信号称为模拟信号。即对任意的时间值 t 都可给出确定的函数值 u 或 i，且 u 或 i 的幅值是连续的。图 1.1(a)所示的代表温度变化的信号为典型的模拟信号。

时间和幅值都为离散的信号称为数字信号。即只对某些不连续的瞬时 $t(n)$ 给出函数值 $u(n)$或 $i(n)$，且 $u(n)$或 $i(n)$的幅值是一组有限序列值，其他时间和幅值取值没有意义。图 1.1(b)所示的代表每月论文发表数量的信号即为数字信号。

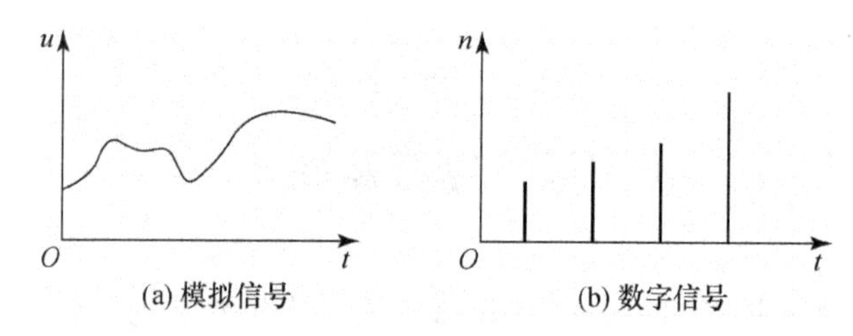

图 1.1　模拟信号和数字信号

按照处理的信号形式不同，电子技术分为模拟电子技术和数字电子技术。以处理器为核心的现代电子系统通常处理数字信号。模拟信号可以通过模-数转换变为数字信号，数字信号也可以通过数-模转换变为模拟信号。本书第 1～6 章主要介绍模拟电子技术，第 7～9 章主要介绍数字电子技术，第 10 章介绍模-数、数-模转换技术。

2. 正弦信号

正弦信号是电子技术中最常用的信号。由正弦信号激励的线性电路总是输出一个正弦波响应，因而它常常作为测试信号来测试电路的特性。

正弦信号如图 1.2 所示，其表达式为：$u(t)=A\cos(2\pi ft+\varphi)$，另一种利用角频率的表达式为：$u(t)=A\cos(\omega t+\varphi)$。

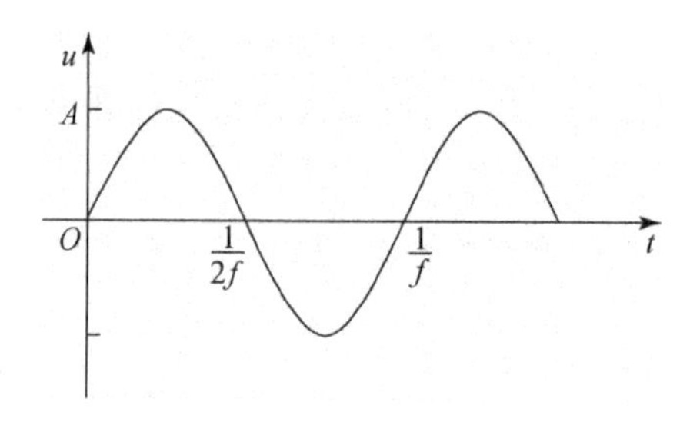

图 1.2　正弦信号波形

幅度 A、角频率 ω 和初始相位 φ 是构成正弦信号的三要素。

正弦信号是典型的周期信号，其周期：$T=1/f$。

除了用幅度来描述正弦信号的幅值外，实际中还常使用：

峰峰值：$U_{pp}=2A$，有效值：$U_{rms}=\frac{1}{\sqrt{2}}A$。

电子技术工程中，常对正弦信号进行相量表示。根据欧拉公式

$$e^{j\varphi}=\cos\varphi+j\sin\varphi$$

则正弦信号可用复数形式表示为

$$u(t)=\mathrm{Re}[Ae^{j(\omega t+\varphi)}]=\mathrm{Re}(Ae^{j\varphi}\cdot e^{j\omega t})=\mathrm{Re}(\dot{A}\cdot e^{j\omega t})$$

其中的$\dot{A}=Ae^{j\varphi}$称为正弦信号的相量表示。它包含了正弦信号的幅度和初相位两个要素，角频率ω没有纳入，原因是正弦信号通过线性电路后ω不会改变。

3. 脉冲信号

广义上讲，一切非正弦信号都可称为脉冲信号，但通常脉冲信号是指在短暂时间内作用于电路的信号。脉冲信号可以是单次脉冲，也可以是一系列均匀间隔的脉冲串。脉冲有极性，分为正脉冲和负脉冲。一个典型的矩形电压正脉冲波形如图1.3所示，它包含如下特征参数。

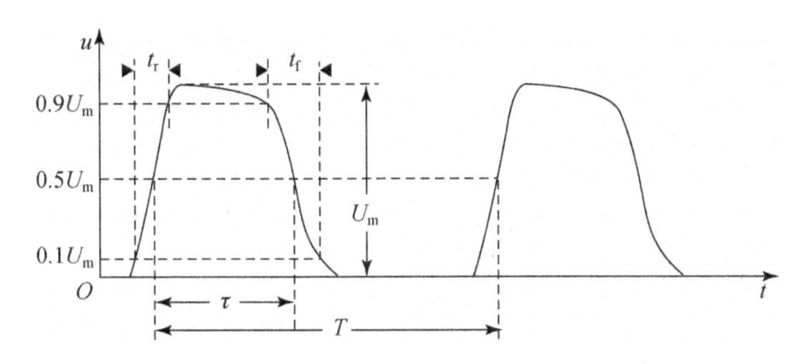

图1.3　矩形电压正脉冲波形

脉冲幅度U_m：脉冲电压变化的最大值。

上升时间t_r：脉冲前沿中由$0.1U_m$上升到$0.9U_m$所需的时间。

下降时间t_f：脉冲后沿中由$0.9U_m$下降到$0.1U_m$所需的时间。

脉冲宽度τ：脉冲前沿的$0.5U_m$到脉冲后沿的$0.5U_m$所持续的时间。

重复周期T：相邻两脉冲前沿(或后沿)对应点之间的时间间隔。

占空比D：脉冲宽度与周期之比值。

1.1.2　频谱

对信号的分析，可以在时间域内也可以在频率域内进行，在频率域内进行的分析称为信号的频谱分析。

1. 周期信号的频谱

由数学分析课程已知：任何满足“狄利克雷条件”的周期函数，都可以展开为傅里叶级数

$$f(t)=A_0+\sum_{n=1}^{\infty}A_n\cos(n\omega_1 t+\varphi_n) \tag{1.1}$$

式(1.1)表明：非正弦周期信号(周期为T)可以分解为直流分量(A_0)和许多不同频率的正弦(余弦)分量。这些正弦分量的频率必定是基频$f_1(1/T)$的整数倍。通常将基频为f_1的分量称为基波，频率为$2f_1$，$3f_1$，…分量分别称为二次

谐波、三次谐波……各种分量的幅度 A_n 和相位 φ_n 都是 $n\omega_1$ 的函数,分别称为幅度频谱和相位频谱,这种频谱是离散的,有时又称线频谱。

例 1-1 求图 1.4(a)所示周期性方波 $f(t)$的频谱。

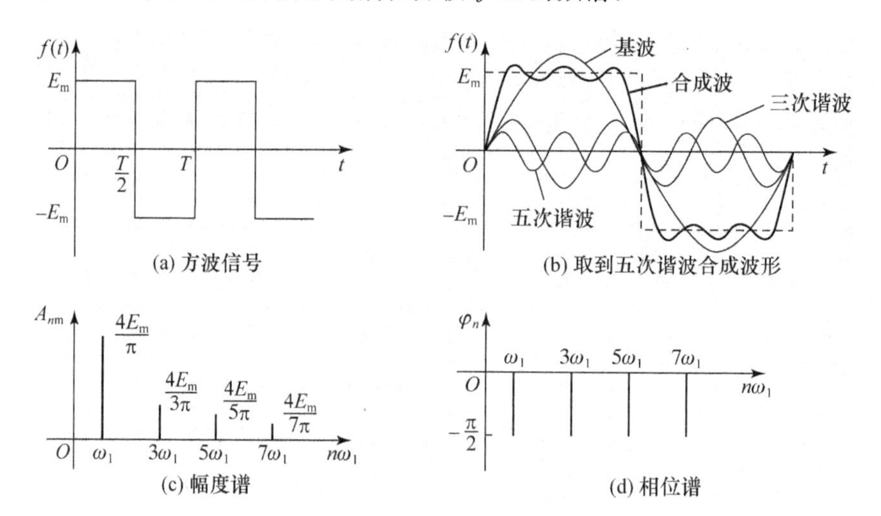

图 1.4 方波信号波形及其频谱

解 将 $f(t)$进行傅里叶级数展开

$$f(t)=\frac{4E_{\mathrm{m}}}{\pi}\left[\cos\left(\omega_1 t-\frac{\pi}{2}\right)+\frac{1}{3}\cos\left(3\omega_1 t-\frac{\pi}{2}\right)+\frac{1}{5}\cos\left(5\omega_1 t-\frac{\pi}{2}\right)+\cdots\right] \tag{1.2}$$

式(1.2)表明:方波的直流分量为零,且只有奇次谐波分量,各谐波初相位均为$-\pi/2$。图 1.4(c)和(d)为方波的幅度谱和相位谱,图 1.4(b)所示是取展开式的前三项,即取到五次谐波时画出的合成曲线。显然,谐波项取得越多,合成曲线就越接近于原来的波形。

2. 非周期信号的频谱

任一非周期信号,都可以看作是周期为无限长的周期信号。

从上面分析可知,周期信号的相邻谱线之间的频差 $\Delta\omega$ 是基频 ω_1 的整数倍,$\omega_1=2\pi/T$。当信号周期 $T\to\infty$时,则 $\omega_1\to0$,$\Delta\omega\to0$,离散的线频谱将变为连续的频谱,离散的幅值变为单位频带内的频谱值——频谱密度。

因此,非周期信号的频谱为连续的频谱密度函数 $F(\omega)$,并由傅里叶积分形式表示,称为傅里叶变换。

正变换
$$F(\omega)=\int_{-\infty}^{\infty}f(t)\mathrm{e}^{-\mathrm{j}\omega t}\,\mathrm{d}t \tag{1.3}$$

逆变换
$$f(t)=\frac{1}{2\pi}\int_{-\infty}^{\infty}F(\omega)\mathrm{e}^{\mathrm{j}\omega t}\,\mathrm{d}\omega \tag{1.4}$$

例 1-2　求图 1.5(a)所示矩形脉冲信号 $f(t)$的频谱。

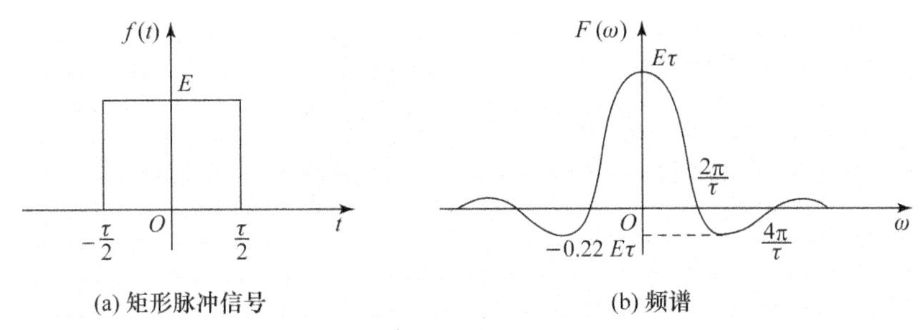

图 1.5　矩形脉冲信号波形及其频谱

解　由式(1.3)傅里叶正变换公式,得

$$F(\omega)=\int_{-\infty}^{\infty}f(t)\mathrm{e}^{-\mathrm{j}\omega t}\,\mathrm{d}t=\int_{-\frac{\tau}{2}}^{\frac{\tau}{2}}E\mathrm{e}^{-\mathrm{j}\omega t}\,\mathrm{d}t=E\tau\left[\frac{\sin\left(\frac{\omega\tau}{2}\right)}{\frac{\omega\tau}{2}}\right] \tag{1.5}$$

因为
$$\frac{\sin\left(\frac{\omega\tau}{2}\right)}{\frac{\omega\tau}{2}}=Sa\left(\frac{\omega\tau}{2}\right)$$

所以
$$F(\omega)=E\tau\cdot Sa\left(\frac{\omega\tau}{2}\right) \tag{1.6}$$

其频谱如图 1.5(b)所示。可见,虽然矩形脉冲信号在时域集中于有限的范围内,然而它的频谱却以 Sa 函数规律变化,分布在无限宽的频率范围上。

1.2　理想二端元件

有两个端点的元件称为二端元件。只需用一个参量来描述元件在电路中的效应,称为理想元件。

1.2.1　电阻器

电阻器通常称为电阻,基本单位是 Ω(欧姆)。电阻两端的瞬时电压 $u(t)$是同时刻通过它的电流 $i(t)$的函数,见图 1.6。若满足:$u(t)=Ri(t)$,即电压与电流成正比,且电阻 R 只取决于电阻器本身,这种电阻叫作线性电阻器。

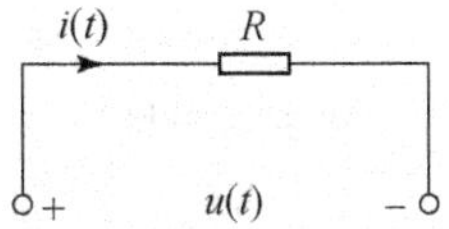

图 1.6　电阻元件

电阻电路是即时的、无记忆的,任一时刻电路的响应

只与同时刻激励有关,与过去无关。电阻上消耗的瞬时功率为:$P(t)=Ri^2(t)$。

电阻串联:$R_S=R_1+R_2+R_3+\cdots+R_n$。

电阻并联:$\frac{1}{R_P}=\frac{1}{R_1}+\frac{1}{R_2}+\frac{1}{R_3}+\cdots+\frac{1}{R_n}$。

电阻元件的相量形式为

$$\mathrm{Re}[\dot{U}e^{j\omega t}]=R\cdot\mathrm{Re}(\dot{I}e^{j\omega t})$$

所以有:$\dot{U}=R\cdot\dot{I}$,说明电阻元件上电压和电流相量之间满足欧姆定律,且两者相位相等。

1.2.2 电容器

电容器通常称为电容,基本单位是F(法拉)。电容器的两个极板加上电压后,两极板上带有等量异号电荷。如图1.7所示。若满足:$q(t)=Cu(t)$,即电荷与电压成正比,且电容C只取决于电容器本身,这种电容叫做线性电容器。

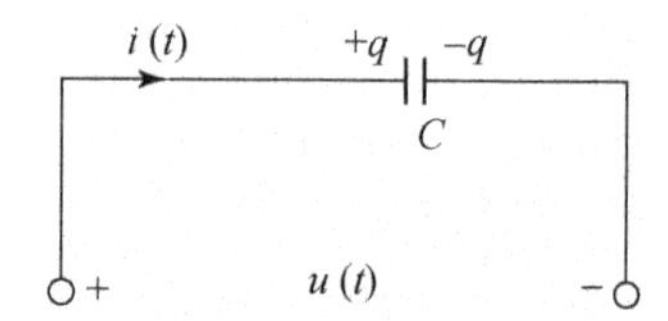

图1.7 电容元件

电容是储存电场能量的元件,当外加电源撤走后,极板上的电荷能长久储存下去。某一时刻t的电场能为

$$W_C(t)=\frac{1}{2}Cu^2(t)$$

电容电路中电流$i(t)$与电压$u(t)$的关系是

$$i(t)=\frac{dq(t)}{dt}=\frac{dCu(t)}{dt}=C\frac{du(t)}{dt} \tag{1.7}$$

$$u(t)=\frac{1}{C}\int_{-\infty}^{t}i(t)dt=u(t_0)+\frac{1}{C}\int_{t_0}^{t}i(\tau)d\tau \tag{1.8}$$

式(1.7)表明:某一时刻电容的电流取决于该时刻电容电压的变化率。电容电压变化越快,则电流越大;若电压不变,则电流为零。因此,电容有通交流、隔直流的性质。

式(1.8)表明:电容电压除了与从观察点t_0到t的电流值有关,还与从$-\infty$到t_0的全部历史$u(t_0)$有关。因此,电容元件具有记忆性质。

式(1.8)还表明:电容电压的变化是电流的积分过程,是电荷的积累或释放过程。因此,某一时刻电容电压不能突变,即:$u(t_-)=u(t_+)$,电容电压具有连续性质。

电容并联：$C_P = C_1 + C_2 + C_3 + \cdots + C_n$。

电容串联：$\frac{1}{C_S} = \frac{1}{C_1} + \frac{1}{C_2} + \frac{1}{C_3} + \cdots + \frac{1}{C_n}$。

根据式(1.7)，电容元件的相量形式为

$$\mathrm{Re}[\dot{I}\mathrm{e}^{\mathrm{j}\omega t}] = C\frac{\mathrm{d}}{\mathrm{d}t}\mathrm{Re}(\dot{U}\mathrm{e}^{\mathrm{j}\omega t}) = \mathrm{Re}(\mathrm{j}\omega C\dot{U}\mathrm{e}^{\mathrm{j}\omega t})$$

所以有：$\dot{I} = \mathrm{j}\omega C \cdot \dot{U}$，说明电容元件上电流幅度是电压幅度的 ωC 倍，电流的相位超前电压 90°，其容抗定义为

$$Z_C = \frac{\dot{U}}{\dot{I}} = \frac{1}{\mathrm{j}\omega C}$$

1.2.3　电感器

电感器通常称为电感，基本单位是 H(亨利)。自感线圈通电流后产生磁通 Ψ 变化，线圈中就产生感应电压，如图 1.8 所示。若满足：$\Psi(t) = Li(t)$，即磁通与电流成正比，且电感 L 只取决于电感器本身，这种电感叫做线性电感器。

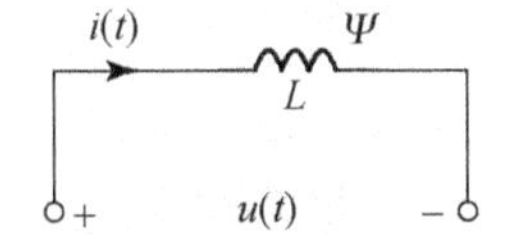

图 1.8　电感元件

电感是储存磁场能量的元件，某一时刻 t 的磁场能为

$$W_L(t) = \frac{1}{2}Li^2(t)$$

电感电路中电流 $i(t)$ 与电压 $u(t)$ 的关系是

$$u(t) = \frac{\mathrm{d}\Psi(t)}{\mathrm{d}t} = \frac{\mathrm{d}Li(t)}{\mathrm{d}t} = L\frac{\mathrm{d}i(t)}{\mathrm{d}t} \tag{1.9}$$

$$i(t) = \frac{1}{L}\int_{-\infty}^{t} u(t)\mathrm{d}t = i(t_0) + \frac{1}{L}\int_{t_0}^{t} u(\tau)\mathrm{d}\tau \tag{1.10}$$

式(1.9)表明：某一时刻电感的电压取决于该时刻电流的变化率。电流变化越快，则电压越大；若电流不变，则电压为零。因此，电感对直流有短路作用，对交流有阻止作用。

式(1.10)表明：某一时刻 t 时的电感电流取决于其初始值 $i(t_0)$ 以及在 $[t_0, t]$ 区间所有的电压值。因此，电感元件具有记忆性质。

式(1.10)还表明：电流的变化是电压的积分过程。因此，某一时刻电感电流不能突变，即：$i(t_-) = i(t_+)$，电感电流具有连续性质。

电感串联：$L_S=L_1+L_2+L_3+\cdots+L_n$。

电感并联：$\frac{1}{L_P}=\frac{1}{L_1}+\frac{1}{L_2}+\frac{1}{L_3}+\cdots+\frac{1}{L_n}$。

可见,电容与电感是一对对偶量。

根据式(1.9),电感元件的相量形式为

$$\mathrm{Re}[\dot{U}\mathrm{e}^{\mathrm{j}\omega t}]=L\frac{\mathrm{d}}{\mathrm{d}t}\mathrm{Re}(\dot{I}\mathrm{e}^{\mathrm{j}\omega t})=\mathrm{Re}(\mathrm{j}\omega L\dot{I}\mathrm{e}^{\mathrm{j}\omega t})$$

所以有：$\dot{U}=\mathrm{j}\omega L\cdot\dot{I}$,说明电感元件上电压幅度是电流幅度的 ωL 倍,电压的相位超前电流 90°,其感抗定义为：

$$Z_L=\frac{\dot{U}}{\dot{I}}=\mathrm{j}\omega L$$

1.3 电　　源

电源是电路中的能源,可分为独立电源(简称独立源)和受控电源(简称受控源)两大类。

1.3.1 独立源

独立源的参数完全由其内部因素决定,与电路中任何元件上的电压、电流、电量等无关。独立源又分为电压源和电流源,它们有两个端点,称为二端元件或单口元件。

1. 电压源

理想电压源是从实际电源抽象出来的理想电路元件模型,其符号如图1.9(a)所示。它的端电压 $u_S(t)$ 总保持为由其自身给定的时间函数,与流过的电流无关,而电流的大小则由外部电路决定。当 $u_S(t)$ 为恒定值 U_S 时,这种电压源称为恒压源或直流电压源。

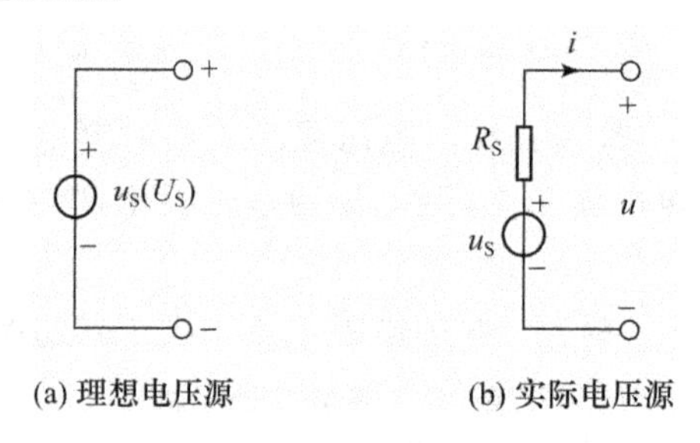

图 1.9　电压源

电压源无外接电路时,电流为零,这时称为“电压源开路”。若电压源的电压 $u_S(t)=0$,电压源两端点相当于短路。

实际电压源都有内阻,可等效成一个理想电压源和内阻相串联的模型,如图 1.9(b)所示。这时端电压与流过的电流有关,为:$u=u_S-iR_S$。

因此,实际电压源的内阻越小越好,内阻为零就成为理想电压源。

2. 电流源

理想电流源是从实际电源抽象出来的理想电路元件模型,其符号如图 1.10(a)所示。它的电流 $i_S(t)$ 总保持为由其自身给定的时间函数,与其端电压无关,而端电压的大小则由外部电路决定。当 $i_S(t)$ 为恒定值 I_S 时,这种电流源称为恒流源或直流电流源。

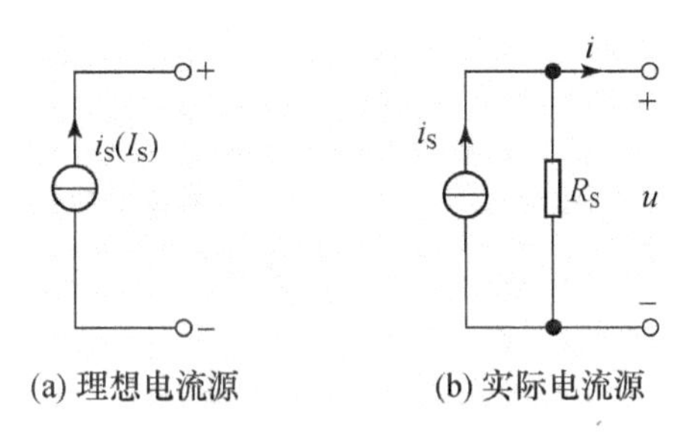

图 1.10　电流源

电流源两端短路时,端电压为零。若电流源的 $i_S(t)=0$,电流源两端相当于开路。

实际电流源都有内阻,可等效成一个理想电流源和内阻相并联的模型,如图 1.10(b)所示。这时电流与端电压有关,为:$i=i_S-u/R_S$。

因此,实际电流源的内阻越大越好,内阻无穷大就成为理想电流源。

1.3.2　受控源

受控源又称非独立源,它是由电子器件抽象而来的电路模型。如:晶体管集电极电流受基极电流控制,运算放大器输出电压受输入电压控制,等等。

受控源是一种双口元件,含有两条支路,其一为控制支路,另一为受控支路。根据两支路上控制或受控的电压或电流量的不同,受控源可分为四种,如图1.11 所示。图中 u_1 和 i_1 分别表示控制电压和控制电流,u_2 和 i_2 分别表示受控电压和受控电流。

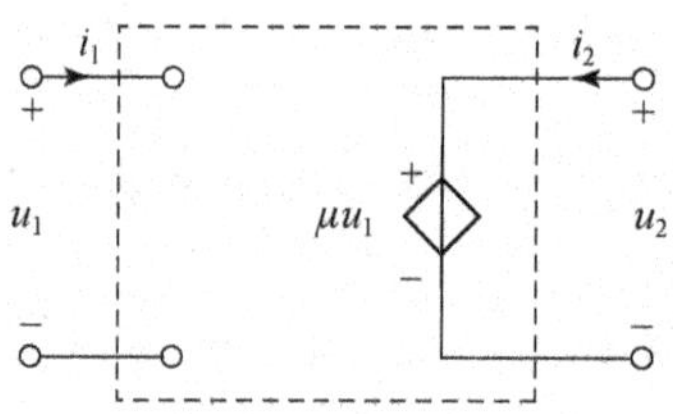

(a) 为电压控制电压源，$u_2=\mu u_1$，控制系数μ为转移电压比，无量纲

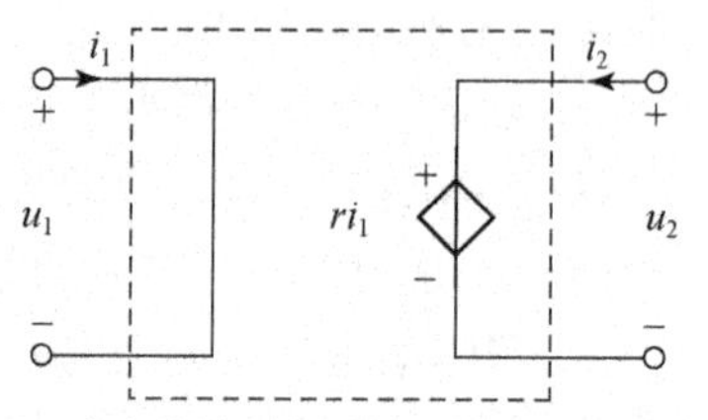

(b) 为电流控制电压源，$u_2=ri_1$，控制系数r为转移电阻，具有电阻量纲

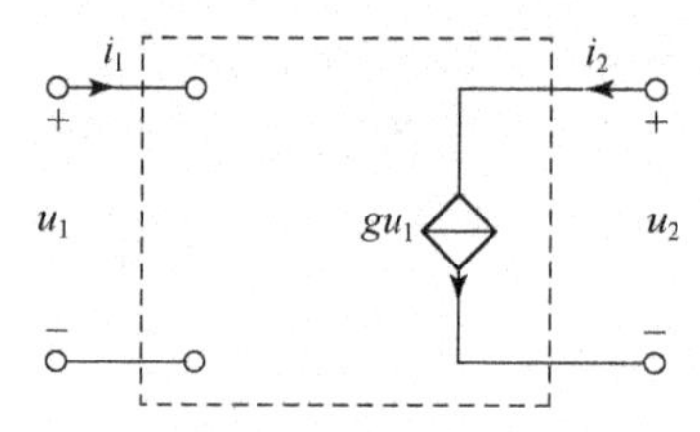

(c) 为电压控制电流源，$i_2=gu_1$，控制系数g为转移电导，具有电导量纲

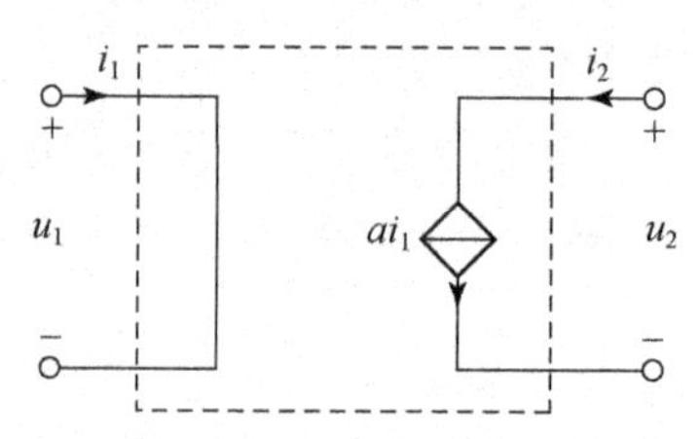

(d) 为电流控制电流源，$i_2=ai_1$，控制系数a为转移电流比，无量纲

图 1.11　四种受控源

1.4　电路定理定律

1.4.1　基尔霍夫定律

基尔霍夫定律揭示了电路整体的基本规律，包括电流定律和电压定律。

电路是由各种元件连接而成的。每个二端元件可视为一条支路，各支路的连接点称为节点，任一闭合路径称为回路。

1. 基尔霍夫电流定律(Kirchhoff's current law，KCL)

基尔霍夫电流定律：任一时刻，电路中任一节点各支路流出(或流入)的电流的代数和为零。其数学表达式为

$$\sum_{k=1}^{K} i_k(t)=0 \tag{1.11}$$

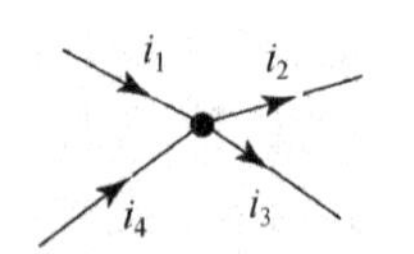

图 1.12　电路中的节点

式(1.11)中，K 为节点处支路总数，$i_k(t)$为第 k 条支路电流。

列写方程时，应注意各支路电流的参考方向，若规定流出为正，则流入为负。图 1.12 中，节点电流方程为：$-|i_1|+|i_2|+|i_3|-|i_4|=0$。

2. 基尔霍夫电压定律(Kirchhoff's voltage law，KVL)

基尔霍夫电压定律：任一时刻，电路中任一回路沿绕向计算，各支路电压降

的代数和为零。其数学表达式为

$$\sum_{k=1}^{K} u_k(t) = 0 \tag{1.12}$$

式(1.12)中，K 为回路中支路总数，$u_k(t)$为第 k 条支路电压。

列写方程时，应注意各支路电压的参考方向，若规定电压降方向与绕行方向一致为正，相反则为负。图 1.13 中，回路电压方程为：$|u_1|+|u_2|+|u_3|-|u_4|-|u_5|-|u_6|=0$。

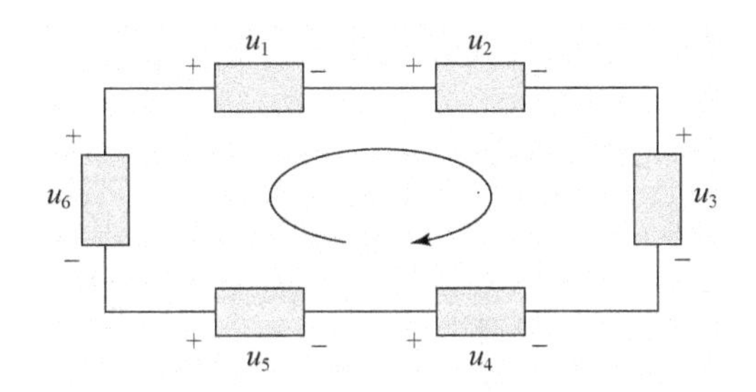

图 1.13　电路中的回路

例 1-3　图 1.14 所示电路中，已知 $R_1=500\ \Omega$，$R_2=1\ \text{k}\Omega$，$R_3=200\ \Omega$，$u_{S1}=12\ \text{V}$，$u_{S2}=2\ \text{V}$，流控电流源 $i_d=0.5i_1$。求电阻 R_3 两端电压 u_3。

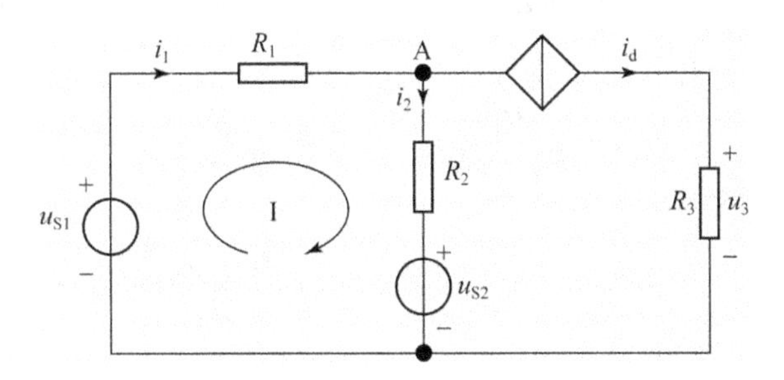

图 1.14　例 1-3 电路图

解　列出节点 A 的 KCL 方程：$-i_1+i_2+i_d=0$，得：$i_2=0.5i_1$。

列出回路 I 的 KVL 方程：$-u_{S1}+i_1R_1+i_2R_2+u_{S2}=0$，得

$$i_1=\frac{u_{S1}-u_{S2}}{R_1+0.5R_2}=\frac{12-2}{500+0.5\times 1000}=10(\text{mA})$$

R_3 两端电压为：$u_3=i_dR_3=5\times 200=1(\text{V})$。

1.4.2　叠加定理

叠加定理是线性电路的一个重要定理，是线性电路可加性的反映。

有多种方法可判定电路是否为线性电路：从组成电路的元器件上判断，若

电路由电阻、电容和电感这些线性元件以及独立源、线性控制的受控源等组成的电路一定是线性电路;从电路时域方程上判断,若电路可由代数或微分方程描述,一定是线性电路;从电路外部输入输出信号上判断,若电路输入正弦信号,输出只有同频率的正弦信号,没有新的频率产生,则一定是线性电路。

叠加定理:线性电路中,任一处的电压或电流是每一个独立源单独作用时,在该处分别产生的电压或电流之和。

使用叠加定理时需注意:考虑任一独立源单独作用时,其他不作用的独立源应置零,即电压源用短路代替,电流源用开路代替。所有其他元件(包括受控源)则需保留在电路中。

例 1-4 电路如图 1.15(a)所示,求电压 u。

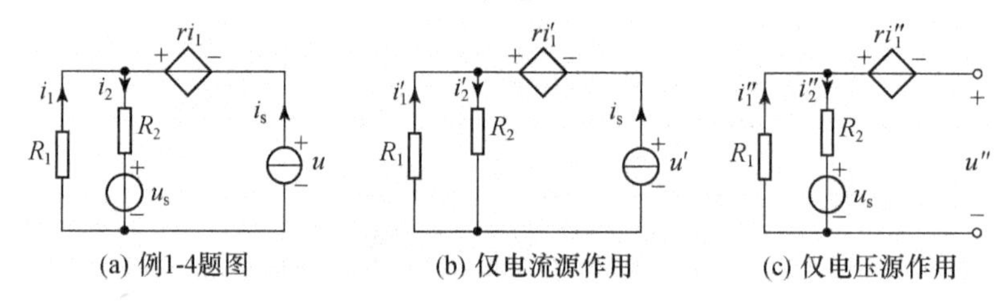

图 1.15 例 1-4 电路图

解 画出电流源和电压源分别作用的分电路,如图 1.15(b)和图 1.15(c)所示。图 1.15(b)中,有

$$i_1' = -\frac{R_2}{R_1 + R_2} i_S \qquad i_2' = \frac{R_1}{R_1 + R_2} i_S$$

所以

$$u' = -ri_1' + i_2' R_2 = \frac{rR_2 + R_1 R_2}{R_1 + R_2} i_S$$

图 1.15(c)中,有

$$i_1'' = i_2'' = -\frac{u_S}{R_1 + R_2}$$

所以

$$u'' = -ri_1'' + i_2'' R_2 + u_S = \frac{r + R_1}{R_1 + R_2} u_S$$

所以

$$u = u' + u'' = \frac{1}{R_1 + R_2}[(rR_2 + R_1 R_2) i_S + (r + R_1) u_S]$$

1.4.3 等效电源定理

若两个单口网络有完全相同的端口特性,即端口的伏安($V-I$)关系相同,

则称这两个单口网络等效。对于任意的外电路而言，两个等效的单口网络可以互换。

1. 戴维宁定理

任一有源单口线性网络，可用一个理想电压源和电阻的串联组合进行等效置换，如图 1.16(a)所示。理想电压源的电压等于该网络 N 的开路电压 u_{OC}，如图 1.16(b)所示。等效电阻 R_o 等于全部独立源为零值时所得网络 No 从端口看进去的电阻，如图 1.16(c)所示。

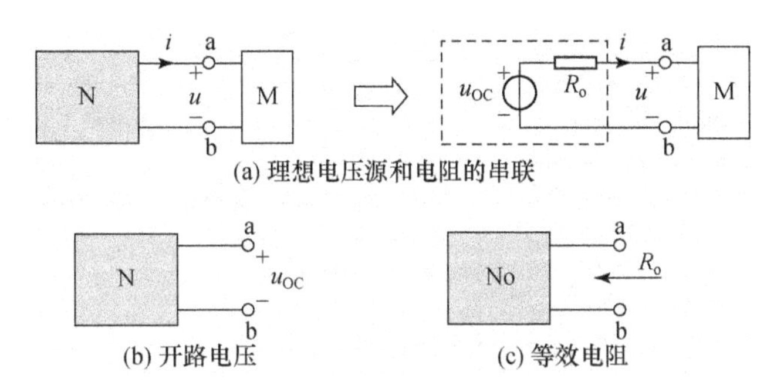

图 1.16　戴维宁定理图示

2. 诺顿定理

任一有源单口线性网络，可用一个理想电流源和电阻的并联组合进行等效置换，如图 1.17(a)所示。理想电流源的电流等于该网络 N 的短路电流 i_{SC}，如图 1.17(b)所示。等效电阻 R_o 等于全部独立源为零值时所得网络 No 从端口看进去的电阻，如图 1.17(c)所示。

在求等效电阻时，网络中的受控源应保留。含有受控源网络的等效电阻不易通过简单的电阻串并计算得到，可以先将网络中独立源置零，再在端口外加电压 U，流入端口电流为 I，则等效电阻为：$R_o=U/I$。

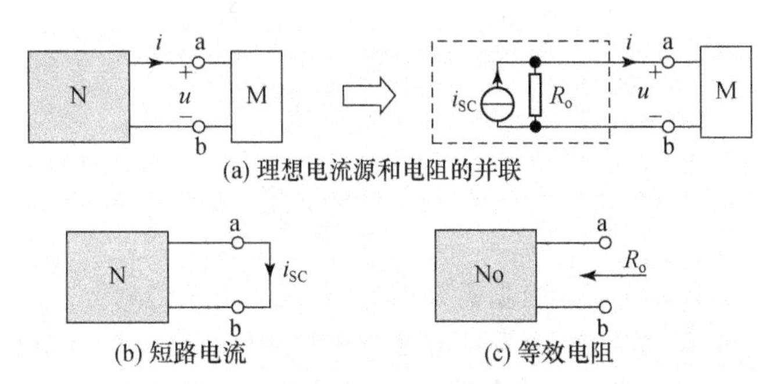

图 1.17　诺顿定理图示

例 1-5 电路如图 1.18(a)所示,求诺顿等效电路。

解 电路包含流控电流源,先将其进行戴维宁等效,变换为图 1.18(b)。先求短路电流 i_{SC},如图 1.18(c)所示。

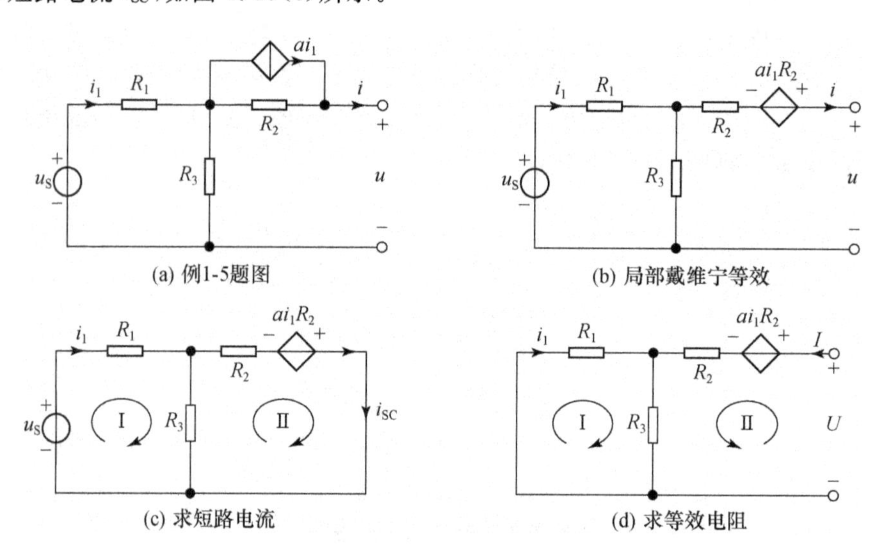

(a) 例1-5题图　(b) 局部戴维宁等效　(c) 求短路电流　(d) 求等效电阻

图 1.18　例 1-5 图

回路 I 的 KVL 方程:$-u_S+i_1(R_1+R_3)-i_{SC}R_3=0$

回路 II 的 KVL 方程:$-ai_1R_2+i_{SC}(R_2+R_3)-i_1R_3=0$

解得
$$i_{SC}=\frac{u_S(aR_2+R_3)}{R_1(R_2+R_3)+(1-a)R_2R_3}$$

再求等效电阻 R_o,如图 1.18(d)所示。

将电压源短路,且令端口外加电压 U,流入电流为 I。

回路 I 的 KVL 方程:$i_1(R_1+R_3)+IR_3=0$

回路 II 的 KVL 方程:$ai_1R_2+I(R_2+R_3)+i_1R_3-U=0$

解得
$$R_o=\frac{U}{I}=\frac{R_1(R_2+R_3)+(1-a)R_2R_3}{R_1+R_3}$$

1.5 双口网络

一个大的电路网络可以根据需要做如图 1.19 所示的划分。大网络的两端 N_1,N_2 为单口网络,中间 N 则为对外具有两个端口的网络,称为双口网络。图中举例 N_1,N_2 为信号源网络和负载网络,N 为放大电路网络。

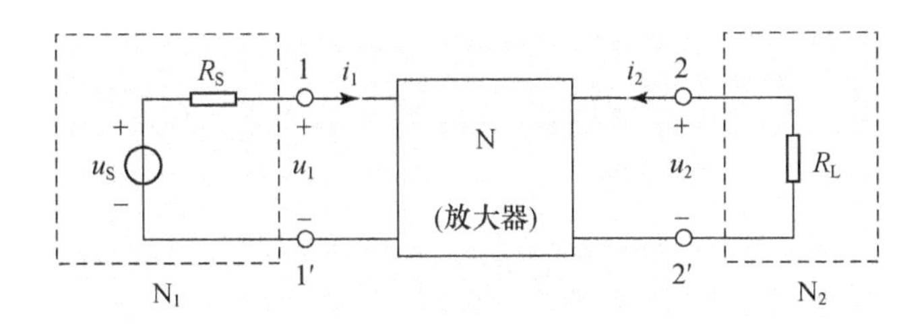

图 1.19　网络划分示意

端口 1 构成输入端口，端口 2 构成输出端口。端口电压和端口电流为主要分析对象。

1.5.1　双口网络参量

双口网络的端口电压和端口电流的关系由网络内部特性决定，网络内部特性是由网络参量来描述。对于线性网络，电压和电流的关系可用线性方程表示。对于 u_1, u_2, i_1, i_2 四个参数，两个为自变量，另两个为因变量，常构成四种网络参量。

***Z* 参量**　对线性无源网络，i_1, i_2 为自变量，u_1, u_2 为因变量，网络方程为

$$u_1 = z_{11} i_1 + z_{12} i_2$$
$$u_2 = z_{21} i_1 + z_{22} i_2$$

***Y* 参量**　对线性无源网络，u_1, u_2 为自变量，i_1, i_2 为因变量，网络方程为

$$i_1 = y_{11} u_1 + y_{12} u_2$$
$$i_2 = y_{21} u_1 + y_{22} u_2$$

***H* 参量**　对线性无源网络，i_1, u_2 为自变量，u_1, i_2 为因变量，网络方程为

$$u_1 = h_{11} i_1 + h_{12} u_2 \tag{1.13a}$$
$$i_2 = h_{21} i_1 + h_{22} u_2 \tag{1.13b}$$

***G* 参量**　对线性无源网络，u_1, i_2 为自变量，i_1, u_2 为因变量，网络方程为

$$i_1 = g_{11} u_1 + g_{12} i_2$$
$$u_2 = g_{21} u_1 + g_{22} i_2$$

从理论上讲，采用哪种参量来表征一个双口网络都是可以的，且各参量间可以等效替换。实际中，常根据具体情况，来选用一个更为合适的参量。如 H 参量常用于低频晶体三极管的电路分析中，对三极管来说，H 参量最易测量，且具有明显的物理意义。下面仅对 H 参量进行分析。

由式(1.13a)，令 $u_2=0$ 便得

$$h_{11}=\left.\frac{u_1}{i_1}\right|_{u_2=0}$$　物理意义为：输出端短路时的输入阻抗

由式(1.13a),令 $i_1=0$ 便得

$$h_{12}=\left.\frac{u_1}{u_2}\right|_{i_1=0}$$ 物理意义为:输入端开路时的反向转移电压比

由式(1.13b),令 $u_2=0$ 便得

$$h_{21}=\left.\frac{i_2}{i_1}\right|_{u_2=0}$$ 物理意义为:输出端短路时的正向转移电流比

由式(1.13b),令 $i_1=0$ 便得

$$h_{22}=\left.\frac{i_2}{u_2}\right|_{i_1=0}$$ 物理意义为:输入端开路时的输出导纳

运用基尔霍夫定律,由方程式(1.13b),可以绘出双口网络的 H 参量等效电路,如图 1.20 所示。输入回路由两部分组成,一部分是输入阻抗,另一部分是电压控制电压源,它反映了 u_2 对输入回路的作用;输出回路也由两部分组成,一部分是输出导纳,另一部分是电流控制电流源,它反映了 i_1 对输出电流的作用。

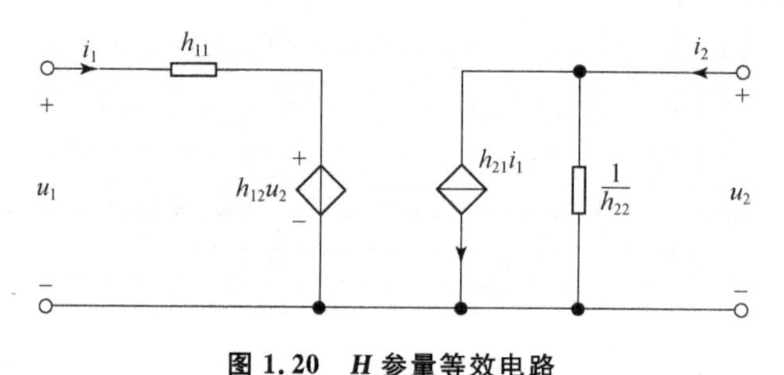

图 1.20 H 参量等效电路

其他参量的物理意义和等效电路,读者可参阅参考资料或自行研究得出。

1.5.2 网络函数

在实际电路网络问题中,有时会因为网络内部情况不明或网络异常复杂,网络参量很难求得。这时可将网络看成是一个"黑匣子",来研究它的外部特性,即网络函数。

独立源作为电路的输入,对电路起着激励作用。独立源的激励会引起电路中其他各处电压、电流的响应。定义电路网络中响应与激励之比为网络函数 H,即

$$H=\frac{\text{响应}}{\text{激励}}$$

若激励和响应在双口网络的同一端口,H 属策动点函数;若激励和响应在双口网络的不同端口,H 属传输函数。

通常的实际应用中,双口网络的输入端口接信号源,输出端口接负载,形成

如图 1.21 所示端接情况。下面介绍几个具有重要意义的网络函数。

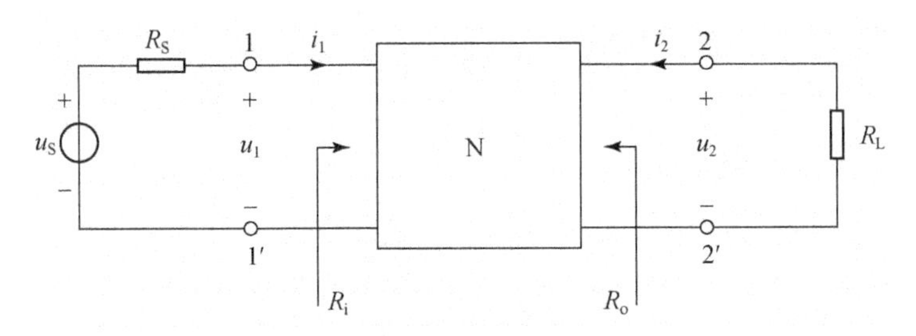

图 1.21　有端接的双口网络

首先介绍策动点函数。在端接的双口网络中，输入端口处 i_1 为激励，u_1 为响应时（保留 R_L），网络函数为从端口 1 看进去的输入电阻，即

$$R_i = \frac{u_1}{i_1}$$

从负载 R_L 来看输出端口，双口网络及其端接的信号源可表示为戴维宁或诺顿等效电路。因此，输出端口处 i_2 为激励，u_2 为响应时（信号源置零），网络函数为从端口 2 看进去的等效输出电阻，即

$$R_o = \frac{u_2}{i_2}\bigg|_{u_S=0}$$

再来介绍传输函数。当输入端口处 u_1 为激励，输出端口处 u_2 为响应时，网络函数为双口网络端口电压比，即

$$A_u = \frac{u_2}{u_1}$$

当输入端口处 i_1 为激励，输出端口处 i_2 为响应时，网络函数为双口网络端口电流比，即

$$A_i = \frac{i_2}{i_1}$$

1.6　一阶 RC 电路分析

电路分为即时响应的电阻电路和带有电容、电感储能元件的动态电路。当电路中含有动态元件时，电路方程用微分方程来描述。当电路中仅含有一个动态元件，而动态元件以外的电路可以等效成电压源与电阻的串联组合（或电流源与电阻的并联组合），这样的线性动态电路可用一阶线性常微分方程来描述，称为一阶 RC 电路。

从电路激励和响应的角度出发，动态电路的全响应包括零输入响应和零状态响应。

从电路工作状态的角度出发,当电路结构或参数发生变化时,电路可能从原来稳态,经过暂态,到另一个稳态,这个转变过程称为过渡过程。

1.6.1 零输入响应

如图 1.22 所示,设在 $t=t_0$ 时刻电容已被充电为 $u_C(t_0)$,这时电容等效为一个初始电压为零的电容 C 和一个电压源($u_C(t_0)$)相串联,该时刻开关 S 闭合。在 $t \geqslant t_0$ 时,由于电容的初始状态非零则会引起电路的响应,电压、电流方向如图所标。

这种在无外加激励电源输入时,仅由 t_0 时刻动态元件初始储能所引起的响应,称为零输入响应。

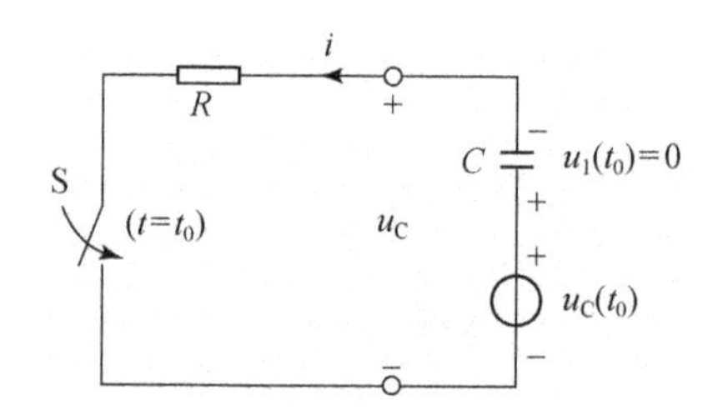

图 1.22 *RC* 电路零输入响应

为简便起见,设 $t_0=0$,当 $t \geqslant 0$ 时,得到 KVL 为

$$Ri - u_C = 0$$

因为
$$i=C\frac{du_1}{dt}=C\frac{d}{dt}[u_C(0)-u_C]=-C\frac{du_C}{dt}$$

所以

$$RC\frac{du_C}{dt}+u_C=0$$

这是一阶齐次微分方程,初始条件 $U_0=u_C(0)$。
满足初始值的微分方程的解是

$$u_C = U_0 e^{-\frac{1}{RC}t} \tag{1.14}$$

电路中的电流为

$$i = -C\frac{du_C}{dt} = \frac{U_0}{R}e^{-\frac{1}{RC}t} \tag{1.15}$$

由式(1.14)和式(1.15)可知,电压 u_C 和电流 i 都是随时间衰减的指数函数,其波形如图 1.23 所示。

由此可见,RC 电路的零输入响应是按指数衰减的,它们衰减的快慢取决于

时间常数 $\tau=RC$。τ 越大，衰减越慢，反之则越快。

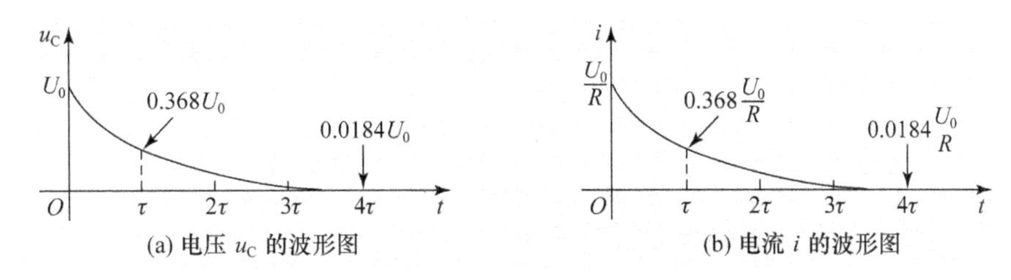

图 1.23　零输入 RC 电路 u_C 和 i 随时间变化曲线

从电路的工作状态变化来看，图 1.22 所示电路在 $t=t_{0-}$ 时，开关 S 未闭合，电路处于稳态，这时 $u_C(t_{0-})=u_C(t_0)$，$i(t_{0-})=0$。在 $t=t_{0+}$ 时，开关 S 闭合，电路开始进入暂态。由于电容两端电压不能跃变，这时 $u_C(t_{0+})=u_C(t_{0-})=u_C(t_0)$，$i(t_{0+})=u_C(t_0)/R$ 为最大，说明电流可以跃变。电容 C 开始放电过程，u_C 和 i 均按指数规律衰减。经过一定时间后，u_C 和 i 均趋近于零，电路趋近另一个稳态。虽然从理论上讲，$t=\infty$ 时，u_C 才能衰减到零，但从实际应用角度看，当 $t=4\tau$ 时，所剩电压只有初始值的 1.84%，可认为暂态过程基本结束。因此，工程上常把($3\tau\sim5\tau$)定义为暂态过程的持续时间。

1.6.2　零状态响应

如图 1.24 所示，在 $t=t_0$ 时刻，电容 C 初始状态为零，该时刻开关 S 闭合。在 $t\geqslant t_0$ 时，外加激励电源 U_S 则会引起电路的响应。

这种在电路零初始状态下，由外加激励电源的输入所引起的响应，称为零状态响应。

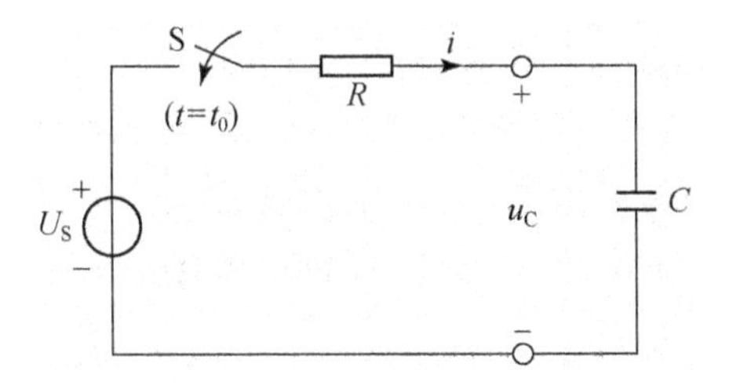

图 1.24　RC 电路零状态响应

为简便起见，设 $t_0=0$，U_S 为直流电压源，当 $t\geqslant t_0$ 时，得到 KVL 为

$$Ri+u_C=U_S$$

因为

$$i = C\frac{\mathrm{d}u_C}{\mathrm{d}t}$$

所以

$$RC\frac{\mathrm{d}u_C}{\mathrm{d}t} + u_C = U_S$$

这是一阶线性非齐次微分方程,初始条件 $u_C(0)=0$,时间常数 $\tau=RC$。

满足零初始状态的微分方程的解是

$$u_C = U_S(1 - \mathrm{e}^{-\frac{t}{\tau}}) \tag{1.16}$$

电路中的电流为

$$i = C\frac{\mathrm{d}u_C}{\mathrm{d}t} = \frac{U_S}{R}\mathrm{e}^{-\frac{t}{\tau}} \tag{1.17}$$

由式(1.16)和式(1.17)可知,电压 u_C 按指数形式增加,最终趋近于 U_S;电流 i 按指数形式衰减,最终趋近于零。其波形图如图 1.25 所示。

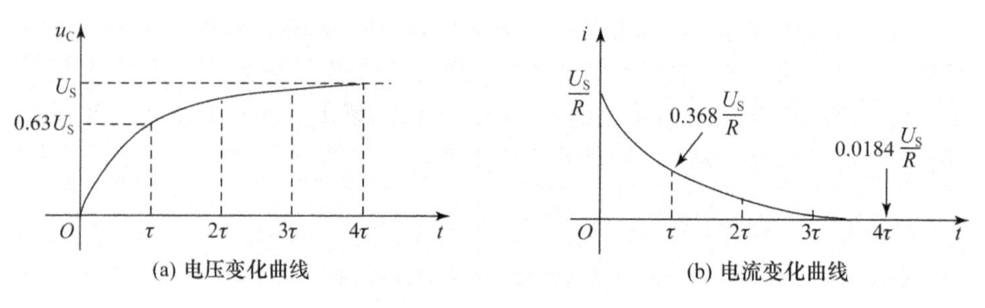

图 1.25 零状态 *RC* 电路 u_C 和 i 随时间变化曲线

从电路的工作状态变化来看,图 1.24 所示电路在 $t=t_{0-}$ 时,开关 S 未闭合,电路处于稳态,这时 $u_C(t_{0-})=0$,$i(t_{0-})=0$。在 $t=t_{0+}$ 时,开关 S 闭合,电路开始进入暂态。由于电容两端电压不能跃变,这时 $u_C(t_{0+})=u_C(t_{0-})=0$,电容如同短路,电源 U_S 全部施加于电阻两端,$i(t_{0+})=U_S/R$ 为最大。电路开始对电容 C 的充电过程,u_C 按指数规律增加,u_R 便按指数规律衰减,于是电流 i 按指数规律衰减。到最后,U_S 几乎全部加于电容 C 两端,充电电流趋于零,这时电容如同开路,电路趋近另一个稳态。

1.6.3 全响应

当外加激励电源输入到非零初始状态的电路中时,所引起的电路响应称为全响应。

如图 1.26 所示,在 $t=0$ 时刻,电容 C 初始电压为 U_0,该时刻开关 S 闭合。在 $t\geqslant0$ 时,电路的响应分为两部分,一是电容初始电压 U_0 引起的零输入响应,

另一是外加激励电源 U_S 引起的零状态响应。对于线性一阶电路，满足叠加定理，即

电路全响应＝(零输入响应)＋(零状态响应)

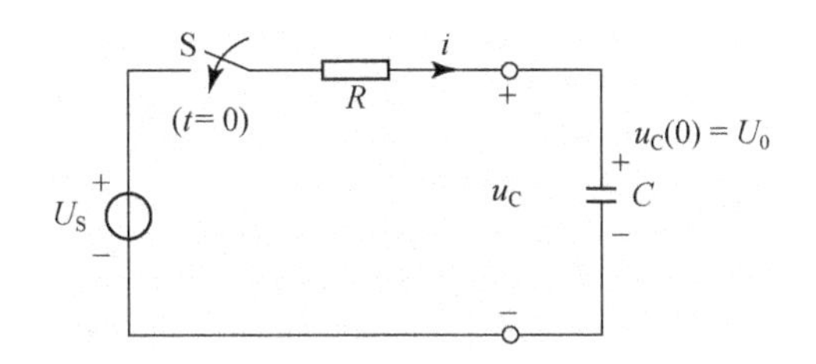

图 1.26　*RC* 电路全响应

由式(1.14)和式(1.16)，可得图 1.26*RC* 电路全响应为

$$u_C = U_0 e^{-\frac{t}{\tau}} + U_S(1 - e^{-\frac{t}{\tau}}) \tag{1.18}$$

分析式(1.16)，得

$$u_C = U_S + (U_0 - U_S)e^{-\frac{t}{\tau}} = u_C(\infty) + [u_C(0) - u_C(\infty)]e^{-\frac{t}{\tau}} \tag{1.19}$$

因此，对一阶 *RC* 电路，当外加直流激励电源时，电路的全响应是由初始值 $u_C(0)$、稳态值 $u_C(\infty)$和时间常数 τ 这三个参量决定的。也就是说，只要知道这三个要素，就可以根据 1.19 式直接写出电路的全响应，这种方法称为三要素法。

三要素法适合于直流激励的一阶电路，任一支路的电压或电流全响应求解，表示为

$$y(t) = y(\infty) + [y(0) - y(\infty)]e^{-\frac{t}{\tau}} \tag{1.20}$$

必须注意，所求解的电路中只能含一个储能元件(或可合并成一个储能元件)，电路的其他部分由电阻、独立源或受控源组成，并且外部激励源为直流源。

确定 *RC* 一阶电路三要素，可按下列规则进行：

(1) 确定初始值 $y(0)$时，初始值不为零的电容由电压为 $u_C(0)$的直流电压源替换，初始值为零的电容看作短路；

(2) 确定稳态值 $y(\infty)$时，电容看作开路；

(3) 确定时间常数 τ 时，将电容以外的电路部分进行戴维宁或诺顿等效(独立源置零，受控源保留)，求得等效电阻，计算时间常数 $\tau=R_oC$。

例 1-6　电路如图 1.27(a)所示，已知电压源 $u_S=1\ \text{V}$，电流源 $i_S=1\ \text{A}$，$R_1=R_2=2\ \Omega$，电容 $C=0.01\ \text{F}$，$r=2\ \Omega$，开关 S 接在 1 点，电路已达稳定状态。$t=0$ 时刻，将开关 S 置入 2 点，在 $t\geqslant 0$ 时，求 $i_1(t)$。

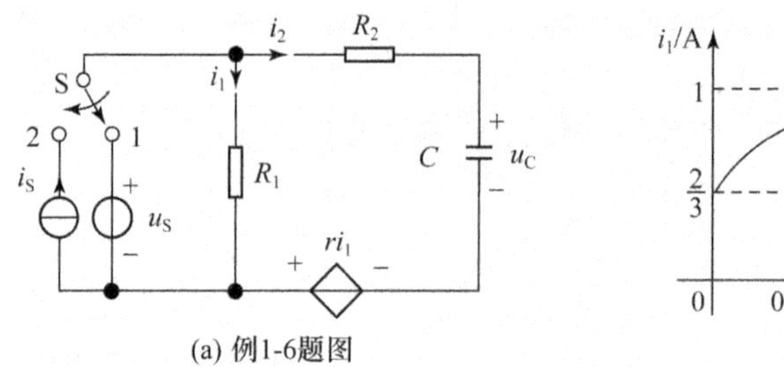

(a) 例1-6题图

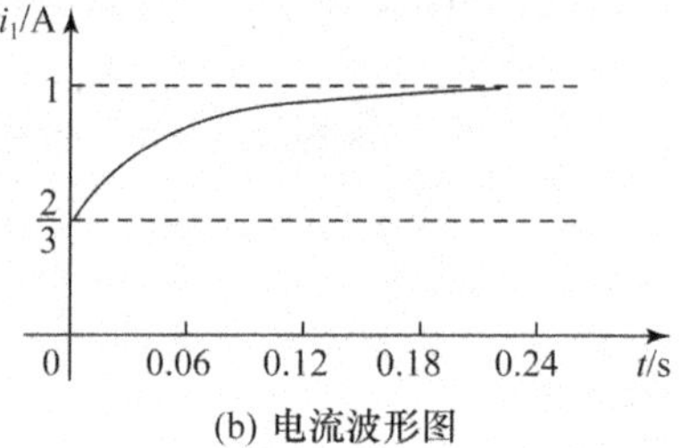

(b) 电流波形图

图 1.27　例 1-6 图

解　在 $t=0_-$ 时刻，电路已达稳态，电容 C 相当于开路，如图 1.28(a)所示，有

$$i_1(0_-)=\frac{u_S}{R_1}=0.5(\text{A})$$

$$u_C(0_-)=i_1(0_-)R_1+i_1(0_-)r=2(\text{V})$$

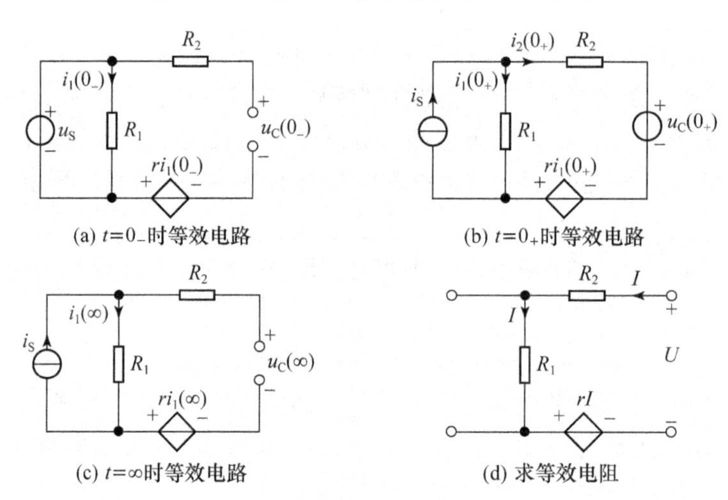

图 1.28　例 1-6 解题用图

(1) 求 $t=0_+$ 时的初始值。

电容电压不能跃变，有

$$u_C(0_+)=u_C(0_-)=2(\text{V})$$

$t=0_+$ 时的等效电路如图 1.28(b)所示，有

$$i_1(0_+)+i_2(0_+)=i_S \tag{1.21}$$

$$i_1(0_+)R_1+i_1(0_+)r=i_2(0_+)R_2+u_C(0_+) \tag{1.22}$$

由式(1.21)和式(1.22)，解得

$$i_1(0_+) = \frac{2}{3}(\mathrm{A}) \tag{1.23}$$

(2) 求 $t=\infty$时的稳态值。

$t=\infty$时的等效电路如图 1.28(c)所示，有

$$i_1(\infty) = 1(\mathrm{A}) \tag{1.24}$$

(3) 求时间常数。

求等效电阻 R_o，将电流源开路，端口外加电压 U，流入电流为 I，如图 1.28(d)所示，有

$$U = IR_1 + IR_2 + rI$$

所以

$$R_o = \frac{U}{I} = 6(\Omega)$$

$$\tau = R_o C = 0.06(\mathrm{s}) \tag{1.25}$$

根据式(1.23)、式(1.24)和式(1.25)，运用三要素法(式(1.20))直接写出

$$i_1(t) = \left(1 - \frac{1}{3}\mathrm{e}^{-\frac{50}{3}t}\right)(\mathrm{A})$$

其波形图如图 1.27(b)所示。

例 1-7　如图 1.29(a)所示的 RC 电路，已知电压源 u_S 为图 1.29(b)所示的周期性方波，$T=10\ \mathrm{ms}$，电容初始电压 $u_C(0)=0$，$C=0.01\ \mu\mathrm{F}$，$R=1\ \mathrm{k\Omega}$。在 $t\geqslant 0$ 时，求 $u_R(t)$。

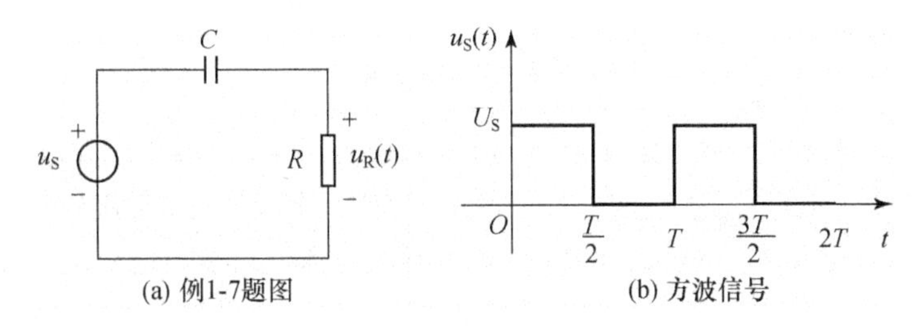

(a) 例1-7题图　　(b) 方波信号

图 1.29　例 1-7 图

解　第一个半周期($0\leqslant t<T/2$)，电容充电，易得

$$u_R(0) = U_S$$

$$u_R(\infty) = 0$$

所以

$$u_R(t) = U_S\mathrm{e}^{-\frac{t}{\tau}} \qquad (0 \leqslant t < T/2)$$

由于 $\tau=RC=10\ \mu\mathrm{s}\ll T/2$，因此，在 $t=T/2$ 时，可以认为电路已经达到稳态，即 $u_C(T/2)=U_S$。

在第二个半周期($T/2\leqslant t<T$)，电容放电，由于电容电压不能跃变，有

$$u_R(T/2) = -U_S$$
$$u_R(\infty) = 0$$

所以

$$u_R(t) = -U_S e^{-\frac{t-T/2}{\tau}} \qquad (T/2 \leqslant t < T)$$

在 $t=T$ 时,电路又达到稳态,$u_C(T)=0$,$u_R(T)=0$。电路又回到初始状态,以后不断地重复上述过程,$u_R(t)$波形如图 1.30 所示。

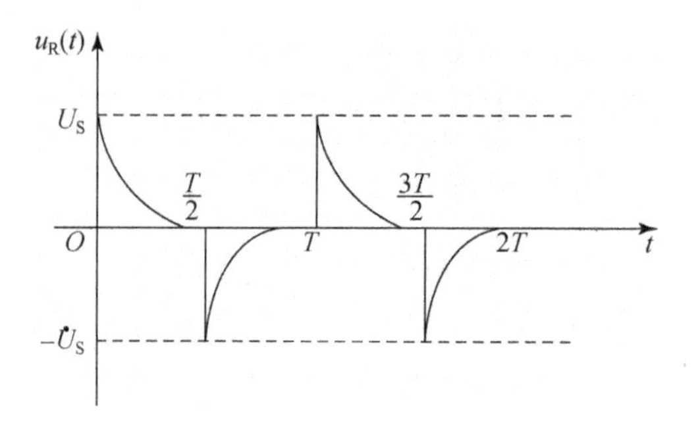

图 1.30　例 1-7 波形图

从最后的波形图上可以看出,输入信号的直流成分被滤除,说明电容有隔直的作用。波形为正负尖脉冲,突出反映了输入信号的跳变部分,而对恒定部分则反映较小。因此,该电路在 $\tau \ll T/2$ 的条件下,构成微分电路。

综合案例

案例 1　本章对一阶 RC 电路的分析中,信号源采用的是阶跃信号或者分段阶跃(矩形脉冲)信号。这些信号可类比于数字脉冲信号,因此其分析结果更适用于数字脉冲电路中。对瞬态响应的分析可以得到电路输出信号上升或下降沿的特性,这些会影响数字脉冲电路的工作速度。而对于模拟电路,通常采用正弦信号为信号源,这时的一阶 RC 电路的响应如何分析呢?

如图 1.24 所示电路,电容 C 初始状态为零,信号源 $u_S = A\cos(\omega t)$,$t=0$ 时刻开关 S 闭合,求电路在 $t \geqslant 0$ 时的响应 $u_C(t)$。

列出电路的微分方程

$$RC\frac{\mathrm{d}u_C}{\mathrm{d}t} + u_C = A\cos(\omega t) \tag{1.26}$$

该微分方程的解包含对应齐次方程的通解 u_{Ch} 和特解 u_{Cp}。

齐次方程通解的形式为

$$u_{Ch} = Ke^{-\frac{1}{RC}} \tag{1.27}$$

其中 K 为待定系数。

求特解 u_{Cp} 时，由于方程右侧为正弦信号，特解可设为同频率的正弦信号

$$u_{Cp}=U_{Cm}\cos(\omega t+\varphi) \tag{1.28}$$

其中 U_{Cm} 和 φ 为待定常数。将式(1.28)代入式(1.26)，可得

$$-RCU_{Cm}\omega\sin(\omega t+\varphi)+U_{Cm}\cos(\omega t+\varphi)=A\cos(\omega t)$$

于是

$$\sqrt{R^2C^2U_{Cm}{}^2\omega^2+U_{Cm}{}^2}\cos[\omega t+\varphi+\arctan(\omega CR)]=A\cos(\omega t)$$

可得

$$\sqrt{R^2C^2U_{Cm}{}^2\omega^2+U_{Cm}{}^2}=A$$

即

$$U_{Cm}=\frac{A}{\sqrt{1+R^2C^2\omega^2}} \tag{1.29}$$

以及

$$\varphi=-\arctan(\omega RC) \tag{1.30}$$

方程的全解为

$$u_C(t)=u_{Ch}+u_{Cp}=K\mathrm{e}^{-\frac{1}{RC}}+U_{Cm}\cos(\omega t+\varphi) \tag{1.31}$$

其中的 U_{Cm} 和 φ 分别由式(1.29)和式(1.30)确定。系数 K 可根据初始条件 $u_C(0)=0$ 求得。令 $t=0$，由式(1.31)得

$$K=-U_{Cm}\cos\varphi$$

故图 1.24 所示电路在正弦信号作用下的零状态响应为

$$u_C(t)=-U_{Cm}\cos\varphi\cdot\mathrm{e}^{-\frac{1}{RC}}+U_{Cm}\cos(\omega t+\varphi) \tag{1.32}$$

式(1.32)中，通解项按指数规律衰减，反映的是电路的瞬态响应。

当 $t\to\infty$ 时[实际上 $t=(4\sim5)RC$ 时]

$$u_C(t)=U_{Cm}\cos(\omega t+\varphi)$$

响应输出只剩下式(1.32)中的特解项，它反映的是电路的稳态响应。

正弦信号输入的模拟电路中，人们更加关注的是稳态响应，称为正弦稳态。后面章节将要学习的放大电路分析，都是指的稳态分析。

电路的正弦稳态分析方法，当然可以采用本案例求解微分方程的方法，也称为时域求解方法。但对于高阶的电路将求解高阶微分方程，这将经历“三角噩梦”。于是人们更倾向于采用变换域的方法，如傅氏变换、拉普拉斯变换等。变换域的方法将时域的微分方程求解转换为代数方程求解。

案例 2　本章分析的电路中，元件和导线等均为理想模型，而实际电路中都有分布参量。例如考察如图 Z1-1(a)所示的两条平行导线，每条导线会有分布电阻和分布电感，导线间会有分布电容，实际电路模型如图 Z1-1(b)所示。

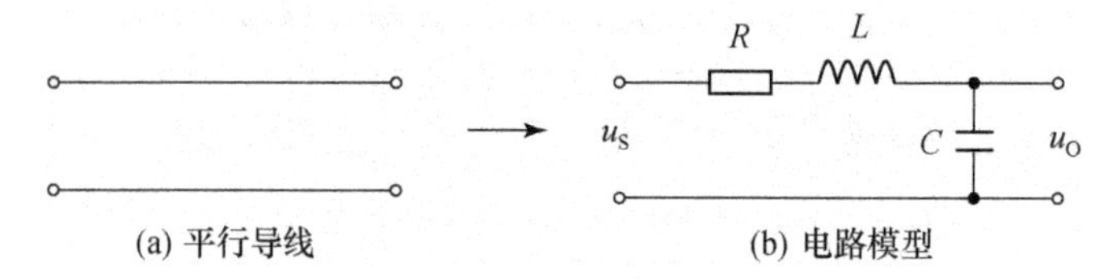

图 Z1-1　平行导线及电路分布参数模型

对于图 Z1-1(b)所示的电路,分析其阶跃信号 $u_S(t)=U_S$ 激励的零状态响应 $u_0(t)$。容易列出电路方程

$$u_L + u_R + u_C = U_S$$

电路中的电流

$$i = C\frac{du_C}{dt}$$

可得

$$u_R = RC\frac{du_C}{dt}$$

$$u_L = L\frac{di}{dt} = LC\frac{d^2u_C}{dt^2}$$

于是

$$LC\frac{d^2u_C}{dt^2} + RC\frac{du_C}{dt} + u_C = U_S \tag{1.33}$$

这是二阶线性非齐次微分方程,其解包含特解和齐次方程的通解,满足式(1.33)的特解为 $u_{Cp}=U_S$。为了求齐次方程的通解 u_{Ch},列出式(1.33)中齐次方程的特征方程

$$s^2 + \frac{R}{L}s + \frac{1}{LC} = 0 \tag{1.34}$$

该方程有两个特征根

$$s_{1,2} = -\frac{R}{2L} \pm \sqrt{\left(\frac{R}{2L}\right)^2 - \frac{1}{LC}}$$

齐次方程通解的形式则由特征根的性质而定,可分为四种不同情况:

(1) 当$\left(\frac{R}{2L}\right)^2>\frac{1}{LC}$时,即$R>2\sqrt{\frac{L}{C}}$时,$s_1$,$s_2$ 为不相等的负实数,此时称电路为过阻尼,非振荡。齐次方程的通解形式为

$$u_{Ch} = K_1e^{s_1t} + K_2e^{s_2t}$$

其中 K_1,K_2 的值由电路的初始条件确定。式(1.33)的解为

$$u_C(t) = u_{Ch} + u_{Cp} = K_1e^{s_1t} + K_2e^{s_2t} + U_S \tag{1.35}$$

式(1.35)的波形如图 Z1-2 所示，可见输出响应是非振荡的，原因是电阻较大，电路过阻尼。在阶跃信号加入后，随着电路电流增加，电感和电容开始储能，电阻消耗能量；又随着电路电流的减小，电感释放能量，电容继续储能，电压继续上升，电阻继续消耗能量。最后电容达到最大储能，电压达到最大，电路电流降为 0。

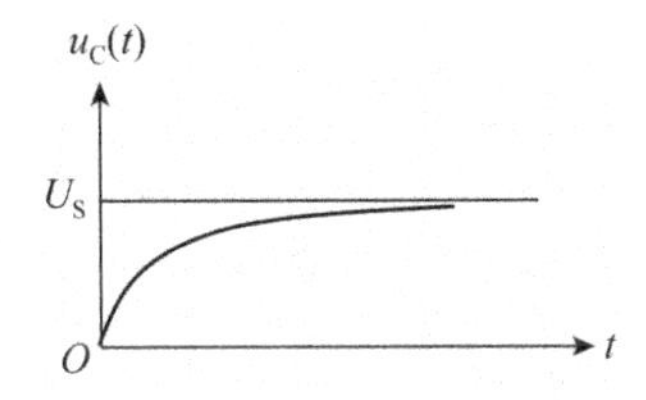

图 Z1-2　过阻尼时的响应波形

(2) 当$\left(\frac{R}{2L}\right)^2=\frac{1}{LC}$时，即$R=2\sqrt{\frac{L}{C}}$时，$s_1$，$s_2$ 为相等的负实数，此时称电路为临界阻尼，临界非振荡。齐次方程的通解形式为

$$u_{Ch}=K_1\mathrm{e}^{s_1t}+K_2t\mathrm{e}^{s_2t}$$

其中 K_1，K_2 的值由电路的初始条件确定。此时式(1.33)的解为

$$u_C(t)=u_{Ch}+u_{Cp}=K_1\mathrm{e}^{s_1t}+K_2t\mathrm{e}^{s_2t}+U_S \tag{1.36}$$

式(1.36)的波形如图 Z1-3 所示，可见输出响应仍然是非振荡的，其波形与图 Z1-2 相似。然而，此时是振荡与非振荡的分界线。

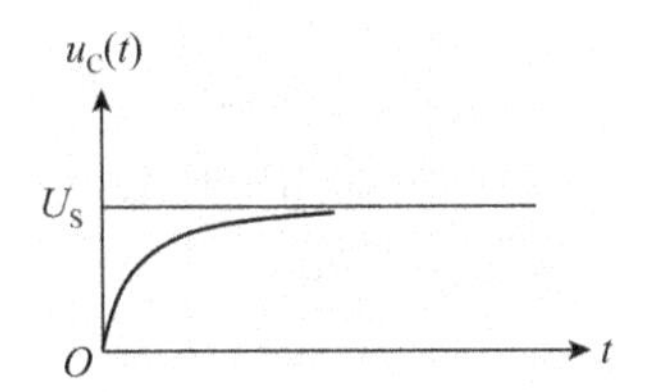

图 Z1-3　临界阻尼时的响应波形

(3) 当$\left(\frac{R}{2L}\right)^2<\frac{1}{LC}$时，即$R<2\sqrt{\frac{L}{C}}$时，$s_1$，$s_2$ 是实部为负数的共轭复数，此时称电路为欠阻尼，幅度按指数规律衰减的振荡。齐次方程的通解形式为

$$u_{Ch}=\mathrm{e}^{-\alpha t}[K_1\cos(\omega_d t)+K_2\sin(\omega_d t)]$$

其中

$$\alpha=\frac{R}{2L}$$

$$\omega_d=\sqrt{\frac{1}{LC}-\left(\frac{R}{2L}\right)^2}$$

K_1, K_2 的值由电路的初始条件确定。此时式(1.33)的解为

$$u_C(t) = u_{Ch} + u_{Cp} = e^{-\alpha t}[K_1\cos(\omega_d t) + K_2\sin(\omega_d t)] + U_S \tag{1.37}$$

式(1.37)的波形如图 Z1-4 所示,可见输出响应为幅度按指数规律衰减的振荡,说明电感、电容的能量将周期性地不断交换下去,但由于电阻不断地耗能,振荡幅度不断衰减。

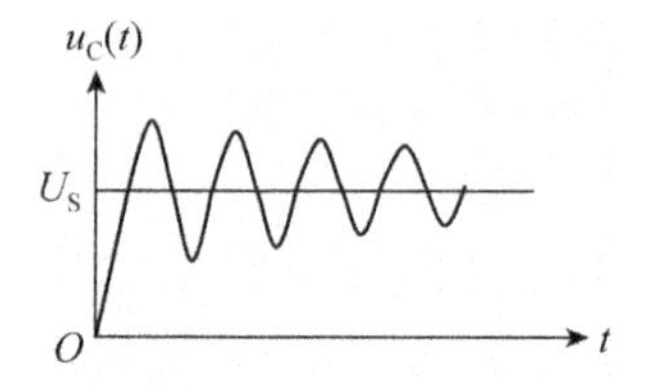

图 Z1-4 欠阻尼时的响应波形

(4) 当 $R=0$ 时,$s_1, s_2 = \pm j\dfrac{1}{\sqrt{LC}}$是共轭虚数,此时称电路为无阻尼,等幅振荡。齐次方程的通解形式为

$$u_{Ch} = K_1\cos(\omega_0 t) + K_2\sin(\omega_0 t)$$

其中

$$\omega_0 = \frac{1}{\sqrt{LC}}$$

K_1, K_2 的值由电路的初始条件确定。此时式(1.33)的解为

$$u_C(t) = u_{Ch} + u_{Cp} = K_1\cos(\omega_0 t) + K_2\sin(\omega_0 t) + U_S \tag{1.38}$$

式(1.38)的波形如图 Z1-5 所示,可见输出响应为等幅振荡,由于无电阻耗能,电感、电容的能量将周期性地不断交换下去。

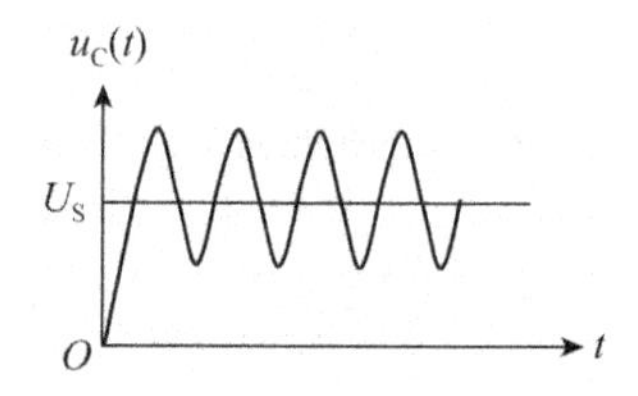

图 Z1-5 无阻尼时的响应波形

本章小结

(1) 电信号分为模拟信号和数字信号,可对信号进行时域分析和频域分析。周期信号的频谱可通过傅里叶级数展开求得,非周期信号的频谱可通过傅里叶积分求得。周期信号的频谱是线频谱,非周期信号的频谱是连续的频谱密度

函数。

(2) 电阻、电容和电感可认为是理想二端线性元件。电容、电感属储能元件,电容两端电压不能跃变,电感电流不能跃变。

(3) 电源分为独立源和受控源。独立源为单口元件,作为电路的输入,可描述为电压源和电流源。受控源为双口元件,是由电子器件抽象而来的电路模型,有四种类型的受控源。

(4) 基尔霍夫定律揭示了电路整体的基本规律,包括节点电流定律和回路电压定律。

(5) 对线性网络,某处的电压或电流是网络中每个独立源单独作用产生的电压或电流的叠加。对线性有源单口网络,均可等效为戴维宁电路或诺顿电路,并且这两种电路也是相互等效的。

(6) 双口网络的特性可用网络内部参量来描述,常用有四种网络参量;还可用网络函数来描述,即观测网络对激励的外部响应。网络函数有策动点函数和传输函数,策动点函数常用来表示电路的输入阻抗或输出阻抗,传输函数常用来表示输出和输入的电压比或电流比。

(7) 一阶 RC 电路的全响应包括零输入响应和零状态响应,电路从一个稳态经过暂态再到另一个稳态的过程为电路的过渡过程。过渡过程曲线是按指数规律上升或衰减,其快慢取决于电路的时间常数。常用三要素法来直接求解 RC 电路的全响应,该方法适用于直流激励的一阶电路。

当激励如周期性方波等信号时,要分时段对 RC 电路进行分析。并注意每个时段结束时,电路是否可以被认为达到稳态。

思　考　题

1-1　电路元件有即时响应的电阻元件和电容、电感动态元件,那么,电路中的受控源可以被看成什么元件?

1-2　图 T1-1 所示两电路接法是否可行?如果可行,u_S 和 i_S 的值应取多少?

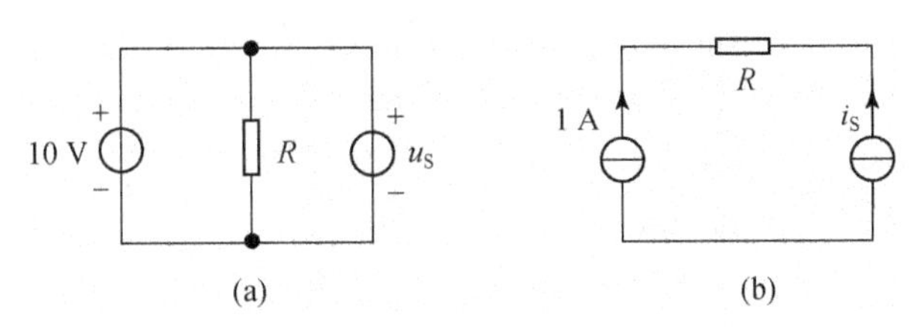

图 T1-1　思考题 1-2 图

1-3 回答图 T1-2 所示各电路中 u 为多少?

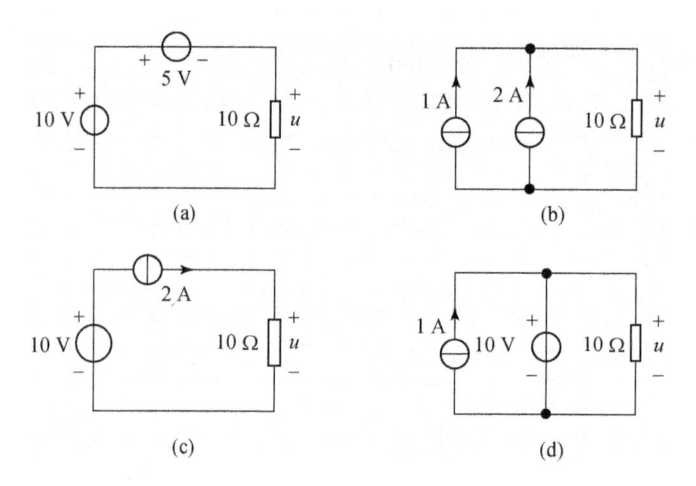

图 T1-2 思考题 1-3 图

1-4 在只含有直流电源和线性电阻的电路中,计算电阻消耗的功率时,叠加定理是否适用?

1-5 试将图 T1-3 所示电流控制电流源电路表示为电压控制电流源,并画出等效电路。

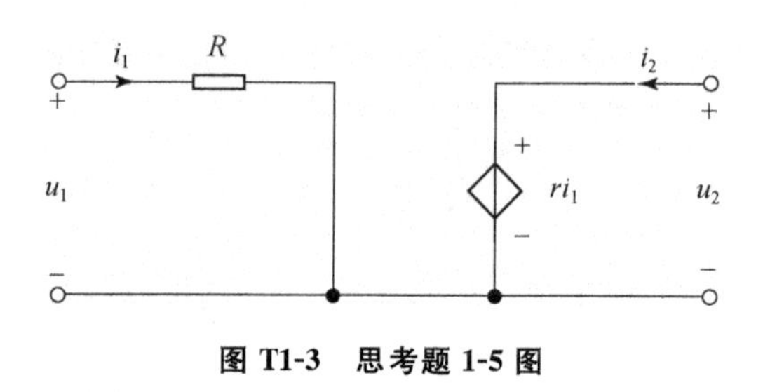

图 T1-3 思考题 1-5 图

1-6 试推导出双口网络的 Z 参量,并分析它们的物理意义。

1-7 在例 1-7 中,输入方波前半周期为电容充电,后半周期为电容放电,且充电与放电时间常数相同,是否可以说电容的充电量与放电量一定相等?

1-8 在例 1-7 中,当时间常数 $\tau \gg T/2$ 时,该电路称为具有隔直作用的 RC 耦合电路,试分析其工作过程。

练 习 题

1-1 求图 P1-1 所示周期性方波 $f(t)$的傅里叶展开式及其频谱。

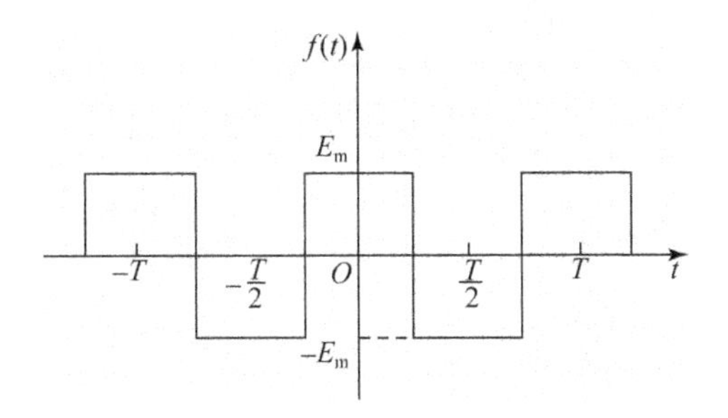

图 P1-1　练习题 1-1 图

1-2　图 P1-2 所示某电路一个节点处，求电流 i。

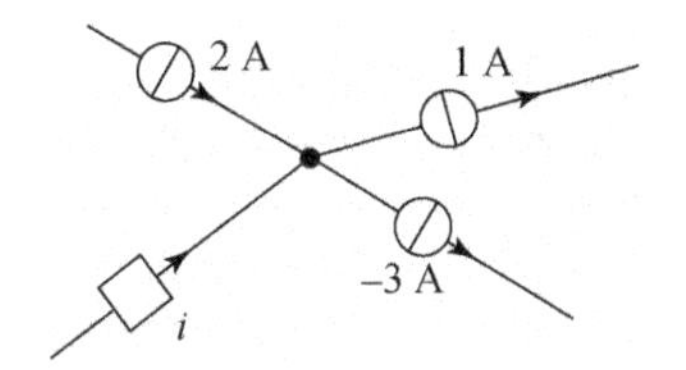

图 P1-2　练习题 1-2 图

1-3　图 P1-3 所示某电路一个回路，求电压 u 及 u_{ab}。

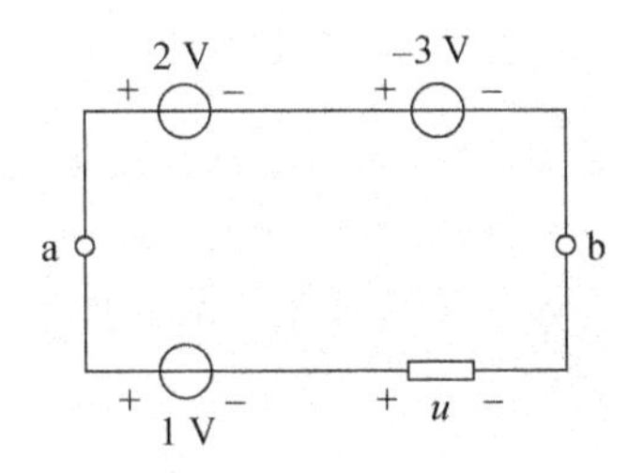

图 P1-3　练习题 1-3 图

1-4　图 P1-4 所示某电路一个回路及已知信号波形，画出 u 的波形。

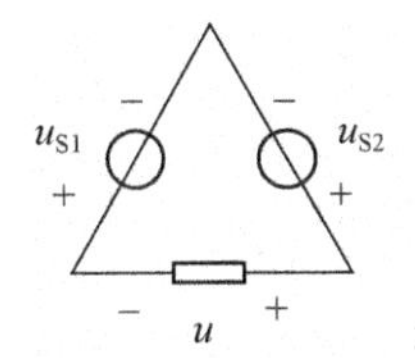

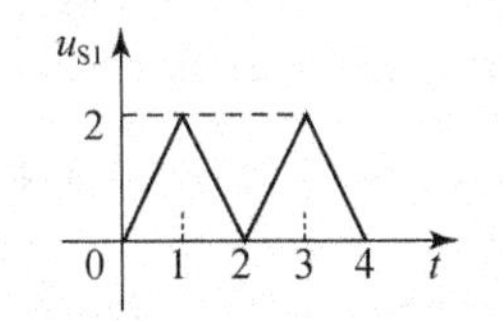

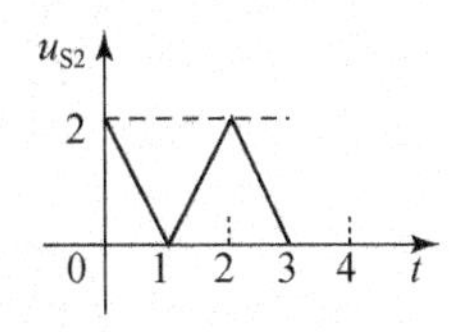

图 P1-4　练习题 1-4 图

1-5 求图 P1-5 所示电路中的 u 和 i_S。

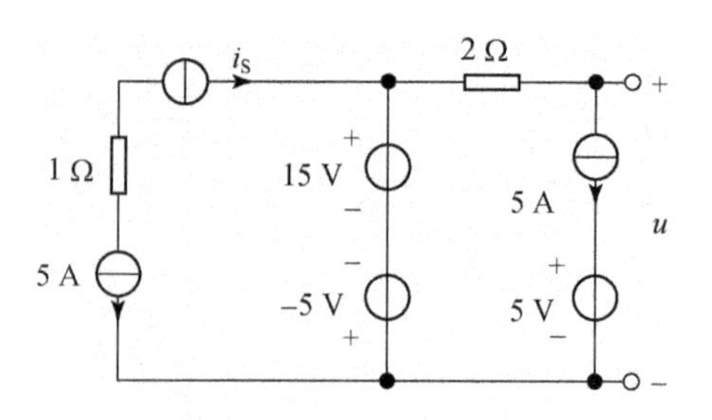

图 P1-5　练习题 1-5 图

1-6 用叠加定理求图 P1-6 所示电路中的 u 和 i。

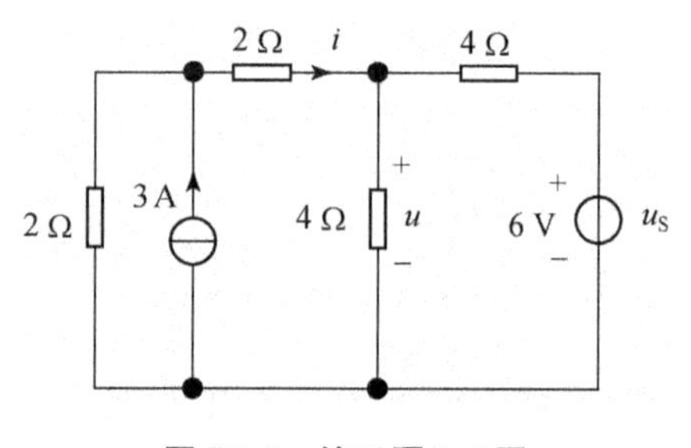

图 P1-6　练习题 1-6 图

1-7 图 P1-6 所示电路中,改变 u_S,其他参数不变,要使 $i=0$,需将 u_S 调整到多大?

1-8 求图 P1-7 所示电路对于负载 R_L 的诺顿等效电路。

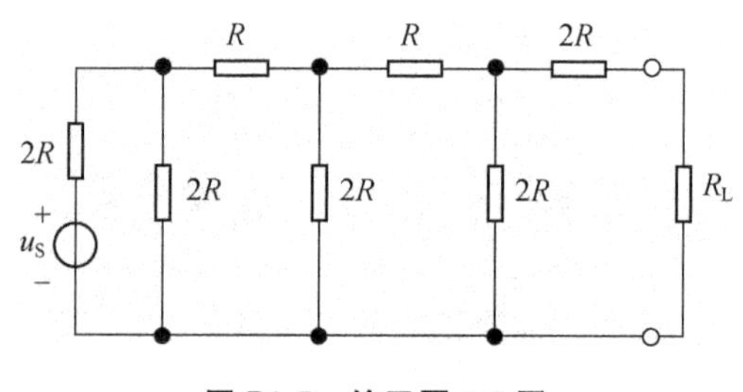

图 P1-7　练习题 1-8 图

1-9 图 P1-8 所示电路,已知 $a=1$,先将电路进行戴维宁等效,再求负载电流 i_L。

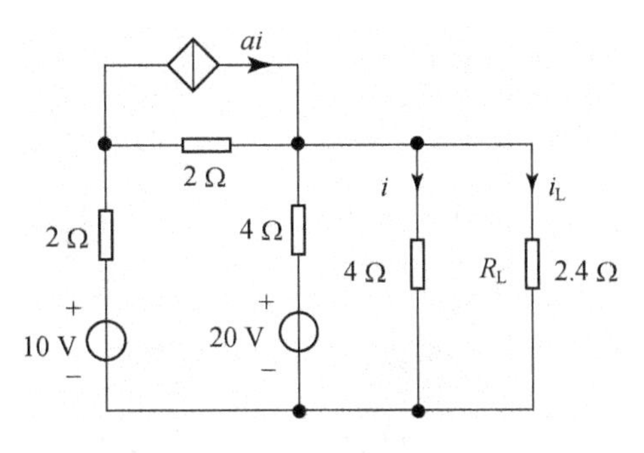

图 P1-8　练习题 1-9 图

1-10　图 P1-9 所示有端接的双口网络，输入端接信号源 u_S，内阻为 R_S，输出端接负载 R_L，求双口网络的 H 参量，并求网络的 R_i，R_o，A_u 和 A_i。

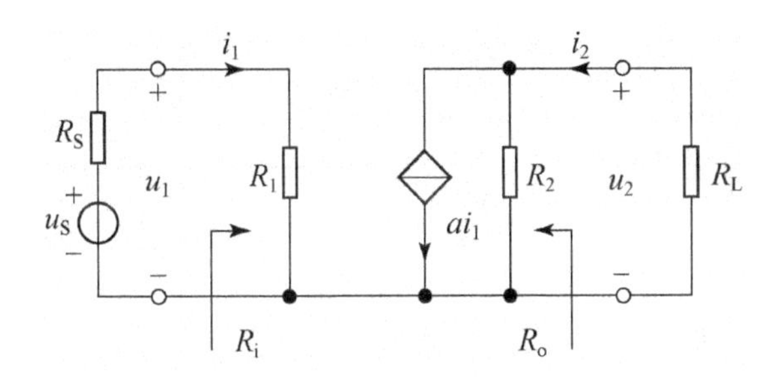

图 P1-9　练习题 1-10 图

1-11　求图 P1-10 所示的双口网络函数 R_i，R_o，A_u 和 A_i。

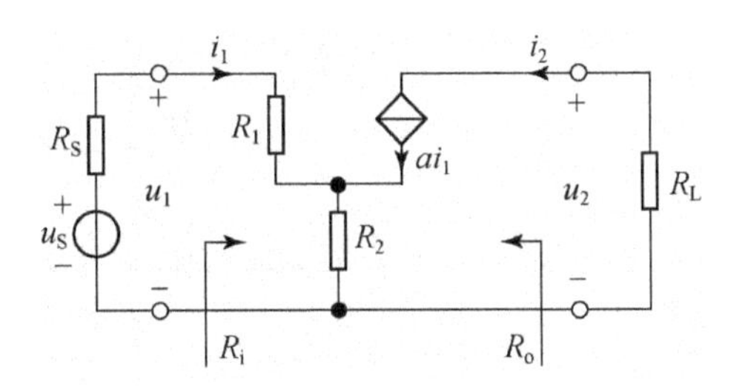

图 P1-10　练习题 1-11 图

1-12　图 P1-11 所示电路中，开关 S 接在 1 点时，电路已达稳定状态，$t=0$ 时刻，将开关 S 置入 2 点，在 $t \geqslant 0$ 时，求 $u_C(t)$，并画出波形图。

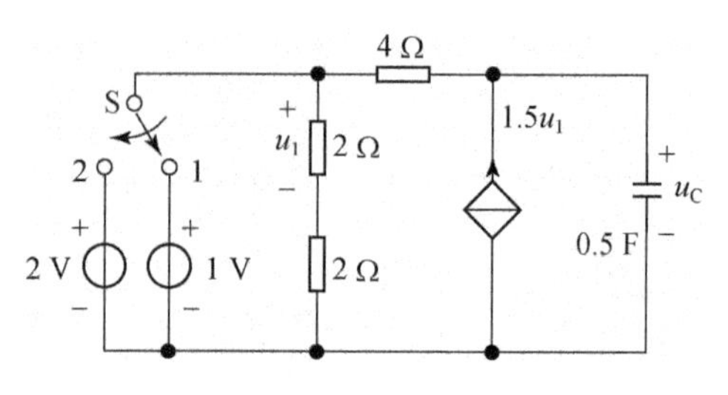

图 P1-11 练习题 1-12 图

1-13 图 P1-12 所示的 RC 电路中，电容初始电压为零，在 $t=0$ 时刻输入周期性方波信号电压源 u_S。

(1) 画出 u_1 和 u_2 波形图；

(2) 求 u_1 的上升沿时间；

(3) 求 u_2 脉冲波形的宽度。

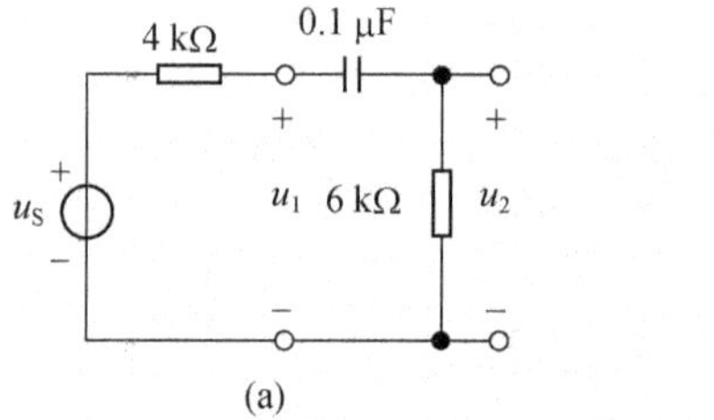

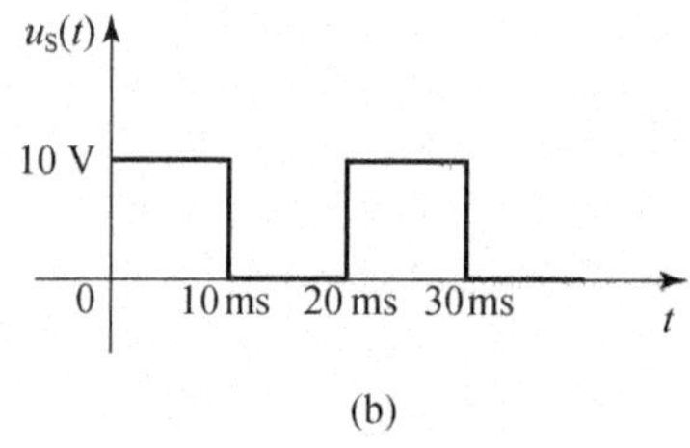

图 P1-12 练习题 1-13 图

1-14 图 P1-13 所示的电路中，开关 S 初始接在 1 点，电路已达稳定状态，在 $t=0$ 时刻，将开关 S 置入 2 点，在 $t=10$ ms 时刻，再将开关置入 1 点，就这样每隔 10 ms 开关交替一次，在 $t\geqslant 0$ 时，求 $u_C(t)$ 和 $u_R(t)$，并画出波形图。

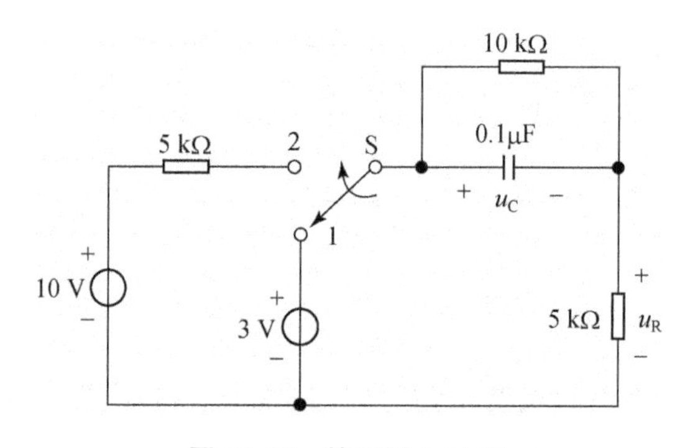

图 P1-13 练习题 1-14 图

第 2 章　半导体器件

半导体器件一般呈非线性，是组成各种电子电路的基础。本章首先介绍半导体的基础知识，然后介绍半导体二极管、半导体三极管和场效应管三种常用的半导体器件。重点介绍它们的基本原理、特性曲线和主要应用参数，不去深究半导体物理方面的问题。

2.1　半导体基础知识

2.1.1　半导体

导电能力介于导体和绝缘体之间的物质称为半导体。半导体的导电性能是由其原子结构决定的。常用的半导体材料是四价元素硅(Si)和锗(Ge)，两者最外层轨道上都有 4 个电子，称为价电子。

1. 本征半导体

纯净的具有晶体结构的半导体称为本征半导体。在本征半导体晶体中，原子间排列整齐，每个原子的一个价电子和相邻原子的一个价电子组成较为稳定的结构，称为共价键结构，如图 2.1 所示。共价键的结合力很强，因此，价电子很难挣脱共价键的束缚成为自由电子，半导体导电能力很弱。

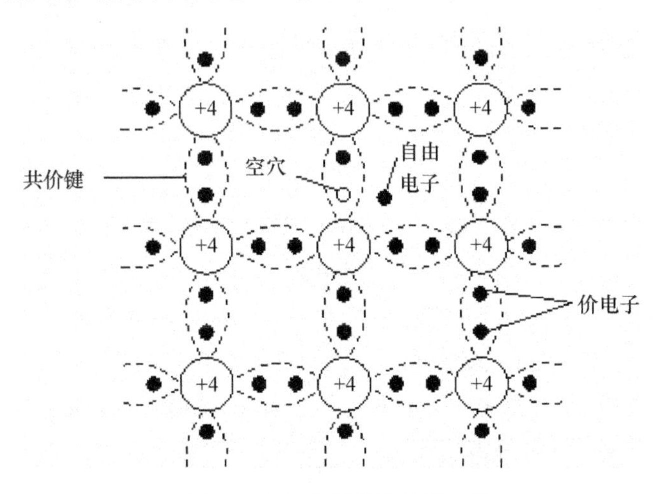

图 2.1　本征半导体结构示意图

当在热或光的激励下,少数价电子将获得足够能量,挣脱共价键的束缚而成为自由电子(这种现象称为本征激发)。在半导体两端外加电场时,这些自由电子将产生定向运动,形成电子电流。由自由电子引起的导电性叫作电子导电性。

当一部分价电子成为自由电子时,在原来共价键中就出现一个空位,称为空穴,如图 2.1 所示。因空穴是由于缺少一个电子而形成的,相应原子带正电,或者说空穴带正电。因此,空穴有吸引电子的作用。外加电场的作用,能使相邻共价键中的电子迁入空穴,并产生新的空穴。从而形成空穴的定向移动,形成空穴电流。由空穴引起的导电性叫作空穴导电性。

在本征半导体中,电子与空穴总是同时成对地产生,成为电子-空穴对。由于它们所带电荷的极性不同,在外电场的作用下运动方向相反,半导体总电流是两个电流之和。因此,本征半导体中电子和空穴都参与导电,称本征半导体具有两种载流子。

本征激发会不断地产生,电子-空穴对也会不断地产生。同时,电子与空穴相遇就会再次进入空穴,使电子和空穴同时消失,这种情况称为复合。在一定温度下,电子-空穴的产生和复合会达到动态平衡,使得半导体中载流子的浓度保持一定。半导体中载流子的浓度除与本身材料性质有关外,还与温度密切相关。随着温度的升高,载流子浓度基本上按指数规律增加。因此,半导体具有温度敏感性,容易制成热敏元件、光敏元件等。

2. 杂质半导体

本征半导体载流子浓度低,导电能力弱。在本征半导体中掺入少量的杂质元素可以大大提高载流子的浓度,其导电性能会发生显著变化。掺杂后的半导体称为杂质半导体。按掺入的杂质元素不同,可形成 N(Negative)型半导体和 P(Positive)型半导体。

(1) N 型半导体。

若在四价本征半导体中掺入少量五价元素(如磷、砷等),则一个五价原子在晶格中占据了一个四价原子的位置,如图 2.2 所示。它的价电子中有四个与相邻四价元素的价电子组成共价键,还多出一个价电子不在共价键中。多余电子受原子核束缚较弱,室温下就能成为自由电子,原五价原子则成为不能移动的正离子。由于共价键是完好的,所以并不产生空穴。这种五价原子具有提供自由电子的作用,常被称为施主原子。

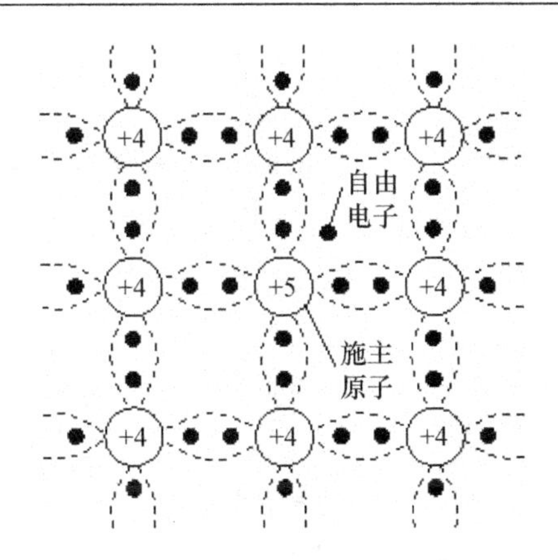

图 2.2　N 型半导体结构示意图

掺入五价元素的半导体中仍然存在本征激发产生的电子-空穴对，但数量很少。因此，N 型半导体中，自由电子的浓度大于空穴的浓度。自由电子被称为多数载流子(简称多子)，空穴被称为少数载流子(简称少子)。在外电场的作用下，N 型半导体中的电流主要是电子电流，掺入的杂质越多，导电性能就越强。

(2) P 型半导体。

若在四价本征半导体中掺入少量三价元素(如硼、镓等)，则因杂质原子只有三个价电子，它与四个相邻的四价元素能组成三个共价键，因此出现一个空穴，吸引电子来填充，如图 2.3 所示。由于三价原子具有接受电子的作用，常被称为受主原子。

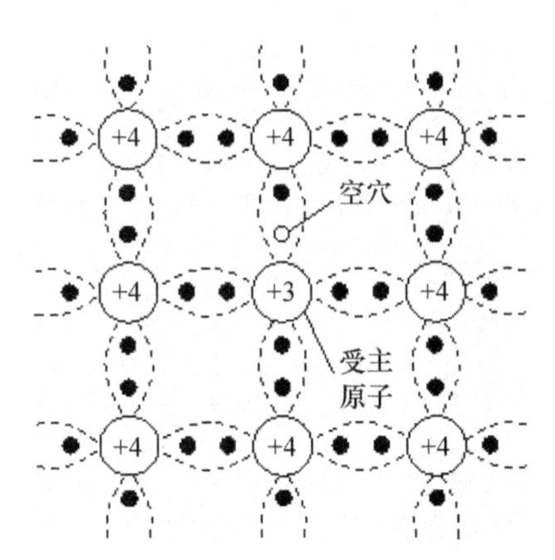

图 2.3　P 型半导体结构示意图

P 型半导体中，空穴是多子，电子是少子，掺入的杂质越多，导电性能就越强。

由于杂质半导体主要靠多子导电，其温度特性要远好于本征半导体。

2.1.2 PN结

N型半导体和P型半导体单独在电路中应用类似于电阻。但当把它们通过特殊工艺结合在一起,交界面处就会形成PN结,并呈现出单向导电的物理特性。

1. PN结的形成

通过不同的掺杂工艺使一块半导体材料的一边为P型材料,另一边为N型材料,分别称为P区和N区。P区的空穴浓度高,N区的电子浓度高。在它们的交界面处,浓度高的载流子要越过两区的界面向浓度低处运动,称为扩散运动,如图2.4所示。P区的空穴扩散到N区,与N区边界附近的电子复合,同时N区的电子扩散到P区,与P区边界附近的空穴复合。交界面区域的载流子被基本耗尽,该区域被称为耗尽层。于是,在P区形成不能移动的负离子区,N区形成不能移动的正离子区,故该区域又称为空间电荷区,如图2.5所示。

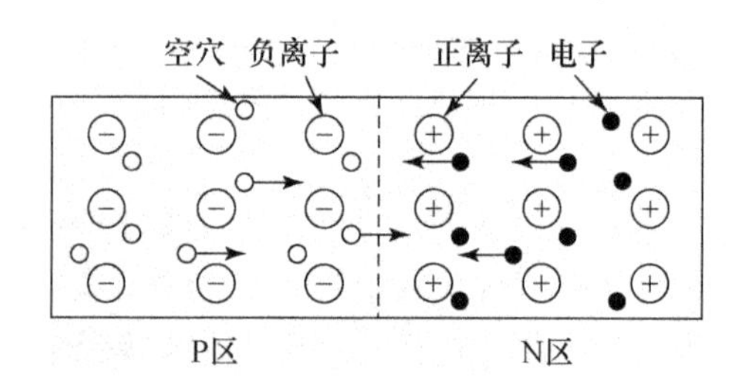

图2.4 PN结形成过程示意图

空间电荷区形成由N区指向P区的内电场,阻止多数载流子的扩散运动,同时使两边少数载流子产生漂移运动。当多子的扩散与少子的漂移达到动态平衡时,空间电荷区将保持一定的宽度,形成PN结。当P区与N区杂质浓度相等时,正负离子区宽度相等,这时形成对称结;当两边杂质浓度不同时,将形成非对称结。

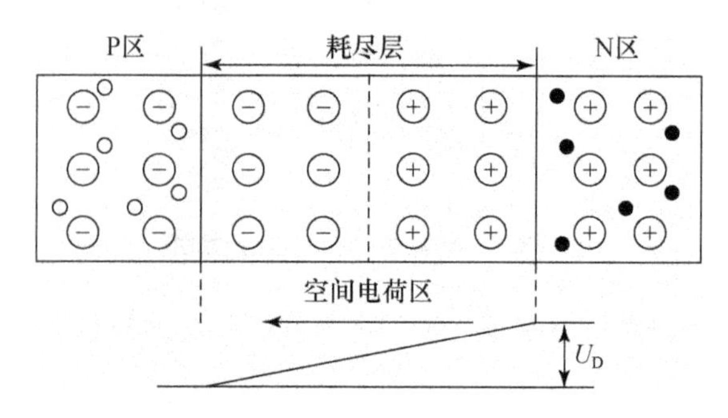

图2.5 PN结形成的空间电荷区

2. PN 结的单向导电性

在 PN 结两端外加电压，则耗尽层内的电场有空间电荷激励的内电场，也有外电源激励的外电场，PN 结原平衡状态将被破坏。PN 结外加不同极性的电压时，将表现出截然不同的导电性能，具有单向导电特性。

如图 2.6 所示，外电源正极接 P 区，负极接 N 区，这种接法称为 PN 结正向偏置。这时，外电场与 PN 结中内电场方向相反，内电场被削弱。外电场将多数载流子推向空间电荷区，使其变窄，扩散电流大大超过漂移电流，最后形成一个较大的正向电流，其方向由 P 区流向 N 区，PN 结导通。

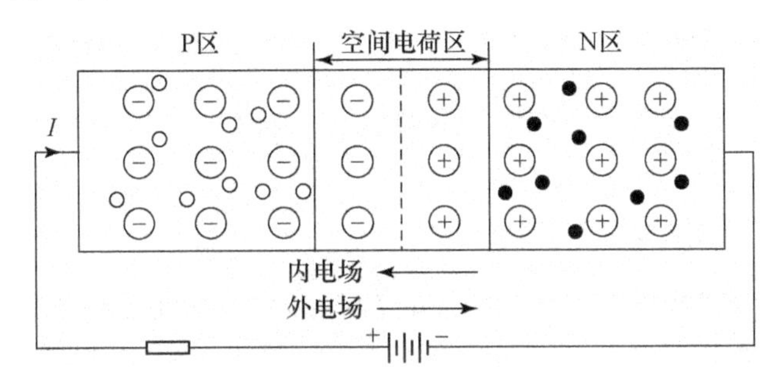

图 2.6　PN 结正向偏置

若改变外电源极性，如图 2.7 所示，正极接 N 区，负极接 P 区，这种接法称为 PN 结反向偏置。这时，外电场与 PN 结中内电场方向相同，内电场被加强，空间电荷区变宽，阻止多子的扩散，而加剧少子的漂移。由于少子浓度很低，最后形成一个非常小的反向电流，称为反向饱和电流，通常认为 PN 结截止。

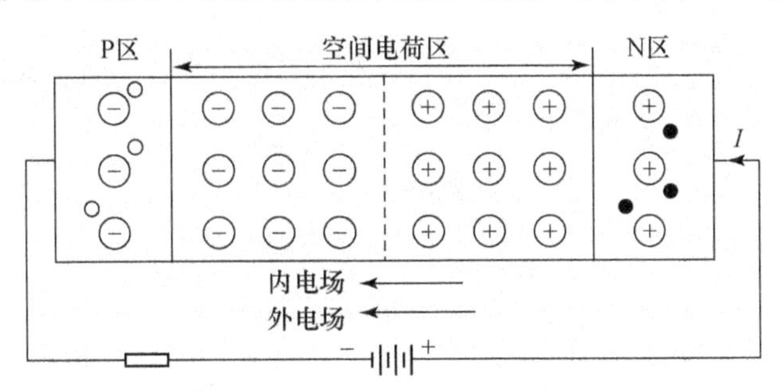

图 2.7　PN 结反向偏置

3. PN 结的电容效应

由于 PN 结两端电压的变化，会引起 PN 结内电荷的变化，因此 PN 结存在电容效应。PN 结中存在两种电容，即势垒电容和扩散电容。

在 PN 结的空间电荷区中，交界面两侧存储了极性不同的空间电荷。在外加电压变化时,空间电荷量随之变化,与电容的放电和充电过程一样。这种由PN结的空间电荷区形成的电容,称为势垒电容,又称结电容。

当PN结正向偏置时,N区的多子电子向P区扩散,同时P区的多子空穴向N区扩散。当外电压一定时,靠近交界面处的N区空穴和P区电子的浓度高,远离交界面处的浓度低,即形成一定的浓度梯度。当外电压变化时,浓度梯度也随之变化,与电容的充放电过程相同。这种由多数载流子在扩散过程中形成的电容,称为扩散电容。

一般来说,PN结正向偏置时,扩散电容起主要作用;反向偏置时,势垒电容起主要作用。

2.2 半导体二极管

2.2.1 二极管的结构

半导体二极管是将一个PN结用外壳封装起来,并加上相应的电极引线构成的,它是一个二端元件。从PN结P区引出的电极称为阳极(正极),从N区引出的电极称为阴极(负极)。二极管在电路中的符号如图2.8所示。

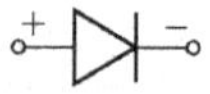

图2.8 二极管的电路符号

根据半导体材料的不同,二极管可分为硅管和锗管。

根据结构的不同,二极管常分为点接触型、面接触型和平面型三类,如图2.9所示。

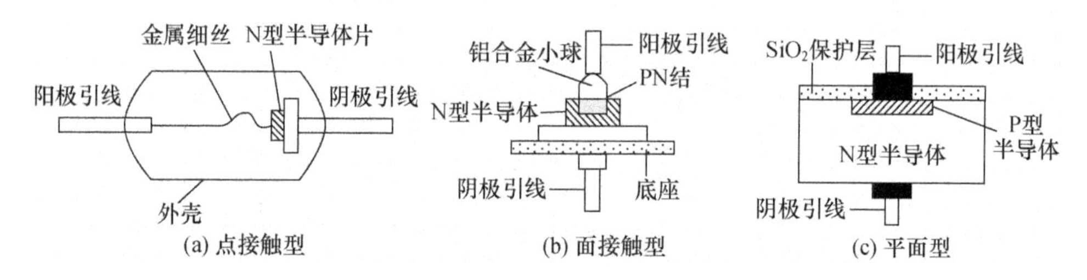

图2.9 二极管的三种结构

点接触型(图2.9(a))是用一根细金属丝与半导体表面相接形成PN结。其接触面积小,不能通过较大的电流,但结电容小,适用于高频电路中。

面接触型(图2.9(b))采用合金法做成较大接触面积,能够通过较大电流,但结电容大,适用于低频大电流电路中。

平面型(图2.9(c))采用扩散法制成,并采用二氧化硅作保护层,质量较好。结面积大的可作为大功率整流管,结面积小的可作为高频管或高速开关管。

2.2.2　二极管的伏安特性

二极管的伏安特性是指管子两端电压与流过它的电流之间的关系。

由理论分析可知，PN 结两端电压 u 与流过它的电流 i 之间的关系为

$$i = I_S(e^{\frac{u}{U_T}} - 1) \tag{2.1}$$

式中 I_S 为反向饱和电流；U_T 为温度的电压当量，室温（300 K）时，$U_T = 26\ \text{mV}$。

由于实际二极管存在半导体电阻和引线电阻以及其表面漏电流的存在，相同条件下，正向偏置时，二极管的电流要小于 PN 结的电流，反向偏置时，电流则大于 PN 结的电流。但在近似分析时，仍然可使用式（2.1）来描述二极管的伏安特性。

二极管的伏安特性分为正向偏置时的正向特性和反向偏置时的反向特性。伏安特性曲线分为四个区域，如图 2.10 所示。

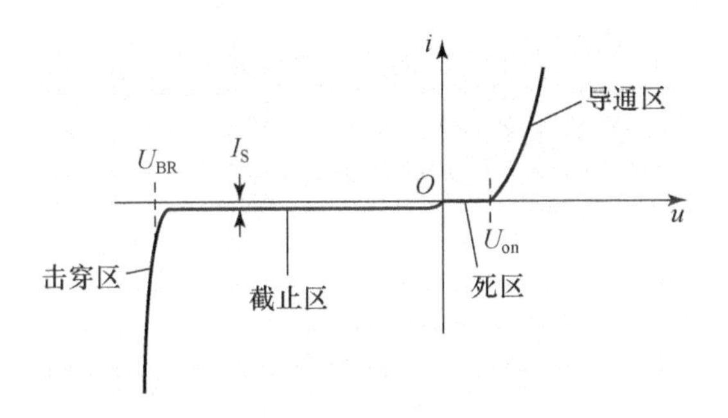

图 2.10　二极管的伏安特性曲线

1. 死区

实测二极管伏安特性时发现，其两端正向电压较小时，二极管正向电流几乎等于零。只有当正向电压超过某一数值时，二极管正向电流才开始明显增大。正向特性中的这一区域称为死区，这一临界电压称为开启电压 U_{on}。硅管的 $U_{on} \approx 0.5\ \text{V}$，锗管的 $U_{on} \approx 0.1\ \text{V}$。

2. 导通区

当二极管两端正向电压超过开启电压时，正向电流随正向电压增大而迅速增大。由式（2.1），当 $u \gg U_T$ 时

$$i \approx I_S e^{\frac{u}{U_T}} \tag{2.2}$$

即 i 随 u 按指数规律变化。

3. 截止区

当二极管两端加反向电压时，由式（2.1），当 $|u| \gg U_T$ 时

$$i \approx -I_S \tag{2.3}$$

二极管只有很小的反向饱和电流,此时二极管处于截止状态。

4. 击穿区

当二极管两端的反向电压增加到一定数值 U_{BR} 时,反向电流将急剧增加,U_{BR} 称为反向击穿电压。这是由于反向电压在 PN 结上形成很强的电场,直接破坏共价键或使载流子高速碰撞,使价电子脱离共价键,形成较大的反向电流。

由于二极管正向导通或反向击穿时,都可能会有较大电流流过,若不加限制,都可能造成二极管的永久性损坏。实际中,常在回路中串联一个限流电阻,以保护二极管。

二极管的伏安特性具有非线性,这给分析二极管应用电路带来困难。工程实际中,常用线性元件构成的等效电路来近似模拟二极管的特性。由于实际电路中,二极管正向导通时的电流有一定的范围,其两端电压变化甚小,可近似认为电压不变。因此,二极管正向特性可近似为一个电压 U_D 为导通电压的电压源;反向特性可近似为开路。硅管的 $U_D \approx 0.7$ V,锗管的 $U_D \approx 0.2$ V。

例 2-1 分析二极管正向导通特性。若要使二极管电流增大为原来的 10 倍,求二极管两端电压需变化多少?

解 根据式(2.2),二极管变化前后的电流为

$$i_1 \approx I_S e^{\frac{u_1}{U_T}}$$

$$i_2 \approx I_S e^{\frac{u_2}{U_T}}$$

则

$$\frac{i_2}{i_1} \approx e^{\frac{u_2 - u_1}{U_T}}$$

$$u_2 - u_1 \approx U_T \ln \frac{i_2}{i_1}$$

其中,$i_2 = 10i_1$,$U_T = 26$ mV,则

$$\Delta u = u_2 - u_1 \approx 60(\text{mV})$$

说明二极管正向导通时,要使电流大范围变动,仅需很小的电压变化。

例 2-2 如图 2.11 所示电路中,二极管导通电压 U_D 约为 0.7 V,试估算电路中的电流的数值。

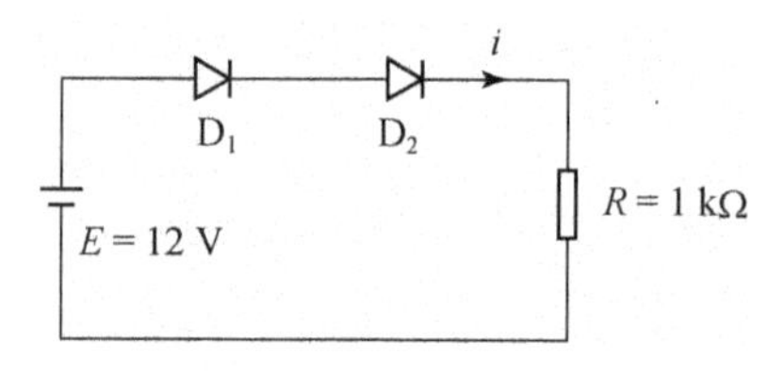

图 2.11 例 2-2 图

解　二极管因加正向电压而导通，所以

$$U_R = E - U_{D_1} - U_{D_2}$$

所以

$$i = U_R/R = 10.6(\text{mA})$$

2.2.3　二极管的主要参数

二极管的主要参数包括标志其工作质量好坏的性能参数和标识其正常安全使用范围的极限参数。

1. 性能参数

(1) 直流电阻 R_D。电路中二极管外加直流正向电压时，将有一直流电流，在特性曲线上反映该电压和电流的点称为直流工作点 Q。R_D 即是 Q 点处电压与电流的比值，即

$$R_D = U_Q/I_Q$$

从曲线上看，Q 点与原点连线斜率的倒数就是 R_D，如图 2.12(a)所示。

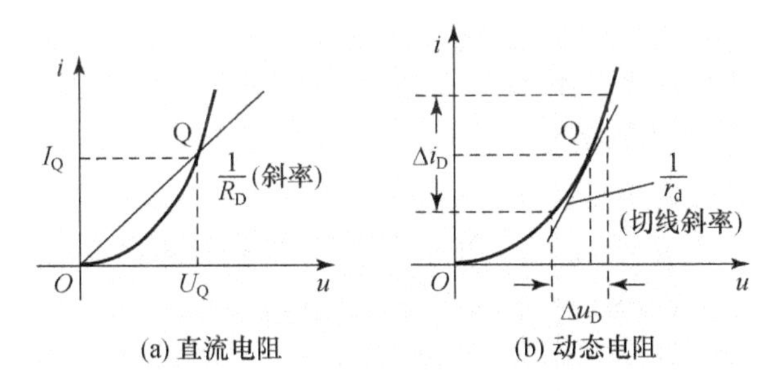

图 2.12　二极管直流电阻和动态电阻

(2) 动态电阻 r_d。当二极管在 Q 点的基础上外加微小电压的变化量 Δu_D，则会引起电流的微小变化量 Δi_D。可将二极管等效成一个动态电阻 r_d，且

$$r_d = \Delta u_D/\Delta i_D$$

从曲线上看，r_d 就是二极管正向特性曲线在 Q 点处切线斜率的倒数，如图 2.12(b)所示。

由式(2.2)容易得出

$$r_d \approx U_T/I_Q$$

在二极管正向导通电路分析时，直流通路可将二极管等效成电压源 V_D 串联 R_D，交流通路可将二极管等效成 r_d。二极管的 R_D 和 r_d 越小越好。

(3) 反向电流 I_R。I_R 是二极管未被击穿时的反向电流。I_R 越小，其单向导电性能越好。

2. 极限参数

(1) 最大整流电流 I_F。I_F 是二极管长期运行时允许通过的最大正向电流的平均值,与PN结面积和散热条件及半导体材料有关。若正向平均电流超过此值,可能使二极管因过热而烧毁。

(2) 最大反向工作电压 U_R。U_R 是二极管工作时允许外加的最大反向电压,超过此值时,二极管可能会因反向击穿、电流剧增而烧毁。为确保安全,一般规定 U_R 为反向击穿电压 U_{BR} 的一半。

(3) 最高工作频率 f_M。f_M 是二极管正常工作的上限截止频率,超过此值时,由于结电容效应,二极管的单向导电性能将明显变差。

2.2.4 二极管的应用

利用二极管的单向导电特性,可以构成各种各样的应用电路。下面介绍二极管的整流电路、限幅电路和门电路三种应用电路。

1. 整流电路

整流电路的作用是将交流电压变换为直流电压,常用在直流稳压电源电路中。图2.13中,输入正弦信号 u_i 的平均电压值为零,即无直流分量。当 u_i 为正半周时,二极管正向偏置导通,近似短路,$u_o=u_i$;当 u_i 为负半周时,二极管反向偏置截止,近似开路,$u_o=0$。于是得到平均电压非零的单向脉动输出电压 u_o。由于每周期 u_o 只有半个波,该电路称为半波整流电路。

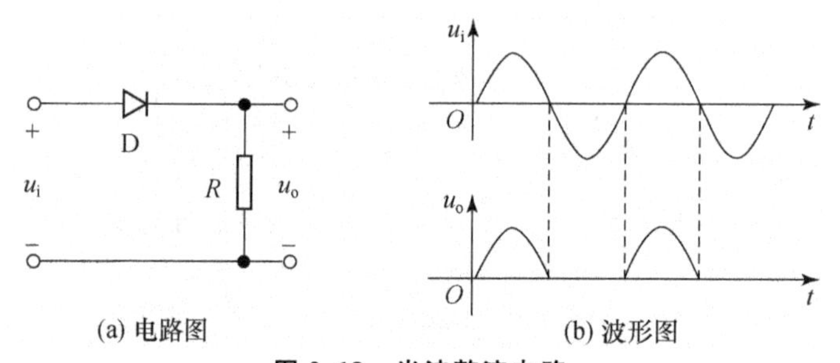

(a) 电路图　　(b) 波形图

图2.13　半波整流电路

2. 限幅电路

限幅电路的作用是将输出电压的幅度限制在一定的范围之内,可用在保护电路中。如图2.14所示,输入正弦信号 u_i 的幅度 $A>U_R$。当 $u_i>U_R$ 时,二极管正向偏置导通,这时 $u_o=U_R$;当 $u_i<U_R$ 时,二极管反向偏置截止,$u_o=u_i$。于是输出电压 u_o 被削顶,该电路又称为削波电路。U_R 称为限幅电压,其大小和方向改变时,u_o 也将改变。

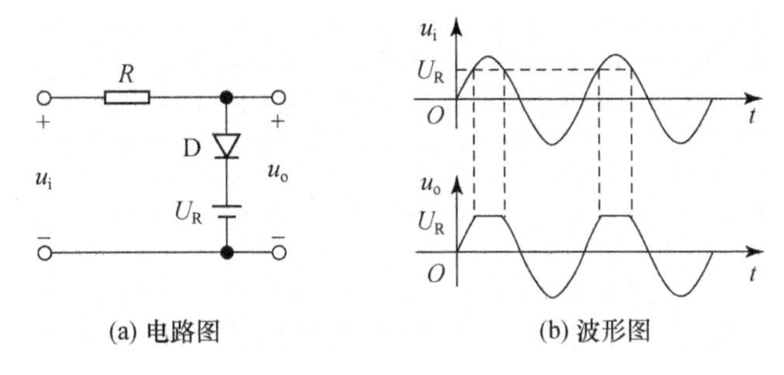

(a) 电路图 (b) 波形图

图2.14 限幅电路

3. 门电路

门电路是数字电路的基本单元,可实现数字信号的逻辑运算。图2.15是由二极管构成的与门电路。当输入信号A和B都为高电平时,二极管D_1和D_2两端电压均为零,均处于截止状态,输出电压C为高电平;当输入信号A和B中有一个为低电平时,二极管D_1和D_2中至少有一个正向偏置导通,输出电压C则为低电平。因此有$C=A \cdot B$。

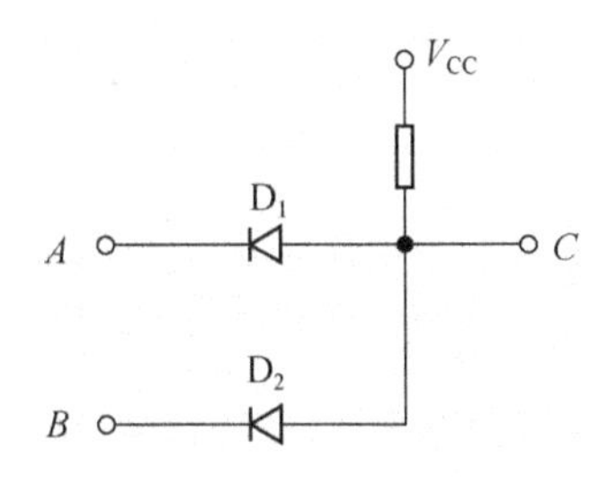

图2.15 与门电路

2.2.5 稳压二极管

除了前面介绍的普通二极管外,还可根据材料和制造工艺的不同,制作出各种不同用途的特殊二极管,如稳压、发光、光电、变容二极管等等。本节只介绍稳压二极管。

1. 稳压二极管的稳压特性

稳压二极管简称稳压管,它是一种面接触型的硅二极管,正常工作在反向击穿状态。当稳压管被反向击穿时,在一定的电流范围内,其端电压几乎保持不变,表现出良好的稳压特性。其电路符号和伏安特性曲线如图2.16所示。

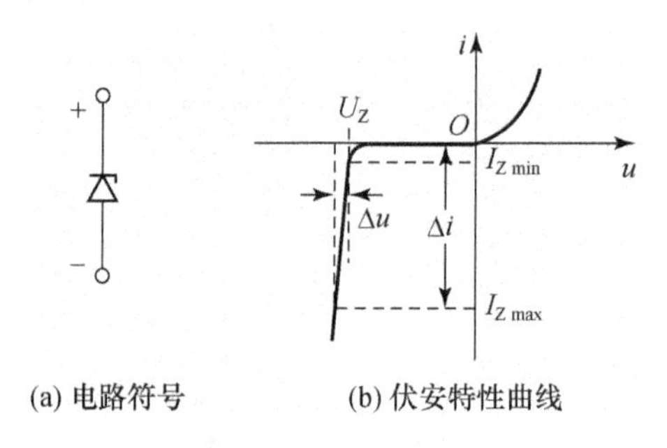

(a) 电路符号　　(b) 伏安特性曲线

图 2.16　稳压管电路符号及伏安特性曲线

可以看出,稳压管的反向击穿曲线比普通二极管更为陡峭,稳压特性明显。只要控制其反向击穿电流不要过大,管子就不会烧毁。

2. 稳压二极管的主要参数

(1) 稳定电压 U_Z。U_Z 是稳压管工作在反向击穿时的稳定工作电压。该参数随温度和电流的不同会略有变化,且不同管子间的离散性较大。但就某一只管子而言,对于确定电流,U_Z 为确定值。

(2) 稳定电流 I_Z。I_Z 是稳压管工作在稳压状态时的参考电流值。该参数通常有一定的取值范围,即 $I_{Z\,min}\sim I_{Z\,max}$。电流小于 $I_{Z\,min}$ 时稳压效果变坏,电流大于 $I_{Z\,max}$ 时管子容易烧毁。

(3) 动态电阻 r_Z。r_Z 是稳压管工作在稳压状态时的端电压变化量与电流变化量之比,即 $r_Z=\Delta u/\Delta i$。该参数随电流的不同而改变。通常工作电流越大,r_Z 将越小,稳压性能则越好。

稳压管稳压工作时可等效为电压源 U_Z 串联电阻 r_Z。

例 2-3　如图 2.17 所示稳压管稳压电路中,已知 $U_S=12$ V,$R_L=600$ Ω,查手册知稳压管 2CW14 参数如下:$U_Z=7.5$ V,$I_{Z\,min}=10$ mA,额定功率 $P_{ZM}=250$ mW,$r_Z\leqslant 10$ Ω,估算限流电阻 R 的取值范围。

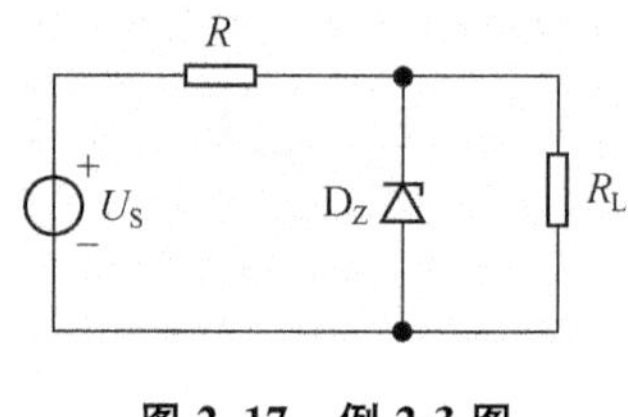

图 2.17　例 2-3 图

解　忽略 r_Z,认为稳压管稳压工作时 U_Z 不变。

由于 $I_R = I_Z + I_{RL}$，且 $I_{RL} = U_Z / R_L$，$I_{Z\,min} \leqslant I_Z \leqslant I_{Z\,max}$，所以，当 $I_Z = I_{Z\,min}$时，R 值最大，有

$$R_{max} = \frac{U_S - U_Z}{I_{RL} + I_{Z\,min}} \tag{2.4}$$

当 $I_Z = I_{Z\,max}$时，R 值最小，有

$$R_{min} = \frac{U_S - U_Z}{I_{RL} + I_{Z\,max}} \tag{2.5}$$

其中 $I_{Z\,max} = P_{ZM} / U_Z \approx 33(\mathrm{mA})$，将数值代入式(2.4)和式(2.5)可得 R 的取值范围为 100～200 Ω。

2.3　晶体三极管

晶体三极管中空穴和电子两种极性的载流子都参与导电，故称为双极型晶体管(bipolar junction transistor，BJT)，又称为半导体三极管，简称晶体管或三极管。三极管的突出特点是在一定的工作条件下，具有电流放大作用。

2.3.1　三极管的结构

三极管由两个靠得很近的 PN 结构成，在同一半导体基片上制造出三个掺杂区域，并引出三个电极。按两个 PN 结的组合方式不同，三极管有 NPN 和 PNP 两种类型。采用硅平面工艺制成的 NPN 型三极管如图 2.18(a)所示；采用锗合金工艺制成的 PNP 型三极管如图 2.19(a)所示。

三极管内部三个区域分别称为：发射区、基区和集电区，相应引出的电极称为发射极 e、基极 b 和集电极 c。发射区与基区间的 PN 结称为发射结，基区与集电区间的 PN 结称为集电结。图 2.18(b)和图 2.19(b)分别为 NPN 型和 PNP 型的结构示意图，图 2.18(c)和图 2.19(c)是它们在电路中的符号。

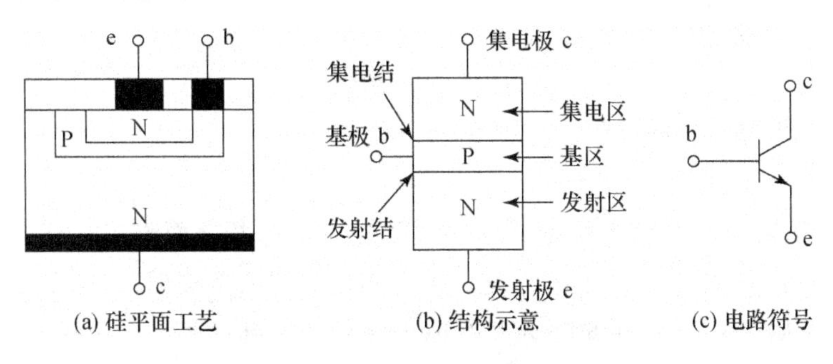

图 2.18　NPN 型三极管的结构和符号

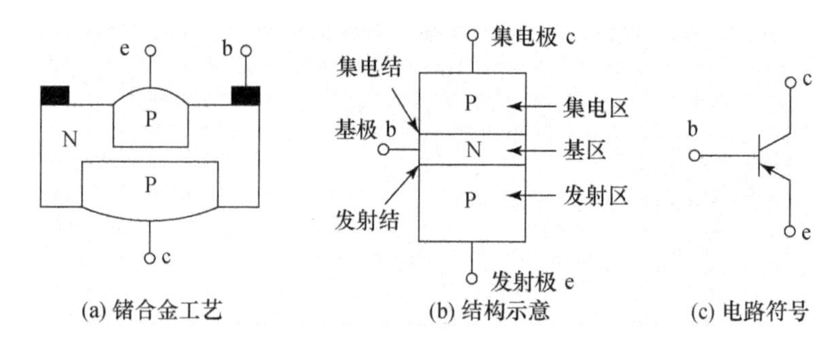

图 2.19 PNP 型三极管的结构和符号

三极管的结构类似两个面对面(或背对背)连接的二极管,但其结构还具有特殊性,即发射区高掺杂,多子浓度很高;基区低掺杂且很薄(几个微米);集电区结面积大。正是由于三极管的这些结构特点,当在一定的外部电压条件下,三极管表现出了二极管所不具有的电流放大特性。

下面以 NPN 型管为例,介绍三极管的电流放大作用、特性曲线和主要参数。

2.3.2 三极管的电流放大作用

当三极管外加电源,使得发射结正向偏置,而集电结反向偏置时,三极管将呈现电流放大的特性。其载流子的运动分为以下三个过程。

1. 发射区内的发射

当发射结加正偏压时,PN 结两端的多子将进行扩散运动。由于发射区的多子浓度很高,于是发射区向基区发射出大量电子,形成电子电流 I_{EN},发射区所需电子则由外电源不断补充,如图 2.20((a)图表示载流子的运动,(b)图表示各极电流关系)所示。同时,基区中的多子空穴也向发射区扩散而形成空穴电流 I_{EP}。于是,三极管发射极电流为

$$I_E = I_{EN} + I_{EP} \tag{2.6}$$

由于基区空穴浓度极低,所以 $I_{EN} \gg I_{EP}$。

2. 基区内的复合和扩散

发射区的大量电子到达基区后,与基区空穴进行复合而形成电流 I_{BN},基区被复合掉的空穴由外电源不断补充。由于基区空穴浓度极低,与电子复合的机会很小,所以 $I_{BN} \ll I_{EN}$,于是绝大多数电子在基区中继续扩散。由于基区很薄,大多数电子都达到集电结的边界。

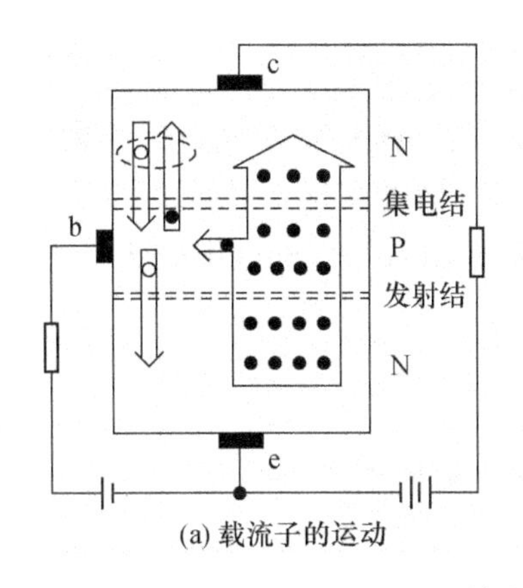

(a) 载流子的运动

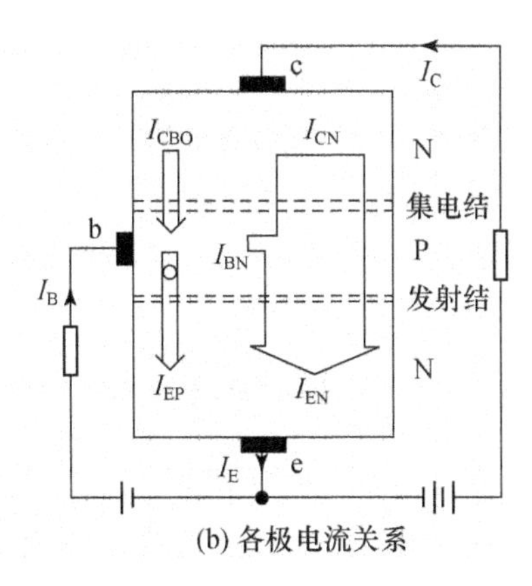

(b) 各极电流关系

图 2.20　三极管中载流子的运动和电流关系

3. 集电区内的收集

当集电结加反偏压时，PN 结两端的少子将进行漂移运动。由于集电结面积较大，于是集结在基区集电结附近的大量电子被收集到集电区，最终被外电源收走，从而形成电流 I_{CN}。同时，原集电结两端的少子(不包括发射区来的大量电子)的漂移运动也形成很小的反向饱和电流 I_{CBO}。

图 2.20 中三极管的发射极为公共端，称这种电路为共发射极电路，简称共射电路。由图中还可以得出如下的电流关系

$$I_C = I_{CN} + I_{CBO} \tag{2.7}$$

$$I_B = I_{BN} + I_{EP} - I_{CBO} \tag{2.8}$$

$$I_{EN} = I_{CN} + I_{BN} \tag{2.9}$$

三极管中三个极的电流之间应满足 KCL 定律，即

$$I_E = I_C + I_B \tag{2.10}$$

定义 I_{CN}和($I_{BN}+I_{EP}$)的比值为三极管共射直流电流放大系数 $\bar{\beta}$，由式(2.6)～(2.10)有

$$I_C = \bar{\beta} I_B + (1+\bar{\beta}) I_{CBO} = \bar{\beta} I_B + I_{CEO} \tag{2.11}$$

I_{CEO}称为穿透电流，表示基极开路时的集电极与发射极之间的电流。一般情况下，$I_{CEO} \ll I_C$，所以

$$\bar{\beta} \approx \frac{I_C}{I_B} \tag{2.12}$$

当基极电流有一个微小变化 Δi_B 时，发射结电压必有微小变化，于是造成发射区电子发射强度发生变化，最终导致集电极电流发生变化 Δi_C。定义三极管共射交流电流放大系数为

$$\beta = \frac{\Delta i_C}{\Delta i_B} \tag{2.13}$$

由此可知，当三极管基极电流有一微小变化，集电极电流将发生较大的变化，说明三极管具有电流放大作用。虽然$\bar{\beta}$和β的含义是不同的，但对大多数三极管来说，在一定的范围内两者数值差别不大，近似分析中可认为$\bar{\beta} \approx \beta$，常常不再将它们进行严格区分。

2.3.3 三极管的特性曲线

三极管的特性曲线用来描述三极管外部各极间电压与电流的关系。从工程应用角度来看，了解三极管的特性曲线比了解其内部载流子的运动规律更为重要。

图 2.21 是由 NPN 型三极管组成的共发射极电路。其中 V_{BB}和 R_B 接入三极管基极-发射极回路，称为输入回路；V_{CC}和 R_C 接入集电极-发射极回路，称为输出回路。三极管的特性曲线分为输入特性曲线和输出特性曲线。

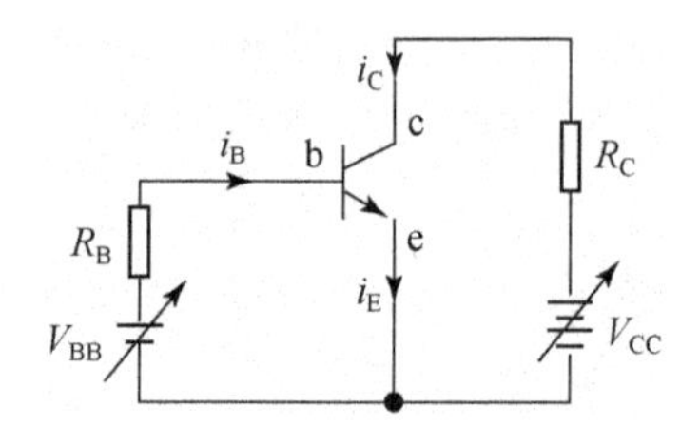

图 2.21 NPN 型三极管共发射极电路

1. 输入特性曲线

输入特性曲线是指以集电极与发射极间电压 u_{CE}为参变量，输入回路中的电流 i_B 与电压 u_{BE}之间的关系曲线。用函数表示为

$$i_B = f(u_{BE})\big|_{u_{CE}}$$

典型的输入特性曲线如图 2.22 所示，它有如下特点：

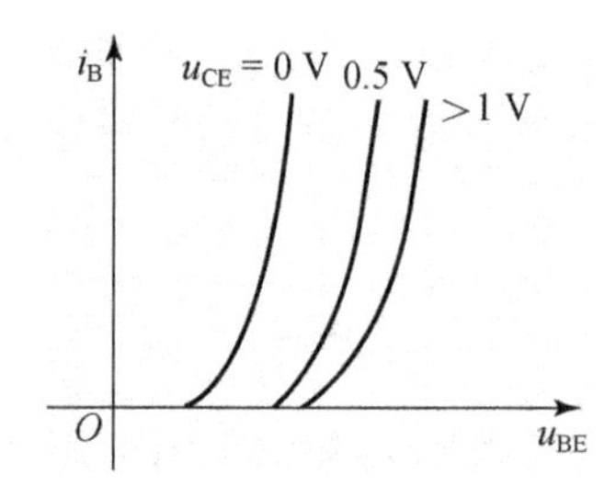

图 2.22 三极管输入特性曲线

(1) 当 $u_{CE}=0$ V 时，相当于发射结和集电结两个 PN 结并联，近似为二极管的正向特性曲线。这时 i_B 是流过两个 PN 结的电流。

(2) 当 $0<u_{CE}<u_{BE}$时，集电结的正向偏压减小，集电结正向电流减小，因此需要较大的 u_{BE}才能有同样大小的 i_B，曲线向右移动。

(3) 当 $u_{CE}>u_{BE}$时，集电结反向偏置，三极管处于放大状态。发射区发射的大部分电子被收集到集电区，只有少部分在基区与空穴复合，i_B 将进一步减小，曲线继续右移。

(4) 当 $u_{CE}>1$ V 后，严格地说，曲线将继续右移。但这时集电结的反向偏压已足以将发射区注入基区的电子基本上都收集到集电区，即 u_{CE}再增大，i_B 已基本不变。因此，$u_{CE}>1$ V 后的曲线基本重合。在实际的三极管放大电路中，一般都会满足 $u_{CE}>1$ V，该输入特性曲线更有实际意义。

2. 输出特性曲线

输出特性曲线是指以输入基极电流 i_B 为参变量，输出回路中的电流 i_C 与集电极和发射极电压 u_{CE}之间的关系曲线。用函数表示为

$$i_C = f(u_{CE})\big|_{i_B}$$

典型的输出特性曲线如图 2.23 所示。可以看出，对于每一个确定的 i_B，都有一条输出曲线，所以输出特性也是由一簇曲线组成。三极管的输出特性曲线分为三个区域：

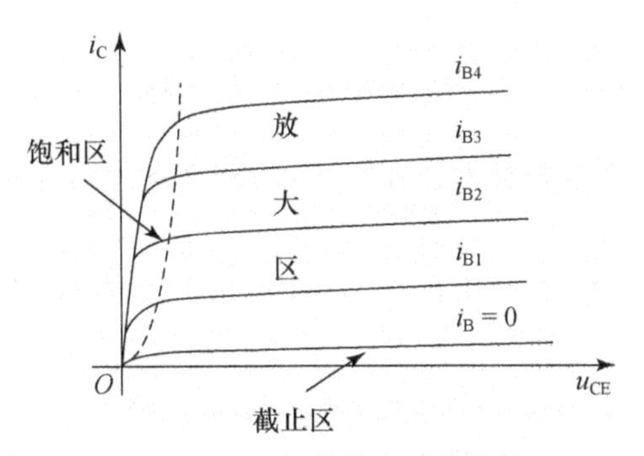

图 2.23　三极管输出特性曲线

(1) 截止区。一般将图 2.23 中 $i_B=0$ 那条曲线以下的区域称为截止区。此时发射结和集电结都处于反向偏置状态，即 $u_{BE}\leqslant U_{on}$，$u_{CE}>u_{BE}$。发射区不向基区注入电子，可以近似认为管子各极电流基本上等于零，三极管处于截止状态。严格地讲，此时三极管并未完全截止，集电极和发射极之间存在穿透电流 I_{CEO}，但非常小，一般硅管的穿透电流小于 1 μA。

(2) 饱和区。图 2.23 中，曲线靠近纵坐标轴的区域称为饱和区。此时发射结和集电结都处于正向偏置状态，即 $u_{BE}>U_{on}$，$u_{CE}\leqslant u_{BE}$。当 u_{CE} 较小时，基本没

有电子被收集到集电区,不同 i_B 的各条曲线几乎重合在一起,i_C 很小且基本不随 i_B 的变化而变化;当 u_{CE}增大时,集电区收集电子能力加强,i_C 则迅速增大。

一般认为,$u_{CE}=u_{BE}$时三极管处于临界饱和状态;$u_{CE}<u_{BE}$时为过饱和状态。过饱和时的管压降用 U_{CES}表示,小功率硅管的 $U_{CES}\approx 0.3$ V。

(3) 放大区。图 2.23 中,曲线比较平坦的区域称为放大区。此时发射结处于正向偏置,集电结处于反向偏置状态,即 $u_{BE}>U_{on}$,$u_{CE}>u_{BE}$。当 u_{CE}从管子临界饱和状态处继续增大时,发射区发射的电子基本上都被收集到集电区,以后 u_{CE}再增大,i_C 则无明显变化,曲线几乎平行于横轴。此时,称三极管处于放大状态,i_B 起到对 i_C 的控制作用,并且有 $i_C=\bar{\beta}i_B$,$\Delta i_C=\beta\Delta i_B$。

可以看到,三极管工作在放大区时,其输入端相当于一个正向导通的二极管,输出端相当于一个电流控制的电流源。容易得到三极管放大状态时的线性直流等效电路,图 2.24 所示即为 NPN 型三极管的直流等效电路。三极管交流等效电路将在第三章介绍。

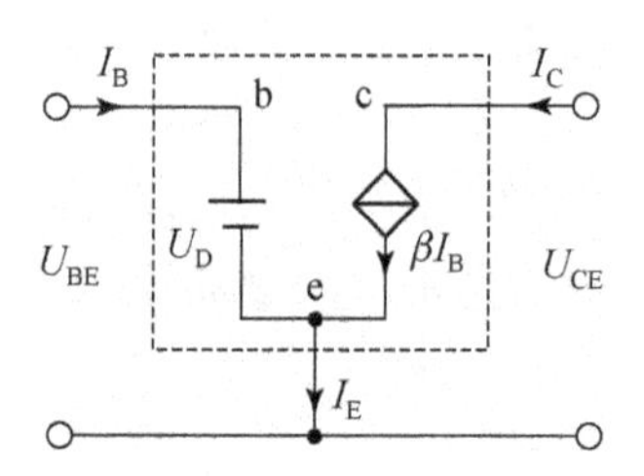

图 2.24　NPN 型三极管放大状态时的直流等效电路

在模拟电路中,三极管常工作在放大状态;在数字电路中,三极管常工作于截止状态或饱和状态。

例 2-4　如图 2.25 所示电路中,已知三极管 $\beta=50$,$U_{CES}=0.3$ V,导通时 $U_{BE}=0.7$ V。

(1) 当三极管在临界饱和状态时,基极电流 I_{BS}为多少?

(2) 当 $V_{BB}=1.5$ V 时,三极管工作在什么状态?

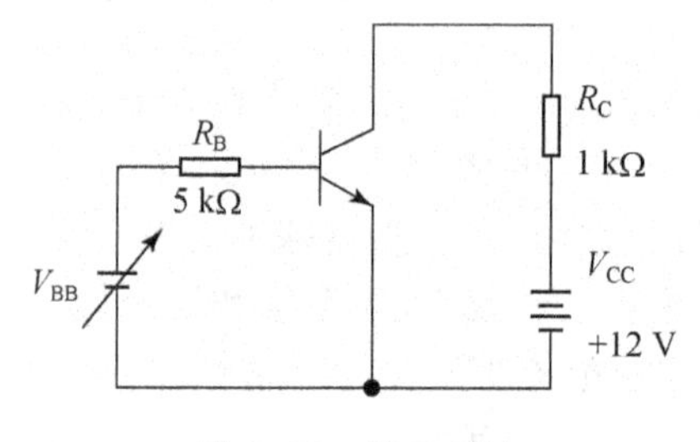

图 2.25　例 2-4 图

解　(1) 三极管临界饱和状态位于放大区和饱和区的交界，可认为这时满足 $I_C=\beta I_B$ 和 $U_{CE}=0.7$ V，所以，临界饱和电流

$$I_{CS}=\frac{V_{CC}-U_{CE}}{R_C}=11.3(\text{mA})$$

$$I_{BS}=I_{CS}/\beta=0.226(\text{mA})$$

(2) 当 $V_{BB}=1.5$ V 时，$U_{BE}>0$，且

$$I_B=\frac{V_{BB}-U_{BE}}{R_B}=0.16(\text{mA})<I_{BS}$$

因此，三极管处于放大状态。

2.3.4　三极管的主要参数

1. 性能参数

(1) 直流电流放大系数。

三极管共射直流电流放大系数 $\bar{\beta}\approx\frac{I_C}{I_B}$。

三极管共基直流电流放大系数 $\bar{\alpha}\approx\frac{I_C}{I_E}$。

(2) 交流电流放大系数。

三极管共射交流电流放大系数 $\beta\approx\frac{\Delta i_C}{\Delta i_B}$。

三极管共基交流电流放大系数 $\alpha\approx\frac{\Delta i_C}{\Delta i_E}$。

近似分析时亦可认为 $\beta\approx\bar{\beta}$，$\alpha\approx\bar{\alpha}\approx1$，且有

$$\alpha=\frac{\beta}{\beta+1}\quad 或\quad \beta=\frac{\alpha}{1-\alpha}$$

(3) 极间反向电流。

I_{CBO}表示发射极开路时，集电极与基极的反向饱和电流；I_{CEO}表示基极开路时，集电极与发射极之间的穿透电流，$I_{CEO}=(1+\bar{\beta})I_{CBO}$。

I_{CBO}，I_{CEO}受温度影响较大，实际使用时，应选用 I_{CBO}，I_{CEO}小的三极管。

(4) 特征频率。

由于三极管两个 PN 结电容的影响，其交流电流放大系数是输入信号频率的函数。只有在一定的频率范围内才能认为放大系数保持不变。当输入高频信号时，三极管的放大系数会随频率的升高而下降。定义使共射电流放大系数下降到 1 的信号频率为特征频率 f_T。

2. 极限参数

(1) 集电极最大允许电流 I_{CM}。当三极管的集电极电流 i_C 增大并超过一定

值时,电流放大系数将减小。定义当β下降到正常值的三分之二时所对应的集电极电流为I_{CM}。可见,$i_C>I_{CM}$时,管子不一定损坏,但电路的放大倍数将明显下降。

(2) 集电极最大允许耗散功率P_{CM}。三极管工作时集电极消耗的电能将转化为热能使管子温度升高,管子性能变坏。P_{CM}表示集电极允许功率损耗的最大值,超过此值会导致管子性能明显恶化甚至烧毁。对于确定的P_{CM}值,根据$P_{CM}=i_C u_{CE}$,可以在输出特性曲线上作出P_{CM}线,如图2.26所示。该曲线的左下方区域是安全的,而曲线的右上方区域则属于过损耗区。

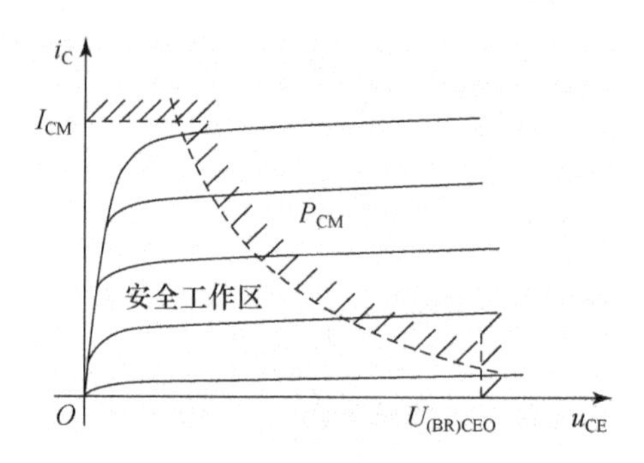

图 2.26 三极管的安全工作区

(3) 极间反向击穿电压。加在三极管两个PN结上的反向电压超过规定值时,就会发生反向击穿,可能造成管子永久性损坏。有下列几种反向击穿电压:

$U_{(BR)CEO}$:基极开路时,集电极-发射极间的反向击穿电压;

$U_{(BR)CBO}$:发射极开路时,集电极-基极间的反向击穿电压;

$U_{(BR)EBO}$:集电极开路时,发射极-基极间的反向击穿电压。

由极限参数I_{CM},P_{CM}和$U_{(BR)CEO}$三者联合确定的三极管安全工作区如图2.26所示。

2.4 场效应管

场效应管(field effect transistor,FET)也是一种常用的半导体器件,其工作原理与前面介绍的三极管不同。三极管是一种电流控制器件,放大工作时发射结需正向偏置,因而输入电阻很低。场效应管则是电压控制器件,利用输入回路的电场效应来控制输出电流,因而具有高输入电阻的特点。另外,场效应管仅靠一种极性的载流子(多子)导电(又称为单极型晶体管),因而还具有热稳定性好、噪声低、抗辐射能力强的特点。

场效应管比三极管种类多，按其结构不同可分为两大类，即绝缘栅场效应管(insulated gate FET，IGFET)和结型场效应管(junction FET，JFET)。

2.4.1 绝缘栅场效应管

绝缘栅场效应管在结构上包括金属电极、二氧化硅绝缘层和半导体材料，又称为金属-氧化物-半导体场效应管(metal-oxide-semiconductor FET，MOSFET)。MOSFET 有增强型和耗尽型两种。每一种又按载流子的极性不同，分为 N 沟道和 P 沟道两类。因此 MOS 管共有四种类型。

1. N 沟道增强型 MOSFET

(1) 结构。N 沟道增强型 MOSFET 的结构示意如图 2.27(a)所示。它是用在一块掺杂浓度较低的 P 型硅基片(衬底)上，扩散出两个高掺杂浓度的 N 型半导体区域并引出两个电极，分别称为源极(Source)和漏极(Drain)，简称 s 和 d。在源极和漏极之间的基片表面上覆盖一层 SiO_2 绝缘层，在此绝缘层上沉积一层金属膜并引出电极，称为栅极(Gate)，简称 g。衬底处引出电极 B 作为衬底引线，一般与源极相连。由于栅极和其他各极间被绝缘层绝缘，因此称这种管子为绝缘栅场效应管。其电路符号如图 2.27(b)所示。

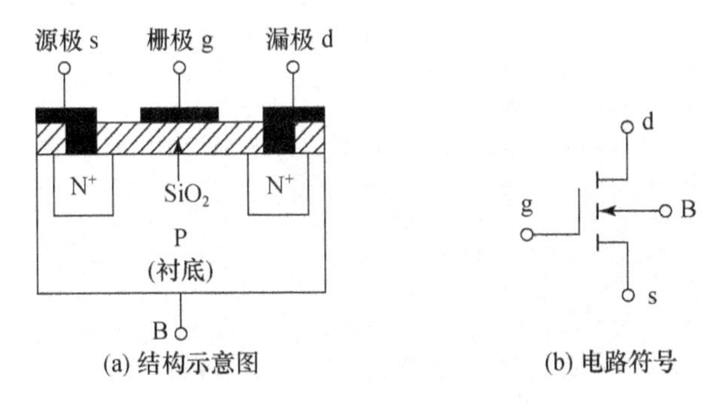

图 2.27 N 沟道增强型 MOSFET 结构示意图及电路符号

(2) 工作原理。N 沟道增强型 MOSFET 的源区和漏区分别与衬底形成两个背靠背的 PN 结。若栅极悬空，即使漏-源之间外加电压，也不会产生漏-源电流。

如图 2.28 所示，将管衬底与源极连接，当栅-源之间加正向电压($u_{GS}>0$)时，由于栅极被绝缘，栅极电流为零。但是栅极与衬底之间产生了指向衬底的电场，该电场排斥 P 型衬底靠近 SiO_2 一侧的空穴，使之剩下不能移动的负离子，形成耗尽层。当 u_{GS} 进一步增大，耗尽层将进一步加宽，并且将 P 型衬底的自由电子吸引到耗尽层内，形成一个 N 型薄层，称为反型层。反型层与两个 N^+ 区相连，形成一个整体，构成了漏-源之间的 N 型导电沟道。u_{GS} 越大，沟道越宽，沟道电阻越小。当漏-源间也外加一定电压u_{DS}时,就可形成漏极电流i_D,并可以通过u_{GS}去控制i_D的大小。将反型层刚刚形成的u_{GS}称为开启电压$U_{GS(th)}$,这种在$u_{GS}>U_{GS(th)}$时才开始形成导电沟道的MOS管称为增强型MOS管。由于导电沟道里只有一种多数载流子-电子导电,称之为单极型晶体管,其温度特性远好于三极管。

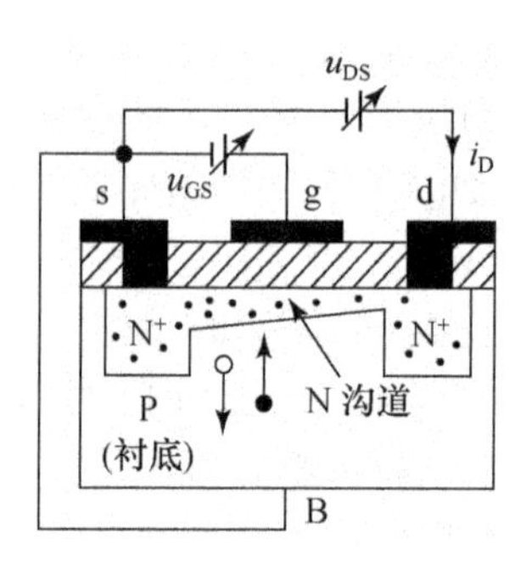

图 2.28 N 沟道的形成

由于u_{DS}在导电沟道内产生由漏极指向源极的电压降,栅极与沟道间各点的电压沿源-漏方向逐渐减小,沟道沿源-漏方向逐渐变窄。当u_{DS}增大到$u_{DS}=u_{GS}-U_{GS(th)}$时,在漏极一侧沟道出现夹断点,称为预夹断,如图2.29(a)所示。随着u_{DS}的进一步增大,夹断区也进一步延长,如图2.29(b)所示。夹断区呈现高阻特性。在夹断发生后,夹断区电阻与u_{DS}同比增加,管子的漏极电流i_D几乎不随u_{DS}的变化而改变。这时i_D只受u_{GS}的控制,当u_{GS}一定时,管子表现出恒流特性。

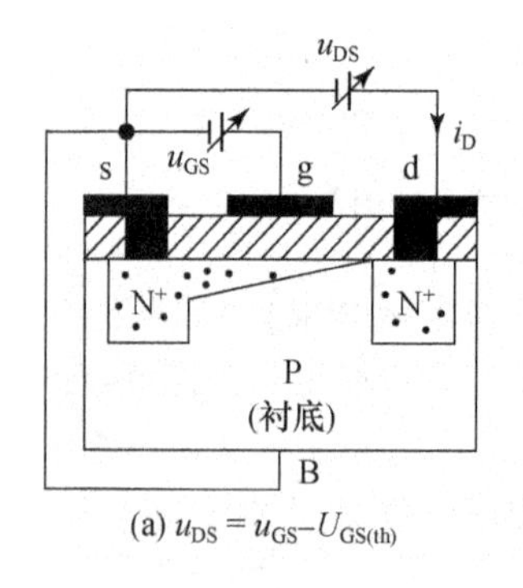

(a) $u_{DS}=u_{GS}-U_{GS(th)}$

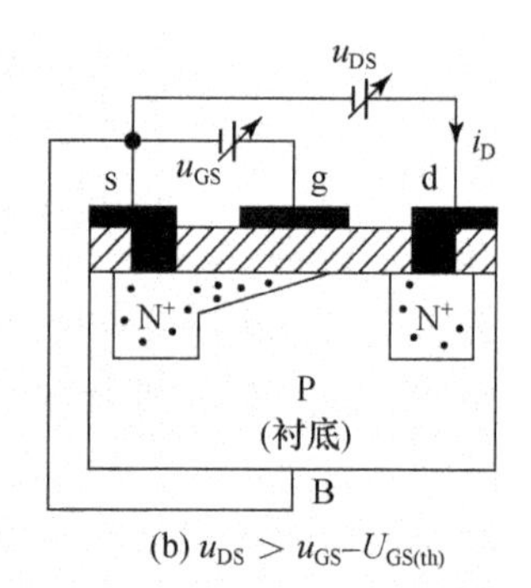

(b) $u_{DS}>u_{GS}-U_{GS(th)}$

图 2.29 对导电沟道的影响

(3) 特性曲线。

(a) 输出特性。输出特性曲线是指以栅-源电压u_{GS}为参变量,漏极电流i_D

与漏-源电压 u_{DS} 之间的一簇关系曲线，如图 2.30(a)所示。可分为四个区域：

截止区：此时 $u_{GS}<U_{GS(th)}$，漏-源间无导电沟道，$i_D=0$，管子截止。

可变电阻区：此时 $u_{GS}>U_{GS(th)}$，且 $u_{DS}<u_{GS}-U_{GS(th)}$。当 u_{GS} 一定时，导电沟道电阻一定，i_D 与 u_{DS} 近似线性关系。改变 u_{GS} 可以改变导电沟道电阻的大小，MOS 管呈现出由 u_{GS} 控制的可变电阻。

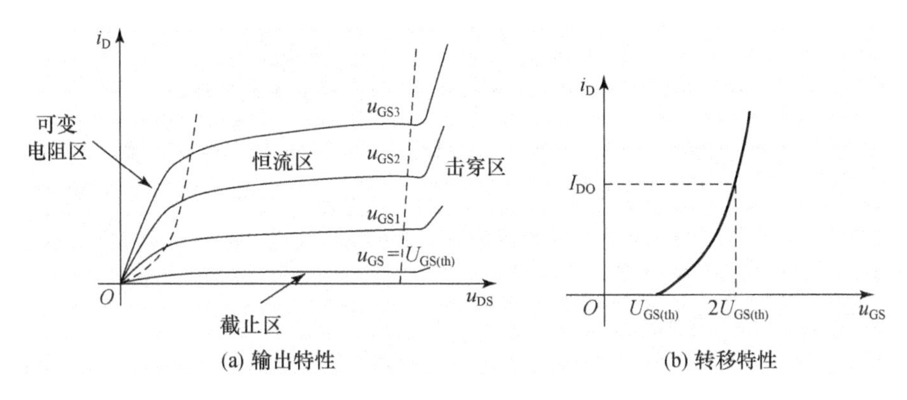

图 2.30　N 沟道增强型 MOSFET 的特性曲线

恒流区：此时 $u_{GS}>U_{GS(th)}$，且 $u_{DS}\geqslant u_{GS}-U_{GS(th)}$。$i_D$ 基本不随 u_{DS} 而变化，i_D 的值主要取决于 u_{GS}。场效应管用于放大电路时就工作在该区域，故又称为放大区。

击穿区：当 u_{DS} 升高到一定数值时，反向偏置的 PN 结将会被击穿，i_D 迅速增大，MOS 管可能被烧毁。实际中应避免使管子进入该区域。

(b) 转移特性。转移特性曲线是指以漏-源电压 u_{DS} 为参变量，漏极电流 i_D 与栅-源电压 u_{GS} 之间的一簇关系曲线。由于管子在恒流区时 i_D 与 u_{DS} 关系不大，因此这些曲线基本重合，如图 2.30(b)所示。

转移特性反映了 u_{GS} 对 i_D 的控制关系，管子在恒流区时，有下面近似关系

$$i_D \approx I_{DO}\left(\frac{u_{GS}}{U_{GS(th)}}-1\right)^2 \tag{2.14}$$

式中 I_{DO} 为当 $u_{GS}=2U_{GS(th)}$ 时的 i_D 值。

2. N 沟道耗尽型 MOSFET

N 沟道增强型 MOSFET 只有在 $u_{GS}>U_{GS(th)}$ 时才形成导电沟道。而 N 沟道耗尽型 MOSFET 在制造过程中预先在 SiO_2 绝缘层中掺入大量正离子，那么即使在 $u_{GS}=0$ 的情况下，由于正离子的作用也会产生反型层，从而构成 N 型导电沟道，此时漏-源外加电压形成的漏极电流称为饱和漏极电流 I_{DSS}。图 2.31(a)、(b)分别为其结构示意图和电路符号。

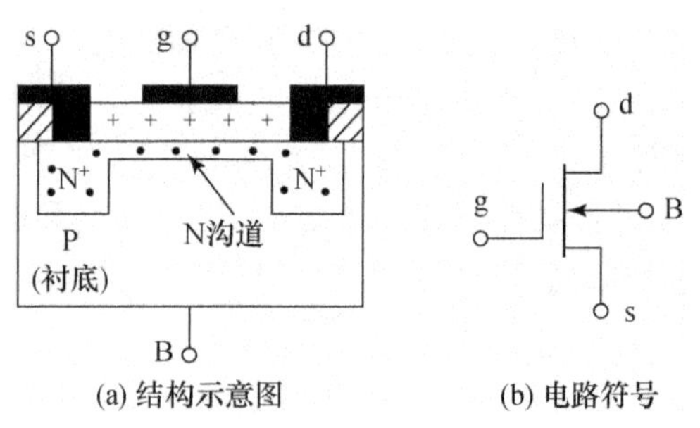

(a) 结构示意图　　(b) 电路符号

图 2.31　N 沟道耗尽型 MOSFET 结构示意图及电路符号

因此，N 沟道耗尽型 MOS 管的 u_{GS} 可正可负。当 $u_{GS}>0$ 时，随着 u_{GS} 的增大，i_D 增大；当 $u_{GS}<0$ 时，沟道变窄，i_D 减小。当 u_{GS} 由零减小到负的一定值时，沟道消失，$i_D=0$，称这时的 u_{GS} 为夹断电压 $U_{GS(off)}$。N 沟道耗尽型 MOSFET 的特性曲线如图 2.32 所示。

管子在恒流区时，转移特性有下面近似关系

$$i_D \approx I_{DSS}\left(1-\frac{u_{GS}}{U_{GS(off)}}\right)^2 \tag{2.15}$$

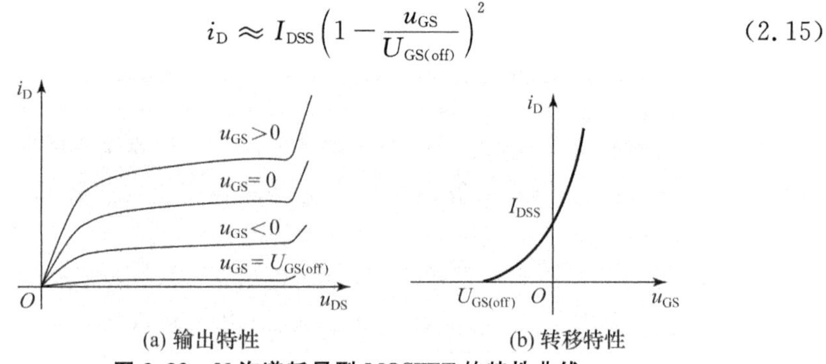

(a) 输出特性　　(b) 转移特性

图 2.32　N 沟道耗尽型 MOSFET 的特性曲线

3. P 沟道 MOSFET

P 沟道 MOSFET 与 N 沟道工作原理类似，两者相互对应。P 沟道 MOS 管漏-源应加负电压，增强型 PMOS 管的 u_{GS} 应为负电压，于是 $U_{GS(th)}<0$；耗尽型 PMOS 管的 u_{GS} 可正可负，但 $U_{GS(off)}>0$。P 沟道增强型和耗尽型 MOSFET 的电路符号及特性曲线分别如图 2.33、图 2.34 所示。

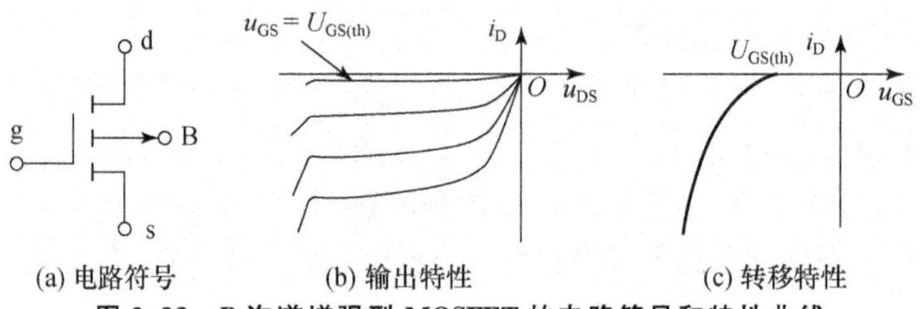

(a) 电路符号　　(b) 输出特性　　(c) 转移特性

图 2.33　P 沟道增强型 MOSFET 的电路符号和特性曲线

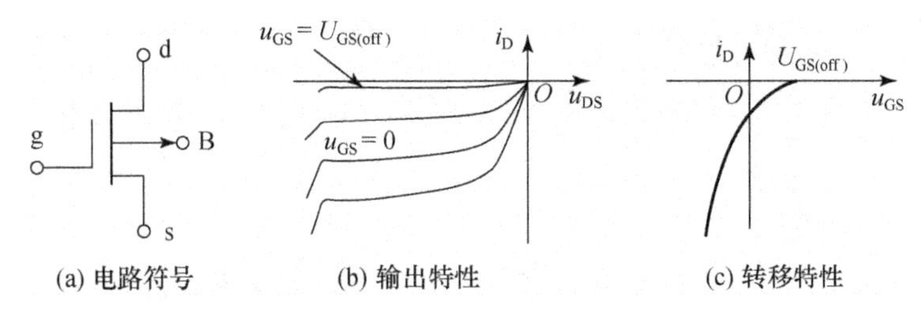

图 2.34　P 沟道耗尽型 MOSFET 的电路符号和特性曲线

例 2-5　如图 2.35(a)，(b)所示 N 沟道增强型 MOSFET 电路与管子的转移特性曲线。

(1) 试证明管子总是工作在恒流区。

(2) 当 $R=2\ \mathrm{k}\Omega$ 时，输出电压 u_o 为多少？

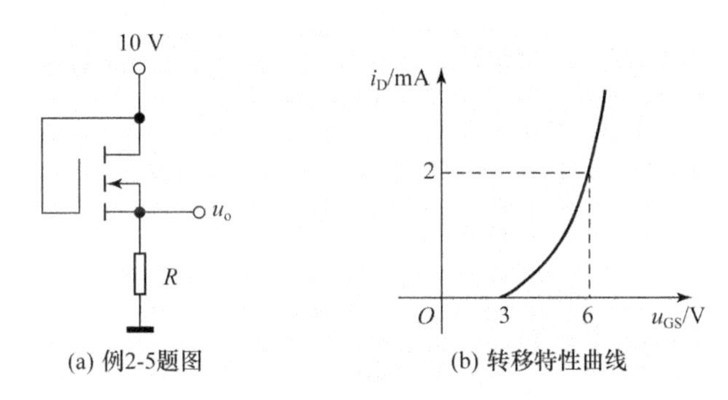

图 2.35　例 2-5 图

解　(1) 管子工作在恒流区的条件是：$u_{GS}>U_{GS(th)}$，且 $u_{DS}\geqslant u_{GS}-U_{GS(th)}$。

本题电路中，$u_{GS}=u_{DS}$，$U_{GS(th)}=3\ \mathrm{V}$。

若管子工作在截止区，则 $i_D=0$，电阻 R 上的压降为零，因此必然有 $u_{GS}=10\ \mathrm{V}>U_{GS(th)}$，说明假设不成立，管子不在截止区。

又因为 $U_{GS(th)}=3\ \mathrm{V}$，所以 $u_{DS}>u_{GS}-U_{GS(th)}$，故管子一定工作在恒流区。

(2)根据图 2.35，有

$$u_o = i_D R$$

$$u_{GS} = 10\ \mathrm{V} - u_o$$

$$I_{DO} = 2\ \mathrm{mA}$$

将以上各式代入式(2.14)有

$$\frac{u_o}{R} \approx 2\left(\frac{10-u_o}{3}-1\right)^2$$

解得

$$u_o \approx 4(\mathrm{V})$$

2.4.2 结型场效应管

结型场效应管是耗尽型 FET,即当 u_{GS}为零时,漏极电流 i_D 不为零。JFET 有 N 沟道和 P 沟道两种类型。

1. N 沟道 JFET

(1) 结构。图 2.36(a)为 N 沟道 JFET 的结构示意图。它是在一块 N 型半导体上制作两个高掺杂的 P 型区,形成两个 PN 结(耗尽层)。将两个 P 型区连接在一起,并引出电极称为栅极 g,将 N 型半导体两端分别引出电极,一个称为源极 s,另一个称为漏极 d。其电路符号如图 2.36(b)所示。

(2) 工作原理。从图 2.36(a)中可以看出,当 u_{GS}为零时,漏-源间存在 N 型导电沟道,当漏-源间外加电压 u_{DS}时,则会产生漏极电流 i_D。u_{GS}必须小于零,否则两个 PN 结将正向偏置。当 u_{GS}由零向负的方向增大时,耗尽层加宽,导电沟道变窄。当 u_{GS}向负的方向增大到某一值时,耗尽层闭合,导电沟道消失,称此时的 u_{GS}值为夹断电压 $U_{GS(off)}$。

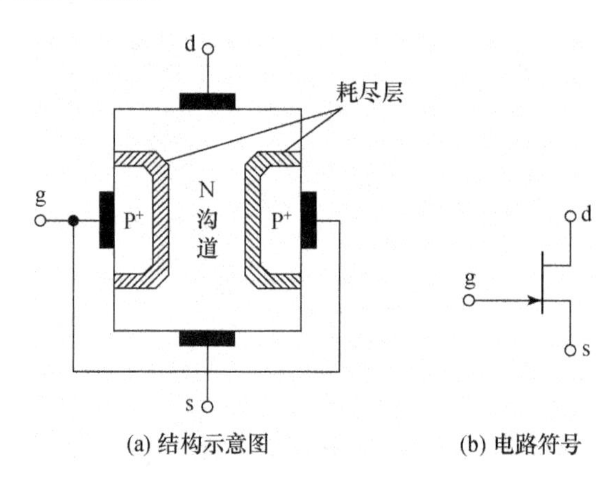

(a) 结构示意图　　(b) 电路符号

图 2.36 N 沟道 JFET 结构示意图及电路符号

当 u_{GS}为 $U_{GS(off)}$~0 V 中的某一固定值时,u_{DS}必须大于零才会形成漏极电流 i_D。由于 u_{DS}在导电沟道内产生由漏极指向源极的电压降,栅极与沟道间各点的反向电压沿漏-源方向逐渐减小,则沟道沿源-漏方向逐渐变窄,如图 2.37(a)所示。当 u_{DS}增大,使得 $u_{GS}-u_{DS}=U_{GS(off)}$时,在漏极一侧沟道出现夹断点,称为预夹断,如图 2.37(b)所示。随着 u_{DS}的进一步增大,夹断区也进一步延长,如图 2.37(c)所示。在夹断发生后,与 MOSFET 类似,这时 i_D 只受 u_{GS}的控制,当 u_{GS}一定时,管子表现出恒流特性。

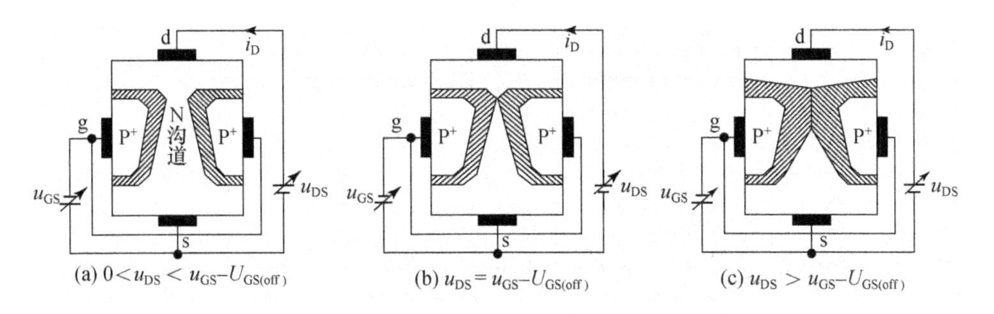

图 2.37　对导电沟道的影响

(3) 特性曲线。

(a) 输出特性。输出特性曲线如图 2.38(a)所示。与 MOSFET 一样，JFET 也分为四个区域。

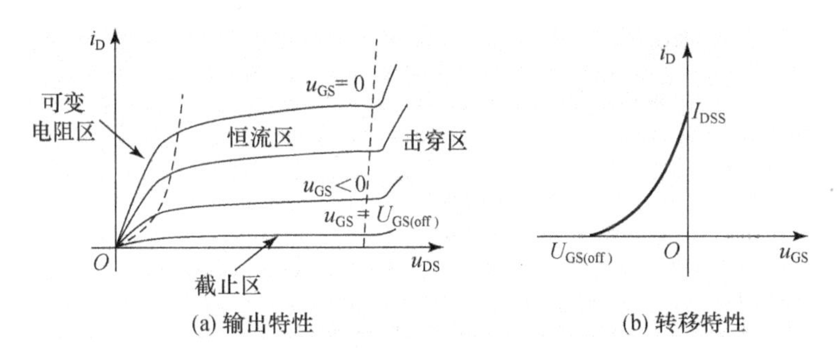

图 2.38　N 沟道 JFET 的特性曲线

当 $u_{GS}<U_{GS(off)}$ 时，管子在截止区；

当 $u_{GS}>U_{GS(off)}$，且 $u_{DS}<u_{GS}-U_{GS(off)}$ 时，管子在可变电阻区；

当 $u_{GS}>U_{GS(off)}$，且 $u_{DS}\geqslant u_{GS}-U_{GS(off)}$ 时，管子在恒流区；

当 u_{DS} 升高到一定数值时，反向偏置的 PN 结将会被击穿，管子在击穿区。

(b) 转移特性。转移特性曲线如图 2.38(b)所示。管子在恒流区时有下面近似关系

$$i_D \approx I_{DSS}\left(1-\frac{u_{GS}}{U_{GS(off)}}\right)^2 \tag{2.16}$$

式中 I_{DSS} 为 $u_{GS}=0$ 时的 i_D 值，称为饱和漏极电流。

2. P 沟道 JFET

P 沟道 JFET 与 N 沟道工作原理类似，两者相互对应。P 沟道 JFET 管漏-源应加负电压，u_{GS} 应为正电压，于是 $U_{GS(off)}>0$。P 沟道 JFET 的电路符号及特性曲线如图 2.39 所示。

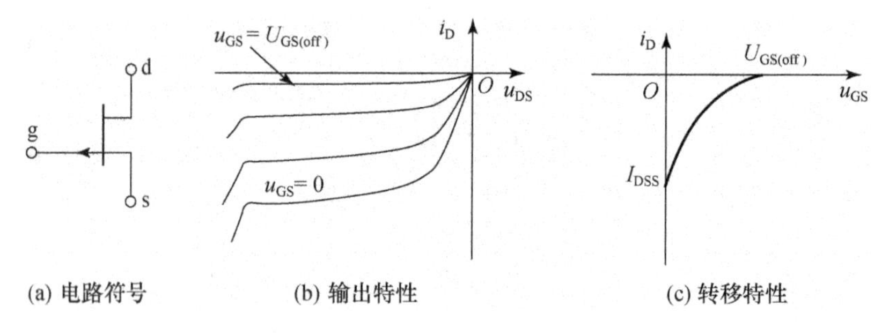

(a) 电路符号 (b) 输出特性 (c) 转移特性

图 2.39 P 沟道 JFET 的电路符号和特性曲线

例 2-6 如图 2.40(a),(b)所示 N 沟道 JFET 电路与管子的输出特性曲线,为了保证管子工作在恒流区,电阻 R 的取值范围是多少?

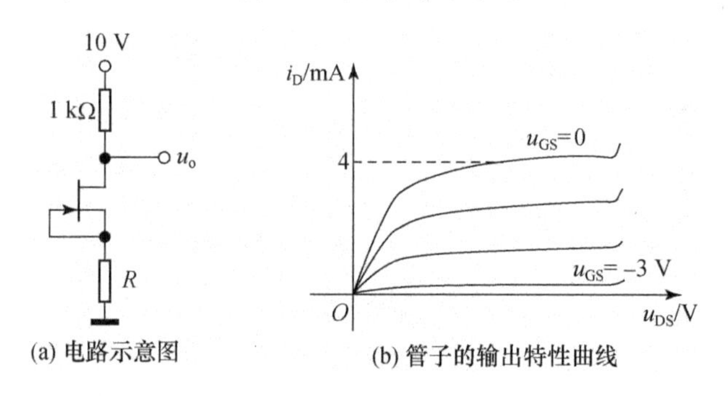

(a) 电路示意图 (b) 管子的输出特性曲线

图 2.40 例 2-6 图

解 由图 2.40(b)可知,$u_{GS}=0$,因此 $i_D=I_{DSS}=4$ mA。为保证管子在恒流区,则 $u_{DS}=10\text{ V}-i_D(1+R)\geqslant u_{GS}-U_{GS(off)}=3$ V,解得

$$R\leqslant 750(\Omega)$$

因此,电阻 R 的取值范围是:0~750 Ω。

2.4.3 场效应管的主要参数

1. 性能参数

(1) 直流参数。

(a) 夹断电压 $U_{GS(off)}$:指 u_{DS}一定时,使 i_D 减小到某一个微小电流时所需的 u_{GS}值。该参数是耗尽型场效应管(JFET,MOSFET)的参数。

(b) 开启电压 $U_{GS(th)}$:指 u_{DS}一定时,使 i_D 开始大于零时所需的 u_{GS}值。该参数是增强型场效应管(MOSFET)的参数。

(c) 饱和漏极电流 I_{DSS}:指 $u_{GS}=0$,且管子工作在恒流区时的 i_D。该参数是耗尽型场效应管(JFET,MOSFET)的参数。

(d) 直流输入电阻 R_{GS}：指栅-源之间所加电压与栅极电流之比。场效应管的特点之一就是 R_{GS} 极高，JFET 的 R_{GS} 大于 $10^7\ \Omega$，MOSFET 的 R_{GS} 大于 $10^9\ \Omega$。

(2) 交流参数。

(a) 低频跨导 g_m：指 u_{DS} 一定，且管子工作在恒流区时，i_D 的变化量与 u_{GS} 的变化量之比

$$g_m = \left.\frac{\Delta i_D}{\Delta u_{GS}}\right|_{u_{DS}}$$

g_m 数值的大小反映了 u_{GS} 对 i_D 控制能力的强弱，是表征管子放大能力的一个重要参数。在转移特性曲线上，g_m 是某一点切线的斜率。

(b) 极间电容：场效应管三个电极之间都存在极间电容，将影响管子的高频性能。场效应管的极间电容越小越好。

2. 极限参数

(1) 漏源击穿电压 $U_{(BR)DS}$：漏-源间的反向击穿电压。

(2) 栅源击穿电压 $U_{(BR)GS}$：栅-源间的反向击穿电压。

(3) 最大耗散功率 P_{DM}：漏极耗散功率 $P_D = i_D u_{DS}$，P_{DM} 表示漏极允许功率损耗的最大值，超过此值会导致管子性能明显恶化甚至烧毁。可类比三极管，在场效应管的输出特性曲线上作出管子的安全工作区。

场效应管具有功耗低、输入阻抗高、稳定性好等特点，已被广泛应用于各种电子电路之中。尤其是 MOSFET，其工艺简单，已被越来越多地应用于大规模集成电路中。

综合案例

案例 1　给定三极管外部偏置电路，判断其工作状态时，可以采用例 2-4 的方法，也常采用“先猜测，后验证”的方法。

如图 Z2-1 所示电路中，已知三极管 $\beta = 100$，$U_{CES} = 0.3$ V，导通时 $U_{BE} = 0.7$ V。当其输入端偏置电源 V_{BB} 分别等于 0 V，3 V 和 6 V 时，判断三极管的工作状态。

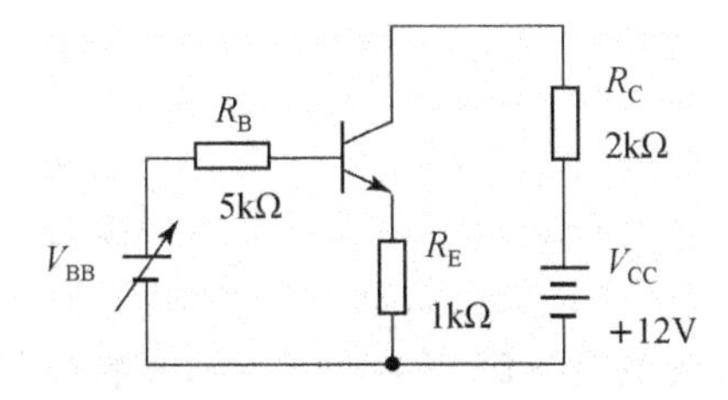

图 Z2-1　NPN 型三极管电路

(1) $V_{BB}=0$ V 时,显然 $U_{BE}=0$ V,$I_B=I_C=I_E=0$,$U_{CE}=12$ V,三极管处于截止状态。

(2) $V_{BB}=3$ V 时,先"猜测"三极管处于放大状态,画出此时的直流等效电路如图 Z2-2(a)所示。容易列出下列方程

$$V_{BB}-U_{BE}=I_BR_B+I_ER_E=I_BR_B+(1+\beta)I_BR_E$$

得

$$I_B=\frac{V_{BB}-U_{BE}}{R_B+(1+\beta)R_E}\approx 22\ \mu\text{A}$$

$$I_C=\beta I_B\approx 2.2\ \text{mA}$$

$$I_E=(1+\beta)I_B\approx 2.2\ \text{mA}$$

再"验证"U_{CE}

$$U_{CE}=V_{CC}-I_CR_C-I_ER_E\approx 5.4\ \text{V}$$

得到 U_{CE} 大于临界饱和电压 0.7 V,三极管工作在放大状态,原猜测正确。

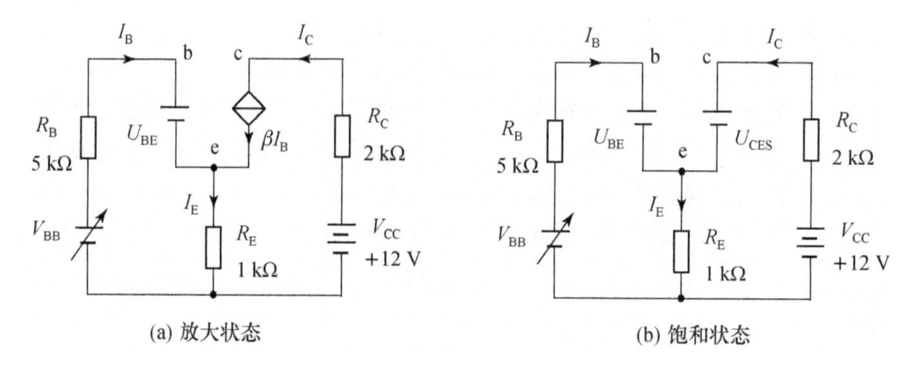

图 Z2-2 NPN 型三极管直流等效电路

(3) $V_{BB}=6$ V 时,仍然先"猜测"三极管处于放大状态,有

$$I_B=\frac{V_{BB}-U_{BE}}{R_B+(1+\beta)R_E}=50\ \mu\text{A}$$

$$I_C=\beta I_B=5\ \text{mA}$$

$$I_E=(1+\beta)I_B=5.05\ \text{mA}$$

再"验证"U_{CE}

$$U_{CE}=V_{CC}-I_CR_C-I_ER_E=-3.05\ \text{V}$$

得到 U_{CE} 不但小于临界饱和电压 0.7 V,还不合常理地为负值,说明原猜测错误。三极管既不在截止状态,也不在放大状态,故只能处于饱和状态。

处于饱和状态三极管的管压降 $U_{CES}=0.3$ V,其直流等效电路如图 Z2-2(b)所示。容易列出下列方程

$$V_{BB}-U_{BE}=I_BR_B+I_ER_E=I_BR_B+(I_B+I_C)R_E$$

$$V_{CC} - U_{CES} = I_C R_C + I_E R_E = I_C R_C + (I_B + I_C) R_E$$

得

$$I_B \approx 0.25\ \text{mA}$$
$$I_C \approx 3.82\ \text{mA}$$

可见，此时处于饱和区的三极管电流放大系数 β' 减小到了 15.28，远小于放大区的 $\beta=100$。

案例 2　利用二极管的单向导电性，可以构成 2.2.4 节介绍的整流电路，将其交流信号变换为单极性的脉动信号。整流电路输出的直流波形并不理想，它只是具有不变极性的直流含义，仍然具有较大的波动，不能作为直流电源使用。为了改进其直流特性，输出端可以通过并联电容进行低通滤波，此时称为整流滤波电路，如图 Z2-3 所示。

图 Z2-3 电路中，先假定负载电阻 R 开路。当 u_i 为正半周时，二极管正向导通，电容被充电；当 u_i 为负半周时，二极管反向截止，电容无放电通路将保持电压不变。这样在前几个周期中，电容电压不断上升。经过过渡过程后，电容电压最终将达到最大值并一直保持不变，电路输出理想的直流电压，如图 Z2-4(a)所示。

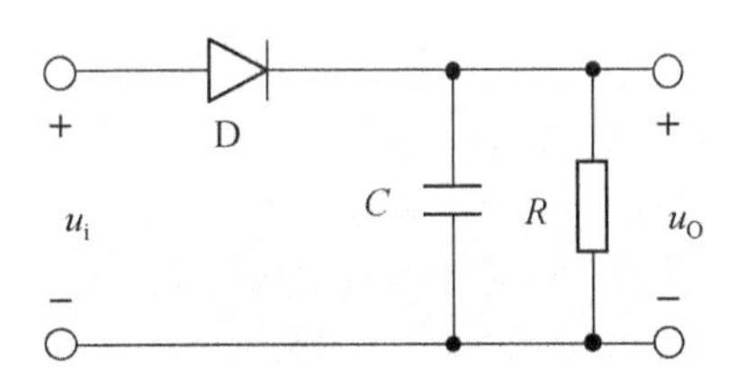

图 Z2-3　整流滤波电路

若电路加入负载 R 后，在 u_i 为负半周时，电容将通过 R 放电，其电压下降；而在 u_i 正半周时，电容又被充电。故输出电压总体上呈现一定的波动，称为纹波，如图 Z2-4(a)所示。

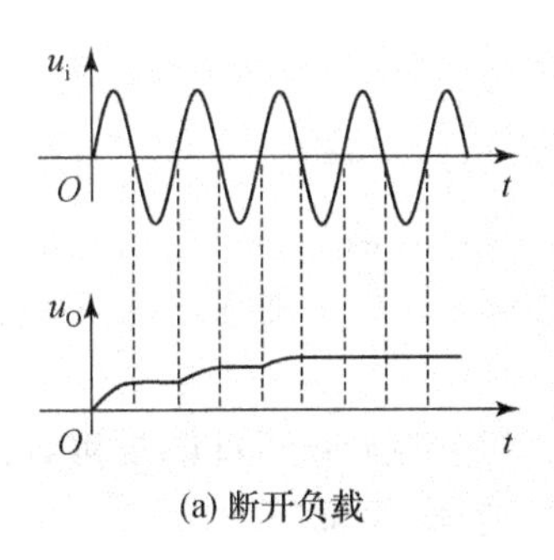

(a) 断开负载

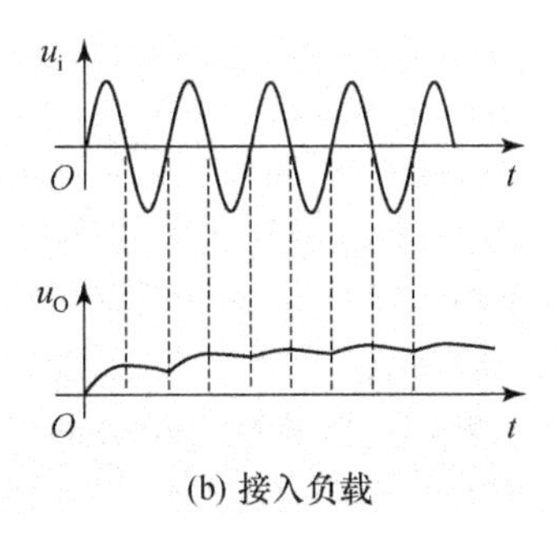

(b) 接入负载

图 Z2-4　整流滤波电路波形

上述整流滤波电路负载开路时,稳态输出直流电压约为输入正弦信号的幅值。若想提高输出直流电压值,可采用倍压整流滤波电路,如图 Z2-5 所示。

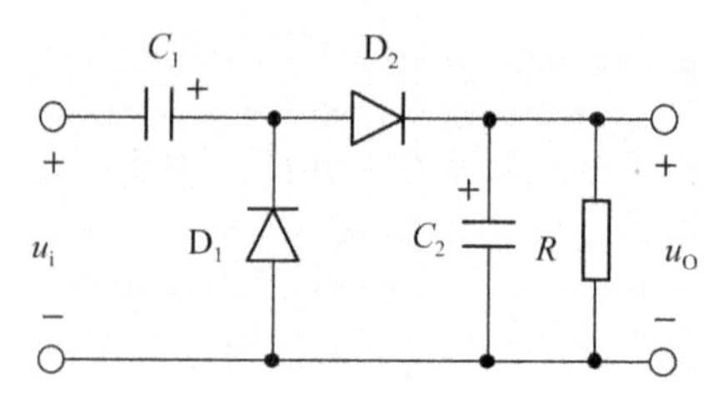

图 Z2-5 倍压整流滤波电路

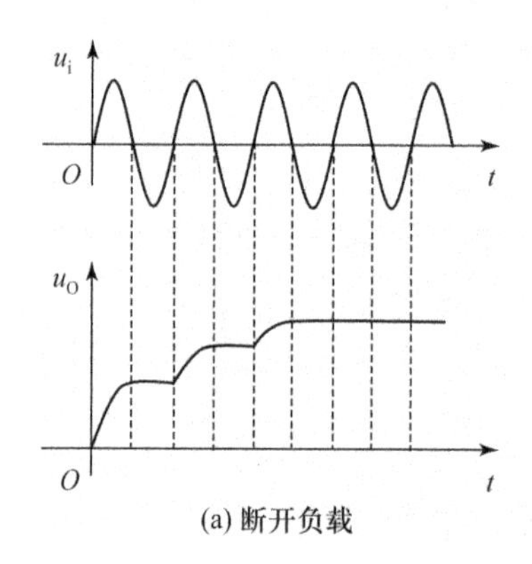

(a) 断开负载

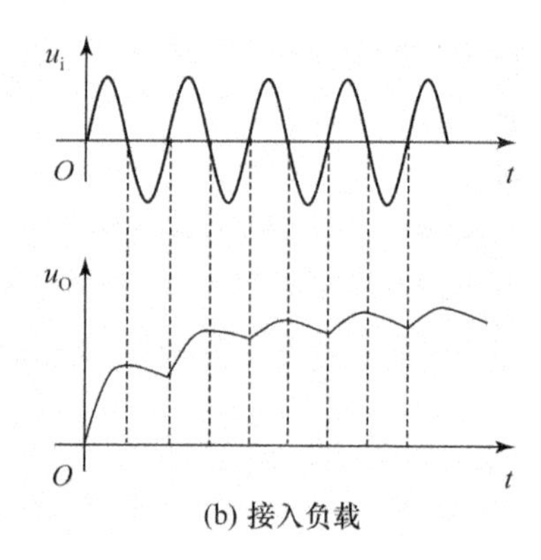

(b) 接入负载

图 Z2-6 倍压整流滤波电路波形

图 Z2-5 电路中,当 u_i 为负半周时,二极管 D_1 导通,D_2 截止,电容 C_1 被充电,其电压极性如图所标;当 u_i 为正半周时,二极管 D_2 导通,D_1 截止,此时电容 C_1 和 u_i 的电压极性相同,两者联合为电容 C_2 充电。经过过渡过程后,电路将达到稳态,电容 C_1 电压约为输入正弦信号的幅值,电容 C_2 电压约为输入正弦信号幅值的两倍(负载开路时),即电路实现了倍压输出,电路波形如图 Z2-6 所示。

案例 3 三极管在模拟电路和数字电路中均有广泛的应用。应用在数字逻辑电路中时,三极管工作于截止状态或饱和状态,其输出高电平或低电平,称为二值信号输出。由于三极管共发射极电路的输出电压与输入电压反相,常用三极管构成“非”逻辑门。

由二极管和三极管联合组成的二极管-三极管逻辑门(DTL)电路,可以实现复合逻辑关系。如图 Z2-7 所示,电路实现了“与非”逻辑门。

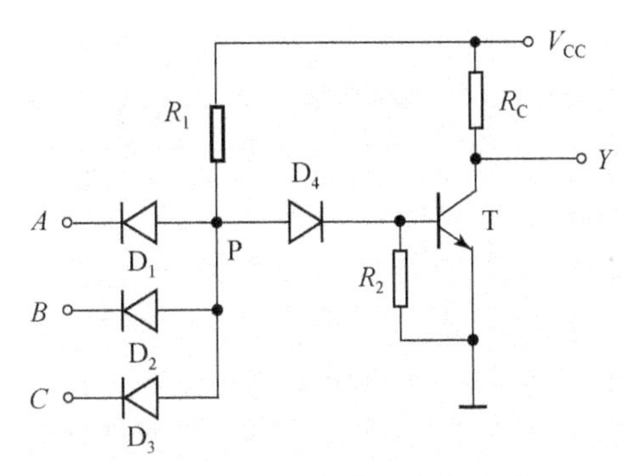

图 Z2-7　DTL 与非逻辑门电路

图 Z2-7 电路中，二极管 D_1，D_2 和 D_3 实现"与"逻辑(参见 2.2.4 节)，三极管 T 实现"非"逻辑，电路整体实现"与非"逻辑，即 $Y=\overline{A\cdot B\cdot C}$。

当输入信号 A，B 和 C 有一个为低电平(0 V)时，其对应的二极管 D_1，D_2 或 D_3 将由电源 V_{CC}和电阻 R_1 正向偏置导通，P 点电位 U_P 将被钳位在约 0.7 V(硅管)。由于二极管 D_4 的电平移动和对地下拉电阻 R_2 的存在，三极管 T 的基极电位约为 0 V，处于截止状态，$I_B=I_C=0$，电阻 R_C 无压降，于是输出 Y 为高电平(V_{CC})。

当输入信号 A，B 和 C 均为高电平(V_{CC})时，二极管 D_1，D_2 和 D_3 均截止。电源 V_{CC}、电阻 R_1、二极管 D_4 和三极管 T 的发射结对地构成通路，P 点电位 U_P 将被钳位在约 1.4 V(硅管)。此时三极管 T 的基极电流为

$$I_B=\frac{V_{CC}-U_P}{R_1}-\frac{U_{BE}}{R_2}$$

通过选取合适的电阻 R_1 和 R_2，可使 I_B 大于其临界饱和电流 I_{BS}，三极管处于可靠饱和状态，于是输出 Y 为低电平($U_{CES}=0.3$ V)。

综上，输入信号只要有一个为低电平，输出就为高电平；只有输入信号均为高电平时，输出才为低电平。故电路实现了"与非"逻辑。

本章小结

(1) 半导体中存在电子和空穴两种载流子。本征半导体通过不同掺杂，可形成 N 型半导体和 P 型半导体，其中的多数载流子分别是电子和空穴。

(2) 当 P 型和 N 型半导体结合在一起时，载流子有两种运动方式，即扩散运动和漂移运动，从而在交界面处形成 PN 结。PN 结具有单向导电的特性。

(3) 二极管实际上就是一个 PN 结加上外壳，引出两极而制成的。利用其单向导电特性，二极管可应用于整流、限幅和数字门等电路中。

(4) 稳压管是利用二极管在反向击穿区时两端电压变化很小的特点制

成的。

(5) 晶体三极管是由两个不同掺杂浓度和工艺的PN结构成,分为NPN型和PNP型。对外引出三个电极：基极、发射极和集电极。

三极管属于电流控制器件,可通过基极电流去控制集电极电流。三极管可工作于截止、放大和饱和三个工作区域。当发射结正偏,且集电结反偏时,三极管具有电流放大作用,共射电流放大系数β是三极管的一个重要参数。

三极管的工作特性可由其输入、输出特性曲线来描述。

(6) 场效应晶体管分为JFET和MOSFET两大类,每种又分为N沟道和P沟道两种,MOSFET还分为增强型和耗尽型两种,对外引出的电极有：栅极、源极和漏极。

场效应管属于电压控制器件,可通过栅源电压去控制漏极电流。由于管子的栅极绝缘或PN结工作在反向偏置,因而其输入电阻极高。场效应管可工作于截止、恒流和可变电阻三个工作区域,表征其放大作用的跨导g_m是场效应管的一个重要参数。

场效应管的工作特性可由其输出、转移特性曲线来描述。

(7) 本章的学习应在了解二极管、晶体三极管和场效应管的基本工作原理的基础上,重点掌握它们的外部特性(特性曲线)和主要参数。

思 考 题

2-1 简述PN结的形成过程。解释名词：扩散运动、耗尽层、空间电荷区。

2-2 简述半导体中的空穴是如何导电的?

2-3 实验测得二极管正向导通电流为1 mA时,其两端电压为0.7 V,若将1.5 V电池直接正向加在二极管两端,会发生什么情况?你能估算出后者流过二极管的电流大小吗?

2-4 用万用表的欧姆挡测量二极管的正向电阻时,为什么不同量程测得的阻值大小不同?

2-5 图T2-1所示为一种交流电压表的原理图,图中二极管D_1和D_2各起什么作用?

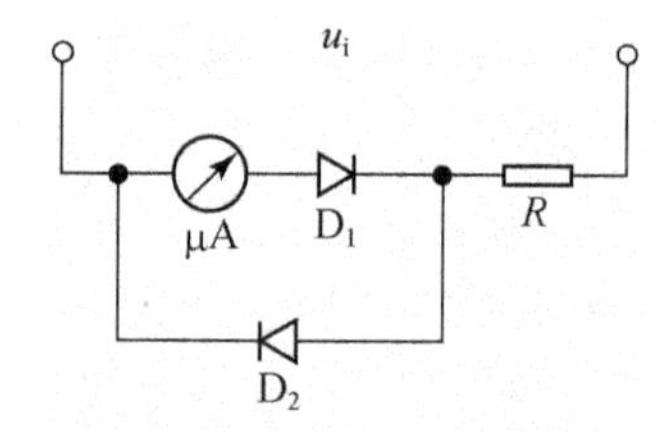

图T2-1　思考题2-5图

2-6　两只稳压管,可以并联使用吗？可以串联使用吗？

2-7　为什么说少数载流子是影响二极管、三极管温度稳定性的主要因素？

2-8　为什么二极管、三极管有最高工作频率的限制？

2-9　三极管的发射极和集电极可以互换使用吗？场效应管的源极和漏极可以互换使用吗？

2-10　一只型号不清的三极管,你能用万用表判别出它的三个电极吗？

2-11　为什么说相比于三极管,场效应管的非线性效应更显著？场效应管更适合于什么应用电路？

2-12　对于 N 沟道场效应管,其工作于恒流区的判别依据是：$u_{DS}>u_{GS}-U_{GS(th)}>0$ 或 $u_{DS}>u_{GS}-U_{GS(th)}>0$,那么对于 P 沟道管,工作于恒流区的判别依据是什么？

2-13　场效应管是电压控制电流器件,试画出它的低频小信号等效电路。

2-14　图 T2-2 中,M_1 为增强型 NMOS 管,M_2 为增强型 PMOS 管,它们共同组成非门电路。试分析电路的工作原理,并说明此电路静态功耗为什么非常小。

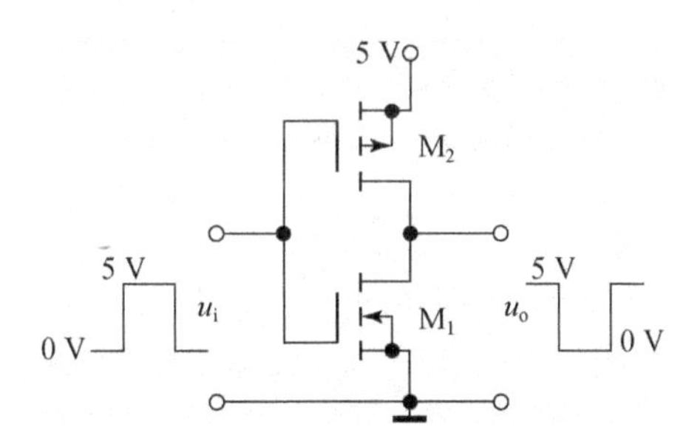

图 T2-2　思考题 2-14 图

练　习　题

2-1　试推导二极管动态电阻 $r_d \approx U_T/I_Q$。

2-2　图 P2-1 是某集成芯片输入管脚保护电路,二极管导通压降为 0.7 V,忽略导通电阻和反向电流,求该电路输出电压被限制在什么范围？

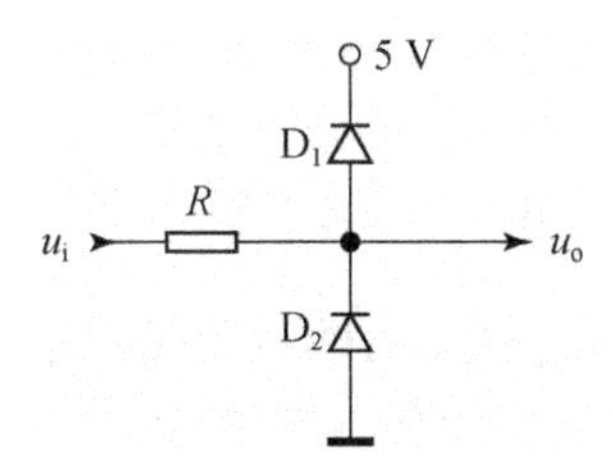

图 P2-1　练习题 2-2 图

2-3　图 P2-2 中,设二极管均为理想二极管,$u_i=4\sin\omega t$ (V),试画出输出电压 u_o 的波形。

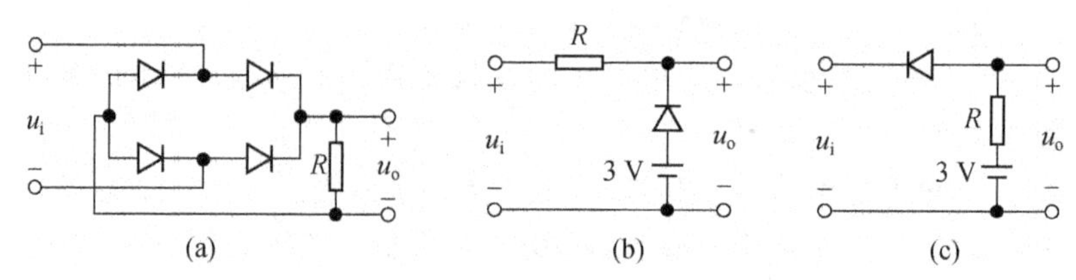

图 P2-2　练习题 2-3 图

2-4　图 P2-3 是简单的蓄电池充电电路,已知蓄电池电压为 3 V,内阻为 1 Ω,$u_i=4\sin\omega t$ (V)。

(1) 设 D 为理想二极管,求电池充电的峰值电流和二极管反向峰值电压;

(2) 二极管导通压降为 0.7 V,忽略导通电阻和反向电流,求电池充电的峰值电流和二极管反向峰值电压;

(3) 二极管导通压降为 0.7 V,导通电阻为 10 Ω,忽略反向电流,求电池充电的峰值电流和二极管反向峰值电压;

(4) 选取二极管时,其反向击穿电压应选多大?

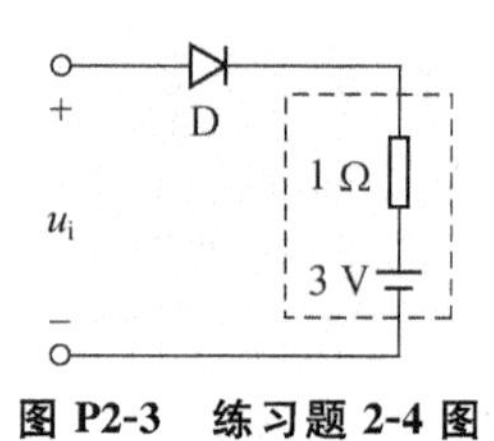

图 P2-3　练习题 2-4 图

2-5　电路如图 P2-4 所示,二极管均为理想二极管,试画出各电路的 u-i 曲线。

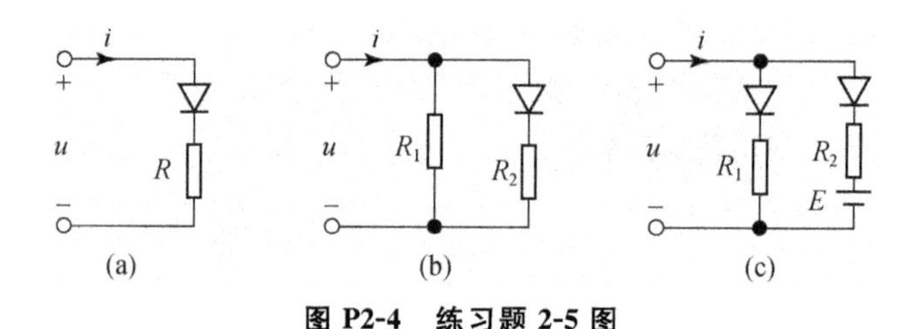

图 P2-4　练习题 2-5 图

2-6　电路如图 P2-5(a)所示,D_1,D_2 为理想二极管。

(1) 试画出该电路的传输特性(u_o-u_i)曲线;

(2) u_i 为图 P2-5(b)所示三角波,试画出 u_o 的波形;

(3) 两只二极管所承受的最高反向电压分别为多大?

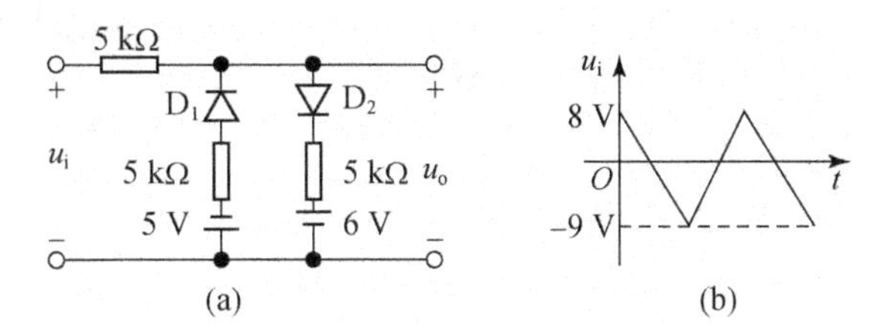

图 P2-5　练习题 2-6 图

2-7　分析图 P2-6 组成一个什么门电路。

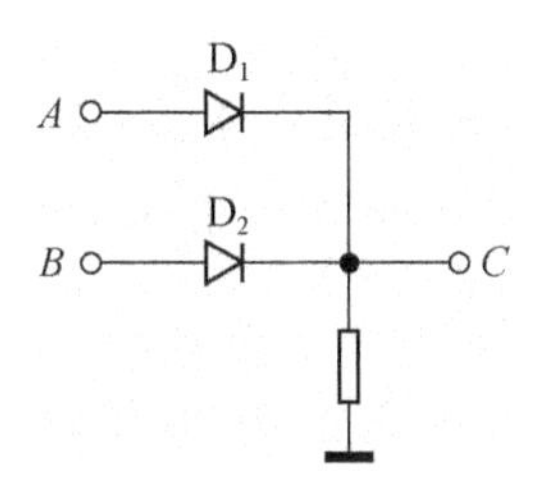

图 P2-6　练习题 2-7 图

2-8　图 P2-7 是由稳压管组成的限幅保护电路,稳压管导通压降为 0.7 V,稳定电压为 6 V,求该电路输出电压被限制在什么范围?

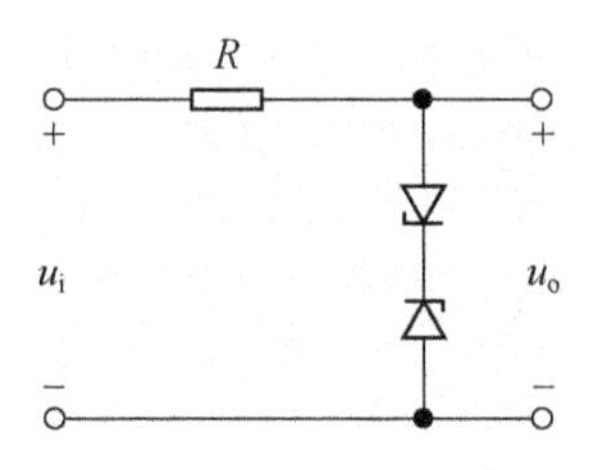

图 P2-7　练习题 2-8 图

2-9　如图 P2-8 所示稳压电路,稳压管稳定电压为 $U_Z=6$ V,最小稳定电流为 $I_{Z\min}=3$ mA,求负载电阻 R_L 为 1 kΩ 和 10 kΩ 时的输出电压 u_o 值。

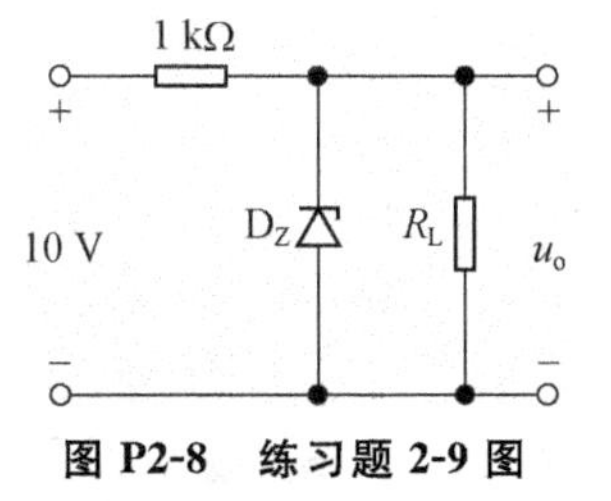

图 P2-8　练习题 2-9 图

2-10 如图 P2-9 所示稳压电路,稳压管稳定电压为 $U_Z=6$ V,最小稳定电流为 $I_{Z\min}=5$ mA,最大稳定电流为 $I_{Z\max}=38$ mA。若输入电压 u_i 的变化范围为 14～17 V,负载电流 i_L 的变化范围为 2～10 mA。

(1) 估算限流电阻 R 的取值范围;

(2) 若 R 取最小值,求 R 上的最大功耗。

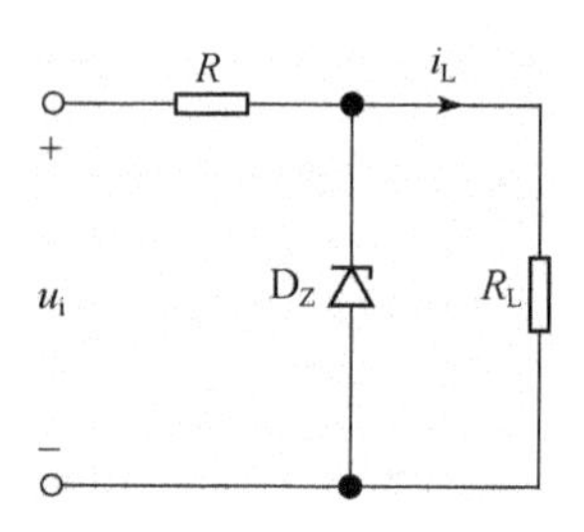

图 P2-9 练习题 2-10 图

2-11 图 P2-10(a)稳压电路正常工作,限流电阻 $R=300\ \Omega$,稳压管的特性曲线如图 P2-10(b)所示,图中 A 点坐标为(−6 V,−3 mA),B 点坐标为(−6.3 V,−33 mA)。

(1) 求稳压管动态电阻 r_Z;

(2) 当输入电压波动变化 $\Delta u_i=3$ V 时,求输出电压的波动 Δu_o。

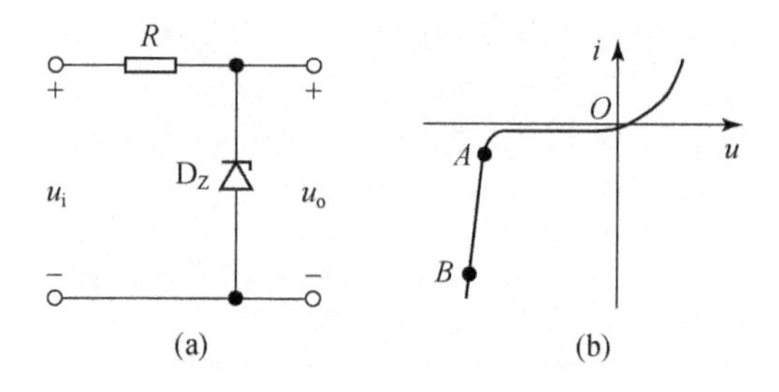

图 P2-10 练习题 2-11 图

2-12 对工作在放大状态中的两只三极管进行测试,测得各极直流电压如图 P2-11(a),(b)所示,请分别说明是硅管还是锗管,并画出电路符号,标出各个电极。

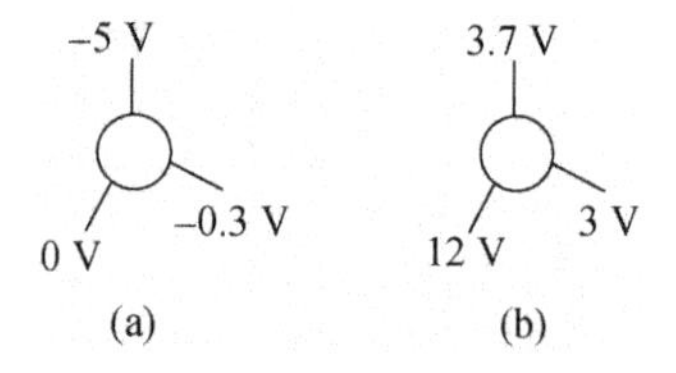

图 P2-11 练习题 2-12 图

2-13　如图 P2-12 所示电路中，已知三极管 $\beta=50$，$U_{CES}=0.3$ V，导通时 $U_{BE}=0.7$ V，当开关 S 分别接到 A，B，C 三点时，三极管分别工作在什么状态？并分别求出 I_C 和 U_{CE} 的值。

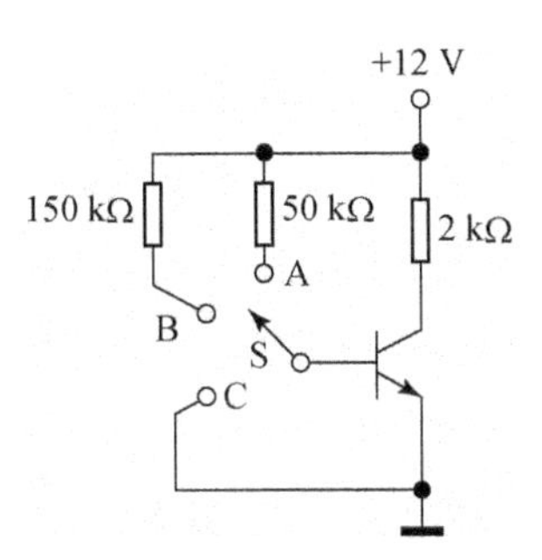

图 P2-12　练习题 2-13 图

2-14　如图 P2-13 所示电路中，已知三极管 $\beta=50$，$U_{CES}=0.3$ V，导通时 $U_{BE}=0.7$ V，若保持三极管工作在放大区，则输入 u_S 和输出 u_o 的范围各是多少？

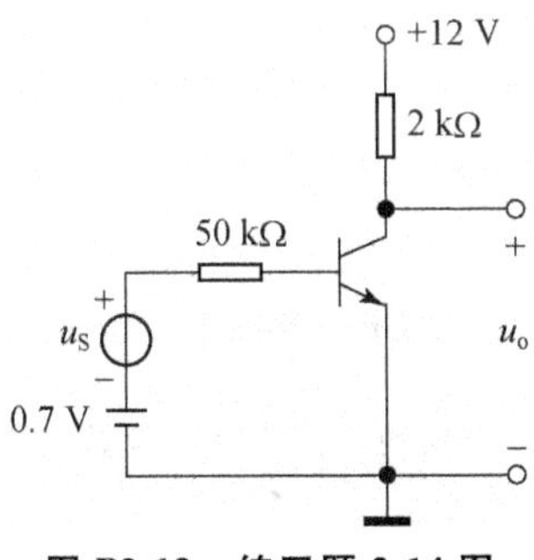

图 P2-13　练习题 2-14 图

2-15　三极管的输出特性曲线如图 P2-14 所示，求管子的 P_{CM}，I_{CM}，$U_{(BR)CEO}$ 和 β 值。

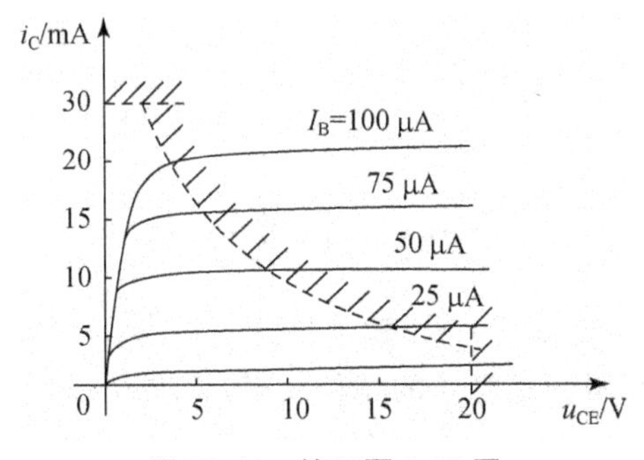

图 P2-14　练习题 2-15 图

2-16 分析图 P2-15(a),(b)各组成什么门电路。

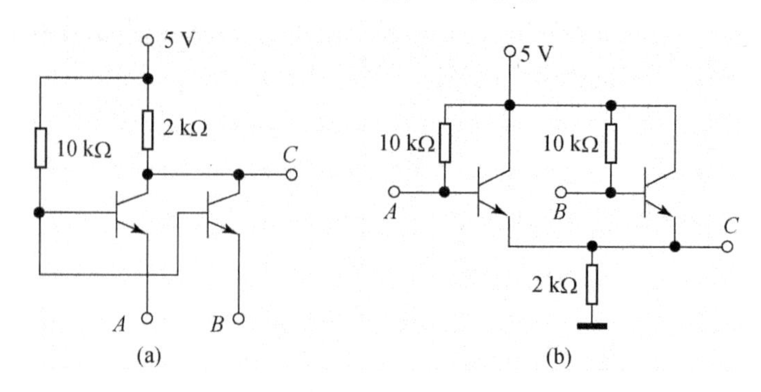

图 P2-15 练习题 2-16 图

2-17 图 P2-16 所示是三只场效应管的输出特性或转移特性曲线,试分别判断管子类型,并指出饱和漏极电流和开启电压(或夹断电压)各是多少。

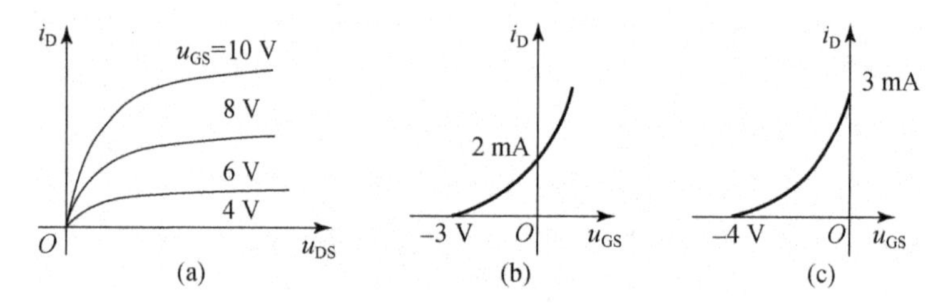

图 P2-16 练习题 2-17 图

2-18 试分别判别如图 P2-17 所示的场效应管的工作状态。设各管的 $|U_{GS(th)}|$或$|U_{GS(off)}|$均为 2 V。

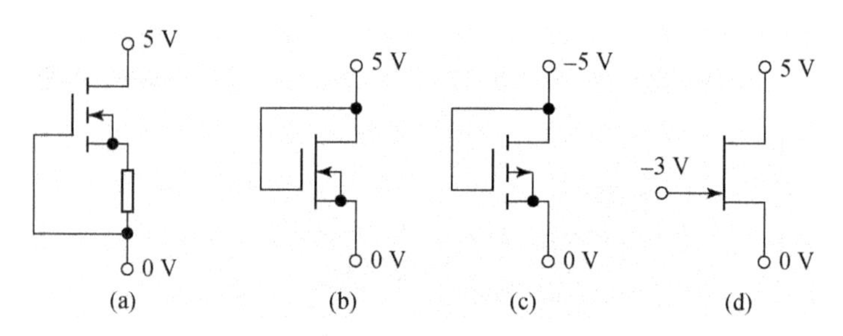

图 P2-17 练习题 2-18 图

2-19 电路如图 P2-18 所示,管子的 $U_{GS(off)}=-3$ V,测得 $U_{GS}=-1$ V,$U_{DS}=4$ V,$I_D=1$ mA,试判断管子的工作状态,并求 R_D 和 R_S。

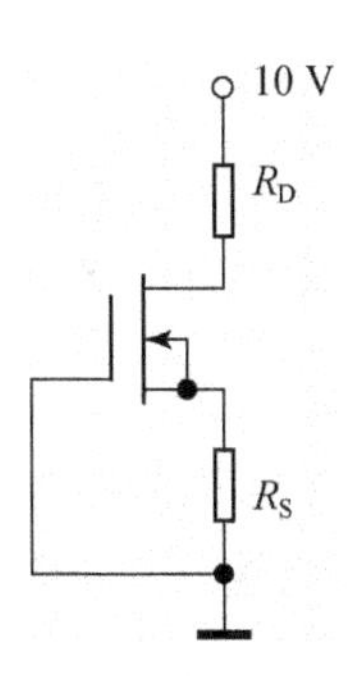

图 P2-18　练习题 2-19 图

2-20　如图 P2-19 所示电路中，场效应管工作在恒流区，且管子的 $I_{DSS}=5\ mA$，$U_{GS(off)}=-3\ V$，测得 $u_o=7\ V$，求 R_S。

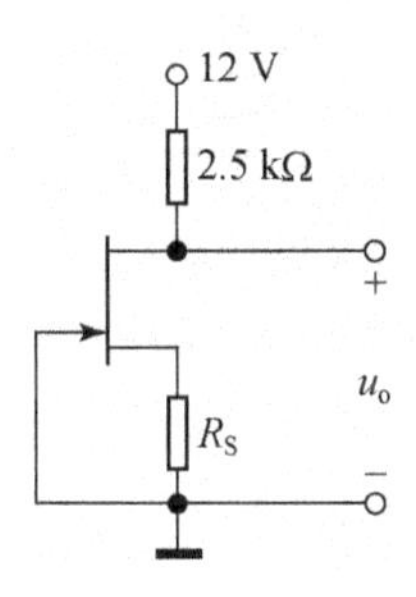

图 P2-19　练习题 2-20 图

第3章 放大电路

将小信号进行放大的电路是模拟电子技术中应用最为广泛的电路。本章以三极管为放大器件，首先介绍放大电路的组成和性能指标、放大电路的两种基本分析方法和工作点的稳定问题，然后介绍共集电极放大电路、放大电路的频率响应和多级级联、直接耦合差分放大电路和功率放大电路，最后介绍应用广泛的集成运算放大电路。

3.1 放大电路的性能指标与组成原理

3.1.1 放大的概念

放大电路是模拟电子技术最基本的内容之一。一个电子系统中，通常会包含各种各样的放大电路。如在电子系统的输入通道中，将传感器得到的微弱信号进行放大，以便于进一步处理和应用；在输出通道中，将信号进行功率放大，以便于控制、驱动外围设备。

从表面上看，放大就是放大电路将小的输入信号变为大的输出信号，即信号的能量被放大了。从能量守恒的角度看，放大电路必须外加电源以提供放大所需的能量。放大电路就是在输入小信号的情况下实现电源能量的转换，使之输出较大的能量。因此，放大的本质是能量的控制与转换。三极管的基极电流可以控制集电极电流，场效应管的栅源电压可以控制漏极电流，因此这两种器件均可构成放大电路。

由于信号的变化反映出消息，因此放大电路的放大对象是信号的变化量。也就是说，用一个小的输入变化量去控制一个较大的输出变化量。放大电路的放大倍数也是指输出变化量与输入变化量之比。

另外，信号的放大应是不失真的，即放大电路应能实现线性放大。但要做到完全不失真是很难的，实际应用中是将失真限制在一定的范围内。三极管工作在放大区、场效应管工作在恒流区时，在一定的输入、输出范围内，可以认为放大是不失真的。

3.1.2 放大电路的性能指标

放大电路可看成是一个双口网络，输入端口连接信号源，输出端口接负载，如图3.1所示。测量放大电路的性能指标时，通常需要在输入端接入测试信号源。虽然实际工作中输入信号是千变万化的，但这些输入信号都可以表示为若干不同频率、不同幅度的正弦信号的叠加，因此用正弦信号作为测试信号而得到的性能指标具有普遍意义。

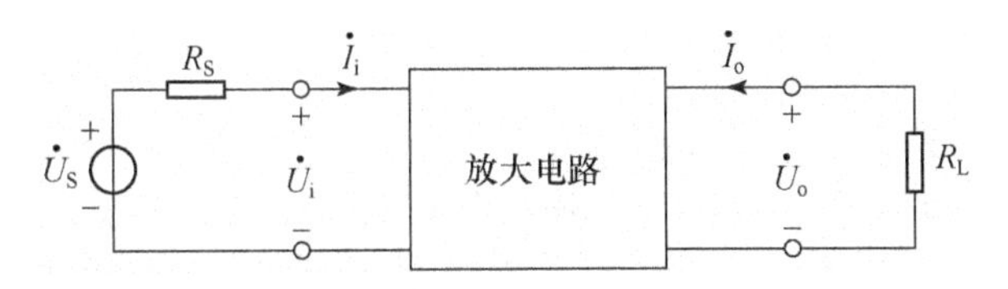

图3.1 放大电路示意

由于正弦信号既包含幅值信息又包含相位信息，故信号量用复数表示。图3.1中 $\dot{U}_S$ 和 R_S 分别为信号源电压和内阻，R_L 为负载电阻，$\dot{U}_i$ 和 $\dot{I}_i$ 分别为放大电路输入电压和输入电流，$\dot{U}_o$ 和 $\dot{I}_o$ 分别为放大电路输出电压和输出电流。

1. 电压放大倍数

放大倍数是衡量放大电路放大能力的指标。电压放大倍数表示放大电路的输出电压与输入电压之比，即

$$\dot{A}_u = \frac{\dot{U}_o}{\dot{U}_i} \tag{3.1}$$

放大电路的输出电压与信号源电压之比，称为源电压放大倍数，即

$$\dot{A}_{us} = \frac{\dot{U}_o}{\dot{U}_S} \tag{3.2}$$

2. 输入电阻

输入电阻描述了放大电路对信号源索取电流的大小。通常对于电压放大电路，输入电阻越大越好。输入电阻表示为输入电压与输入电流之比，即

$$R_i = \frac{\dot{U}_i}{\dot{I}_i} \tag{3.3}$$

3. 输出电阻

输出电阻描述了放大电路带负载能力的强弱。通常对于电压放大电路，输出电阻越小越好。输出电阻定义为输入信号源短路（$\dot{U}_S=0$，但保留 R_S）、负载开路（$R_L=\infty$）时，外加测试电压与测试电流之比，即

$$R_o = \left.\frac{\dot{U}_o}{\dot{I}_o}\right|_{\substack{\dot{U}_S=0 \\ R_L=\infty}} \tag{3.4}$$

4. 通频带

通频带描述了放大电路对不同频率信号放大的适应能力。由于放大电路中的电抗元件以及放大器件结电容等的存在,造成放大电路的放大倍数随信号频率的变化而变化。通常在频率较低或较高时,放大倍数都将减小。因此,实际放大电路只能在中间一段频率范围内认为放大倍数基本不变,这个频率范围被称为通频带。

在通频带的两端,当放大倍数下降到中频放大倍数 $1/\sqrt{2}$(0.707 倍,即 -3 dB)时,输出功率下降一半,所对应的频率点称为半功率点。

如图 3.2 所示,高端半功率点称为上限截止频率 f_H,低端半功率点称为下限截止频率 f_L,f_L 和 f_H 之间形成的频段称为通频带,即

$$f_{BW} = f_H - f_L$$

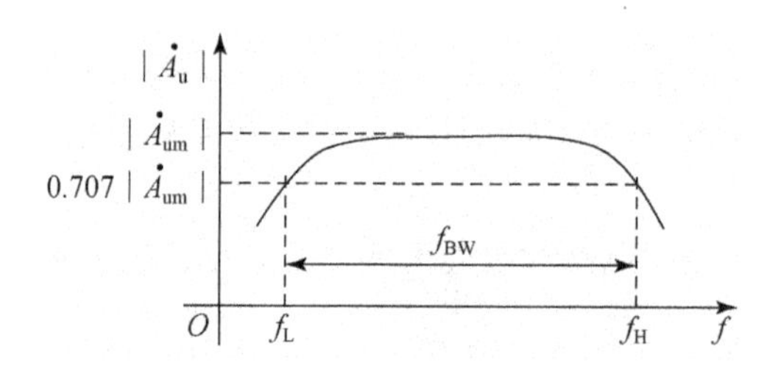

图 3.2 放大电路通频带

5. 最大输出电压幅度

放大电路最大输出电压幅度表示放大电路提供给负载的最大不失真输出电压。通常用输出正弦波信号的有效值 U_{rms} 表示,也可以用峰值表示,$U_{om} = \sqrt{2}U_{rms}$。

6. 最大输出功率和效率

对需要向负载提供较大功率的功率放大电路,要重点考虑最大输出功率和效率。最大输出功率 P_{om} 表示放大电路能向负载提供的最大不失真功率;P_{om} 与放大电路消耗的总的直流电源功率 P_V 之比,称为放大电路的效率 η,即

$$\eta = \frac{P_{om}}{P_V}$$

7. 非线性失真

放大电路中放大器件(三极管、场效应管)一般为非线性器件,不可避免地存

在非线性失真。非线性失真系数 D 用来定量描述放大电路非线性失真的大小，其定义为：输入单一频率正弦信号时，输出信号中所有谐波总量与基波成分之比，即

$$D=\frac{\sqrt{A_2^2+A_3^2+\cdots}}{A_1}$$

3.1.3　共射极放大电路的组成和原理

图 3.3 所示电路是一个基本的以 NPN 型三极管组成的共发射极放大电路，本节将以该电路为例，介绍放大电路的组成和工作原理。

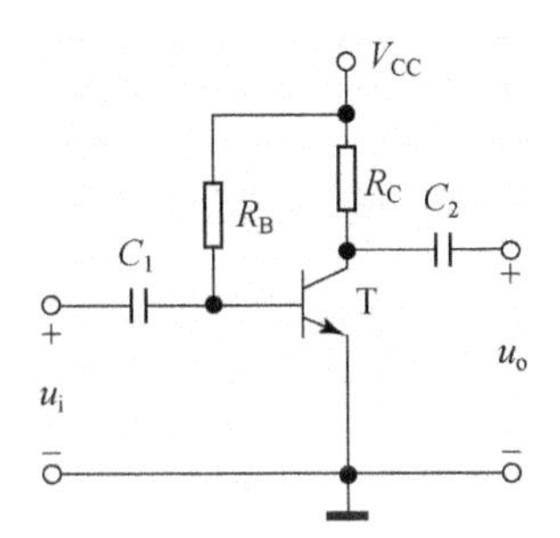

图 3.3　共射极放大电路

1. 共射极放大电路的组成

图 3.3 是一个单管共射放大电路，NPN 型三极管 T 是电路的核心元件。输入电压 u_i、输出电压 u_o 和直流电源 V_{CC} 有共同端点“地”(用符号“⊥”表示)，作为零电位参考点。三极管发射极为其输入回路和输出回路的公共端，故称为共射极放大电路。

V_{CC} 和基极电阻 R_B 为发射结提供正向偏置，并决定基极偏置电流 I_B 的大小；V_{CC} 和集电极电阻 R_C 使集电结处于反向偏置，R_C 还使集电极电流 i_C 的变化转换为集电极电压 u_{CE} 的变化，形成输出电压。

电容 C_1 和 C_2 称为耦合电容，分别连接信号源和负载，通常采用大容量的电解电容。耦合电容在电路中的作用是：通交流、隔直流。放大电路输入、输出的只有交流信号，而直流信号被隔断，这样放大电路的直流偏置将不受信号源和负载的影响。

2. 共射极放大电路的工作原理

要保证放大电路能不失真地放大信号，就要求为三极管提供正确的偏置，使其工作在放大区。当无信号源输入时，电路中各处的偏置电压或电流均处于直流状态，称电路为静止状态，简称静态；当有交流信号输入时，电路中各处的电压

或电流将在静态的基础上叠加交流变化量,此时称电路为动态。放大电路的分析将包括静态分析和动态分析。

由于电路中电压或电流的瞬时值为直流分量和交流分量的叠加,为了区分常作以下规定:瞬时值由小写变量、大写下标表示;直流分量由大写变量、大写下标表示;交流分量由小写变量、小写下标表示。如基极电流动态瞬时值 $i_B = I_B + i_b$。

(1) 放大电路静态工作原理。放大电路静态工作时,电路中只有直流分量,耦合电容相当于开路,信号源和负载被隔离。放大电路静态工作时直流分量流经的通路称为直流通路,如图 3.4 所示。

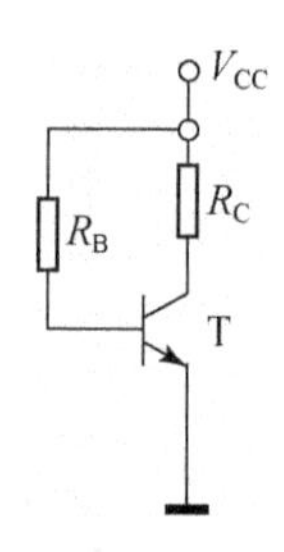

图 3.4 共射极放大电路的直流通路

放大电路静态工作时三极管的直流电压和电流值对应其输入和输出曲线上的一个点,称为静态工作点 Q。由于静态时三极管处于放大状态,容易估算出静态工作点的表达式

$$U_{BEQ} = 0.7\ \text{V} \tag{3.5}$$

$$I_{BQ} = \frac{V_{CC} - U_{BEQ}}{R_B} \tag{3.6}$$

$$I_{CQ} = \beta I_{BQ} \tag{3.7}$$

$$U_{CEQ} = V_{CC} - I_{CQ} R_C \tag{3.8}$$

(2) 放大电路动态工作原理。放大电路动态工作时,电路中交、直流分量叠加。仅对于交流分量而言,耦合电容相当于短路,信号源和负载接入放大电路;直流电源由于其变化量为零,对交流分量也相当于短路。称放大电路动态工作时交流分量流经的通路为交流通路,如图 3.5 所示。

当输入交流信号 u_i 时,会引起基极电流 i_b。由于三极管的电流放大效应,有 $i_c = \beta i_b$。电路中各点的瞬时值是在原来静态工作点的基础上叠加交流分量。于是三极管基极电流的瞬时值 $i_B = I_{BQ} + i_b$,集电极电流的瞬时值 $i_C = I_{CQ} + i_c$,集电极电压的瞬时值 $u_{CE} = U_{CEQ} + u_{ce}$。图 3.6 中,输出电压 u_o 等于集电极电压

的交流分量 u_{ce}。

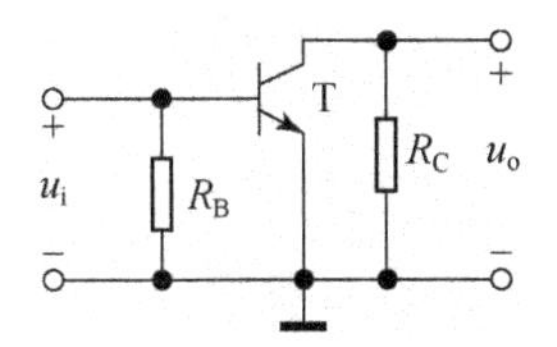

图 3.5　共射极放大电路的交流通路

三极管集电极电压的瞬时值是交、直流电压分量的叠加，又可以表示为

$$u_{CE} = V_{CC} - i_C R_C = V_{CC} - I_{CQ} R_C - i_c R_C = U_{CEQ} - i_c R_C$$

所以输出电压交流分量为

$$u_o = u_{ce} = - i_c R_C = - \beta i_b R_C$$

因此，共射放大电路利用三极管电流放大效应，并依靠集电极电阻 R_C 将电流变化转变成电压变化，实现了电压放大功能。由于 i_C 增大时，u_{CE}减小；i_C 减小时，u_{CE}增大，故放大电路输出信号与输入信号呈反相关系。各点电压、电流波形如图 3.6 所示。

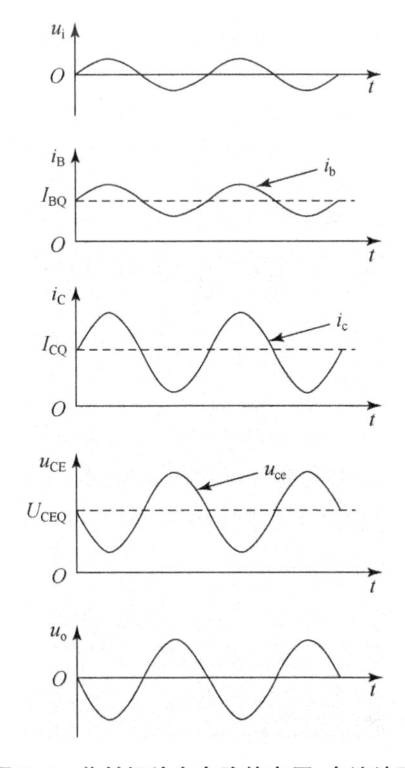

图 3.6　共射极放大电路的电压、电流波形

3.2 共射放大电路的图解分析法

放大电路的图解分析法是在三极管的输入、输出特性曲线上，结合具体放大电路，通过作图的方法对放大电路进行分析。

3.2.1 静态工作分析

参考图 3.3 放大电路和图 3.4 静态时的直流通路。在三极管的输入回路中，u_{BE}和 i_B 的关系为三极管输入特性曲线，同时它们还应满足外电路的回路方程

$$u_{BE} = V_{CC} - i_B R_B \tag{3.9}$$

式(3.9)确定一条直线，称为输入回路直流负载线。该直线与三极管输入特性曲线的交点就是输入回路的静态工作点 U_{BEQ}和 I_{BQ}，如图 3.7(a)所示。

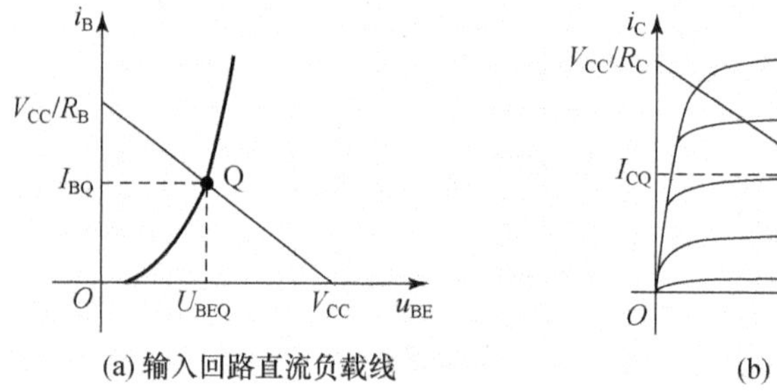

(a) 输入回路直流负载线

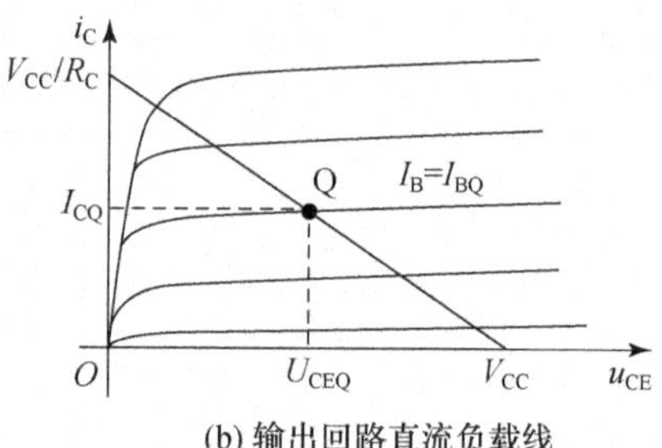

(b) 输出回路直流负载线

图 3.7　图解分析法求静态工作点

在三极管的输出回路中，u_{CE}和 i_C 的关系为三极管输出特性曲线，同时它们还应满足外电路的回路方程

$$u_{CE} = V_{CC} - i_C R_C \tag{3.10}$$

式(3.10)确定一条直线，称为输出回路直流负载线。该直线与三极管 $I_B = I_{BQ}$的那条输出特性曲线的交点就是输出回路的静态工作点 U_{CEQ}和 I_{CQ}，如图 3.7(b)所示。

由于三极管的输入特性曲线不易准确测得，实际工作中常用式(3.5)和式(3.6)对输入回路静态工作点进行估算，对输出回路进行图解分析。

3.2.2 动态工作分析

图 3.3 放大电路中，当输入交流信号 u_i 时，三极管的工作点将在其静态工

作点附近进行波动，形成变化量，即 $\Delta u_i \rightarrow \Delta u_{BE} \rightarrow \Delta i_B \rightarrow \Delta i_C \rightarrow \Delta u_{CE} \rightarrow \Delta u_o$。在输出回路中，三极管的工作点将沿着负载线运动，如图 3.8 所示。

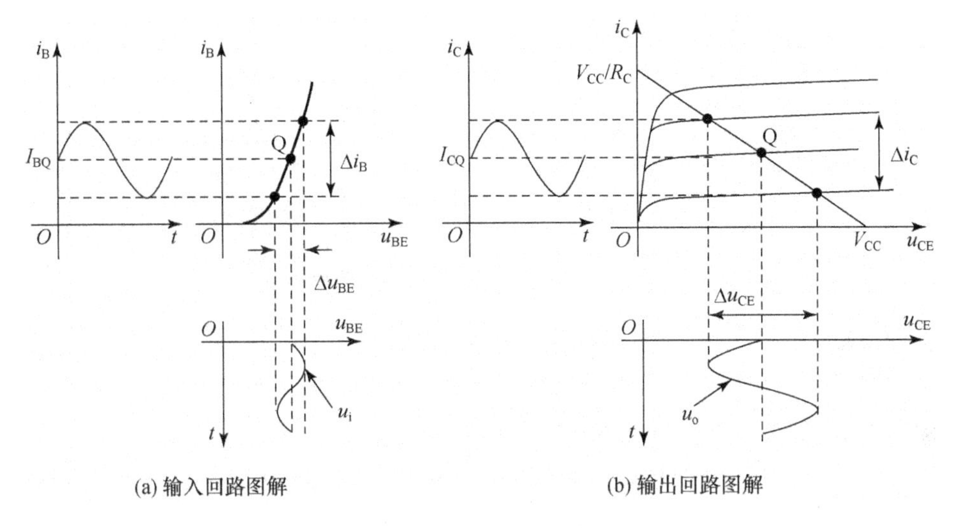

图 3.8　放大电路动态图解分析

可以看出，电路输入正弦信号 u_i 时，三极管各极的电压、电流围绕着静态工作点按正弦规律变化，在原来静态值的基础上叠加正弦交流分量。因此，当输入端有一个微小的变化量时，由于三极管的电流放大作用，在输出端可得到一个较大的变化量，且由于集电极电阻 R_C 的电流-电压的转换，输出与输入信号互为反相。放大电路的放大倍数为

$$A_u = \frac{\Delta u_o}{\Delta u_i} = \frac{\Delta u_{CE}}{\Delta u_{BE}} \tag{3.11}$$

由于图 3.3 放大电路中的负载 $R_L = \infty$，所以静态和动态时的输出回路均满足式(3.10)所表达的回路方程，即静态时负载线与动态时负载线重合。这时的负载线是一条过 Q 点，斜率为 $-\frac{1}{R_C}$ 的直线，与横轴交点 $(V_{CC}, 0)$，与纵轴交点 $(0, V_{CC}/R_C)$。

若放大电路接负载 R_L，如图 3.9(a)所示，动态时 R_L 将接入电路，其交流通路如图 3.9(b)所示，静态、动态输出负载线将不再是同一条线。称动态信号遵循的负载线为交流负载线。

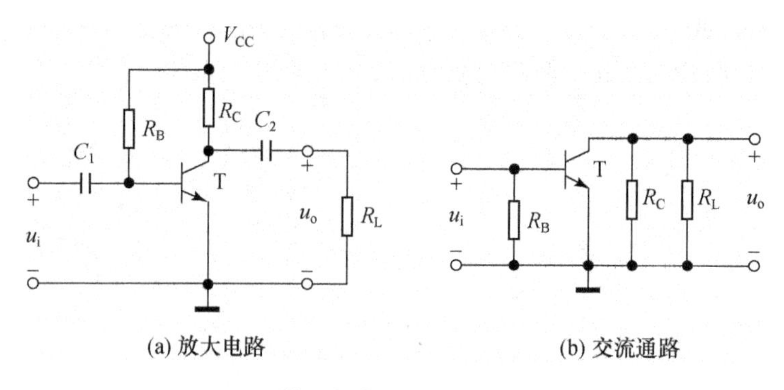

(a) 放大电路　　(b) 交流通路

图 3.9　带有负载放大电路及交流通路

由图 3.9(b)交流通路,易得输出交流分量

$$u_o = u_{ce} = -i_c R_C /\!/ R_L = -(i_C - I_{CQ})(R_C /\!/ R_L)$$

集电极电压瞬时值为直流分量和交流分量叠加,有

$$u_{CE} = U_{CEQ} + u_{ce} = U_{CEQ} - (i_C - I_{CQ})(R_C /\!/ R_L) \tag{3.12}$$

式(3.12)即为交流负载线方程。它是一条过 Q 点,斜率为 $-\dfrac{1}{R_C /\!/ R_L}$ 的直线,与横轴交点$(U_{CEQ} + I_{CQ}(R_C /\!/ R_L), 0)$,如图 3.10 所示。

放大电路动态工作时工作点将沿着交流负载线移动,可见电路接入负载后的交流负载线变得陡峭,输出电压将比空载时减小。

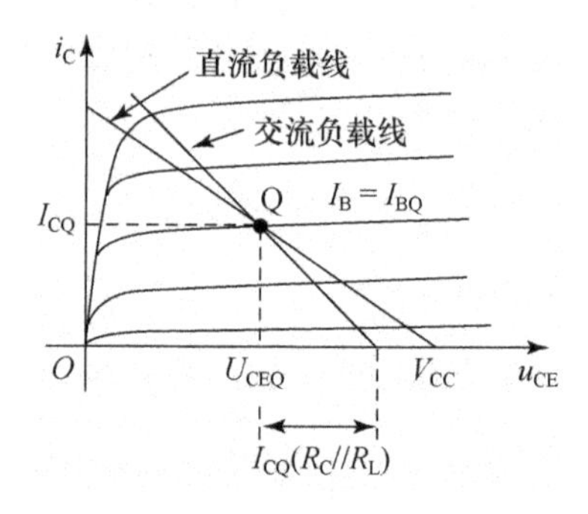

图 3.10　直流负载线和交流负载线

例 3-1　放大电路和三极管的输出特性曲线如图 3.11(a),(b)所示,三极管发射结动态电阻 $r_{be} = 1\ \text{k}\Omega$,试用图解分析方法确定输出曲线上的静态工作点,并求电压放大倍数。

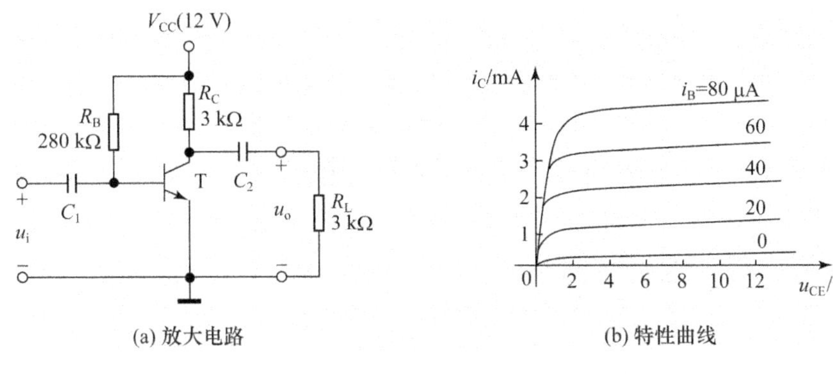

(a) 放大电路　　(b) 特性曲线

图 3.11　例 3-1 图

解　(1) 静态分析。

首先估算输入回路的静态值，根据式(3.5)和式(3.6)，有

$$U_{BEQ} = 0.7(\text{V})$$

$$I_{BQ} = \frac{V_{CC} - U_{BEQ}}{R_B} = 40(\mu\text{A})$$

然后在输出特性曲线上画出直流负载线，根据式(3.10)得到直流负载线与横轴交点(12 V,0)，与纵轴交点(0,4 mA)。连接以上两点画出直流负载线，其与 $i_B=40\ \mu$A 的输出特性曲线的交点即是静态工作点 Q，如图 3.12(a)所示。图上量得 $I_{CQ}=2$ mA，$U_{CEQ}=6$ V。

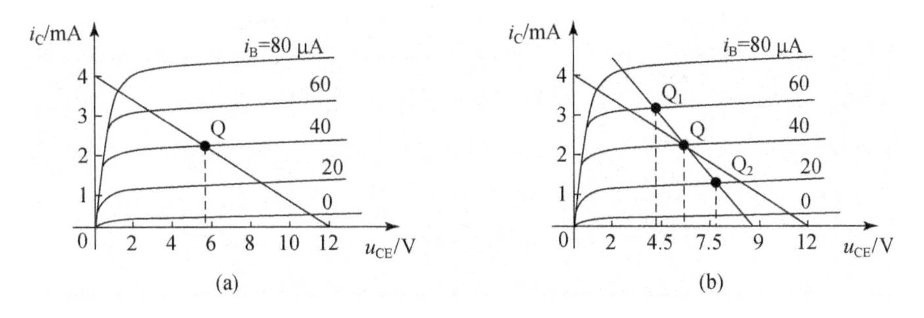

(a)　　(b)

图 3.12　例 3-1 放大电路图解分析方法

(2) 动态分析。

首先画出交流负载线，根据式(3.12)得到交流负载线与横轴交点(9 V,0)。连接该点与 Q 点就画出交流负载线，如图 3.12(b)所示。

然后求电压放大倍数，取 $\Delta i_B=(60-20)=40(\mu\text{A})$，则

$$\Delta u_{BE} = \Delta i_B r_{be} = 0.04(\text{V})$$

当 i_B 在 20～60 μA 范围内变化时，工作点在输出特性曲线上的 Q_1～Q_2 范围内

运动,从图上量得 $\Delta u_{CE}=4.5-7.5=-3(V)$。

根据式(3.11)得电压放大倍数为

$$A_u=\frac{\Delta u_o}{\Delta u_i}=\frac{\Delta u_{CE}}{\Delta u_{BE}}=-75$$

单管共射极放大电路的电压放大倍数为负数,表示输出与输入信号变化方向相反。

3.2.3 非线性失真分析

三极管为非线性器件,即使电路输入较小幅值信号,三极管始终工作在放大区域,也会因为输入和输出特性的非线性使输出信号产生失真,只不过因为这种失真较小,实际工作中常忽略不计。

当放大电路输入大信号时,输出回路工作点将沿交流负载线运动到截止区域或饱和区域,这时输出波形将产生严重的失真。

如图 3.13 所示,Q 点设置过低,即 I_{BQ}和 I_{CQ}偏小。在输入信号负半周的一段时间内,u_{BE}小于发射结开启电压,三极管进入截止区,i_B,i_C 产生底部失真,u_{CE}则产生顶部失真。这种由于三极管进入截止区而导致的失真称为截止失真。要消除截止失真,应设法提高静态工作点。

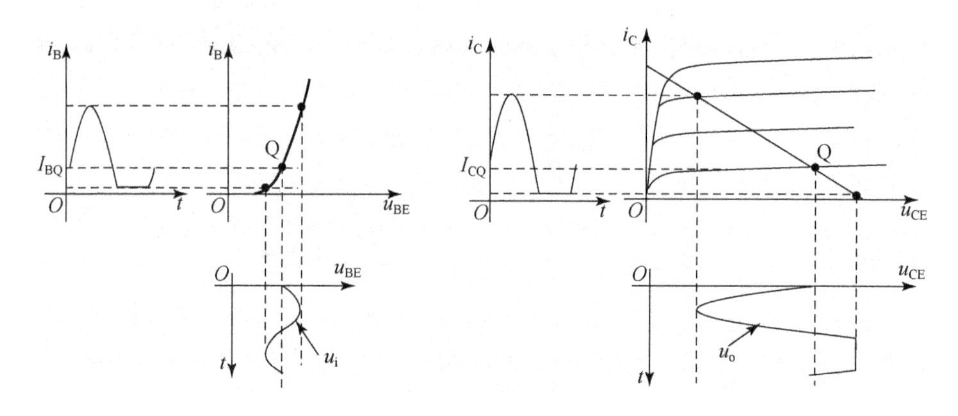

图 3.13 共射放大电路截止失真

若 Q 点设置过高,即 I_{BQ}和 I_{CQ}偏大,如图 3.14 所示,则在输入信号正半周的一段时间内,发射结和集电结均被正向偏置,三极管进入饱和区,i_C 不随 i_B 的增大而增大,即 i_C 产生顶部失真,u_{CE}则产生底部失真。这种由于三极管进入饱和区而导致的失真称为饱和失真。要消除饱和失真,应设法降低静态工作点。

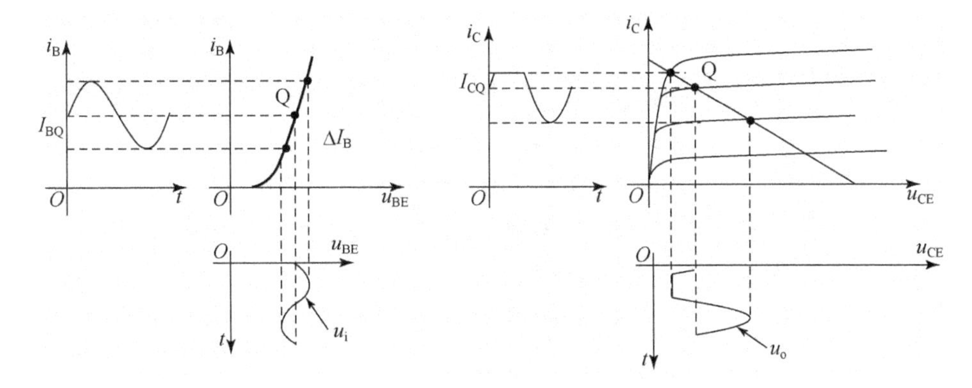

图 3.14　共射放大电路饱和失真

因此，静态工作点 Q 的位置必须进行适当设置。当 Q 点位于交流负载线与饱和区和截止区两交界点（图 3.15 中的 Q_1 和 Q_2 两点）的中间时，放大电路达到最大不失真波形输出，其输出峰值等于（$U_{CEQ}-U_{CES}$）或 $I_{CQ}(R_C /\!/ R_L)$。若这时输入信号过大，输出波形将同时产生截止和饱和失真，正负半周信号将均被削顶。

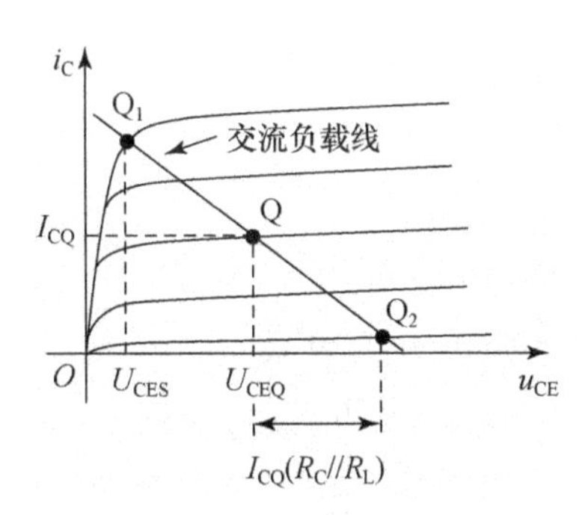

图 3.15　共射放大电路最大不失真输出幅度

Q_1 和 Q_2 两点决定了输出信号不失真的动态工作范围，增加 V_{CC} 可扩大该动态范围。若 Q 点不在 Q_1 和 Q_2 的中间，则最大不失真输出电压峰值等于（$U_{CEQ}-U_{CES}$）和 $I_{CQ}(R_C /\!/ R_L)$ 中的较小者。

应当指出，Q 点设置越高，放大电路的静态功耗和输出噪声就越大。因此，对于较小的输入信号，在保证输出不失真的前提下，Q 点应设置低一些为好。

例 3-2　在**例 3-1** 的放大电路中，设三极管 $U_{CES}=0.3$ V，输入信号为正弦波。

(1) 增大输入信号，输出端先出现什么失真？并求最大不失真输出电压的有效值。

(2) 若要使该放大电路获得最大不失真输出电压,R_B 应调整到何值(其他参数不变)?

解 (1) 由图 3.12 可知

$$U_{CEQ}-U_{CES}=6-0.3=5.7(V)$$
$$I_{CQ}(R_C\ //\ R_L)=3(V)$$

因此 Q 点不在交流负载线的中间,且设置偏低,输出端将先出现截止失真。

最大不失真输出电压的有效值为

$$U_{rms}=\frac{3}{\sqrt{2}}=2.1(V)$$

(2) 要使该放大电路获得最大不失真输出电压,R_B 应减小,使 Q 点上移到交流负载线的中间,即

$$U_{CEQ}-U_{CES}=I_{CQ}(R_C\ //\ R_L)$$

将式(3.8)代入,有

$$V_{CC}-I_{CQ}R_C-U_{CES}=I_{CQ}(R_C\ //\ R_L)$$

解得

$$I_{CQ}=2.6(mA)\quad U_{CEQ}=4.2(V)$$

由图 3.12 可知,三极管电流放大系数 $\beta=50$,所以

$$I_{BQ}=\frac{I_{CQ}}{\beta}=52(\mu A)$$

根据式(3.6),得

$$R_B=\frac{V_{CC}-U_{BEQ}}{I_{BQ}}=217(k\Omega)$$

放大电路获得最大不失真输出电压有效值为

$$U_{rms}=\frac{3.9}{\sqrt{2}}=2.8(V)$$

从以上分析可知,放大电路的图解分析方法可以直观形象地反映三极管的工作状况。实际工作中,该方法常用于检查静态工作点设置得是否合理,进而分析电路的非线性失真,估算最大不失真输出电压以及电路参数对静态工作点的影响等等。由于该方法是建立在三极管特性曲线的基础上,而特性曲线反映的是三极管低频工作情况,且小信号时作图很难准确,因此,图解法适用于低频、大信号的工作状态,不适用于高频、小信号时的电路定量分析,尤其是对电路的输入、输出电阻等参数分析更是显得无能为力。

3.3 共射放大电路的微变等效电路分析法

三极管的非线性使得定量分析放大电路变得复杂,但如果电路的输入信

号只进行微小变化，三极管的动态工作点只围绕静态工作点进行小范围变动，则基本上可以认为三极管的输入、输出是线性的。这样，就可以用线性元件组成的等效电路来代替三极管，把三极管的非线性电路转化为线性电路，即构成微变等效电路。微变等效电路分析方法用于放大电路的动态分析，不能用于静态分析。

3.3.1　三极管的微变等效电路

晶体三极管是一个双口网络，1.5.1 节中给出了三极管的 H 参量等效电路。为了研究微小信号输入下各变化量之间的关系，将 u_{be}，i_b 作为输入端口信号的变化量，u_{ce}，i_c 作为输出端口信号的变化量，将图 1.20 重画为图 3.16，网络方程 1.13 写成如下变化量形式

$$u_{be} = h_{11} i_b + h_{12} u_{ce} \tag{3.13a}$$

$$i_c = h_{21} i_b + h_{22} u_{ce} \tag{3.13b}$$

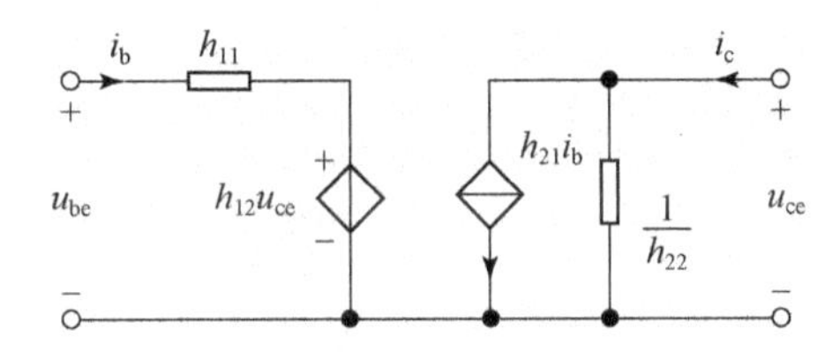

图 3.16　三极管 H 参量等效电路

下面结合三极管输入、输出特性曲线说明 H 参量的物理意义。

h_{11}是当 $u_{ce}=0(u_{CE}=U_{CEQ})$时，u_{be}与 i_b 的比值，即

$$h_{11} = \left.\frac{u_{be}}{i_b}\right|_{u_{CE}=U_{CEQ}} = \left.\frac{\Delta u_{BE}}{\Delta i_B}\right|_{u_{CE}=U_{CEQ}}$$

从输入特性上看，就是 $u_{CE}=U_{CEQ}$那条输入特性曲线在 Q 点处切线斜率的倒数，如图 3.17(a)所示。其物理意义是三极管发射结的动态电阻，常记作 r_{be}（手册中也常用 h_{ie}表示）。r_{be}的大小与 Q 点位置有关，Q 点越高，r_{be}越小。可以证明，常温下低频小功率三极管的输入动态电阻可用下式估算

$$r_{be} = 200(\Omega) + (1+\beta)\frac{26(\text{mV})}{I_{EQ}(\text{mA})} \tag{3.14}$$

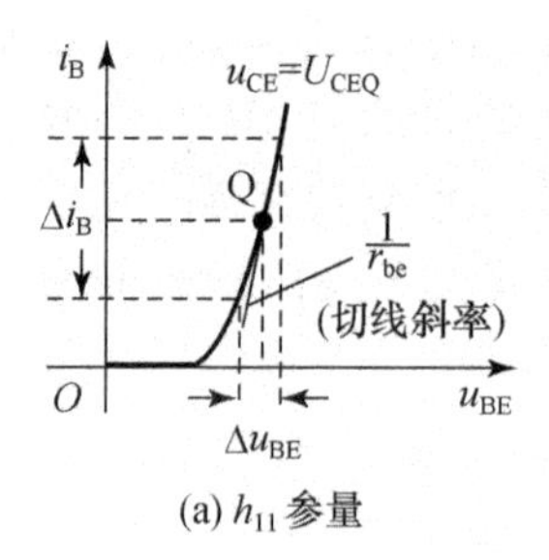

(a) h_{11} 参量

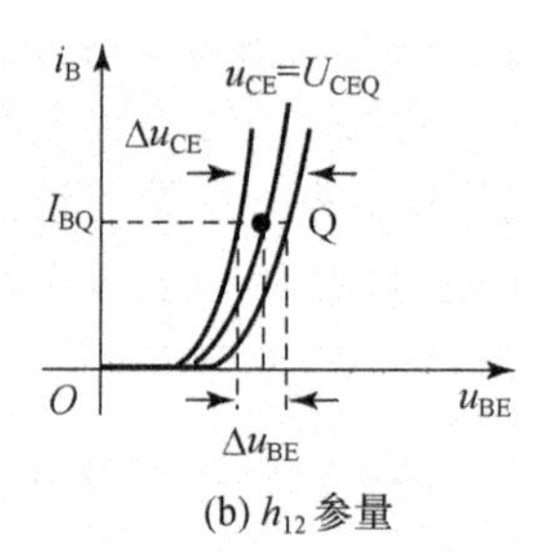

(b) h_{12} 参量

图 3.17　三极管输入端 H 参量物理意义

h_{12}是当 $i_b=0(i_B=I_{BQ})$时,u_{be}与 u_{ce}的比值,即

$$h_{12}=\left.\frac{u_{be}}{u_{ce}}\right|_{i_B=I_{BQ}}=\left.\frac{\Delta u_{BE}}{\Delta u_{CE}}\right|_{i_B=I_{BQ}}$$

从输入特性上看,就是 $i_B=I_{BQ}$时 u_{CE}对 u_{BE}的影响,称为反向转移电压比,如图 3.17(b)所示。当 $u_{CE}>1$ V 时,输入特性曲线基本重合,因此 h_{12}的值很小,常可忽略不计。

h_{21}是当 $u_{ce}=0(u_{CE}=U_{CEQ})$时,i_c 与 i_b 的比值,即

$$h_{21}=\left.\frac{i_c}{i_b}\right|_{u_{CE}=U_{CEQ}}=\left.\frac{\Delta i_C}{\Delta i_B}\right|_{u_{CE}=U_{CEQ}}$$

从输出特性上看,就是 $u_{CE}=U_{CEQ}$时,三极管的电流放大系数β(手册中也常用 h_{fe}表示),如图 3.18(a)所示。

h_{22}是当 $i_b=0(i_B=I_{BQ})$时,i_c 与 u_{ce}的比值,即

$$h_{22}=\left.\frac{i_c}{u_{ce}}\right|_{i_B=I_{BQ}}=\left.\frac{\Delta i_C}{\Delta u_{CE}}\right|_{i_B=I_{BQ}}$$

从输出特性上看,就是 $i_B=I_{BQ}$那条输出特性曲线在 Q 点处切线的斜率,如图 3.18(b)所示。其物理意义是三极管 c-e 间的动态导纳,其倒数为三极管 c-e 间的动态电阻 r_{ce}。h_{22}反映了三极管输出特性曲线在放大区的上翘程度,由于大多数管子的输出曲线几乎平行于横轴,其值非常小,常可忽略不计。

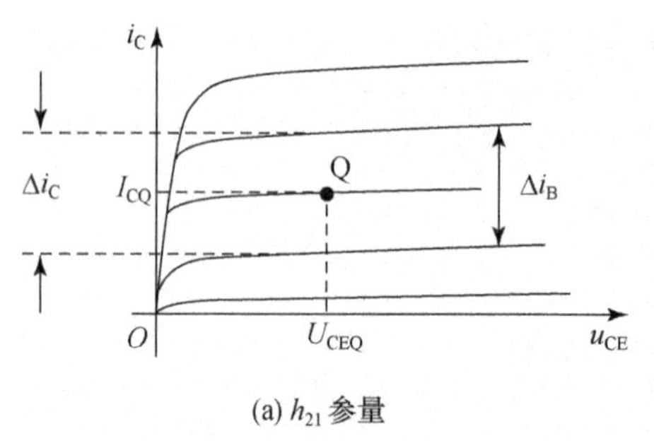

(a) h_{21} 参量

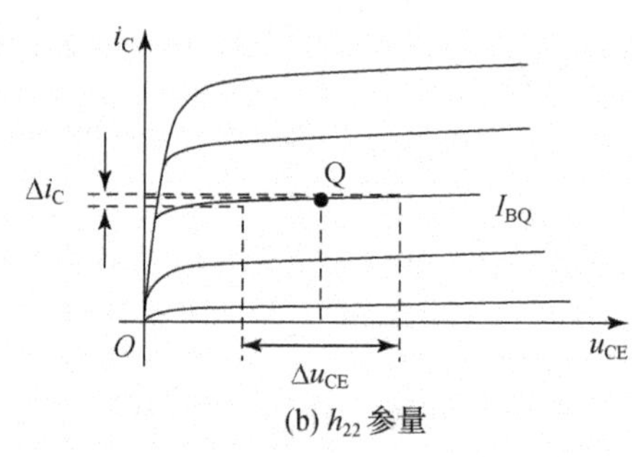

(b) h_{22} 参量

图 3.18　三极管输出端 H 参量物理意义

综合以上分析可知，h_{12}很小，近似分析中可忽略不计，所以三极管输入回路可简化为只有一个动态电阻 r_{be}；又 h_{22} 也很小，近似分析中也可忽略不计，所以三极管输出回路可简化为只有一个流控电流源 $i_c=\beta i_b$。因此得到三极管简化 H 参量等效电路，如图 3.19 所示。使用三极管简化模型分析低频小信号放大电路，不会带来显著误差，满足工程要求。

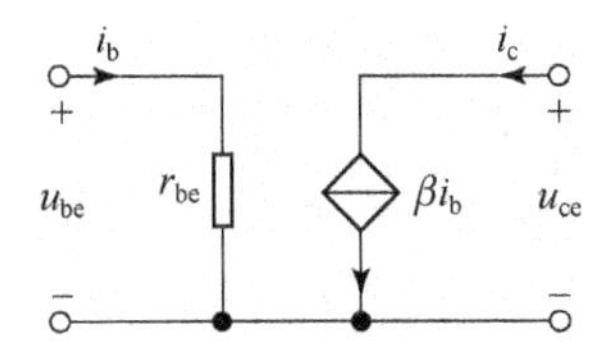

图 3.19　三极管简化 H 参量等效电路

3.3.2　放大电路的微变等效电路分析法

有了三极管微变等效电路，就可以用线性电路的分析方法定量分析放大电路的性能指标。下面分析图 3.20(a)所示的基本放大电路，可分为以下三大步骤：

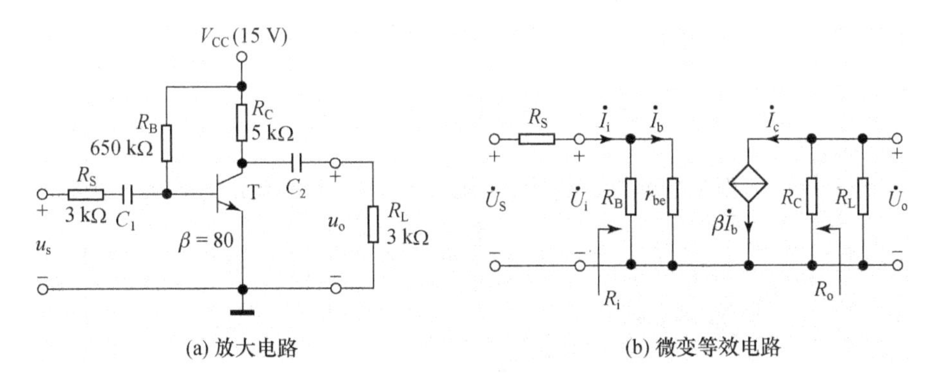

图 3.20　放大电路及微变等效电路

(1) 画出放大电路直流通路，估算静态工作点 Q，求出 r_{be}。

直流通路如图 3.4 所示，静态工作点为

$$I_{BQ}=\frac{V_{CC}-U_{BEQ}}{R_B}\quad I_{EQ}=(1+\beta)I_{BQ}$$

于是根据式(3.14)，可求出

$$r_{be}=200(\Omega)+(1+\beta)\frac{26(\text{mV})}{I_{EQ}(\text{mA})}=1.4(\text{k}\Omega)$$

(2) 画出放大电路的微变等效电路。

由于研究的是电路中信号的动态变化量，应画出放大电路的交流通路，并将

三极管用等效电路代替,如图 3.20(b)所示。图中电流、电压用复数表示。

(3) 计算放大电路的输入电阻、输出电阻和电压放大倍数。

① 计算输入电阻,从信号源两端看进去的放大电路的输入电阻为(不包含信号源内阻 R_S)

$$R_i = \frac{\dot{U}_i}{\dot{I}_i} = r_{be} \,/\!/\, R_B \tag{3.15}$$

将图 3.20(a)中元器件参数代入得

$$R_i \approx r_{be} = 1.4(\mathrm{k\Omega})$$

② 计算输出电阻,根据输出电阻定义,当信号源短路($\dot{U}_S=0$,但保留 R_S)、负载开路($R_L=\infty$)时,外加测试电压与测试电流之比即为输出电阻,求解输出电阻的等效电路如图 3.21 所示。

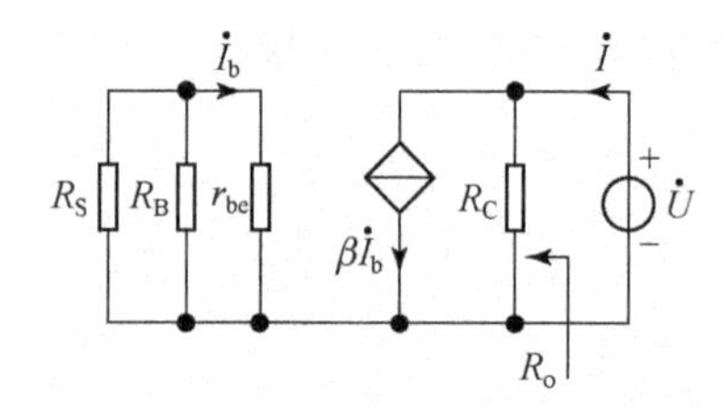

图 3.21 求输出电阻的等效电路

由于 $\dot{I}_b=0$,则受控源电流也为零,相当于开路,于是输出电阻为

$$R_o = \frac{\dot{U}}{\dot{I}} = R_C \tag{3.16}$$

将图 3.20(a)中元器件参数代入得

$$R_o = 5(\mathrm{k\Omega})$$

③ 计算电压放大倍数,列出输入、输出回路方程

$$\dot{U}_i = \dot{I}_b r_{be}$$

$$\dot{U}_o = -\dot{I}_c(R_C \,/\!/\, R_L) = -\beta\dot{I}_b(R_C \,/\!/\, R_L)$$

所以电压放大倍数为

$$\dot{A}_u = \frac{\dot{U}_o}{\dot{U}_i} = -\frac{\beta(R_C \,/\!/\, R_L)}{r_{be}} \tag{3.17}$$

将图 3.20(a)中元器件参数代入得

$$\dot{A}_u = -108$$

源电压放大倍数为

$$\dot{A}_{us}=\frac{\dot{U}_o}{\dot{U}_S}=\frac{\dot{U}_i}{\dot{U}_S}\cdot\frac{\dot{U}_o}{\dot{U}_i}=\frac{R_i}{R_i+R_S}\dot{A}_u \tag{3.18}$$

将图 3.20(a)中元器件参数代入得

$$\dot{A}_{us}=-32.4$$

由式(3.15)～(3.18)的分析可知，当放大电路中元器件参数一定时，静态工作点的位置对电路的性能指标起着非常重要的作用。通过升高 Q 点，减小 r_{be}，可使电压放大倍数$|\dot{A}_u|$增大，但却使输入电阻减小，这又将造成输入信号更多地衰减，使$|\dot{A}_{us}|$减小。一般来说，应设法提高放大电路的输入电阻，并减小信号源内阻；而电路的输出电阻则希望越小越好，这样可以提高带负载的能力。因此，在分析、设计放大电路时应进行全面考虑，根据具体情况进行权衡。

例 3-3　图 3.22 所示是一个应用十分广泛的带发射极电阻 R_E 的共射放大电路，元器件参数如图所示，三极管电流放大系数 $\beta=50$。

(1) 求电路的静态工作点；

(2) 求解 R_i，R_o，$\dot{A}_u$ 和 $\dot{A}_{us}$。

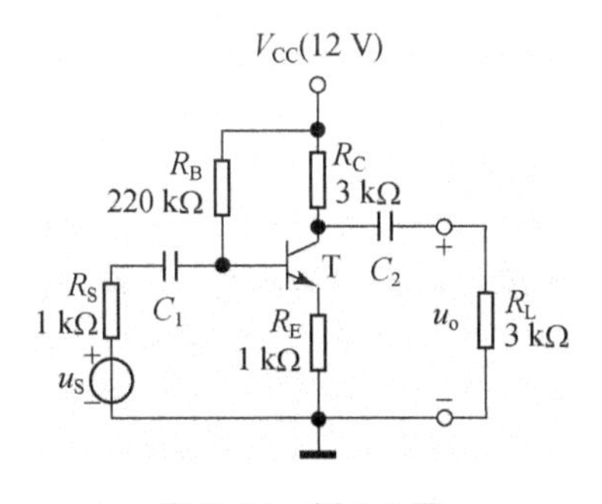

图 3.22　例 3-3 图

解　(1) 画出图 3.22 所示电路的直流通路，如图 3.23(a)所示，输入回路有

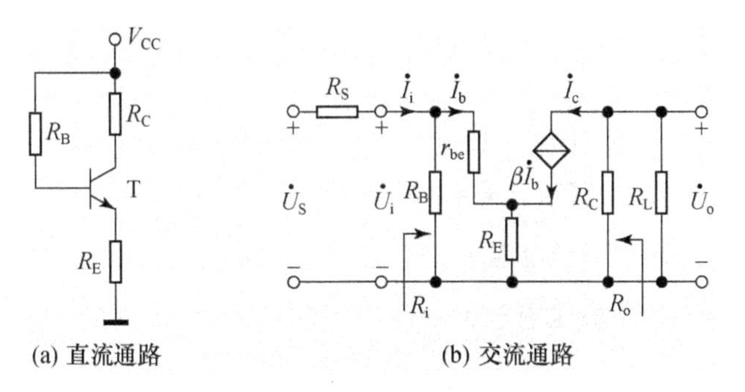

图 3.23　例 3-3 中的直流通路和交流通路

$$V_{CC}=I_{BQ}R_B+U_{BEQ}+I_{EQ}R_E$$

则

$$I_{BQ}=\frac{V_{CC}-U_{BEQ}}{R_B+(1+\beta)R_E}=\frac{12-0.7}{220+51\times 1}=42(\mu A)$$

$$I_{EQ}\approx I_{CQ}=\beta I_{BQ}=2.1(mA)$$

输出回路有

$$U_{CEQ}\approx V_{CC}-I_{CQ}(R_C+R_E)=3.6(V)$$

$U_{CEQ}>U_{BEQ}$，说明三极管工作在放大区。发射结动态电阻为

$$r_{be}=200+(1+\beta)\frac{26}{I_{EQ}}=831(\Omega)$$

(2) 画出图 3.22 所示电路的交流等效电路，如图 3.23(b)所示，列出输入回路方程

$$\dot{U}_i=\dot{I}_b r_{be}+\dot{I}_e R_E=\dot{I}_b[r_{be}+(1+\beta)R_E]$$

则不包含 R_B 时的输入电阻为

$$R_i'=\frac{\dot{U}_i}{\dot{I}_b}=r_{be}+(1+\beta)R_E$$

放大电路的输入电阻为

$$R_i=\frac{\dot{U}_i}{\dot{I}_i}=R_B\ /\!/\ R_i'=R_B\ /\!/\ [r_{be}+(1+\beta)R_E]=42(k\Omega) \tag{3.19}$$

当信号源短路时，受控源电流为零，相当于开路，故放大电路的输出电阻为

$$R_o=R_C=3(k\Omega) \tag{3.20}$$

再列出输出回路方程

$$\dot{U}_o=-\dot{I}_c(R_C/\!/R_L)=-\beta\dot{I}_b(R_C/\!/R_L)$$

所以电压放大倍数为

$$\dot{A}_u=\frac{\dot{U}_o}{\dot{U}_i}=-\frac{\beta(R_C\ /\!/\ R_L)}{r_{be}+(1+\beta)R_E}=-1.5 \tag{3.21}$$

源电压放大倍数为

$$\dot{A}_{us}=\frac{\dot{U}_o}{\dot{U}_S}=\frac{\dot{U}_i}{\dot{U}_S}\cdot\frac{\dot{U}_o}{\dot{U}_i}=\frac{R_i}{R_i+R_S}\dot{A}_u=-1.4 \tag{3.22}$$

可以看出，引入发射极电阻 R_E 后，放大电路的输入电阻变大了，$|\dot{A}_{us}|$ 接近于 $|\dot{A}_u|$，但电压放大倍数也有较大程度的降低。

3.4　放大电路工作点的稳定

通过前面的讨论可以看出，Q 点在放大电路中是非常重要的，它不仅关系到输出波形是否失真，还对输入电阻、电压放大倍数等有着重大影响。因此，要想保证放大电路有较好的性能指标，就必须合理设置静态工作点，并且还要保证它的稳定。

3.4.1　温度对静态工作点的影响

影响静态工作点不稳定的因素很多，如直流电源的波动、更换电路元器件以及管子老化等等，但实际中最为主要和普遍的是三极管参数受温度的影响。

三极管是一种对温度十分敏感的元件，温度的变化会引起三极管 U_{BE}，β 和 I_{CBO} 等参数的变化。对于硅管，受温度影响的参数主要是发射结导通压降 U_{BE} 和电流放大系数 β。U_{BE} 的温度系数约为 -2 mV/℃，即温度每升高 1 ℃，U_{BE} 约下降 2 mV；β 值随温度的上升也将增加，温度每升高 1 ℃，β 值约增加 0.5%～1%。

现在再来讨论图 3.3 的基本共射极放大电路，当 V_{CC} 和集电极电阻 R_C 确定后，放大电路的 Q 点就由基极电流 I_{BQ} 来决定，这个电流称为偏流，其大小为

$$I_{BQ}=\frac{V_{CC}-U_{BEQ}}{R_B}$$

集电极电流 $I_{CQ}=\beta I_{BQ}$。

当环境温度升高时，U_{BEQ} 减小，I_{BQ} 将增大，于是导致 I_{CQ} 增大；同时，由于 β 值也将增大，使得 I_{CQ} 进一步增大。最终导致电路的静态工作点上移，U_{CEQ} 减小，严重时电路工作点进入饱和区而无法正常工作。同理，当温度降低时，I_{CQ} 将减小，工作点下移，向截止区变化。

因此，要稳定放大电路的 Q 点，就要保持 I_{CQ} 和 U_{CEQ} 基本不变。基本思路是采取稳定工作点的措施，使得当环境温度变化时，电路能自动调节 I_{BQ} 去抵消 I_{CQ} 和 U_{CEQ} 的变化。

3.4.2　稳定静态工作点的方法

稳定静态工作点的方法基本上分为温度补偿和直流负反馈两种方法。

1. 温度补偿法稳定静态工作点

温度补偿方法的思路是在放大电路中添加温度敏感元器件（如二极管、三极管、温敏电阻等），使其在温度变化时产生反向于放大三极管的变化，以保持电路 Q 点的稳定。

图 3.24 所示电路在图 3.3 的共射极基本放大电路中，添加二极管 D，利用

其反向特性进行温度补偿。

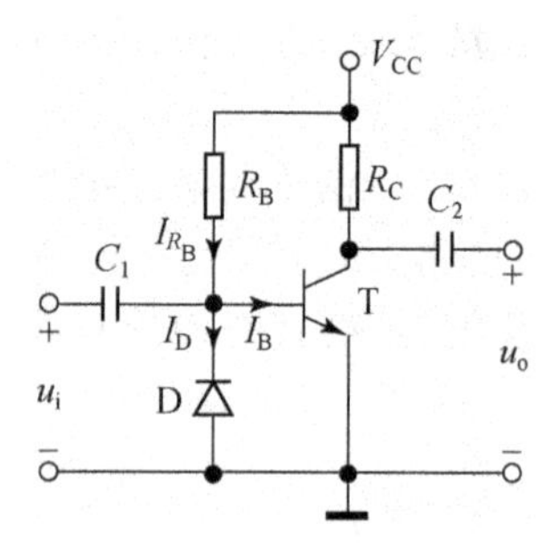

图 3.24 温度补偿稳定静态工作点方法

图中有

$$I_{R_B}=\frac{V_{CC}-U_{BEQ}}{R_B}$$

且

$$I_{R_B}=I_D+I_{BQ}$$

由于 $V_{CC}\gg U_{BEQ}$,可认为 I_{R_B} 不变。当温度升高时,一方面 I_{CQ} 增大;另一方面由于补偿二极管的反向饱和电流 I_D 增加又导致 I_{BQ} 减小,从而 I_{CQ} 也减小。因此,该补偿电路利用二极管的反向温度特性去调节基极电流,使之产生与 I_{CQ} 相反方向的变化,从而稳定静态工作点。

温度补偿方法实现简单,但挑选参数与放大三极管温度特性相匹配的温敏元器件却很困难。另外,该方法只适用于对温度变化的补偿,不适用于其他因素(如电源的波动、管子老化等)对电路工作点影响的补偿。

2. 直流负反馈法稳定静态工作点

直流负反馈方法的思路是将放大三极管输出回路工作点 I_{CQ} 的变化引入到输入回路,从而调节 I_{BQ} 向相反方向变化,以保持电路 Q 点的稳定。

有多种直流负反馈稳定工作点电路,图 3.25(a)所示是一种典型的 Q 点稳定电路,称为分压式射极偏置电路。图 3.25(b)是其直流通路。

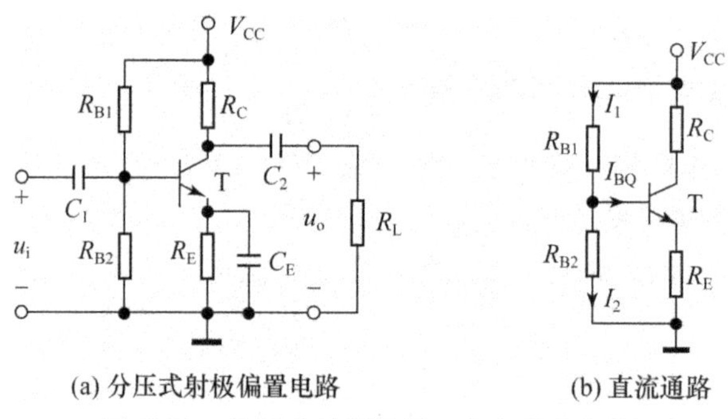

图 3.25 分压式射极偏置工作点稳定电路

由图3.25(b)有$I_1=I_2+I_{BQ}$，电路设计时，取$I_2\gg I_{BQ}$，则可认为三极管基极静态电位U_{BQ}由V_{CC}经电阻R_{B1}和R_{B2}分压得到

$$U_{BQ}\approx\frac{R_{B2}}{R_{B1}+R_{B2}}V_{CC} \tag{3.23}$$

所以，可认为U_{BQ}是稳定的，不受温度变化的影响。在此条件下，当温度升高时，输出回路I_{CQ}增加，I_{EQ}也增加，则I_{EQ}流过电阻R_E使U_{EQ}升高；由于U_{BQ}基本不变，则U_{EQ}的升高回送到输入回路使得发射结电压$U_{BEQ}=U_{BQ}-U_{EQ}$降低，从而使I_{BQ}减小，I_{CQ}也随之减小，结果使静态工作点保持基本稳定。

电阻R_E在工作点的稳定过程中起着重要作用，它将输出回路电流I_C的变化转换为电压的变化，并引入到输入回路去调节I_B向相反方向变化，这就是负反馈控制的原理。R_E越大，电路工作点的稳定性越好。但R_E需适当取值，以保证三极管工作在放大区。

另外，上述工作点稳定的前提是保持U_{BQ}恒定，要求$I_2\gg I_{BQ}$，即I_2越大越好。但如果I_2过大，则由于R_{B1}，R_{B2}取值过小，不仅电源耗电增加，还会使放大电路输入电阻减小。实际中对硅管常取$I_2=(5\sim10)I_{BQ}$。

容易估算出电路的静态工作点

$$I_{CQ}\approx I_{EQ}=\frac{U_{EQ}}{R_E}=\frac{U_{BQ}-U_{BEQ}}{R_E} \tag{3.24}$$

$$I_{BQ}=\frac{I_{CQ}}{\beta} \tag{3.25}$$

$$U_{CEQ}=V_{CC}-I_{CQ}R_C-I_{EQ}R_E\approx V_{CC}-I_{CQ}(R_C+R_E) \tag{3.26}$$

分析式(3.24)，虽然U_{BEQ}随温度变化而变化，但如果满足$U_{BQ}\gg U_{BEQ}$，则有

$$I_{CQ}\approx\frac{U_{BQ}}{R_E}$$

即可以认为I_{CQ}不受三极管参数影响，因此U_{BQ}越大越好。但如果U_{BQ}过大，会使U_{EQ}过大，电路的动态范围减小，严重时三极管将进入饱和区。实际中对硅管常取$U_{BQ}=(3\sim5)\text{V}$。

电路中的大电容C_E称为旁路电容，它使得R_E出现在直流通路中，而交流通路中R_E则被短路，这样R_E对电路的动态特性不产生影响，所以R_E在电路中只起到直流负反馈的作用。电路的电压放大倍数与共射极基本放大电路相同，即

$$\dot{A}_u=\frac{\dot{U}_o}{\dot{U}_i}=-\frac{\beta(R_C\,/\!/\,R_L)}{r_{be}} \tag{3.27}$$

输入电阻为

$$R_i=r_{be}\,/\!/\,R_{B1}\,/\!/\,R_{B2} \tag{3.28}$$

输出电阻为

$$R_o = R_C \tag{3.29}$$

若电路中没有旁路电容 C_E,则 R_E 将对电路的静态和动态特性均产生影响。电路的电压放大倍数将减小,与[例 3-3]中带发射极电阻的共射放大电路相同,即

$$\dot{A}_u = \frac{\dot{U}_o}{\dot{U}_i} = -\frac{\beta(R_C \mathbin{//} R_L)}{r_{be} + (1+\beta)R_E} \tag{3.30}$$

输入电阻将增大,即

$$R_i = [r_{be} + (1+\beta)R_E] \mathbin{//} R_{B1} \mathbin{//} R_{B2} \tag{3.31}$$

输出电阻为

$$R_o = R_C \tag{3.32}$$

例 3-4 图 3.25(a)电路中,已知三极管导通电压 $U_{BE}=0.7\ V$,饱和压降 $U_{CES}=0.3\ V$,20 ℃时 $\beta=50$,且温度每升高 1 ℃,β 增加 1%;电路中 $V_{CC}=12\ V$,$R_{B1}=8.2\ k\Omega$,$R_{B2}=3.8\ k\Omega$,$R_E=2\ k\Omega$,$R_C=R_L=3\ k\Omega$。

(1) 20 ℃时,求电路的静态工作点和最大不失真输出电压峰值;

(2) 当温度升高到 55℃时,再求电路的静态工作点和最大不失真输出电压峰值;

(3) 20 ℃时,若将 R_{B1} 和 R_{B2} 位置互换,再求电路的静态工作点。

解 (1) 20 ℃时,$\beta=50$,有

$$U_{BQ} \approx \frac{R_{B2}}{R_{B1}+R_{B2}}V_{CC} = 3.8(V)$$

$$I_{CQ} \approx I_{EQ} = \frac{U_{BQ}-U_{BEQ}}{R_E} = 1.5(mA)$$

$$I_{BQ} = \frac{I_{CQ}}{\beta} = 30(\mu A)$$

$$U_{CEQ} \approx V_{CC} - I_{CQ}(R_C + R_E) = 4.5(V)$$

电路的最大不失真输出电压峰值为($U_{CEQ}-U_{CES}$)和 $I_{CQ}(R_C \mathbin{//} R_L)$ 中的较小者,即

$$U_{om} = I_{CQ}(R_C \mathbin{//} R_L) = 2.3(V)$$

(2) 55 ℃时,$\beta=67.5$,根据以上计算过程可知,I_{CQ},U_{CEQ} 和 U_{om} 的值基本保持不变,说明输出回路的静态工作点和动态范围得到了稳定。

但是 $I_{BQ}=22\ \mu A$ 减小了,说明温度升高后,电路调节 I_B 向输出相反方向变化。

(3) 将 R_{B1} 和 R_{B2} 位置互换,有

$$U_{BQ} \approx \frac{R_{B1}}{R_{B1}+R_{B2}}V_{CC} = 8.2(V) \tag{3.33}$$

$$I_{CQ} \approx \frac{U_{BQ} - U_{BEQ}}{R_E} = 3.7(\text{mA})$$

$$U_{CEQ} \approx V_{CC} - I_{CQ}(R_C + R_E) = -6.5(\text{V})$$

$U_{CEQ}=-6.5$(V)显然是不合理的，说明由于U_{BQ}设置过高，管子已不工作在放大区，而进入饱和区，此时$\beta \neq 50$，U_{BQ}也不由式(3.33)确定，动态分析已无意义。

列出此时的静态电路方程

$$\frac{V_{CC} - U_{BQ}}{R_{B2}} = \frac{U_{BQ}}{R_{B1}} + I_{BQ}$$

$$U_{BQ} - U_{BEQ} = (I_{BQ} + I_{CQ})R_E$$

$$V_{CC} = I_{CQ}R_C + U_{CES} + (I_{BQ} + I_{CQ})R_E$$

解得$U_{BQ} \approx 6.4$(V)，$I_{CQ} \approx 2$(mA)，$I_{BQ} \approx 0.7$(mA)。可见，此时三极管的电流放大系数已减小到$\beta \approx 3 \ll 50$。

3.5　共集电极放大电路

前面讨论的共射极放大电路，其动态特性中，输入、输出电阻适中，电压、电流放大倍数均较大，因而得到了最为广泛的应用。除此之外，三极管组成的放大电路还有共基极和共集电极两种基本接法。它们与共射极放大电路的组成原则和分析方法完全相同，但动态特性各有特点。共基极放大电路具有良好的频率特性，常用于宽带或高频电路中。共集电极放大电路具有高输入电阻、低输出电阻的特点，从而也得到了广泛的应用。本节介绍共集电极放大电路。

3.5.1　共集电极放大电路的组成

图 3.26 所示为共集电极基本放大电路，V_{CC}和电阻R_B，R_E共同为三极管确定合适的静态工作点，使其工作在放大区。R_E还使三极管输出电流的变化转换为输出电压。由于输出电压由发射极输出，该电路又常被称为射极输出器。

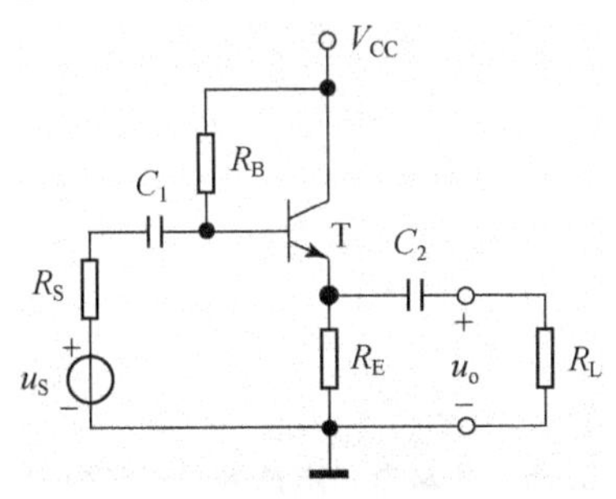

图 3.26　共集电极基本放大电路

图 3.26 放大电路的直流通路和交流通路如图 3.27(a)和(b)所示。从交流通路中可以看出,三极管的集电极是输入、输出回路的公共端。

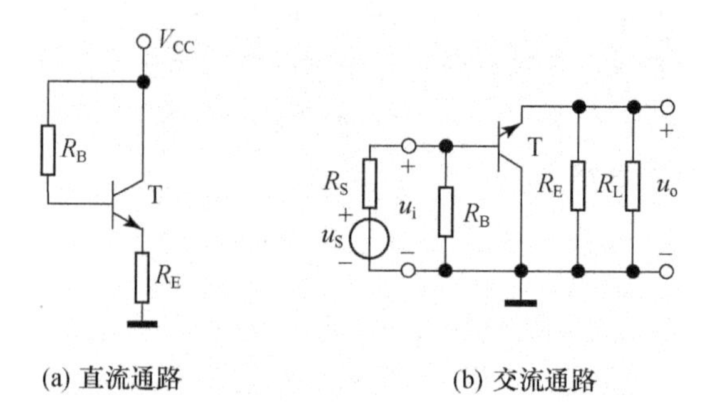

图 3.27 共集电极电路的直流通路和交流通路

3.5.2 共集电极放大电路的分析

1. 静态分析

根据图 3.27(a)直流通路求静态工作点,列出基极回路方程

$$V_{CC}=I_{BQ}R_B+U_{BEQ}+(1+\beta)I_{BQ}R_E$$

所以

$$I_{BQ}=\frac{V_{CC}-U_{BEQ}}{R_B+(1+\beta)R_E} \tag{3.34}$$

$$I_{CQ}=\beta I_{BQ} \tag{3.35}$$

$$U_{CEQ}\approx V_{CC}-I_{CQ}R_E \tag{3.36}$$

2. 动态分析

将图 3.27(b)中三极管用其等效电路代替,得到放大电路的微变等效电路,如图 3.28 所示。

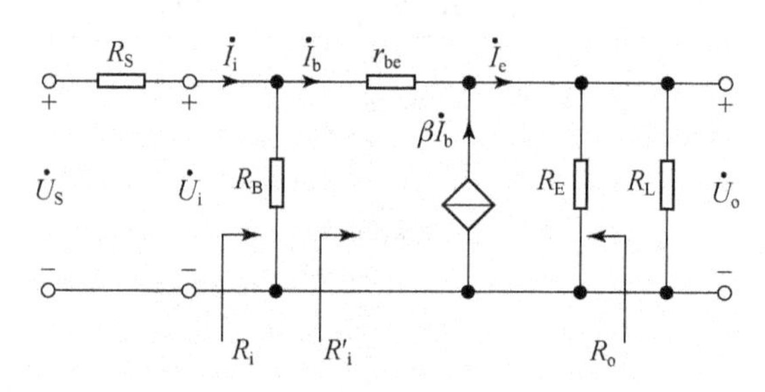

图 3.28 共集电极电路的微变等效电路

(1) 电压放大倍数。

列出输入、输出回路方程

$$\dot{U}_i=\dot{I}_b r_{be}+\dot{I}_e(R_E /\!/ R_L)=\dot{I}_b[r_{be}+(1+\beta)(R_E /\!/ R_L)]$$

$$\dot{U}_o=\dot{I}_e(R_E /\!/ R_L)=(1+\beta)\dot{I}_b(R_E /\!/ R_L)$$

所以电压放大倍数为

$$\dot{A}_u=\frac{\dot{U}_o}{\dot{U}_i}=\frac{(1+\beta)(R_E /\!/ R_L)}{r_{be}+(1+\beta)(R_E /\!/ R_L)} \tag{3.37}$$

式(3.37)表明，$0<\dot{A}_u<1$，但因$(1+\beta)(R_E /\!/ R_L)\gg r_{be}$，所以 $\dot{A}_u\approx1$，即 $\dot{U}_o$ 与 $\dot{U}_i$ 相等且同相，因此共集电极放大电路常被称为射极跟随器或电压跟随器。虽然电路无电压放大能力，但输出电流 $\dot{I}_e$ 却远大于输入电流 $\dot{I}_i$，因此电路有电流放大能力，故有功率放大能力。

(2) 输入电阻。

由输入回路方程，得不包含 R_B 时的输入电阻为

$$R_i'=\frac{\dot{U}_i}{\dot{I}_b}=r_{be}+(1+\beta)(R_E /\!/ R_L)$$

则放大电路的输入电阻为

$$R_i=\frac{\dot{U}_i}{\dot{I}_i}=R_B /\!/ R_i'=R_B /\!/ [r_{be}+(1+\beta)(R_E /\!/ R_L)] \tag{3.38}$$

比较式(3.15)与式(3.38)可知，共集电极基本放大电路的输入电阻比共射极基本放大电路的输入电阻要高得多(一般为几十千欧～几百千欧)，原因是发射极连接的电阻 $R_E /\!/ R_L$ 等效到输入回路时，变为了$(1+\beta)R_E /\!/ R_L$。

(3) 输出电阻。

根据输出电阻定义，当信号源短路($\dot{U}_S=0$，但保留 R_S)、负载开路($R_L=\infty$)时，外加测试电压与测试电流之比即为输出电阻，求解输出电阻的等效电路如图 3.29 所示。

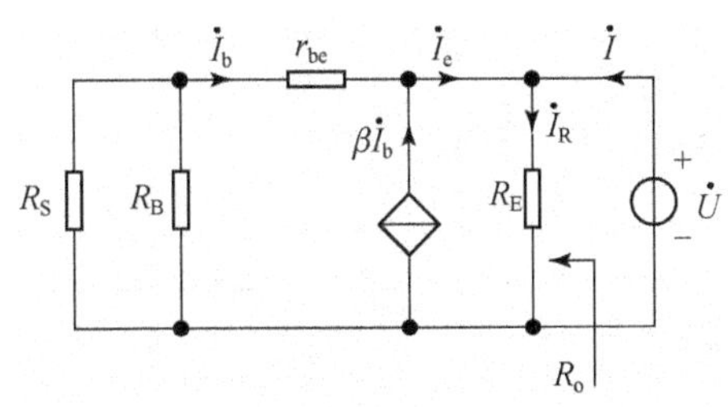

图 3.29　求输出电阻等效电路

有如下方程

$$\dot{I}=\dot{I}_{R}-\dot{I}_{e}$$

$$\dot{I}_{R}=\frac{\dot{U}}{R_{E}}$$

$$\dot{I}_{e}=(1+\beta)\dot{I}_{b}=(1+\beta)\left(-\frac{\dot{U}}{r_{be}+R_{S}\ /\!/\ R_{B}}\right)$$

输出电阻为

$$R_{o}=\frac{\dot{U}}{\dot{I}}=R_{E}\bigg/\!\!\bigg/\frac{r_{be}+R_{S}\ /\!/\ R_{B}}{1+\beta} \tag{3.39}$$

式(3.39)中,发射结动态电阻 r_{be}与信号源内阻 R_S 都较小,因此共集电极基本放大电路的输出电阻非常小(一般为几十欧到几百欧),原因是基极回路电阻($r_{be}+R_S/\!/R_B$)等效到输出回路时,变为了原来的 $1/(1+\beta)$。

综合以上分析可知,共集电极放大电路的特点是:电压放大倍数小于 1 而接近于 1,且输出电压与输入电压同相;具有较高的输入电阻和较低的输出电阻。

由于共集电极放大电路输入电阻高,其常被用于多级放大电路的输入级,这样可以减小对信号源电流的索取,可使整个放大电路获得较高的输入电压;由于输出电阻低,其又常被用于多级放大电路的输出级,这样可以减小负载变化对整个放大电路电压放大倍数的影响,即增强带负载的能力。

另外,共集电极放大电路还常用作多级放大电路的中间隔离级,一方面作为前级电路的高阻抗负载,另一方面作为后级电路的低内阻信号源,起阻抗变换的作用。

例 3-5 图 3.26 电路中,已知三极管的 $\beta=50$,$V_{CC}=12\ \text{V}$,$R_B=300\ \text{k}\Omega$,$R_E=3\ \text{k}\Omega$,$R_S=600\ \Omega$,$R_L=3\ \text{k}\Omega$。

(1) 估算电路的静态工作点,求电压放大倍数和输入、输出电阻;

(2) 当负载电阻 R_L 断开时,电压放大倍数如何变化?

解 (1) 由式(3.34)~式(3.36)可得静态工作点为

$$I_{BQ}=\frac{V_{CC}-U_{BEQ}}{R_{B}+(1+\beta)R_{E}}=\frac{12-0.7}{300+51\times 3}=25(\mu\text{A})$$

$$I_{CQ}=\beta I_{BQ}=50\times 0.025=1.25(\text{mA})$$

$$U_{CEQ}\approx V_{CC}-I_{CQ}R_{E}=12-1.25\times 3=8.25(\text{V})$$

于是

$$r_{be}=200+(1+\beta)\frac{26}{I_{EQ}}=1.26(\text{k}\Omega)$$

由式(3.37)～式(3.39)可得

电压放大倍数

$$\dot{A}_u = \frac{\dot{U}_o}{\dot{U}_i} = \frac{(1+\beta)(R_E \mathbin{/\!/} R_L)}{r_{be}+(1+\beta)(R_E \mathbin{/\!/} R_L)} = \frac{51\times 1.5}{1.26+51\times 1.5} = 0.984$$

输入电阻

$$R_i = \frac{\dot{U}_i}{\dot{I}_i} = R_B \mathbin{/\!/} [r_{be}+(1+\beta)(R_E \mathbin{/\!/} R_L)] = 300 \mathbin{/\!/} (1.26+51\times 1.5) = 61.8(\mathrm{k\Omega})$$

输出电阻

$$R_o = R_E \mathbin{\Bigg/\!\!\Bigg/} \frac{r_{be}+R_S \mathbin{/\!/} R_B}{1+\beta} = 3 \mathbin{\Bigg/\!\!\Bigg/} \frac{1.26+(0.6 \mathbin{/\!/} 300)}{51} = 36(\Omega)$$

(2) 若负载电阻 R_L 断开，则电压放大倍数为

$$\dot{A}'_u = \frac{(1+\beta)R_E}{r_{be}+(1+\beta)R_E} = \frac{51\times 3}{1.26+51\times 3} = 0.992$$

可以看出，$\dot{A}_u$ 和 $\dot{A}'_u$ 极为相近，说明负载变化对电路电压放大倍数影响很小。

3.6　放大电路的频率响应和多级级联

本节讨论放大电路的频率响应和多级放大电路的级联问题。对于频率响应，只给出定性分析，若要探讨其定量分析，可参阅其他参考资料。

3.6.1　阻容耦合方式

一个较为理想的电压放大电路应该同时具有高输入电阻、高电压放大倍数和低输出电阻的特点。很显然，仅靠前面介绍的任何一种单管放大电路都不能同时满足上述要求，这时可将多个单管放大电路合理连接构成多级放大电路，从而共同达到设计要求。

组成多级放大电路的每一个基本单管放大电路称为一级，级与级间的连接方式称为级间耦合方式。常见的耦合方式有阻容耦合、直接耦合和变压器耦合三种方式。阻容耦合和直接耦合方式都得到了广泛应用；而变压器耦合方式则由于变压器体积、重量较大，频率特性差，除特殊应用场合外(如功率放大器中的阻抗匹配)，一般很少采用。本节介绍阻容耦合方式，下一节介绍直接耦合方式。

若多级放大电路中前一级电路的输出端与后一级电路的输入端通过电容连接起来，就称为阻容耦合方式。前面介绍的基本单管放大电路中，信号源和负载都是通过耦合电容接入到放大电路中的，都可认为是阻容耦合。

图 3.30 所示是两级阻容耦合放大电路，电容 C 将两级放大电路连接起来，第一级是分压式射极偏置放大电路，可提供较高电压放大倍数；第二级是射极跟随器，可提供较低的输出电阻。

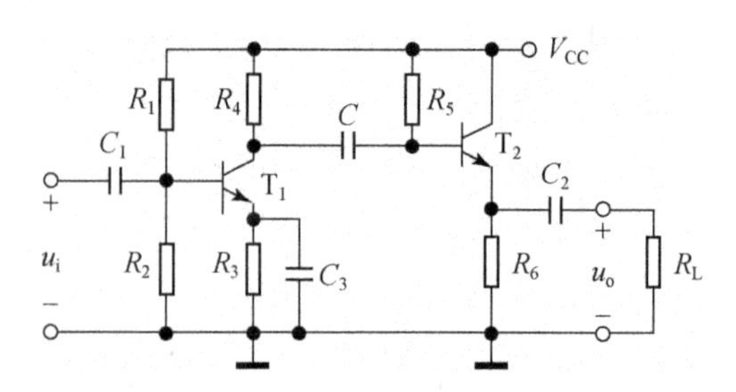

图 3.30　两级阻容耦合放大电路

阻容耦合方式由于各级之间由电容连接，因而各级之间的直流通路是相互隔断的，各级的静态工作点相互独立、互不影响，所以给电路的分析、设计和调试带来方便。又由于耦合电容通常都足够大，只要信号的频率不是太低，都可以几乎无衰减地通过，因此，阻容耦合方式在由分立元件组成的放大电路中得到了非常广泛的应用。

但是，阻容耦合方式也有其局限性。首先，对变化十分缓慢的低频信号，耦合电容则呈现出较大的容抗，信号很难通过耦合电容传到后级，因此，阻容耦合方式低频特性差，不适合放大变化缓慢的信号。此外，集成电路中的大电容较难制造，因此在集成电路中无法采用阻容耦合方式，而常采用直接耦合方式。

3.6.2　阻容耦合放大电路的频率响应

1. 频率响应的概念

由于放大电路中存在着耦合电容以及放大器件的结电容等，这些电容的容抗将随着输入信号频率的变化而变化，因此电路的放大倍数是信号频率的函数，这种函数关系称为放大电路的频率响应或频率特性。它反映了放大电路对不同频率输入信号的适应能力。

由于电路电抗性元件的作用，对不同频率的输入信号，输出信号不仅幅度不同，而且还会产生不同的相移。因此，频率响应包括幅频响应和相频响应，电压放大倍数可表示为

$$\dot{A}_u = |\dot{A}_u|(f)\angle\varphi(f) \tag{3.40}$$

$|\dot{A}_u|(f)$ 表示电压放大倍数的幅度与频率的关系，$\varphi(f)$ 表示输出与输入信号间的相位差与频率的关系。

由于放大电路输入信号频率和电压放大倍数的变化范围均较宽，同时又要

在较小的坐标范围内表示出频率和放大倍数的变化，通常在画频率特性曲线时，采用对数坐标，称为波特图。波特图的横坐标是频率 f，取对数坐标。对于幅频特性，纵坐标是电压放大倍数幅值的对数，即 $20\lg|\dot{A}_u|$，单位是分贝(dB)；对于相频特性，纵坐标是相角 φ，不取对数坐标。

图 3.31 所示是某放大电路的幅频响应曲线，中间一段是平坦的，即电压放大倍数基本保持不变，称为中频段。而当频率较低或较高时，放大倍数都将减小。当放大倍数下降 3 dB 时，即放大倍数约为中频放大倍数的 0.707 倍时，其输出功率为中频区输出功率的一半，这时所对应的频率点称为半功率点。可见，有两个半功率点，高、低两个半功率点的频率差称为放大电路的通频带(带宽)，即

$$f_{BW}=f_H-f_L \tag{3.41}$$

式中，f_H 是高端半功率点，也称为上限截止频率；f_L 是低端半功率点，也称为下限截止频率。频率小于 f_L 的区域称为放大电路的低频段，而频率大于 f_H 的区域称为放大电路的高频段。为了保证对信号进行不失真地放大，要求放大电路的带宽必须大于信号的带宽。

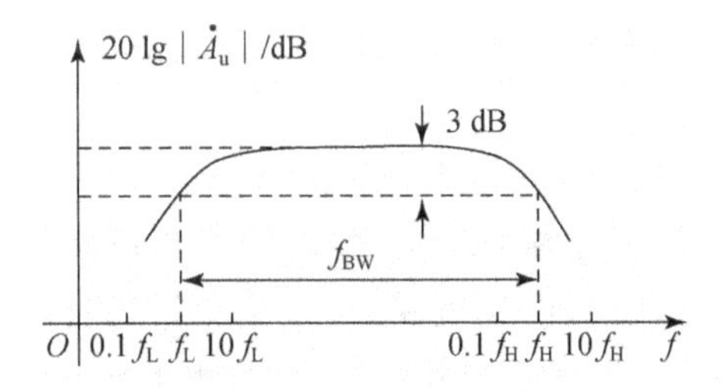

图 3.31　放大电路幅频响应

2. 阻容耦合放大电路的频率响应

在中频时，三极管的共射电流放大系数 β 可认为是一个常数。但当输入信号频率升高时，由于存在极间电容，β 将下降。在高频段时，三极管通常用混合 π 型微变等效电路替代，可以推导出三极管单向化的混合 π 型等效电路，如图3.32所示

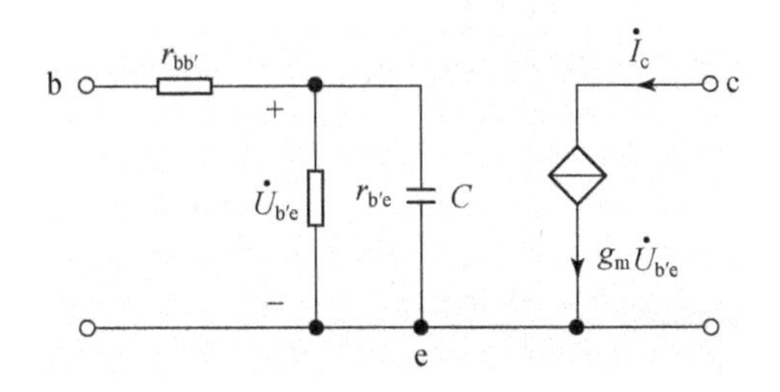

图 3.32　三极管单向化的混合 π 模型

图中的 $r_{bb'}$ 为三极管基区体电阻，$r_{b'e}$ 为发射结电阻与发射区体电阻之和，C 为等效结电容，g_m 为跨导，有 $\dot{I}_c = g_m \dot{U}_{b'e}$。

于是，对于图 3.9(a)所示的单管共射基本放大电路，其全频带范围内的交流等效电路如图 3.33 所示。下面定性分析该电路的频率特性。

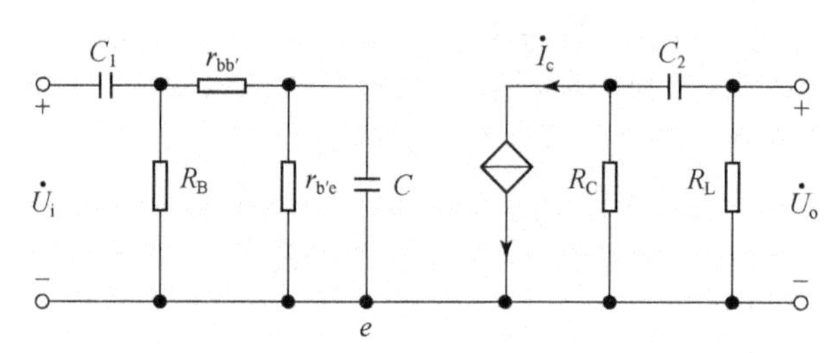

图 3.33 放大电路全频带范围交流等效电路

(1) 中频段。由于耦合电容 C_1 和 C_2 的容量较大，对于中频信号容抗很小，可视为短路。而三极管的等效结电容 C 容量很小，对于中频信号容抗很大，可视为开路。因此，在中频段，各种容抗的影响可忽略不计，电压放大倍数基本上不随频率而变化。前面章节对放大电路的分析讨论，都假定为电路工作在中频段。

(2) 低频段。由于信号频率较低，耦合电容 C_1 和 C_2 的容抗增大，不能再视为短路。C_1 与电路的输入电阻，C_2 与 R_L 均组成高通滤波器，信号通过时将被衰减，电压放大倍数将降低；同时，电路还将产生附加相移。而三极管的等效结电容 C 的容抗变得更大，仍可视为开路。因此，影响放大电路低频特性的是耦合电容 C_1 和 C_2。

(3) 高频段。由于信号频率较高，三极管的等效结电容 C 的容抗减小，不能再视为开路。C 并联在电路中，对 PN 结电流进行分流使得三极管 β 值下降，电路的电压放大倍数将降低；同时，C 与电路中电阻组成低通滤波器，电路也将产生附加相移。而耦合电容 C_1 和 C_2 的容抗变得更小，仍可视为短路。因此，影响放大电路高频特性的是三极管结电容 C。

可以推导出阻容耦合单管共射放大电路电压放大倍数的表达式，为

$$\dot{A}_u \approx \frac{\dot{A}_{um}}{\left(1 - j\frac{f_L}{f}\right)\left(1 + j\frac{f}{f_H}\right)} \tag{3.42}$$

画出其折线化波特图，如图 3.34 所示。

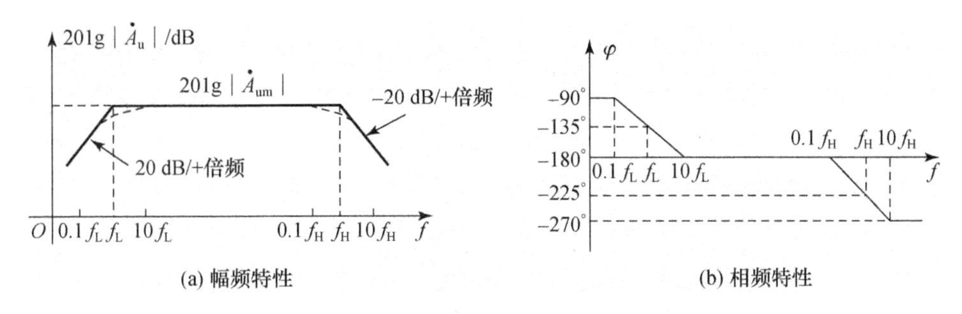

图 3.34　阻容耦合单管放大电路波特图

要想改善放大电路的低频特性，需加大耦合电容，降低电路的下限截止频率。在信号频率很低时，应考虑采用直接耦合方式。

要想改善放大电路的高频特性，需选择结电容小的三极管，增大电路的上限截止频率。而上限截止频率与电压放大倍数是相矛盾的，即电路增益提高时，必使带宽变窄；增益减小时，必使带宽变宽。一般来说，选定三极管搭建放大电路后，电路的增益和带宽的乘积就确定了，可认为是一常数，称此乘积为增益带宽积。此时，若将放大倍数增加若干倍，则带宽也将变窄若干倍，反之亦然。因此，要想得到增益既高、带宽又宽的放大电路，就需选择增益带宽积高的高频三极管，或采用多级级联。

3.6.3　多级放大电路

一个 n 级放大电路如图 3.35 所示。一般来说，多级放大电路分为输入级、中间级和输出级三大部分。信号源电压经过高输入电阻的输入级后，再经中间级进行电压放大，最后由输出级进行功率放大，驱动负载工作。

通常要求多级放大电路有较高的输入电阻，因此输入级常采用射极输出器；中间级应提供较大的电压放大倍数，一般采用共射极放大电路；输出级则应具有一定的输出功率，常采用功率放大器(3.8 节中介绍)。

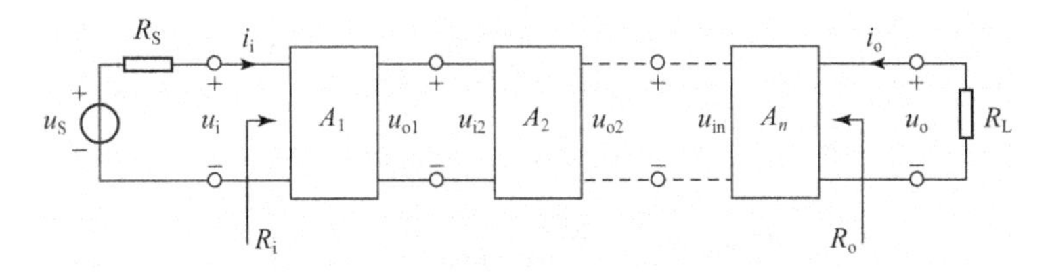

图 3.35　多级放大电路框图

1. 多级放大电路的放大倍数和输入、输出电阻

由图 3.35 易知,多级放大电路中,某一级的输出电压就是其后级的输入电压,即

$$u_{ok}=u_{i(k+1)}$$

因此,多级放大电路的电压放大倍数为

$$\dot{A}_u=\frac{\dot{U}_o}{\dot{U}_i}=\frac{\dot{U}_{o1}}{\dot{U}_i}\cdot\frac{\dot{U}_{o2}}{\dot{U}_{i2}}\cdots\frac{\dot{U}_{on}}{\dot{U}_{in}}=\dot{A}_{u1}\cdot\dot{A}_{u2}\cdots\dot{A}_{un} \tag{3.43}$$

即多级放大电路的电压放大倍数等于各级电压放大倍数的乘积。但要注意的是,计算每一级放大倍数时,必须考虑级间的相互影响。处理级间影响的方法有两种:一是考虑后级对前级的影响,这时将后级的输入电阻作为前级的负载;另一个是考虑前级对后级的影响,这时将前级的输出电阻作为后级信号源的内阻。两种方法得到的结果是一致的。

多级放大电路的输入电阻就是第一级——输入级的输入电阻,而输出电阻就是最后一级——输出级的输出电阻。计算输入、输出电阻时,也要考虑前后级的相互影响。例如,射极输出器作为输入级时,其输入电阻与负载电阻(后一级的输入电阻)有关;而射极输出器作为输出级时,其输出电阻又与信号源内阻(前一级的输出电阻)有关。

例 3-6 图 3.30 电路中,已知三极管的 $\beta=50$,$V_{CC}=12\text{ V}$,$R_1=8.2\text{ k}\Omega$,$R_2=3.8\text{ k}\Omega$,$R_3=R_4=R_6=3\text{ k}\Omega$,$R_5=300\text{ k}\Omega$,$R_L=3\text{ k}\Omega$。

(1) 估算电路的静态工作点;

(2) 求电压放大倍数和输入、输出电阻。

解 (1) 图 3.30 电路采用阻容耦合方式,每级的 Q 点互不影响,可单独求解。

第一级为分压式射极偏置放大电路,有

$$U_{BQ1}\approx\frac{R_2}{R_1+R_2}V_{CC}=3.8(\text{V})$$

$$I_{CQ1}\approx I_{EQ1}=\frac{U_{BQ1}-U_{BEQ1}}{R_3}=1(\text{mA})$$

$$I_{BQ1}=\frac{I_{CQ1}}{\beta_1}=20(\mu\text{A})$$

$$U_{CEQ1}\approx V_{CC}-I_{CQ1}(R_4+R_3)=6(\text{V})$$

$$r_{be1}=200+(1+\beta_1)\frac{26}{I_{EQ1}}=1.53(\text{k}\Omega)$$

第二级为共集电极放大电路,有

$$I_{BQ2}=\frac{V_{CC}-U_{BEQ2}}{R_5+(1+\beta_2)R_6}=25(\mu\text{A})$$

$$I_{CQ2} = \beta_2 I_{BQ2} = 1.25(\text{mA})$$
$$U_{CEQ2} \approx V_{CC} - I_{CQ2} R_6 = 8.25(\text{V})$$
$$r_{be2} = 200 + (1 + \beta_2)\frac{26}{I_{EQ2}} = 1.26(\text{k}\Omega)$$

(2) 求解电压放大倍数，首先将第二级的输入电阻作为第一级的负载处理，有

$$R_{i2} = R_5 \mathbin{/\!/} [r_{be2} + (1 + \beta_2)(R_6 \mathbin{/\!/} R_L)] = 61.8(\text{k}\Omega)$$
$$\dot{A}_{u1} = -\frac{\beta_1 (R_4 \mathbin{/\!/} R_{i2})}{r_{be1}} = -93.5$$
$$\dot{A}_{u2} = \frac{(1 + \beta_2)(R_6 \mathbin{/\!/} R_L)}{r_{be2} + (1 + \beta_2)(R_6 \mathbin{/\!/} R_L)} = 0.984$$

因此，电路的电压放大倍数为

$$\dot{A}_u = \dot{A}_{u1} \cdot \dot{A}_{u2} = -92$$

若将第一级的输出电阻作为第二级信号源的内阻来处理，再求解电压放大倍数，有

$$R_{o1} = R_4 = 3(\text{k}\Omega)$$
$$R_{i2} = R_5 \mathbin{/\!/} [r_{be2} + (1 + \beta_2)(R_6 \mathbin{/\!/} R_L)] = 61.8(\text{k}\Omega)$$
$$\dot{A}_{u1} = -\frac{\beta_1 R_4}{r_{be1}} = -98$$
$$\dot{A}_{u2} = \frac{R_{i2}}{R_{i2} + R_{o1}} \cdot \frac{(1 + \beta_2)(R_6 \mathbin{/\!/} R_L)}{r_{be2} + (1 + \beta_2)(R_6 \mathbin{/\!/} R_L)} = 0.938$$

因此，电路的电压放大倍数为

$$\dot{A}_u = \dot{A}_{u1} \cdot \dot{A}_{u2} = -92$$

可见，两种处理方法的结果是一致的。

电路的输入电阻即为第一级输入电阻，由于第一级为共射接法，R_i 与第二级无关，有

$$R_i = R_{i1} = R_1 \mathbin{/\!/} R_2 \mathbin{/\!/} r_{be1} = 0.96(\text{k}\Omega)$$

输出电阻为第二级输出电阻，由于第二级为共集接法，R_o 与第一级输出电阻有关，有

$$R_o = R_{o2} = R_6 \mathbin{/\!/} \frac{r_{be2} + R_{o1} \mathbin{/\!/} R_5}{1 + \beta_2} = 82(\Omega)$$

2. 多级放大电路的频率响应

由式(3.43)可知，多级放大电路的电压放大倍数等于各级电压放大倍数的乘积。将放大倍数的幅度和相移分开，并对幅度求对数，可得到其对数幅频特性和相频特性的表达式

$$20\lg|\dot{A}_u| = \sum_{k=1}^{n} 20\lg|\dot{A}_{uk}| \tag{3.44}$$

$$\varphi = \sum_{k=1}^{n} \varphi_k \tag{3.45}$$

即多级放大电路的对数增益等于各级对数增益之和,总相移等于各级相移之和。因此,绘制多级放大电路的幅频特性和相频特性时,只需将各级的对数增益和相移在同一坐标系下进行叠加。

设由两个频率特性完全相同的单管共射放大电路级联起来组成一个两级放大电路,则它们的幅频特性和相频特性波特图如图 3.36 所示。

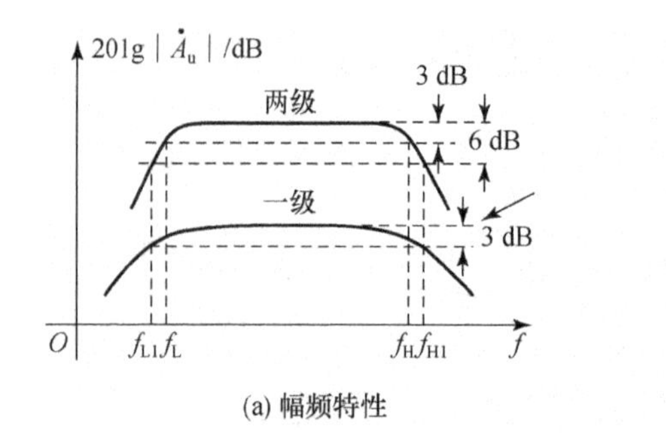

(a) 幅频特性

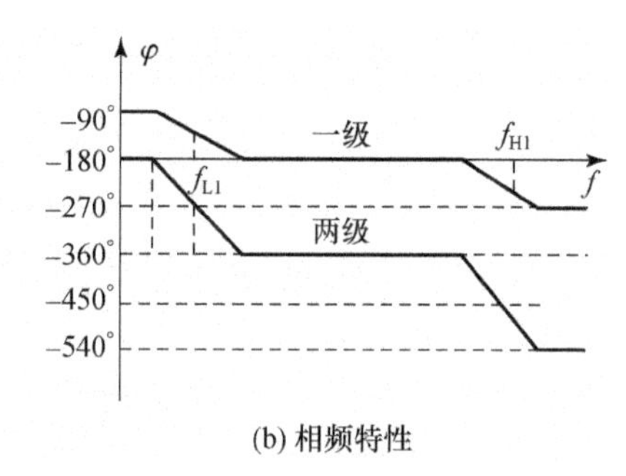

(b) 相频特性

图 3.36　两级放大电路波特图

由图 3.36 可见,在每个单级的截止频率 f_{L1} 和 f_{H1} 处,每级的幅频特性下降 3 dB,两级放大电路的幅频特性将下降 6 dB;而在两级放大电路的截止频率 f_L 和 f_H 处,两级的幅频特性下降 3 dB,每级的幅频特性只下降 1.5 dB。由此可得出结论:$f_L > f_{L1}$,$f_H < f_{H1}$,即两级放大电路的通频带要比单级的通频带窄,$f_{BW} < f_{BW1}$。依此进一步推广到 n 级放大电路,则多级放大电路的通频带要比组成它的每一个单级的通频带窄,$f_{BW} < f_{BWK}$。

对于相频特性,可以看出,两级的总相移等于每级的相移之和。单级单管共射放大电路在中频段时,相移$-180°$,输入与输出电压呈反相关系;而两级放大电路在中频段时,相移$-360°$,输入与输出电压呈同相关系。

可以推导出多级放大电路的截止频率与各级截止频率的关系,为

$$\frac{1}{f_H} \approx 1.1\sqrt{\frac{1}{f_{H1}^2} + \frac{1}{f_{H2}^2} + \cdots + \frac{1}{f_{Hn}^2}} \tag{3.46}$$

$$f_L \approx 1.1\sqrt{f_{L1}^2 + f_{L2}^2 + \cdots + f_{Ln}^2} \tag{3.47}$$

3.7　直流信号放大电路

在测量与控制等应用领域中，常常需要对变化十分缓慢的信号进行放大。例如，温度、压力、生物电信号等，这些变化十分缓慢的信号也称为直流信号。显然，采用前面介绍的阻容耦合放大电路是不能放大直流信号的，必须采用直流放大电路。直流放大电路是既能放大交流，也能放大直流信号的一种放大电路，其级间耦合为直接耦合方式。

3.7.1　直接耦合方式及零点漂移

1. 直接耦合方式

若多级放大电路中前一级电路的输出端直接连接到后一级电路的输入端，就称为直接耦合方式，图3.37所示电路是三级直接耦合放大电路。

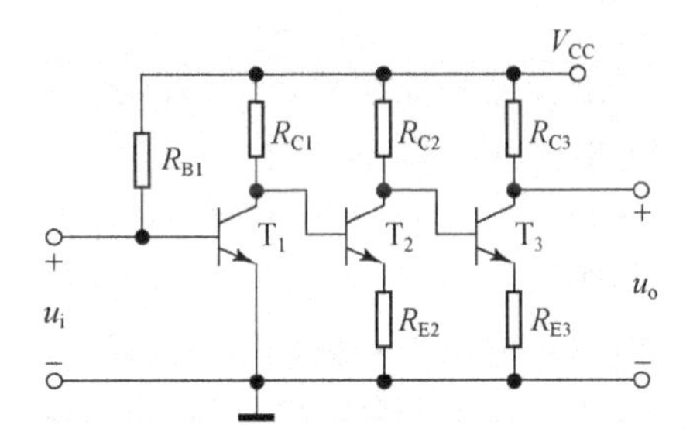

图3.37　直接耦合放大电路

直接耦合方式弥补了阻容耦合不能放大直流信号的缺陷，改善了放大电路的低频特性。更重要的是，直接耦合舍弃了较大容量的耦合电容，便于电路的集成化。实际的集成运算放大电路中，一般均为直接耦合方式多级放大电路。

但是，由于直接耦合中各级的直流通路相互连通，造成各级的静态工作点互相影响，使放大电路的分析、设计和调试变得麻烦。例如图3.37中，R_{C1}和R_{C2}既作为前级的集电极电阻，又作为后级的基极电阻，它们的取值必须综合设计使得同时满足前后级的要求。在求解电路的Q点时，需要列出各个直流通路的回路方程，然后联合求解。

除此之外，直接耦合放大电路在工作时，还存在着零点漂移问题。

2. 零点漂移

当放大电路输入电压为零时，调整电路使输出电压也等于零。这时，从理论上讲，输出电压应一直保持为零不变，但实际上，它却围绕零点进行上下波动，使输出端产生缓慢变化的电压，这种现象称为零点漂移，简称零漂。

零点漂移现象的原因是因为各级放大电路的Q点随温度、元器件参数、电源电压等因素发生变化而产生了变动,最终导致输出电压的漂移。在阻容耦合放大电路中,这种缓慢地变化被耦合电容阻隔了。而在直接耦合电路中,前级的漂移被传到下一级,并且逐级放大,严重时,将不能在输出端将有用信号和漂移电压区分开来。因此可以说,零点漂移问题是直流放大电路最突出的问题。

在引起零点漂移的诸多因素中,温度变化是主要因素,也是最难克服的因素。因此,也称零点漂移为温度漂移,简称温漂。对直接耦合多级放大电路来说,级数越多,放大倍数越大,温漂越严重,并且第一级温漂的大小对整体影响是最为重要的。

要想抑制零点漂移,就是要稳定放大电路的静态工作点。除了采取3.4节中介绍的温度补偿和直流负反馈两种稳定静态工作点的方法外,最为有效的方法是采用差分式电路结构的放大电路。

3.7.2 典型差分放大电路

差分放大电路能有效地抑制零点漂移,可以说集成运算放大器的输入级均采用了差分结构的放大电路。

1. 电路组成

典型差分放大电路如图3.38所示。它由两个电路结构、参数完全相同的单管共射极放大电路组合而成。输入信号由两个三极管的基极输入,输出信号取自两个三极管的集电极。由于电路完全对称,因此静态时,两个三极管各极电位均相同,此时 $u_O=U_{CQ1}-U_{CQ2}=0$。

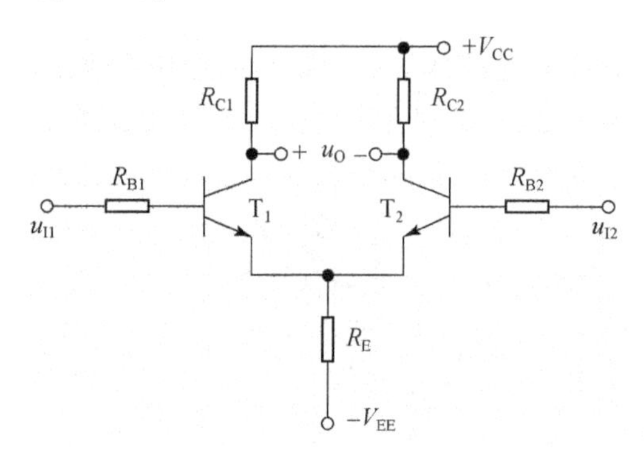

图3.38 典型差分放大电路

由于两管处于同一环境中,当温度变化或有其他干扰信号输入时,两管产生的电流变化相等,$\Delta i_{B1}=\Delta i_{B2}$,$\Delta i_{C1}=\Delta i_{C2}$,因此两管输出漂移电压相等,即 $\Delta u_{C1}=\Delta u_{C2}$。所以电路的输出电压 $u_O=u_{C1}-u_{C2}=(U_{CQ1}+\Delta u_{C1})-(U_{CQ2}+$

Δu_{C2})=0，说明由于电路结构上的对称，使得两管输出端的漂移电压相互抵消。此时相当于两管的输入端输入了大小相等、极性相同，按共同模式变化的信号，这种信号被称为共模信号。显然，差分放大电路对共模信号有着很强的抑制作用。

但在实际中，两管的特性和电路元件的参数不可能完全相同，因此两管输出端的零漂也不可能完全抵消。为了减小每只管子的输出漂移，电路中引入了公共发射极电阻 R_E，其作用是引入共模负反馈。当温度升高时，i_{C1}，i_{C2} 增加，流过 R_E 的电流 $i_E=i_{E1}+i_{E2}$ 增加，u_{E1}，u_{E2} 增加，u_{BE1}，u_{BE2} 减小，从而使 i_{B1}，i_{B2} 减小，结果 i_{C1}，i_{C2} 减小，最终使 i_{C1}，i_{C2} 稳定。R_E 的值越大，每只管子的输出漂移越小，但若 R_E 过大，会使管子的 u_{CE} 减小，因此常接入负电源 $-V_{EE}$ 来保证放大电路的输出动态范围。电路接入 R_E 和负电源后，拖了一个长长的“尾巴”，故常称此电路为长尾电路。

另一方面，电路要放大的有用信号需分成大小相等、极性相反的两部分，分别加在两管的输入端，这种大小相等、极性相反的信号称为差模信号。这时，两管产生的电流变化大小相等，但方向相反，即 $\Delta i_{B1}=-\Delta i_{B2}$，$\Delta i_{C1}=-\Delta i_{C2}$，两管输出端电压 $\Delta u_{C1}=-\Delta u_{C2}$，因此电路的输出电压 $\Delta u_O=\Delta u_{C1}-\Delta u_{C2}=2\Delta u_{C1}$。所以，差分放大电路对差模信号有放大作用。

2. 静态分析

图 3.38 中，当输入信号为零时，设电路完全对称，两管 Q 点完全相同。列出基极回路方程

$$I_{BQ}R_B+U_{BEQ}+2I_{EQ}R_E=V_{EE}$$

解得

$$I_{BQ}=\frac{V_{EE}-U_{BEQ}}{R_B+2(1+\beta)R_E} \tag{3.48}$$

于是，

$$I_{CQ}=\beta I_{BQ} \tag{3.49}$$

$$U_{CQ}=V_{CC}-I_{CQ}R_C$$

$$U_{EQ}=-I_{BQ}R_B-U_{BEQ}$$

则

$$U_{CEQ}=U_{CQ}-U_{EQ}=V_{CC}-I_{CQ}R_C+I_{BQ}R_B+U_{BEQ} \tag{3.50}$$

3. 动态分析

(1) 差模信号输入。

图 3.39 所示是差分放大电路差模信号输入时的交流通路。

当电路两输入端输入差模信号 u_{Id} 时，由于电路完全对称，因此加在两管输入端的信号分别为 $+u_{Id}/2$ 和 $-u_{Id}/2$。

由于差模输入时，$\Delta i_{E1}=-\Delta i_{E2}$，流过电阻 R_E 电流的变化量 $\Delta I_E=\Delta I_{E1}+\Delta I_{E2}=0$，因此，在交流通路中 R_E 相当于短路，对差模放大倍数无影响。

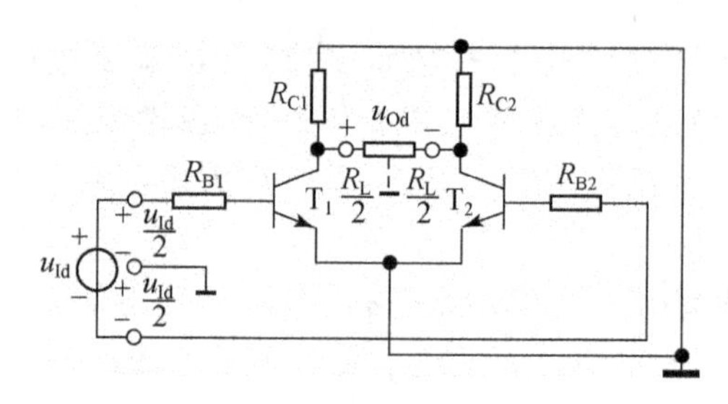

图 3.39 差模输入时交流通路

对于输出端,由于 $\Delta u_{C1}=-\Delta u_{C2}$,负载 R_L 中点电位在差模输入作用下保持不变,交流通路中相当于对地短路,R_L 被分为大小相等的两部分。

定义差模电压放大倍数为

$$A_d=\frac{\Delta u_{Od}}{\Delta u_{Id}} \tag{3.51}$$

由于

$$\Delta u_{Id}=2\Delta u_{Id1}=2\Delta i_{B1}(R_{B1}+r_{be1})$$

$$\Delta u_{Od}=2\Delta u_{C1}=-2\Delta i_{C1}\left(R_{C1}/\!/\frac{R_L}{2}\right)$$

所以

$$A_d=\frac{\Delta u_{C1}}{\Delta u_{Id1}}=-\frac{\beta\left(R_C/\!/\frac{R_L}{2}\right)}{R_B+r_{be}} \tag{3.52}$$

可见,差分放大电路的差模电压放大倍数与单管放大电路的放大倍数相同。因此,差分放大电路多使用了一只管子,虽然放大倍数没有增加,但换来了对零漂的抑制。

从两输入端向里看,电路的差模输入电阻为单管放大电路的 2 倍,即

$$R_i=2(R_B+r_{be}) \tag{3.53}$$

电路两输出端间的输出电阻也为单管放大电路的 2 倍,即

$$R_o=2R_C \tag{3.54}$$

(2) 共模信号输入。

图 3.40 所示是差分放大电路共模信号输入时的交流通路。

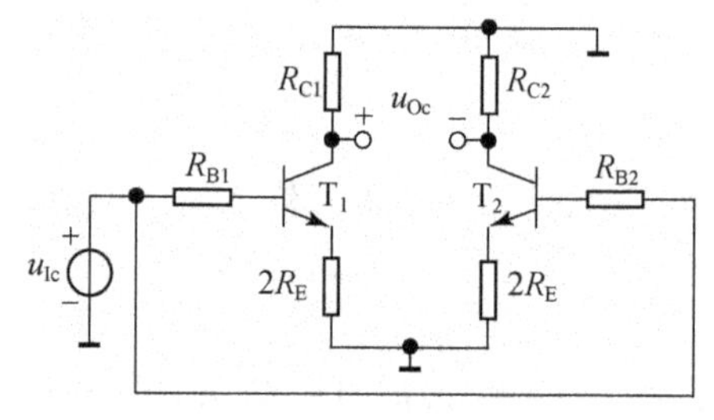

图 3.40 共模输入时交流通路

输入共模信号 u_{Ic}时，由于电路完全对称，R_E 的电流变化量 $\Delta i_E=\Delta i_{E1}+\Delta i_{E2}=2\Delta i_{E1}$，两管发射极电位变化量 $\Delta u_E=2\Delta i_{E1}R_E=\Delta i_{E1}(2R_E)$，所以对于每只管子而言，发射极等效电阻为 $2R_E$。可见，发射极电阻 R_E 对差模电压放大倍数没有影响，但对共模信号却有负反馈作用，从而抑制每只管子的零点漂移。

定义共模电压放大倍数为

$$A_c=\frac{\Delta u_{Oc}}{\Delta u_{Ic}} \tag{3.55}$$

在共模输入且电路完全对称的情况下，两管的集电极变化完全相同，因此

$$\Delta u_{Oc}=\Delta u_{C1}-\Delta u_{C2}=0$$

所以，

$$A_c=0$$

(3) 共模抑制比。

定义差分放大电路的差模电压放大倍数与共模电压放大倍数之比为共模抑制比 K_{CMR}，即

$$K_{CMR}=\left|\frac{A_d}{A_c}\right| \tag{3.56}$$

共模抑制比综合描述了差分放大电路对差模信号的放大能力和对共模信号的抑制能力，K_{CMR}越大，说明电路抑制零点漂移的能力越强。在电路理想对称的情况下，$A_c=0$，则共模抑制比 $K_{CMR}=\infty$。

例 3-7　实际差分放大电路难以做到理想对称，常接入调零电位器 R_W 进行静态输出电压调零，如图 3.41 所示。设 R_W 的活动端在中间位置，且三极管的 $\beta=50$，$V_{CC}=12\ \text{V}$，$V_{EE}=-12\ \text{V}$，$R_W=200\ \Omega$，$R_E=5.6\ \text{k}\Omega$，$R_C=8\ \text{k}\Omega$，$R_B=2\ \text{k}\Omega$，$R_L=16\ \text{k}\Omega$。

(1) 估算电路的静态工作点；

(2) 求差模电压放大倍数和输入、输出电阻。

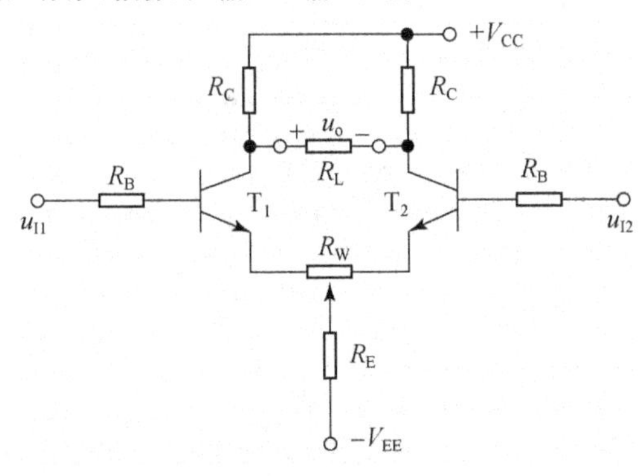

图 3.41　例 3-7 图

解 (1) 列出三极管基极回路方程

$$I_{BQ}R_B + U_{BEQ} + I_{EQ}R_W/2 + 2I_{EQ}R_E = V_{EE}$$

解得

$$I_{BQ} = \frac{V_{EE} - U_{BEQ}}{R_B + (1+\beta)(2R_E + 0.5R_W)} = 20(\mu A)$$

$$I_{CQ} = \beta I_{BQ} = 1(mA)$$

$$U_{CEQ} = V_{CC} - I_{CQ}R_C + I_{BQ}R_B + U_{BEQ} = 4.74(V)$$

$$r_{be} = 200 + (1+\beta)\frac{26}{I_{EQ}} = 1.52(k\Omega)$$

(2) 对于差模输入信号,R_E 相当于短路,但调零电位器 R_W 的左右两部分则分别流过一个管子的电流,分别为每只管子的发射极电阻,将影响差模放大倍数。则有

$$A_d = -\frac{\beta\left(R_C /\!/ \frac{R_L}{2}\right)}{R_B + r_{be} + (1+\beta)\frac{R_W}{2}} = -23.2$$

$$R_i = 2[R_B + r_{be} + (1+\beta)R_W/2] = 17.24(k\Omega)$$

$$R_o = 2R_C = 16(k\Omega)$$

3.7.3 差分放大电路的四种接法

前面讨论的差分放大电路中,输入信号由两个基极端接入,而输出信号由两个集电极端引出,输出和输入端都没有接地点,这种接法称为双端输入、双端输出。实际中有时需要将信号源或负载的一端接地,因此,差分放大电路除了双端输入、双端输出接法外,还有双端输入、单端输出,单端输入、双端输出,单端输入、单端输出,共四种接法。

图 3.42 所示是差分放大电路的双端输入、单端输出接法。负载 R_L 一端接在 T_1 管的集电极,另一端接地。

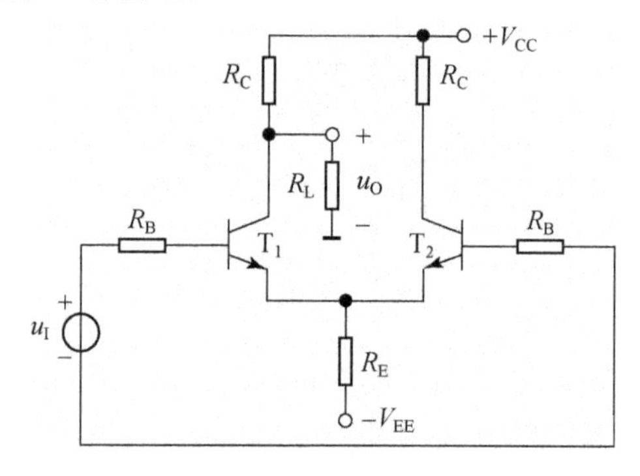

图 3.42 双端输入、单端输出差分放大电路

当差模信号输入时，电阻 R_E 相当于短路。输入电压 $\Delta u_{Id}=2\Delta u_{Id1}=2\Delta i_{B1}(R_{B1}+r_{be1})$，输出电压 $\Delta u_{Od}=\Delta u_{C1}=-\Delta i_{C1}(R_C /\!/ R_L)$，因此差模电压放大倍数为

$$A_d=\frac{\Delta u_{Od}}{\Delta u_{Id}}=-\frac{1}{2}\cdot\frac{\beta(R_C /\!/ R_L)}{R_B+r_{be}} \tag{3.57}$$

电路的差模输入电阻 $R_i=2(R_B+r_{be})$，输出电阻为 $R_o=R_C$。

当共模信号输入时，电阻 R_E 对每只管子的等效电阻为 $2R_E$（参见图 3.40），则共模电压放大倍数为

$$A_c=\frac{\Delta u_{Oc}}{\Delta u_{Ic}}=-\frac{\beta(R_C /\!/ R_L)}{R_B+r_{be}+2(1+\beta)R_E} \tag{3.58}$$

电路的共模抑制比为

$$K_{CMR}=\left|\frac{A_d}{A_c}\right|=\frac{R_B+r_{be}+2(1+\beta)R_E}{2(R_B+r_{be})} \tag{3.59}$$

图 3.43 所示是差分放大电路的单端输入、双端输出接法。输入信号一端连接 T_1 输入端，另一端接地；T_2 管输入端则直接接地。

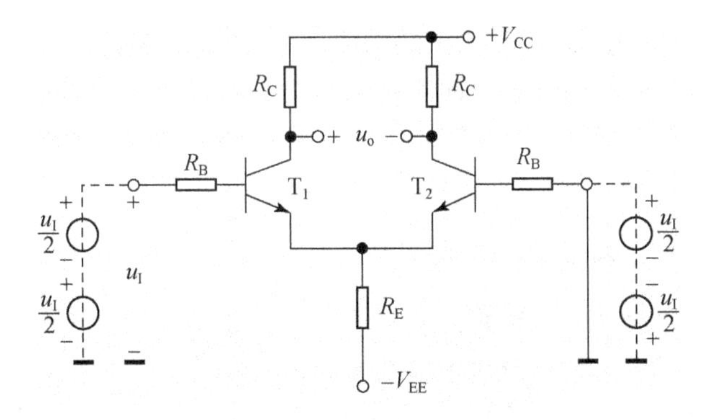

图 3.43　单端输入、双端输出差分放大电路

可对两个输入端信号做如下等效变换

$$u_{I1}=\frac{u_I}{2}+\frac{u_I}{2}=u_I \qquad u_{I2}=\frac{u_I}{2}-\frac{u_I}{2}=0$$

可见，电路两输入端有差模输入信号 $\pm u_I/2$，同时还有共模输入信号 $u_I/2$。因此，单端输入与双端输入相比，两者的静态和动态分析完全相同，不同的是单端输入时还有共模分量存在而已。

从以上分析可以看出，差分放大电路双端输出时，主要利用电路的对称性使得两管输出电压的零漂互相抵消；单端输出时，主要通过长尾电阻 R_E 的共模负反馈来抑制零漂。电阻 R_E 越大，电路的共模抑制比越高。集成电路制造工艺中，常使用恒流源代替大电阻 R_E。

例 3-8　若将例 3-7 电路改为单端输出，即 R_L 一端接地，试求电路的共模

抑制比。

解 若输出取自 T_1 管集电极,则输出与输入反向;若输出取自 T_2 管集电极,则输出与输入同向,但电压放大倍数的绝对值是相等的。有

$$|A_d| = \frac{1}{2} \cdot \frac{\beta(R_C // R_L)}{R_B + r_{be} + (1+\beta)\frac{R_W}{2}} = 15.5$$

$$|A_c| = \frac{\beta(R_C // R_L)}{R_B + r_{be} + (1+\beta)\frac{R_W}{2} + 2(1+\beta)R_E} = 0.46$$

所以共模抑制比为

$$K_{CMR} = \left|\frac{A_d}{A_c}\right| = 33.7$$

3.8 功率放大电路

功率放大电路用于多级放大电路的输出级,要求其有较大的输出功率,去驱动诸如扬声器、显示器的偏转线圈等负载器件。与前面讨论的小信号放大电路相比,虽然两者的本质都是能量的控制与转换,但功率放大电路强调大的输出功率,其电路结构、要求和分析方法有着自己的特点。

3.8.1 功率放大电路的主要指标

严格来说,前面介绍的如共射极电压放大电路、射极输出器电流放大电路都具有功率放大作用,但它们与功率放大电路的侧重点是不同的。电压放大电路主要是将输入小信号电压进行不失真放大,使负载上得到足够大的输出电压,主要指标是电压放大倍数、输入和输出电阻等。功率放大电路则是要获得大的输出功率,其输入电压、输出电压和电流都处于大信号状态,主要技术指标与电压放大电路相比具有较大差异。

1. 输出功率 P_o

输出功率 P_o 是指功率放大电路向负载提供的交流功率。为了获得大的功率输出,电路的输入电压就必须足够大,输出电压和输出电流也必须有相当大的输出幅度,因此功放管工作在大信号状态下,往往接近极限工作。实际中要注意功放管极限参数的选择,以保证管子安全工作。电路分析时,小信号等效电路已不再适用,而通常采用图解法。

2. 效率 η

效率 η 是指功率放大电路的最大输出功率与电源提供功率之比。直流电源提供的功率除了转换成有用的输出功率外,其余部分主要为功放管的管耗。效

率越高，输出功率部分就越大；相反，效率越低，功放管的管耗越大。较大的管耗会使功放管的结温升高，因此实际中常采用安装散热片等方法来保护功放管不被烧毁。

3. 非线性失真

由于功率放大电路是在大信号下工作，因此非线性失真要比小信号放大电路严重得多。实际中应根据不同的负载要求，确定允许的失真范围，必要时采用负反馈等方法来减小非线性失真。

概括来说，功率放大电路是在保证功放管安全运用的情况下，获得尽可能大的输出功率、尽可能高的效率和尽可能小的非线性失真。

3.8.2　功率放大电路的工作状态

多级放大电路中间级的作用通常为电压放大，输出级还需要进行电流放大以得到较大的输出功率。因此，作为输出级的功率放大电路常采用射极输出器。

1. 甲类工作状态

图 3.44(a)所示为小功率射极输出器，其图解分析如图 3.44(b)所示。

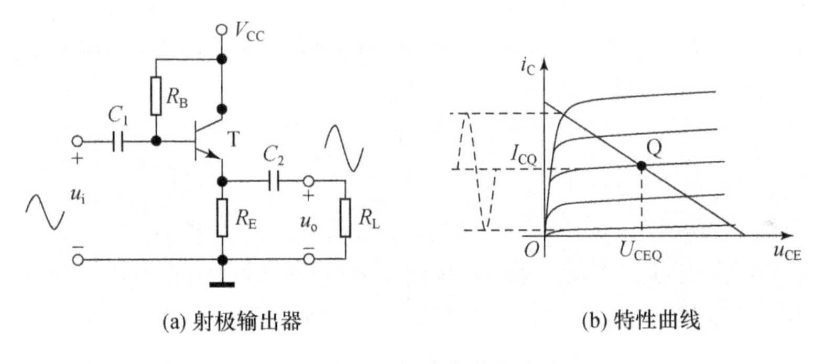

(a) 射极输出器　　(b) 特性曲线

图 3.44　甲类功率放大电路

可见，Q 点设置在三极管放大区的中间，在输入信号的整个周期内，三极管都工作在放大区，都有电流 i_C 流过，这种工作状态称为甲类工作状态。甲类放大电路中，电源始终为放大电路提供功率。当输入信号为零时，输出功率也为零，电源提供的功率全部消耗在三极管上，转换成热能耗散出去，故电路存在较大的静态功耗；当有信号输入时，电源提供的功率一部分为输出功率，其余部分消耗在三极管上。可以证明，理想状态下，甲类放大电路的效率最高为 50%，可见甲类放大电路效率低，不宜用作功率放大电路。

2. 乙类工作状态

要提高功率放大电路的效率，首先要设法减小电路的静态功耗，即当输入信号为零时，电源提供的功率也接近于零。因此，可以将图 3.44(a)所示电路的 Q

点设置在三极管的截止区,只有在输入信号的正半周期内,三极管才有电流 i_C 流过,这种工作状态称为乙类工作状态。乙类放大电路可以提高效率,但这时图 3.44(a)电路输入信号的负半周期无法通过,输出信号出现了严重的非线性失真。为了解决这一矛盾,可选用两只特性相同的异型三极管,构成乙类互补对称功率放大电路,如图 3.45(a)所示,T_1 管的图解分析如图 3.45(b)所示。

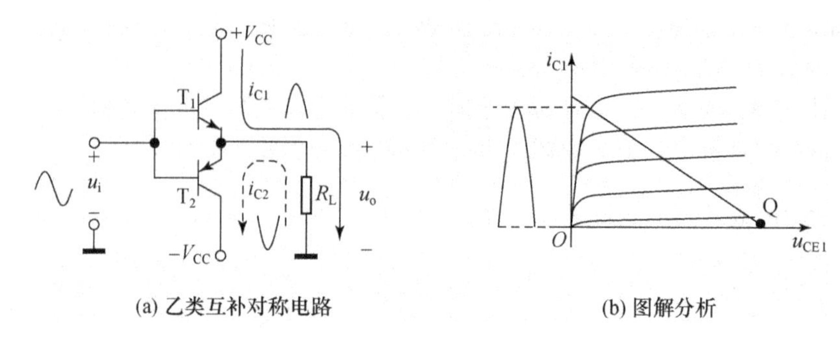

(a) 乙类互补对称电路　　(b) 图解分析

图 3.45　乙类互补对称功率放大电路

图 3.45(a)中 T_1 为 NPN 管,T_2 为 PNP 管,两只管子都工作在乙类状态,它们的基极、发射极互联起来,构成互补的射极输出器。静态时,两只管子均截止,输出信号为零,电路功耗也为零。在输入信号的正半周时,T_1 导通,T_2 截止,电流通路如图 3.45(a)中实线所示,输出正半周信号;在输入信号的负半周时,T_2 导通,T_1 截止,电流通路如图 3.45(a)中虚线所示,输出负半周信号。这样,两只管子交替工作,正、负电源交替供电,在负载上合成完整的信号波形,因此既避免了输出信号的严重失真,又提高了电路的效率。

3. 甲乙类工作状态

图 3.45(a)所示电路中三极管无直流偏置,当输入电压的幅度小于三极管的开启电压 U_{on} 时,两只管子均不能导通,因此在 u_i 过零附近的输出电压将产生失真,如图 3.46 所示,这种失真称为交越失真。

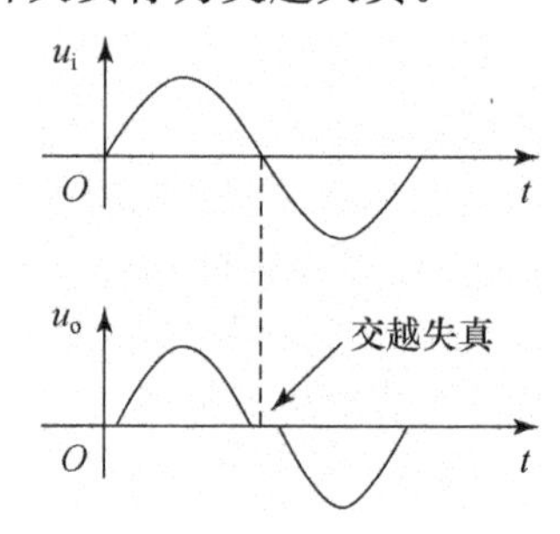

图 3.46　乙类功率放大电路的交越失真

为了减小交越失真,可考虑为图3.45(a)电路中的三极管提供直流偏置,如图3.47(a)所示。静态时,$+V_{CC}$,R_1,D_1,D_2,R_2和$-V_{CC}$形成直流通路,二极管D_1,D_2正向导通压降加在两只三极管的基极回路,使得两只三极管处于微导通状态,从而减小了交越失真。动态时,对于交流信号,二极管D_1,D_2的动态电阻很小,可视为短路。可见,这种电路的Q点设置在三极管截止区和放大区的交界处,见图3.47(b),称为甲乙类工作状态。

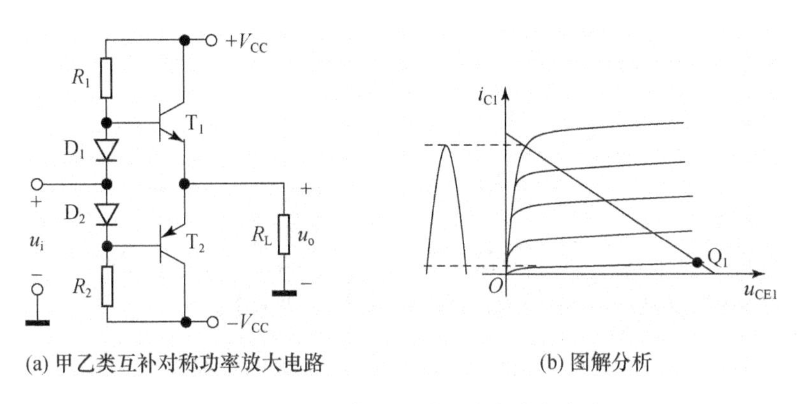

(a) 甲乙类互补对称功率放大电路　　(b) 图解分析

图3.47　甲乙类互补对称功率放大电路

甲乙类互补对称电路中,通常设置管子静态时的集电极电流很小,近似分析时可忽略不计。由于该电路既能减小交越失真,又能获得较高的效率,所以在实际工作中得到了广泛的应用。

3.8.3　OCL互补对称功率放大电路

图3.47(a)所示甲乙类互补对称功率放大电路采用直接耦合输出方式,无输出耦合电容,故称为无输出电容(output capacitorless,OCL)互补对称功率放大电路。

1. OCL功率放大电路的最大输出功率和效率

设输入的正弦信号足够大,且又不使电路产生饱和失真,电路的图解分析如图3.48所示。由于T_1和T_2管的静态电流很小,可近似认为静态工作点在横轴上,因此当有信号输入时,两管的工作点将沿负载线在截止点和临界饱和点之间摆动。由于两管交替工作,为便于分析,图中画出了两管的合成曲线以及输出电压、电流的波形。

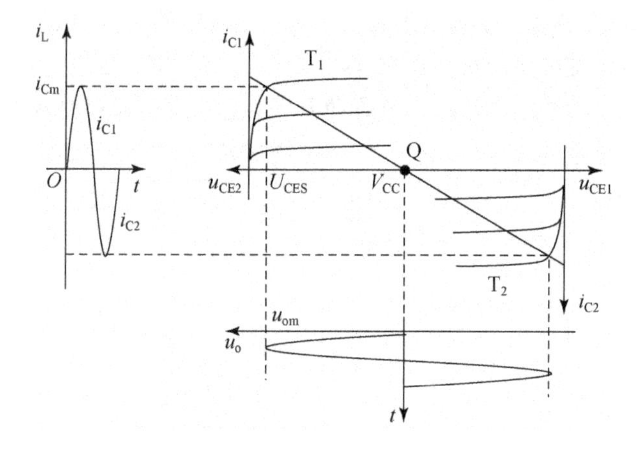

图 3.48 OCL 功率放大电路图解分析

不难得出,输出电压最大峰值为 $u_{om}=V_{CC}-U_{CES}$,电路输出功率等于输出电压有效值和输出电流有效值之积,则有最大输出功率 P_{om} 为

$$P_{om}=\frac{u_{om}}{\sqrt{2}}\cdot\frac{u_{om}}{\sqrt{2}R_L}=\frac{1}{2}\cdot\frac{(V_{CC}-U_{CES})^2}{R_L} \tag{3.60}$$

直流电源提供的功率等于其输出电流的平均值和其电压之积。忽略两管基极回路电流,电源输出电流最大峰值为 $i_{Cm}=u_{om}/R_L=(V_{CC}-U_{CES})/R_L$,则电源提供的最大功率 P_{Vm} 为

$$P_{Vm}=\frac{1}{\pi}\int_0^{\pi}i_{Cm}\sin\omega t\cdot V_{CC}\mathrm{d}(\omega t)=\frac{2}{\pi}\cdot\frac{V_{CC}(V_{CC}-U_{CES})}{R_L} \tag{3.61}$$

电路的转换效率 η 为

$$\eta=\frac{P_{om}}{P_{Vm}}=\frac{\pi}{4}\cdot\frac{V_{CC}-U_{CES}}{V_{CC}} \tag{3.62}$$

在理想情况下,$U_{CES}=0$,电路的效率最高为 $\eta=78.5\%$。

2. OCL 功率放大电路中功放管的选择

功率放大电路中功放管选择时,主要考虑集电极最大耗散功耗 P_{CM}、集电极最大电流 I_{CM} 和集电极-发射极反向击穿电压 $U_{(BR)CEO}$ 三个极限参数。

从以上分析可知,功放管消耗的功率 $P_T=P_V-P_o$。静态时输入电压为零,两管接近截止状态,集电极电流很小,管耗近似为零;当输入信号最大,即输出功率最大时,两管接近饱和状态,管压降 u_{CE} 很小,管耗也不会达到最大。根据式(3.60)和(3.61)可得出输出功率最大时两管管耗为 $P_T=P_{Vm}-P_{om}\approx0.2P_{om}$。因此,两管最大管耗既不会发生在输入电压最小时,也不会发生在输入电压最大时。可以推导出,当输出电压峰值 $U_{om}\approx0.6V_{CC}$ 时,两管管耗达到最大,为

$$P_{Tm}=P_{T1m}+P_{T2m}\approx0.4P_{om} \tag{3.63}$$

因此，每只功放管的集电极最大耗散功耗应选择

$$P_{CM} > 0.2P_{om} \tag{3.64}$$

每只功放管的集电极最大电流应选择

$$I_{CM} > V_{CC}/R_L \tag{3.65}$$

当 T_1 导通、T_2 截止，且输出电压最大时，T_2 管承受最大反向电压约为 $2V_{CC}$；同样，T_1 管承受最大反向电压也约为 $2V_{CC}$。因此，每只功放管的集电极-发射极反向击穿电压应选择

$$U_{(BR)CEO} > 2V_{CC} \tag{3.66}$$

例 3-9　在图 3.47(a)所示电路中，已知 $V_{CC}=12\text{ V}$，$U_{CES}=2\text{ V}$，$R_L=8\ \Omega$。

(1) 求电路的最大输出功率和效率；

(2) 当电路输出功率最大时，求输入电压峰值；

(3) 选择功放管的极限参数。

解　(1) 根据式(3.60)和式(3.62)，可得

$$P_{om}=\frac{1}{2}\cdot\frac{(V_{CC}-U_{CES})^2}{R_L}=\frac{(12-2)^2}{2\times 8}=6.25(\text{W})$$

$$\eta=\frac{\pi}{4}\cdot\frac{V_{CC}-U_{CES}}{V_{CC}}=\frac{\pi}{4}\cdot\frac{12-2}{12}=65.4\%$$

(2) 当电路输出功率最大时，输出电压峰值为

$$u_{om}=V_{CC}-U_{CES}=10(\text{V})$$

由于射极输出器的电压放大倍数约为1，所以输入电压峰值

$$u_{im}=u_{om}=10(\text{V})$$

(3) 根据式(3.64)～(3.66)，功放管的极限参数选择

$$P_{CM}>0.2P_{om}\big|_{U_{CES}=0}=0.2\times 9=1.8(\text{W})$$

$$I_{CM}>V_{CC}/R_L=12/8=1.5(\text{A})$$

$$U_{(BR)CEO}>2V_{CC}=2\times 12=24(\text{V})$$

3.8.4　OTL 互补对称功率放大电路

上述 OCL 互补对称功率放大电路使用双电源供电，若将其输出采用阻容耦合方式，则可实现单电源供电。由于输出阻容耦合是由输出变压器耦合演变过来，因此被称为无输出变压器(output transformerless，OTL)互补对称功率放大电路，电路如图 3.49 所示。

电路静态时，T_1 和 T_2 管微导通，由于两管特性对称，因此发射极电位为 $V_{CC}/2$，电容 C 两端电压也为 $V_{CC}/2$。

当输入正弦信号正半周时，T_1 导通、T_2 截止，电路向 C 充电(图中实线所示)，有电流通过负载 R_L。设电容 C 足够大(通常为几千微法的电解电容)，其两

端电压基本保持不变,对交流信号可视为短路;且忽略三极管 b-e 导通压降和c-e 饱和压降,则输出给负载 R_L 的电压峰值为 $V_{CC}/2$。当输入信号负半周时,电容 C 放电(图中虚线所示),T_2 导通、T_1 截止,负载 R_L 上的负半周信号电压峰值也为 $V_{CC}/2$。可见,已充电的电容 C 起着 OCL 电路中 $-V_{CC}$ 的作用,因此 OTL 电路使用单电源即可实现互补功率放大。

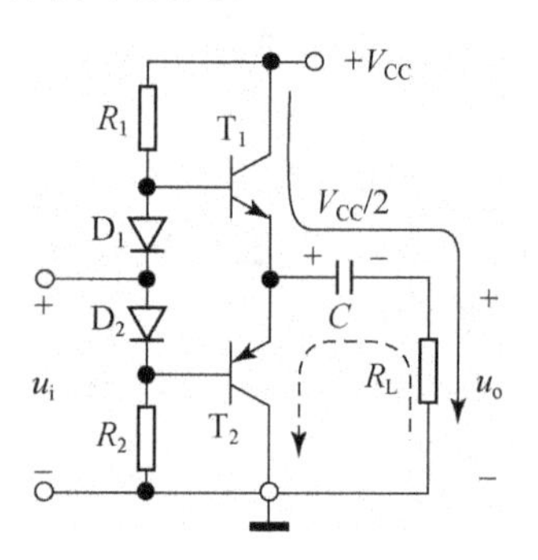

图 3.49 OTL 功率放大电路

由于 OTL 电路中每个管子的工作电压不再是 OCL 电路的 V_{CC},而是 $V_{CC}/2$,因此只要将式(3.60)～式(3.66)中的 V_{CC}以 $V_{CC}/2$ 来替代,即可得到 OTL 电路的性能指标。

3.9 集成运算放大电路

集成电路(Integrated Circuit,IC)是 20 世纪 60 年代发展起来的一种新型电子器件。它在半导体制造工艺的基础上,将整个电路的元器件及连线制造在同一基片上,构成特定功能的电子电路。与分立元件电路相比,集成电路具有体积小、性能稳定、使用方便和价格低廉等优点,已经得到了极为广泛的应用。

集成电路按其功能可分为模拟集成电路和数字集成电路两大类。集成运算放大电路是模拟集成电路中应用最为广泛的一种。由于它最初多用于实现各种模拟信号的比例、加减、微积分等运算,故得此名。

3.9.1 集成运算放大电路简介

集成运算放大电路也被叫做集成运算放大器,简称集成运放。从电路结构来看,它是一个多级放大电路。由于集成电路工艺不能制作大电容,所以集成运放级间均采用直接耦合方式,其内部电路分为四部分,如图 3.50 所示。

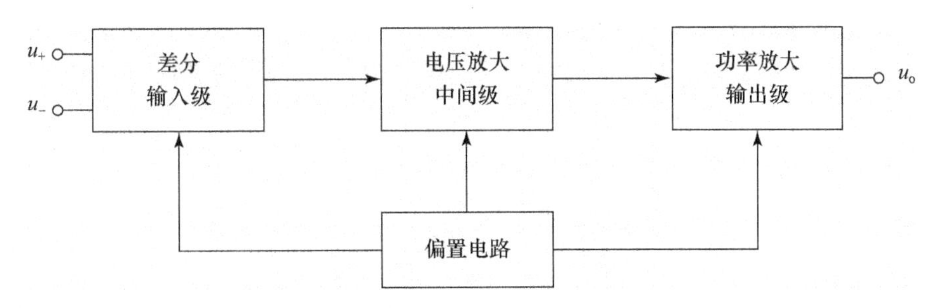

图 3.50　集成运算放大电路框图

1. 输入级

输入级采用差分放大电路，具有两个输入端，其中 u_+ 端的输入电压与输出电压 u_o 同相，称为同相输入端，u_- 端的输入电压与输出电压 u_o 反相，称为反相输入端。输入级要求其输入电阻大、共模抑制比高和零点漂移小。

2. 中间级

中间级常采用共射极放大电路，主要作用是进行电压放大，要求其电压放大倍数高，可达几千倍以上。

3. 输出级

输出级常采用互补对称功率放大电路，要求其输出电阻小，带负载能力强，且能够输出一定的功率。

4. 偏置电路

偏置电路一般采用电流源，为集成运放各级放大电路提供稳定的偏置电流，以设置合适的静态工作点。

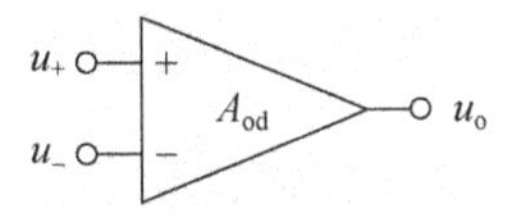

图 3.51　集成运算放大电路符号

从外部作为一个整体来看，集成运算放大电路是一个双端输入、单端输出，具有高输入电阻、低输出电阻、高差模放大倍数和高共模抑制比的差分放大电路，其电路符号如图 3.51 所示。A_{od} 是集成运放无外部反馈的差模放大倍数，称为开环差模放大倍数。集成运放线性放大时，输出电压与输入电压有关系

$$u_o = A_{od}(u_+ - u_-) \tag{3.67}$$

3.9.2　集成运放中的电流源

对于集成运放中的输入级、中间级和输出级电路，前面都已介绍过；对于偏置电路，其电流源除了为各级放大电路提供静态电流外，还可作为放大电路的有源负载或替代差分放大电路的长尾电阻，不仅提高了放大电路的性能，还解决了集成电路工艺不宜制作大电阻的问题。下面介绍两种基本的电流源电路。

1. 镜像电流源

镜像电流源电路如图 3.52 所示。T_1 和 T_2 两管特性完全相同,由图中可知 $U_{BE1}=U_{BE2}$,所以 $I_{B1}=I_{B2}=I_B$,$I_{C1}=I_{C2}=I_C$。

当管子 $\beta\gg2$ 时,$I_R=I_C+2I_B=I_C\left(1+\frac{2}{\beta}\right)\approx I_C$,所以有

$$I_{C2}\approx I_R=\frac{V_{CC}-U_{BE}}{R} \tag{3.68}$$

因此,当 V_{CC} 和 R 确定后,基准电流 I_R 就确定了,输出电流 I_{C2} 也随之确定。I_{C2} 与 I_R 相等,呈现镜像关系。

2. 微电流源

为了改善集成运放的输入电阻等输入端特性,输入级放大电路常需要微小的偏置电流。镜像电流源结构简单,但若想输出微小的电流,则要求电阻 R 的数值必然很大,这在集成电路工艺中很难做到。图 3.53 所示的微电流源电路有效地解决了这个问题,即不必使用大电阻,也可输出微小电流。

图中 T_2 管发射极接入电阻 R_{E2},易得 $U_{BE1}=U_{BE2}+I_{E2}R_{E2}$,所以

$$I_{C2}\approx I_{E2}=\frac{U_{BE1}-U_{BE2}}{R_{E2}} \tag{3.69}$$

从式(3.69)中可以看出,电阻 R_{E2} 两端压降为两管发射结导通电压之差,仅为几十毫伏,因此不需要太大的电阻 R_{E2},就可以得到微小的输出电流 I_{C2},且 I_{C2} 受电源电压 V_{CC} 波动的影响很小,稳定性较好。

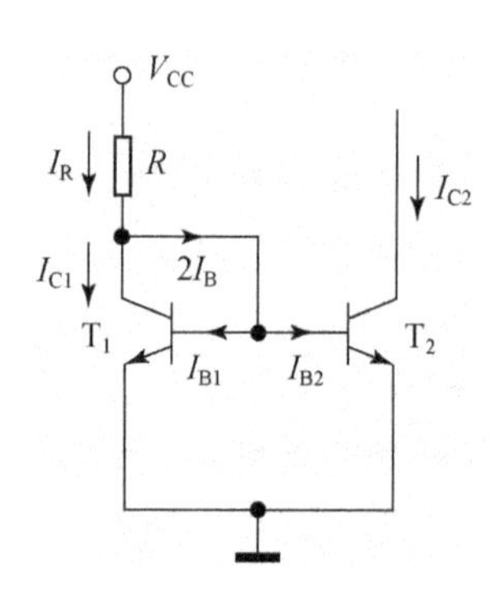

图 3.52 镜像电流源

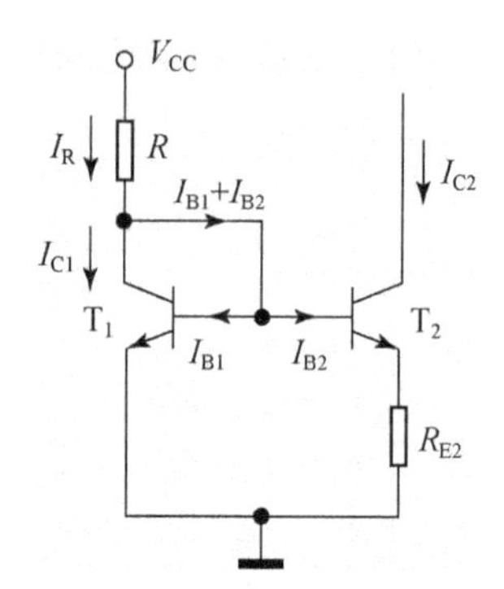

图 3.53 微电流源

3.9.3 集成运放典型电路

本节将简要介绍 National Semiconductor 公司生产的一种通用型集成运放电路 LM741,其外形及引脚如图 3.54 所示。

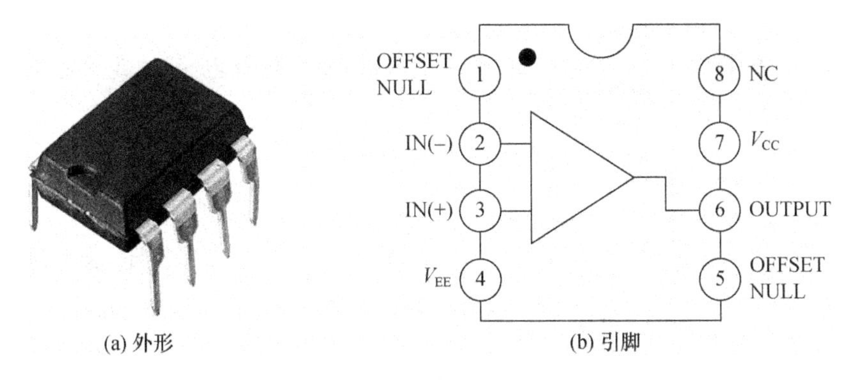

(a) 外形　　　(b) 引脚

图 3.54　LM741 外形及引脚

图中 LM741 外形为双列直插式封装，共有 8 个引脚。其中引脚 2,3 分别是反相和同相输入端；引脚 6 为输出端；引脚 7,4 分别接正负电源；引脚 1,5 两端外接调零电位器，调整输出电压静态时为零；引脚 8 悬空。

LM741 的电路原理如图 3.55 所示，包括偏置电路、差分输入级、中间放大级和互补对称输出级四个部分。

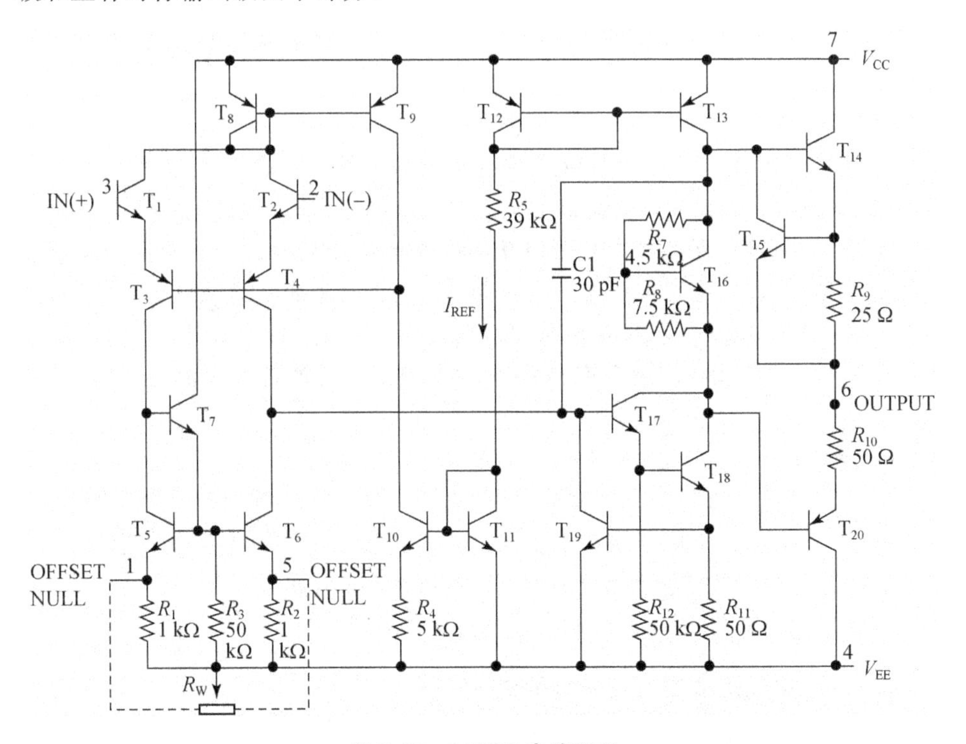

图 3.55　LM741 电路原理

1. 偏置电路

图 3.55 中,由 $V_{CC} \to T_{12} \to R_5 \to T_{11} \to V_{EE}$ 构成主偏置电路,决定了集成运放中偏置电路的基准电流 I_{REF},为

$$I_{REF} = \frac{V_{CC} + V_{EE} - U_{BE12} - U_{BE11}}{R_5} \tag{3.70}$$

有了基准电流,再利用电流源电路产生各放大级所需的偏置电流。

T_{10} 与 T_{11} 组成微电流源电路,输出电流 I_{C10} 为输入级 T_3 和 T_4 提供基极偏置电流;T_8 与 T_9 组成镜像电流源电路,输出电流 i_{C8} 为输入级 T_1 和 T_2 提供集电极偏置电流;T_{13} 与 T_{12} 组成镜像电流源电路,输出电流 I_{C13} 作为中间放大级有源负载以及为输出级 T_{14} 和 T_{20} 提供偏置电流。

2. 输入级

T_1,T_2,T_3 和 T_4 组成共集-共基复合差分放大电路,由 T_7 提供偏置的 T_5 和 T_6 构成有源负载。差分输入信号由 T_1 和 T_2 的基极输入,输出信号由 T_4 的集电极单端输出至中间放大级。共集结构提高了放大电路的差模输入电阻,共基结构和有源负载提高了差模电压增益和输入电压范围,并具有较高的共模抑制比。

T_5,T_6 发射极可外接调零电位器 R_W,调整输入级的对称度,使输出电压静态时为零。

3. 中间级

T_{17} 和 T_{18} 组成复合管的单级共射电压放大电路,由 T_{13} 作为有源负载。复合管的 β 值很高,因此电路具有高的输入电阻,保证了输入级的电压增益。同时由于采用有源负载,保证了本级可以获得很高的电压增益。为了保证中间级在高增益下稳定工作,电路中制作了一只 30 pF 的补偿电容,以防止电路产生自激振荡。R_{11} 和 T_{19} 构成过流保护电路,R_{11} 采集 i_{E18},当 i_{E18} 过大时,R_{11} 两端压降将增大到使 T_{19} 由截止状态进入饱和状态,从而限制 T_{17} 的输入电流,达到保护的目的。

4. 输出级

T_{14} 和 T_{20} 组成互补对称功率放大电路。R_7,R_8 和 T_{16} 构成 U_{BE} 倍增电路(见练习题 3-19),为 T_{14} 和 T_{20} 提供起始偏压,使电路工作于甲乙类工作状态。R_9 和 R_{10} 两个阻值不同的电阻用于弥补 T_{14} 和 T_{20} 的非对称性。R_9 还作为输出电流的采样电阻,与 T_{15} 一起构成输出端过流保护电路。

3.9.4 集成运放的主要指标和传输特性

1. 集成运放的主要指标

评价集成运放性能的参数很多,下面仅就常用的主要技术指标作一一介绍。

(1) 开环差模电压增益 A_{od}。

A_{od}是指集成运放无外加反馈，且线性放大时的差模电压放大倍数，常用对数表示

$$A_{od}=20\lg\left|\frac{u_O}{u_- - u_+}\right| \tag{3.71}$$

A_{od}越大越好，LM741 的 A_{od}大于 100 dB。

(2) 共模抑制比 K_{CMR}。

K_{CMR}是指差模电压放大倍数与共模电压放大倍数之比，常用对数表示。K_{CMR}越大越好，LM741 的 K_{CMR}大于 90 dB。

(3) 差模输入电阻 R_{id}。

R_{id}是指集成运放对差模输入信号的输入电阻。R_{id}越大越好，LM741 的 R_{id}典型值为 2 MΩ。

(4) 输出电阻 R_o。

集成运放的输出电阻 R_o 越小越好，一般为几十至几百欧姆。

(5) 输入失调电压 U_{IO}。

U_{IO}是指使静态时输出电压为零，输入端所加的补偿电压。其值反映了电路的对称程度，对称度越好，U_{IO}越小。LM741 的 U_{IO}小于 5 mV。

(6) 输入失调电流 I_{IO}。

I_{IO}是指使静态输出电压为零时，两个输入端静态电流之差。I_{IO}以电流的形式反映电路的对称程度，I_{IO}越小电路对称度越好。LM741 的 I_{IO}小于 0.2 μA。

(7) 温度漂移。

衡量集成运放温度漂移有两个重要参数：一是输入失调电压温漂 $\Delta U_{IO}/\Delta T$，它是指 U_{IO}的温度系数，其值越小越好，对于 LM741，其值小于 15 μV/℃；另一个是输入失调电流温漂 $\Delta I_{IO}/\Delta T$，它是指 I_{IO}的温度系数，对于 LM741，其值小于 0.5 nA/℃。

(8) 最大差模输入电压 $U_{id\,max}$。

$U_{id\,max}$是指集成运放所能承受的最大差模输入电压值。超过此值，运放输入级中反向偏置的 PN 结将被击穿，严重时将造成永久损坏。LM741 的 $U_{id\,max}$为±30 V。

(9) 最大共模输入电压 $U_{ic\,max}$。

$U_{ic\,max}$是指集成运放所能承受的最大共模输入电压值。超过此值，运放的共模抑制比将显著恶化。LM741 的 $U_{ic\,max}$为±13 V。

(10) 开环带宽 f_H。

f_H 是指 A_{od}下降 3 dB 时所对应的信号频率，又称－3 dB 带宽。由于集成运放是直流放大电路，所以其上限截止频率 f_H 就等于带宽。LM741 的 f_H 仅为

7 Hz。

(11) 单位增益带宽 f_c。

f_c 是指 A_{od}降至 0 dB($A_{od}=1$)时所对应的信号频率。f_c 是集成运放的重要参数,其值等于运放的增益带宽积。由于集成运放的增益带宽积是一常数,因此可通过外加负反馈电路降低电压增益,从而展宽放大电路的带宽。LM741 的 f_c 为 1.5 MHz。

除了通用型集成运放以外,为了满足各种特殊要求,还有多种特殊型运放,如高精度型、高阻型、高速型、高压型、大功率型、低功耗型等等。这些特殊型运放的某些单项指标会特别突出,使用时需根据实际需要并依据其主要技术指标进行正确选择。

2. 集成运放的传输特性

实际近似分析时,若忽略输入失调、温漂及频响等对集成运放的影响,仅考虑电路对差模信号的放大作用,运放则可表示为用差模输入电阻 R_{id}、输出电阻 R_o 和开环差模电压增益 A_{od}来描述的低频等效电路,如图 3.56(a)所示。图中输入回路等效成一个阻值非常高的输入电阻 R_{id};输出回路等效成一个由差模输入电压控制的电压源 $A_{od}u_{Id}$串联一个阻值非常低的输出电阻 R_o。

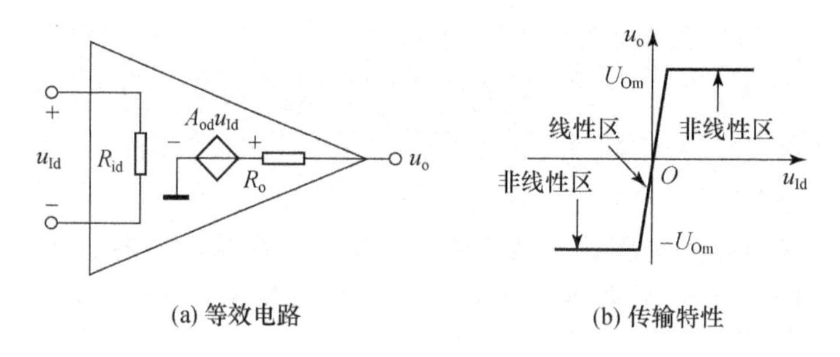

图 3.56 集成运放等效电路和传输特性

集成运放输出电压与输入电压的关系用电压传输特性曲线表示,如图 3.56(b)所示。当输入差模信号 u_{Id}很小时,曲线为一条陡峭的直线,其斜率即为 A_{od},称此时运放工作在线性区,输出、输入电压满足线性关系

$$u_o = A_{od}u_{Id} \tag{3.72}$$

当输入差模信号 u_{Id}较大时,由于 A_{od}很高,运放将进入饱和区域,此时输出电压达到饱和值 $+U_{Om}$或 $-U_{Om}$,接近于正负电源电压,输出电压不再随输入电压的增大而增大,不再满足式(3.72),称此时运放工作在非线性区。

3. 理想集成运放的特性

实际分析由集成运放组成的各种应用电路时,为使分析过程简化,通常都将其当作理想运放来处理,通常不会造成较大的误差。理想运放具有以下理想特性:

（1）开环差模电压增益 $A_{od}=\infty$；

（2）输入电阻 $R_{id}=\infty$，$R_{ic}=\infty$；

（3）输出电阻 $R_o=0$；

（4）共模抑制比 $K_{CMR}=\infty$；

（5）开环带宽 $f_H=\infty$；

（6）输入失调电压 U_{IO}，输入失调电流 I_{IO} 以及它们的温漂均为零。

当理想运放工作在线性区时，输入电压与输出电压应满足

$$u_o = A_{od}(u_+ - u_-) \tag{3.73}$$

由于理想运放 $A_{od}=\infty$，且 u_o 为一个有限数值，因此有

$$u_+ = u_- \tag{3.74}$$

即运放的同相输入端和反相输入端电位相等，相当于短路，但又不是真正的短路，称为“虚短路”。

又由于理性运放的输入电阻为无穷大，所以流入两个输入端的电流均为零，即

$$i_+ = i_- = 0 \tag{3.75}$$

表明运放输入端相当于断路，但又不是真正的断路，称为“虚断路”。

虚短路和虚断路是理想运放工作在线性区的两个重要特点，是分析运放电路的两个基本出发点，可大大简化实际运放电路的分析。

当理想运放工作在非线性区时，输入电压与输出电压的关系为

$$\begin{aligned} u_o &= +U_{Om} \quad 当\ u_+ > u_-\ 时 \\ u_o &= -U_{Om} \quad 当\ u_+ < u_-\ 时 \end{aligned} \tag{3.76}$$

这时，虚短路不再成立，但虚断路仍然成立。

可以看出，集成运放开环工作时，由于 A_{od} 很高，输入端只需加很小的差模电压就有可能使运放进入非线性区，即运放的线性区很窄。一般情况下，要使集成运放稳定地工作在线性区，需要外加负反馈回路。本书后续两章将介绍负反馈放大电路以及集成运放的线性和非线性应用。

综合案例

案例1　三极管放大电路的图解分析方法，其特点是直观形象，易于理解，常用于低频放大电路的静态工作点、动态非线性失真和输出信号的动态范围等的分析。但常见的教材中，通常只给出最简单的共射极基本放大电路的范例分析，对复杂一些的放大电路如何运用图解法进行分析呢？

考察图 Z3-1(a)所示的放大电路，已知三极管的 $U_{BE}=0.7\text{ V}$，$U_{CES}=0.3\text{ V}$，$\beta=100$，其输出特性曲线如图 Z3-1(b)所示；还知 $V_{CC}=12\text{ V}$，$R_{B1}=6.9\text{ k}\Omega$，$R_{B2}=$

3.1 kΩ,$R_E=1$ kΩ,$R_C=R_L=2$ kΩ,电容足够大。

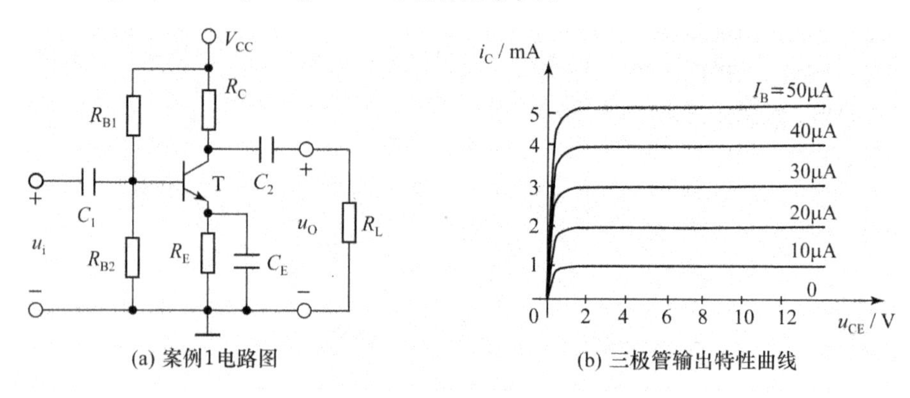

(a) 案例1电路图　　(b) 三极管输出特性曲线

图 Z3-1　放大电路及三极管输出特性曲线

考察以下几个问题：

(1) 如何在输出特性曲线中标出静态工作点 Q,并画出直流和交流负载线？首先画出放大电路的直流通路和交流通路,如图 Z3-2 所示。

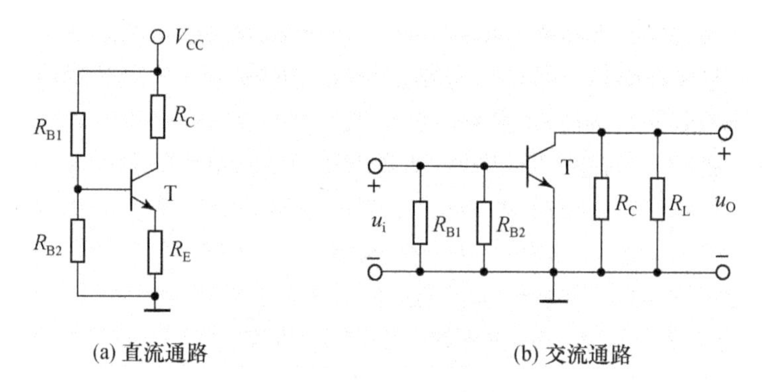

(a) 直流通路　　(b) 交流通路

图 Z3-2　放大电路的直流通路和交流通路

直流状态时,利用估算法容易得到三极管基极静态电位

$$U_{BQ}=V_{CC}\cdot\frac{R_{B2}}{R_{B1}+R_{B2}}=3.7\ \text{V}$$

则

$$I_{CQ}=\frac{U_{BQ}-U_{BE}}{R_E}=3\ \text{mA}$$

$$U_{CEQ}=V_{CC}-I_{CQ}\,(R_C+R_E)=3\ \text{V}$$

三极管输出回路方程为

$$u_{CE}=V_{CC}-i_CR_C-i_ER_E\approx V_{CC}-i_C\,(R_C+R_E)\tag{3.77}$$

式(3.77)即为直流负载线，如图 Z3-3 所示。

交流状态时，三极管输出回路方程为

$$u_{CE} = U_{CEQ} - (i_C - I_{CQ})(R_C /\!/ R_L) \tag{3.78}$$

式(3.78)即为交流负载线，如图 Z3-3 所示。

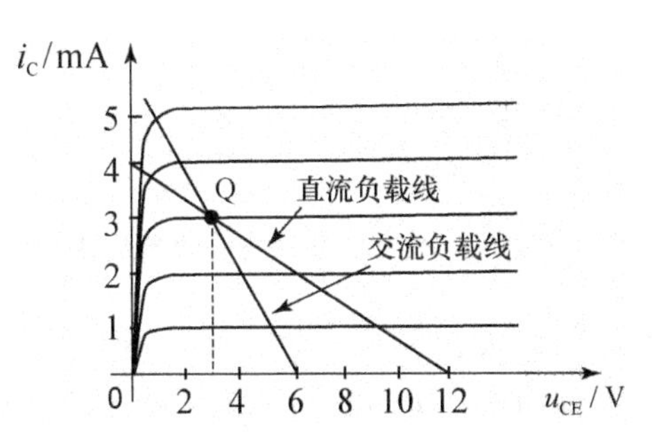

图 Z3-3　直流负载线和交流负载线

(2) 如何判断电路的最大不失真输出电压峰值？

电路输出电压 $u_o = u_{ce}$，从图 Z3-3 中容易得到的峰值为 $u_{om} = 3 - 0.3 = 2.7$ V。

(3) 如果电容 C_E 断开，以上两问又如何？

电容 C_E 开路，直流通路不变，电路的静态工作点 Q 和直流负载线不变。交流通路变为如图 Z3-4 所示。

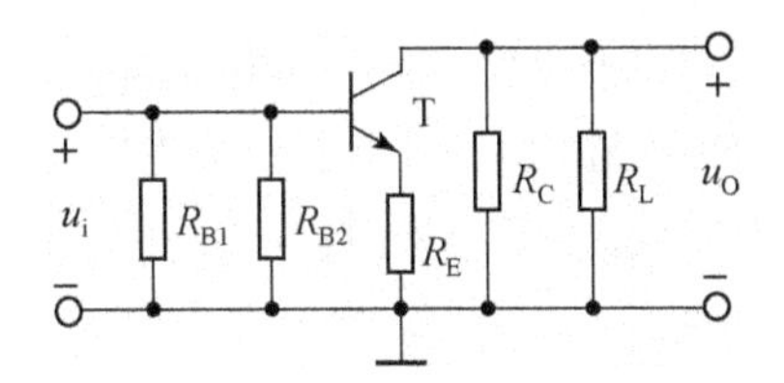

图 Z3-4　发射极串联电阻的交流通路

此交流状态时，三极管输出回路方程为

$$u_{ce} = i_c(R_E + R_C /\!/ R_L)$$

其中

$$u_{ce} = u_{CE} - U_{CEQ}$$

$$i_c = i_C - I_{CQ}$$

即

$$u_{CE} = U_{CEQ} - (i_C - I_{CQ})(R_C /\!/ R_L + R_E) \tag{3.79}$$

式(3.79)即为交流负载线，如图 Z3-5 所示。

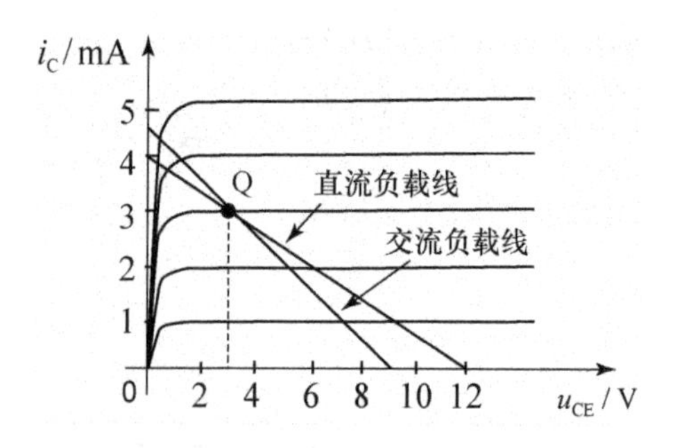

图 Z3-5 发射极串联电阻的负载线

从图 Z3-5 中容易看出，三极管输出端的最大不失真电压峰值为 $u_{cem}=3-0.3=2.7$ V。但电路的输出电压 u_o 是($R_C /\!/ R_L$)两端的电压，它是与电阻 R_E 串联分得的 u_{ce} 电压。即

$$u_{om}=u_{cem}\cdot\frac{R_C /\!/ R_L}{R_C /\!/ R_L+R_E}=1.35(\text{V})$$

案例 2 电压放大电路的电压增益、输入电阻和输出电阻是其三个重要指标。要想使这三个指标同时达到良好，即电压放大倍数高(如大于 500 倍)、输入电阻大(如大于 100 kΩ)、输出电阻小(如小于 100 Ω)，单级放大电路不能完成，必须采取多级放大电路级联合作完成。

如图 Z3-6 所示的三级放大电路，第一级为双端输入、单端输出的差分输入级，第二级为复合管构成的共射放大级，第三级为射极输出级。各电阻值和电源电压如图所标，各三极管的 $U_{BE}=0.7$ V，T_5 管的 $\beta=50$，T_6 管的 $\beta=20$，其余各管的 $\beta=100$。

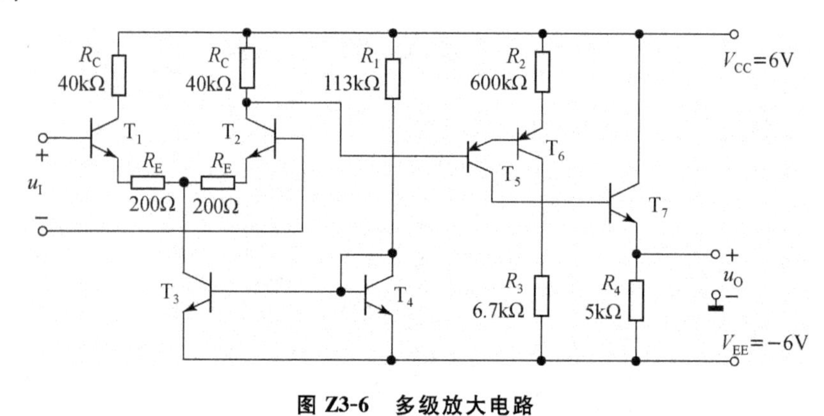

图 Z3-6 多级放大电路

分析多级放大电路时，要考虑级间的相互影响，可以“向后看”，也可以“向前

看”。

(1)“向后看”，即将后一级的输入电阻作为负载看待，增益取电压放大倍数。

T_3，T_4 管构成镜像电流源

$$I_{C3}=I_{C4}=\frac{V_{CC}+|V_{EE}|-U_{BE}}{R_1}=100(\mu A)$$

则

$$I_{E1}=I_{E2}=\frac{I_{C3}}{2}=50(\mu A)$$

$$U_{C2}=V_{CC}-I_{C2}R_C=4(V)$$

$$I_{E6}=\frac{V_{CC}-U_{C2}-2U_{BE}}{R_2}=1(mA)$$

$$I_{E5}=\frac{I_{E6}}{\beta_6}=50(\mu A)$$

$$U_{C6}=I_{E6}R_3+V_{EE}=0.7(V)$$

$$I_{E7}=\frac{U_{C6}-U_{BE}+|V_{EE}|}{R_4}=1.2(mA)$$

所以

$$r_{be1}=r_{be2}=200+(1+\beta_1)\frac{U_T}{I_{E1}}\approx 52.7(k\Omega)$$

同理，求得

$$r_{be5}\approx 26.7(k\Omega),\quad r_{be6}\approx 0.75(k\Omega),\quad r_{be7}\approx 2.4(k\Omega)$$

T_5，T_6 复合管的

$$r_{be复合管}=r_{be5}+(1+\beta_5)r_{be6}\approx 64.9(k\Omega)$$

$$\beta_{复合管}=\beta_5\beta_6=1000$$

于是，计算第一级电压放大倍数，将第二级输入电阻 R_{i2} 作为负载

$$A_{u1}=\beta_1\frac{R_C\ /\!/\ [r_{be复合管}+(1+\beta_{复合管})R_2]}{r_{be1}+(1+\beta_1)R_E}\approx 54.9$$

计算第二级电压放大倍数，将第三级输入电阻 R_{i3} 作为负载

$$A_{u2}=-\beta_{复合管}\frac{R_3\ /\!/\ [r_{be7}+(1+\beta_7)R_4]}{r_{be复合管}+(1+\beta_{复合管})R_2}\approx -10.1$$

计算第三级电压放大倍数

$$A_{u3}=\frac{(1+\beta_7)R_4}{r_{be7}+(1+\beta_7)R_4}\approx 1$$

电路总的电压放大倍数

$$A_u=A_{u1}\cdot A_{u2}\cdot A_{u3}\approx -554.5$$

电路的输入电阻为第一级的输入电阻

$$R_i = 2[r_{be1} + (1+\beta_1)R_E] \approx 145.8(\text{k}\Omega)$$

电路的输出电阻为第三级的输出电阻

$$R_o = R_4 \ /\!/ \ \frac{r_{be7} + R_3}{1+\beta_7} \approx 90(\Omega)$$

(2)“向前看”,即将前一级的输出电阻作为信号源内阻看待,增益取负载开路时的源电压放大倍数。

第一级源电压放大倍数即为电压放大倍数

$$A_{us1} = A_{u1}\big|_{R_L=\infty} = \beta_1 \frac{R_C}{r_{be1} + (1+\beta_1)R_E}$$

第二级源电压放大倍数

$$A_{us2} = \frac{R_{i2}}{R_{i2} + R_C} A_{u2}\big|_{R_L=\infty}$$

$$= \frac{r_{be复合管} + (1+\beta_{复合管})R_2}{r_{be复合管} + (1+\beta_{复合管})R_2 + R_C} \cdot \left[-\frac{\beta_{复合管} R_3}{r_{be复合管} + (1+\beta_{复合管})R_2}\right]$$

第三级源电压放大倍数(最后一级需保留负载)

$$A_{us3} = \frac{R_{i3}}{R_{i3} + R_3} A_{u3} = \frac{r_{be7} + (1+\beta_7)R_4}{r_{be7} + (1+\beta_7)R_4 + R_3} \cdot \frac{(1+\beta_7)R_4}{r_{be7} + (1+\beta_7)R_4}$$

电路总的电压放大倍数

$$A_u = A_{us1} \cdot A_{us2} \cdot A_{us3} \approx -554.5$$

电路的输入电阻和输出电阻与(1)方法相同。

案例 3 深入分析图 Z3-7 所示的 OCL 互补对称功率放大电路。

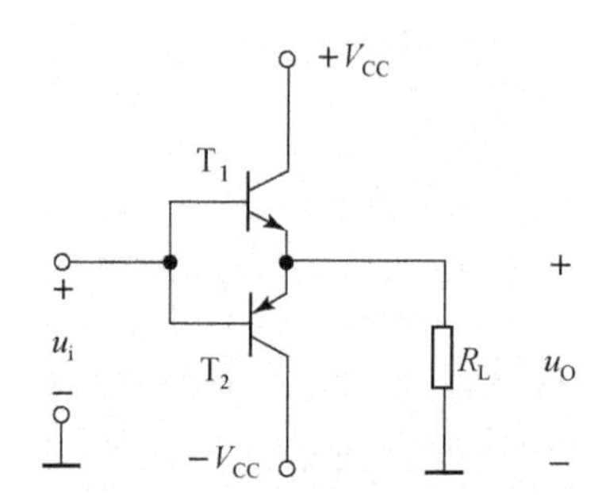

图 Z3-7 OCL 互补对称功率放大电路

(1) 考察输入信号 u_i 为正弦波信号,幅值为 u_m,容易得到输出功率和电源提供的功率为

$$P_o = \frac{1}{2} \cdot \frac{u_m^2}{R_L}$$

$$P_V = \frac{2}{\pi} \cdot \frac{u_m}{R_L} \cdot V_{CC}$$

此时电路的效率为

$$\eta = \frac{P_o}{P_V} = \frac{\pi}{4} \cdot \frac{u_m}{V_{CC}} \tag{3.80}$$

由式(3.80)可知，电路的效率随输入信号幅度 u_m 增加而增加，当 u_m 达到理想的最大值 V_{CC} 时，效率最大为 78.5%。但实际输入信号(如语音信号)的幅度是变化的，因此功放电路常常不工作在最佳效率状态。为了提高电路的效率，出现了一种信号包络跟踪功率放大技术，其主要思想就是利用跟踪信号幅度去调节功放电源电压，从而提高功放的整体效率。

接着分析功放管消耗的功率，即管耗，有

$$P_T = P_V - P_o = \frac{2}{\pi} \cdot \frac{u_m}{R_L} \cdot V_{CC} - \frac{1}{2} \cdot \frac{u_m^2}{R_L} \tag{3.81}$$

要求 P_T 的最大值，式(3.81)对 u_m 求导并等于 0，即

$$\frac{dP_T}{du_m} = 0$$

得到当 $u_m = \frac{2}{\pi} \cdot V_{CC}$ 时，管耗最大，即

$$P_{Tm} = \frac{4}{\pi^2} \cdot \frac{V_{CC}^2}{2R_L} \approx 0.406 P_{om} \Big|_{U_{CES}=0}$$

P_T 最大时，输出功率和电源提供的功率分别为

$$P'_o = \frac{4}{\pi^2} \cdot \frac{V_{CC}^2}{2R_L} = P_{Tm}$$

$$P'_V = \frac{2}{\pi^2} \cdot \frac{V_{CC}^2}{2R_L} = 2P_{Tm}$$

故此时电路的效率为 50%。

(2) 再考察输入信号 u_i 为正负对称方波信号，幅值为 u_m，容易得到输出功率和电源提供的功率为

$$P_o = \frac{u_m^2}{R_L}$$

$$P_V = \frac{u_m}{R_L} \cdot V_{CC}$$

此时电路的效率为

$$\eta = \frac{P_o}{P_V} = \frac{u_m}{V_{CC}} \tag{3.82}$$

由式(3.82)可知,电路的效率随输入信号幅度 u_m 增加而增加,当 u_m 达到理想的最大值 V_{CC} 时,效率最大可达 100%。

功放管消耗的功率

$$P_T = P_V - P_o = \frac{u_m}{R_L} \cdot V_{CC} - \frac{u_m^2}{R_L} \tag{3.83}$$

式(3.83)对 u_m 求导并等于 0,得到当 $u_m = \frac{V_{CC}}{2}$ 时,管耗最大,即

$$P_{Tm} = \frac{1}{4} \cdot \frac{V_{CC}^2}{R_L} = 0.25 P_{om} \Big|_{U_{CES}=0}$$

P_T 最大时,输出功率和电源提供的功率分别为

$$P'_o = \frac{1}{4} \cdot \frac{V_{CC}^2}{R_L} = P_{Tm}$$

$$P'_V = \frac{1}{2} \cdot \frac{V_{CC}^2}{R_L} = 2P_{Tm}$$

故此时电路的效率也为 50%。

本章小结

(1) 放大电路是模拟电子技术最基本的电路,放大的本质是能量的控制与转换,放大的对象是输入信号,放大的前提是不失真。

(2) 用三极管组成放大电路时,必须设置合适的静态工作点以使三极管工作在放大状态。

(3) 放大电路的分析包括静态分析和动态分析。静态分析是为了确定放大电路的静态工作点,分析时画直流通路,常采用估算法或图解法;动态分析是为了求出电压放大倍数、输入电阻、输出电阻,以及估算最大不失真输出电压和分析电路的非线性失真等,分析时画交流通路,常采用图解法或微变等效电路法。

(4) 图解法是利用三极管的输入、输出特性曲线和电路的交、直流负载线,通过作图的方法对放大电路进行分析,可以直观地反映电路在大信号状态下的工作点位置和非线性失真的关系,确定电路的动态工作范围等。图解法只能分析简单的放大电路。

微变等效电路法是电路在小信号状态下,将三极管用 H 参量等效电路替代,利用线性电路的定理、定律对电路的电压放大倍数、输入电阻和输出电阻进行定量求解。微变等效电路法适用于任何复杂放大电路的线性动态分析,但不能用于电路的静态分析以及非线性失真、动态工作范围的分析。

(5) 三极管对温度变化敏感,温度变化会引起三极管参数变化,从而使放大电路工作点变化,工作不稳定。常采用温度补偿或直流负反馈的方法来稳定三极管的静态工作点。

(6) 三极管组成的基本放大电路有共射、共基和共集电极三种接法，低频电路中常使用共射和共集电极两种接法。共射接法的特点是具有较高的电压放大倍数，共集电极接法的特点是具有较高的输入电阻和较低的输出电阻。

(7) 放大电路的电压放大倍数是信号频率的函数，称为频率响应，包括幅频响应和相频响应，常用波特图来表示。有三个重要的频响参数：上限截止频率 f_H、下限截止频率 f_L 和放大电路的通频带 f_{BW}。

(8) 将多个单管放大电路级联起来可组成性能优良的多级放大电路，其常用的级间耦合方式有阻容耦合方式和直接耦合方式。阻容耦合方式各级静态工作点互不影响，但不能放大直流信号；直接耦合方式低频特性好、便于集成，但静态工作点相互影响，且存在零漂现象。多级放大电路总的电压放大倍数等于各级电压放大倍数之积，其波特图是各级幅频响应和相频响应的叠加，总的通频带小于每一级的通频带。

(9) 差分放大电路可以放大差模信号，抑制共模信号，从而有效地抑制零点漂移，有两个输入端和两个输出端，分为四种接法。双端输出时，主要靠电路的对称性抑制零漂；单端输出时主要靠长尾电阻的共模负反馈抑制零漂。

(10) 功率放大电路强调在保证功放管安全工作的情况下，获得尽可能大的输出功率、尽可能高的效率和尽可能小的非线性失真。常采用甲乙类互补对称功率放大电路，分为双电源供电的OCL互补对称电路和单电源供电的OTL互补对称电路。

(11) 集成运算放大电路是一种应用十分广泛的模拟集成电路，是多级直接耦合放大电路，其内部分为四个组成部分：差分放大电路的输入级、高电压增益的中间级、互补对称电路的输出级和采用电流源的偏置电路。从外部看，集成运放是一个双端输入、单端输出，具有高输入电阻、低输出电阻、高差模放大倍数和高共模抑制比的差分放大电路，其电压传输特性分为线性区和非线性区。理想集成运放工作在线性区的两个重要特点是虚短路和虚断路。评价集成运放性能的主要技术指标是选用运放的重要依据。

思 考 题

3-1 “放大电路的输出电压一定大于输入电压。”这种说法正确吗？

3-2 分析放大电路时，为什么要先“静态分析”再“动态分析”？

3-3 图3.3共射极基本放大电路中，当耦合电容 C_1 和 C_2 足够大时，它们两端的直流电压和交流电压都为零吗？试标出 C_1 和 C_2 的电压极性，并探讨哪一个对放大电路下限频率 f_L 的影响大。

3-4 下列情况下，共射极基本放大电路的Q点应如何设置为好？

(1) 输入大信号,希望得到电路最大不失真输出电压;

(2) 输入小信号,希望电路静态功耗小;

(3) 输入小信号,希望电路电压放大倍数大。

3-5 对共射极基本放大电路,试讨论当电路参数 V_{CC},R_B,R_C 和 β 分别发生变化时,Q 点的位置如何变化。

3-6 图 3.3 共射极基本放大电路中,增大输入电压,输出信号首先出现饱和失真,要消除失真,应如何改变 R_B 或 R_C 的大小?

3-7 图 3.9 共射极放大电路中,输出信号有失真,当减小 R_L 后失真消失,请问电路发生了什么失真?

3-8 共射极基本放大电路的电压放大倍数如式(3.17)所表达,该电压放大倍数是否随三极管的 β 值增大而成比例增大?

3-9 带发射极电阻 R_E 共射放大电路的电压放大倍数如式(3.21)所表达,当三极管的 β 值较大,满足 $(1+\beta)R_E \gg r_{be}$ 时,试讨论电压放大倍数主要与什么因素有关。

3-10 为什么说电压放大电路的输入电阻越大越好?如何改进共射极基本放大电路从而提高其输入电阻?

3-11 用万用表的欧姆挡测量三极管 b,e 两极之间的电阻,是否即为其等效电路中的 r_{be}?

3-12 射极输出器有什么特点?常被用于多级放大电路中的哪一级?

3-13 试比较阻容耦合与直接耦合方式的优劣,它们分别用于什么场合?

3-14 “阻容耦合多级放大电路中,各级间工作状态互不影响。”这种说法正确吗?

3-15 为什么说多级放大电路的总带宽比其中任一单级电路的带宽要窄?

3-16 为什么说温度变化是产生放大电路零点漂移的主要因素?抑制零点漂移和稳定 Q 点有区别吗?

3-17 差分放大电路双端输出和单端输出时,抑制零漂的措施有差别吗?

3-18 为什么功率放大电路中的功放管常工作在甲乙类状态?

3-19 乙类互补对称功率放大电路中,输入信号过大时输出波形出现正负削波,这时电路是同时发生饱和失真和截止失真了吗?交越失真是否相当于截止失真?

3-20 图 3.47 互补对称功率放大电路中,如果二极管 D_1 开路,电路会产生什么后果?若电阻 R_1 开路呢?

3-21 为什么集成运放中采用直接耦合方式?并常采用有源负载?

3-22 试分析图 3.52 镜像电流源的输出电流具有一定的温度补偿作用。

练　习　题

3-1　试画出图 P3-1 所示各电路的直流通路和交流通路，并说明是否具有放大作用。

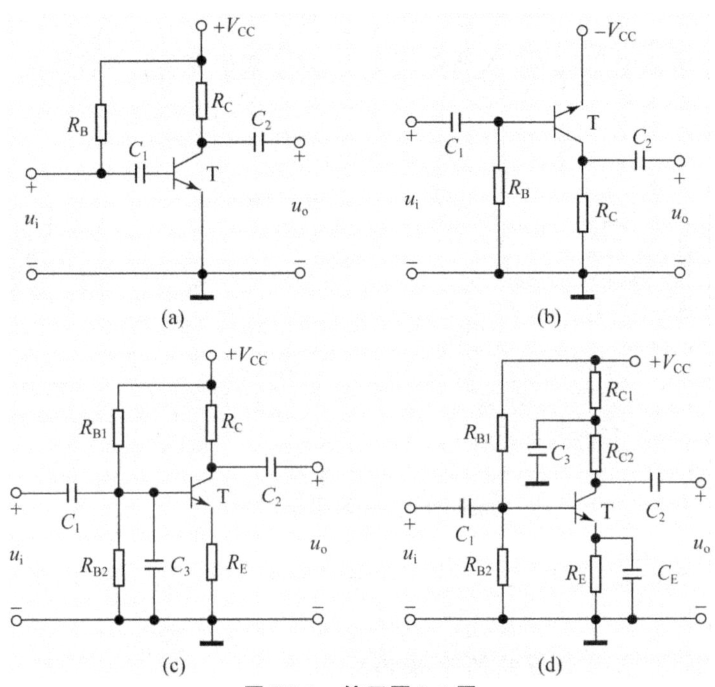

图 P3-1　练习题 3-1 图

3-2　放大电路如图 P3-2 所示，三极管的 $U_{BE}=0.7\ \text{V}$，$U_{CES}=0.3\ \text{V}$，$\beta=50$，电路中 $V_{CC}=12\ \text{V}$，$R_S=4\ \text{k}\Omega$，$R_C=2\ \text{k}\Omega$。

(1) 当 $R_B=51\ \text{k}\Omega$ 时，估算电路的静态工作点，判断三极管的工作区域；

(2) 当 $R_B=5.1\ \text{k}\Omega$ 时，估算电路的静态工作点，判断三极管的工作区域；

(3) 若不慎将 R_B 调到零将产生什么后果？应如何防止此类情况发生？

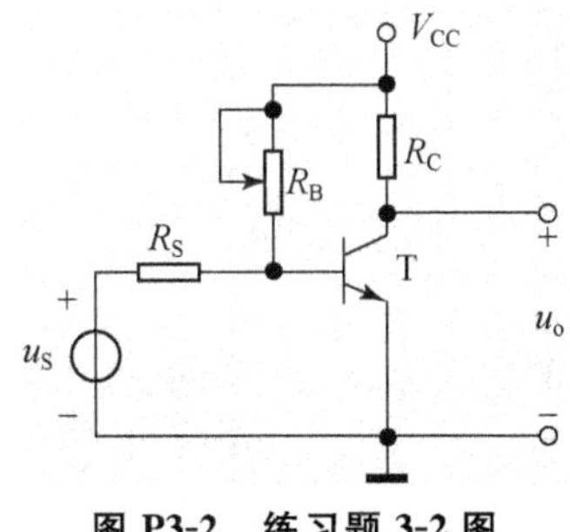

图 P3-2　练习题 3-2 图

3-3 放大电路和三极管输出特性曲线如图 P3-3(a),(b)所示,三极管的 $U_{BE}=0.7\ V$,$U_{CES}=0.3\ V$,$R_L=6\ k\Omega$,电路的直流负载线和 Q 点如图(b)中所画。

(1) 求 V_{CC},R_B 和 R_C 的值;

(2) 画出交流负载线,说明随着 u_i 增大 u_o 先出现什么失真,并求最大不失真输出电压;

(3) 在输出电压基本不失真的情况下,求三极管基极电流交流分量 i_b 的最大幅值。

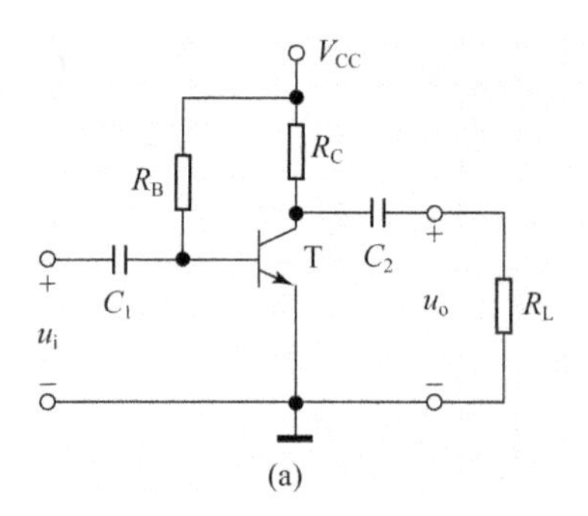

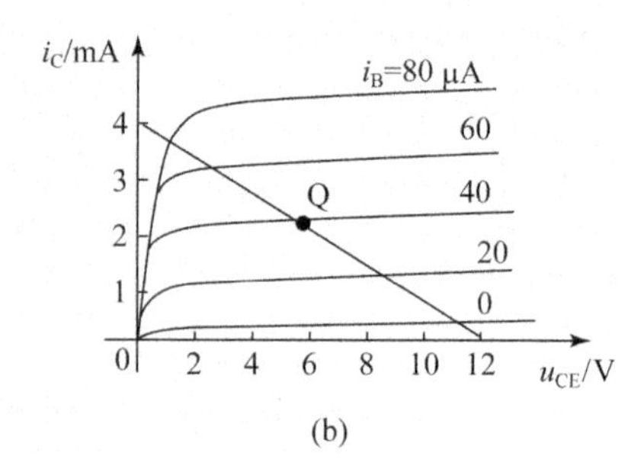

图 P3-3 练习题 3-3 图

3-4 放大电路如图 P3-4 所示,三极管的 $\beta=100$,$V_{CC}=12\ V$,$R_B=560\ k\Omega$,$R_S=1.5\ k\Omega$。

(1) 测得 $U_{CEQ}=4\ V$,求 R_C 的阻值;

(2) 当 u_S 幅值为 1 mV 时,测得 u_o 幅值为 50 mV,求负载 R_L 的阻值;

(3) 在输出电压基本不失真的情况下,求电路输入电压 u_S 的最大幅值。

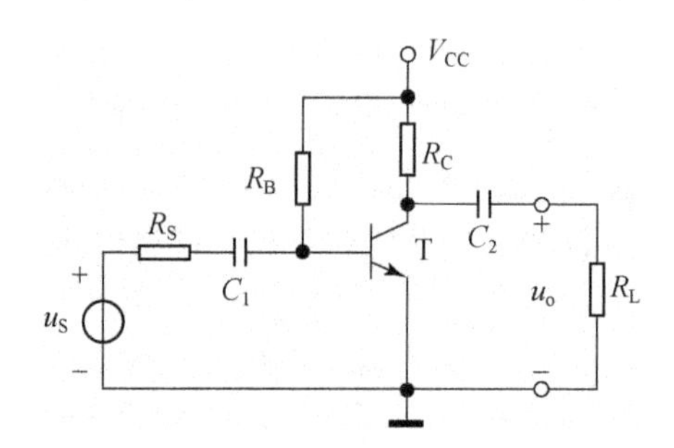

图 P3-4 练习题 3-4 图

3-5 放大电路如图 P3-5 所示,三极管的 $\beta=100$,$V_{CC}=12\ V$,$R_B=30\ k\Omega$,$R_C=3\ k\Omega$,$R_S=2\ k\Omega$,$R_L=5\ k\Omega$。求电路的 Q 点、R_i,R_o,A_u 和 A_{us}。

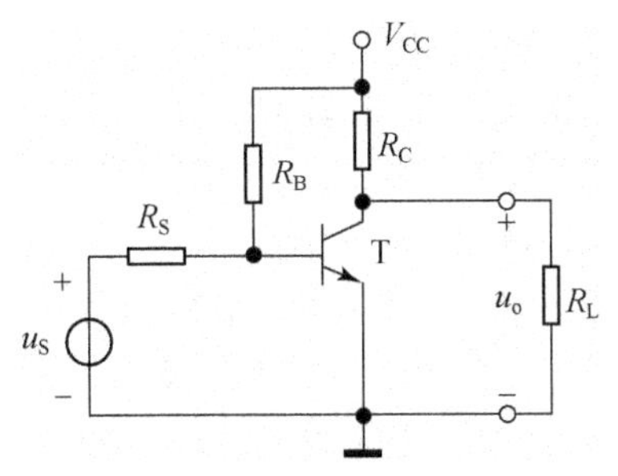

图 P3-5　练习题 3-5 图

3-6　放大电路如图 P3-6 所示，三极管的 $\beta=100$，$V_{CC}=12\text{ V}$，$R_B=480\text{ k}\Omega$，$R_C=3\text{ k}\Omega$，$R_{E1}=300\ \Omega$，$R_{E2}=500\ \Omega$，$R_S=5\text{ k}\Omega$，$R_L=6\text{ k}\Omega$。

(1) 画出电路的直流通路，求静态工作点；

(2) 画出电路的微变等效电路，求 R_i，R_o，A_u 和 A_{us}；

(3) 若换上 $\beta=60$ 的三极管，静态工作点将如何变化？

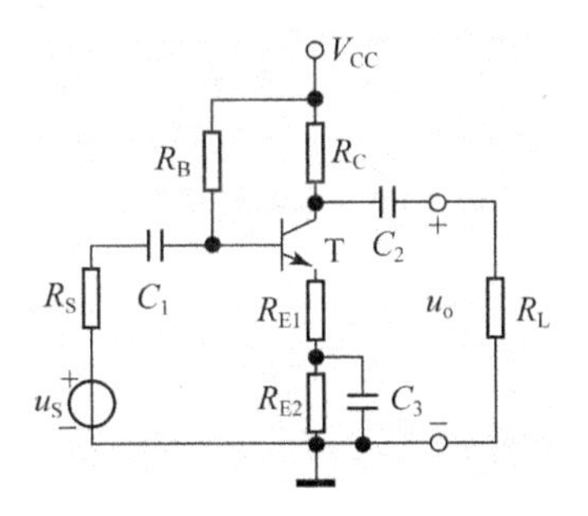

图 P3-6　练习题 3-6 图

3-7　放大电路如图 P3-7 所示，三极管的 $\beta=100$，$V_{CC}=12\text{ V}$，$R_{B1}=45\text{ k}\Omega$，$R_{B2}=9.1\text{ k}\Omega$，$R_C=3\text{ k}\Omega$，$R_{E1}=300\ \Omega$，$R_{E2}=500\ \Omega$，$R_S=5\text{ k}\Omega$，$R_L=6\text{ k}\Omega$。

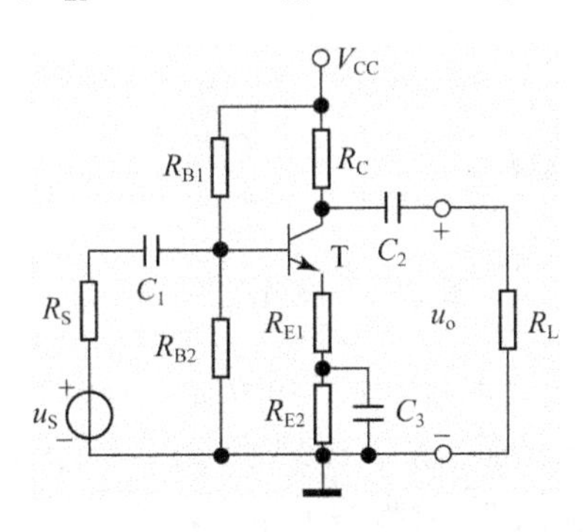

图 P3-7　练习题 3-7 图

(1) 画出电路的直流通路,求静态工作点;

(2) 画出电路的微变等效电路,求 R_i,R_o,A_u 和 A_{us};

(3) 若换上 $\beta=60$ 的三极管,静态工作点将如何变化?

(4) 若 R_{B2} 开路,电路还能正常放大吗?

3-8 图 P3-8 所示是被称为"集电极-基极偏置电路"的工作点稳定电路,已知三极管的 $\beta=60$,$V_{CC}=12$ V,$R_B=150$ kΩ,$R_C=5$ kΩ。试分析该电路稳定静态工作点的原理,并求电路的静态工作点。

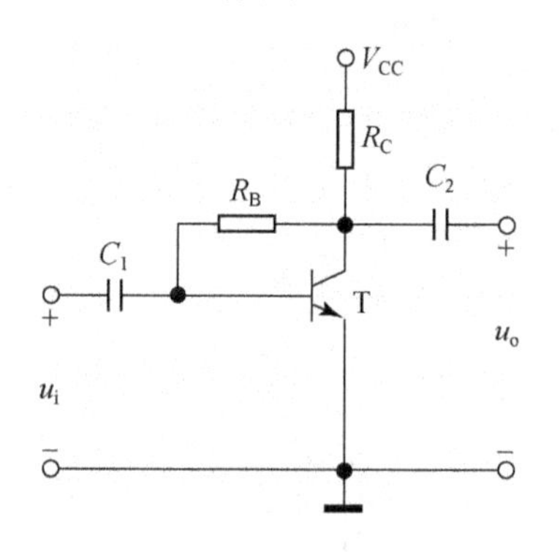

图 P3-8 练习题 3-8 图

3-9 放大电路如图 P3-9 所示,三极管的 $\beta=70$,$U_{BE}=0.7$ V。

(1) 画出电路的直流通路,求静态工作点;

(2) 画出电路的微变等效电路,求 R_i,R_o,A_u 和 A_{us}。

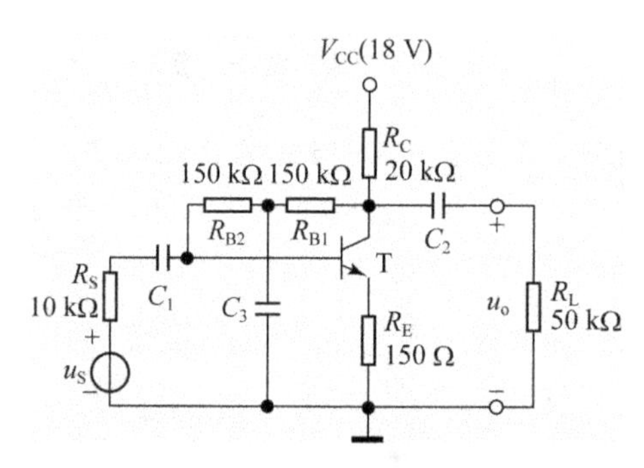

图 P3-9 练习题 3-9 图

3-10 共集电极放大电路如图 P3-10 所示,三极管的 $U_{BE}=0.7$ V,$\beta=100$,电路中 $V_{CC}=12$ V,$R_{B1}=20$ kΩ,$R_{B2}=30$ kΩ,$R_E=5$ kΩ,$R_L=6$ kΩ,$R_S=1$ kΩ。

(1) 画出电路的直流通路,求静态工作点;

(2) 画出电路的微变等效电路,求 R_i,R_o,A_u 和 A_{us}。

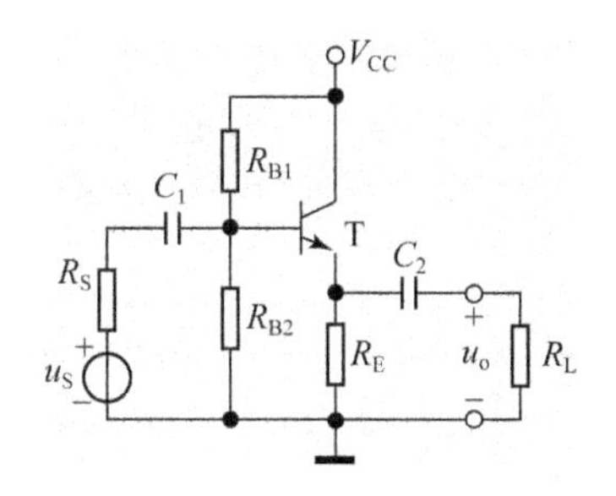

图 P3-10　练习题 3-10 图

3-11　通过基极自举提高输入电阻的共集放大电路如图 P3-11 所示，三极管的 β 和 r_{be} 均为已知，且 $R_{B3} \gg r_{be}$，电容交流阻抗可忽略。

(1) 试画出电路的微变等效电路，并推导 R_i，R_o，A_u 和 A_{us} 的表达式；

(2) 若 C_3 开路，再推导 R_i 的表达式。

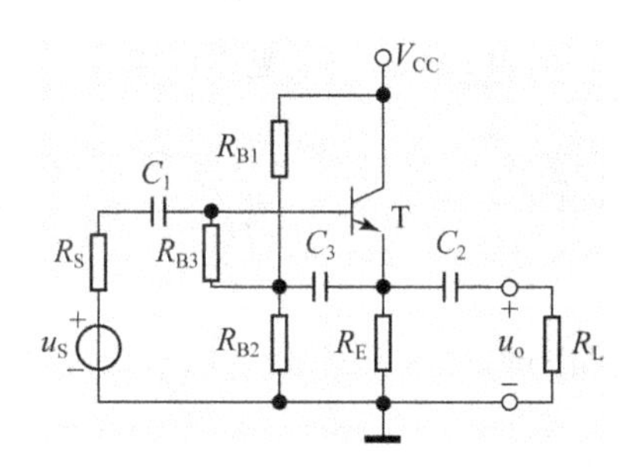

图 P3-11　练习题 3-11 图

3-12　放大电路如图 P3-12 所示，两个输出端分别从三极管的集电极和发射极引出。

(1) 试推导出 $A_{u1} = u_{o1}/u_i$ 和 $A_{u2} = u_{o2}/u_i$ 的表达式；

(2) 当 $R_C = R_E$ 时，分析输出信号 u_{o1} 和 u_{o2} 有什么关系；

(3) 若将负载分别接入 u_{o1} 或 u_{o2} 输出端时，讨论 u_{o1} 和 u_{o2} 将如何变化。

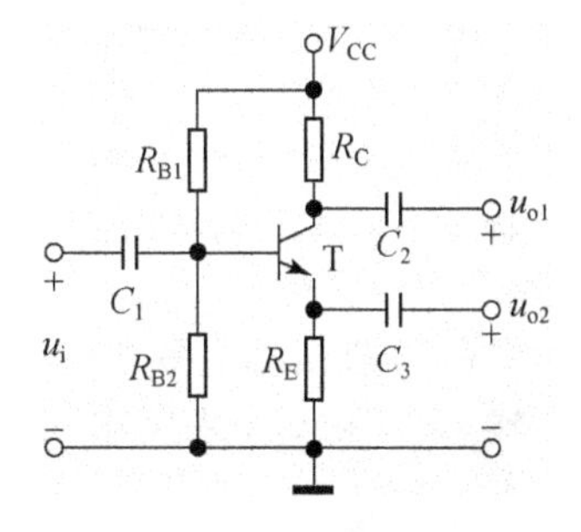

图 P3-12　练习题 3-12 图

3-13 两级直接耦合放大电路如图 P3-13 所示，已知 $\beta_1=\beta_2=100$，$V_{CC}=6\ \text{V}$，$R_{B1}=530\ \text{k}\Omega$，$R_{C1}=3\ \text{k}\Omega$，$R_{E2}=R_L=500\ \Omega$。

(1) 计算各级静态工作点，并求总电压放大倍数 A_u 和输入电阻 R_i、输出电阻 R_o；

(2) 若不接入 T_2 组成的射随器，T_1 输出接 R_L，则 A_u，R_o 为多少？并与(1)进行比较。

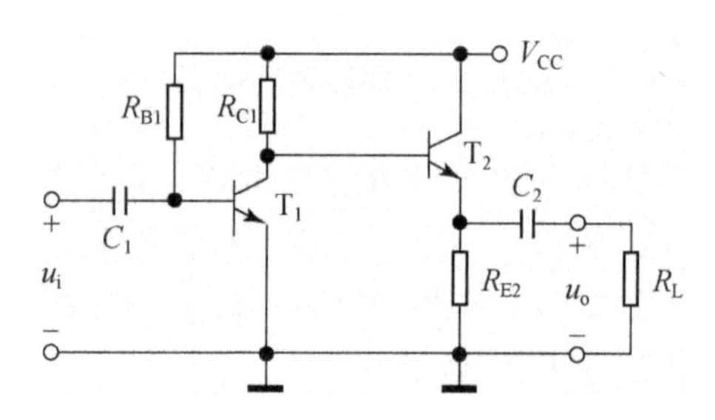

图 P3-13　练习题 3-13 图

3-14 两级阻容耦合放大电路如图 P3-14 所示，已知 $\beta_1=\beta_2=100$，$V_{CC}=12\ \text{V}$，$R_1=300\ \text{k}\Omega$，$R_2=R_5=R_6=R_L=3\ \text{k}\Omega$，$R_3=8.2\ \text{k}\Omega$，$R_4=3.8\ \text{k}\Omega$，$R_S=2\ \text{k}\Omega$。

(1) 计算各级静态工作点，并求总的源电压放大倍数 A_{us} 和输入电阻 R_i、输出电阻 R_o；

(2) 若不接入 T_1 组成的射随器，u_S 直接输入到 T_2，则 A_{us}，R_i 为多少？并与(1)比较。

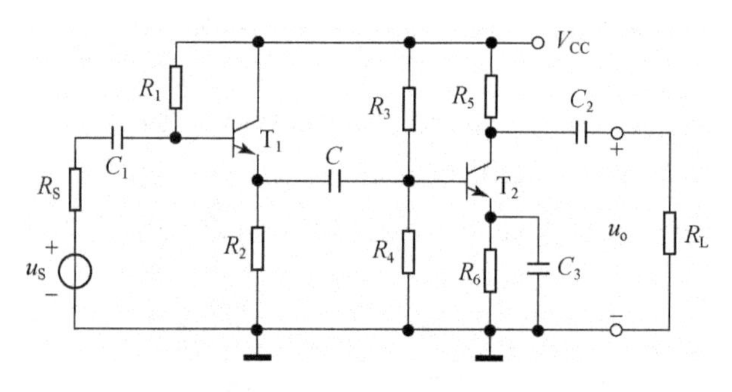

图 P3-14　练习题 3-14 图

3-15 已知某差分放大电路的两输入信号 $u_{I1}=20\ \text{mV}$，$u_{I2}=10\ \text{mV}$，且 $A_d=-100$，$A_c=-10$，求差模输入电压 u_{Id}、共模输入电压 u_{Ic} 和输出电压 u_o 的大小。

3-16 图 P3-15 所示差分放大电路完全对称，R_W 的活动端在中间位置，三

极管的 $\beta=50$，$V_{CC}=V_{EE}=12\ \text{V}$，$R_W=200\ \Omega$，$R_E=10\ \text{k}\Omega$，$R_C=10\ \text{k}\Omega$，$R_B=5\ \text{k}\Omega$，$R_L=10\ \text{k}\Omega$。

（1）求电路的静态工作点、R_{id} 和 R_{ic}；

（2）双端输出时，求 A_d，A_c，R_o 和 K_{CMR}；

（3）单端输出时（T_1 输出），求 A_d，A_c，R_o 和 K_{CMR}。

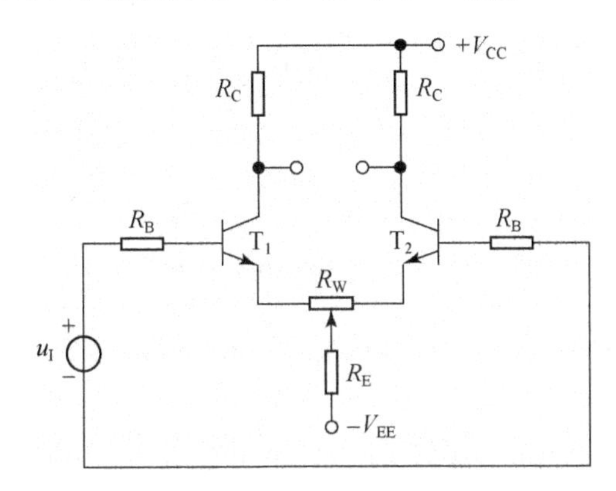

图 P3-15　练习题 3-16 图

3-17　差分放大电路如图 P3-16 所示，三极管的 $\beta=100$，$R_C=10\ \text{k}\Omega$，$R_{E3}=3.5\ \text{k}\Omega$。

（1）说明三极管 T_3 的作用，求静态时的 I_{CQ1}，I_{CQ2} 和 I_{CQ3}；

（2）双端输出时，求 A_d，R_{id} 和 R_o。

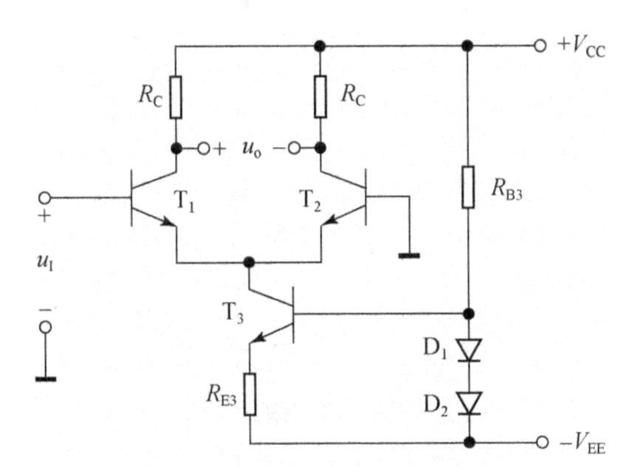

图 P3-16　练习题 3-17 图

3-18　电路如图 P3-17 所示，三极管均为硅管，$\beta=100$，$V_{CC}=V_{EE}=12\ \text{V}$，$R_C=8\ \text{k}\Omega$，$R_{E3}=3.8\ \text{k}\Omega$，$R_{E4}=5\ \text{k}\Omega$，$I=2\ \text{mA}$。

（1）要使静态时输出电压 u_o 为零值，求 R_{C3} 的值；

(2) 计算电路总的 A_d,R_{id}和 R_o。

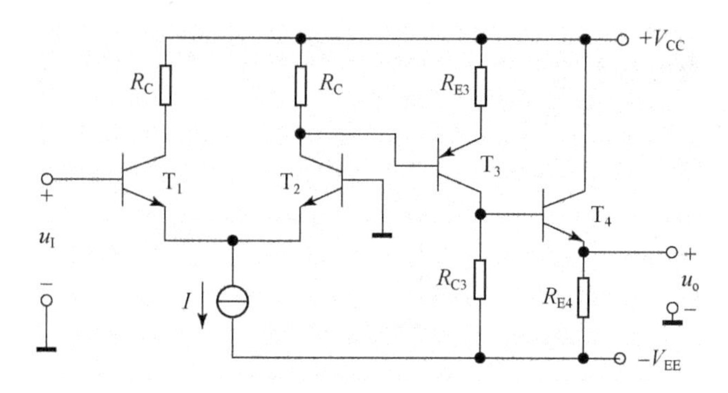

图 P3-17　练习题 3-18 图

3-19　OCL 功放电路如图 P3-18 所示,$V_{CC}=12$ V,$R_L=8$ Ω,功放管的饱和压降为 1 V。

(1) R_3,R_4 和 T_3 组成 U_{BE}倍增电路,说明它们的作用,并证明:$U_{CE3}\approx(1+R_3/R_4)U_{BE3}$;

(2) 若 R_L 上电流幅值为 0.5 A,求输出功率 P_o、电源功率 P_V、单管管耗 P_T 和效率 η;

(3) 求 R_L 上可能获得的最大输出功率 P_{om}和电路的效率 η;

(4) 选择功放管的极限参数 P_{CM},I_{CM}和 $U_{(BR)CEO}$。

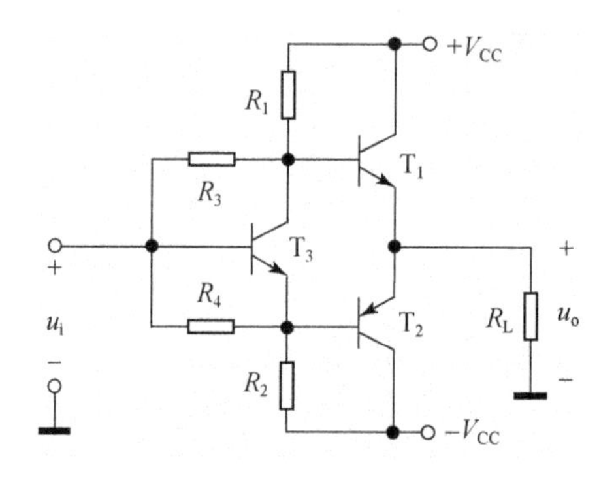

图 P3-18　练习题 3-19 图

3-20　OTL 功放电路如图 P3-19 所示,$V_{CC}=12$ V,$R_L=8$ Ω,功放管的饱和压降为 1 V。

(1) 说明 R_1,R_2,D_1 和 D_2 在电路中的作用;

(2) 若 R_L 上电流幅值为 0.5 A,求输出功率 P_o、电源功率 P_V、单管管耗 P_T 和效率 η;

(3) 求 R_L 上可能获得的最大输出功率 P_{om} 和电路的效率 η；

(4) 选择功放管的极限参数 P_{CM}，I_{CM} 和 $U_{(BR)CEO}$。

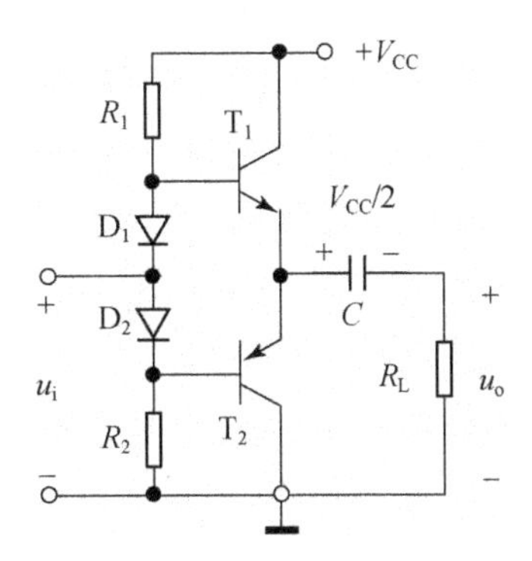

图 P3-19　练习题 3-20 图

3-21　OCL 功放电路如图 P3-20 所示，$V_{CC}=12$ V，$R_3=R_4=0.5$ Ω，$R_L=8$ Ω，功放管的饱和压降为 1 V。

(1) 若 R_L 上电流幅值为 0.5 A，求输出功率 P_o、电源功率 P_V 和单管管耗 P_T；

(2) 求 R_L 上可能获得的最大输出功率 P_{om} 和电路的效率 η。

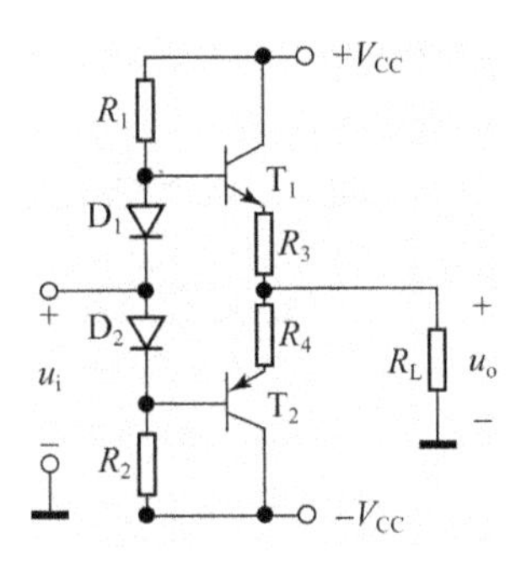

图 P3-20　练习题 3-21 图

3-22　功率放大电路如图 P3-21 所示，$V_{CC}=18$ V，$R_1=10$ kΩ，$R_L=16$ Ω，T_3 管工作在放大区(图中未画出偏置电路)，其电压增益为 $A_{u3}=-16$，忽略功放管的饱和压降。

(1) 电路静态时测得 $U_{EQ1}=U_{EQ2}=0$ V，$U_{EQ3}=-15$ V，估算 R_2 的阻值；

(2) 当正弦输入电压有效值 $u_i=0.5$ V 时，求电路的输出功率 P_o 和效率 η；

(3) 若输入电压有效值 $u_i=1$ V 时，电路的工作状况如何？

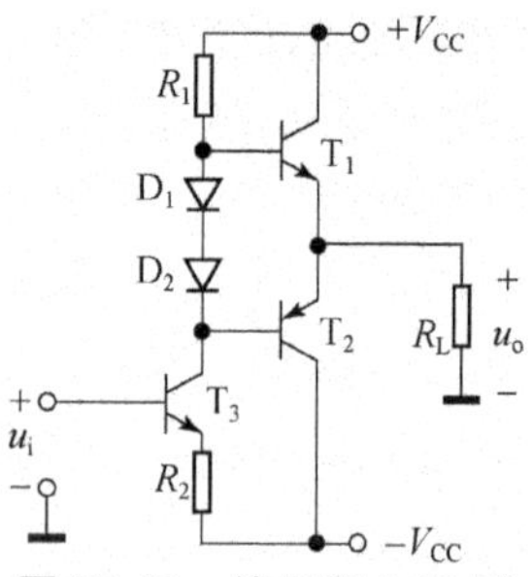

图 P3-21　练习题 3-22 图

3-23　比例电流源电路如图 P3-22 所示,试证明 $I_o \approx \frac{R_{E1}}{R_{E2}} \cdot I_{REF}$。

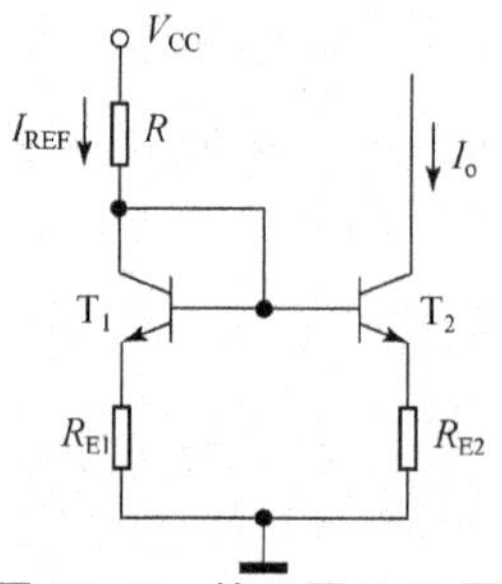

图 P3-22　练习题 3-23 图

3-24　某集成运放电路如图 P3-23 所示。

(1) 试指出输入级、中间级和输出级,并说明电路类型;

(2) 确定反相输入端和同相输入端;

(3) 分别说明 6 μA,4 μA 和 100 μA 电流源的作用;

(4) 说明二极管 D_1,D_2,D_3 和 D_4 的作用。

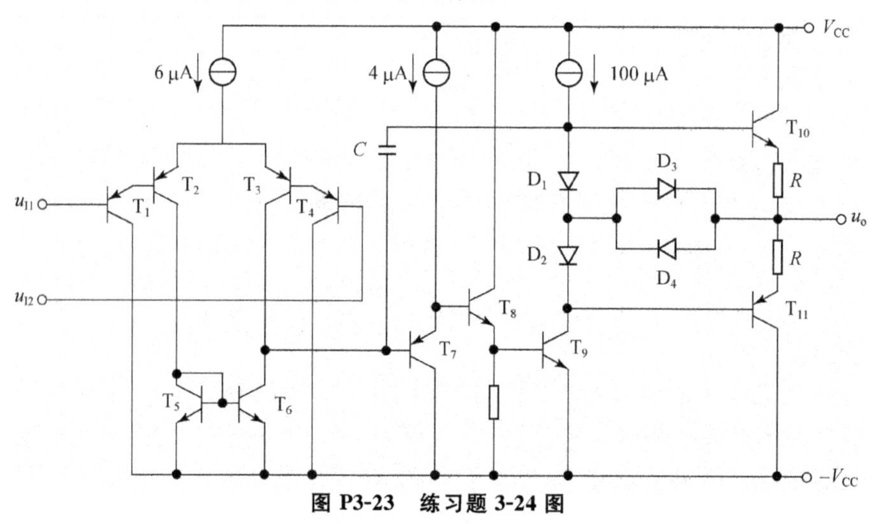

图 P3-23　练习题 3-24 图

第 4 章　放大电路中的反馈

反馈是电子技术中一个非常重要的概念。在放大电路中引入负反馈，可以改善电路的性能指标，因而得到了极为广泛的应用。本章首先介绍了反馈的基本概念、分类与判别以及负反馈放大电路的四种基本组态，然后从负反馈放大电路的一般表达式出发，讨论了负反馈对放大电路性能的影响，最后介绍了实用的深度负反馈放大电路的近似分析方法。

4.1　反馈的基本概念与分类

4.1.1　反馈的基本概念

现实生活中，到处可见反馈的存在。如各高校实行的"课程评估"制度就是一种反馈，目的是为了提高教学质量；闭环控制系统中，将输出信号反馈到输入端，可实现控制系统的自动调节。

所谓放大电路中的反馈，是指将放大电路的输出量（电压或电流）的全部或一部分，通过一定的方式，反送到输入回路中，从而去影响电路输入量（电压或电流）的一种方式。

在图 3.25 稳定放大电路工作点的电路中，采用直流负反馈，将输出量 I_{CQ}反送到输入回路，去调节输入量 U_{BEQ}向相反方向变化，从而保持工作点 I_{CQ}的稳定。一般来说，要想稳定放大电路的某个输出量，就要设法将该输出量反馈到输入端。

分析反馈放大电路时，常采用方块图表示，如图 4.1 所示。方块图中将反馈放大电路分为基本放大电路和反馈网络两部分，并认为前者信号是由电路的输入端到输出端单方向流向，后者信号是由输出端到输入端单方向流向。可见，基本放大电路的输入量（净输入量）不仅与放大电路的输入量有关，还与反馈量有关。

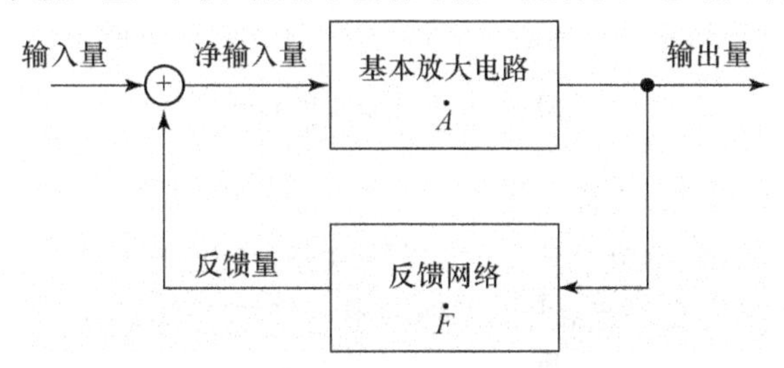

图 4.1　反馈放大电路方块图

判断一个放大电路是否存在反馈,可分析电路中是否存在反馈通路(反馈网络)。若电路中信号只有输入端到输出端一个流向,则电路中无反馈存在,此时称为开环;若电路中还存在输出端到输入端的反馈通路,并由此影响放大电路的净输入量,则电路中有反馈存在,此时称为闭环。

4.1.2 反馈的分类与判别

1. 正反馈与负反馈

根据反馈极性划分,反馈可分为正反馈和负反馈。

若放大电路中的反馈量使得净输入量增大,称为正反馈,反之则称为负反馈。显然,正反馈将提高放大电路的增益,但使电路其他性能变坏,常用于振荡器等信号发生电路。负反馈则损失了放大电路增益,却换来了电路性能的改善,被广泛应用于放大电路中。本章将重点讨论放大电路中的负反馈。

判断电路中引入的是正反馈还是负反馈,常采用瞬时极性法。即在某一时刻,首先假定放大电路输入量的极性,由基本放大电路分析出输出量的极性,进而得到反馈量的极性,最后根据极性判断反馈量是增强还是减弱了净输入量。

如图 4.2 所示电路中,假定运放同相端输入电压 u_I 的瞬时极性为正,则输出电压 u_O 的极性也为正,由输出电压经电阻 R_3,R_4 分压得到的反馈电压 u_F 的极性也为正。图 4.2(a)中 u_F 反馈到运放的同相输入端,使得运放的 u_+ 增加,从而导致运放的净输入电压(u_+-u_-)增加,故可判断为正反馈;图 4.2(b)中 u_F 反馈到运放的反相输入端,使得运放的 u_- 增加,从而导致运放的净输入电压(u_+-u_-)减小,故可判断为负反馈。

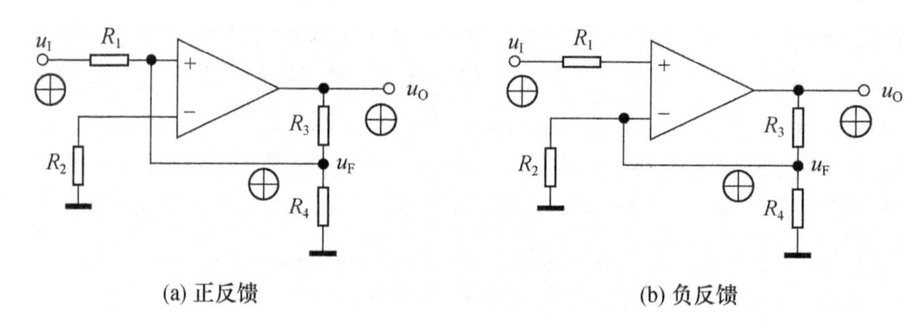

图 4.2 反馈极性的判断

2. 直流反馈与交流反馈

根据反馈量的交、直流性质划分,反馈可分为直流反馈和交流反馈。

若反馈量中只有直流量,或称反馈只存在于直流通路中,称为直流反馈;若反馈量中只有交流量,或称反馈只存在于交流通路中,则称为交流反馈。直流反馈主要用于稳定放大电路的静态工作点，交流反馈则用于改善放大电路增益、带宽等动态性能。本章将重点讨论放大电路中的交流负反馈。

判断电路中引入的是直流反馈还是交流反馈，可通过分析电路中是存在直流反馈通路还是交流反馈通路来进行判别。

如图4.3所示电路中，电容C对直流信号视为开路，对交流信号视为短路。因此，图4.3(a)中u_F的交流分量被电容C对地短路，电路中只存在直流反馈通路，故判断为直流反馈；图4.3(b)中输出电压u_O的直流分量被电容C开路，电路中只存在交流反馈通路，故判断为交流反馈。

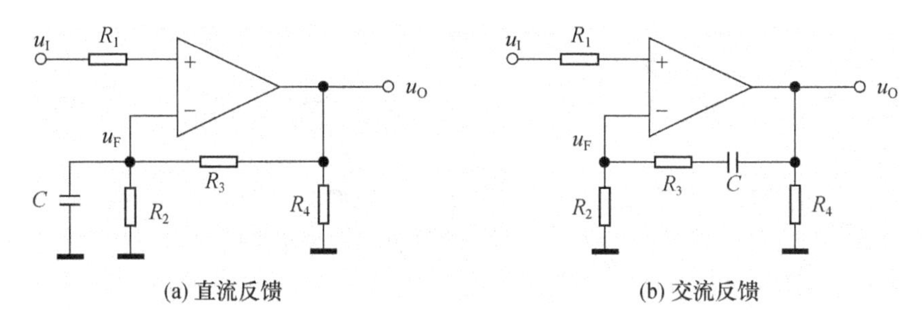

图4.3 直流反馈与交流反馈的判断

在很多情况下，放大电路中既引入直流反馈也引入了交流反馈。如图4.2(b)中，直流反馈和交流反馈并存。

3. 电压反馈与电流反馈

根据反馈量在放大电路输出端的采样方式划分，反馈可分为电压反馈和电流反馈。

若反馈量取自于放大电路输出端电压，称为电压反馈；若反馈量取自于输出电流，则称为电流反馈。

判断电路中引入的是电压反馈还是电流反馈，常采用输出端短路法。即令输出端电压为零，此时若电路中反馈信号不复存在，则为电压反馈；若反馈信号依然存在，则为电流反馈。

如图4.4所示电路中，根据瞬时极性法判别，两电路中均引入了负反馈，且为交流、直流反馈并存。图4.4(a)中若令输出电压$u_O=0$，则反馈电阻R_F也被接地，电路中的反馈消失，故判断为电压反馈；图4.4(b)中若令输出电压$u_O=0$，电路中的反馈依然存在，故判断为电流反馈。

放大电路中引入电压反馈时，反馈量与输出电压成正比，其效果是使输出电压保持稳定；引入电流反馈时，反馈量与输出电流成正比，其效果是使输出电流保持稳定。

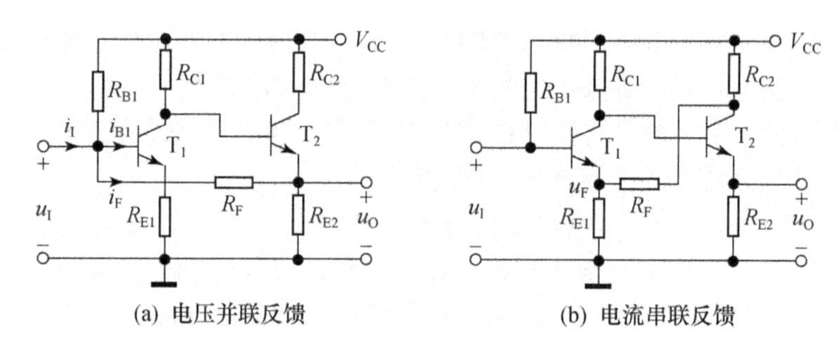

(a) 电压并联反馈　　(b) 电流串联反馈

图 4.4　电压反馈与电流反馈的判断

4. 串联反馈与并联反馈

根据反馈量与输入量在电路输入端的叠加方式划分,反馈可分为串联反馈和并联反馈。

若反馈量与输入量在输入回路中以电压方式叠加,即反馈量与输入量串联,称为串联反馈;若反馈量与输入量在输入回路中以电流方式叠加,即反馈量与输入量并联,则称为并联反馈。

判断电路中引入的是串联反馈还是并联反馈,常采用输入支路短路法。即令输入支路(从信号源到基本放大电路输入端)对地短路,此时若电路中反馈信号依然存在,则为串联反馈;若反馈信号不复存在,则为并联反馈。

如在图 4.4(a)所示电路中,三极管 T_1 的基极电流为输入电流与反馈电流之差,即 $i_{B1}=i_I-i_F$,若令输入电压 $u_I=0$,电路中的反馈消失,故判断为并联反馈;图 4.4(b)中三极管 T_1 的基极与发射极之间的净输入电压为输入电压与反馈电压之差,即 $u_{BE1}=u_I-u_F$,若令输入电压 $u_I=0$,电路中的反馈依然存在,故判断为串联反馈。

4.1.3　负反馈放大电路的四种组态

由以上分析可知,对于负反馈放大电路,根据反馈量在输出端的采样方式和在输入端的叠加方式不同,可分为四种组态:电压串联负反馈、电压并联负反馈、电流串联负反馈和电流并联负反馈。四种组态反馈放大电路中的输入量、输出量、反馈量以及基本放大电路的放大倍数$\dot{A}$和反馈网络的反馈系数$\dot{F}$的量纲和意义都有所不同。

1. 电压串联负反馈

分析图 4.5(a)所示的放大电路,可知电路中引入了电压串联负反馈,图 4.5(b)为其方块图表示。它的基本放大电路为一理想集成运放$\dot{A}$,R_F 和 R_2 组成反馈网络$\dot{F}$。

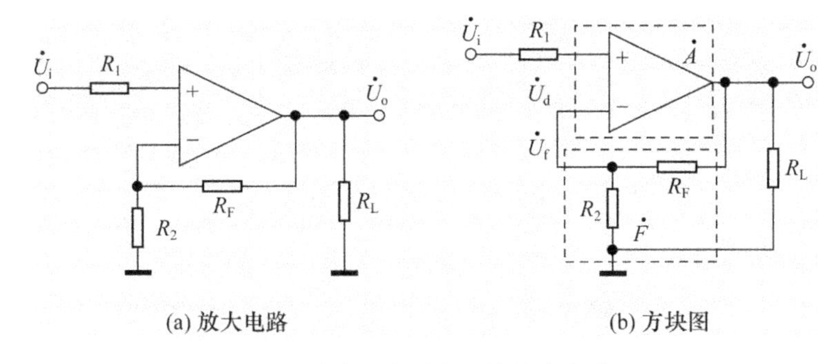

(a) 放大电路　　(b) 方块图

图 4.5　电压串联负反馈放大电路

在放大电路的输入端，输入量与反馈量串联（以电压方式叠加），因此输入量、反馈量和净输入量均为电压信号，分别表示为$\dot{U}_i$，$\dot{U}_f$ 和$\dot{U}_d$，且有

$$\dot{U}_d=\dot{U}_i-\dot{U}_f$$

在放大电路的输出端，由于是电压反馈，反馈对输出电压进行采样，因此输出量也为电压信号$\dot{U}_o$。所以，基本放大电路的放大倍数为电压放大倍数$\dot{A}_u$，即

$$\dot{A}_u=\frac{\dot{U}_o}{\dot{U}_d}$$

反馈网络的反馈系数量纲为电压比，即

$$\dot{F}_u=\frac{\dot{U}_f}{\dot{U}_o}$$

对于图 4.5(b)中的反馈网络，有：$\dot{F}_u=\dfrac{\dot{U}_f}{\dot{U}_o}=\dfrac{R_2}{R_2+R_F}$

放大电路输出端引入电压负反馈，将使输出电压保持稳定。如图 4.5 电路中，在输入电压 u_I 保持不变的情况下，若由于负载 R_L 变化引起输出电压 u_O 增大，电压负反馈将使 u_O 趋于稳定。稳定过程可表示为

$$u_O\uparrow\rightarrow u_F\uparrow\rightarrow u_D\downarrow\rightarrow u_O\downarrow$$

因此，作为电压源输出的放大电路常引入电压负反馈。

2. 电压并联负反馈

分析图 4.6(a)所示的放大电路，可知电路中引入了电压并联负反馈，图4.6(b)为其方块图表示。它的基本放大电路为一理想集成运放$\dot{A}$，R_F 构成反馈网络$\dot{F}$。

在放大电路的输入端，输入量与反馈量并联（以电流方式叠加），因此输入量、反馈量和净输入量均为电流信号，分别表示为$\dot{I}_i$，$\dot{I}_f$ 和$\dot{I}_d$，且有

$$\dot{I}_d=\dot{I}_i-\dot{I}_f$$

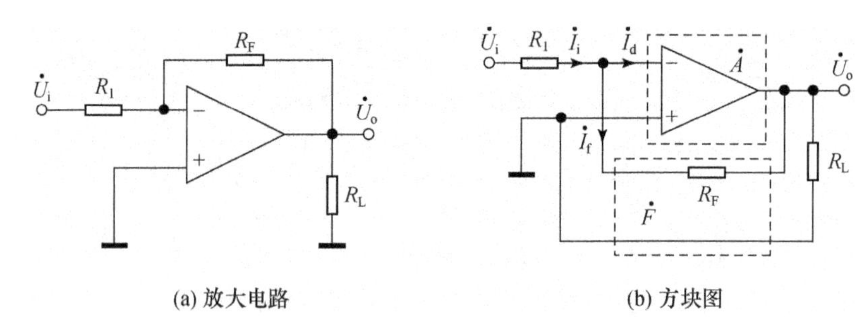

(a) 放大电路　　(b) 方块图

图 4.6　电压并联负反馈放大电路

放大电路输出端引入的是电压反馈,因此输出量为电压信号$\dot{U}_o$。所以,基本放大电路的放大倍数为转移电阻$\dot{A}_r$,即

$$\dot{A}_r=\frac{\dot{U}_o}{\dot{I}_d}$$

反馈网络的反馈系数量纲为电导,即

$$\dot{F}_g=\frac{\dot{I}_f}{\dot{U}_o}$$

对于图 4.6(b)中的反馈网络,有:$\dot{F}_g=\dfrac{\dot{I}_f}{\dot{U}_o}=-\dfrac{1}{R_F}$

3. 电流串联负反馈

分析图 4.7(a)所示的放大电路,可知电路中引入了电流串联负反馈,图4.7(b)为其方块图表示。它的基本放大电路为一理想集成运放$\dot{A}$,R_F 构成反馈网络$\dot{F}$。

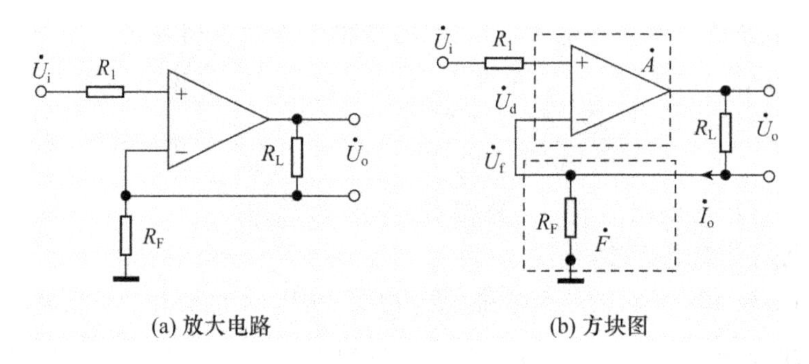

(a) 放大电路　　(b) 方块图

图 4.7　电流串联负反馈放大电路

电路输入端为串联反馈,因此输入量、反馈量和净输入量均为电压信号,分别表示为$\dot{U}_i$,$\dot{U}_f$ 和$\dot{U}_d$。电路输出端由于是电流反馈,反馈对输出电流进行采样,

因此输出量为电流信号$\dot{I}_o$。所以，基本放大电路的放大倍数为转移电导$\dot{A}_g$，即

$$\dot{A}_g=\frac{\dot{I}_o}{\dot{U}_d}$$

反馈网络的反馈系数量纲为电阻，即

$$\dot{F}_r=\frac{\dot{U}_f}{\dot{I}_o}$$

对于图 4.7(b)中的反馈网络，有：$\dot{F}_r=\frac{\dot{U}_f}{\dot{I}_o}=R_F$

放大电路输出端引入电流负反馈，将使输出电流保持稳定。如图 4.7 电路中，在输入电压 u_I 保持不变的情况下，若由于负载 R_L 变化引起输出电流 i_O 增大，电流负反馈将使 i_O 趋于稳定。稳定过程可表示为

$$i_O\uparrow\rightarrow u_F\uparrow\rightarrow u_D\downarrow\rightarrow u_O\downarrow\rightarrow i_O\downarrow$$

因此，作为电流源输出的放大电路常引入电流负反馈。

4. 电流并联负反馈

分析图 4.8(a)所示的放大电路，可知电路中引入了电流并联负反馈，图 4.8(b)为其方块图表示。它的基本放大电路为一理想集成运放$\dot{A}$，R_F 和 R_2 组成反馈网络$\dot{F}$。

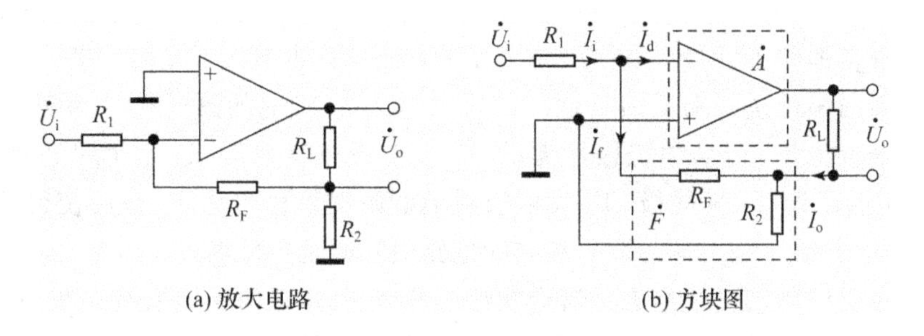

图 4.8　电流并联负反馈放大电路

电路输入端为并联反馈，因此输入量、反馈量和净输入量均为电流信号，分别表示为$\dot{I}_i$，$\dot{I}_f$ 和$\dot{I}_d$；输出端为电流反馈，因此输出量为电流信号$\dot{I}_o$。所以，基本放大电路的放大倍数为电流放大倍数$\dot{A}_i$，即

$$\dot{A}_i=\frac{\dot{I}_o}{\dot{I}_d}$$

反馈网络的反馈系数量纲为电流比，即

$$\dot{F}_{i}=\frac{\dot{I}_{f}}{\dot{I}_{o}}$$

对于图 4.8(b)中的反馈网络,有:$\dot{F}_{i}=\frac{\dot{I}_{f}}{\dot{I}_{o}}=-\frac{R_{2}}{R_{2}+R_{F}}$

总结以上讨论可知,负反馈放大电路有四种组态。不同组态电路中输入量、输出量以及基本放大电路放大倍数和反馈网络反馈系数的量纲和意义互不相同,在分析具体放大电路时需正确判断,不可混用。

例 4-1 如图 4.9 所示电路中,试判断级间反馈极性,进而判断反馈组态。

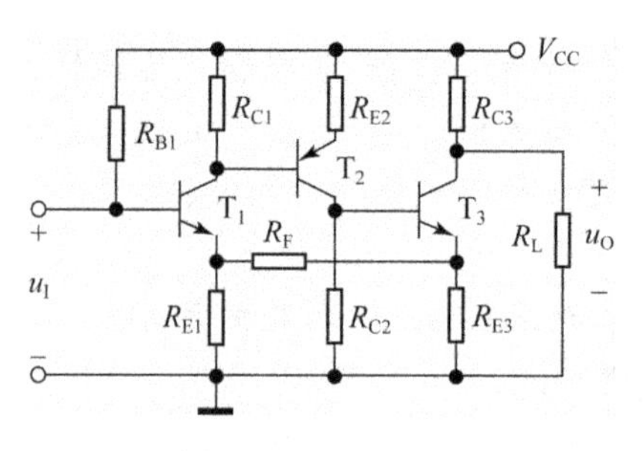

图 4.9 例 4-1 图

解 观察电路,R_F 跨接在 T_1 发射极和 T_3 发射极之间,构成 T_1 和 T_3 的级间反馈通路,因而电路引入了级间反馈。由于反馈通路既存在于直流通路中,又存在于交流通路中,因此,电路中既引入了直流反馈也引入了交流反馈。

用瞬时极性法判别反馈极性。设输入电压 u_I 对地的瞬时极性为正,则 T_1 集电极极性为负,T_2 集电极极性为正,T_3 发射极极性为正;T_3 发射极正极性电压经 R_F 返回到 T_1 发射极,T_1 发射极对地的瞬时极性也为正,最后使得 T_1 的净输入电压 $u_{BE1}=u_I-u_{E1}$ 减小,故判断电路引入的是负反馈。

用短路法判别反馈组态。若令输出电压 $u_O=0$,级间反馈依然存在,故判断电路引入了电流反馈;若令输入电压 $u_I=0$,级间反馈也依然存在,故判断电路引入了串联反馈。所以,反馈组态为电流串联负反馈。

此外,电阻 R_{E1},R_{E2} 和 R_{E3} 分别为 T_1,T_2 和 T_3 构成的单级放大电路引入了局部负反馈。R_{E1} 为 T_1 本级引入了电流串联负反馈;R_{E2} 为 T_2 本级引入了电流串联负反馈;R_{E3} 为 T_3 本级引入了电流串联负反馈。读者可自行分析。

4.1.4 反馈放大电路的一般表达式

虽然各种反馈放大电路之间存在着反馈极性不同,反馈组态不同以及基本放大电路放大倍数和反馈网络反馈系数的量纲和意义的不同,但它们也有着共同点，即都可用图 4.10 所示的方块图来表示。

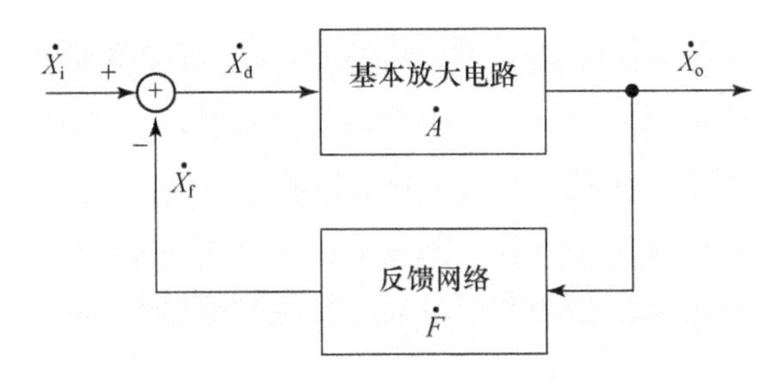

图 4.10　反馈放大电路方块图

为了分析各种反馈放大电路的一般表达式，图中信号量采用广义信号量，即 $\dot{X}_i$ 表示输入量，$\dot{X}_f$ 表示反馈量，$\dot{X}_d$ 表示净输入量，$\dot{X}_o$ 表示输出量；基本放大电路放大倍数采用广义放大倍数 $\dot{A}$，反馈网络反馈系数采用广义反馈系数 $\dot{F}$。

容易得到下列关系式

$$\dot{X}_d = \dot{X}_i - \dot{X}_f \tag{4.1}$$

$$\dot{A} = \frac{\dot{X}_o}{\dot{X}_d} \tag{4.2}$$

$$\dot{F} = \frac{\dot{X}_f}{\dot{X}_o} \tag{4.3}$$

反馈放大电路的广义放大倍数 $\dot{A}_f$（闭环放大倍数）为

$$\dot{A}_f = \frac{\dot{X}_o}{\dot{X}_i} = \frac{\dot{A}\dot{X}_d}{\dot{X}_i} = \frac{\dot{A}(\dot{X}_i - \dot{X}_f)}{\dot{X}_i} = \frac{\dot{A}(\dot{X}_i - \dot{F}\dot{X}_o)}{\dot{X}_i}$$

由此得到 $\dot{A}_f$ 的一般表达式为

$$\dot{A}_f = \frac{\dot{A}}{1 + \dot{A}\dot{F}} \tag{4.4}$$

式(4.4)中，$\dot{A}\dot{F}$ 称为环路增益，表示信号沿着基本放大电路和反馈网络环绕一周后所得到的放大倍数，且有

$$\dot{A}\dot{F} = \frac{\dot{X}_f}{\dot{X}_d} \tag{4.5}$$

下面讨论 $\dot{A}\dot{F}$ 不同取值时的反馈性质：

(1) $\dot{A}\dot{F} > 0$ 时，$\dot{X}_f$ 与 $\dot{X}_d$，$\dot{X}_i$ 同相，$\dot{A}_f < \dot{A}$，表明电路引入了负反馈；

(2) $\dot{A}\dot{F}=0$ 时,$\dot{X}_f=0$,$\dot{A}_f=\dot{A}$,表明电路没有引入反馈;

(3) $-1<\dot{A}\dot{F}<0$ 时,$\dot{X}_f$ 与$\dot{X}_d$、$\dot{X}_i$ 反相,$\dot{A}_f>\dot{A}$,表明电路引入了正反馈;

(4) $\dot{A}\dot{F}=-1$ 时,$\dot{X}_d=-\dot{X}_f$,$\dot{A}_f=\infty$,表明电路即使无输入信号($\dot{X}_i=0$),也会有输出信号,电路由于正反馈产生了自激振荡;

(5) $\dot{A}\dot{F}<-1$ 时,$\dot{X}_f$ 与$\dot{X}_d$ 反相,且$|\dot{X}_f|>|\dot{X}_d|$,表明信号绕环路一周后逐渐增大,描述了电路由于正反馈产生自激振荡的起振过程。

综上,当$\dot{A}\dot{F}<0$ 时,电路由于引入了正反馈而变得非稳定,不易用表达式描述。图 4.10 中,若取$\dot{X}_i=0$,当$\dot{A}\dot{F}<-1$ 时,$|\dot{X}_f|>|\dot{X}_d|$,表明电路自激振荡的起振过程;当$\dot{A}\dot{F}=-1$ 时,$|\dot{X}_f|=|\dot{X}_d|$,表明电路自激振荡的维持过程;当$-1<\dot{A}\dot{F}<0$ 时,$|\dot{X}_f|<|\dot{X}_d|$,表明电路自激振荡的衰减过程。如图 4.11 所示。

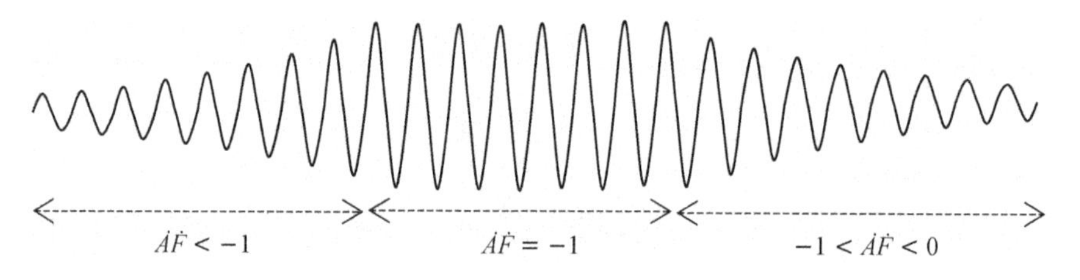

图 4.11 电路自激振荡的过程

式(4.4)中的$1+\dot{A}\dot{F}$称为反馈深度,表示基本放大电路开环放大倍数$\dot{A}$与反馈放大电路闭环放大倍数$\dot{A}_f$ 的倍数。当电路中引入负反馈时,$1+\dot{A}\dot{F}>1$,$\dot{A}_f$为$\dot{A}$的$(1+\dot{A}\dot{F})$分之一;当$1+\dot{A}\dot{F}\gg1$ 时,称电路引入了深度负反馈,此时有

$$\dot{A}_f\approx\frac{1}{\dot{F}} \tag{4.6}$$

表明电路闭环放大倍数仅仅取决于反馈网络,与基本放大电路无关。由于反馈网络常由电阻等无源元件组成,基本不受温度等因素的影响,因此可以得到稳定度很高的闭环放大倍数。集成运放或多级放大电路的放大倍数很高,由它们组成的负反馈放大电路一般都满足深度负反馈的条件,分析时可进行近似估算。

4.2 负反馈对放大电路性能的影响

虽然放大电路中引入负反馈损失了放大倍数,却换来了电路其他性能的改善。

4.2.1　稳定放大倍数

在放大电路输入信号不变的情况下，电源波动、负载变化、环境温度变化等都会引起电路放大倍数的波动。引入负反馈会减小放大倍数的波动，提高放大倍数的稳定性。放大倍数的稳定性常用放大倍数的相对变化量来表示。

考察放大电路工作在中频段，式(4.4)中的$\dot{A}$，$\dot{F}$和$\dot{A}_f$ 均为实数，于是有

$$A_f = \frac{A}{1+AF} \tag{4.7}$$

上式对变量 A 求导数，得

$$\frac{dA_f}{dA} = \frac{A}{1+AF} - \frac{AF}{(1+AF)^2} = \frac{1}{(1+AF)^2} \tag{4.8}$$

由式(4.7)和(4.8)可得

$$\frac{dA_f}{A_f} = \frac{1}{1+AF} \cdot \frac{dA}{A} \tag{4.9}$$

式(4.9)表明，负反馈闭环放大倍数 A_f 的相对变化量为无反馈开环放大倍数 A 的相对变化量的$(1+AF)$分之一，即闭环放大倍数的稳定性是开环放大倍数稳定性的$(1+AF)$倍，其代价是闭环放大倍数下降到开环放大倍数的$(1+AF)$分之一。

4.2.2　展宽频带

放大电路的频率特性，实质上是由于输入信号频率的不同而造成的放大倍数的波动。由前面讨论可知，负反馈可抑制任何原因引起的放大倍数的波动，提高放大倍数的稳定性。因此，负反馈必会展宽放大电路的通频带。

参考 3.6.2 节，设基本放大电路在低频段的放大倍数为

$$\dot{A}_L = \frac{\dot{A}_m}{1 - j\dfrac{f_L}{f}} \tag{4.10}$$

式中$\dot{A}_m$，f_L 分别为基本放大电路的中频放大倍数和下限频率。引入负反馈后(反馈系数为$\dot{F}$)，反馈电路的低频段的放大倍数为

$$\dot{A}_{Lf} = \frac{\dot{A}_L}{1+\dot{A}_L\dot{F}} = \frac{\dfrac{\dot{A}_m}{1-j\dfrac{f_L}{f}}}{1+\dfrac{\dot{A}_m}{1-j\dfrac{f_L}{f}} \cdot \dot{F}}$$

化简后,可得

$$\dot{A}_{Lf}=\frac{\dfrac{\dot{A}_m}{1+\dot{A}_m\dot{F}}}{1-j\dfrac{f_L}{(1+\dot{A}_m\dot{F})f}}=\frac{\dot{A}_{mf}}{1-j\dfrac{f_{Lf}}{f}} \tag{4.11}$$

可见,引入负反馈后,下限频率 f_{Lf} 为

$$f_{Lf}=\frac{f_L}{(1+\dot{A}_m\dot{F})} \tag{4.12}$$

即下限频率 f_{Lf} 下降到基本放大电路下限频率 f_L 的 $(1+\dot{A}_m\dot{F})$ 分之一。

同理,容易推导出负反馈放大电路上限频率 f_{Hf} 的表达式

$$f_{Hf}=(1+\dot{A}_m\dot{F})f_H \tag{4.13}$$

可见,反馈放大电路的上限频率 f_{Hf} 增大到基本放大电路上限频率 f_H 的 $(1+\dot{A}_m\dot{F})$ 倍。

通常情况下,放大电路的上限频率远大于其下限频率,因此通频带可近似地用上限频率来表示,于是有

$$f_{BWf}\approx f_{Hf}=(1+\dot{A}_m\dot{F})f_H\approx(1+\dot{A}_m\dot{F})f_{BW} \tag{4.14}$$

表明电路引入负反馈后,通频带 f_{BWf} 展宽到基本放大电路通频带 f_{BW} 的 $(1+\dot{A}_m\dot{F})$ 倍,其代价是闭环中频放大倍数下降到开环中频放大倍数的 $(1+\dot{A}_m\dot{F})$ 分之一,因此,放大电路的增益一带宽积基本不变,即

$$\dot{A}_m f_{BW}\approx\dot{A}_{mf}f_{BWf} \tag{4.15}$$

例 4-2 集成运放 LM741 的开环中频电压放大倍数 $A_m=100$ dB,下限频率 $f_L=0$,上限频率 $f_H=7$ Hz,引入电压串联负反馈后,闭环中频电压放大倍数 $A_{mf}=20$ dB。

(1) 求反馈深度 $(1+A_mF)$;

(2) 若 A_m 的相对变化量为 $\pm10\%$,求 A_{mf} 的相对变化量;

(3) 求负反馈放大电路的通频带。

解 (1) 反馈组态为电压串联负反馈,因此基本放大电路放大倍数和反馈网络反馈系数的量纲均为电压比,因此反馈深度为

$$1+A_mF=\frac{A_m}{A_{mf}}=\frac{10^5}{10}=10^4$$

(2) 由式(4.9)得 A_{mf} 的相对变化量为

$$\frac{dA_{mf}}{A_{mf}}=\frac{1}{1+A_mF}\cdot\frac{dA_m}{A_m}=\frac{\pm10\%}{10^4}=\pm0.001\%$$

(3) 由式(4.14)得负反馈放大电路的通频为

$$f_{BWf}=f_{Hf}=(1+A_mF)f_H=10^4\cdot 7=70(\mathrm{kHz})$$

4.2.3 减小非线性失真

由于三极管、场效应管等半导体器件本身的非线性,由它们组成的放大电路都不可避免地会产生非线性失真。当输入信号为正弦波时,输出信号除了基波分量外,还会产生某些谐波分量。电路中引入负反馈,会有效地抑制谐波分量,从而减小非线性失真。

下面只对负反馈减小非线性失真进行定性分析,有关定量分析请参阅相关参考资料。

图 4.12(a)表示基本放大电路开环工作,输入信号 u_i 为正弦波,输出信号 u_o 产生了非线性失真,假设输出失真波形为正半周幅度大、负半周幅度小;图 4.12(b)表示引入电压串联负反馈的闭环工作情况,并设反馈网络为线性,不会产生非线性失真。

图 4.12(b)中,基本放大电路的非线性使得输出电压 u_o 正半周幅度大于负半周幅度,经反馈网络返回的反馈电压 u_f 与 u_o 成正比,波形也为正半周幅度大、负半周幅度小。u_f 与 u_i 叠加后得到的净输入电压 $u_d=u_i-u_f$ 的波形则为正半周幅度小、负半周幅度大。于是将导致 u_o 波形的正半周幅度向减小方向变化、负半周幅度向增大方向变化,最终使 u_o 波形的正、负半周幅度趋于一致,从而减小电路的非线性失真。

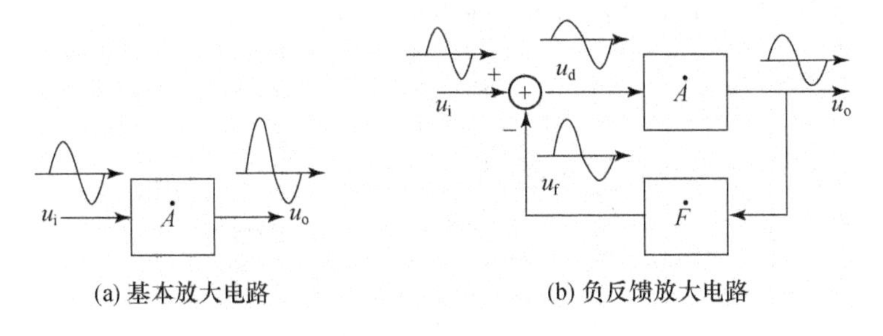

(a) 基本放大电路 (b) 负反馈放大电路

图 4.12 负反馈减小非线性失真示意图

可以证明,引入负反馈后,输出信号的谐波分量是无反馈谐波分量的(1+AF)分之一,即非线性失真减小到原来的(1+AF)分之一。

必须指出,负反馈减小的非线性失真,是指由电路内部器件的非线性引起的失真,对输入信号本身的失真,负反馈则无能为力。

4.2.4 改变输入和输出电阻

输入电阻和输出电阻是衡量放大电路性能的重要指标。不同组态的负反馈将对输入电阻和输出电阻产生不同的影响。实际中常根据对放大电路输入电阻和输出电阻的不同要求,引入不同组态的负反馈。

1. 负反馈对输入电阻的影响

负反馈对输入电阻的影响取决于放大电路输入回路引入的是串联反馈还是并联反馈,与输出端是电压反馈还是电流反馈无关。

(1) 串联负反馈使输入电阻增加。

如图 4.13 所示,放大电路输入回路引入串联负反馈。在$\dot{U}_i$ 保持不变的情况下,$\dot{U}_f$ 的引入将使$\dot{I}_i$ 减小,故使输入电阻增加。

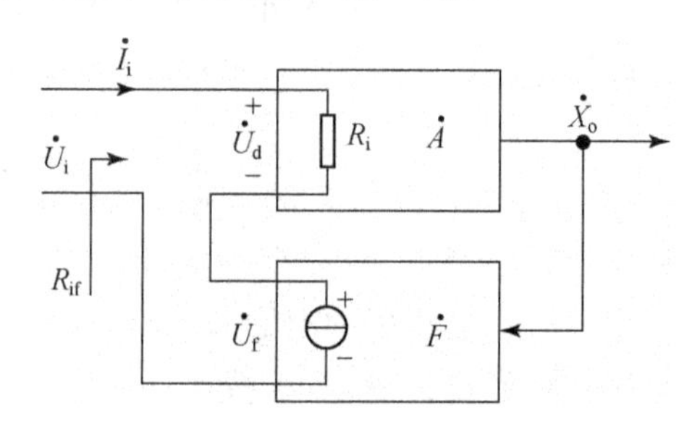

图 4.13 串联负反馈对输入电阻的影响

无反馈时,基本放大电路的输入电阻为

$$R_i=\frac{\dot{U}_d}{\dot{I}_i}$$

引入串联负反馈后,反馈放大电路的输入电阻为

$$R_{if}=\frac{\dot{U}_i}{\dot{I}_i}=\frac{\dot{U}_d+\dot{U}_f}{\dot{I}_i}=\frac{\dot{U}_d(1+\dot{A}\dot{F})}{\dot{I}_i}$$

即

$$R_{if}=(1+\dot{A}\,\dot{F})R_i \tag{4.16}$$

因此,引入串联负反馈后,放大电路的输入电阻增大到无反馈时的$(1+\dot{A}\dot{F})$倍。当电路输入信号源为电压源时,适宜引入串联负反馈。

(2) 并联负反馈使输入电阻减小。

如图 4.14 所示,放大电路输入回路引入并联负反馈。在$\dot{U}_i$ 保持不变的情况下，$\dot{I}_f$ 的引入将使 $\dot{I}_i$ 增加，故使输入电阻减小。

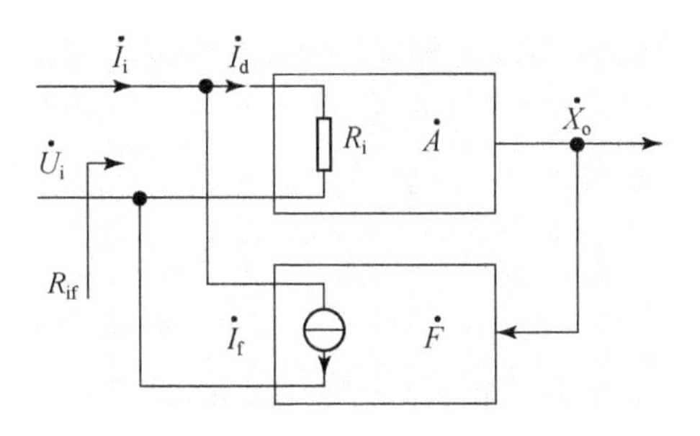

图 4.14　并联负反馈对输入电阻的影响

无反馈时，基本放大电路的输入电阻为

$$R_i=\frac{\dot{U}_i}{\dot{I}_d}$$

引入并联负反馈后，反馈放大电路的输入电阻为

$$R_{if}=\frac{\dot{U}_i}{\dot{I}_i}=\frac{\dot{U}_i}{\dot{I}_d+\dot{I}_f}=\frac{\dot{U}_i}{\dot{I}_d(1+\dot{A}\dot{F})}$$

即

$$R_{if}=\frac{R_i}{(1+\dot{A}\dot{F})} \tag{4.17}$$

因此，引入并联负反馈后，放大电路的输入电阻减小到无反馈时的$(1+\dot{A}\dot{F})$分之一。当电路输入信号源为电流源时，适宜引入并联负反馈。

2. 负反馈对输出电阻的影响

负反馈对输出电阻的影响取决于放大电路输出回路引入的是电压反馈还是电流反馈，与输入端是串联反馈还是并联反馈无关。

(1) 电压负反馈使输出电阻减小。

由于放大电路输出回路引入电压负反馈，可稳定输出电压，因此必使输出电阻减小。由 3.1.2 节放大电路输出电阻定义

$$R_o=\frac{\dot{U}_o}{\dot{I}_o}\bigg|_{\substack{\dot{U}_S=0\\ R_L=\infty}}$$

可画出电压负反馈对输出电阻影响的示意图，如图 4.15 所示。

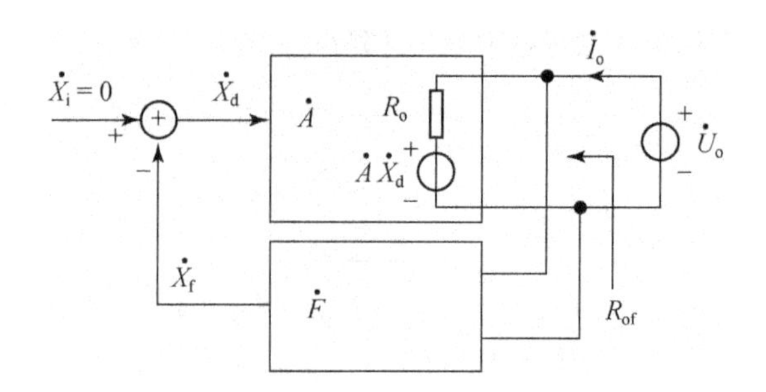

图 4.15 电压负反馈对输出电阻的影响

图中基本放大电路$\dot{A}$的输出端为戴维宁等效电路,其中输出电阻 R_o 已考虑了反馈网络的负载效应,在求反馈放大电路输出电阻 R_{of}时不再考虑反馈网络的影响;等效电压源为

$$\dot{A}\dot{X}_d=-\dot{A}\dot{X}_f=-\dot{A}\dot{F}\dot{U}_o$$

于是

$$\dot{I}_o=\frac{\dot{U}_o-\dot{A}\dot{X}_d}{R_o}=\frac{\dot{U}_o(1+\dot{A}\dot{F})}{R_o}$$

反馈放大电路的输出电阻为

$$R_{if}=\frac{\dot{U}_o}{\dot{I}_o}=\frac{R_o}{(1+\dot{A}\dot{F})} \tag{4.18}$$

因此,引入电压负反馈后,放大电路的输出电阻减小到无反馈时的$(1+\dot{A}\dot{F})$分之一。当放大电路输出端为电压源时,适宜引入电压负反馈。

(2) 电流负反馈使输出电阻增加。

由于放大电路输出回路引入电流负反馈,可稳定输出电流,因此必使输出电阻增加。图 4.16 所示为电路输出端引入电流负反馈。

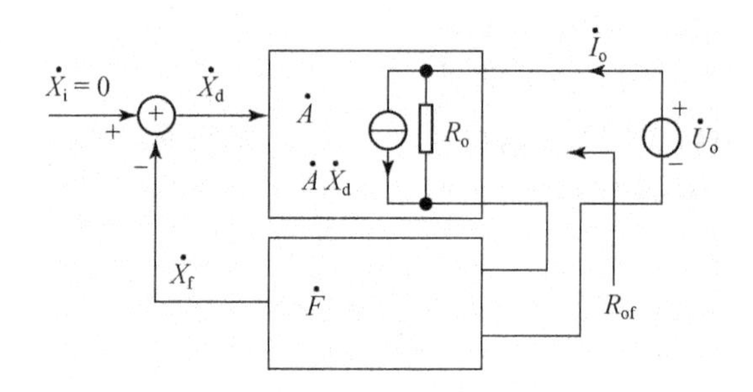

图 4.16 电流负反馈对输出电阻的影响

图中基本放大电路$\dot{A}$的输出端为诺顿等效电路，其中输出电阻 R_o 已考虑了反馈网络的负载效应，在求反馈放大电路输出电阻 R_{of}时不再考虑反馈网络的影响；等效电流源为

$$\dot{A}\dot{X}_d = -\dot{A}\dot{X}_f = -\dot{A}\dot{F}\dot{I}_o$$

于是

$$\dot{I}_o = \frac{\dot{U}_o}{R_o} + \dot{A}\dot{X}_d = \frac{\dot{U}_o}{R_o} - \dot{A}\dot{F}\dot{I}_o$$

可得反馈放大电路的输出电阻为

$$R_{of} = \frac{\dot{U}_o}{\dot{I}_o} = (1 + \dot{A}\dot{F})R_o \tag{4.19}$$

因此，引入电流负反馈后，放大电路的输出电阻增加到无反馈时的$(1+\dot{A}\dot{F})$倍。当放大电路输出端为电流源时，适宜引入电流负反馈。

4.3　深度负反馈放大电路的分析

负反馈放大电路的分析有微变等效电路法、方块图法和近似估算法等。简单的负反馈放大电路可用第 3 章学过的微变等效电路法分析，如 3.3 节带发射极电阻的共射放大电路中电流串联负反馈的分析；对负反馈放大电路进行全面准确的分析可采用方块图法，但有时计算比较繁琐；对深度负反馈放大电路常采用近似估算法。由集成运放或多级放大电路组成的负反馈放大电路一般都满足深度负反馈的条件，因此近似估算法得到了广泛应用。

4.3.1　深度负反馈放大电路的近似估算法

在式(4.4)负反馈放大电路的一般表达式中，若 $1+\dot{A}\dot{F}\gg 1$ 时，称电路引入了深度负反馈，电路闭环放大倍数$\dot{A}_f$ 为

$$\dot{A}_f \approx \frac{1}{\dot{F}} \tag{4.20}$$

根据$\dot{A}_f$ 和$\dot{F}$的定义，有

$$\dot{A}_f = \frac{\dot{X}_o}{\dot{X}_i} \quad \dot{F} = \frac{\dot{X}_f}{\dot{X}_o}$$

代入式(4.20)，得

$$\dot{X}_{f} \approx \dot{X}_{i} \tag{4.21}$$

说明深度负反馈放大电路的实质是净输入量$\dot{X}_{d}=\dot{X}_{i}-\dot{X}_{f}\approx 0$。

式(4.20)和(4.21)是深度负反馈近似估算法的两个重要关系式,据此可以估算出不同组态负反馈放大电路的电压放大倍数。对于电压串联负反馈组态,可由式(4.20)直接估算出电路闭环电压放大倍数;对于其他反馈组态,则可根据式(4.21)进行闭环电压放大倍数的估算。当电路引入深度串联负反馈时,有

$$\dot{U}_{f} \approx \dot{U}_{i} \tag{4.22}$$

当电路引入深度并联负反馈时,有

$$\dot{I}_{f} \approx \dot{I}_{i} \tag{4.23}$$

4.3.2 四种组态深度负反馈放大电路的电压放大倍数估算

1. 电压串联负反馈组态

如图 4.17 理想运放组成的电路中,引入了电压串联深度负反馈,有

$$\dot{F}_{u}=\frac{\dot{U}_{f}}{\dot{U}_{o}}=\frac{R_{2}}{R_{2}+R_{F}}$$

根据式(4.20),得到反馈电路电压放大倍数为

$$\dot{A}_{uf} \approx \frac{1}{\dot{F}_{u}}=1+\frac{R_{F}}{R_{2}} \tag{4.24}$$

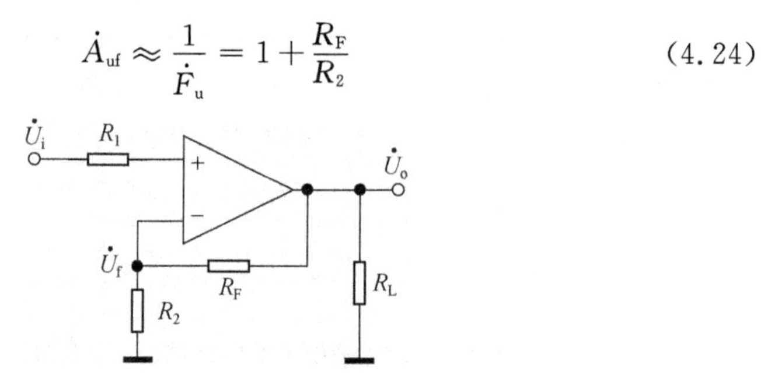

图 4.17 电压串联负反馈电路

2. 电压并联负反馈组态

如图 4.18 理想运放组成的电路中,引入了电压并联深度负反馈。根据理想运放工作在线性区时“虚短”的特点,其反相输入端电位等于零,于是有

$$\dot{I}_{i}=\frac{\dot{U}_{i}}{R_{1}}, \quad \dot{I}_{f}=\frac{-\dot{U}_{o}}{R_{F}}$$

根据式(4.23),有

$$\frac{\dot{U}_{\mathrm{i}}}{R_1} \approx -\frac{\dot{U}_{\mathrm{o}}}{R_{\mathrm{F}}}$$

得到反馈电路电压放大倍数为

$$\dot{A}_{\mathrm{uf}} = \frac{\dot{U}_{\mathrm{o}}}{\dot{U}_{\mathrm{i}}} \approx -\frac{R_{\mathrm{F}}}{R_1} \tag{4.25}$$

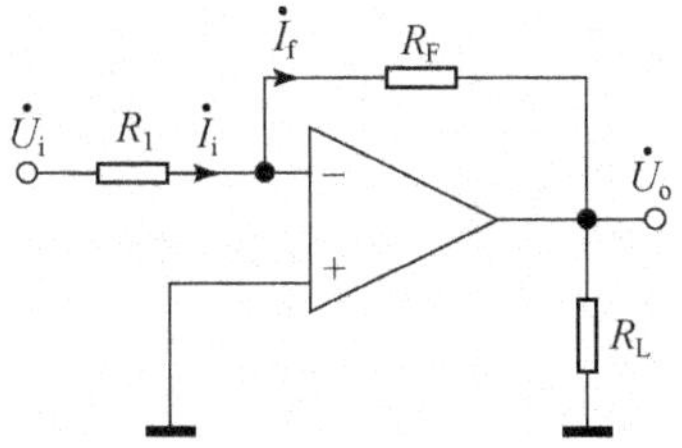

图 4.18　电压并联负反馈电路

3. 电流串联负反馈组态

如图 4.19 理想运放组成的电路中，引入了电流串联深度负反馈。根据理想运放工作在线性区时“虚断”的特点以及根据式(4.22)，有

$$\dot{U}_{\mathrm{i}} \approx \dot{U}_{\mathrm{f}} = \frac{R_{\mathrm{F}}}{R_{\mathrm{L}}} \cdot \dot{U}_{\mathrm{o}}$$

得到反馈电路电压放大倍数为

$$\dot{A}_{\mathrm{uf}} = \frac{\dot{U}_{\mathrm{o}}}{\dot{U}_{\mathrm{i}}} \approx \frac{R_{\mathrm{L}}}{R_{\mathrm{F}}} \tag{4.26}$$

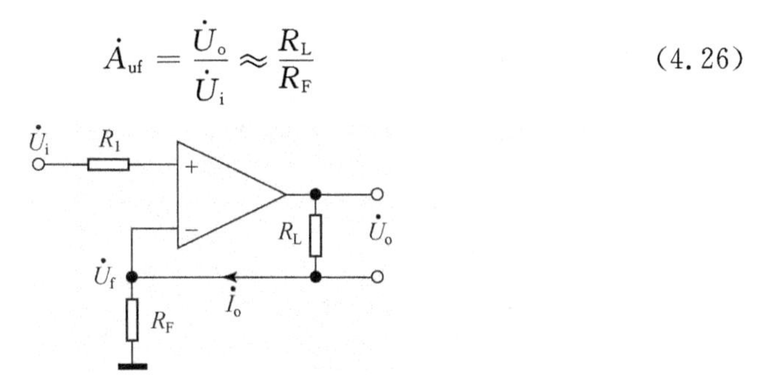

图 4.19　电流串联负反馈电路

4. 电流并联负反馈组态

如图 4.20 理想运放组成的电路中，引入了电流并联深度负反馈，有

$$\dot{I}_{\mathrm{i}} = \frac{\dot{U}_{\mathrm{i}}}{R_1}, \quad \dot{I}_{\mathrm{f}} = -\frac{R_2 \dot{I}_{\mathrm{o}}}{R_{\mathrm{F}} + R_2} = -\frac{R_2}{R_{\mathrm{F}} + R_2} \cdot \frac{\dot{U}_{\mathrm{o}}}{R_{\mathrm{L}}}$$

根据式(4.23)，$\dot{I}_{\mathrm{f}} \approx \dot{I}_{\mathrm{i}}$，得到反馈电路电压放大倍数为

$$\dot{A}_{uf}=\frac{\dot{U}_o}{\dot{U}_i}\approx-\frac{R_L(R_F+R_2)}{R_1R_2} \tag{4.27}$$

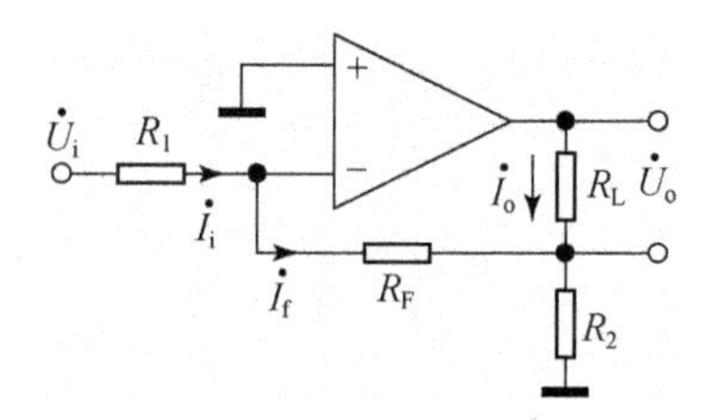

图 4.20　电流并联负反馈电路

例 4-3　深度负反馈电路如图 4.21 所示,试求闭环电压放大倍数。

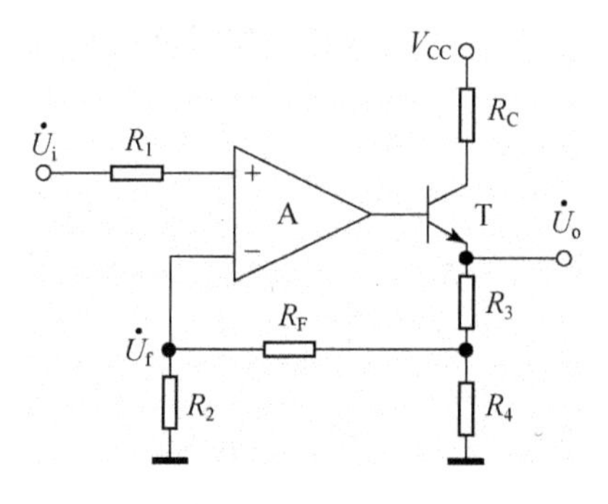

图 4.21　例 4-3 图

解　分析反馈组态可知,电路引入了电压串联负反馈。

$$\dot{U}_{R_4}=\frac{R_4 /\!/ (R_F+R_2)}{R_3+R_4 /\!/ (R_F+R_2)}\cdot\dot{U}_o$$

$$\dot{U}_f=\frac{R_2}{R_F+R_2}\cdot\dot{U}_{R_4}$$

得

$$\dot{F}=\frac{\dot{U}_f}{\dot{U}_o}=\frac{R_4R_2}{R_3(R_F+R_4+R_2)+R_4(R_F+R_2)}$$

所以

$$\dot{A}_{uf}\approx\frac{1}{\dot{F}}=\frac{R_3(R_F+R_4+R_2)+R_4(R_F+R_2)}{R_4R_2}$$

例 4-4　深度负反馈电路如图 4.22 所示,试求闭环电压放大倍数。

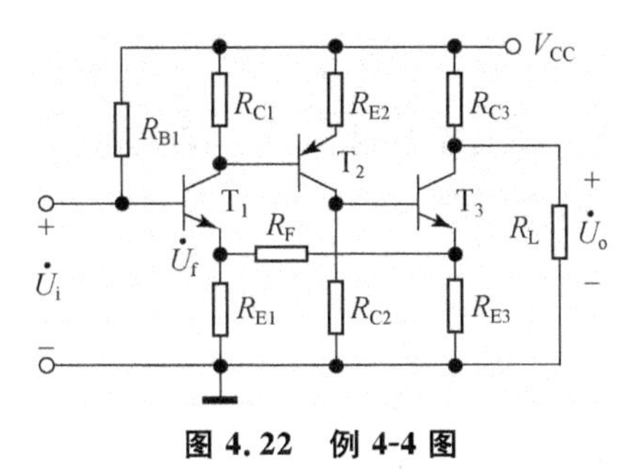

图 4.22　例 4-4 图

解　图中$\dot{I}_{E3}$($\dot{I}_{C3}$)作用于R_{E3},R_F和R_{E1}组成的反馈网络,电路引入了电流串联负反馈。

$$\dot{U}_o = -\dot{I}_{C3}(R_{C3} // R_L)$$

$$\dot{U}_F = \frac{\dot{I}_{C3} R_{E3} R_{E1}}{R_F + R_{E1} + R_{E3}}$$

深度串联负反馈:$\dot{U}_F \approx \dot{U}_i$,所以

$$\dot{A}_{uf} = \frac{\dot{U}_o}{\dot{U}_i} \approx -\frac{(R_F + R_{E1} + R_{E3})(R_{C3} // R_L)}{R_{E3} R_{E1}}$$

综 合 案 例

案例 1　在 4.2.4 节,分析负反馈对输出电阻的影响时,文中指出:基本放大电路的输出电阻R_o已经考虑了反馈网络的负载效应。

在反馈放大电路中分解出基本放大电路时,要将反馈网络分别作为基本放大电路输入回路和输出回路的等效负载。当考虑输入回路等效负载时,输出量应置零:对于输出端电压反馈,则令$\dot{U}_o=0$,输出对地短路;电流反馈,则令$\dot{I}_o=0$,输出回路断开。而考虑输出回路等效负载时,输入量应置零:对于输入端并联反馈,则令$\dot{U}_i=0$,输入支路对地短路;串联反馈,则令$\dot{I}_i=0$,输入回路断开。

(1) 如图 Z4-1(a)所示,电压并联负反馈电路,其交流等效电路如图 Z4-1(b)所示。

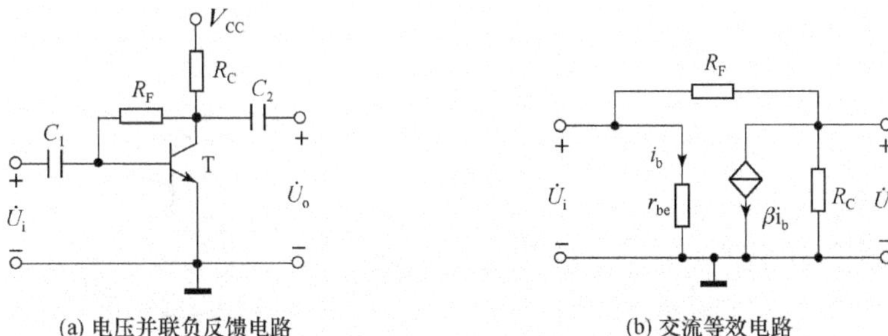

图 Z4-1　电压并联负反馈电路及其交流等效电路

根据上述基本放大电路分解原则,输出端为电压反馈,令$\dot{U}_o=0$,输出对地短路,反馈电阻 R_F 等效在输入回路;输入端为并联反馈,令$\dot{U}_i=0$,输入对地短路,反馈电阻 R_F 等效在输出回路。分解出的基本放大电路的交流等效电路如图 Z4-2 所示。

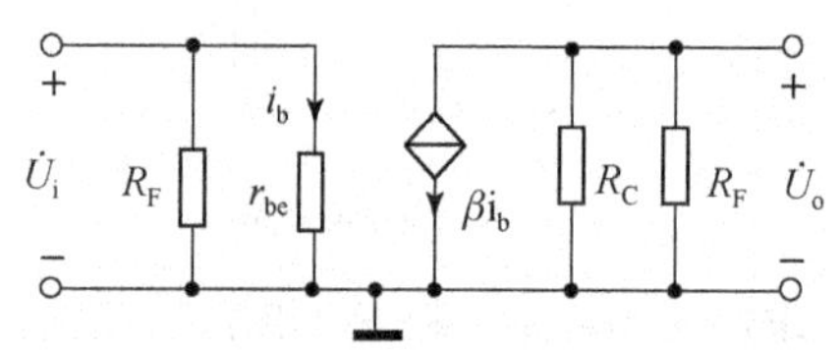

图 Z4-2　基本放大电路的交流等效电路

负反馈放大电路的方框图如图 Z4-3 所示。可以看出,反馈网络为一个电压控制的电流源,其输入端不在基本放大电路的输出端索取电流。

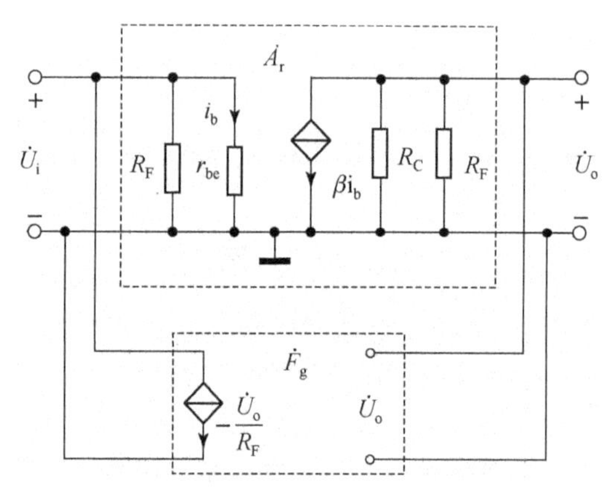

图 Z4-3　负反馈放大电路的方框图

(2) 如图 Z4-4(a)所示,电流串联负反馈电路,其交流等效电路如图 Z4-4(b)所示。

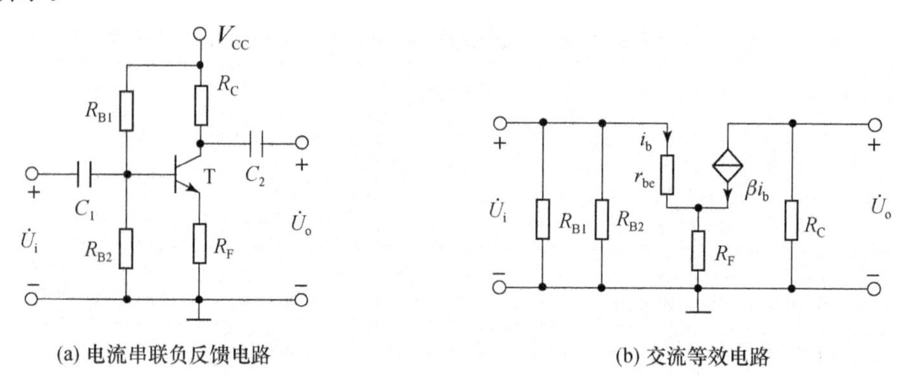

(a) 电流串联负反馈电路　　(b) 交流等效电路

图 Z4-4　电流串联负反馈电路及其交流等效电路

根据上述基本放大电路分解原则，输出端为电流反馈，令$\dot{I}_{o}=0$，即$i_{c}=\beta i_{b}=0$，输出回路断开，反馈电阻R_{F}等效在输入回路；输入端为串联反馈，令$\dot{I}_{i}=0$，则$i_{b}=0$，输入回路断开，反馈电阻R_{F}等效在输出回路。分解出的基本放大电路的交流等效电路如图 Z4-5 所示。

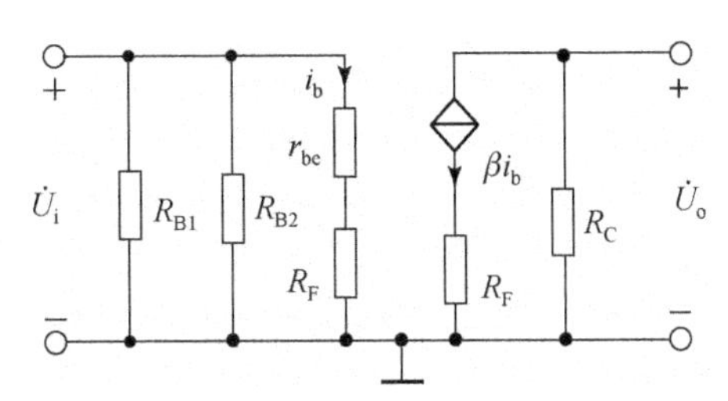

图 Z4-5　基本放大电路的交流等效电路

负反馈放大电路的方框图如图 Z4-6 所示。可以看出，反馈网络为一个电流控制的电压源，其输入端不在基本放大电路的输出端分压。

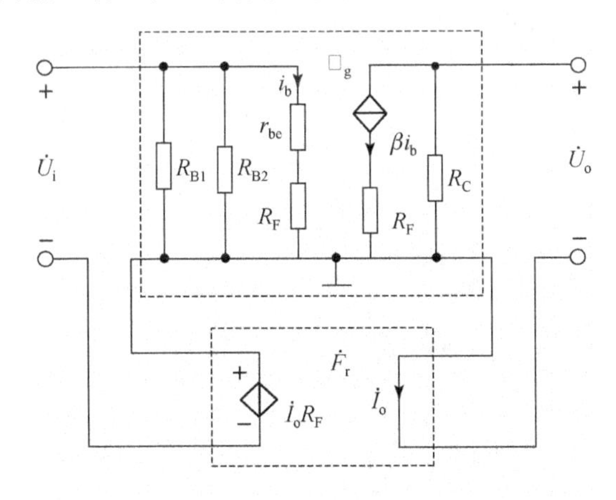

图 Z4-6　负反馈放大电路的方框图

案例 2　深度负反馈放大电路的实质是净输入量约等于零。由理想运放构成的负反馈放大电路基本都认为满足深度负反馈的条件。这时运放工作在线性区，其遵循“虚短路”和“虚断路”两个基本特点。运放电路输入端引入串联负反馈时，净输入量（运放同相端与反相端的电压）$u_{+}-u_{-}\approx 0$，同时运放两输入端的电流也满足$i_{+}=i_{-}\approx 0$；运放电路输入端引入并联负反馈时，净输入量（同相端或反相端的电流）$i_{+}=i_{-}\approx 0$，同时运放两输入端的电压也满足$u_{+}-u_{-}\approx 0$。对于由三极管分立元器件构成的多级深度负反馈放大电路，也具有类似特点。以第一级为共射放大电路为例，电路输入端引入串联负反馈时，净输入量(三极管基极与发射极的电压)$u_{be}\approx0$，则三极管的基极电流也满足 $i_b\approx0$；电路输入端引入并联负反馈时，净输入量(三极管基极电流)$i_b\approx0$，则三极管的基极与发射极的电压也满足 $u_{be}\approx0$。

(1) 如图 Z4-7 所示，电压串联深度负反馈电路，试求源电压放大倍数 A_{usf}。

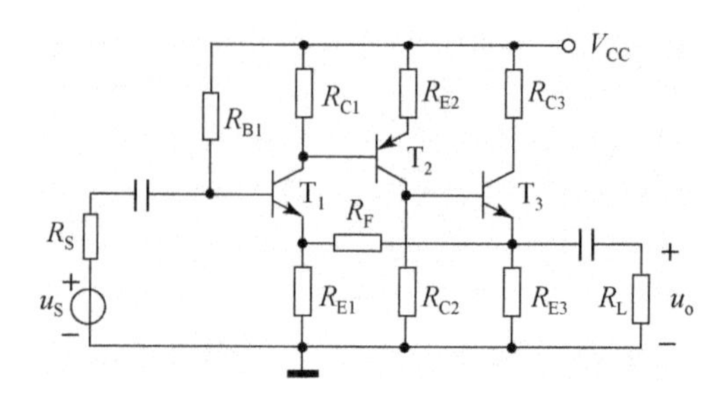

图 Z4-7　电压串联深度负反馈电路

先求 $A_{uf}=\frac{u_o}{u_i}$，如图 Z4-8 所示。由于输入端引入串联负反馈，净输入量(T_1 管)$u_{be}=u_i-u_f\approx0$，同时满足 $i_b\approx0$。又由于电压串联负反馈，则

$$A_{uf}\approx\frac{1}{F}=\frac{u_o}{u_f}=\frac{R_F+R_{E1}}{R_{E1}}=1+\frac{R_F}{R_{E1}}$$

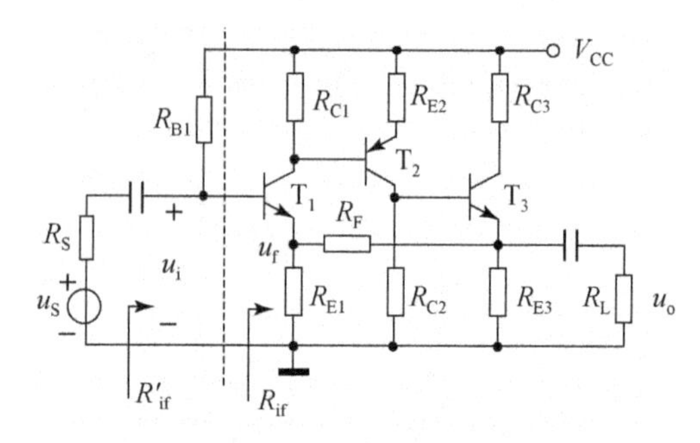

图 Z4-8　电压串联深度负反馈分析电路

再求 A_{usf}，有

$$A_{usf}=\frac{u_o}{u_s}=A_{uf}\cdot\frac{R'_{if}}{R'_{if}+R_s}$$

其中 R'_{if}是放大电路的输入电阻

$$R'_{if}=R_{B1}\ /\!/\ R_{if}$$

R_{if}是反馈环内的输入电阻，R_{B1}是反馈环外电阻。由于是串联负反馈，$R_{if}\gg R_{B1}$，故

$$R'_{\mathrm{if}} \approx R_{\mathrm{B1}}$$

$$A_{\mathrm{usf}} \approx \frac{R_{\mathrm{B1}}}{R_{\mathrm{B1}}+R_{\mathrm{s}}} \cdot \left(1+\frac{R_{\mathrm{F}}}{R_{\mathrm{E1}}}\right)$$

（2）如图 Z4-9 所示，电流并联深度负反馈电路，试求源电压放大倍数 A_{usf}。

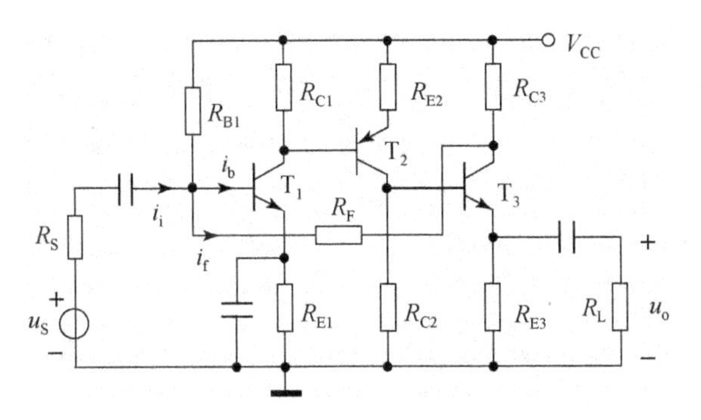

图 Z4-9　电流并联深度负反馈电路

由于输入端引入并联负反馈，净输入量（T_1 管）$i_{\mathrm{b}} \approx 0$，故满足 $u_{\mathrm{be}} \approx 0$。又由于三极管发射极 $u_{\mathrm{e}}=0$，所以其基极 $u_{\mathrm{b}} \approx 0$，电阻 R_{B1} 无电流，$i_{\mathrm{i}} \approx i_{\mathrm{f}}$。其中

$$i_{\mathrm{i}} = \frac{u_{\mathrm{S}}}{R_{\mathrm{S}}}$$

i_{f} 为 R_{F} 和 R_{C3} 并联，R_{F} 对 i_{C3} 的分流，如图 Z4-10 所示，有

$$i_{\mathrm{f}} = \frac{R_{\mathrm{C3}}}{R_{\mathrm{C3}}+R_{\mathrm{F}}} \cdot i_{\mathrm{C3}}$$

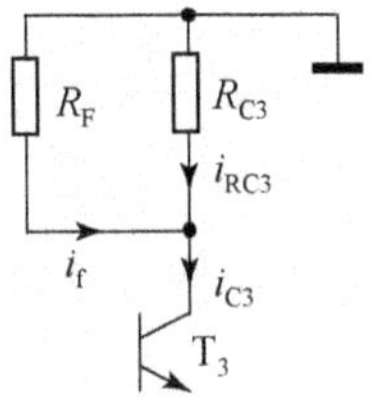

图 Z4-10　求 i_{f} 电路

输出电压 u_{o} 为

$$u_{\mathrm{o}} \approx i_{\mathrm{C3}} \cdot R_{\mathrm{E3}} \ /\!/ \ R_{\mathrm{L}}$$

根据 $i_{\mathrm{i}} \approx i_{\mathrm{f}}$，求得源电压放大倍数为

$$A_{\mathrm{usf}} = \frac{u_{\mathrm{o}}}{u_{\mathrm{s}}} = \frac{(R_{\mathrm{C3}}+R_{\mathrm{F}}) \cdot R_{\mathrm{E3}} \ /\!/ \ R_{\mathrm{L}}}{R_{\mathrm{C3}} \cdot R_{\mathrm{S}}}$$

本章小结

(1) 放大电路中的反馈,是指将放大电路输出量的全部或一部分,通过一定的方式,反送到输入回路中,去影响电路的输入量,进而控制输出量的变化。

(2) 根据不同的分类原则,反馈可分为正反馈和负反馈,直流反馈和交流反馈,电压反馈和电流反馈,串联反馈和并联反馈。本章主要讨论负反馈。直流负反馈常用于稳定静态工作点,交流负反馈用于改善放大电路动态性能指标;电压负反馈可稳定输出电压、降低电路的输出电阻,电流负反馈可稳定输出电流、提高输出电阻;串联负反馈可提高电路的输入电阻,并联负反馈则降低输入电阻。

(3) 反馈放大电路有四种基本组态:电压串联、电压并联、电流串联和电流并联。四种组态中的输入量、输出量、反馈量以及基本放大电路的放大倍数$\dot{A}$和反馈网络的反馈系数$\dot{F}$的量纲和意义都有所不同。它们的广义闭环放大倍数满足下面的一般表达式

$$\dot{A}_{\mathrm{f}}=\frac{\dot{A}}{1+\dot{A}\dot{F}}$$

(4) 放大电路引入负反馈可改善其性能,如稳定放大倍数、展宽频带、减小非线性失真、改变输入和输出电阻等。反馈深度$(1+\dot{A}\dot{F})$越大,改善的程度越高。其代价是降低了反馈放大电路的闭环放大倍数。

(5) 负反馈放大电路的分析包括:反馈极性的判断、反馈组态的判断和闭环电压放大倍数的计算。常采用瞬时极性法来判断反馈极性;采用输入端短路法来判断电路输入端反馈类型;采用输出端短路法来判断电路输出端反馈类型。对于满足$(1+\dot{A}\dot{F})\gg1$的深度负反馈放大电路,可以用$\dot{X}_{\mathrm{i}}\approx\dot{X}_{\mathrm{f}}$的特点估算闭环电压放大倍数;对于电压串联深度负反馈电路,可用关系式$\dot{A}_{\mathrm{f}}\approx1/\dot{F}$直接估算出闭环电压放大倍数。

思考题

4-1 解释名词:反馈系数、反馈深度、环路增益、开环放大倍数、闭环放大倍数。

4-2 负反馈放大电路有几种基本组态?各组态的基本放大电路放大倍数和反馈网络反馈系数的量纲和意义是什么?

4-3 为了稳定静态工作点,放大电路中只能引入直流负反馈吗?

4-4 放大电路中引入负反馈,那么反馈量与输入量一定反相吗?

4-5 观察4.3节由单级集成运放组成的四种组态负反馈放大电路,发现反

馈量均反送到运放的反相输入端，试分析：若将反馈量反送到同相端能引入负反馈吗？

4-6　负反馈能改善放大电路哪些性能？其代价是什么？

4-7　试从物理概念上说明不同种类的负反馈对电路输入和输出电阻的影响。

4-8　“负反馈总能稳定放大电路的电压增益。”这种说法正确吗？

4-9　对于串联负反馈和并联负反馈，要使反馈效果好，那么对信号源内阻有什么要求？

4-10　在电流-电压转换电路中，适宜引入哪种组态的负反馈？

4-11　为什么说由集成运放或多级放大电路组成的负反馈放大电路，一般都满足深度负反馈的条件？

4-12　深入理解深度负反馈时 $\dot{X}_i \approx \dot{X}_f$ 的物理意义。

练　习　题

4-1　图 P4-1 所示各电路中，判断有无反馈引入，是正反馈还是负反馈？是直流反馈还是交流反馈？设电容的容抗对交流信号均可忽略。

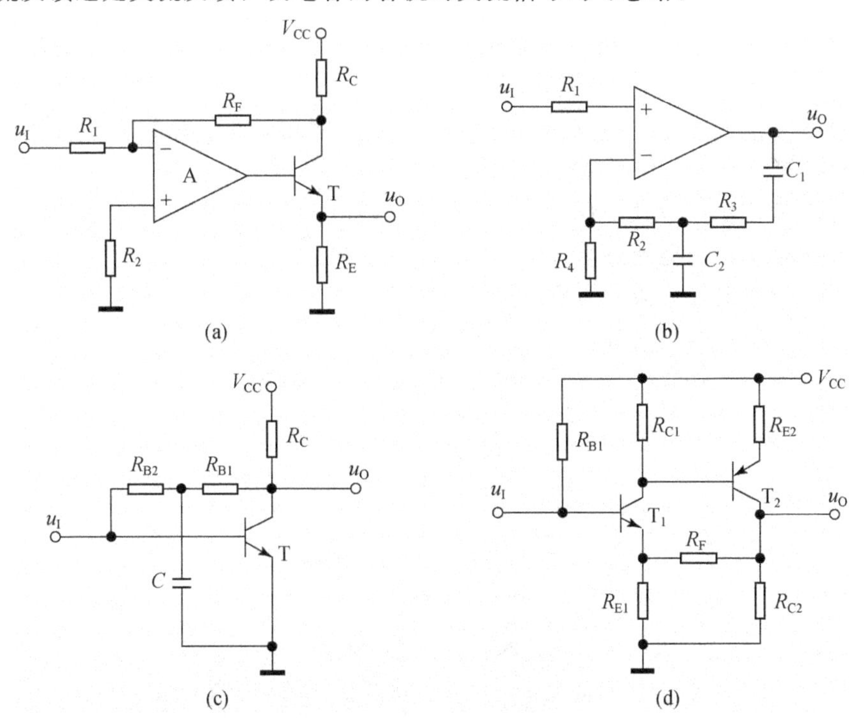

图 P4-1　练习题 4-1 图

4-2 图 P4-2 所示各电路中,判断反馈的极性和组态。

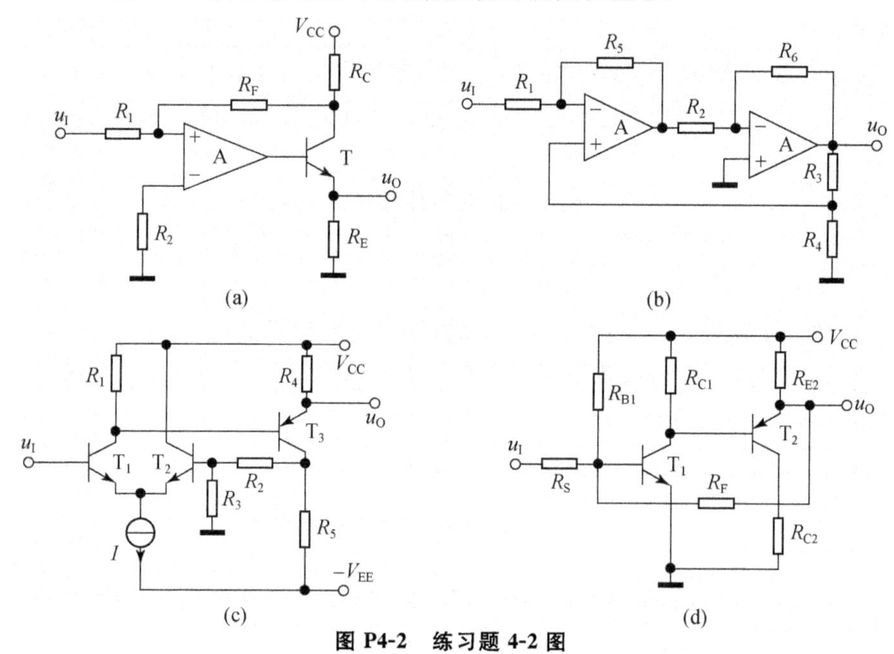

图 P4-2 练习题 4-2 图

4-3 说明图 P4-2 所示的各电路,分别能稳定什么输出量(电压、电流),对电路的输入和输出电阻有何影响?

4-4 电路如图 P4-3 所示,试说明要满足下面几个方面的要求,应如何引入反馈,并在图中画出引入的反馈通路。

(1) 稳定电压放大倍数;

(2) 稳定输出电流;

(3) 减小对信号源的索取电流;

(4) 信号源为电流源。

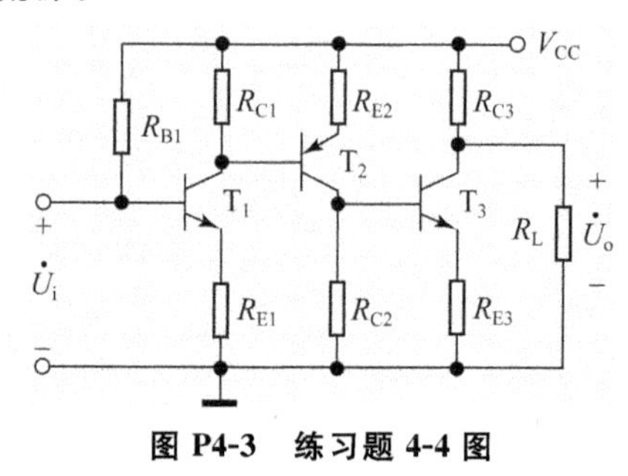

图 P4-3 练习题 4-4 图

4-5 图 P4-3 所示电路中,能否引入负反馈,使得既稳定输出电压,又提高输入电阻?

4-6　集成运放构成的反馈放大电路如图 P4-4 所示，已知运放开环电压增益$\dot{A}_{uo}=10^6$，$R_F=100\ \text{k}\Omega$，$R_1=2\ \text{k}\Omega$，输出电压$\dot{U}_o=5\ \text{V}$，求反馈系数$\dot{F}$、反馈电压$\dot{U}_f$、输入电压$\dot{U}_i$、净输入电压$\dot{U}_d$ 和闭环电压增益$\dot{A}_{uf}$。

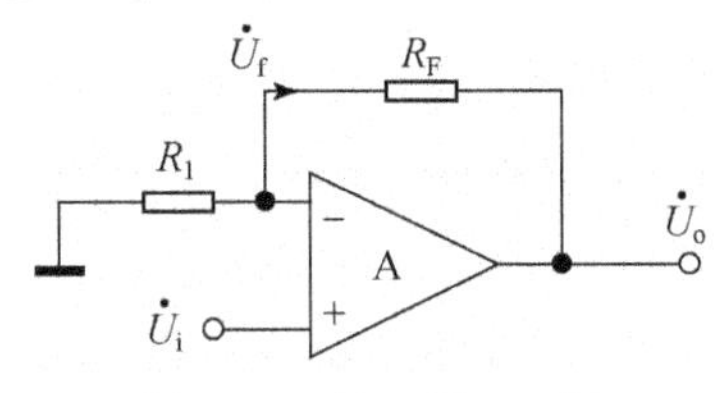

图 P4-4　练习题 4-6 图

4-7　上题中，再求反馈深度$(1+\dot{A}\dot{F})$；若集成运放的上限频率 $f_H=10\ \text{Hz}$，求闭环带宽 f_{BWf}以及开环和闭环的增益-带宽积。

4-8　设图 P4-2 所示的各电路均满足深度负反馈的条件，试分别估算它们的电压放大倍数。

4-9　电路如图 P4-5 所示，试判断反馈极性及反馈组态，并估算深度负反馈条件下的源电压放大倍数 A_{usf}。

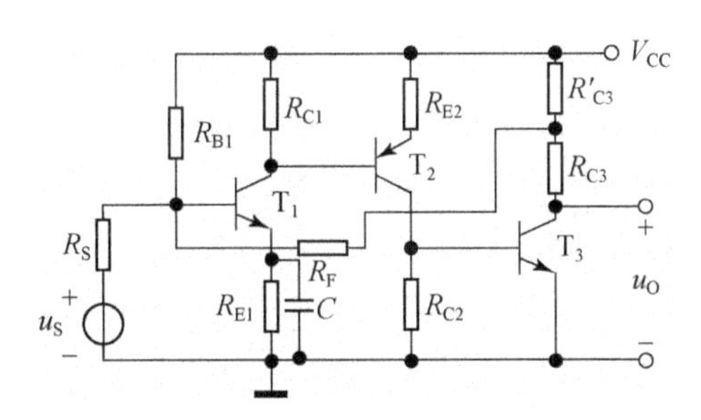

图 P4-5　练习题 4-9 图

4-10　电路如图 P4-6 所示，试判断反馈极性及反馈组态，并估算深度负反馈条件下的源电压放大倍数 A_{usf}。

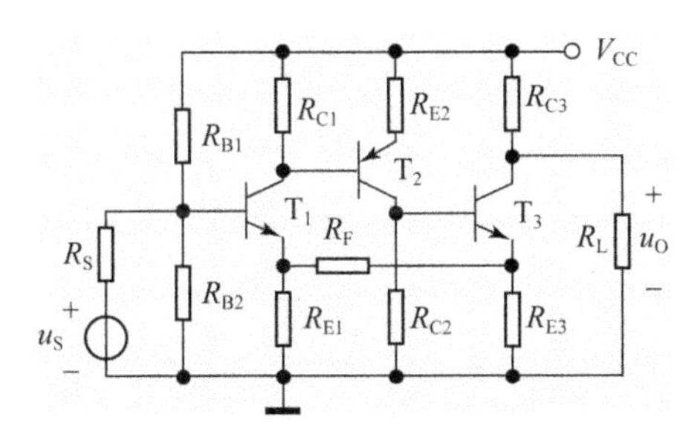

图 P4-6　练习题 4-10 图

4-11 电路如图 P4-7 所示,试判断反馈极性及反馈组态,并估算深度负反馈条件下的源电压放大倍数 A_{usf}、输入电阻 R_{if} 和输出电阻 R_{of}。

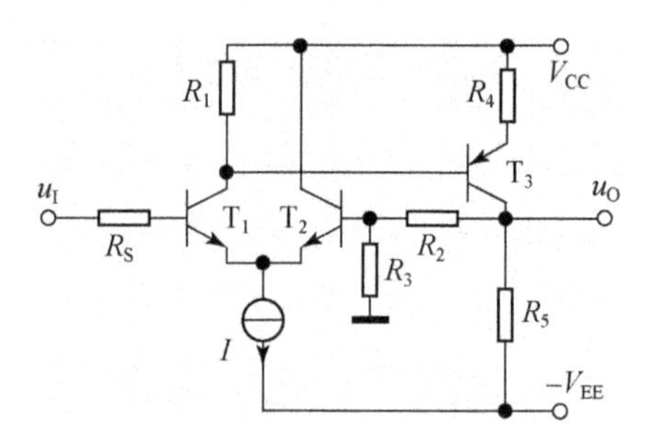

图 P4-7 练习题 4-11 图

4-12 音频功放电路如图 P4-8 所示,已知 $V_{CC}=9$ V,$R_F=47$ kΩ,$R_1=4.7$ kΩ,功放管 T_1 和 T_2 的饱和压降为 $V_{CES}=2$ V,在深度负反馈的条件下,要使输出达到最大输出功率,估算所需输入电压的峰值 u_{Im}。

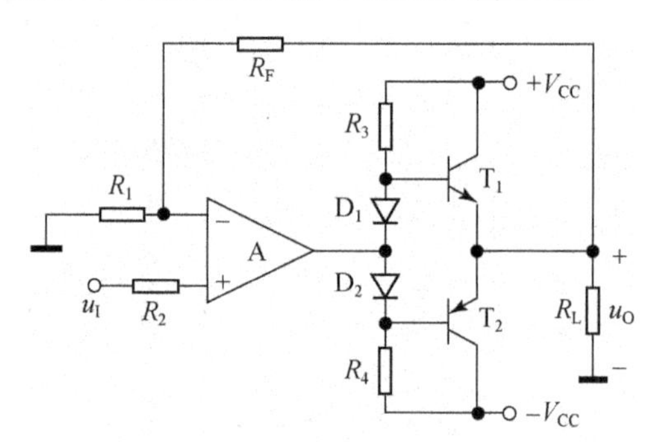

图 P4-8 练习题 4-12 图

第 5 章　集成运算放大器的应用

集成运算放大器外部加反馈网络后，可构成各种功能的实用电路，因而得到了极为广泛的应用。本章首先介绍了集成运放的线性应用，包括比例、加减、积分和微分等信号运算电路以及 RC 有源滤波电路和 RC 正弦波振荡电路，然后介绍了集成运放的非线性应用，包括单限、滞回和双限电压比较器以及矩形波、三角波和锯齿波发生电路，最后介绍了集成运放实际应用中需注意的几个问题。

5.1　集成运算放大器的线性应用

理想集成运算放大器工作在线性区时，具有“虚短路”和“虚断路”两个特点（参考 3.9.4 节），此时电路中需引入深度负反馈。上一章利用负反馈电路的分析方法对集成运算放大电路进行了分析，本节将以“虚短路”和“虚断路”作为基本出发点，对集成运放构成的线性应用电路进行分析。

5.1.1　比例运算电路

比例运算电路是最基本的信号运算电路，可实现输出电压与输入电压之间的比例运算。

1. 反相比例运算电路

如图 5.1 所示电路中，输入电压 u_I 经电阻 R_1 加到集成运放的反相输入端，故输出电压 u_O 与 u_I 反相，电路实现反相比例运算。电阻 R_F 和 R_1 构成深度电压并联负反馈回路；电阻 R_2 为同相端补偿电阻，以保证集成运放差分输入端的对称性，其值为 $u_I=0$ 和 $u_O=0$ 时，各支路电阻的并联，即

$$R_2 = R_1 \mathbin{/\!/} R_F \tag{5.1}$$

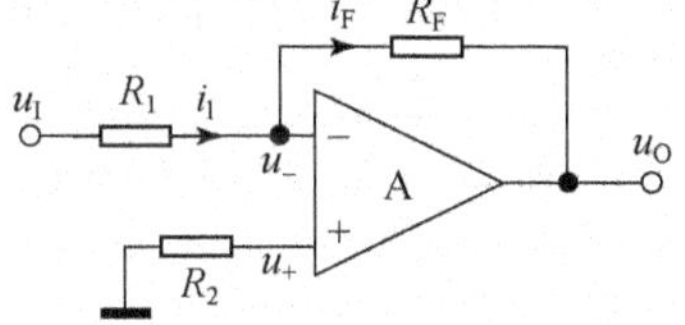

图 5.1　反相比例运算电路

集成运放工作在线性区,具有“虚短路”和“虚断路”的特点。

由于“虚断路”,电阻 R_2 上无电流,故 $u_+=0$;由于“虚短路”,有 $u_-=u_+=0$。可见,反相比例运算电路中,集成运放的两个输入端虽然不接地,但均为零电位,这种现象称为“虚地”。由于“虚地”,运放的共模输入电压为零,电路对运放的共模抑制比要求不高。

又由于“虚断路”,有 $i_1=i_F$,即

$$\frac{u_I-u_-}{R_1}=\frac{u_--u_O}{R_F}$$

得

$$u_O=-\frac{R_F}{R_1}u_I \tag{5.2}$$

于是得到反相比例运算电路的电压放大倍数为

$$A_{uf}=-\frac{R_F}{R_1} \tag{5.3}$$

A_{uf}仅取决于电阻 R_F 和 R_1 之比,与运放内部参数无关。当 $R_F=R_1$ 时,$A_{uf}=-1$,此时电路称为单位增益倒相器。

由于引入了深度电压并联负反馈,电路的输出和输入电阻都将减小,因此输出电阻 $R_o=0$,电路具有较强的带负载能力;而输入电阻为电路输入端和运放反相输入端(虚地)间的等效电阻,即

$$R_i=R_1 \tag{5.4}$$

可见,要想提高电路的输入电阻,就需要增大 R_1 的阻值;同时要保证电路一定的电压增益,则要求 R_F 的阻值更高。当电路中电阻阻值过大时,电阻的精度将变差、噪声增大,同时运放的理想化条件也得不到满足,这些都将带来不可忽视的误差。实际中,R_1 和 R_F 的取值一般不超过 2 MΩ。所以,反相比例运算电路的输入电阻不高。

2. 同相比例运算电路

如图 5.2 所示电路中,输入电压 u_I 经电阻 R_2 加到集成运放的同相输入端,故输出电压 u_O 与 u_I 同相,电路实现同相比例运算。电阻 R_F 和 R_1 构成深度电压串联负反馈回路,集成运放工作在线性区;电阻 R_2 为同相端补偿电阻,取值仍为 $R_2=R_1/\!/R_F$。

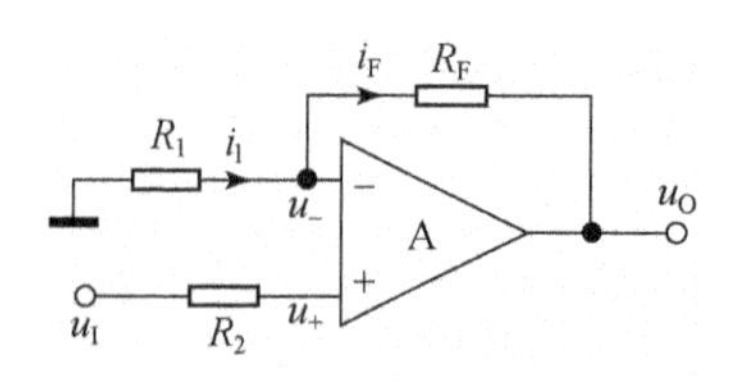

图 5.2　同相比例运算电路

由于“虚断路”,电阻 R_2 上无电流,故 $u_+=u_I$;由于“虚短路”,有 $u_-=u_+=u_I$。可见,同相比例运算电路中,集成运放的两个输入端存在共模输入电压,电路对运放的共模抑制比要求较高。

又由于“虚断路”，有 $i_1=i_F$，即

$$\frac{0-u_-}{R_1}=\frac{u_- - u_O}{R_F}$$

得

$$u_O=\left(1+\frac{R_F}{R_1}\right)u_-=\left(1+\frac{R_F}{R_1}\right)u_I \tag{5.5}$$

于是得到同相比例运算电路的电压放大倍数为

$$A_{uf}=1+\frac{R_F}{R_1} \tag{5.6}$$

当 $R_F=0$ 或 $R_1=\infty$时，$A_{uf}=1$，此时电路称为电压跟随器。

由于引入了深度电压串联负反馈，电路的输出电阻减小、输入电阻增加，因此输出电阻 $R_o=0$，输入电阻 $R_i=\infty$。

3. 差分比例运算电路

如图 5.3 所示电路中，输入电压 u_{I1} 和 u_{I2} 分别加到集成运放的反相输入端和同相输入端，电路实现差分比例运算。电阻 R_F 和 R_1 构成深度电压并联负反馈回路，集成运放工作在线性区。

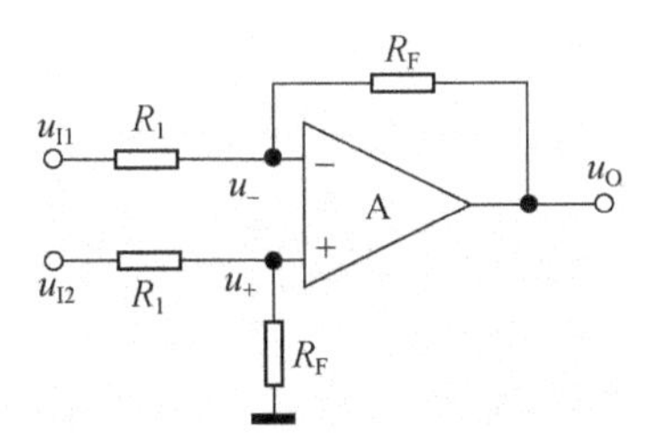

图 5.3　差分比例运算电路

由于“虚断路”，有

$$\frac{u_{I1}-u_-}{R_1}=\frac{u_- - u_O}{R_F}$$

$$u_+=\frac{R_F}{R_1+R_F}u_{I2}$$

由于“虚短路”，有 $u_-=u_+$，整理得

$$u_O=-\frac{R_F}{R_1}(u_{I1}-u_{I2}) \tag{5.7}$$

于是得到差分比例运算电路的电压放大倍数为

$$A_{uf}=-\frac{R_F}{R_1} \tag{5.8}$$

当 $R_F=R_1$ 时，$A_{uf}=-1$，$u_O=u_{I2}-u_{I1}$，电路实现减法运算。

由于引入了深度电压并联负反馈，电路的输出电阻和输入电阻均减小。电路输出电阻 $R_o=0$，差模输入电阻 $R_i=2R_1$，故输入电阻不会很高。另外，运放的输入端存在共模输入电压，电路对运放的共模抑制比要求较高，同时对电阻的对称性要求也较高。

例 5-1 图 5.4 所示电路为 T 型网络反相比例运算电路，$R_1=R_2=R_4=500\ \text{k}\Omega$，$R_3=10\ \text{k}\Omega$，集成运放 A 为理想运放。

(1) 求电路的电压放大倍数 A_{uf}、输入电阻 R_i 和电阻 R_5 的阻值；

(2) 若采用图 5.1 的反相比例运算电路，且保证同样的 A_{uf} 和 R_i，则 R_1 和 R_F 应取多大？

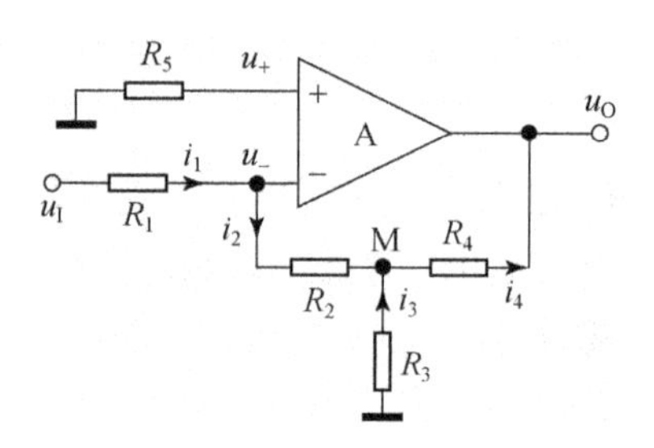

图 5.4 例 5-1 图

解 (1) 电路通过 T 型反馈网络引入深度电压并联负反馈，运放工作在线性区，有

$$\frac{u_I-u_-}{R_1}=\frac{u_--u_M}{R_2}$$

得

$$u_M=-\frac{u_I R_2}{R_1}$$

节点 M 电流方程 $$i_4=i_2+i_3$$

其中 $$i_2=\frac{u_I}{R_1}$$

$$i_3=\frac{0-u_M}{R_3}=\frac{u_I R_2}{R_1 R_3}$$

输出电压 $$u_O=-i_2 R_2-i_4 R_4$$

整理得电压放大倍数为

$$A_{uf}=-\frac{R_2+R_4+\dfrac{R_2 R_4}{R_3}}{R_1} \tag{5.9}$$

代入阻值得
$$A_{uf}=-52$$
输入电阻为
$$R_i=R_1=500(\text{k}\Omega)$$
补偿电阻 R_5 阻值为
$$R_5=R_1/\!/(R_2+R_3/\!/R_4)=252(\text{k}\Omega)$$

(2) 若采用图 5.1 的反相比例运算电路，则

$$R_1=R_i=500(\text{k}\Omega)$$

$$R_F=-A_{uf}R_1=26(\text{M}\Omega)$$

R_F 阻值过高，运算误差太大。可见，T 型网络反相比例运算电路在保证一定输入电阻的情况下，还能获得较高的电压放大倍数。

例 5-2　求图 5.5 所示电路的电压放大倍数 A_{uf}，设集成运放均为理想运放。

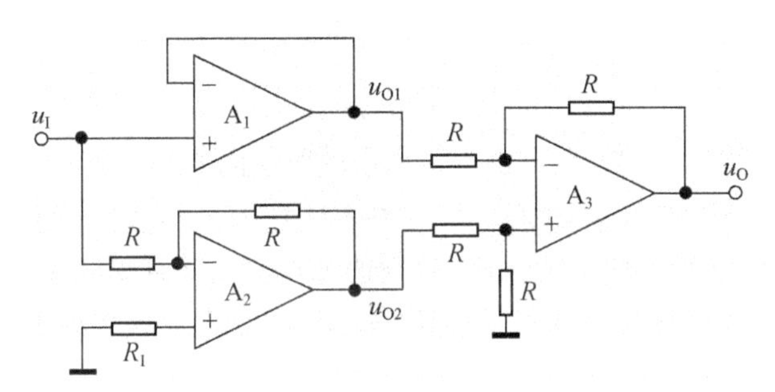

图 5.5　例 5-2 图

解　运放 A_1 组成电压跟随器，有

$$u_{O1}=u_I$$

运放 A_2 组成单位增益倒相器，有

$$u_{O2}=-u_I$$

运放 A_3 组成减法器，有

$$u_O=u_{O2}-u_{O1}=-2u_I$$

所以

$$A_{uf}=\frac{u_O}{u_I}=-2$$

5.1.2　加减运算电路

1. 反相输入加法电路

反相输入加法电路如图 5.6 所示，多路输入信号加到集成运放的反相输入端。运放的两个输入端为“虚地”，共模输入电压为零。

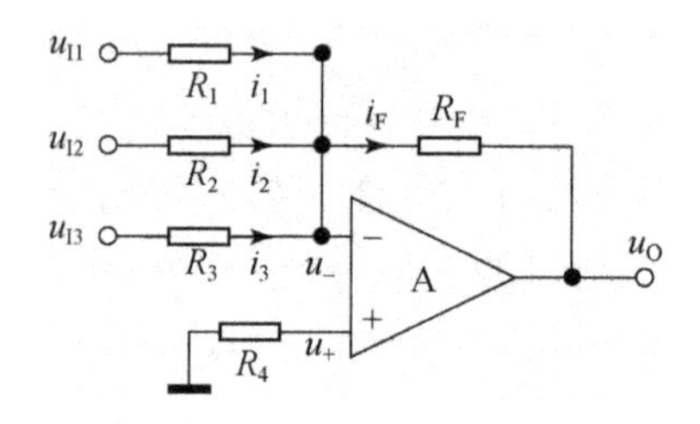

图 5.6 反相输入加法电路

根据“虚短路”和“虚断路”的原则，有

$$i_1+i_2+i_3=i_F$$

$$\frac{u_{I1}-0}{R_1}+\frac{u_{I2}-0}{R_2}+\frac{u_{I3}-0}{R_3}=\frac{0-u_O}{R_F}$$

得到输出电压

$$u_O=-\left(\frac{R_F}{R_1}u_{I1}+\frac{R_F}{R_2}u_{I2}+\frac{R_F}{R_3}u_{I3}\right) \tag{5.10}$$

可见，电路完成了对各路输入信号按不同比例的加法运算。要想改变某路输入信号在输出信号中所占的比例，只需改变相应输入回路的电阻，而对其他各路信号无影响，因而该电路得到了广泛的应用。电路的缺点是各路输入电阻不大，分别为 R_1，R_2 和 R_3。

2. 同相输入加法电路

同相输入加法电路如图 5.7 所示，多路输入信号加到集成运放的同相输入端。

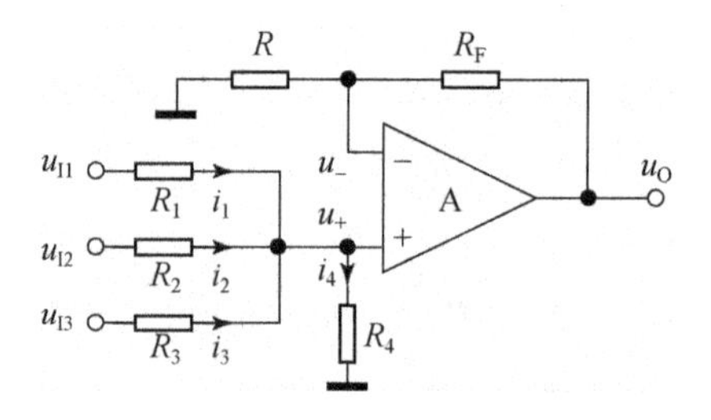

图 5.7 同相输入加法电路

根据“虚短路”和“虚断路”的原则，有

$$i_1+i_2+i_3=i_4$$

$$\frac{u_{I1}-u_+}{R_1}+\frac{u_{I2}-u_+}{R_2}+\frac{u_{I3}-u_+}{R_3}=\frac{u_+}{R_4}$$

得

$$u_+=\frac{R_+}{R_1}u_{I1}+\frac{R_+}{R_2}u_{I2}+\frac{R_+}{R_3}u_{I3}$$

其中，$R_+=R_1 /\!/ R_2 /\!/ R_3 /\!/ R_4$

$$u_- = u_+$$

$$u_O = \left(1+\frac{R_F}{R}\right)u_-$$

得到输出电压

$$u_O = \left(1+\frac{R_F}{R}\right)\left(\frac{R_+}{R_1}u_{I1}+\frac{R_+}{R_2}u_{I2}+\frac{R_+}{R_3}u_{I3}\right) \tag{5.11}$$

若取 $R_+=R /\!/ R_F$，则有

$$u_O = \frac{R_F}{R_1}u_{I1}+\frac{R_F}{R_2}u_{I2}+\frac{R_F}{R_3}u_{I3} \tag{5.12}$$

可见，电路也完成了对各路输入信号按不同比例的加法运算。由于 R_+ 与各输入回路电阻都有关，要想调节某路输入信号在输出信号中所占的比例，则对其他各路都有影响。另外，运放输入端存在共模信号，且各路输入电阻不大，该电路实际中很少被使用。

3. 差分输入加减电路

差分输入加减电路如图 5.8 所示，u_{I1}，u_{I2} 加到集成运放的反相输入端，u_{I3}，u_{I4} 加到集成运放的同相输入端，电路可实现加减运算。

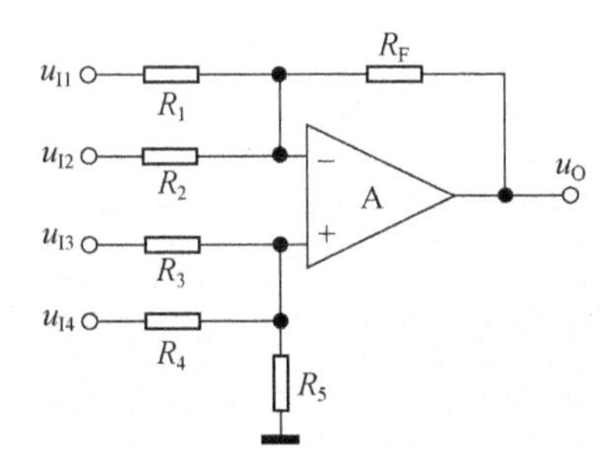

图 5.8　差分输入加减电路

运用叠加定理求解。令运放同相输入端信号为零，则电路为反相加法电路，有

$$u_{O1} = -\left(\frac{R_F}{R_1}u_{I1}+\frac{R_F}{R_2}u_{I2}\right)$$

再令运放反相输入端信号为零，则电路为同相加法电路。若 $R_1 /\!/ R_2 /\!/ R_F = R_3 /\!/ R_4 /\!/ R_5$，根据式(5.12)，有

$$u_{O2} = \left(\frac{R_F}{R_3}u_{I3}+\frac{R_F}{R_4}u_{I4}\right)$$

所以

$$u_O = \left(\frac{R_F}{R_3}u_{I3}+\frac{R_F}{R_4}u_{I4}\right)-\left(\frac{R_F}{R_1}u_{I1}+\frac{R_F}{R_2}u_{I2}\right) \tag{5.13}$$

可见,电路完成了对各路输入信号按不同比例的加减运算。但该电路中电阻的选取和调节十分不便,实际应用中常采用两级反相输入加法电路来实现加减运算。

例 5-3 设计一个运算电路,实现以下运算关系

$$u_O = 0.5u_{I1} + 2u_{I2} - 10u_{I3} - 5u_{I4}$$

解 采用两级反相输入加法电路,第一级实现运算 $u_{O1} = -(0.5u_{I1} + 2u_{I2})$,第二级实现运算 $u_O = -(u_{O1} + 10u_{I3} + 5u_{I4}) = 0.5u_{I1} + 2u_{I2} - 10u_{I3} - 5u_{I4}$,电路如图 5.9 所示。

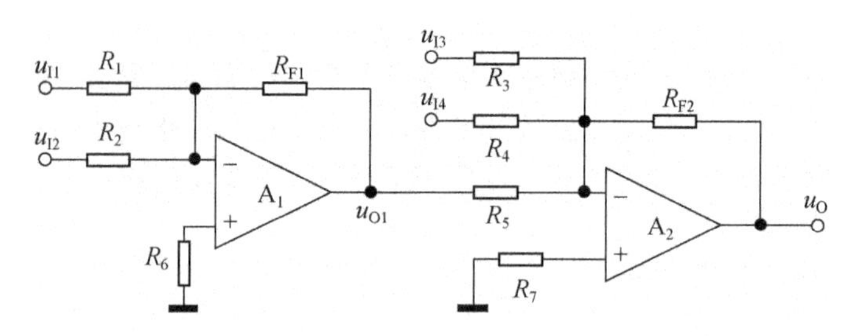

图 5.9 例 5-3 图

根据式(5.10),有

$$\frac{R_{F1}}{R_1} = 0.5, \quad \frac{R_{F1}}{R_2} = 2, \quad \frac{R_{F2}}{R_5} = 1, \quad \frac{R_{F2}}{R_3} = 10, \quad \frac{R_{F2}}{R_4} = 5$$

选取 $R_{F1} = R_{F2} = 50\ \text{k}\Omega$,可得

$$R_1 = 100\ \text{k}\Omega, R_2 = 25\ \text{k}\Omega, R_3 = 5\ \text{k}\Omega, R_4 = 10\ \text{k}\Omega, R_5 = 50\ \text{k}\Omega$$

补偿电阻为

$$R_6 = R_1 /\!/ R_2 /\!/ R_{F1} = 14.3(\text{k}\Omega)$$

$$R_7 = R_3 /\!/ R_4 /\!/ R_5 /\!/ R_{F2} = 3(\text{k}\Omega)$$

5.1.3 积分和微分运算电路

积分与微分互为逆运算,它们在电子技术中得到了广泛应用。除了在线性系统中作为积分与微分运算外,还常在脉冲电路中用作波形变换,如将矩形波变换为三角波等;在自动控制系统中作为调节环节,如比例-积分-微分(PID)调节器等。

1. 积分运算电路

将反相比例运算电路中的 R_F 用电容 C 替换,便组成了积分运算电路,如图 5.10 所示。

集成运放的两输入端为“虚地”,$u_- = u_+ = 0$,有

$$u_O = -u_C$$

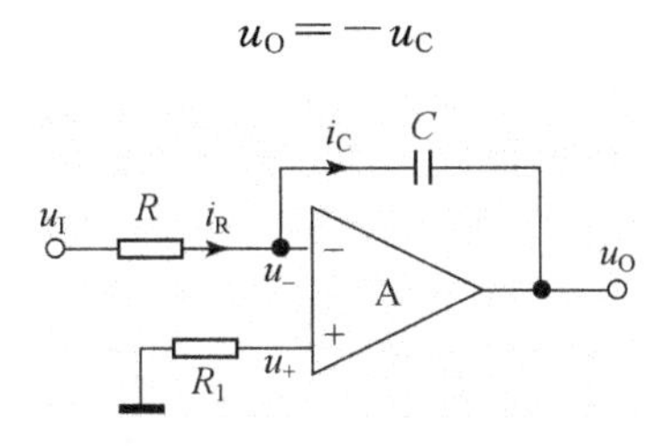

图 5.10　积分运算电路

而电容 C 两端电压与流过其电流的关系为

$$u_C = \frac{1}{C}\int i_C \mathrm{d}t$$

又有

$$i_C = i_R = \frac{u_I}{R}$$

所以得

$$u_O = -\frac{1}{RC}\int u_I \mathrm{d}t \tag{5.14}$$

可见,电路完成了对输入信号的积分运算。式(5.14)中的 RC 称为积分时间常数,表示为 $\tau = RC$。当输入电压 u_I 为常量时,并设电路初始输出电压为$u_O(0)$,则

$$u_O = -\frac{u_I}{\tau}t + u_O(0) \tag{5.15}$$

积分电路常用来进行波形变换,如将矩形波变换为三角波,如图 5.11 所示。

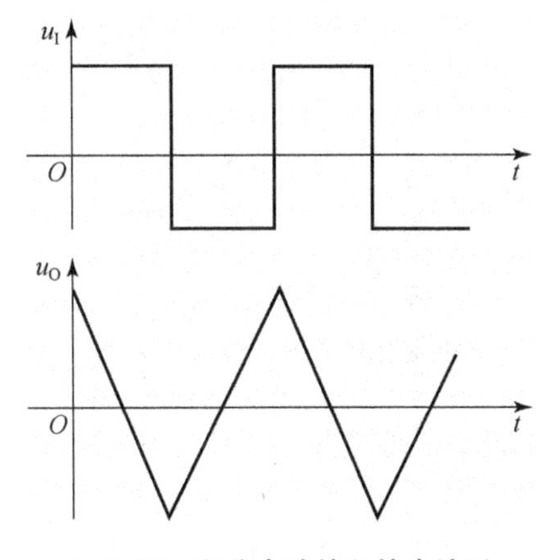

图 5.11　积分电路输入输出波形

2. 微分运算电路

将积分运算电路中的电阻 R 和电容 C 互换,便组成了微分运算电路,如图 5.12 所示。

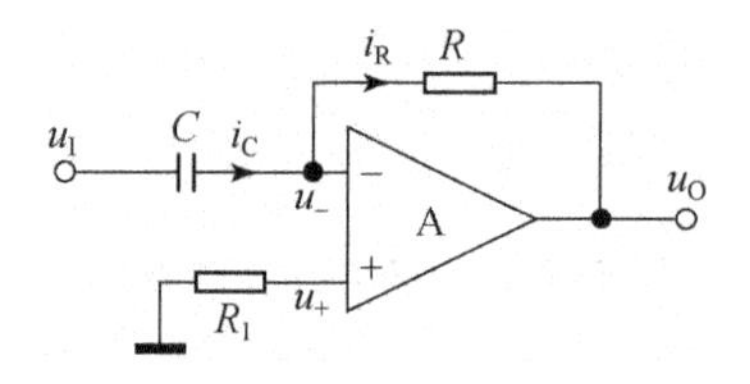

图 5.12 微分运算电路

集成运放的反相输入端为“虚地”,有 $u_O=-i_RR$。电容 C 的电流与两端电压的关系为

$$i_C=C\frac{du_C}{dt}$$

又有

$$u_C=u_I$$

$$i_R=i_C$$

所以得

$$u_O=-RC\frac{du_I}{dt} \tag{5.16}$$

可见,电路完成了对输入信号的微分运算。由于微分电路的输出电压正比于输入电压的变化率,因此电路对高频噪声的抗干扰能力较差。实用的微分电路中,常在输入回路中串联电阻 R',在反馈回路中并联电容 C',用以降低高频信号的闭环放大倍数,从而抑制高频噪声,如图 5.13 所示。

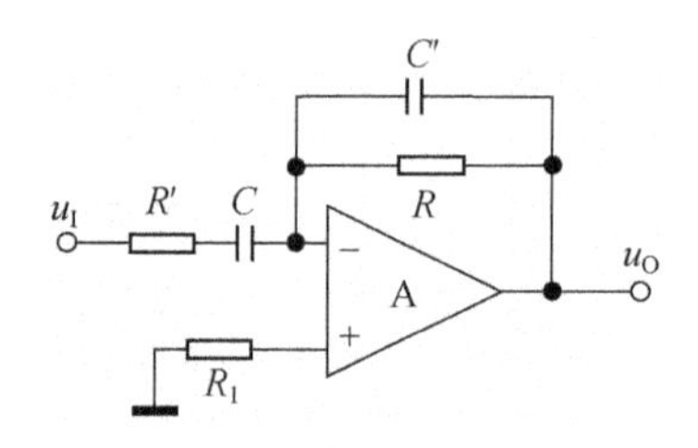

图 5.13 实用微分运算电路

微分电路也常用来进行波形变换,如将矩形波变换为尖脉冲,如图 5.14 所示。

除了上面介绍的比例、加减、积分和微分运算电路,利用集成运放还可构成对数、指数、乘法和除法等信号运算电路。限于篇幅,本书不再逐一介绍,有兴趣可参阅相关参考资料。

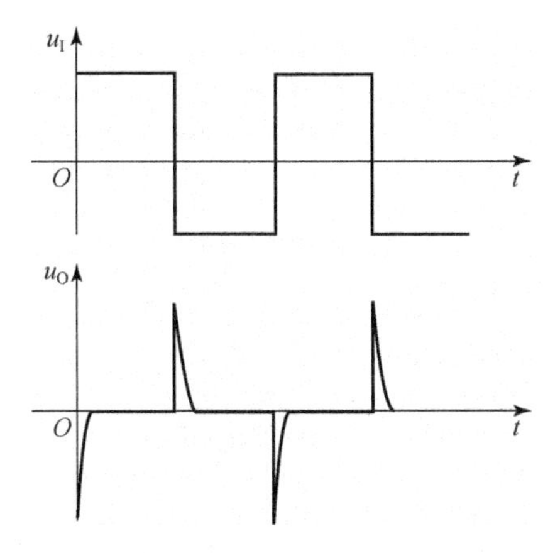

图 5.14　微分电路输入输出波形

例 5-4　图 5.10 积分运算电路中，输入电压 u_I 波形如图 5.15 所示，已知 $R=20\ \text{k}\Omega$，$C=0.5\ \mu\text{F}$，$t=0$ 时刻电容 C 初始电压为零，集成运放最大输出电压 $u_{Om}=\pm 10\ \text{V}$，试画出输出电压 u_O 的波形图。

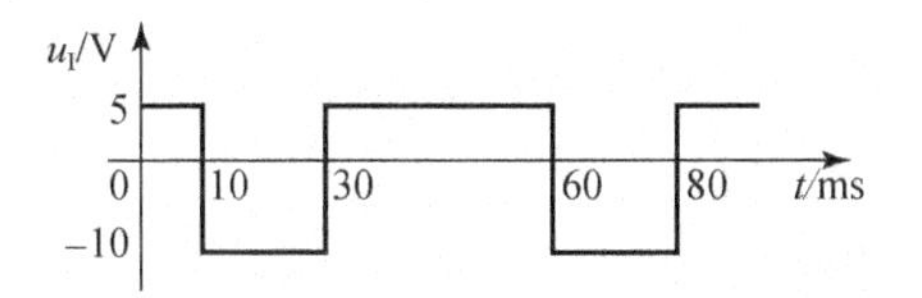

图 5.15　例 5-4 图

解　电路积分时间常数 $\tau=RC=10(\text{ms})$。

在 $t=(0\sim10)$ ms 期间，$u_I=5$ V，$u_O(0)=0$，由式(5.15)有

$$u_O=-\frac{u_I}{\tau}t+u_O(0)=-500\,t(\text{V})$$

即 u_O 以每秒 500 V 的速度向负方向增长，当 $t=10$ ms 时，$u_O=-5$ V。

在 $t=(10\sim30)$ms 期间，$u_I=-10$ V，$u_O(10\ \text{ms})=-5(\text{V})$，有

$$u_O=-\frac{u_I}{\tau}(t-10\ \text{ms})+u_O(10\ \text{ms})=[1000(t-10\ \text{ms})-5](\text{V})$$

即 u_O 以每秒 1000 V 的速度向正方向增长，当 $t=25$ ms 时，$u_O=10$ V，达到运放最大输出电压 u_{Om}，在 $t=(25\sim30)$ms 期间，u_O 不再增长，保持 10 V 不变。

在 $t=(30\sim60)$ms 期间，$u_I=5$ V，$u_O(30\ \text{ms})=10$ V，u_O 再次以每秒 500 V 的速度向负方向增长，当 $t=60$ ms 时，$u_O=-5$ V。以后将重复上述过程，输出电压波形见图 5.16 所示。

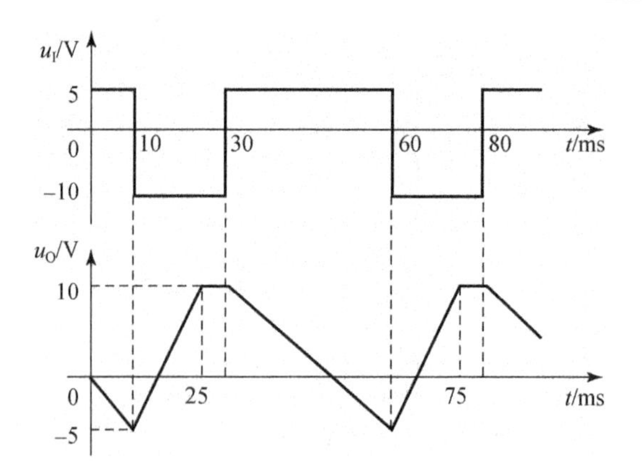

图 5.16　例 5-4 输出电压波形图

5.1.4　*RC* 有源滤波电路

在通信、测量与控制等电子系统中,为了利于信号传输、抑制干扰等,常常需要对信号的频率具有选择性的措施,即使特定频率范围的信号顺利通过,而其他频率信号则被阻止或衰减,这种措施称为滤波。滤波分为模拟滤波和数字滤波。本节主要介绍在低频模拟滤波中应用广泛的 *RC* 有源滤波电路。

1. 滤波电路基础知识

(1) 滤波电路的分类。

滤波电路的电压传输函数$\dot{A}_u$与信号频率的关系称为频率响应。在频率响应中,允许信号通过的频率范围称为滤波电路的通带,阻止信号通过的频率范围称为滤波电路的阻带,通带和阻带的界限频率称为截止频率。根据滤波电路的通带和阻带在其幅频特性中的位置不同,可分为低通滤波器(low pass filter,LPF)、高通滤波器(high pass filter,HPF)、带通滤波器(band pass filter,BPF)和带阻滤波器(band stop filter,BSF)四大类。

图 5.17 给出了四种理想滤波电路的幅频特性。图 5.17(a)表示低通滤波幅频特性,可见频率低于截止频率 f_H 的信号能通过,频率高于 f_H 的信号被阻止;图 5.17(b)表示高通滤波幅频特性,频率高于截止频率 f_L 的信号能通过,频率低于 f_L 的信号被阻止;图 5.17(c)表示带通滤波幅频特性,频率介于 f_L 和 f_H 之间的信号能通过,频率低于 f_L 或高于 f_H 的信号被阻止;图 5.17(d)表示带阻滤波幅频特性,频率介于 f_L 和 f_H 之间的信号被阻止,频率低于 f_L 或高于 f_H 的信号能通过。

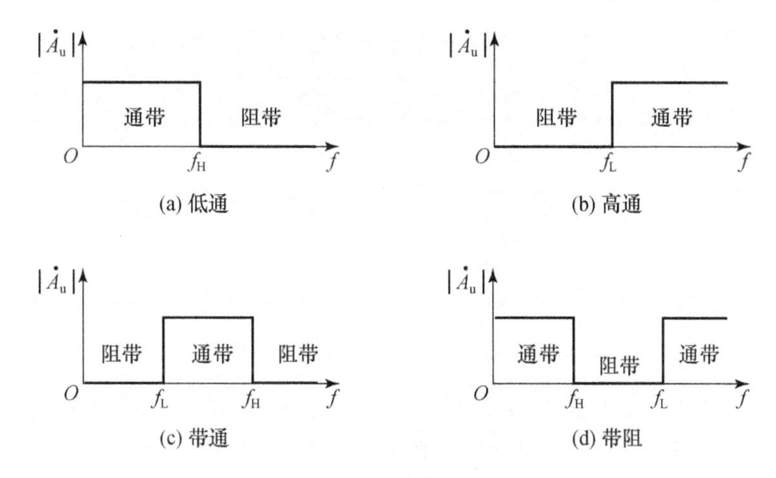

图 5.17　理想滤波电路幅频特性

(2) 滤波电路的特性。

实际滤波电路的幅频特性与图 5.17 理想滤波电路的幅频特性是有区别的，在通带和阻带之间存在过渡带，如图 5.18 所示。

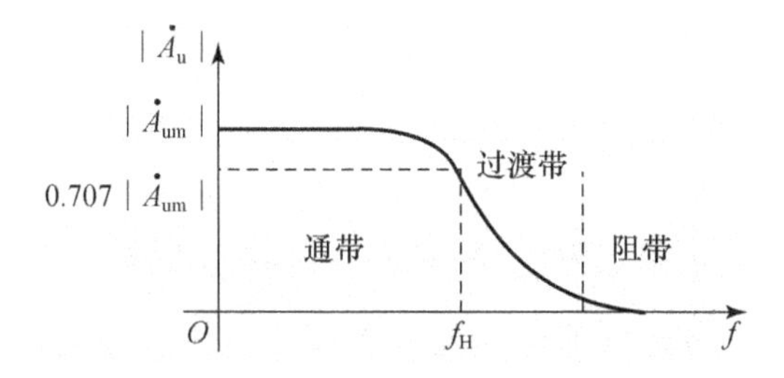

图 5.18　实际低通滤波电路幅频特性

图中$\dot{A}_{um}$为通带放大倍数，对于低通滤波器，即为频率等于零时的输出电压与输入电压之比；截止频率 f_H 为$|\dot{A}_u|=0.707|\dot{A}_{um}|$时对应的频率；频率从零到 f_H 的频段为通带，$\dot{A}_u$ 接近零的频段为阻带，f_H 到$\dot{A}_u$ 接近零的频段为过渡带。过渡带越窄越好，常用衰减斜率来表示滤波电路过渡带的特性。

滤波电路的通带放大倍数$\dot{A}_{um}$、截止频率 f_H(f_L)和过渡带衰减斜率是其三个重要的特性指标。设计者的任务就是设计合适的截止频率，且使通带内放大倍数平坦，过渡带衰减斜率大，力求向理想特性逼近。

(3) 无源滤波和有源滤波电路。

由无源元件(R,C,L)组成的滤波电路称为无源滤波电路；由无源元件和有源器件(三极管、场效应管、集成运放)共同组成的滤波电路称为有源滤波电路。

图 5.19 所示电路为一阶 RC 低通无源滤波电路。不难分析,其通带电压放大倍数低,最大为 1($R_L=\infty$时)。更为严重的是带负载能力差,当 R_L 变动时,滤波电路的通带电压放大倍数和截止频率都会随之变动。

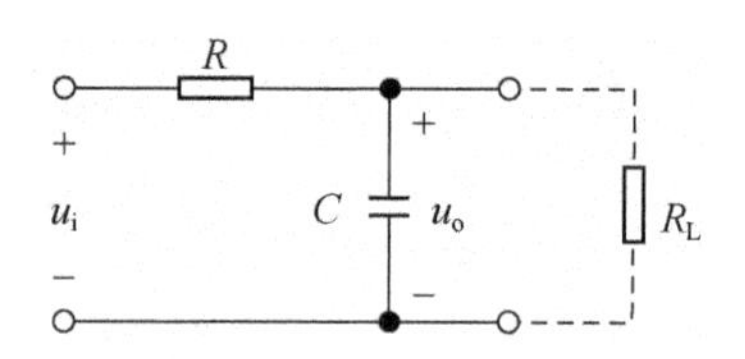

图 5.19 一阶 RC 低通滤波电路

若在 RC 低通滤波电路和负载间加入一个由运放组成的电压跟随器,使两者隔离开来,就构成了一阶 RC 低通有源滤波电路,如图 5.20 所示。由于电压跟随器输入电阻高、输出电阻低,电路具有很强的带负载能力,R_L 的变动将不会影响电路的通带电压放大倍数和截止频率。若将电压跟随器改为同相比例放大电路,则电路除了滤波功能外,还具有电压放大功能。

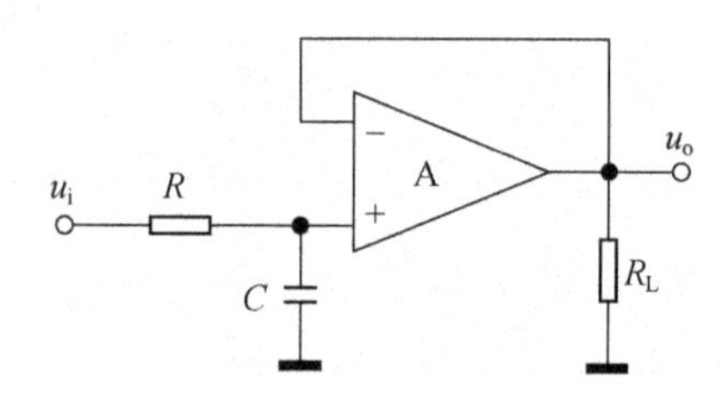

图 5.20 一阶 RC 低通有源滤波电路

由于集成运放本身带宽等参数的限制,RC 有源滤波电路只适用于低频小信号的滤波,不适用于高频信号以及高电压大电流的负载。

2. 低通滤波电路

(1) 一阶低通滤波电路。

图 5.21 所示电路为由 RC 和同相比例放大电路组成的一阶有源滤波电路。当信号频率趋于零时,电容容抗趋于无穷大,电路的通带电压放大倍数

$$\dot{A}_{um}=1+\frac{R_F}{R_1}$$

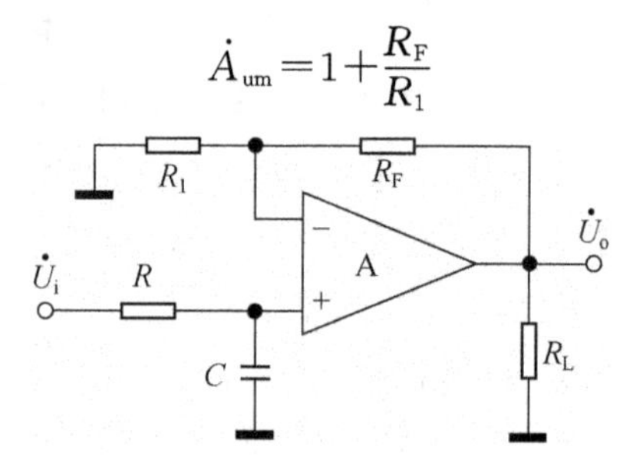

图 5.21 一阶 RC 低通有源滤波电路

当信号频率趋于无穷大时，电容容抗趋于零，电路的电压放大倍数趋于零。由此可判断电路具有低通特性。有

$$\dot{U}_+ = \frac{\dot{U}_i}{R+\frac{1}{j\omega C}} \cdot \frac{1}{j\omega C} = \frac{\dot{U}_i}{1+j\omega RC}$$

得到电路的电压放大倍数为

$$\dot{A}_u = \frac{\dot{U}_o}{\dot{U}_i} = \left(1+\frac{R_F}{R_1}\right)\frac{\dot{U}_+}{\dot{U}_i} = \frac{\left(1+\frac{R_F}{R_1}\right)}{1+j\omega RC} = \frac{\left(1+\frac{R_F}{R_1}\right)}{1+j2\pi fRC}$$

令

$$\dot{A}_{um} = 1+\frac{R_F}{R_1}, \quad f_H = \frac{1}{2\pi RC}$$

有

$$\dot{A}_u = \frac{\dot{A}_{um}}{1+j\frac{f}{f_H}} \tag{5.17}$$

$$|\dot{A}_u| = \frac{|\dot{A}_{um}|}{\sqrt{1+\left(\frac{f}{f_H}\right)^2}} \tag{5.18}$$

当 $f=0$ 时，$\dot{A}_u=\dot{A}_{um}$，$\dot{A}_{um}$ 为通带放大倍数；

当 $f=f_H$ 时，$|\dot{A}_u|=\frac{|\dot{A}_{um}|}{\sqrt{2}}$，$f_H$ 为截止频率；

当 $f \gg f_H$ 时，$|\dot{A}_u| \approx \frac{f_H}{f}|\dot{A}_{um}|$，频率 f 每升高 10 倍，则 $|\dot{A}_u|$ 下降 10 倍，即 $20\lg|\dot{A}_u|$ 下降 20 dB，因此过渡带的衰减斜率为 −20 dB/十倍频。电路的幅频特性如图 5.22 所示。

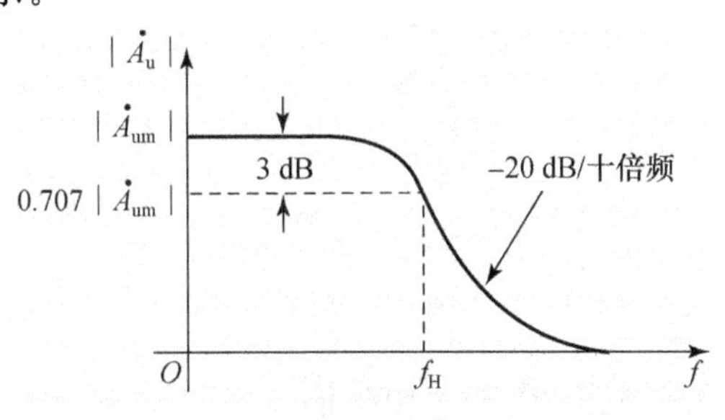

图 5.22　一阶 *RC* 低通有源滤波电路幅频特性

(2) 二阶低通滤波电路。

上面分析的一阶低通电路的过渡带衰减太慢,偏离理想滤波特性太远。为了得到较好的滤波效果,可采取高阶滤波电路。一个简单的二阶 RC 低通有源滤波电路如图 5.23 所示。

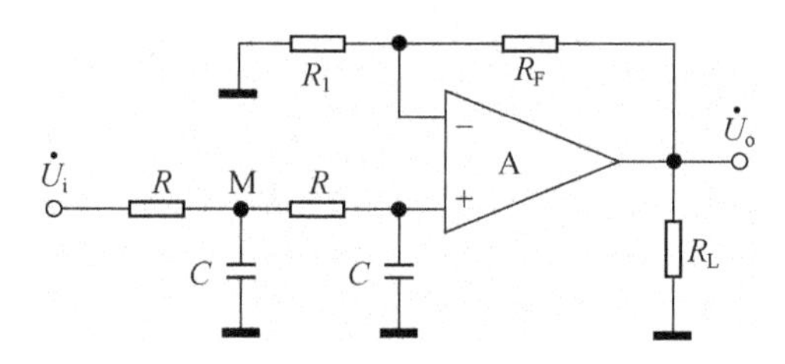

图 5.23 二阶 RC 低通有源滤波电路

容易列出下列关系式:

$$\dot{U}_+ = \frac{\dot{U}_M}{R+\frac{1}{j\omega C}} \cdot \frac{1}{j\omega C} = \frac{\dot{U}_M}{1+j\omega RC}$$

$$\dot{U}_M = \frac{\frac{1}{j\omega C} /\!/ \left(R+\frac{1}{j\omega C}\right)}{R+\frac{1}{j\omega C} /\!/ \left(R+\frac{1}{j\omega C}\right)} \cdot \dot{U}_i$$

$$\dot{A}_u = \frac{\dot{U}_o}{\dot{U}_i} = \left(1+\frac{R_F}{R_1}\right)\frac{\dot{U}_+}{\dot{U}_i}$$

得到电压放大倍数为

$$\dot{A}_u = \frac{\dot{A}_{um}}{1-\left(\frac{f}{f_0}\right)^2 + j3\frac{f}{f_0}} \tag{5.19}$$

其中

$$\dot{A}_{um} = 1+\frac{R_F}{R_1}, \quad f_0 = \frac{1}{2\pi RC}$$

当 $f=0$ 时,$\dot{A}_u=\dot{A}_{um}$,$\dot{A}_{um}$ 为通带放大倍数;

当式(5.19)分母之模等于$\sqrt{2}$时,$f=f_H\approx 0.37f_0$,f_H 为截止频率;

当 $f\gg f_0$ 时,$|\dot{A}_u|\approx\left(\frac{f_0}{f}\right)^2|\dot{A}_{um}|$,频率 f 每升高 10 倍,则 $|\dot{A}_u|$ 下降 100 倍,即 $20\lg|\dot{A}_u|$ 下降 40 dB,因此过渡带的衰减斜率为 −40 dB/十倍频。电路的幅频特性如图 5.24 所示。

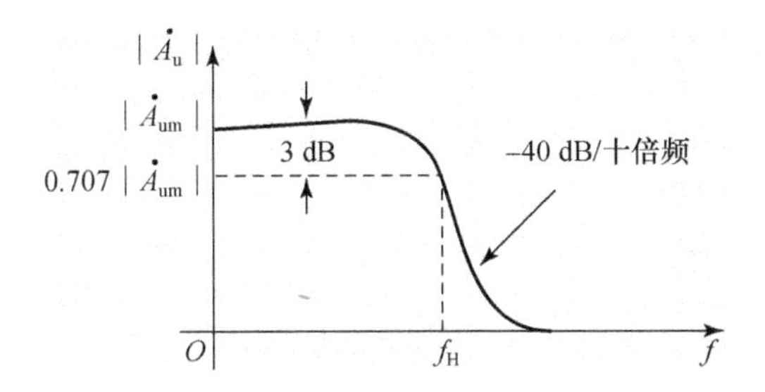

图 5.24　二阶 RC 低通有源滤波电路幅频特性

可见，为了得到较好的过渡带衰减斜率，通常需要高阶滤波电路。高阶 RC 低通有源滤波电路可通过将多个一阶或二阶低通电路级联起来实现，如将两个二阶低通电路级联可得到四阶低通滤波电路。

3. 高通滤波电路

高通滤波电路与低通滤波电路具有对偶性。因此，将图 5.21 和图 5.23 低通电路中的电阻、电容互换，就可得到高通滤波电路；将低通滤波器的电压放大倍数表达式中的 $j\omega RC$ 换为 $1/j\omega RC$，就可得到高通滤波器的电压放大倍数；高通滤波电路与低通滤波电路的幅频特性互为"镜像"关系。

如图 5.25(a)所示电路为一阶 RC 高通有源滤波电路。

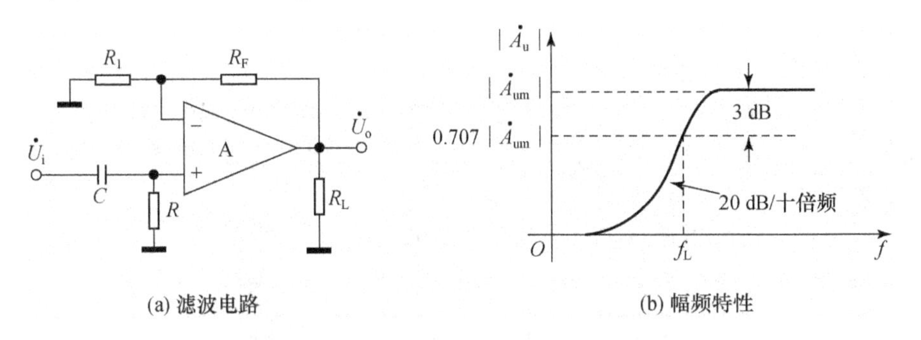

图 5.25　一阶 RC 高通有源滤波电路及幅频特性

电路的电压放大倍数为

$$\dot{A}_u = \frac{\dot{A}_{um}}{1 - j\dfrac{f_L}{f}} \tag{5.20}$$

通带放大倍数和截止频率为

$$\dot{A}_{um} = 1 + \frac{R_F}{R_1}, \quad f_L = \frac{1}{2\pi RC}$$

电路的幅频特性如图 5.25(b)所示。

图 5.26(a)所示电路为二阶 RC 高通有源滤波电路。

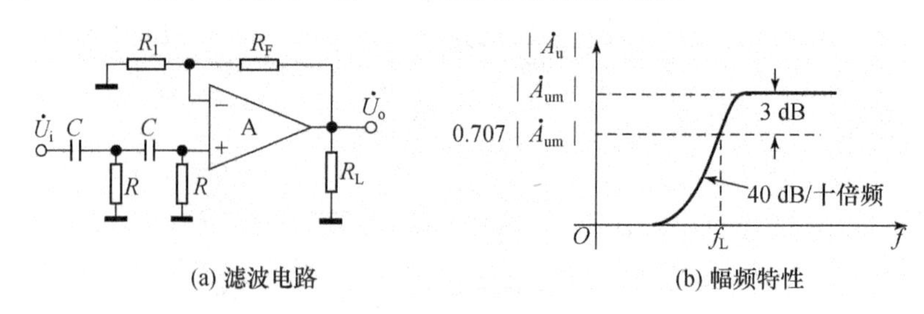

图 5.26　二阶 *RC* 高通有源滤波电路及幅频特性

电路的电压放大倍数为

$$\dot{A}_u=\frac{\dot{A}_{um}}{1-\left(\frac{f_0}{f}\right)^2-j3\frac{f_0}{f}} \tag{5.21}$$

通带放大倍数和截止频率为

$$\dot{A}_{um}=1+\frac{R_F}{R_1},\quad f_L\approx\frac{1}{0.37}f_0\approx2.7\cdot\frac{1}{2\pi RC}$$

电路的幅频特性如图 5.26(b)所示。

高阶 RC 高通有源滤波电路也可通过将多个一阶或二阶高通电路级联起来实现。

4. 带通和带阻滤波电路

(1) 带通滤波电路。带通滤波电路只允许某一频带范围内的信号通过,常用于抗干扰的设备中。如语音信号采集设备前端,利用带通滤波器去消除高频噪声和低频干扰(50 Hz 交流电干扰)。

带通滤波电路可通过将低通电路和高通电路串联(级联)起来得到,条件是低通电路的截止频率 f_H 大于高通电路的截止频率 f_L。如图 5.27 所示。

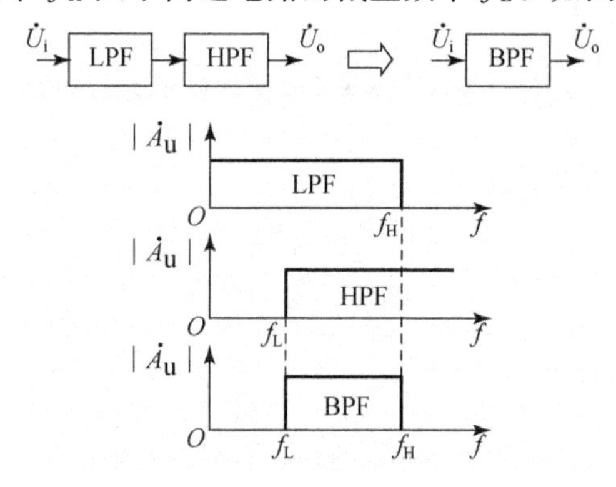

图 5.27　带通滤波电路构成示意图

低通电路允许频率 $f<f_H$ 的信号通过，高通电路允许频率 $f>f_L$ 的信号通过。两者串联起来，则允许频率 $f_L<f<f_H$ 的信号通过，即构成了带宽为 f_H-f_L 的带通滤波电路。

一个通过低通电路和高通电路串联得到的 RC 带通有源滤波示意电路如图 5.28 所示。由 R_1，C_1 组成的低通滤波电路和由 R_2，C_2 组成的高通滤波电路相串联，然后接同相比例运算电路，从而得到 RC 带通有源滤波电路。

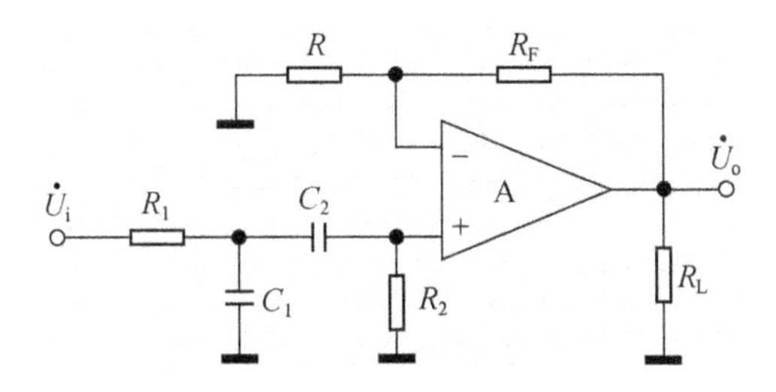

图 5.28　*RC* 带通有源滤波电路

(2) 带阻滤波电路。与带通滤波电路作用相反，带阻滤波电路阻止某一频段的信号通过。这种电路也称为陷波电路，常用于电子系统中的抗干扰，如 50 Hz陷波等。

带阻滤波电路可通过将低通电路和高通电路并联起来得到，条件是低通电路的截止频率 f_H 小于高通电路的截止频率 f_L，如图 5.29 所示。

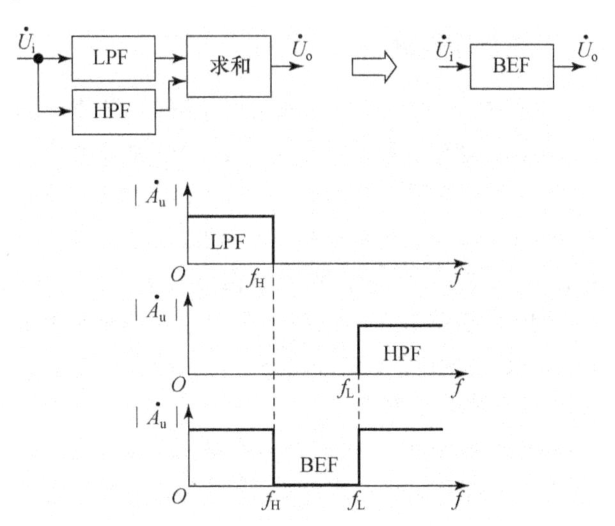

图 5.29　带阻滤波电路构成示意图

低通电路允许频率 $f<f_H$ 的信号通过，高通电路允许频率 $f>f_L$ 的信号通过。两者并联起来,则允许频率 $f<f_H$ 和 $f>f_L$ 的信号通过,频率 $f_H<f<f_L$ 的信号被阻止,即构成了带宽为 f_L-f_H 的带阻滤波电路。

一个通过低通电路和高通电路并联得到的 RC 带阻有源滤波示意电路如图 5.30 所示。由 R_1,C_1 组成的低通滤波电路和由 R_2,C_2 组成的高通滤波电路相并联,然后接同相比例运算电路,从而得到 RC 带阻有源滤波电路。

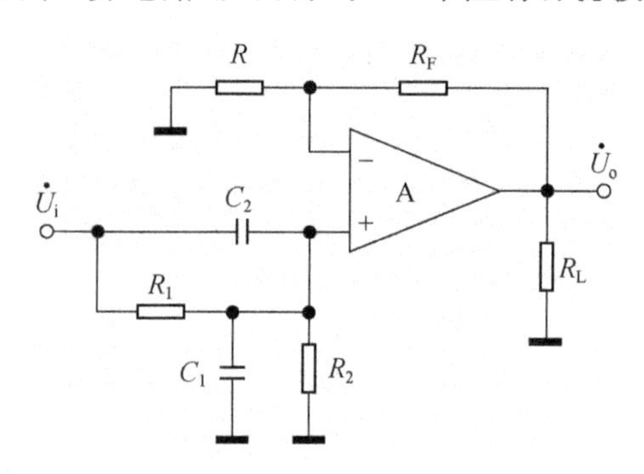

图 5.30 RC 带阻有源滤波电路

为了满足实际工作中对滤波器性能指标的要求,往往需要设计高阶(如 4 阶以上)RC 有源滤波电路,这时电路参数的计算将变得相当繁琐。在实际 RC 有源滤波电路的设计中,常利用前人计算出的滤波器设计表格,可方便、快速地查表,设计出给定参数的滤波器,并利用计算机辅助分析软件进行仿真分析。

5.1.5 *RC* 正弦波振荡电路

振荡电路是指在没有外加输入信号激励的情况下,依靠电路本身的自激振荡而产生各种稳定的、周期变化的输出信号。这种电路又称为波形发生器或振荡器,常作为信号源用于电路系统的测试、控制等。依据振荡电路产生波形的不同,分为正弦波振荡(简谐振荡)电路和非正弦波振荡(多谐波振荡)电路两大类。正弦波振荡电路主要分为用于产生低频输出信号的 RC 正弦波振荡电路、用于产生高频输出信号的 LC 正弦波振荡电路和用于产生高稳定度振荡频率的晶体正弦波振荡电路三种类型。本节主要介绍 RC 正弦波振荡电路。

1. 正弦波振荡器的基本原理

(1) 振荡产生的条件。从上一章放大电路中的反馈分析中可知,当电路引入正反馈时,将可能产生自激振荡。因此,振荡电路需存在由输出端到输入端的正反馈通路。正反馈放大电路的方块图如图 5.31(a)所示。

与负反馈中的净输入量 $\dot{X}_d=\dot{X}_i-\dot{X}_f$ 不同,正反馈中的净输入量为

$$\dot{X}_d=\dot{X}_i+\dot{X}_f$$

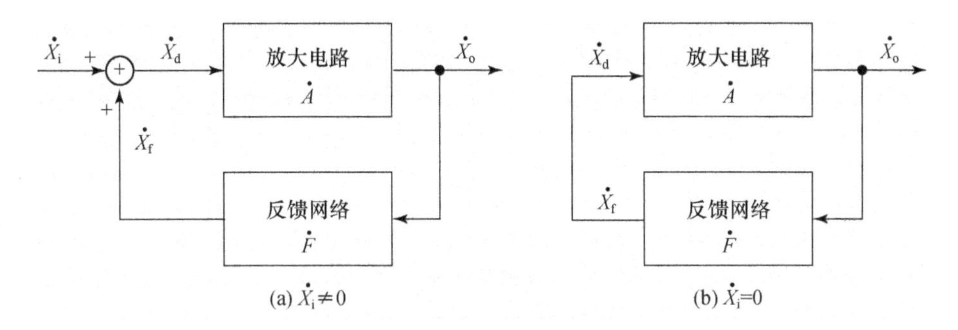

(a) $\dot{X}_i \neq 0$　　(b) $\dot{X}_i = 0$

图 5.31　正反馈放大电路方块图

当输入量$\dot{X}_i=0$时，方块图变为图 5.31(b)所示。此时有

$$\dot{X}_d=\dot{X}_f=\dot{X}_o\dot{F}=\dot{A}\dot{F}\dot{X}_d$$

即

$$\dot{A}\dot{F}=1 \tag{5.22}$$

此式称为振荡的平衡条件。当满足这个条件时，电路的输出量通过正反馈网络产生反馈量，反馈量又作为电路的输入量，输入量又通过放大电路产生输出量，从而维持一个稳定的振荡输出信号。

将式(5.22)写成模与相角的形式

$$\begin{cases}|\dot{A}\dot{F}|=1 \\ \varphi_A+\varphi_F=2n\pi \quad (n\text{ 为整数})\end{cases} \tag{5.23}$$

其中，φ_A，φ_F 分别为$\dot{A}$和$\dot{F}$的相角。上式分别称为振荡的振幅平衡条件和相位平衡条件。振幅平衡条件是使环路增益的模为 1，从而保持输入量不变；相位平衡条件是使电路中反馈的极性为正反馈。

振荡的平衡条件是在振荡建立起来后，维持电路稳幅振荡的条件。但在电路刚上电时，放大电路的输入信号、输出信号和反馈信号都非常小，接近于零。若此时$|\dot{A}\dot{F}|=1$，则电路中各信号状态将维持不变，不能产生振荡。要使电路能够自行起振，开始时的环路增益必须大于 1，以使电路中各信号逐渐增大。因此，振荡电路的起振条件为

$$|\dot{A}\dot{F}|>1 \tag{5.24}$$

在振荡建立的过程中，随着振幅的增大，电路中的非线性元件将使放大电路的放大倍数减小，最终达到$|\dot{A}\dot{F}|=1$，电路将进入稳幅振荡状态。振荡电路的起振过程如图 5.32 所示。

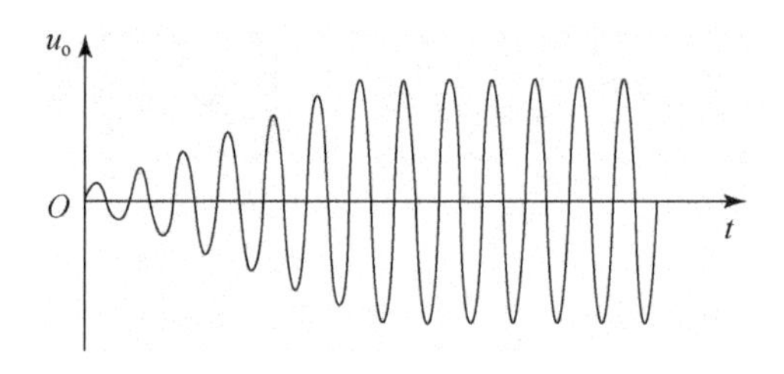

图 5.32　振荡电路的起振过程

(2) 正弦波振荡电路的组成。正弦波振荡电路的组成框图如图 5.33 所示,包括以下四部分:

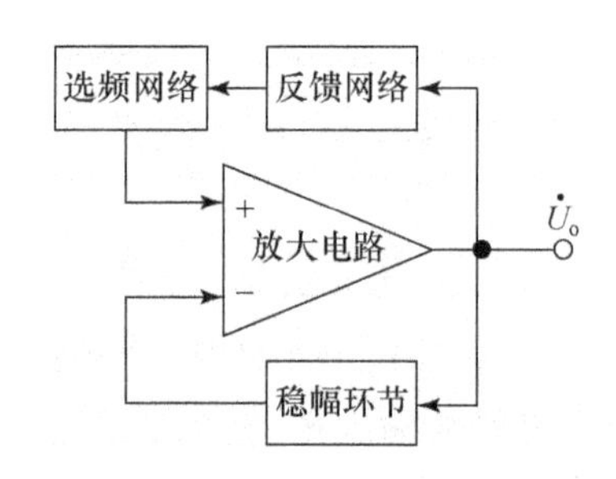

图 5.33　正弦波振荡电路组成框图

① 放大电路:提供信号放大能力,保证振荡电路从起振到稳幅振荡的过程中,满足起振条件和平衡条件。可使用三极管、场效应管、集成运放等作为放大器件。

② 选频网络:将需要的振荡频率选择出来,保证电路只允许单一频率的正弦信号满足振荡条件,即保证电路产生正弦波振荡。常使用 *RC*,*LC* 或晶体组成选频网络。

③ 反馈网络:提供正反馈通路,保证振荡电路满足振荡的相位条件。实际电路中,常将选频网络和反馈网络"合二为一"。

④ 稳幅环节:根据输出信号幅度,自动调节放大电路的放大倍数,保证输出信号幅值稳定。常采用非线性元件构成。

2. *RC* 串并式正弦波振荡电路

实用的 *RC* 选频网络有多种,如 *RC* 串并式、移相式、双 T 网络式等。下面介绍常用的 *RC* 串并式正弦波振荡电路,也称为文氏桥振荡电路。

(1) 电路组成。*RC* 串并式正弦波振荡电路如图 5.34 所示。图中串联的 *RC* 和并联的 *RC* 组成正反馈、选频网络,同时构成文氏桥的两臂;放大电路采用高输入电阻、低输出电阻的同相比例运算电路,以减小对选频网络的影响。电阻

R_F 和 R_1 组成负反馈网络,构成文氏桥的另外两臂。在负反馈回路中接入非线性元件,可稳定输出信号幅度。电路的振荡条件和振荡频率主要由两个反馈网络的参数决定。

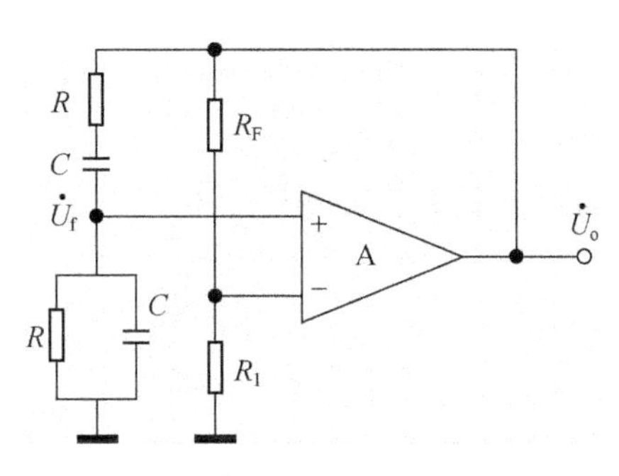

图 5.34　*RC* 串并式正弦波振荡电路

(2) 选频网络特性。图 5.34 中,RC 串并联正反馈选频网络的输入电压为放大电路的输出电压$\dot{U}_o$,输出电压为反馈电压$\dot{U}_f$,则反馈系数为

$$\dot{F}=\frac{\dot{U}_f}{\dot{U}_o}=\frac{R /\!/ \frac{1}{j\omega C}}{R+\frac{1}{j\omega C}+R /\!/ \frac{1}{j\omega C}}=\frac{1}{3+j\left(\omega RC-\frac{1}{\omega RC}\right)}$$

即

$$\dot{F}=\frac{1}{3+j\left(2\pi fRC-\frac{1}{2\pi fRC}\right)}$$

令

$$f_0=\frac{1}{2\pi RC}$$

则有

$$\dot{F}=\frac{1}{3+j\left(\frac{f}{f_0}-\frac{f_0}{f}\right)} \tag{5.25}$$

幅频特性为

$$|\dot{F}|=\frac{1}{\sqrt{3^2+\left(\frac{f}{f_0}-\frac{f_0}{f}\right)^2}} \tag{5.26}$$

相频特性为

$$\varphi_F=-\arctan\frac{1}{3}\left(\frac{f}{f_0}-\frac{f_0}{f}\right) \tag{5.27}$$

当 $f=f_0=\dfrac{1}{2\pi RC}$ 时，$\dot{F}$ 幅值达到最大，此时

$$|\dot{F}|=\frac{1}{3} \tag{5.28}$$

而 $\dot{F}$ 相角为零，即

$$\varphi_F=0 \tag{5.29}$$

RC 串并联网络的幅频特性和相频特性如图 5.35(a)、(b)所示。

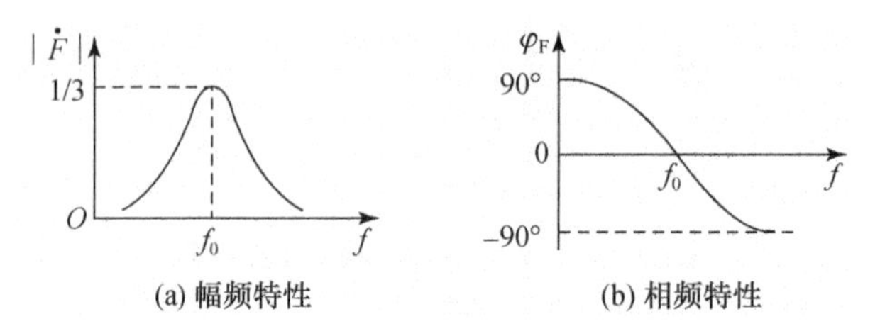

图 5.35　*RC* 串并联选频网络的频率特性

因此，当 $f=f_0$ 时，选频网络的输出电压 $\dot{U}_f$ 幅值最大，等于其输入电压 $\dot{U}_o$ 的 1/3，且 $\dot{U}_f$ 与 $\dot{U}_o$ 同相。

(3) 振荡条件和振荡频率。振荡电路能够工作必须满足相位条件和振幅条件。对于相位条件，通过以上分析已知当 $f=f_0$ 时，选频网络的 $\varphi_F=0$。在图 5.34 电路中，放大电路采用的是同相比例运算电路，输出电压 $\dot{U}_o$ 与输入电压 $\dot{U}_f$ ($\dot{U}_+$)同相，$\varphi_A=0$。因此电路在 $f=f_0$ 时，满足振荡所需的相位条件 $\varphi_A+\varphi_F=0$，而 f_0 以外的其他频率均不满足相位条件。所以，电路的振荡频率为

$$f_0=\frac{1}{2\pi RC} \tag{5.30}$$

对于振幅条件，已知当 $f=f_0$ 时，$|\dot{F}|=1/3$，由振幅平衡条件 $|\dot{A}\dot{F}|=1$ 和起振条件 $|\dot{A}\dot{F}|>1$，得到放大电路的电压放大倍数应满足

$$|\dot{A}|\geqslant 3 \tag{5.31}$$

即要求负反馈网络的参数应满足

$$R_F\geqslant 2R_1 \tag{5.32}$$

(4) 稳幅措施。通过以上分析可知，RC 串并式正弦波振荡电路中，要使电路起振，放大电路的电压放大倍数需满足 $|\dot{A}|>3$。电路起振后，如果不对 $|\dot{A}|$ 进行调整，则振荡幅度会越来越大，最终会超出放大电路的线性范围而产生明显的非线性失真；另外，在电路维持稳幅振荡时，放大电路的放大倍数也受温度及元

件老化等因素影响而产生波动，从而影响输出波形的质量。因此，需要增加稳幅措施以得到稳定的振荡波形。

由于同相比例运算电路的电压放大倍数$|\dot{A}|=1+R_F/R_1$，通常在负反馈网络中接入二极管、温敏电阻、场效应管等非线性元件，根据振荡幅度的大小自动改变 R_F 或 R_1，即自动改变$|\dot{A}|$，达到自动稳幅。

图 5.36 电路利用二极管的非线性自动调节负反馈的强弱，从而达到自动稳幅的效果。电路刚起振时，振幅非常小，二极管 D_1，D_2 均截止，此时$|\dot{A}|=1+(R_F+R_2)/R_1$；随着振幅的逐渐增大，$D_1$，$D_2$ 将交替导通，由于二极管正向动态电阻 r_d 随振幅增加而减小，故此时$|\dot{A}|=1+(R_F+R_2 /\!/ r_d)/R_1$ 逐渐下降。当电路达到振幅平衡条件时，产生稳幅振荡。在稳幅振荡状态中，若因某种原因使振幅增大时，r_d 则减小，从而使$|\dot{A}|$减小，振幅也随之减小；反之亦然，最终使输出电压幅度稳定。

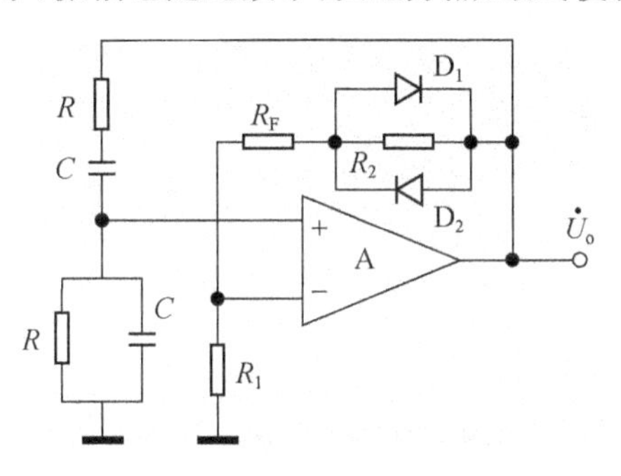

图 5.36　二极管稳幅的文氏桥振荡电路

由于二极管的 r_d 随输出电压瞬时值不断变化，因此在一个振荡周期中$|\dot{A}|$也在不断变化，因而二极管稳幅的振荡电路输出波形存在一定程度的失真。为了得到失真更小的振荡波形，可采用图 5.37 所示的场效应管稳幅振荡电路。

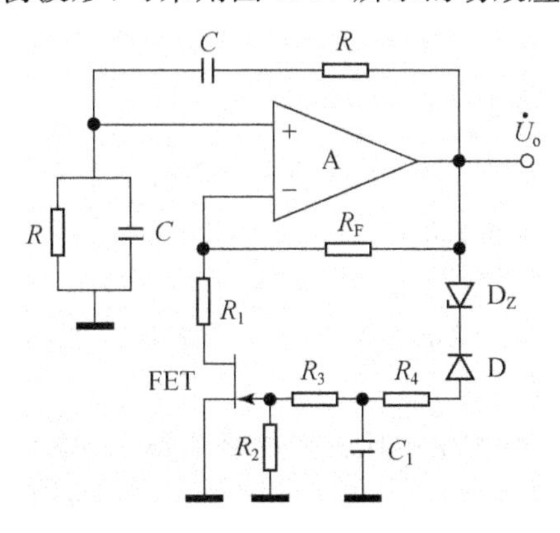

图 5.37　场效应管稳幅的文氏桥振荡电路

电路中,N 沟道 JFET 工作在可变电阻区,串接在负反馈回路中,其漏源电阻 R_{DS}受栅源电压 u_{GS}的控制。稳压二极管 D_Z 控制输出电压幅度的大小。当输出电压较小时,D_Z 未被击穿,$u_{GS}=0$,R_{DS}较小,$|\dot{A}|$较大,振荡幅度逐渐增加;当输出电压较大时,D_Z 被击穿,此时输出电压经二极管 D 整流和 R_4,C_1 滤波后产生负极性直流电压,通过 R_2 和 R_3 分压后加到场效应管的栅极。因此,振荡幅度增大,则 u_{GS}变负,R_{DS}增大,$|\dot{A}|$减小,从而限制了振幅的增长。反之亦然,最终达到了自动稳幅的目的。

例 5-5 图 5.37 所示的场效应管稳幅正弦波振荡电路中,已知 $R=15\ \text{k}\Omega$,$C=0.01\ \mu\text{F}$,$R_F=10\ \text{k}\Omega$,$R_1=3.3\ \text{k}\Omega$,试求振荡频率 f_0 和场效应管漏源电阻 R_{DS}的最大值。

解 振荡频率为

$$f_0=\frac{1}{2\pi RC}=\frac{1}{2\times 3.14\times 15\times 10^3\times 0.01\times 10^{-6}}=1062(\text{Hz})$$

由式(5.31)振幅条件,有

$$|\dot{A}|=1+\frac{R_F}{R_1+R_{DS}}\geqslant 3$$

得

$$R_{DS}\leqslant\frac{R_F}{2}-R_1=\frac{10}{2}-3.3=1.7(\text{k}\Omega)$$

5.2 集成运算放大器的非线性应用

集成运算放大器处于开环或正反馈状态时,将工作在非线性区,其输出电压只有两种可能的状态,不是高电平,就是低电平。集成运放的非线性电路也有着广泛的应用,如用于比较输入电压大小的电压比较电路以及由此构成的各种非正弦信号产生电路等。

5.2.1 单限比较器

电压比较器用于对输入信号电压的大小进行鉴别和比较。输入电压可以是模拟信号或数字信号,而表示比较结果的输出则是二值信号(数字信号)。使输出电压从高(或低)电平跃变为低(或高)电平所对应的输入电压值称为门限电压,或阈值电压,记作 U_T。只有一个门限电压的比较器称为单限比较器。

1. 基本单限比较器

由集成运放构成的基本单限比较器电路如图 5.38(a)所示。集成运放工作在开环状态,两个输入端分别接入被比较的输入电压 u_I 和参考电压 U_{REF}。图中 u_I 接入运放的同相输入端,称为同相输入单限比较器。反之,若 u_I 接运放反相端，称为反相输入单限比较器。

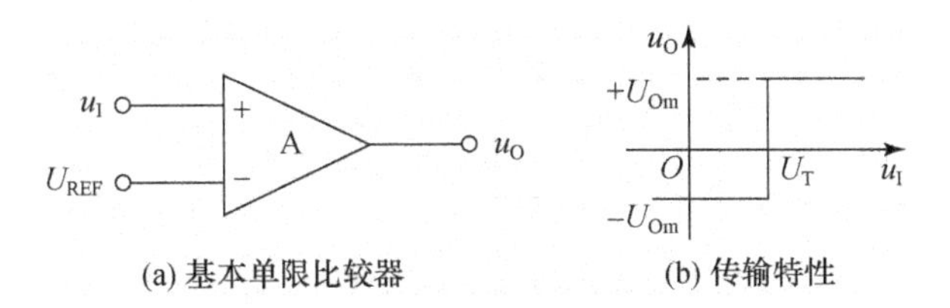

(a) 基本单限比较器　　(b) 传输特性

图 5.38　基本单限比较器和传输特性

对于理想集成运放，其开环增益为无穷大。电路将 u_I 与 U_{REF} 进行比较：当 $u_I < U_{REF}$ 时，运放处于负饱和状态，$u_O = -U_{Om}$；当 $u_I > U_{REF}$ 时，运放处于正饱和状态，$u_O = +U_{Om}$；门限电压 $U_T = U_{REF}$。当 u_I 由小变大，增大到略大于 U_{REF} 时，u_O 将从 $-U_{Om}$ 跃变到 $+U_{Om}$，电路的电压传输特性如图 5.38(b)所示。

可见，正确描述电压传输特性需要三个要素：① 输出电压的高电平 U_{OH} 和低电平 U_{OL}；② 门限电压 U_T；③ 输入电压 u_I 变化经过 U_T 时，输出电压 u_O 的跃变方向(由下向上跳或由上向下跳)。

为了满足负载对比较器输出电压的要求，常在电路的输出端加稳压管限幅电路，如图 5.39 所示。图中 R 为限流电阻，D_Z 是两只背靠背且特性相同的稳压管。由于集成运放的输出电压不是高电平，就是低电平，因此两只稳压管的状态总是一只正向导通，而另一只被反向击穿处于稳压状态。若忽略稳压管的正向导通压降，则比较器的输出电压为稳压管的稳压值 $\pm U_Z$。可根据实际要求选择不同稳压值的稳压管。

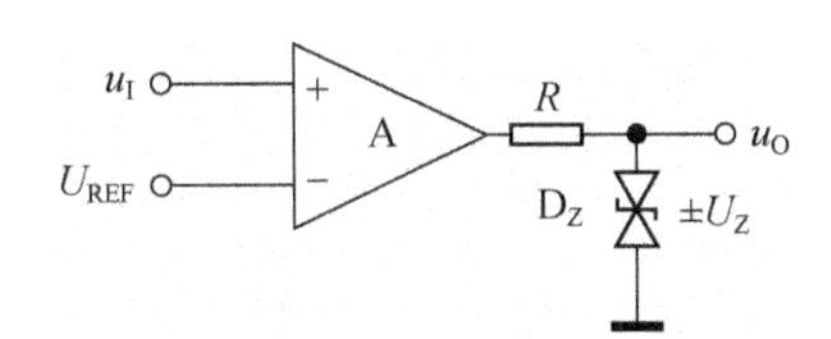

图 5.39　比较器输出限幅电路

还可将稳压管跨接在运放的输出与反相输入端之间构成限幅电路，如图 5.40 所示的反相输入单限比较器。当集成运放的输出电压稳定在高电平或低电平状态时，D_Z 中必有一只稳压管击穿而处于稳压状态，于是引入一个深度负反馈，使运放的反相输入端和同相输入端电位相等，即 $u_- = u_+ = U_{REF}$，所以，比较器的输出电压为 $u_O = \pm U_Z + U_{REF}$。该电路由于引入了深度负反馈，集成运放工作在线性区，因而提高了输出电压的跃变速度；同时，集成运放的净输入电压 $(u_+ - u_-)$ 近似为零，对运放的输入级起到了保护作用。

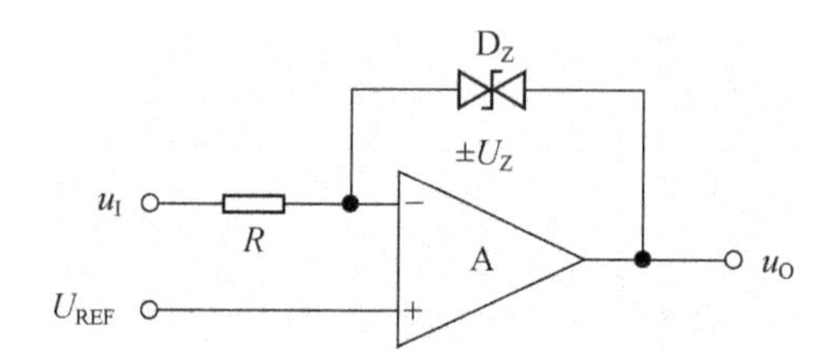

图 5.40　稳压管接在反馈通路中的限幅电路

2. 过零比较器

若将图 5.38(a)所示电路中的参考电压 $U_{REF}=0$，则门限电压 $U_T=0$，输入电压 u_I 每次过零时，输出电压 u_O 都产生相应的跃变，故称为过零比较器。它的电路组成和电压传输特性分别如图 5.41(a)，(b)所示。

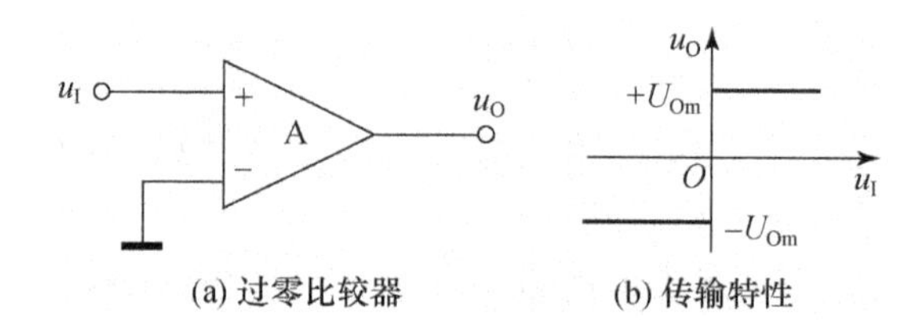

(a) 过零比较器　　(b) 传输特性

图 5.41　过零比较器和传输特性

过零比较器应用广泛。图 5.42 所示为过零比较器将输入正弦波信号转变为方波信号的应用实例。

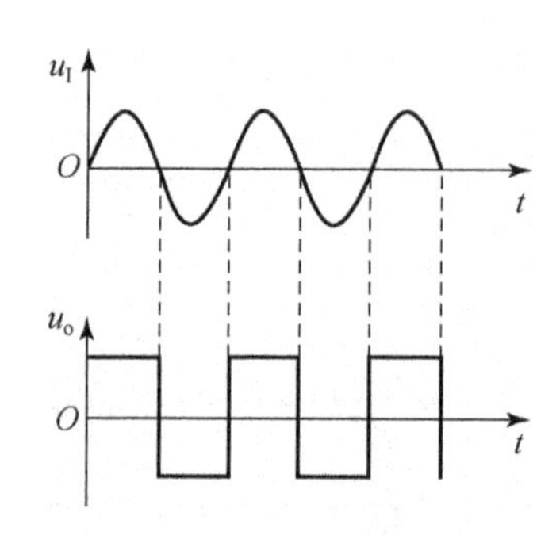

图 5.42　过零比较器应用实例

3. 一般单限比较器

图 5.38(a)所示的基本单限比较器中，门限电压 $U_T=U_{REF}$，一旦 U_{REF} 确定下来，U_T 便不能改变。为了能更方便地调整门限电压，可采用图 5.43(a)所示的一般单限比较器。

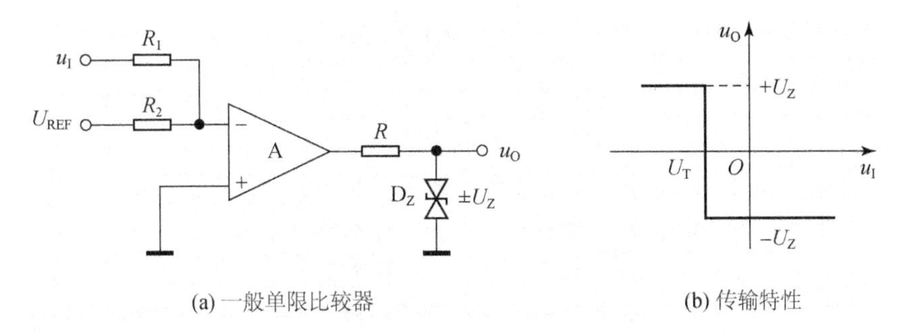

(a) 一般单限比较器　　(b) 传输特性

图 5.43　一般单限比较器和传输特性

一般单限比较器也称为求和型比较器，输入电压 u_I 和参考电压 U_{REF} 以求和的形式加入集成运放的反相输入端。对于理想运放，根据叠加原理有

$$u_- = \frac{R_2}{R_1+R_2}u_I + \frac{R_1}{R_1+R_2}U_{REF}$$

比较器输出电压跃变发生在 $u_- = u_+ = 0$ 时刻，此时的 u_I 即为门限电压 U_T，于是得

$$U_T = -\frac{R_1}{R_2}U_{REF} \tag{5.33}$$

电路中采用了稳压管限幅电路，输出电压为 $u_O = \pm U_Z$；由于反相端输入，当 $u_I < U_T$ 时，$u_O = +U_Z$；当 $u_I > U_T$ 时，$u_O = -U_Z$。因此，当 u_I 从小到大变化时，u_O 将发生从高到低的跃变。电路的电压传输特性如图 5.38(b)所示（设 U_{REF} 为正电压）。

可见，改变电阻 R_1 和 R_2 的比值，就可调整门限电压值；改变参考电压的极性，就可改变门限电压的极性。因此，一般单限比较器应用具有较大灵活性。

例 5-6　图 5.44(a)所示电路为稳压管接在反馈通路中的一般单限比较器，已知 $R_1 = 3\,k\Omega$，$R_2 = 5\,k\Omega$，$U_{REF} = -5\,V$，稳压管的稳定电压 $U_Z = \pm 6\,V$，试画出电路的电压传输特性。

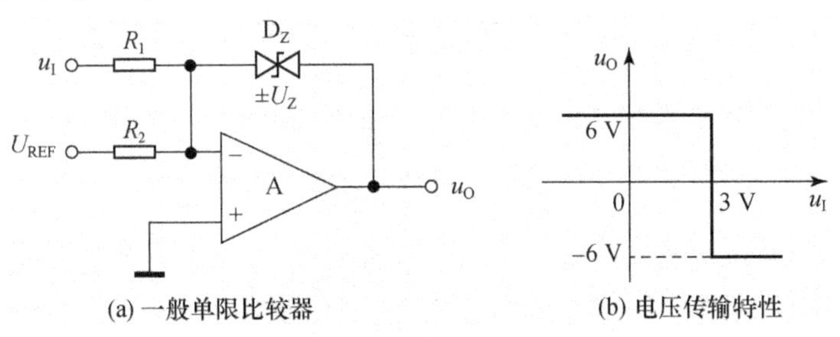

(a) 一般单限比较器　　(b) 电压传输特性

图 5.44　例 5-6 图

解 输出电压跃变时刻,D_Z 截止,集成运放处于开环运行状态,根据式5.33,有

$$U_T = -\frac{R_1}{R_2}U_{REF} = -\frac{3}{5}\cdot(-5) = 3(V)$$

输出电压稳定在高电平或低电平状态时,D_Z 击穿处于稳压状态,引入深度负反馈,使得运放的反相输入端为“虚地”,因此比较器输出电压为

$$u_O = \pm U_Z = \pm 6(V)$$

由于 u_I 接到运放的反相输入端,当 u_I 从小到大变化时,u_O 将发生从高到低的跃变。电路的电压传输特性如图 5.44(b)所示。

5.2.2 滞回比较器

单限电压比较器灵敏度高,无论输入电压由小到大或是由大到小变化经过 U_T 时,输出电压都会发生跃变。于是,输入电压在门限电压附近受到干扰时,将导致输出电压不稳定,电路的抗干扰能力差。为了提高抗干扰能力,可采用具有滞回特性的滞回比较器。滞回比较器又称为施密特(Schmitt)触发器。

反相输入滞回比较器电路如图 5.45(a)所示。电路中存在由 R_F 和 R_1 构成的正反馈通路,两个输入端分别接入被比较的输入电压 u_I 和参考电压 U_{REF},输出端采用了稳压管限幅电路。若 u_I 接入运放的同相输入端,则称为同相输入滞回比较器。

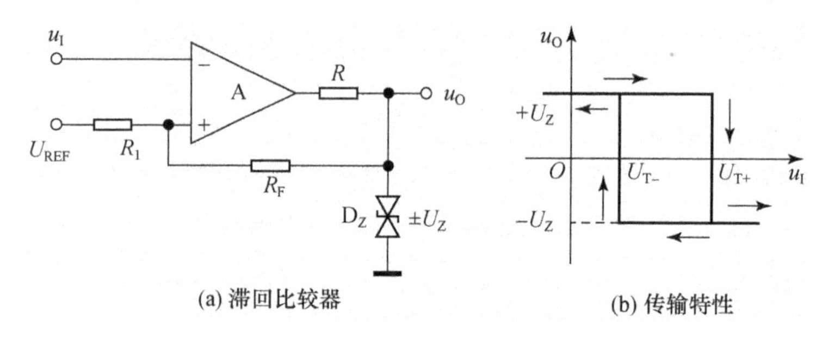

(a) 滞回比较器　　(b) 传输特性

图 5.45 滞回比较器和传输特性

集成运放反相输入端电位 $u_- = u_I$。根据叠加原理,运放同相输入端电位为

$$u_+ = \frac{R_1}{R_1+R_F}u_O + \frac{R_F}{R_1+R_F}U_{REF}$$

比较器输出电压跃变发生在 $u_- = u_+$ 时刻,此时的 u_I 即为门限电压 U_T,于是得

$$U_T = \frac{R_1}{R_1+R_F}u_O + \frac{R_F}{R_1+R_F}U_{REF}$$

可见,由于正反馈作用,滞回比较器的门限电压还与输出电压有关,而输出

电压 $u_O = \pm U_Z$，故电路存在着两个门限电压。当 $u_I < u_+$ 时，$u_O = +U_Z$，此时门限电压为

$$U_{T+} = \frac{R_F}{R_1 + R_F} U_{REF} + \frac{R_1}{R_1 + R_F} U_Z \tag{5.34}$$

即当 u_I 由小逐渐增大到 U_{T+} 时，u_O 将发生从 $+U_Z$ 到 $-U_Z$ 的跃变，称 U_{T+} 为上门限电压。同理，当 $u_I > u_+$ 时，$u_O = -U_Z$，此时门限电压为

$$U_{T-} = \frac{R_F}{R_1 + R_F} U_{REF} - \frac{R_1}{R_1 + R_F} U_Z \tag{5.35}$$

即当 u_I 由大逐渐减小到 U_{T-} 时，u_O 将发生从 $-U_Z$ 到 $+U_Z$ 的跃变，称 U_{T-} 为下门限电压。电路的电压传输特性如图 5.45(b)所示。

从电压传输特性可以看出，u_O 发生从高到低和从低到高跃变的门限电压是不同的。而当 u_I 处于两个门限电压之间时，u_O 可能为高电平，也可能为低电平，这取决于 u_I 是从低的方向增大而来，还是从高的方向减小而来，因此，特性曲线具有方向性。

滞回比较器的两个门限电压之差称为门限宽度或回差，表示为

$$\Delta U_T = U_{T+} - U_{T-} = \frac{2R_1}{R_1 + R_F} U_Z \tag{5.36}$$

ΔU_T 反映了比较器抗干扰能力的大小，它与上门限电压 U_{T+} 和下门限电压 U_{T-} 共同组成了滞回比较器的三个主要参数。ΔU_T 只与反馈电阻和 U_Z 有关，而与参考电压 U_{REF} 无关，因此改变 U_{REF} 的大小时，特性曲线将向左或向右平移，其门限宽度保持不变。实际应用时，只要适当设置滞回比较器的三个参数，使干扰信号落在回差范围内，就可构成具有抗干扰能力的应用电路。图 5.46 显示了被干扰了的信号通过滞回比较器后输出的波形。

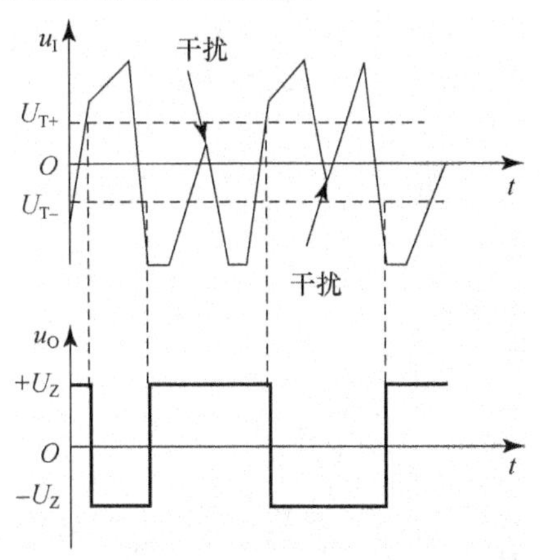

图 5.46 被干扰了的信号及比较器输出的波形

例 5-7 图 5.45(a)所示滞回比较器的电压传输特性如图 5.47 所示。

(1) 试确定电路中各元件参数;

(2) 设电路其他参数不变,改变 $U_Z=9\text{ V}$,求此时的 U_{T+},U_{T-} 和 ΔU_T;

(3) 若要使 $U_{T+}=4\text{ V}$,$U_{T-}=-2\text{ V}$,则 U_{REF} 为多大?(设电路其他参数不变)

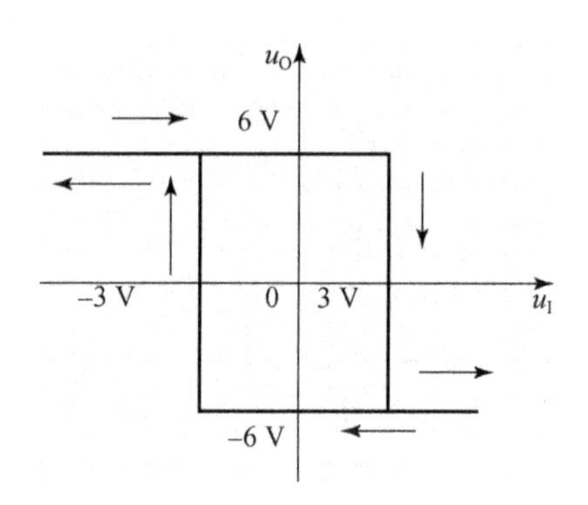

图 5.47 例 5-7 图

解 (1) 由图 5.47 传输特性可知 $U_{T+}=3\text{ V}$,$U_{T-}=-3\text{ V}$,$\Delta U_T=6\text{ V}$,$u_O=\pm U_Z=\pm 6\text{ V}$,根据式(5.34)和(5.35),有

$$U_{T+}=\frac{R_F}{R_1+R_F}U_{REF}+\frac{R_1}{R_1+R_F}U_Z=3\,(\text{V})$$

$$U_{T-}=\frac{R_F}{R_1+R_F}U_{REF}-\frac{R_1}{R_1+R_F}U_Z=-3\,(\text{V})$$

得
$$U_{REF}=0,\quad R_1=R_F$$

取 $R_1=R_F=50\text{ k}\Omega$,稳压管稳定电压为 $\pm 6\text{ V}$。

(2) 将 $R_1=R_F=50\text{ k}\Omega$,$U_{REF}=0$,$U_Z=9\text{ V}$ 代入式(5.34)和(5.35),得

$$U_{T+}=4.5\text{ V},U_{T-}=-4.5\text{ V},\Delta U_T=9\text{ V}$$

可见,U_Z 增大时,U_{T+} 将增大,U_{T-} 将减小,从而 ΔU_T 增大,电压传输特性向两侧伸展,门限宽度变宽。

(3) 要使原来的 $U_{T+}=3\text{ V}$,$U_{T-}=-3\text{ V}$ 变为 $U_{T+}=4\text{ V}$,$U_{T-}=-2\text{ V}$,即将电压传输特性向右平移 1 V,因此,有

$$\frac{R_F}{R_1+R_F}U_{REF}=1\,(\text{V})$$

得
$$U_{REF}=2\,(\text{V})$$

可见,只改变 U_{REF} 时,U_{T+},U_{T-} 同时增大或减小,ΔU_T 保持不变。

5.2.3　双限比较器

前面介绍的单限和滞回比较器用于检测输入电压是否大于或小于给定的门限电压值。虽然滞回比较器存在两个门限电压值，但它与单限比较器一样，当输入信号从小到大或从大到小单一方向变化时，输出电压只跃变一次。而实际工作中，有时需要检测输入电压是否在两个门限电压之间，当输入信号单一方向变化时，输出电压会产生两次跃变。显然，这种比较器有两个门限电压，称为双限比较器，其传输特性曲线形状像一个窗口，又常被称为窗口比较器。

一种双限比较器电路如图 5.48(a)所示。电路中有两个参考电压 U_{REF1} 和 U_{REF2}，分别接入两个集成运放的反相输入端和同相输入端，输入电压 u_I 则接到两个运放的同相端和反相端。于是，运放 A_1 构成了同相输入单限比较器，运放 A_2 构成了反相输入单限比较器。输出端采用了稳压管限幅电路。

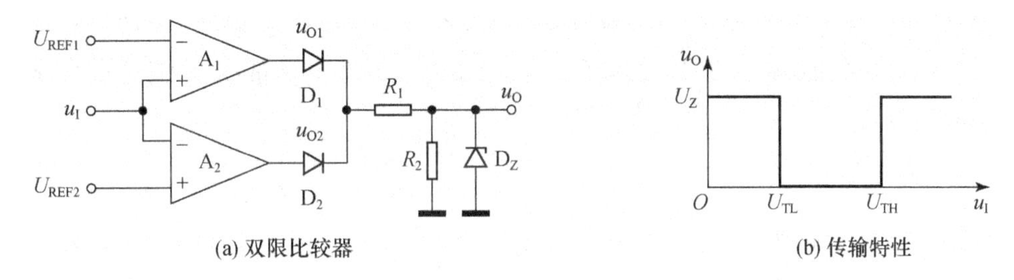

(a) 双限比较器　　(b) 传输特性

图 5.48　双限比较器和传输特性

电路中参考电压 $U_{REF1}>U_{REF2}$。当 $u_I>U_{REF1}>U_{REF2}$ 时，集成运放 A_1 输出电压 $u_{O1}=+U_{Om}$，A_2 输出电压 $u_{O2}=-U_{Om}$，于是二极管 D_1 导通，D_2 截止。高电平的 u_{O1} 通过二极管 D_1 和限流电阻 R_1 送到输出端，经 D_Z 限幅，输出电压 $u_O=U_Z$。

当 $u_I<U_{REF2}<U_{REF1}$ 时，集成运放 A_1 输出电压 $u_{O1}=-U_{Om}$，A_2 输出电压 $u_{O2}=+U_{Om}$，于是二极管 D_2 导通，D_1 截止。高电平的 u_{O2} 通过二极管 D_2 和限流电阻 R_1 送到输出端，经 D_Z 限幅，输出电压 $u_O=U_Z$。

当 $U_{REF2}<u_I<U_{REF1}$ 时，集成运放 A_1 输出电压 $u_{O1}=-U_{Om}$，A_2 输出电压 $u_{O2}=-U_{Om}$，二极管 D_1，D_2 均截止，稳压管 D_Z 截止。由于存在下拉电阻 R_2，从而输出电压 $u_O=0$。

可见，双限比较器有两个门限电压，电路中上门限电压 $U_{TH}=U_{REF1}$，下门限电压 $U_{TL}=U_{REF2}$。电压传输特性如图 5.48(b)所示。图 5.49 所示为双限比较器将输入正弦波信号转变为倍频矩形波信号的应用实例。

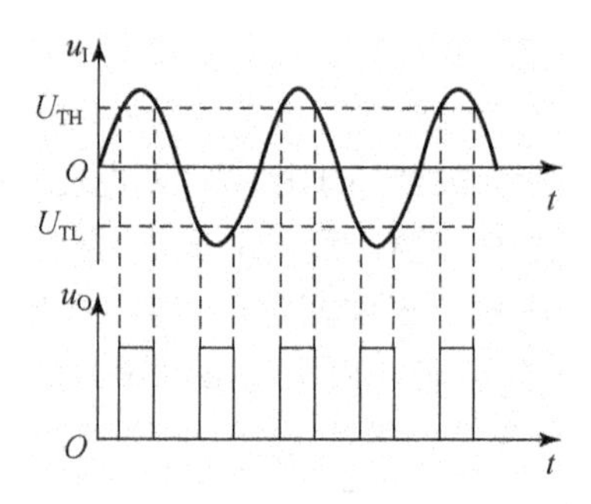

图 5.49 双限比较器应用实例

5.2.4 矩形波发生电路

电子技术中除了常用的正弦信号外,还需要产生非正弦信号,如矩形波、三角波、锯齿波等,它们常用于脉冲和数字系统中。在前面介绍的电压比较器的基础上,通过增加反馈回路和延迟环节,可构成矩形波发生电路;矩形波通过积分电路便可构成三角波和锯齿波发生电路。

1. 方波发生电路

方波是占空比为50%的矩形波。典型的方波发生电路如图5.50(a)所示。图中运放A和电阻 R_1,R_2 组成了反相输入滞回比较器,比较器的输入信号由输出端通过电阻 R 和电容 C 反馈而来,同时 RC 又构成延迟环节,决定着输出方波的频率。

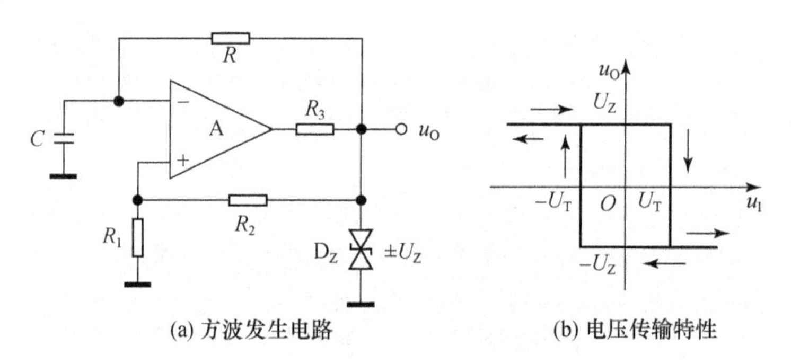

图 5.50 方波发生电路和电压传输特性

输出端经稳压管限幅,因此输出电压 $u_O = \pm U_Z$,滞回比较器的门限电压

$$\pm U_T = \pm \frac{R_1}{R_1 + R_2} U_Z \tag{5.37}$$

其电压传输特性如图5.50(b)所示。

下面分析方波发生电路的工作原理。

电路刚上电时，电容两端电压 $u_C=0$，设运放的 $u_+>u_-$，因而输出电压 $u_O=+U_Z$，此时滞回比较器的门限电压为 $+U_T$。于是输出电压通过电阻 R 向电容 C 充电，使得 u_C 逐渐升高。当 u_C 升高到 $+U_T$ 时，运放的 $u_-=u_+$，u_C 再稍稍增大，滞回比较器的输出电压将发生跃变，由高电平跃变为低电平，即 $u_O=-U_Z$。同时，滞回比较器的门限电压也变为 $-U_T$。于是，电容 C 通过电阻 R 放电，u_C 逐渐降低。当 u_C 降低到 $-U_T$ 时，运放的 $u_-=u_+$，u_C 再稍稍降低，比较器的输出电压将再次发生跃变，由低电平跃变为高电平，即 $u_O=+U_Z$。与此同时，比较器的门限电压再次变为 $+U_T$，电容 C 又开始充电。上述过程周而复始，电容 C 反复进行充电和放电，输出电压反复在 $+U_Z$ 和 $-U_Z$ 之间跃变，便产生方波输出。

电容 C 两端电压 u_C 和输出电压 u_O 的波形如图 5.51 所示。可见，电路起振后，电容 C 充、放电的总幅值相等，同时充、放电的时间常数也均为 RC，因此电容 C 充、放电的时间相等，即 $T_1=T_2$，输出波形为方波。

考察起振后电容 C 的充电过程，电压起始值为 $-U_T$，终值为 $+U_T$，稳态值为 $+U_Z$，时间常数 $\tau=RC$，根据一阶 RC 电路三要素法(式 1.20)，有

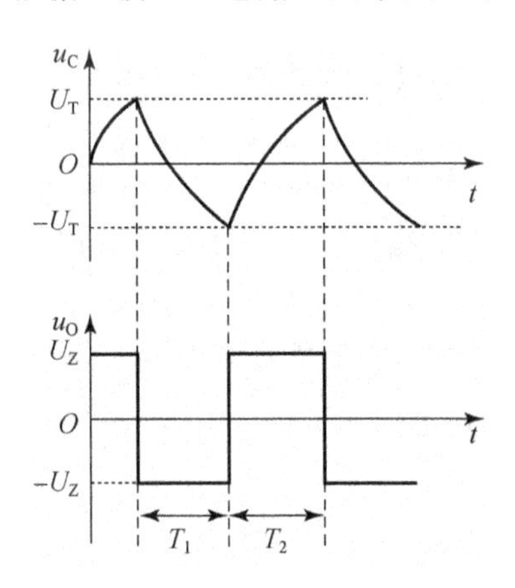

图 5.51　方波发生电路波形

$$U_T=U_Z+(-U_T-U_Z)e^{-\frac{T_2}{RC}}$$

将式(5.37)代入，求得输出方波的周期为

$$T=2T_2=2RC\ln\left(1+\frac{2R_1}{R_2}\right) \tag{5.38}$$

输出方波的频率为 $f=\frac{1}{T}$，它与时间常数 RC 和电阻 R_1，R_2 有关，与稳压管稳压值 U_Z 无关。

2. 占空比可调的矩形波发生电路

在图 5.50(a)所示方波发生电路的基础上,改变电容 C 的充、放电时间常数,就可构成占空比可调的矩形波发生电路,如图 5.52(a)所示。

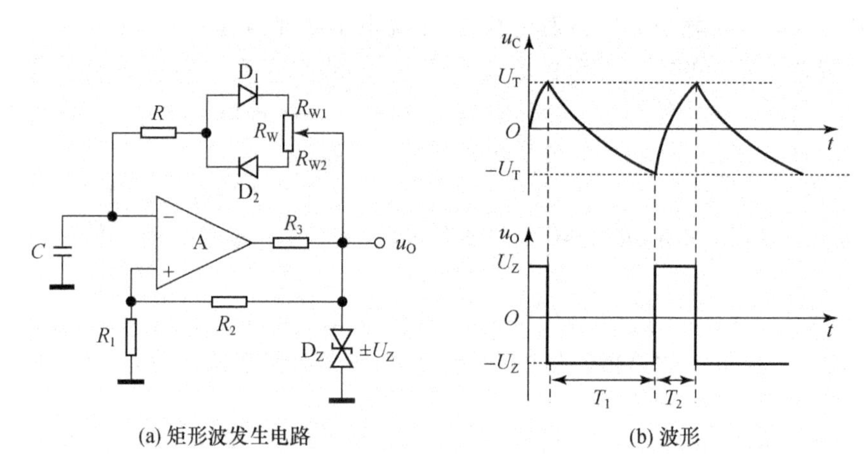

(a) 矩形波发生电路　　(b) 波形

图 5.52　占空比可调的矩形波发生电路及波形

当 $u_O=-U_Z$ 时,二极管 D_1 导通而 D_2 截止,电容 C 的放电时间常数为 $\tau_1=(R_{W1}+R)C$;当 $u_O=+U_Z$ 时,二极管 D_2 导通而 D_1 截止,电容 C 的充电时间常数为 $\tau_2=(R_{W2}+R)C$。通过改变电位器 R_W 滑动端的位置,就可改变输出矩形波的占空比。电容 C 两端电压 u_C 和输出电压 u_O 的波形如图 5.52(b)所示。

参考式(5.38)的推导方法,得到电容 C 的充、放电时间分别为

$$T_2=(R+R_{W2})C\ln\left(1+\frac{2R_1}{R_2}\right)$$

$$T_1=(R+R_{W1})C\ln\left(1+\frac{2R_1}{R_2}\right)$$

输出矩形波的周期为

$$T=T_1+T_2=(2R+R_W)C\ln\left(1+\frac{2R_1}{R_2}\right) \tag{5.39}$$

矩形波的占空比为

$$D=\frac{T_2}{T}=\frac{R+R_{W2}}{2R+R_W} \tag{5.40}$$

可见,调节电位器滑动端的位置不影响矩形波的周期,但可以改变输出矩形波的占空比。占空比的调节范围为

$$\frac{R}{2R+R_W}\sim\frac{R+R_W}{2R+R_W}$$

5.2.5　三角波发生电路

在方波发生电路后级联如图 5.10 所示的积分运算电路，即可构成三角波发生电路。若将电路稍加改进，利用积分运算电路作为延迟环节，可构成图 5.53 所示的三角波发生电路。图中运放 A_1 组成了同相输入滞回比较器，运放 A_2 组成了积分运算电路。比较器的输入信号为积分电路的输出 u_O，比较器的输出 u_{O1} 作为积分电路的输入。

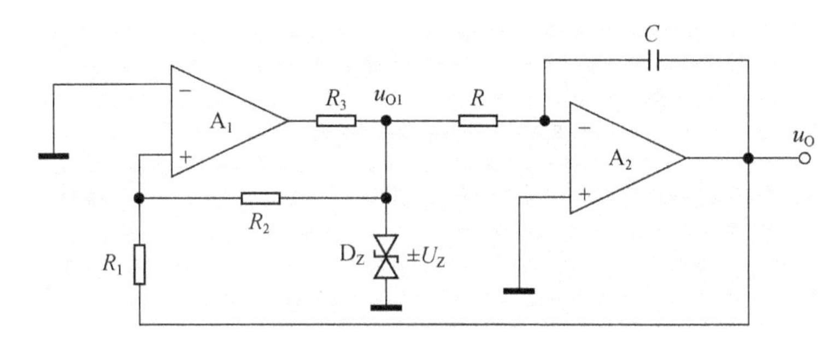

图 5.53　三角波发生电路

滞回比较器的输出电压 $u_{O1}=\pm U_Z$，集成运放 A_1 的同相输入端电压为

$$u_{+1}=\frac{R_1}{R_1+R_2}u_{O1}+\frac{R_2}{R_1+R_2}u_O \tag{5.41}$$

在 $u_{+1}=u_{-1}=0$ 时刻输出发生跃变，此时比较器的输入电压(u_O)即为门限电压，有

$$\pm U_T=\mp\frac{R_1}{R_2}U_Z \tag{5.42}$$

下面分析三角波发生电路的工作原理。

电路刚上电时，电容两端电压 $u_C=0$，设运放 A_1 的 $u_{+1}>u_{-1}$，故输出电压 $u_{O1}=+U_Z$，根据式(5.42)得此时比较器的门限电压为 $-U_T$，积分电路反向积分，输出电压 u_O 开始线性下降。当 u_O 下降到 $-U_T$ 时，滞回比较器的输出电压将发生跃变，即 $u_{O1}=-U_Z$，比较器的门限电压也变为 $+U_T$。于是，积分电路变为正向积分，输出电压 u_O 开始线性上升。当 u_O 上升到 $+U_T$ 时，滞回比较器的输出电压将再次发生跃变，即 $u_{O1}=+U_Z$。与此同时，比较器的门限电压再次变为 $-U_T$，u_O 又开始线性下降。上述过程周而复始，便得到方波信号 u_{O1}、三角波信号 u_O，两者的波形如图 5.54 所示。

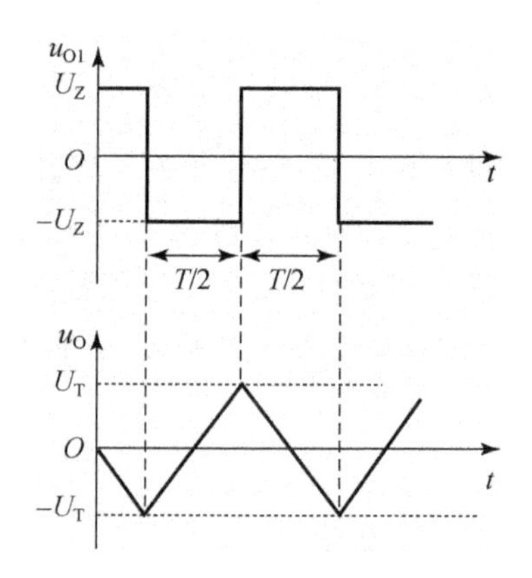

图 5.54　三角波发生电路波形

由于三角波输出电压 u_O 是同相输入滞回比较器的输入电压，因此输出三角波的幅值等于比较器的门限电压值，即

$$\pm U_{Om} = \pm U_T = \mp \frac{R_1}{R_2} U_Z \tag{5.43}$$

考察积分电路对输入电压 $u_{O1} = -U_Z$ 进行积分的半个周期，积分起始值为 $-U_T$，终了值为 $+U_T$，积分时间常数 $\tau = RC$，积分时间为 $T/2$，根据式(5.15)，有

$$U_T = \frac{U_Z}{RC} \cdot \frac{T}{2} - U_T$$

将式(5.42)代入，求得输出三角波的周期为

$$T = \frac{4R_1 RC}{R_2} \tag{5.44}$$

周期 T 与积分时间常数 RC 和电阻 R_1，R_2 有关，与稳压管稳压值 U_Z 无关。

5.2.6　锯齿波发生电路

锯齿波信号常用于示波器、电视机和雷达等电子设备中，作为扫描控制信号。与由方波发生电路到占空比可调矩形波发生电路的思路类似，在三角波发生电路的基础上，改变积分电路的正向和反向积分时间常数，使它们相差悬殊，就可构成锯齿波发生电路。

图 5.55 所示的锯齿波发生电路中，$R \gg R'$，当 $u_{O1} = +U_Z$ 时，二极管 D 导通，积分电路反向积分，积分时间常数为 $\tau_1 \approx R'C$；当 $u_{O1} = -U_Z$ 时，积分电路正向积分，二极管 D 截止，积分时间常数为 $\tau_2 = RC$。由于 $\tau_2 \gg \tau_1$，所以正向积分时间 T_2 远远大于反向积分时间 T_1，输出信号 u_O 为锯齿波，如图 5.56 所示。

参考式(5.43)和(5.44)的推导方法，得到输出锯齿波的幅值为

$$\pm U_{Om} = \pm U_T = \mp \frac{R_1}{R_2} U_Z \tag{5.45}$$

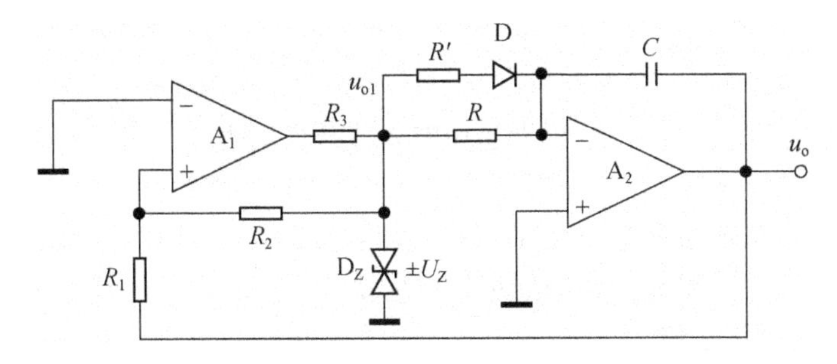

图 5.55　锯齿波发生电路

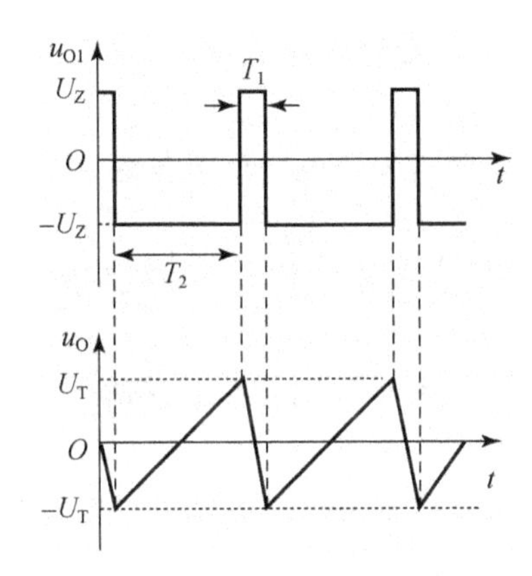

图 5.56　锯齿波发生电路波形

反向积分时间为　　$T_1 \approx \dfrac{2R_1R'C}{R_2}$

正向积分时间为　　$T_2 = \dfrac{2R_1RC}{R_2}$

输出锯齿波的周期为

$$T = T_1 + T_2 \approx \frac{2R_1C}{R_2} \cdot (R + R') \approx \frac{2R_1RC}{R_2} \tag{5.46}$$

5.3　集成运算放大器实际应用中须注意的问题

除了熟悉集成运算放大器的各种应用电路外，实际工作中，还需注意集成运放应用中的一些问题，以便正确合理地使用集成运放。

5.3.1　运放选择

目前，市场上可供选用的国内外生产的集成运算放大器类型多种多样，而集成运放的性能参数又多达 20 多个(参考 3.9.4 节),因此应学会根据实际电路要求正确选择运放。

按照性能指标划分,运放分为通用型和特殊型两类。

通用型运放(如 μA741,LM324 等)的性能指标是按照工业上普通用途设定的,常用于无特殊要求的电路之中,如一般指标要求的音频放大电路、8 位 A/D 和 D/A 中的放大电路等。通用型运放价格便宜、容易购得,因此若无特殊要求,应尽量选用通用型运放。

特殊型运放是为了满足一些特殊需求,将运放的某些性能指标做得非常突出,常见的有以下几种:

(1) 高阻型:具有高差模输入电阻 R_{id},如 CA3130 的 R_{id} 高达 $1.5\times10^6\ M\Omega$;

(2) 高精度型:具有低输入失调电压 U_{IO}、低输入失调电流 I_{IO}、低温漂、高共模抑制比 K_{CMR} 等,如 OP27 的 $U_{IO}<80\ \mu V$,$I_{IO}<80\ nA$,$K_{CMR}=120\ dB$;

(3) 高速型:具有高单位增益带宽 f_c、高转换速率 SR,如 AD846 的 $f_c=310\ MHz$,$SR=450\ V/\mu s$;

(4) 高压型:具有高输入耐压 U_{idmax}、U_{icmax}、高输出电压 U_{omax},如 HA2645 的 $U_{idmax}=37\ V$,$U_{omax}=74\ V$;

(5) 低功耗型:具有低静态功耗 P_C,即低供电电压 V_C 和低供电电流 I_C,如 OP-90 在 $V_C=1.6\ V$ 时即可工作,$I_C\leqslant0.02\ mA$。

除此之外,特殊型运放还有程控型、互导型、电流型以及可独立完成某种特定功能的专用器件,如仪表用放大器、隔离放大器、对数/反对数放大器等等。

特殊型运放使用时,应根据输入信号、负载、环境和系统指标等要求,正确合理地选择。如对弱信号放大或精密运算,应选用高精度型运放;若输入信号频带宽、变化快,应选用高速型运放;若在环境温度变化大、环境噪声大的场合进行精确测量,应选用高精度型运放;若用于电池供电的便携式设备中,应选用低功耗型运放;若在如采样-保持电路中,为了尽量减小对输入信号的影响,应选用高阻型运放;若用于大输入信号或驱动音箱等大功率负载,应选用高压型运放。

5.3.2 零点调整

由于实际集成运放存在输入失调电压和输入失调电流,当输入信号为零时,输出往往不为零。因此集成运放用于直流放大时,必须进行零点调整,使得输入为零时输出也为零。通常使用外接调零电位器达到调零目的。对于有调零端的运放,应按说明书推荐的调零电路进行调整,如图 5.57(a)所示;对于无调零端的运放,可在输入端外加一定的补偿电压,如图 5.57(b)所示。

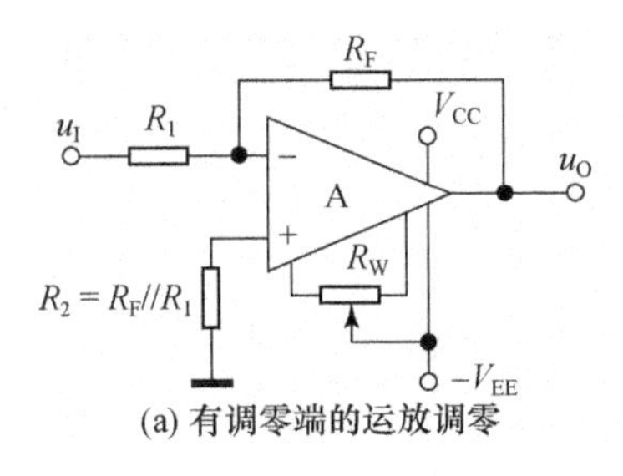

(a) 有调零端的运放调零

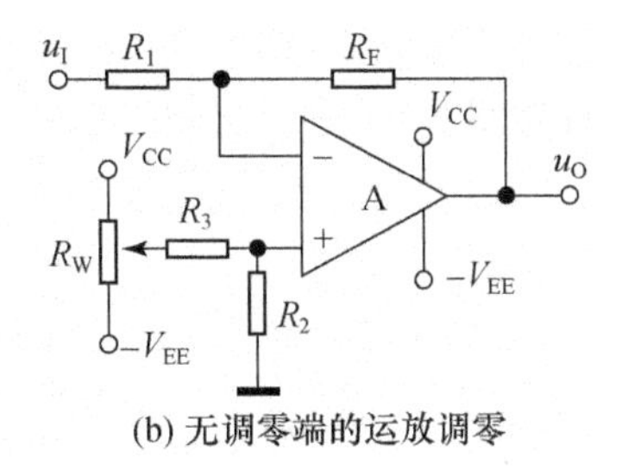

(b) 无调零端的运放调零

图 5.57　集成运放调零电路

5.3.3　消除自激振荡

集成运放工作在线性区时，其负反馈回路具有 180°的相移，但由于实际电路板上分布电容的影响，对某些高频信号会产生附加相移。当附加相移达到 180°时，负反馈变为正反馈，电路中便产生高频自激振荡，放大电路不能正常工作。

为了消除自激振荡，应按照说明书在运放的相位补偿端接入适当的电容，破坏自激振荡条件，达到消振目的。同时，在每个集成电路芯片的电源端对地接入 0.01～0.1 μF 去耦电容，以避免产生由电源内阻引起的寄生振荡，如图 5.58 所示。

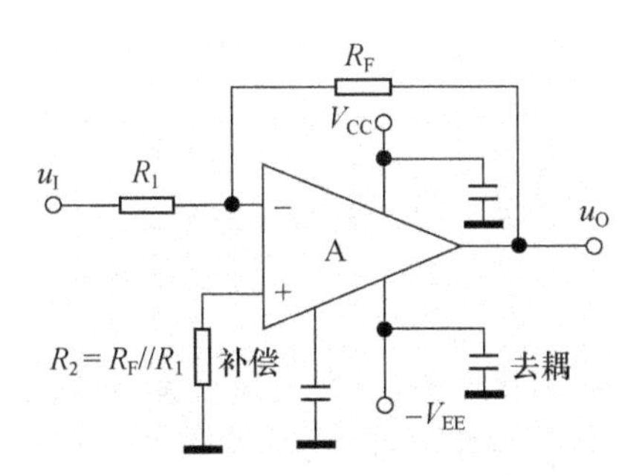

图 5.58　消除运放自激振荡

5.3.4　保护措施

为了保证集成运放应用电路的安全可靠运行，防止由于输入信号过大或实际操作中连线错误等造成运放的损坏，常常需要对运放施加一定的保护措施。

1. 输入端保护

当集成运放输入端的差模电压或共模电压大于运放的极限值时，将会使 PN 结击穿，造成运放的损坏。常用的保护措施是在输入端加二极管限幅电路，图 5.59(a)是防止差模输入电压过大的保护措施，将差模输入电压限制在不超过二极管的正向导通电压;图 5.59(b)是防止共模输入电压过大的保护措施,将共模输入电压限制在$-V\sim+V$的范围。

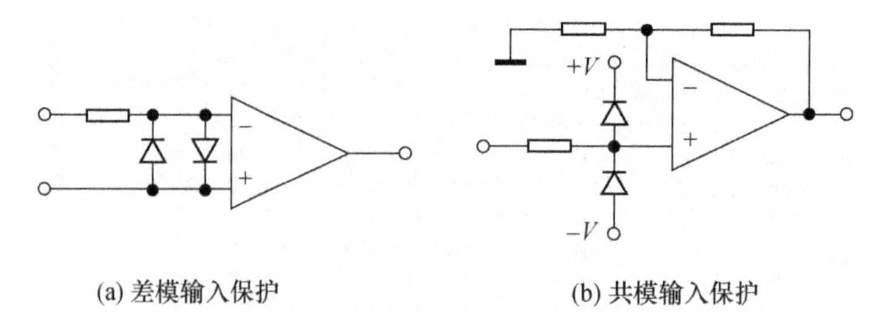

图 5.59 输入端保护措施

2. 输出端保护

若实际操作中错将集成运放的输出端接电源或对地短路,将会造成过流击穿而损坏。常用的保护措施是在输出端加限流电阻和稳压管限幅电路,如图5.60所示。限流电阻 R 的阻值为几百欧姆,输出电压被限制在$-U_Z\sim+U_Z$的范围。

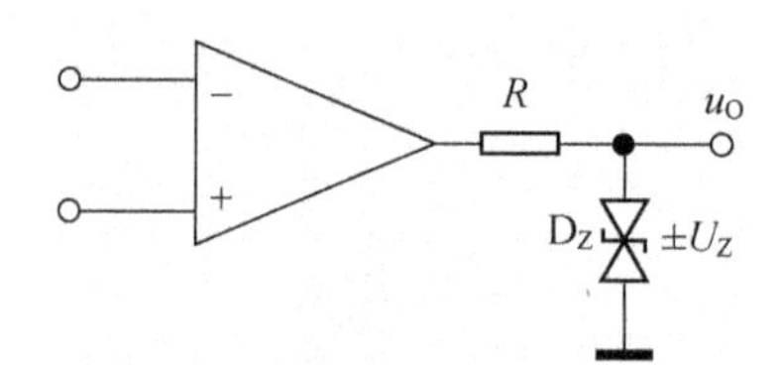

图 5.60 输出端保护措施

3. 电源端保护

若实际操作中错将集成运放的正、负电源反接,也将会造成运放损坏。常用的保护措施是在电源回路中串接二极管,如图 5.61 所示。若电源正确接入,两个二极管均导通,外部电源接入运放的电源端,运放可正常工作;若电源反接,两个二极管均截止,运放的电源端与外部电源断开,起到保护作用。

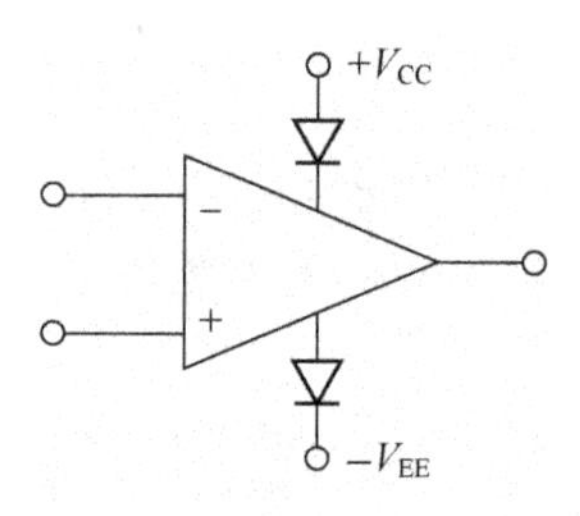

图5.61 电源端保护措施

综合案例

案例 1　在 2.2.4 节由二极管组成的整流电路中，由于二极管正向导通压降的存在，使得输出电压幅度有所降低。由二极管和集成运放联合组成的整流电路如图 Z5-1 所示，其输出电压幅度与输入正弦波幅度相等，称为精密整流电路。

图 Z5-1 电路中，当 $u_i>0$ 时，运放 A_1 输出正电平，二极管 D_3 导通，构成跟随器电路，则运放 A_1 电路输出为 u_i；而运放 A_2 输出负电平，D_1 导通、D_2 截止，则运放 A_2 电路输出为 0，故 $u_o=u_i$，电路将输入信号的正半周期输出。当 $u_i<0$ 时，运放 A_1 输出负电平，二极管 D_3 截止，则运放 A_1 电路输出为 0；而运放 A_2 输出正电平，D_1 截止、D_2 导通，构成反向比例放大电路，则运放 A_2 电路输出为 $-\frac{R}{R}u_i=-u_i$，故 $u_o=-u_i$，电路将输入信号的负半周期反相输出。输入输出信号波形如图 Z5-2 所示。

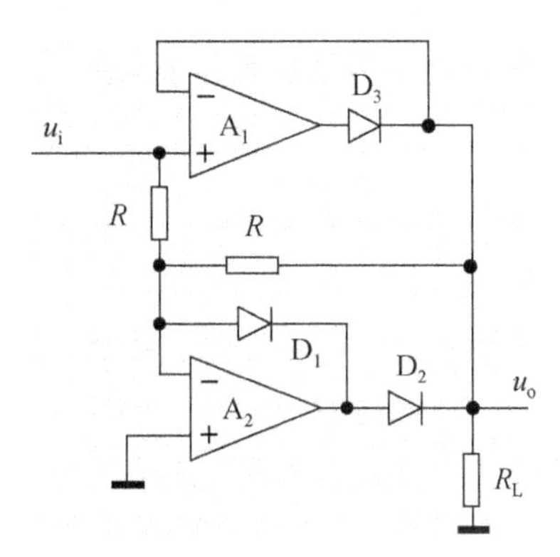

图 Z5-1　精密整流电路

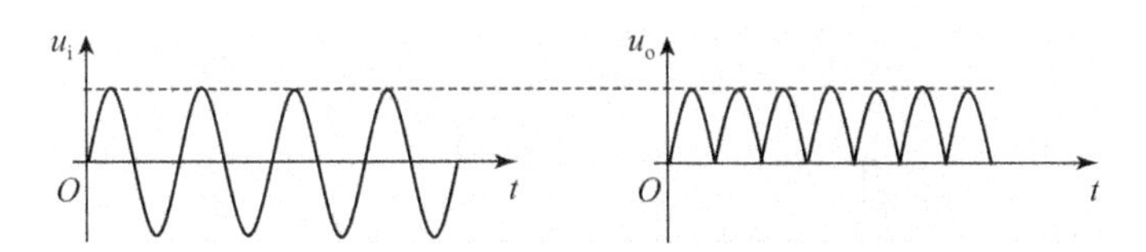

图 Z5-2　精密整流电路输入输出信号波形

图 Z5-1 电路也称绝对值运算电路。另一个绝对值运算电路如图 Z5-3 所示。

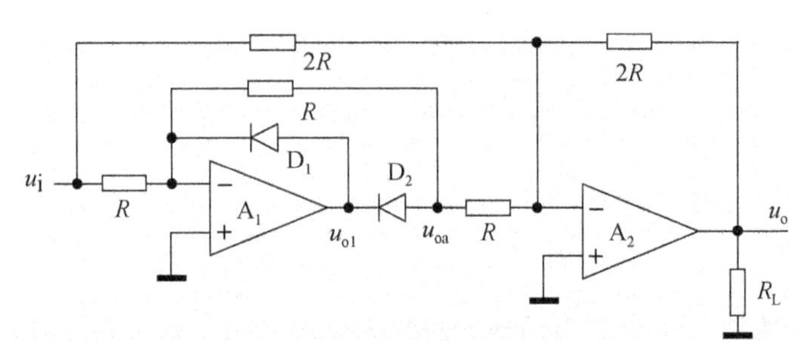

图 Z5-3　绝对值运算电路

图 Z5-3 电路中,当 $u_i>0$ 时,运放 A_1 输出 $u_{o1}<0$,二极管 D_1 截止、D_2 导通,构成反向比例放大电路,$u_{oa}=-\frac{R}{R}u_i=-u_i$;运放 A_2 构成反相端输入的加法器电路,故

$$u_o=-\frac{2R}{2R}u_i-\frac{2R}{R}u_{oa}=u_i$$

当 $u_i<0$ 时,运放 A_1 输出 $u_{o1}>0$,二极管 D_1 导通、D_2 截止,$u_{oa}=0$;运放 A_2 构成反相端输入的加法器电路,故

$$u_o=-\frac{2R}{2R}u_i-\frac{2R}{R}u_{oa}=-u_i$$

综上,电路输出电压为 $u_o=|u_i|$,实现了绝对值运算功能。

案例 2 集成运放有着非常广泛的应用,下面仅举三例。

(1) 实现阻抗变换。在元件制作工艺中,电容器制作相对容易,而电感器制作则需要铁芯和线圈且体积较大。图 Z5-4 电路可以将一个电容元件等效模拟成电感元件,且电感值可以非常大,该电路称为回转器电路。

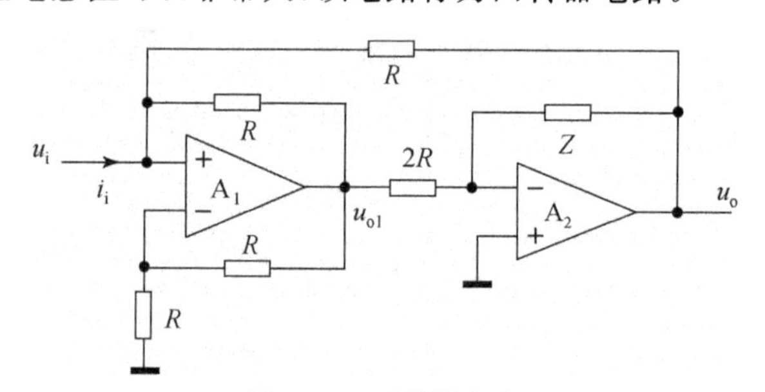

图 Z5-4 回转器电路

图 Z5-4 电路的等效输入阻抗为 $Z_i=\frac{u_i}{i_i}$,其中

$$i_i=\frac{u_i-u_{o1}}{R}+\frac{u_i-u_o}{R}$$

$$u_{o1}=2u_i,\quad u_o=-\frac{Z}{2R}u_{o1}=-\frac{Z}{R}u_i$$

整理得

$$Z_i=\frac{u_i}{i_i}=\frac{R^2}{Z}$$

当 Z 为电容时,即 $Z=\frac{1}{j\omega C}$,电路输入阻抗 $Z_i=j\omega CR^2$,等效电感值为 $L=CR^2$。

当 Z 为电感时,即 $Z=j\omega L$,电路输入阻抗 $Z_i=\frac{R^2}{j\omega L}$,等效电容值为 $C=\frac{L}{R^2}$。

即电路实现了容性和感性阻抗的相互转换。

(2) 实现电压源到电流源的转换。在工业控制以及传感器应用领域中，常需要将输入的恒定电压转换成恒定输出电流，图 Z5-5 所示电路就具有此类功能，称为电压-电流($V-I$)转换电路。

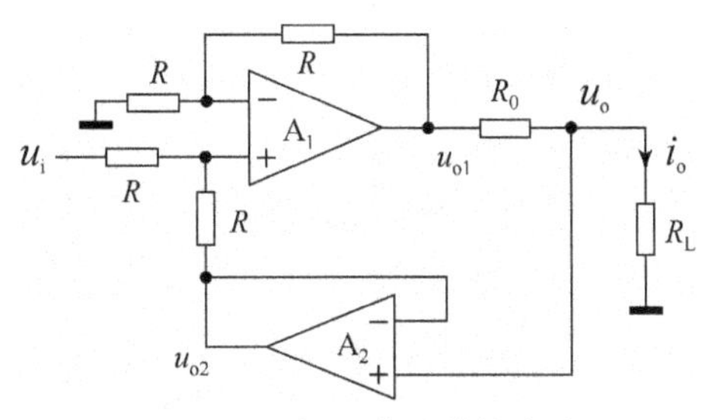

图 Z5-5　电压-电流转换电路

图 Z5-5 电路中，运放 A_1 组成同相比例放大电路，A_2 组成跟随器，有

$$u_{o1} = 2u_{+1}, \quad u_{o2} = u_o$$

$$u_{+1} = \frac{1}{2}(u_i + u_{o2})$$

$$u_{R_0} = u_{o1} - u_o = u_i$$

故输出电流为

$$i_o = i_{R_0} = \frac{u_i}{R_0}$$

说明输出电流 i_o 为恒流，即与负载 R_L 无关，通过调节 R_0 的大小还可改变输出电流的大小。

(3) 求解微分方程。设计电路求解下面一阶线性非齐次微分方程

$$\frac{du_o}{dt} + 2u_o = \sin\omega t$$

对所给微分方程进行积分，可得

$$u_o = \int(\sin\omega t - 2u_o)dt = -\int(-\sin\omega t + 2u_o)dt \tag{5.47}$$

观察式(5.47)，可先将 $\sin\omega t$ 信号反相，然后再经过反相输入的加法积分器实现，电路如图 Z5-6 所示。

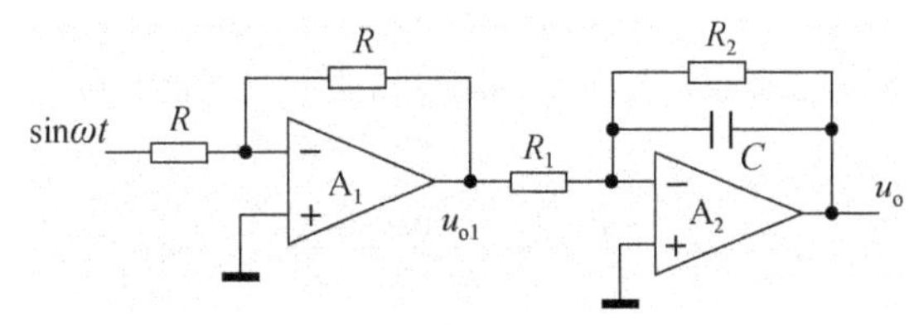

图 Z5-6　求解微分方程电路

图 Z5-6 电路中,$u_{o1}=-\sin\omega t$,则

$$u_o=-\frac{1}{R_1C}\int u_{o1}\,dt-\frac{1}{R_2C}\int u_o\,dt=\frac{1}{R_1C}\int \sin\omega t\,dt-\frac{1}{R_2C}\int u_o\,dt \qquad (5.48)$$

比较式(5.47)和式(5.48),可得时间常数 $R_1C=1$ s,$R_2C=0.5$ s,可取

$$C=100\ \mu\text{F},\quad R_1=10\ \text{k}\Omega,\quad R_2=5\ \text{k}\Omega$$

电阻 R 可取 10 kΩ。

案例 3 利用集成运放组成的电路,可以方便地进行不同电压信号波形间的转换。以正弦波、方波和三角波信号为例,其相互转换的方法如图 Z5-7 所示。

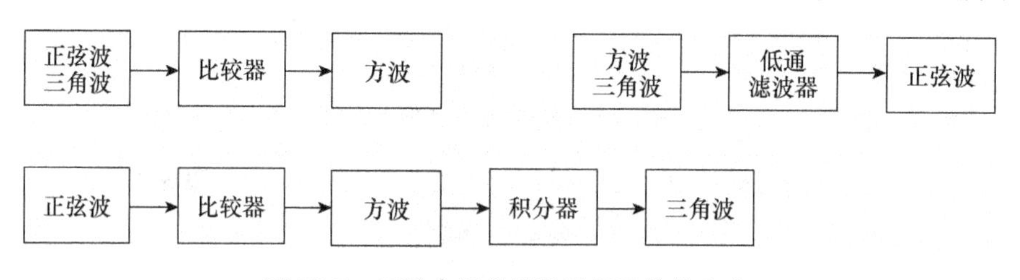

图 Z5-7 三种电压信号波形相互转换方法

上述信号转换用到的集成运放电路中,滤波器电路稍显复杂。下面以一个低通滤波器为例,阐述其设计方法。

(1) 理想滤波器的逼近。理想滤波器的通带和阻带之间不存在过渡。但这种滤波器在实际中是不可能实现的,只能通过某种传输函数去逼近它。滤波器的传输函数可以写成下列形式

$$H(s)=\frac{b_ms^m+b_{m-1}s^{m-1}+\cdots+b_1s+b_0}{a_ns^n+a_{n-1}s^{n-1}+\cdots+a_1s+a_0}$$

上式中的 s 是复频域变量(正弦稳态条件下 $s=\mathrm{j}\omega$),n 为滤波器的阶数,分子、分母中的系数决定了滤波器的类型、幅频和相频曲线的形状。

由于高通、带通和带阻的传输函数可由低通传输函数变换得到,而不同参数的低通滤波器又可归一化为 3 dB 截止频率 $\omega_{0c}=1$ 和通带增益 $H(0)=1$ 的标准低通滤波器,所以可只研究归一化低通传输函数的理想滤波器逼近。

常用的经典逼近方法有最大平坦响应滤波器(Butterworth)、等纹波滤波器(Chebyshev)和线性相位响应滤波器(Bessel/Thompson)。

以最大平坦响应滤波器(Butterworth)为例,n 阶全极点归一化低通传输函数为:

$$H(s)=\frac{H(0)}{s^n+a_{n-1}s^{n-1}+\cdots+a_1s+1}$$

其中 1 到 6 阶 Butterworth 多项式如表 Z5-1 所示。

表 Z5-1　1 到 6 阶 Butterworth 多项式

n	Butterworth 多项式
1	$s+1$
2	$s^2+1.4141s+1$
3	$(s+1)(s^2+s+1)$
4	$(s^2+0.7654s+1)(s^2+1.8748s+1)$
5	$(s+1)(s^2+0.6180s+1)(s^2+1.618s+1)$
6	$(s^2+0.5176s+1)(s^2+1.4142s+1)(s^2+1.9319s+1)$

(2) 有源滤波器的基本节。从表 Z5-1 中 Butterworth 多项式可以看出，高阶传输函数可由一阶和二阶传输函数的乘积表示，说明高阶滤波器可由一阶和二阶的基本滤波器级连组成。一个 n 阶滤波器，当 n 为偶数时，可由 $n/2$ 个二阶节级连而成；当 n 为奇数时，可由 $(n-1)/2$ 个二阶节和 1 个一阶节级连而成。高阶传输函数为各个基本节传输函数之积，需要满足基本节输出阻抗非常小的条件，所以常用 RC 有源滤波器组成基本节。有非常多的一阶和二阶 RC 有源滤波器基本节电路，以下只给出两个例子。

一阶典型单位增益低通滤波器基本节如图 Z5-8 所示。

传输函数：$H(s)=\dfrac{1}{RCs+1}$

截止圆频率：$\omega_c=\dfrac{1}{RC}$

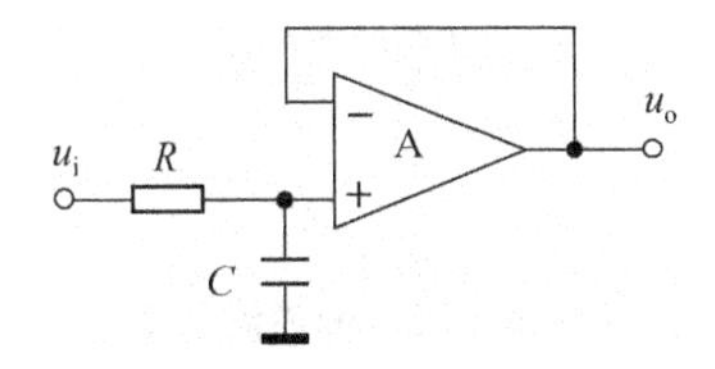

图 Z5-8　一阶单位增益低通滤波器

二阶单重反馈/单位增益的低通滤波器基本节如图 Z5-9 所示。

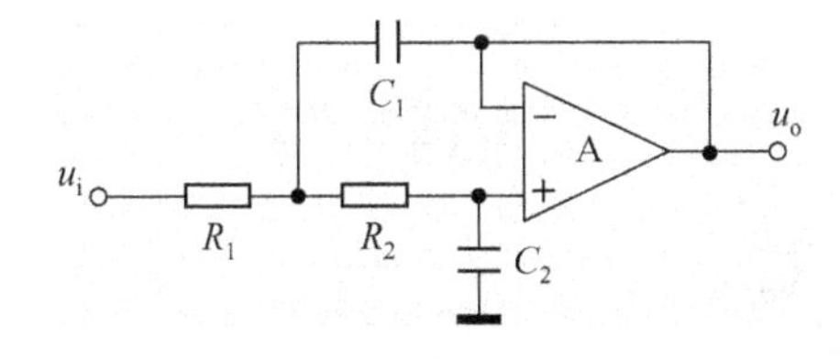

图 Z5-9　二阶单重反馈/单位增益的低通滤波器

传输函数：$H(s)=\dfrac{1}{C_1R_1C_2R_2s^2+C_2(R_1+R_2)s+1}$

截止圆频率：$\omega_c=\dfrac{1}{\sqrt{R_1R_2C_1C_2}}$

(3) 有源滤波器的设计实例：试设计一个 Butterworth 型低通滤波器，要求 3 dB 截止频率为 $f_c=3400$ Hz，过渡带衰减斜率≥12 dB/倍频。

由过渡带衰减斜率≥12 dB/倍频可知，滤波器过渡带每十倍频衰减需大于 60 dB，故需要 3 阶，可采用一阶节和二阶节级连方式来实现。一阶节采用典型的单位增益低通滤波器，二阶节采用单重反馈/单位增益的低通滤波器，如图 Z5-10 所示。

传输函数为

$$H(s)=H_1(s)\cdot H_2(s)=\frac{1}{R_1C_1s+1}\cdot\frac{1}{R_2R_3C_2C_3s^2+C_3(R_2+R_3)s+1}$$

低通中常令：$R=R_1=R_2=R_3$，则

$$H(s)=\frac{1}{R^3C_1C_2C_3s^3+R^2(2C_1C_3+C_2C_3)s^2+R(C_1+2C_3)s+1}\tag{5.49}$$

查表 Z5-1，得 Butterworth 三阶归一化低通滤波器多项式为：s^3+2s^2+2s+1，于是令 $s=\dfrac{s_0}{R\sqrt[3]{C_1C_2C_3}}$

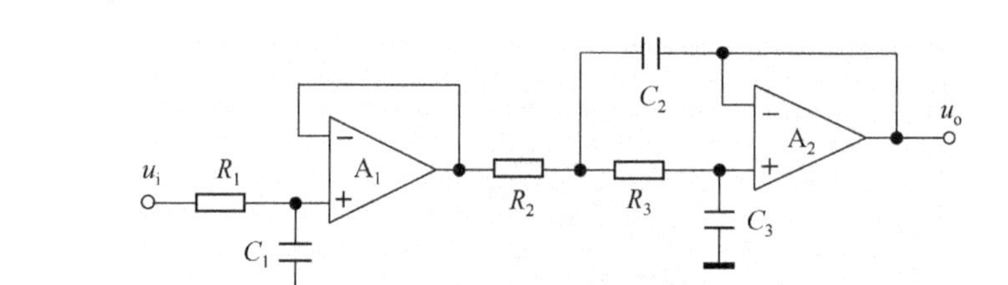

Z5-10　三阶低通滤波器

将式(5.49)变换成 s_0 域(归一化)，有

$$H(s_0)=\frac{1}{s_0^3+\dfrac{(2C_1C_3+C_2C_3)}{\sqrt[3]{C_1^2C_2^2C_3^2}}s_0^2+\dfrac{(C_1+2C_3)}{\sqrt[3]{C_1C_2C_3}}s_0+1}\tag{5.50}$$

式(5.50)与 Butterworth 三阶归一化低通滤波器分母多项式比较，有

$$\frac{(2C_1C_3+C_2C_3)}{\sqrt[3]{C_1^2C_2^2C_3^2}}=2 \qquad \frac{(C_1+2C_3)}{\sqrt[3]{C_1C_2C_3}}=2$$

可得到 C_1 的三次方程

$$C_1^3-2C_1^2C_3+\frac{4}{3}C_1C_3^2-\frac{8}{3}C_3^3=0$$

取方程实根得：$C_1=2C_3$，$C_2=4C_3$，取 $C_3=10$ nF，则 $C_1=20$ nF，$C_2=40$ nF。

三阶归一化 Butterworth 低通滤波器(s_0 域)的截止圆频率为：$\omega_{0c}=1$，实际低通滤波器(s 域)的截止圆频率为：$\omega_c=2\pi f_c$，即

$$\omega_{0c}=\omega_c\cdot R\sqrt[3]{C_1C_2C_3}=1$$

容易求得 $R=2.34(\text{k}\Omega)$。

该滤波电路的仿真分析结果请参阅本教材的 11.5 节。

附：一元三次方程的解法

方程：$x^3+bx^2+cx+d=0$

实根为：$x=\sqrt[3]{\alpha}+\sqrt[3]{\beta}-\dfrac{b}{3}$

其中：$\alpha=\dfrac{1}{2}\left(-q+\sqrt{q^2+4p^3}\right)$

$$\beta=\frac{1}{2}\left(-q-\sqrt{q^2+4p^3}\right)$$

$$p=\frac{1}{9}(3c-b)$$

$$q=\frac{1}{27}(2b^3-9bc+27d)$$

本章小结

(1) 分析理想集成运放组成的线性应用电路时，常以“虚短路”和“虚断路”为基本出发点，并结合基尔霍夫定律和叠加定理进行求解。

(2) 比例运算电路是最基本的信号运算电路，分为反相、同相和差分三种输入方式。反相比例运算电路的共模输入电压为零，但输入电阻不高；同相比例运算电路的输入电阻高，但共模输入电压大；差分比例运算电路的共模输入电压大，输入电阻也不高。三种方式的比例运算电路的输出电阻均为零，当多级级联时，可将前级电路看作恒压源。

(3) 在比例运算电路的基础上，容易构成加减、微分和积分运算电路。加减运算电路分为反相、同相和差分三种输入方式。反相输入加法电路的共模输入电压为零，参数调整方便，被广泛采用，要实现加减运算可采用两级反相输入加法电路。将比例运算电路中的反馈回路或输入回路电阻换成电容，即可构成积分或微分运算电路。

(4) 滤波电路分为低通、高通、带通和带阻四种类型。低通和高通具有对偶性，将低通电路中的电阻和电容互换即变为高通滤波电路。将低通和高通串联起来可构成带通滤波电路，并联起来可构成带阻滤波电路。滤波电路幅频特性

的三个重要指标是通带放大倍数、截止频率和过渡带衰减斜率。

(5) RC 有源滤波电路通常由 RC 网络和集成运放构成，分为一阶、二阶或高阶滤波电路，高阶低通或高通滤波电路可通过低阶电路级联组成。滤波电路中的比例运算电路决定着通带放大倍数，RC 网络决定着截止频率，阶数决定着过渡带衰减斜率。RC 有源滤波电路中的集成运放工作在线性区，电路分析方法与比例、加减运算电路基本相同。

(6) 正弦波振荡电路由放大电路、选频网络、正反馈网络和稳幅环节四部分组成，振荡的平衡条件为$\dot{A}\dot{F}=1$，又可分成振幅平衡条件$|\dot{A}\dot{F}|=1$和相位平衡条件$\varphi_A+\varphi_F=2n\pi$，起振的振幅条件为$|\dot{A}\dot{F}|>1$。

(7) RC 串并式正弦波振荡电路由 RC 串并网络和同相比例运算电路组成。RC 串并网络作为选频和正反馈网络，决定着振荡频率 f_0，同相比例运算电路作为放大电路以及稳幅环节。电路振荡时，$|\dot{F}|=1/3$，$|\dot{A}|\geqslant 3$，振荡频率为 $f_0=\dfrac{1}{2\pi RC}$。

(8) 理想集成运放处于开环状态或引入正反馈时，将工作在非线性区，此时仍具有“虚断路”特点，其输出具有二值性，不是高电平就是低电平，典型应用有电压比较器和非正弦波发生器。

(9) 电压比较器用于对输入电压的大小进行鉴别和比较。通常用电压传输特性来描述电压比较器的工作性能，电压传输特性的三个要素是输出电压的高电平和低电平、门限电压、输出电压的跃变方向。

(10) 常用的电压比较器有单限比较器、滞回比较器和双限比较器。单限比较器有一个门限电压，滞回和双限比较器有两个门限电压；当输入电压单一方向变化时，单限和滞回比较器的输出电压仅跃变一次，而双限比较器的输出电压跃变两次。单限和滞回比较器的输入电压可由同相端或反相端输入，它们的输出电压跃变方向是相反的。

(11) 常用的非正弦波发生电路有矩形波、三角波和锯齿波发生电路。模拟电路中的非正弦波发生电路由滞回比较器和反馈延迟网络组成，主要参数是振荡幅值和振荡频率。

(12) 矩形波发生电路由滞回比较器和 RC 反馈延迟网络组成，调节电容的充、放电时间常数，即可调节矩形波的占空比。三角波发生电路由滞回比较器和积分电路组成，积分电路同时作为延迟环节；调节正向和反向积分时间常数，使它们相差悬殊，则可由三角波发生电路变为锯齿波发生电路。

(13) 实际使用运放时，要学会根据需要正确选择，并注意零点调整、消除自激和运放的保护等问题。

思 考 题

5-1　为什么说理想集成运放工作在线性区时，具有“虚短路”和“虚断路”两个特点？工作在非线性区时，具有什么特点？

5-2　试总结信号运算电路的基本分析方法。

5-3　试比较反相比例运算电路和同相比例运算电路的基本特点，电路中都引入了什么类型的深度负反馈？

5-4　差分输入减法电路中，运放反相端是“虚地”吗？为了提高运算精度，应该如何选择集成运放？

5-5　为什么说反相输入加法电路比同相输入加法电路和差分输入加减电路应用更广？

5-6　为什么在分析多级运算电路时，可以不考虑前后级之间的影响？

5-7　为什么说运算电路中电阻取值过大时，会严重影响运算精度？

5-8　负载变动会影响运算电路的电压放大倍数吗？

5-9　为防止图 5.10 所示的积分运算电路的低频信号增益过大，应如何改进电路？

5-10　滤波电路的功能是什么？分为哪几类？描述其幅频特性的重要指标有哪些？

5-11　什么是无源和有源滤波电路？各有什么优缺点？

5-12　实际集成运放的带宽是有限的，可以把它看成什么滤波电路？

5-13　如何定性判断滤波电路的类型？试定性判断图 5.10 所示的积分运算电路为低通滤波电路。

5-14　温度信号采集前端滤波、语音信号采集前端滤波、多级放大电路的级间交流耦合以及滤除信号中交流电 50 Hz 干扰，应分别采用什么类型的滤波电路？

5-15　如何将 RC 低通有源滤波电路变为 RC 高通有源滤波电路？如何由低通和高通滤波电路组成带通和带阻滤波电路？组成的条件是什么？

5-16　如何设计高阶 RC 有源滤波电路？

5-17　什么是自激振荡？自激振荡的条件是什么？

5-18　正弦波振荡电路有哪几部分组成？各起什么作用？

5-19　图 5.34 所示的 RC 正弦波振荡电路中，RC 网络引入正反馈，那么集成运放还工作在线性区吗？为什么？

5-20　图 5.34 所示的 RC 正弦波振荡电路中，采用温敏电阻 R_1 作为稳幅措施，那么 R_1 应选用正温度系数还是负温度系数的温敏电阻？

5-21 什么是电压比较器？通常分为哪几类？各有什么动作特点？描述其电压传输特性的重要指标有哪些？如何求解这些指标？

5-22 滞回比较器为什么具有滞回特性？与双限比较器比较，有什么异同？

5-23 要想改变单限和滞回比较器输出电压的跃变方向，应如何改动电路？

5-24 试比较非正弦波和正弦波振荡电路在电路组成、工作原理和分析方法上的区别。

5-25 若将矩形波发生电路中的滞回比较器换为单限比较器，电路能工作吗？为什么？

5-26 试用背对背稳压管设计防止集成运放输入端共模输入电压过大的保护电路。

练　习　题

5-1 图 P5-1 所示同相比例运算电路中，已知 $R_F = 50\ \text{k}\Omega$，$R_1 = 10\ \text{k}\Omega$，集成运放最大输出电压 $u_{Om} = \pm 10\ \text{V}$。

(1) 试求电压放大倍数 A_{uf} 和补偿电阻 R_2 的值；

(2) 若正弦波输入信号 u_i 的幅度分别为 1 V 和 3 V，分别求出输出信号 u_o 的峰峰值，并画出输出信号波形。

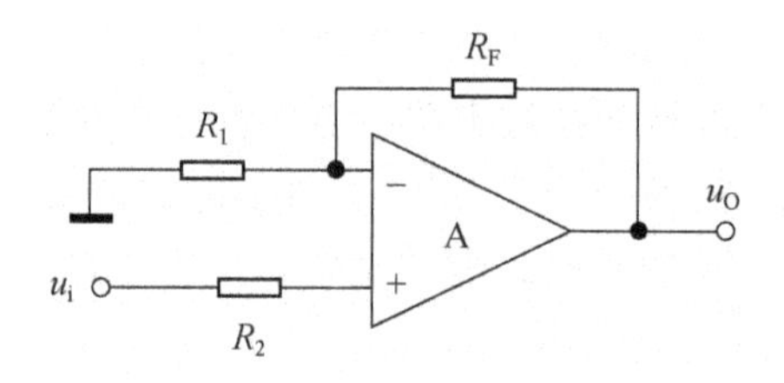

图 P5-1　练习题 5-1 图

5-2 用集成运放组成的电阻测量电路如图 P5-2 所示，已知 $R_1 = 10\ \text{k}\Omega$，电池电压 $E = 3\ \text{V}$，电压表满量程为 5 V，试求测量阻值的范围。

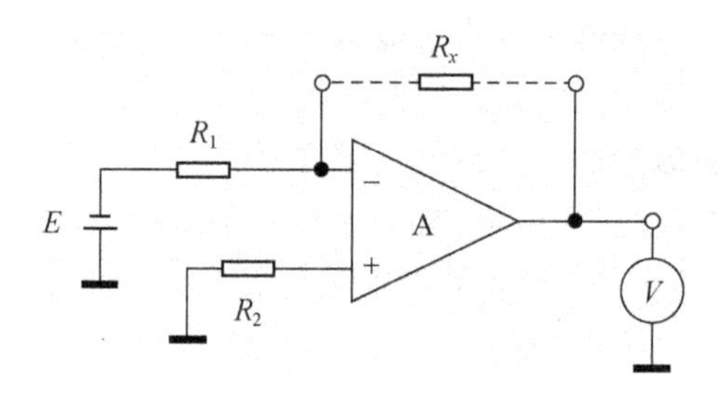

图 P5-2　练习题 5-2 图

5-3　T 型网络同相比例运算电路如图 P5-3 所示，推导输出电压与输入电压的关系式。

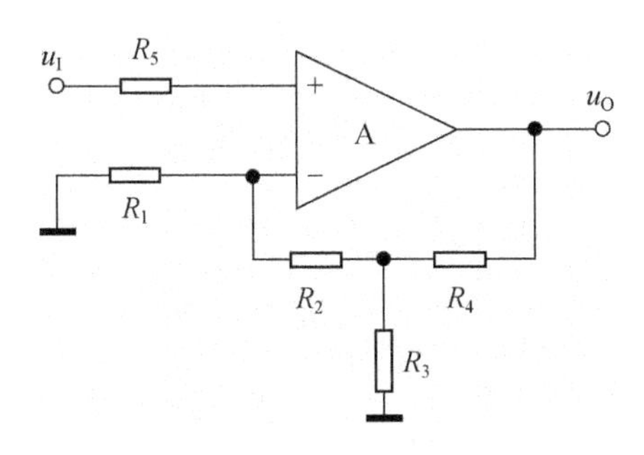

图 P5-3　练习题 5-3 图

5-4　图 P5-4 所示电路为输入电阻自举扩展反相比例运算电路。

(1) 推导电压放大倍数 A_{uf} 和输入电阻 R_i 的表达式；

(2) 若 $R_1=10\,\mathrm{k\Omega}$，$R=10.01\,\mathrm{k\Omega}$，计算 R_i。

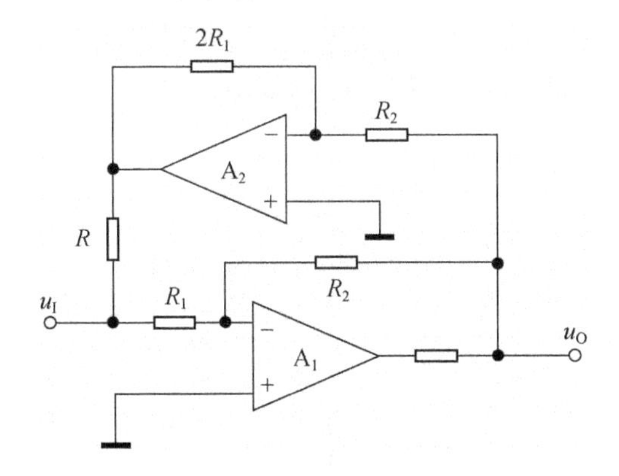

图 P5-4　练习题 5-4 图

5-5　图 P5-5 所示电路为同相输入加法运算电路，推导输出电压与输入电压的关系式。设 $R_1 /\!/ R_2 /\!/ R_3 = R /\!/ R_F$。

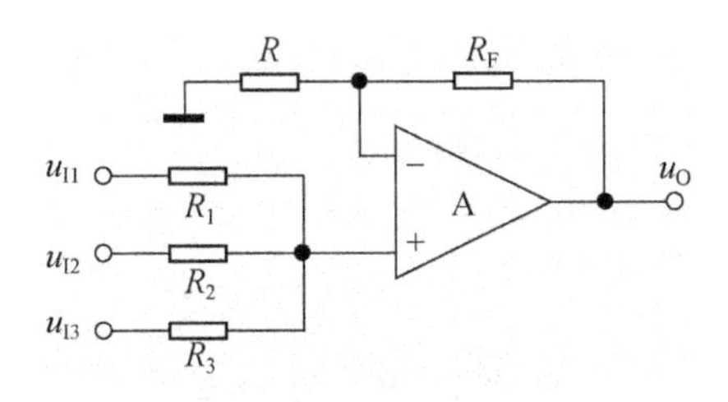

图 P5-5　练习题 5-5 图

5-6 图 P5-6 所示为由理想运放组成的电路，推导输出电压 u_O 的表达式。

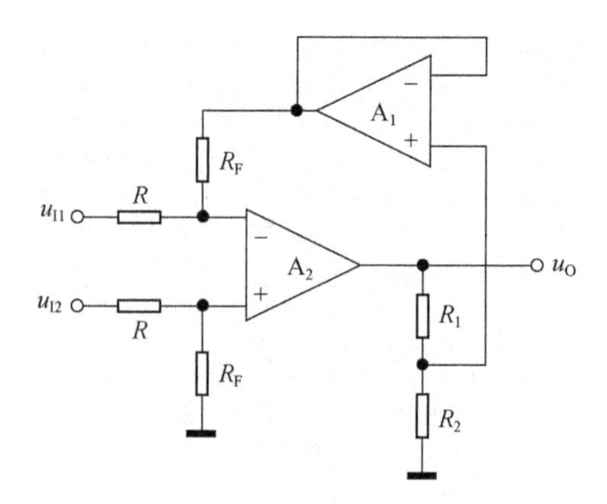

图 P5-6 练习题 5-6 图

5-7 图 P5-7(a)所示的反相输入加法运算电路中，已知 $R_F=50\ \text{k}\Omega$，$R_1=10\ \text{k}\Omega$，$R_2=5\ \text{k}\Omega$ 集成运放最大输出电压 $u_{Om}=\pm 12\ \text{V}$，输入电压 u_{I1} 和 u_{I2} 的波形如图 P5-7(b)所示，试画出输出电压 u_O 的波形。

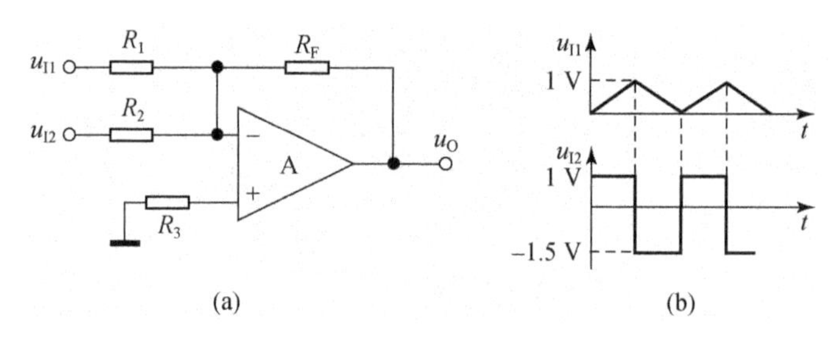

图 P5-7 练习题 5-7 图

5-8 图 P5-8 所示电路为高输入电阻运算电路。

(1) 分别说明运放 A_1，A_2 和整个电路各完成什么运算；

(2) 推导输出电压 u_O 的表达式。

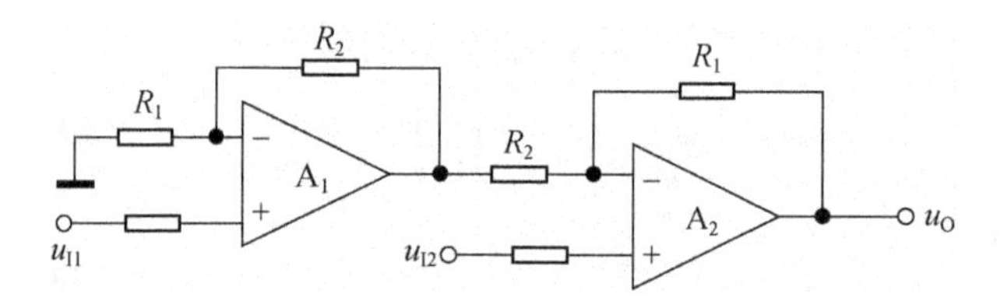

图 P5-8 练习题 5-8 图

5-9　图 P5-9 所示电路为仪表放大器，具有高输入电阻、低输出电阻、高共模抑制比的特点，试证明 $u_O=\frac{R_3}{R_2}\left(1+\frac{2R_1}{R}\right)(u_{I2}-u_{I1})$。

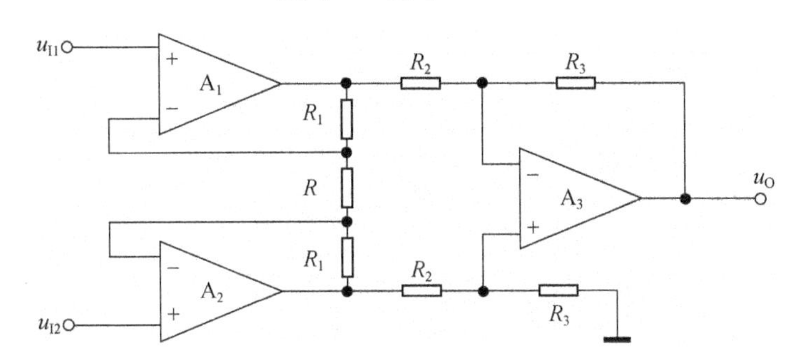

图 P5-9　练习题 5-9 图

5-10　设计运算电路，完成运算关系：$u_O=2u_{I1}-u_{I2}$。

(1) 用一级差分输入加减运算电路实现；

(2) 用两级反相输入运算电路实现。

5-11　设计运算电路，完成运算关系

$$u_O=0.5u_{I1}-u_{I2}+5u_{I3}-2u_{I4}。$$

5-12　积分运算电路如图 P5-10(a)所示。

(1) 推导输出电压与输入电压的运算关系；

(2) 若电阻 $R_1=50\ \text{k}\Omega$，$R_2=10\ \text{k}\Omega$，电容 $C=0.2\ \mu\text{F}$，输入电压波形如图 P5-10(b)所示，$t=0$ 时刻电容 C 初始电压为零，试画出输出电压 u_O 的波形图。

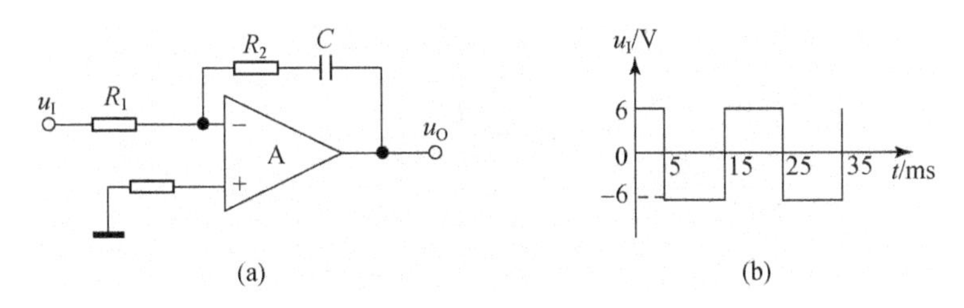

图 P5-10　练习题 5-12 图

5-13　积分运算电路如图 P5-11(a)所示。

(1) 推导输出电压与输入电压的运算关系；

(2) 若电阻 $R_1=100\ \text{k}\Omega$，$R_2=50\ \text{k}\Omega$，电容 $C=0.1\ \mu\text{F}$，输入电压波形如图 P5-11(b)所示，$t=0$ 时刻电容 C 初始电压为零，试画出输出电压 u_O 的波形图。

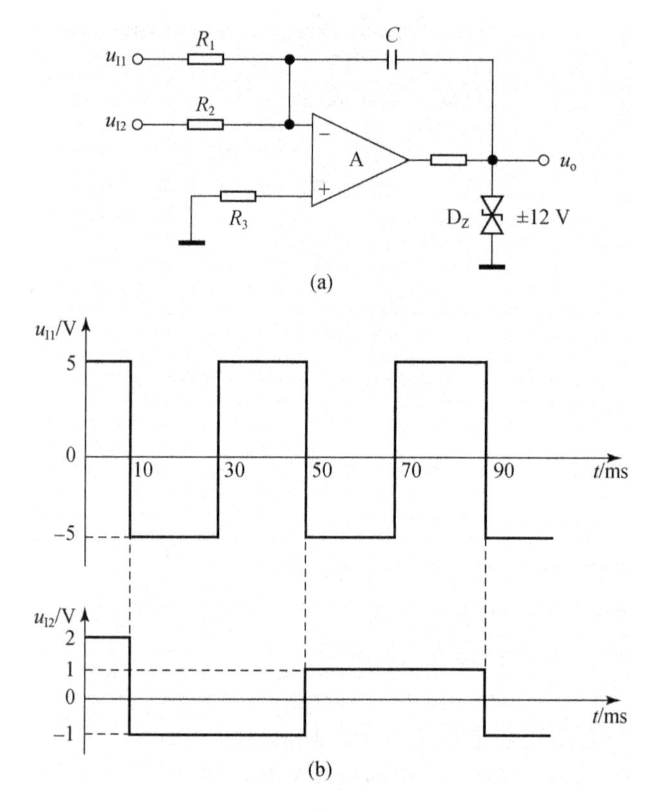

图 P5-11 练习题 5-13 图

5-14 试推导图 P5-12 所示运算电路输出电压与输入电压的运算关系。

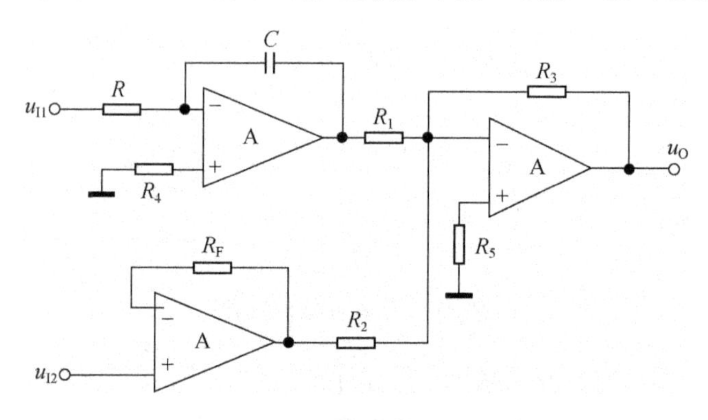

图 P5-12 练习题 5-14 图

5-15 同相积分运算电路和差分积分运算电路如图 P5-13(a),(b)所示,试推导每个电路输出电压与输入电压的运算关系。

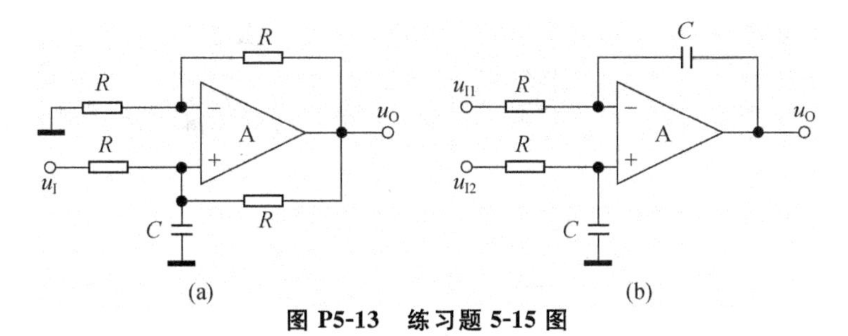

图 P5-13　练习题 5-15 图

5-16　滤波电路如图 P5-14 所示。

(1) 判断滤波器类型，并推导电压放大倍数$\dot{A}_u$的表达式；

(2) 求电路的通带放大倍数、截止频率，并画出幅频特性。

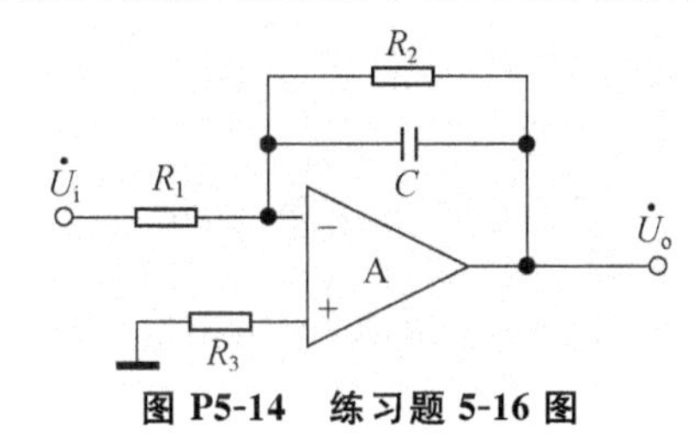

图 P5-14　练习题 5-16 图

5-17　滤波电路如图 P5-15 所示。

(1) 判断滤波器类型，并推导电压放大倍数$\dot{A}_u$的表达式；

(2) 求电路的通带放大倍数、截止频率，并画出幅频特性。

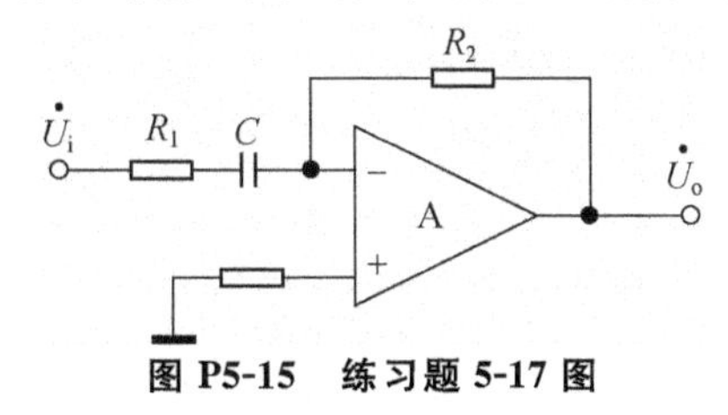

图 P5-15　练习题 5-17 图

5-18　试分别判断图 P5-16(a)，(b)所示滤波电路的类型。

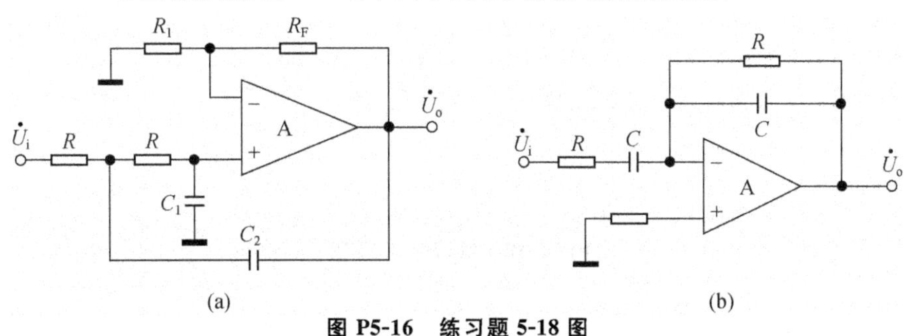

图 P5-16　练习题 5-18 图

5-19 如图 P5-17 所示电路中,已知 $R=R_1=10\ \text{k}\Omega$,$C=0.01\ \mu\text{F}$。

(1) 指出 A_1,A_2 分别组成了什么电路;

(2) 温敏电阻 R_t 应具有正的还是负的温度系数?为满足起振条件,R_t 应为何值?

(3) 求电路的振荡频率,并画出 u_{o1} 和 u_o 的波形。

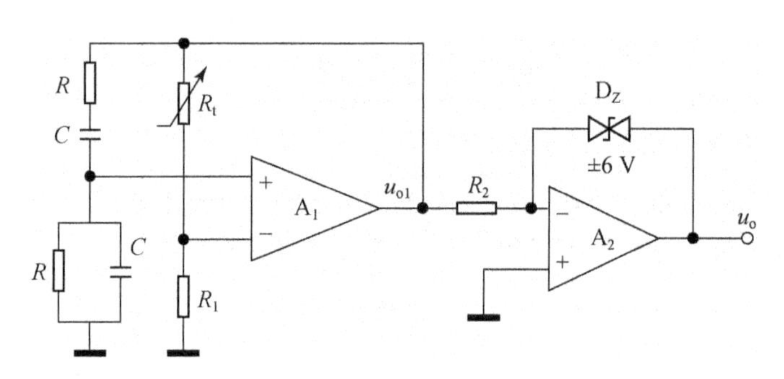

图 P5-17 练习题 5-19 图

5-20 如图 P5-18(a),(b)所示电路,试用相位平衡条件判断电路是否能产生振荡,并简述理由。

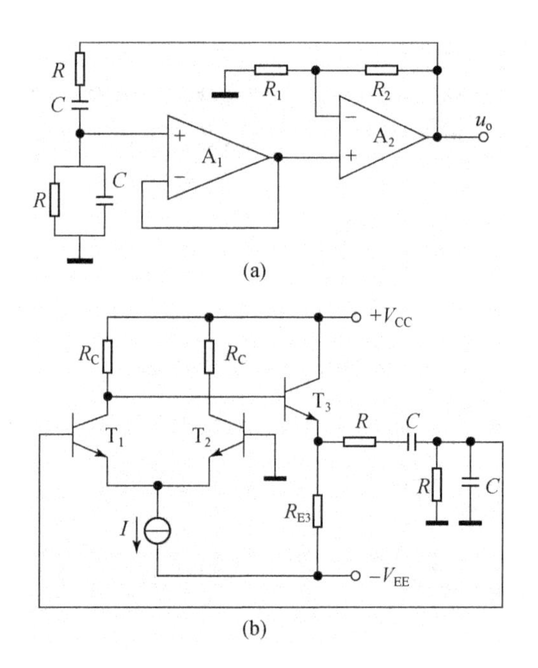

图 P5-18 练习题 5-20 图

5-21　分别求出图 P5-19 所示各电压比较电路的门限电压值，并画出电压传输特性。

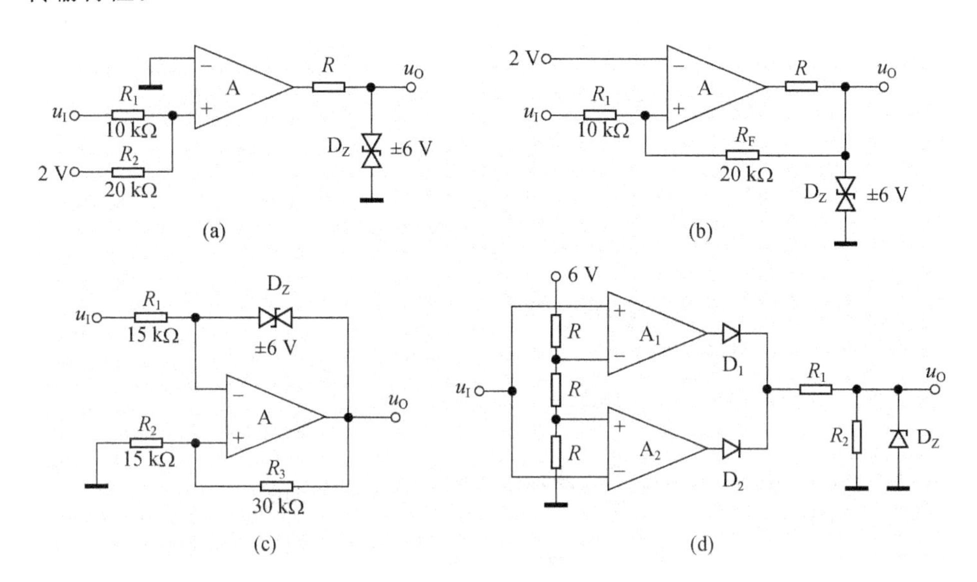

图 P5-19　练习题 5-21 图

5-22　滞回比较电路如图 P5-20 所示，$R_1=10\ \mathrm{k\Omega}$，$R_F=20\ \mathrm{k\Omega}$，设元器件均为理想。

(1) 求门限电压和门限宽度，并画出电压传输特性；

(2) 若 u_I 为幅度为 5 V 的正弦波，画出输出电压 u_O 的波形。

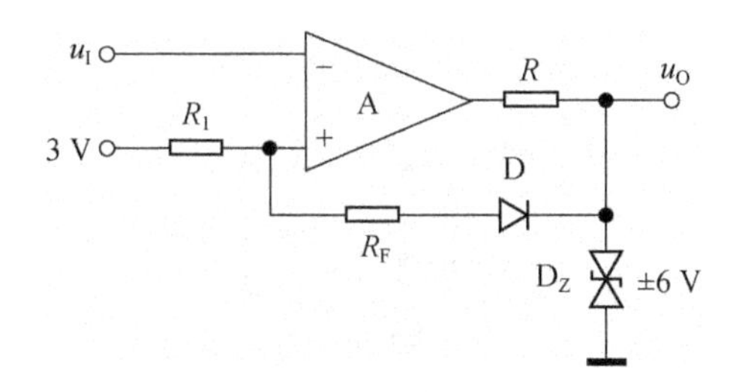

图 P5-20　练习题 5-22 图

5-23　如图 P5-21 所示电路中，$R=5\ \mathrm{k\Omega}$，$C=0.1\ \mu\mathrm{F}$，$R_1=R_2=10\ \mathrm{k\Omega}$。

(1) 指出 A_1，A_2 分别组成了什么电路；

(2) 求电路的振荡周期，并画出 u_{o1} 和 u_o 的波形。

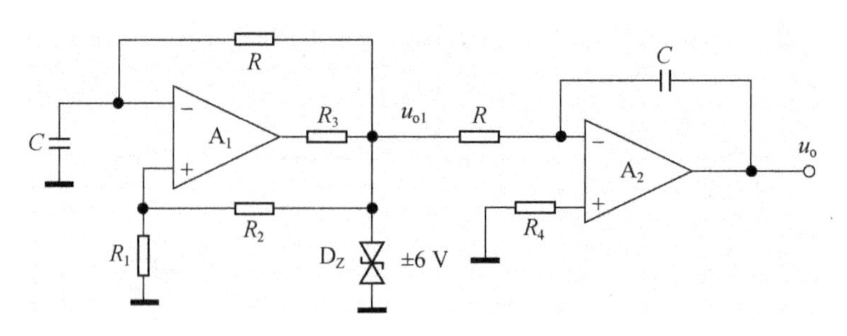

图 P5-21 练习题 5-23 图

5-24 矩形波发生电路如图 P5-22 所示，已知 $R=5\ \text{k}\Omega$，$C=0.1\ \mu\text{F}$，$R_1=10\ \text{k}\Omega$，$R_2=20\ \text{k}\Omega$，$R_W=50\ \text{k}\Omega$，$\pm U_Z=\pm 6\ \text{V}$。

(1) 求输出电压 u_o 的振荡周期和占空比的调节范围；

(2) 若 $R_{W1}=10\ \text{k}\Omega$，画出 u_o 和电容上电压 u_C 的波形。

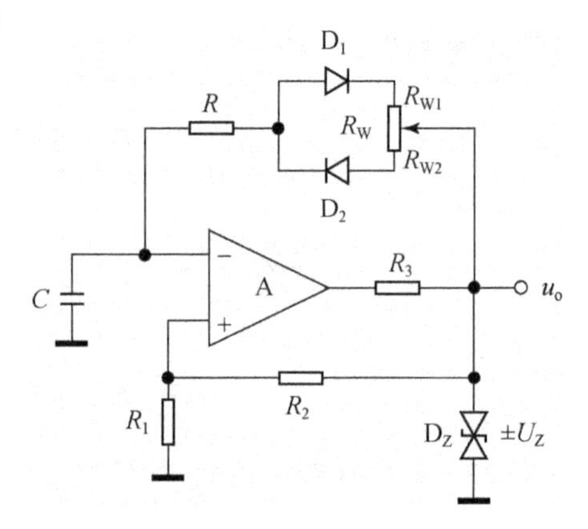

图 P5-22 练习题 5-24 图

5-25 三角波发生电路如图 P5-23 所示，已知 $R=50\ \text{k}\Omega$，$R_1=10\ \text{k}\Omega$，$R_2=20\ \text{k}\Omega$，要求输出三角波的周期为 1 ms，幅值为 $\pm 3\ \text{V}$，试确定稳压管的稳压值和电容 C 的值，并画出 u_{o1} 和 u_o 的波形。

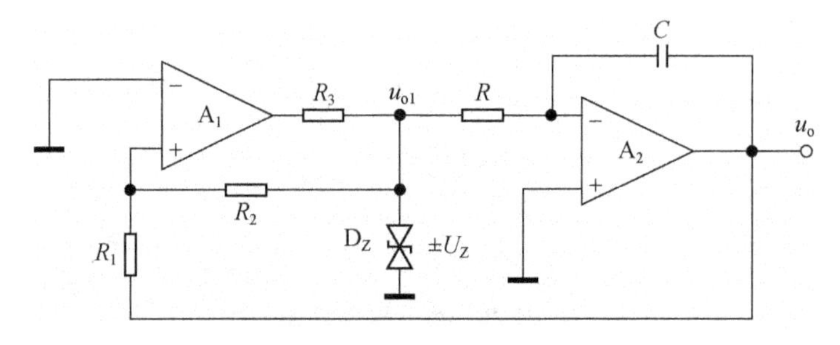

图 P5-23 练习题 5-25 图

第 6 章　直流稳压电源

电子电路一般需要电压稳定的直流电源供电。这些直流电源可以是干电池，但在大多数情况下，则是由交流电网供电的。将 220 V 交流电变为所需要的稳定直流电，就是直流稳压电源的功能。本章首先介绍了小功率直流稳压电源的组成及主要指标，然后对整流、滤波和稳压电路进行了讨论，最后介绍了集成稳压器及其应用。

6.1　直流稳压电源的组成及主要指标

6.1.1　直流稳压电源的组成

单相小功率直流稳压电源的功能，是将频率为 50 Hz、有效值为 220 V 的单相交流电压转换为输出电压幅值稳定的直流电压，输出电流通常为几百毫安。它由电源变压器、整流电路、滤波电路和稳压电路四部分组成，如图 6.1 所示。

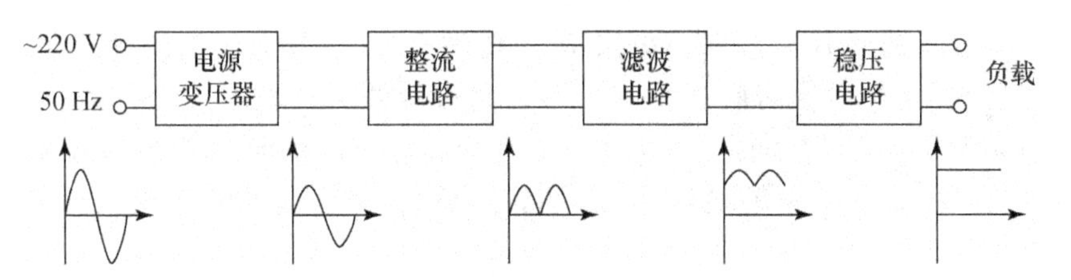

图 6.1　直流稳压电源组成框图

电源变压器：电网的单相交流电压有效值为 220 V，而电子电路所需的直流电压一般为十几伏，因此首先要经过电源变压器降压，再进行后续处理。

整流电路：降压后的交流信号仍为正弦波，输出电压平均值为零，还需要通过整流电路将交流信号变成单方向的脉动信号。

滤波电路：整流后的单向脉动电压仍有较大的交流分量，必须通过滤波电路将脉动电压中的交流成分滤掉，从而得到比较平滑的直流电压。

稳压电路：滤波后的直流电压还是不稳定，尤其当电网电压波动或负载变化时，其输出电压会随之波动。因此，在滤波电路之后，还需稳压电路以获得稳定的直流电压。

6.1.2 直流稳压电源的主要指标

稳压电源的主要指标分为标志工作质量好坏的性能参数和安全稳定工作的工作参数。

1. 性能参数

输出电压 U_O 的稳定性主要受输入电压 U_I、负载电流 I_O 和温度 T 三方面变化的影响。

(1) 电压调整率 S_U 和稳压系数 S_r。输入电压 U_I 变化而引起输出电压 U_O 变化的程度,可用电压调整率 S_U 来表示。它有两种定义表达:一种为在负载电流和环境温度不变的条件下,输入电压 U_I 变化 10%时,引起的输出电压变化 ΔU_O,单位为 mV;另一种是当输入电压变化 ΔU_I 时,引起的输出电压的相对变化,即

$$S_U = \frac{\Delta U_O/U_O}{\Delta U_I} \times 100\% \Bigg|_{\substack{\Delta I_O=0 \\ \Delta T=0}} (\%/\text{V}) \tag{6.1}$$

实际中还常用稳压系数 S_r 来反映输入电压波动对输出电压的影响,S_r 定义为在负载电流和环境温度不变的条件下,输出电压和输入电压的相对变化量之比,即

$$S_r = \frac{\Delta U_O/U_O}{\Delta U_I/U_I} \times 100\% \Bigg|_{\substack{\Delta I_O=0 \\ \Delta T=0}} \tag{6.2}$$

(2) 电流调整率 S_I 和输出电阻 R_o。负载电流 I_O 变化而引起输出电压 U_O 变化的程度,可用电流调整率 S_I 来表示。它有两种定义表达:一种为在输入电压和环境温度不变的条件下,负载电流变化 10%时,引起的输出电压的变化 ΔU_O,单位为 mV;另一种是当 I_O 从零变到最大时,引起的输出电压的相对变化,即

$$S_I = \frac{\Delta U_O}{U_O} \times 100\% \Bigg|_{\Delta I_O = I_{O\max}} \tag{6.3}$$

实际中还常用输出电阻 R_o 来反映负载电流波动对输出电压的影响,R_o 定义为在输入电压和环境温度不变的条件下,输出电压和输出电流的变化量之比,即

$$R_o = \frac{\Delta U_O}{\Delta I_O} \Bigg|_{\substack{\Delta U_I=0 \\ \Delta T=0}} (\Omega) \tag{6.4}$$

(3) 温度系数 S_T。由于环境温度 T 变化而引起输出电压 U_O 变化的程度,常用温度系数 S_T 来表示,它指在输入电压和负载电流不变的条件下,输出电压 U_O 的相对变化量与环境温度 T 的变化量之比,即

$$S_T = \frac{\Delta U_O/U_O}{\Delta T} \Bigg|_{\substack{\Delta U_I=0 \\ \Delta I_O=0}} (/^\circ\text{C}) \tag{6.5}$$

(4) 纹波电压 U_p 和纹波抑制比 S_{pp}。纹波电压 U_p 表示叠加在直流电压上的交流电压,常用有效值或峰峰值表示,一般为 mV 级。纹波抑制比表示稳压电路对输入纹波的抑制能力,定义为输入和输出纹波电压峰峰值之比,即

$$S_{pp} = 20\lg \frac{U_{Ip}}{U_{Op}}(\mathrm{dB}) \tag{6.6}$$

(5) 电源转换效率 η。表示稳压电源输出功率和输入功率之比,即

$$\eta = \frac{P_O}{P_I} \times 100\% \tag{6.7}$$

若只考虑稳压电路部分的转换效率,η 为稳压电路直流输出功率和直流输入功率之比;若考虑变压、整流和滤波电路在内的转换效率,η 为直流输出功率和交流输入功率之比。

2. 工作参数

(1) 输出电压范围 $U_{Omin} \sim U_{Omax}$。表示稳压电源正常工作时的输出电压 U_O 最小值和最大值。

(2) 最大输出电流 I_{Omax}。表示稳压电源在某一输出电压 U_O 下所能输出的最大电流。

6.2　整流与滤波电路

6.2.1　整流电路

二极管具有单向导电性,因此可以采用二极管将交流电压变换为单向脉动电压,组成各种整流电路。常用的整流电路有半波和桥式整流电路。

1. 半波整流电路

(1) 工作原理。半波整流电路如图 6.2(a)所示,由电源变压器 T,整流二极管 D 和负载电阻 R_L 组成。变压器 T 将 220 V 交流电压变为电路要求的交流电压 $u_2 = \sqrt{2}U_2 \sin\omega t$,$U_2$ 为有效值。设电路中元件均为理想元件。

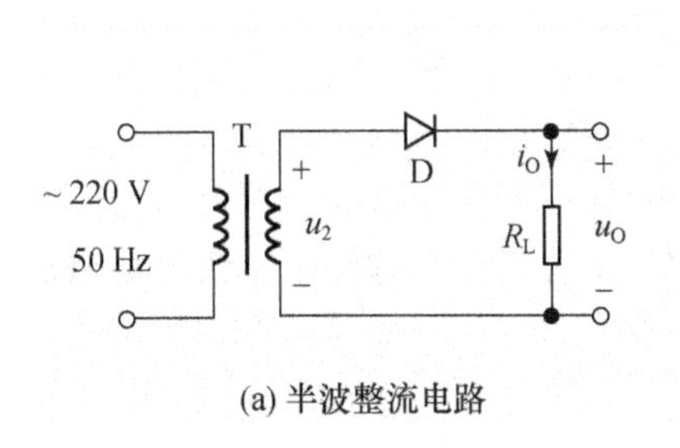

(a) 半波整流电路

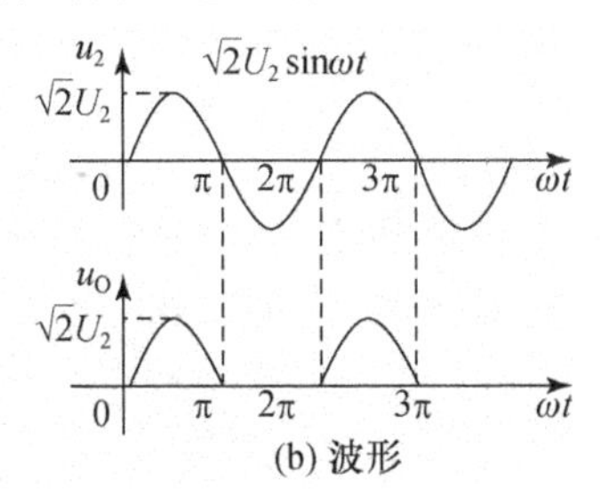

(b) 波形

图 6.2　半波整流电路及波形

当变压器副边电压 u_2 为正半周时($\omega t=0\sim\pi$),二极管 D 导通,电流 i_O 流过负载电阻 R_L,输出电压 $u_O=u_2$;当 u_2 为负半周时($\omega t=\pi\sim2\pi$),二极管 D 反偏截止,电流 $i_O=0$,输出电压 $u_O=0$。于是得到单向脉动输出电压 u_O,波形如图 6.2(b)所示。由于每周期 u_O 只有半个波,该电路称为半波整流电路。

(2) 电路参数。整流电路的主要参数有输出电压平均值 U_{OAV}、输出电流平均值 I_{OAV} 和脉动系数 S。

输出电压平均值 U_{OAV} 为

$$U_{OAV}=\frac{1}{2\pi}\int_0^{\pi}\sqrt{2}U_2\sin\omega t\,d(\omega t)=\frac{\sqrt{2}U_2}{\pi}\approx0.45U_2 \tag{6.8}$$

输出电流平均值 I_{OAV} 为

$$I_{OAV}=\frac{U_{OAV}}{R_L}=\frac{\sqrt{2}U_2}{\pi R_L} \tag{6.9}$$

整流电路输出电压的脉动系数 S 定义为输出电压的基波峰值 U_{O1m} 与其平均值 U_{OAV} 之比,输出电压的傅里叶级数展开式为

$$u_O=\sqrt{2}U_2\left(\frac{1}{\pi}+\frac{1}{2}\sin\omega t-\frac{2}{3\pi}\cos2\omega t-\frac{2}{15\pi}\cos4\omega t-\cdots\right) \tag{6.10}$$

所以

$$S=\frac{U_{O1m}}{U_{OAV}}=\frac{U_2/\sqrt{2}}{\sqrt{2}U_2/\pi}=\frac{\pi}{2}\approx1.57 \tag{6.11}$$

对于整流二极管 D 的选择,应考虑其最大整流平均电流 I_F 和最大反向工作电压 U_R。二极管 D 的平均电流等于负载平均电流,即

$$I_{DAV}=I_{OAV}=\frac{\sqrt{2}U_2}{\pi R_L} \tag{6.12}$$

考虑到电网电压波动(±10%),选择二极管参数时应留有 10%的余地,故实际中应选择

$$I_F>1.1I_{OAV} \tag{6.13}$$

二极管 D 承受的最大反向电压为 u_2 的峰值电压,即

$$U_{Rm}=\sqrt{2}U_2 \tag{6.14}$$

实际中应选择

$$U_R>1.1\sqrt{2}U_2 \tag{6.15}$$

单相半波整流电路简单,只用一只整流二极管。但由于其只利用了交流电压的半个周期,因此输出电压直流分量小、脉动大、效率低,适于负载电流较小的场合。

2. 桥式整流电路

(1) 工作原理。桥式整流电路如图 6.3(a)所示,由电源变压器 T,整流二极

管 D_1～D_4 和负载电阻 R_L 组成。其中的四个整流二极管接成一个电桥形式，故称为桥式整流电路。变压器副边电压 u_2 接到电桥的一个对角，而电桥的另一对角连接负载电阻。桥式整流电路的简化画法如图 6.3(b)所示。设电路中元件均为理想元件。

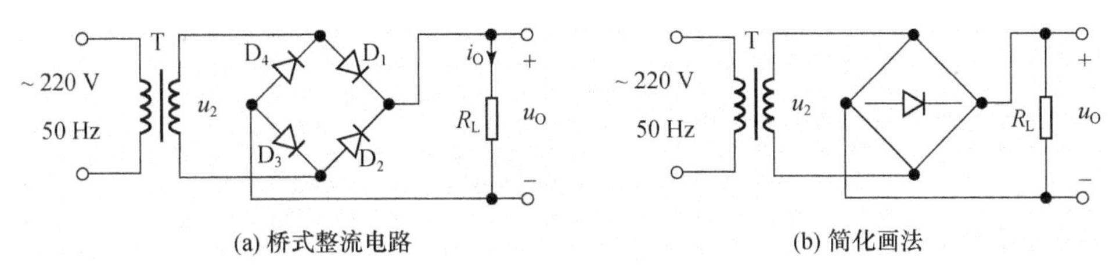

(a) 桥式整流电路　　(b) 简化画法

图 6.3　桥式整流电路及简化画法

当变压器副边电压 u_2 为正半周时($\omega t=0\sim\pi$)，参考图 6.4(a)，u_2 的 A 端为正，B 端为负，二极管 D_1，D_3 导通，D_2，D_4 截止。于是，电路形成由 A→D_1→R_L→D_3→B 的电流通路，如图中虚线所示，输出电压 $u_O=u_2$。

当 u_2 为负半周时($\omega t=\pi\sim2\pi$)，参考图 6.4(b)，u_2 的 B 端为正，A 端为负，二极管 D_2，D_4 导通，D_1，D_3 截止。于是，电路形成由 B→D_2→R_L→D_4→A 的电流通路，如图中虚线所示，输出电压 $u_O=-u_2$。

可见，无论 u_2 是正半周还是负半周，负载 R_L 上都有电流流过，且方向不变，故称为全波整流。输出电压 u_O 的波形如图 6.4(c)所示。

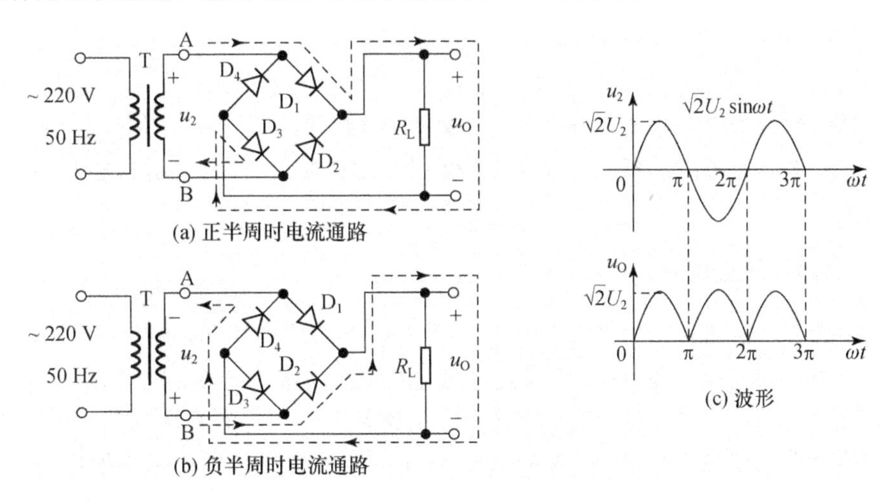

(a) 正半周时电流通路

(b) 负半周时电流通路

(c) 波形

图 6.4　桥式整流电路原理示意及波形

(2) 电路参数。变压器副边电压 $u_2=\sqrt{2}U_2\sin\omega t$，$U_2$ 为有效值。

桥式整流输出电压平均值U_{OAV}为

$$U_{OAV}=\frac{1}{\pi}\int_0^{\pi}\sqrt{2}U_2\sin\omega t\,\mathrm{d}(\omega t)=\frac{2\sqrt{2}U_2}{\pi}\approx 0.9U_2 \tag{6.16}$$

输出电流平均值I_{OAV}为

$$I_{OAV}=\frac{U_{OAV}}{R_L}=\frac{2\sqrt{2}U_2}{\pi R_L}\approx\frac{0.9U_2}{R_L} \tag{6.17}$$

输出电压的傅里叶级数展开式为

$$u_O=\sqrt{2}U_2\left(\frac{2}{\pi}-\frac{4}{3\pi}\cos 2\omega t-\frac{4}{15\pi}\cos 4\omega t-\frac{4}{35\pi}\cos 6\omega t-\cdots\right) \tag{6.18}$$

故整流电路输出电压的脉动系数S为

$$S=\frac{U_{O1m}}{U_{OAV}}=\frac{4\sqrt{2}U_2/3\pi}{2\sqrt{2}U_2/\pi}\approx 0.67 \tag{6.19}$$

对于整流二极管的选择,由于每只二极管在交流信号一个周期内,只有半个周期导通,所以每只二极管的平均电流等于负载平均电流的一半,即

$$I_{DAV}=\frac{I_{OAV}}{2}=\frac{\sqrt{2}U_2}{\pi R_L} \tag{6.20}$$

每只二极管承受的最大反向电压为u_2的峰值电压,即

$$U_{Rm}=\sqrt{2}U_2 \tag{6.21}$$

考虑到电网电压波动,故实际中二极管应选择

$$I_F>1.1\frac{I_{OAV}}{2} \tag{6.22}$$

$$U_R>1.1\sqrt{2}U_2 \tag{6.23}$$

桥式整流电路的输出电压脉动小、效率高,因而得到了广泛的应用。生产厂家常将四个二极管封装成一个整体,方便用户购买使用,称为硅桥式整流器(整流桥堆)。

6.2.2 滤波电路

前面介绍的整流电路的输出电压都含有较大的脉动成分,实际中一般不能直接作为直流电源使用,还需要经过滤波电路进行平滑。电源滤波均采用无源滤波电路,电容和电感是组成滤波电路的主要元件。常用的滤波电路有电容滤波电路、RC-Π型滤波电路、电感滤波电路、LC滤波电路、LC-Π型滤波电路等。本节主要讨论电容滤波电路。

1. 电容滤波电路

(1) 工作原理。在整流电路的输出端并联一个电容即构成电容滤波电路,桥式整流电容滤波电路如图6.5所示。要达到较好的滤波效果,电容C的容量

较大，一般均采用电解电容。

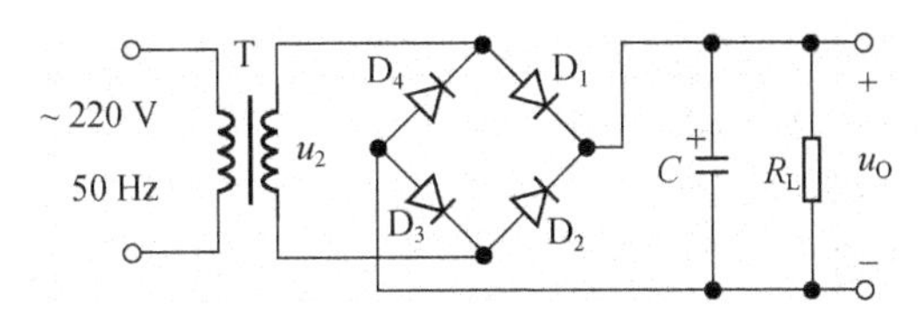

图 6.5　桥式整流电容滤波电路

当 u_2 为正半周，且 $u_2>u_C$ 时，二极管 D_1，D_3 导通，u_2 一方面经二极管 D_1，D_3 向负载 R_L 提供电流，另一方面向电容 C 充电，u_C 随 u_2 逐渐上升，若忽略整流电路内阻，此时 $u_C=u_2$。当 u_2 达到峰值后开始按正弦规律下降，电容 C 通过负载 R_L 放电，u_C 也开始下降。当 $u_2<u_C$ 时，所有二极管均反偏而截止，于是，u_C 按指数规律下降，直到下个半周。

当 u_2 为负半周，且 $|u_2|>u_C$ 时，二极管 D_2，D_4 导通，电容 C 又开始充电，u_C 随 u_2 逐渐上升到 u_2 的峰值后，电容 C 又开始放电，u_C 按指数规律下降，直到下个半周。电容 C 如此反复充、放电，使得负载上的电压波动大大减小，输出电压 $u_O(u_C)$ 的波形如图 6.6(a)所示。

根据以上分析，可以得到电容滤波电路有如下特点：

① 输出电压平均值升高、脉动减小。从图 6.6(a)中 u_O 的波形可见，与不接电容的整流电路输出相比，电容滤波输出电压直流成分提高了，波动减小了。

② 整流二极管导通角减小。所谓导通角，就是在交流电一个周期内(相角为 2π)，二极管导通时所对应的相角 θ。桥式整流电路中，每只二极管的导通角为 $\theta=\pi$，而加了电容滤波后，导通角 $\theta<\pi$，参考图 6.6(b)。由于输出电压平均值提高，故平均电流提高，而二极管的导通角却减小，因此在二极管导通时必然会流过较大的冲击电流，在选择二极管时应考虑留有更大的余量。

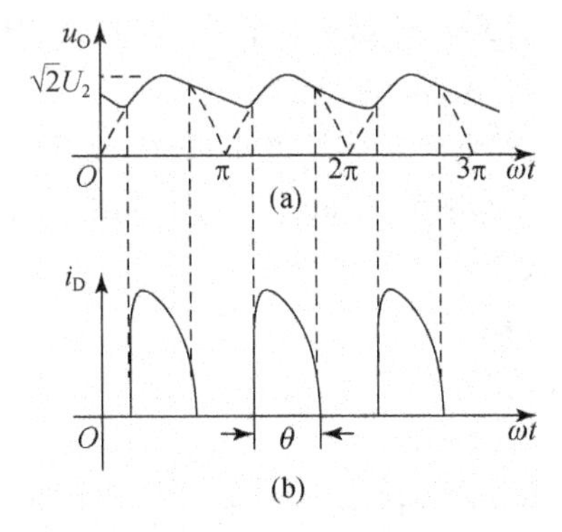

(a) 输出电压波形　(b) 二极管电流波形

图 6.6　输出电压与二极管电流波形

③ 滤波效果与电容放电时间常数 $\tau=R_L C$ 密切相关。参考图 6.7(图中考虑了整流电路内阻影响)所示的输出电压波形。可见,$R_L C$ 越大,电容放电速度越慢,输出电压平均值越高,波动成分越小,电路空载时($R_L=\infty$),$u_O=\sqrt{2}U_2$,且波动为零;相反,负载较重时,$R_L C$ 减小,输出电压平均值降低,且波动增大。也就是说,当电容 C 容量一定时,负载越轻,滤波效果越好,因此电容滤波适用于负载电流较小的场合。

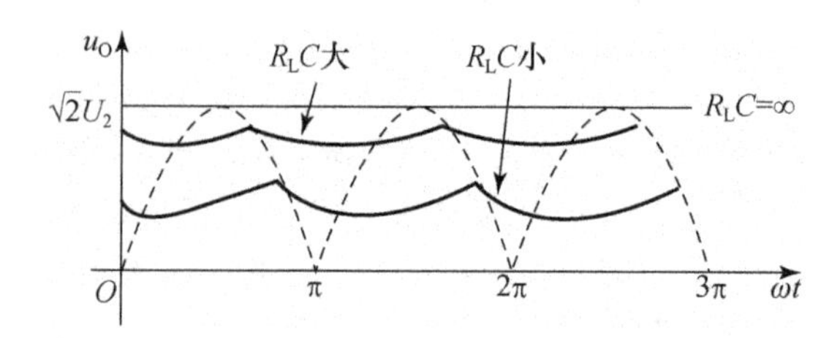

图 6.7 电容放电时间常数不同时的输出波形

(2) 电路参数。电容滤波电路输出电压平均值受电容放电时间常数 $R_L C$ 的影响很大,定量计算非常复杂,工程上常按经验公式进行估算。

当电容 C 放电回路的时间常数满足:$R_L C>(3\sim5)T/2$ 时(T 为 50 Hz 交流电的周期,即 20 ms),输出电压平均值 U_{OAV} 可按下式估算

$$U_{OAV}\approx1.2U_2 \tag{6.24}$$

电容 C 的取值

$$C>\frac{(3\sim5)}{2R_L}T \tag{6.25}$$

电容 C 的耐压值

$$U_{CR}>1.1\sqrt{2}U_2 \tag{6.26}$$

整流二极管导通时间缩短,冲击电流较大,取其平均电流

$$I_F>(2\sim3)I_{OAV} \tag{6.27}$$

例 6-1 如图 6.5 桥式整流电容滤波电路中,变压器副边电压有效值 $U_2=20\,\text{V}$,负载 $R_L=20\,\Omega$,交流电频率为 50 Hz。求负载平均电流 I_{OAV},并确定整流二极管和滤波电容的参数。

解 根据式(6.24),得

$$U_{OAV}\approx1.2U_2=1.2\times20=24(\text{V})$$

所以,负载平均电流

$$I_{OAV}=\frac{U_{OAV}}{R_L}=\frac{24}{20}=1.2(\text{A})$$

根据式(6.27)和(6.23),得整流二极管参数为

$$I_F > (2\sim3)I_{OAV} = 2.4\sim3.6(\text{A})$$

$$U_R > 1.1\sqrt{2}U_2 = 1.1\sqrt{2}\times 20 = 31(\text{V})$$

根据式(6.25)和(6.26),得滤波电容参数为

$$C > \frac{(3\sim5)}{2R_L}T = \frac{(3\sim5)}{2\times20}\times20\times10^{-3} = 1500\sim2500(\mu\text{F})$$

$$U_{CR} > 1.1\sqrt{2}U_2 = 31(\text{V})$$

2. 其他形式的滤波电路

除了电容滤波电路外,常用的电源滤波电路还有其他几种形式,如图 6.8 所示。

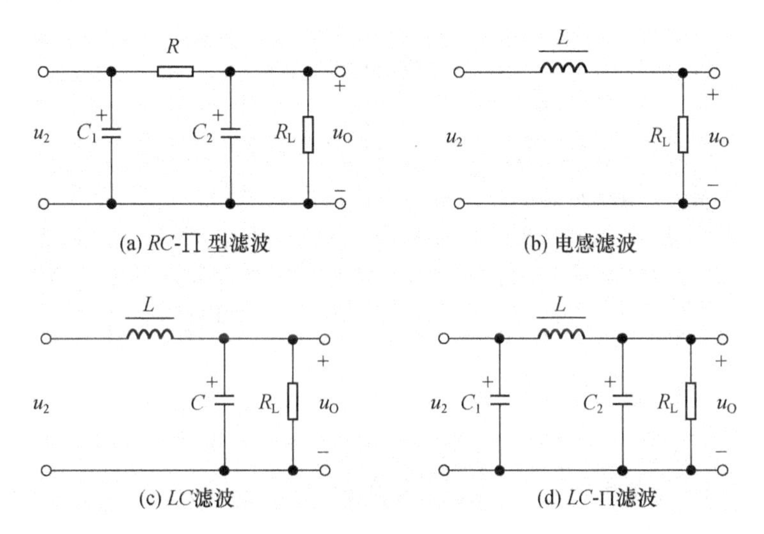

图 6.8　其他形式的滤波电路

图 6.8(a)所示电路称为 RC-Π型滤波电路,它是在电容滤波电路的基础上,再加一级 RC 滤波电路组成。该电路能进一步改善电容滤波电路的性能,降低输出电压的脉动系数,但仍然存在整流二极管冲击电流大、负载能力差的弱点,适合小电流负载。

若想提高滤波电路的负载能力,减小整流二极管的冲击电流,可采用电感滤波电路,如图 6.8(b)所示。由于电感具有通直流、阻交流的特性,所以将其串联在输出回路中。u_2 中的直流分量顺利通过电感,而交流分量被阻断,从而得到脉动较小的输出电压 u_O,且由于流过电感的电流不可突变,使得整流二极管的导通角增大,冲击电流减小。L 越大、R_L 越小,滤波效果越好,因此,电感滤波电路适合大电流负载。

为了进一步改善滤波效果,可采用图 6.8(c)所示的 LC 滤波电路,它是在电感滤波电路的基础上,输出端再并联一个电容 C 组成。LC 滤波电路兼有电容

滤波和电感滤波的特性,在负载电流较大或较小时均有较好的滤波效果,对负载的适应性较强,并且可以避免过大的冲击电流。

在 LC 滤波电路的输入端,再并联一个电容 C_1,就构成了 LC-Π 型滤波电路,如图 6.8(d)所示。该滤波电路可以进一步改善 LC 滤波电路输出电压的脉动系数,使输出电压波形更平滑。但由于 C_1 的存在,使得整流二极管的导通角减小,冲击电流增大。

由于电感线圈体积大、重量重、成本高,因此在小型电子设备中不常被使用,而常采用电容滤波或 RC-Π 型滤波电路。

6.3 稳压电路

虽然交流电压通过整流滤波后,可以变换成较为平滑的直流电压,但这样的直流电压质量是不高的,尤其是当电网电压波动或负载变化时,输出电压的平均值也会随之变动,因此,一般不能直接用于电子电路中,还需在整流滤波后增加稳压电路,以获得性能良好的直流电压。常用的稳压电路有稳压管稳压电路、串联型稳压电路和开关型稳压电路三种,本节介绍前两种稳压电路。

6.3.1 稳压管稳压电路

由 2.2.5 节介绍的稳压二极管知识可知,稳压二极管工作在反向击穿状态时,在一定的电流范围内,其端电压几乎保持不变。利用稳压管的这个特性,可组成稳压管稳压电路。

1. 工作原理

稳压管稳压电路如图 6.9 中虚框内所示,D_Z 为稳压二极管,R 为限流电阻。稳压电路的输入电压 U_I 为整流滤波电路的输出电压,由于 D_Z 与负载 R_L 并联,故稳压电路的输出电压 U_O 就是稳压管的稳定电压 U_Z。只要流过稳压管的电流 I_Z 在其最小稳定电流 I_{Zmin} 和最大稳定电流 I_{Zmax} 之间,稳压管两端的电压就基本恒定,电路的输出电压就基本恒定,从而构成了稳定的直流电源。该稳压电路又称为并联型稳压电路。

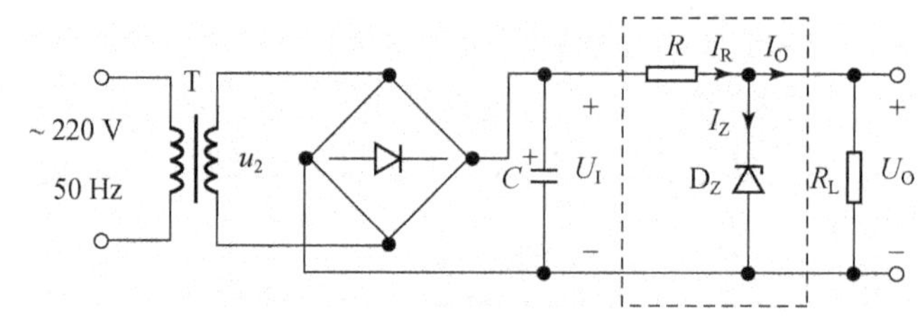

图 6.9 稳压管稳压电路

下面从输入电压波动和负载变化两个方面介绍电路的稳压原理：

(1) 负载不变，输入电压变化时的稳压过程。若电网电压升高，则稳压电路的输入电压 U_I 升高，输出电压 U_O 也随之上升，即加在稳压管上的电压增加。根据稳压管的反向特性，其两端电压上升，便会引起稳压管反向工作电流 I_Z 显著增大。于是，流过限流电阻 R 的电流 $I_R=I_Z+I_O$ 增加，电阻 R 上的压降 U_R 也增大。因此，U_I 的增加量被电阻上压降的增加量所补偿，从而使输出电压 U_O 基本维持不变。上述过程可描述为

$$U_I\uparrow\to U_O\uparrow\to I_Z\uparrow\to I_R\uparrow\to U_R\uparrow\to U_O\downarrow$$

反之，当电网电压下降时，U_I 下降，I_R 减小，U_R 减小，从而维持输出电压基本不变。

(2) 输出电压不变，负载电流变化时的稳压过程。若负载电阻 R_L 减小，输出电流 I_O 增大，流过限流电阻 R 的电流 $I_R=I_Z+I_O$ 增大，电阻 R 上的压降 U_R 也增大，使得输出电压 U_O 下降。根据稳压管反向特性，其两端电压减小，便会引起稳压管反向工作电流 I_Z 显著减小。于是，I_O 的增大量被 I_Z 减小量所补偿，从而使 I_R 基本不变，U_R 基本不变，维持输出电压基本稳定。上述过程可描述为

$$R_L\downarrow\to I_L\uparrow\to I_R\uparrow\to U_R\uparrow\to U_O\downarrow\to I_Z\downarrow\to I_R\downarrow\to U_R\downarrow\to U_O\uparrow$$

反之，当 R_L 增大时，则 I_O 减小，I_Z 增大，从而维持输出电压基本稳定。

由此可见，在稳压管稳压电路中，利用稳压管的电流控制作用，使输出电压 U_O 很小的变化产生 I_Z 较大的变化，再通过电阻 R 的电压调节作用，达到稳压的目的。

2. 电路参数

(1) 稳压电路指标。

(a) 输出电压与输出电流。

稳压管稳压电路的输出电压就是稳压管的稳定电压，且不可调节，即

$$U_O=U_Z \tag{6.28}$$

稳压电路输出电流的动态范围表示电路带负载的能力。设输入电压 U_I 不变，且电路正常稳压工作时 $U_O=U_Z$ 不变，则电阻 R 上的压降 U_R 不变，I_R 保持不变。由于 $I_R=I_Z+I_O$，所以 $\Delta I_O=-\Delta I_Z$。而 I_Z 只能在 I_{Zmin} 和 I_{Zmax} 之间变化，即 $\Delta I_{Zm}=I_{Zmax}-I_{Zmin}$，于是，稳压电路输出电流的动态范围为

$$\Delta I_{Om}=I_{Zmax}-I_{Zmin} \tag{6.29}$$

(b) 稳压系数与输出电阻。

稳压管稳压电路的交流等效电路如图 6.10 所示，其中 r_Z 为稳压管的动态电阻。通常 r_Z 值很小，可认为 $r_Z\ll R_L$，且 $r_Z\ll R$。

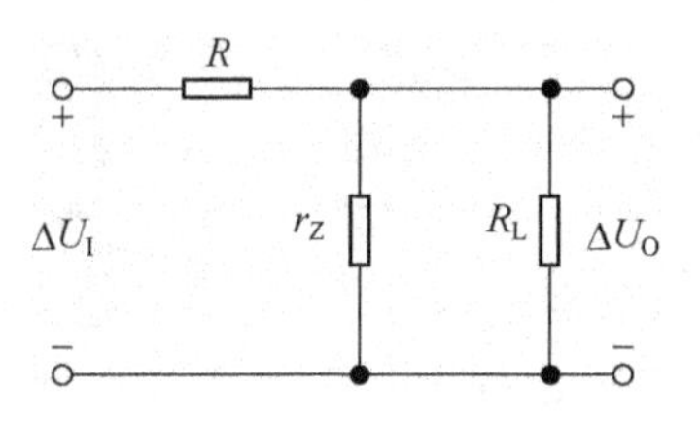

图6.10 稳压电路交流等效电路

根据式(6.2)得稳压电路的稳压系数为

$$S_r = \frac{\Delta U_O / U_O}{\Delta U_I / U_I} = \frac{r_Z \,//\, R_L}{R + r_Z \,//\, R_L} \cdot \frac{U_I}{U_Z} \approx \frac{r_Z}{R} \cdot \frac{U_I}{U_Z} \tag{6.30}$$

根据式(6.4)得稳压电路的输出电阻为

$$R_o = \frac{\Delta U_O}{\Delta I_O} = r_Z \,//\, R \approx r_Z \tag{6.31}$$

可见,r_Z 越小,稳压电路的稳压系数和输出电阻越小,稳压性能越好;电阻 R 越大,S_r 越小,对输入电压波动时的稳压效果越好,但 R 增大,势必需要 U_I 增大,又将使 S_r 增大,因此需要 R 和 U_I 合理权衡,以得到较小的 S_r。

(2) 元件参数选择。

实际工作中设计稳压管稳压电路时,用户一般已知所需的输出电压 U_O、输出负载电流变化范围 $I_{Omin} \sim I_{Omax}$ 和输入电压 U_I 波动范围(一般为±10%),需要确定输入电压 U_I、选择稳压管和确定限流电阻 R 的取值。

(a) 确定输入电压 U_I。

根据经验公式确定

$$U_I = (2 \sim 3) U_O \tag{6.32}$$

(b) 选择稳压管。

除了选择稳压管的稳定电压等于输出电压以及稳压管所允许的电流变化范围大于输出电流变化范围外,还应考虑电路空载时,为稳压管所承受的最大电流留有余量,选择稳压管参数时应满足下面三个条件

$$U_O = U_Z \tag{6.33}$$

$$I_{Zmax} - I_{Zmin} > I_{Omax} - I_{Omin} \tag{6.34}$$

$$I_{Zmax} > (2 \sim 3) I_{Omax} \tag{6.35}$$

(c) 确定限流电阻。

选择限流电阻 R 时,必须保证稳压管工作在稳压区,即保证稳压管流过的最小电流大于其最小稳定电流 I_{Zmin},流过的最大电流小于其最大稳定电流 I_{Zmax}。

当电网电压最低,且负载电流最大时,流过稳压管的电流最小,这时应满足

$$I_{D_Z} = \frac{U_{Imin} - U_Z}{R} - I_{Omax} > I_{Zmin}$$

可得限流电阻最大值为

$$R_{max}=\frac{U_{Imin}-U_Z}{I_{Zmin}+I_{Omax}} \tag{6.36}$$

当电网电压最高，且负载电流最小时，流过稳压管的电流最大，这时应满足

$$I_{D_Z}=\frac{U_{Imax}-U_Z}{R}-I_{Omin}<I_{Zmax}$$

可得限流电阻最小值为

$$R_{min}=\frac{U_{Imax}-U_Z}{I_{Zmax}+I_{Omin}} \tag{6.37}$$

稳压管并联型稳压电路使用元件少，结构简单。但输出电压固定为 U_Z 而不能调节，输出电流范围小于 $I_{Zmax}-I_{Zmin}$（一般为几十毫安），且稳压精度也不够高。因此，稳压管稳压电路只适用于负载变动不大，电压稳定性能要求不高的场合。

例 6-2　设计稳压管稳压电路，已知：$U_O=6\ V$，U_I 的波动范围为 $\pm 10\%$，$R_{Lmin}=500\ \Omega$，$R_{Lmax}=900\ \Omega$，试确定输入电压 U_I、选择稳压管和确定限流电阻 R。

解　(1) 确定输入电压 U_I。

根据式(6.32)有

$$U_I=(2\sim 3)U_O=12\sim 18(V)$$

取 $U_I=15\ V$。

(2) 选择稳压管。

先求输出电流的变化范围，有

$$I_{Omax}=\frac{U_O}{R_{Lmin}}=12(mA)$$

$$I_{Omin}=\frac{U_O}{R_{Lmax}}=6.7(mA)$$

根据式(6.33)，(6.34)，(6.35)，有

$$U_Z=U_O=6(V)$$

$$I_{Zmax}-I_{Zmin}>I_{Omax}-I_{Omin}=12-6.7=5.3(mA)$$

$$I_{Zmax}>(2\sim 3)I_{Omax}=24\sim 36(mA)$$

选择稳压管 2CW14，查手册得：$U_Z=6\ V$，$I_{Zmax}=33\ mA$，$I_{Zmin}=5\ mA$，满足要求。

(3) 确定限流电阻。

根据式(6.36)，(6.37)，有

$$R_{max}=\frac{U_{Imin}-U_Z}{I_{Zmin}+I_{Omax}}=\frac{0.9\times 15-6}{0.005+0.012}=441.2(\Omega)$$

$$R_{min}=\frac{U_{Imax}-U_Z}{I_{Zmax}+I_{Omin}}=\frac{1.1\times 15-6}{0.033+0.0067}=415.6(\Omega)$$

可取标称电阻值：$R=430\ \Omega$。

6.3.2 串联型稳压电路

若要求直流稳压电源的稳定性能高、输出电流大、输出电压连续可调,常采用串联型稳压电路。

1. 工作原理

串联型稳压电路如图6.11所示。图中的三极管 T_1 被称为调整管,是稳压电路的关键器件。T_1 串接在输入和输出端之间,其作用除了增大输出电流的动态范围外,还可以通过调节其 U_{BE1} 进而改变 U_{CE1},最终使输出电压 $U_O=U_I-U_{CE1}$ 稳定。由于调整管 T_1 工作在线性区,该电路又被称为线性稳压电路。

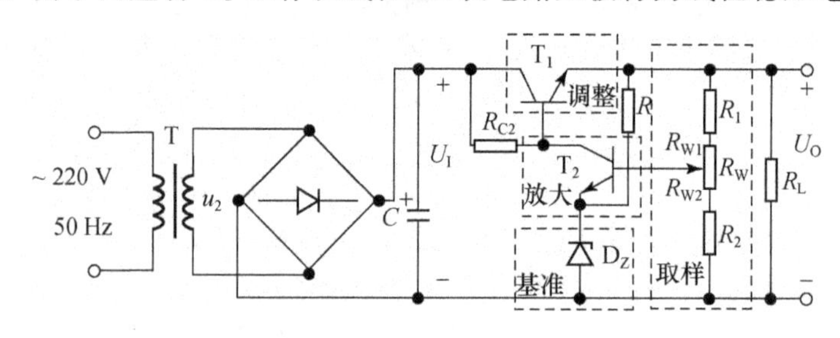

图6.11　串联型稳压电路

串联型稳压电路可分为四个部分:

(1) 取样电路。

取样电路由取样电阻 R_1,R_2 和 R_W 组成,它对输出电压的变化进行采样,并回送到三极管 T_2 的基极,构成电压负反馈,使输出电压 U_O 稳定。

通过调节可变电阻 R_W,即调节取样反馈电压与输出电压 U_O 的比值,便可调节输出电压的大小。

(2) 基准电路。

基准电路由稳压管 D_Z 和限流电阻 R 组成。稳压管 D_Z 提供的基准电压接到三极管 T_2 的发射极,使 T_2 发射极对地电压保持恒定。

(3) 放大电路。

放大电路由三极管 T_2,R_{C2} 等组成,其作用是将反馈回来的取样电压与稳压管基准电压进行比较放大,然后控制调整管 T_1 的基极。由于 T_2 发射极电位恒定,因此放大电路放大的是取样电压的变化量,其正比于输出电压的变化量。也就是说,只要输出电压产生一点微小的变化,经过放大电路放大后,就能引起调整管的基极电压 U_{B1} 发生较大的变化,从而改变调整管 U_{CE1},保证输出电压的稳定。放大电路的放大倍数越大,则调整灵敏度越高,输出电压的稳定性越好。当放大倍数足够大时,取样回路将构成深度电压串联负反馈,放大电路的净输入电压量为零,即取样电压等于基准电压,因此改变取样电压在输出电压中所占的比例，就可以改变输出电压的大小。

(4) 调整电路。

调整电路由调整管 T_1 组成，其接在输入电压 U_I 和输出负载 R_L 之间，起电压调节作用。若由于电网电压或负载电流变化使输出电压 U_O 发生波动时，U_O 的变化量经取样、比较放大后，去调整 T_1 的 U_{CE1}，使输出电压保持稳定。

假设由于某种原因而导致输出电压 U_O 升高时，取样电路将这种变化反馈到三极管 T_2 的基极，即 U_{B2} 也随之升高，由于 U_{E2} 等于基准电压 U_Z 保持不变，故 U_{BE2} 也升高，于是基极电流 I_{B2} 增大，I_{C2} 增大，U_{CE2} 降低，调整管 T_1 的基极电位 U_{B1} 降低，从而基极电流 I_{B1} 减小，管压降 U_{CE1} 上升，因而输出电压 $U_O=U_I-U_{CE1}$ 降低。上述稳压过程可描述为

$$U_O\uparrow\rightarrow U_{B2}\uparrow\rightarrow U_{CE2}\downarrow\rightarrow U_{C2}\downarrow\rightarrow U_{BE1}\downarrow\rightarrow U_{CE1}\uparrow\rightarrow U_O\downarrow$$

反之，当某种原因致使 U_O 降低时，通过类似的过程，调整管的 U_{CE1} 下降，使 U_O 保持不变。

由此可见，串联型稳压电路的稳压过程，实际上是一个负反馈过程。它是利用取样电压和基准电压之间的偏差来实现调节，保持输出电压的稳定。

为了进一步提高稳压电路的稳定性，常采用集成运放作为比较放大电路，它可以提供更高的放大倍数，而且有较好的温度特性，如图 6.12 所示。集成运放组成同相比例运算电路，同相端输入电压 $U_+=U_Z$，其输出通过调整管组成的射随器后提供输出电压 U_O，取样信号作为负反馈信号接入运放的反相端。稳压电路的输出电压为

$$U_O=\left(1+\frac{R_1+R_{W1}}{R_2+R_{W2}}\right)U_Z \tag{6.38}$$

可见，调节电阻 R_W 即可改变输出电压。另外，调整管可采用放大倍数高的复合管，以提供更大的输出电流。电路的稳压原理与图 6.11 所示电路完全一样，读者可自行分析比较。

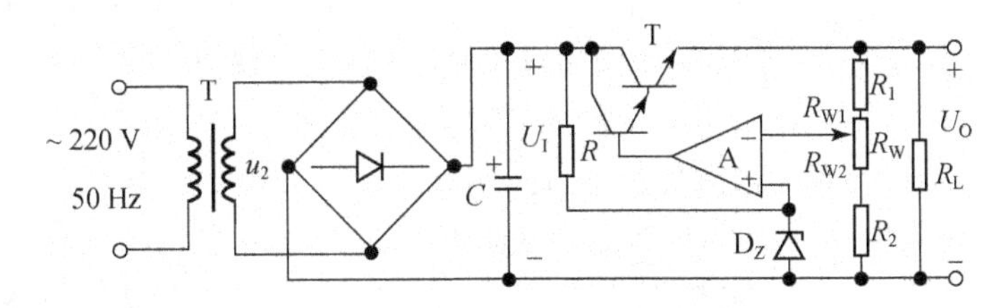

图 6.12　运放作放大电路的串联型稳压电路

2. 电路参数

(1) 输出电压可调范围。

在图 6.11 和图 6.12 所示的串联型稳压电路中，均引入了深度串联负反馈，因此放大电路的净输入电压为零，以图 6.12 为例，有

$$U_{-}=U_{+}=U_{Z}$$

$$U_{-}=\frac{R_2+R_{W2}}{R_1+R_W+R_2}U_O$$

所以

$$U_O=\frac{R_1+R_W+R_2}{R_2+R_{W2}}U_Z \tag{6.39}$$

式(6.39)与式(6.38)是一致的。稳压电路输出电压可调范围为

$$\frac{R_1+R_W+R_2}{R_2+R_W}U_Z \leqslant U_O \leqslant \frac{R_1+R_W+R_2}{R_2}U_Z \tag{6.40}$$

定义取样电压与输出电压的比值为取样比 n,即

$$n=\frac{R_2+R_{W2}}{R_1+R_W+R_2} \tag{6.41}$$

输出电压可写成

$$U_O=\frac{U_Z}{n} \tag{6.42}$$

(2) 调整管的选择。

稳压电路中的调整管负责提供负载所需的全部电流,其管压降等于输入电压 U_I 和输出电压 U_O 之差,因此管子的功耗较大,一般为大功率管,选择时主要考虑其极限参数。

① 集电极最大允许电流 I_{CM}。

由图 6.12 可知,流过调整管的电流等于取样电阻中的电流 I_{R1} 和负载电流 I_L 之和,通常 I_{R1} 远小于负载最大电流 I_{Lmax},可忽略。所以调整管集电极最大允许电流 I_{CM} 应满足

$$I_{CM}>I_{R1}+I_{Lmax}>I_{Lmax} \tag{6.43}$$

② 集电极-发射极间反向击穿电压 $U_{(BR)CEO}$。

调整管的集电极-发射极压降在输入电压 U_I 最高,输出电压 U_O 最低时达到最大,因此集电极-发射极间反向击穿电压 $U_{(BR)CEO}$ 应满足

$$U_{(BR)CEO}>U_{Imax}-U_{Omin} \tag{6.44}$$

③ 集电极最大允许耗散功率 P_{CM}。

调整管的集电极耗散功率等于管压降和流过的电流之积,当管压降和流过的电流均达到最大时,集电极耗散功率最大。因此集电极最大允许耗散功率 P_{CM} 应满足

$$P_{CM}>I_{Lmax}(U_{Imax}-U_{Omin}) \tag{6.45}$$

例 6-3 图 6.11 所示的串联型稳压电路中,已知稳压管的饱和管压降 $U_{CES}=2\ \text{V}$,$R_1=R_2=150\ \Omega$,$R_W=600\ \Omega$,$R_L=100\sim600\ \Omega$,$U_Z=5\ \text{V}$,U_I 波动范围±10%。

(1) 试计算输出电压的可调范围;

(2) 确定输入电压 U_I 和变压器副边电压有效值 U_2；

(3) 确定调整管的极限参数。

解　(1) 根据式(6.40)，得输出电压可调范围为

$$U_{Omin}=\frac{(R_1+R_2+R_W)U_Z}{R_2+R_W}=\frac{(150+150+600)5}{150+600}=6(V)$$

$$U_{Omax}=\frac{(R_1+R_2+R_W)U_Z}{R_2}=\frac{(150+150+600)5}{150}=30(V)$$

(2) 要使调整管正常工作在线性区，需保证当输入电压最小、输出电压最大时，其管压降应大于饱和管压降，即

$$U_{Imin}-U_{Omax}>U_{CES}$$

所以

$$U_I>(U_{Omax}+U_{CES})/0.9=35.6(V)$$

取 $U_I=36$ V。根据式(6.24)，得变压器副边电压有效值 U_2 为

$$U_2=\frac{U_I}{1.2}=30(V)$$

(3) 根据式(6.43)，(6.44)和(6.45)，得调整管极限参数应满足

$$I_{CM}>I_{Lmax}=\frac{U_{Omax}}{R_{Lmin}}=\frac{30}{100}=0.3(A)$$

$$U_{(BR)CEO}>U_{Imax}-U_{Omin}=1.1\times 36-6=33.6(V)$$

$$P_{CM}>I_{Lmax}(U_{Imax}-U_{Omin})=0.3\times 33.6=10.1(W)$$

6.4　集成稳压器

集成稳压器是将稳压电路和过流、过热保护等电路集成在同一硅片上，其体积小、使用方便、可靠性高，已被广泛使用。常用的三端集成稳压器分为固定输出电压和可调输出电压两种类型。

6.4.1　三端集成稳压器的组成

三端集成稳压器外部引出三个引脚，分别为：输入端、输出端和公共端(或调整端)，其外形和电路符号如图 6.13 所示。

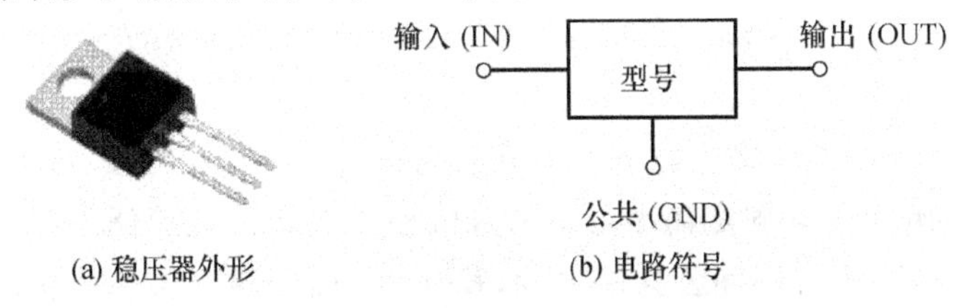

(a) 稳压器外形　　(b) 电路符号

图 6.13　三端集成稳压器外形及电路符号

三端集成稳压器内部集成了串联型稳压电路的各个部分以及保护电路等，固定输出电压的三端集成稳压器组成框图如图 6.14 所示。

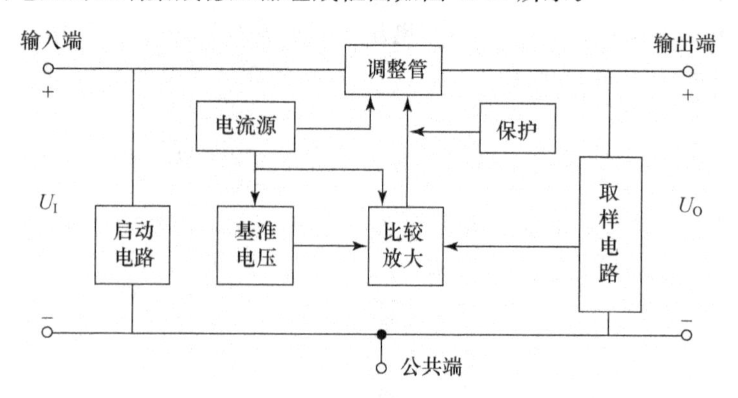

图 6.14　三端集成稳压器组成框图

框图中的调整管、取样电路、比较放大、基准电压是组成串联型稳压电路的四个部分。此外，图中的电流源为稳压电路的调整管、比较放大电路和基准电压电路提供合适的静态偏置；启动电路是在电路刚通电时，为电流源提供电流通路，从而为稳压电路各部分提供静态电流，电路正常工作后，启动电路自动断开；保护电路是为了避免稳压器在非正常工作时的损坏，通常包括过流保护、过压保护和过热保护电路等。

6.4.2　三端固定输出集成稳压器

输出电压不可调节，为固定值的三端稳压器称为三端固定输出电压集成稳压器。

三端固定输出电压集成稳压器分为正电压输出和负电压输出两大类。正电压输出的为 78xx 系列，负电压输出的为 79xx 系列，其中 78xx 和 79xx 系列中的"xx"是两个数字，表示输出的固定电压值。输出电压值通常分为七个等级，即"xx"分为 05(±5 V)、06(±6 V)、08(±8 V)、12(±12 V)、15(±15 V)、18(±18 V)和 24(±24 V)。每个等级稳压器的输出电流又分为：100 mA(78/79 L xx)、0.5 A(78/79 M xx)以及 1.5 A(78/79 xx)三个级别。用户可根据实际需要的输出电压和输出电流进行选择。

使用三端固定输出集成稳压器组成直流稳压电源十分方便，图 6.15 所示电路是一个常用的+5 V 固定输出电压的直流稳压电源。整流滤波后的直流电压 U_I 接到稳压器的输入端和公共端之间，稳压器的输出端即为稳定的+5 V 电压输出 U_O。图中稳压器采用 7805，可提供 1.5 A 的电流输出。电容 C_1 用于防止高频自激振荡，电容 C_2 用于滤除输出电压中的高频噪声，并可改善负载变化时的瞬态响应，C_1 和 C_2 的容量一般均小于 1 μF。D 为保护二极管，用于当输入端断开或短路时，为 C_2 提供放电通路，以保护稳压器中的调整管不被反向击穿。另外，要使稳压器正常工作，需保证输入和输出电压之差(U_I-U_O)大于稳压器内部调整管的饱和管压降，一般为 3 V。

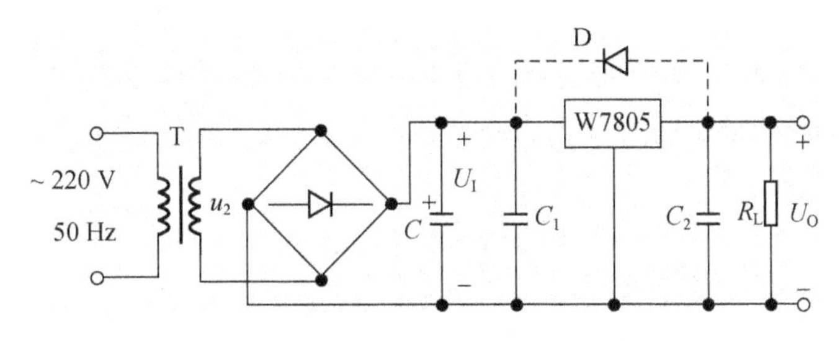

图 6.15　三端稳压器 7805 组成的+5 V 稳压电源

78xx 和 79xx 系列相互配合，可组成正、负输出电压的直流稳压电源，图 6.16所示电路中，使用三端集成稳压器 7805 和 7905 组成了输出电压为±5 V 的稳压电源。

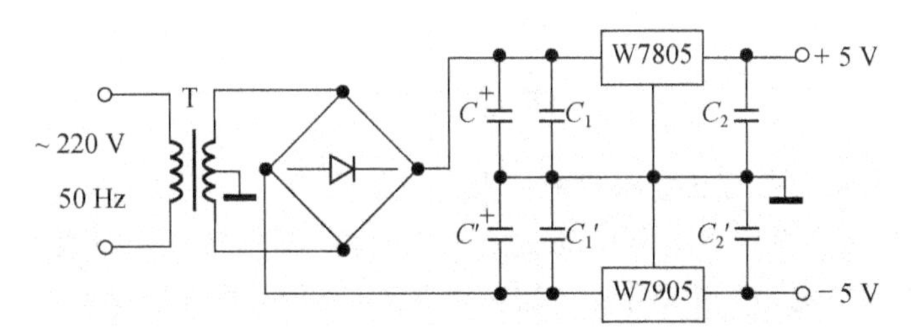

图 6.16　稳压器 7805 和 7905 组成的±5 V 稳压电源

6.4.3　三端可调输出集成稳压器

三端可调输出集成稳压器通过外接电阻和电位器，可使其输出电压在一定范围内连续调节。它的三个引脚分别为：输入端、输出端和调整端。

三端可调输出集成稳压器分为可调正电压输出(如 W317，W217，W117)和可调负电压输出(如 W337，W237，W137)两大类，输出电流分为：100 mA (L)，0.5 A(M)以及 1.5 A 三个级别。稳压器正常工作时，其输出端和调整端的电压差非常稳定，为 1.25 V，从调整端流出的电流非常小(小于 50 μA)，通常可以忽略不计，典型应用电路如图 6.17 所示。

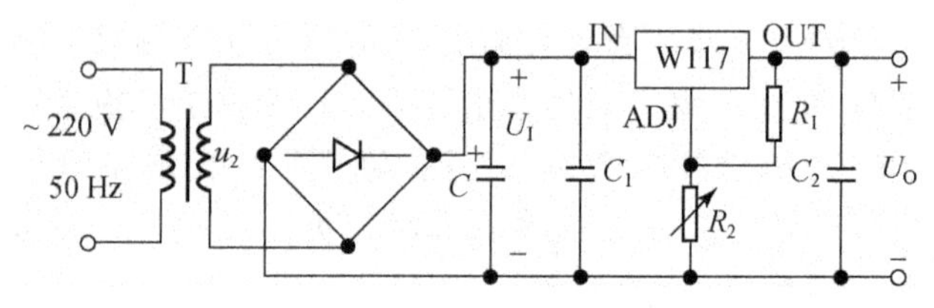

图 6.17　稳压器 W117 组成输出电压可调的稳压电源

图 6.17 电路中,整流滤波后的直流电压 U_I 加在稳压器 W117 的输入端和地之间,稳压器的输出端和地之间即为输出电压 U_O。稳压器输出端和调整端的电压差保持不变,为

$$U_{REF} = U_{OUT} - U_{ADJ} = 1.25(\mathrm{V}) \tag{6.46}$$

由于稳压器要求最小负载电流为 5 mA,所以要求 $R_1 < 1.25(\mathrm{V})/5(\mathrm{mA}) = 250(\Omega)$,通常取 $R_1 = 240\ \Omega$。由于调整端的电流可忽略不计,因此有 $I_{R_1} = I_{R_2}$,所以输出电压为

$$U_O = I_{R_1}(R_1 + R_2) = \left(1 + \frac{R_2}{R_1}\right) \times 1.25(\mathrm{V}) \tag{6.47}$$

可见,输出电压完全由 R_1 和 R_2 两个电阻的比值决定,而与输入电压和输出电流无关。只要改变 R_2 大小,就可以调整输出电压。另外,要保证稳压器正常工作,一般要求稳压器的输入端和输出端的电压差应大于 3 V。

综 合 案 例

案例 1　直流稳压电源和功率放大电路都要为负载提供足够大的电压和电流,故常称为功率电路。电路中的主要功率器件(调整管或功放管)在大电压和大电流的作用下易被烧毁,需要增加保护电路,使其工作在安全区内。

(1) 过压、过流保护电路。功率器件常为大功率管,其工作时应保证流过的电流小于 I_{CM},反向电压应小于 $U_{(BR)CEO}$。串联型稳压电路的一种过压、过流保护电路如图 Z6-1 所示。

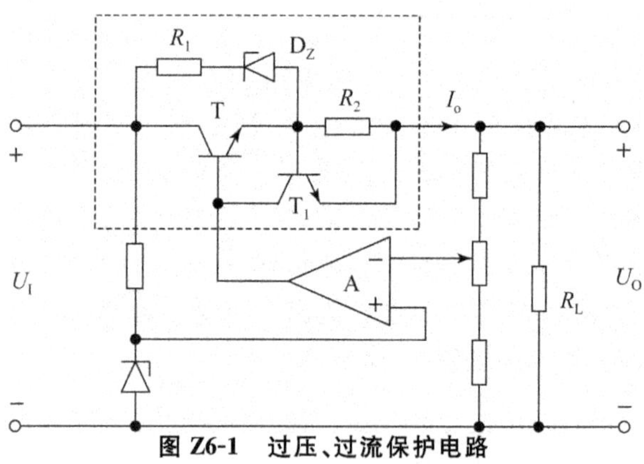

图 Z6-1　过压、过流保护电路

图 Z6-1 电路中，T 为受保护的调整管，T_1，R_2 组成过流保护，R_1，D_Z 和 T_1，R_2 共同组成过压保护。电阻 R_2 为电流采样电阻，其电流等于稳压电路的输出电流 I_o。正常工作时，T_1 的基极和射极间的电压 $U_{BE1}=I_oR_2<U_{on1}$，T_1 处于截止状态；调整管 T 集电极和射极的电压小于其 $U_{(BR)CEO}$，稳压管 D_Z 未被击穿，保护电路未工作。

当过流时，即输出电流 $I_o>I_{CM}$，此时 R_2 上的电压足以使 T_1 导通，T_1 集电极将从调整管 T 的基极分流，从而限制了 T 的发射极电流，起到过流保护作用。进而还可以得到加了过流保护的稳压电路的最大输出电流为

$$I_{omax}\approx\frac{U_{BE1}}{R_2}$$

当过压时，即加在调整管 T 的 $U_{CE}>U_{(BR)CEO}$，此时稳压管 D_Z 被击穿，限制了 T 管的 U_{CE} 进一步增加。同时 D_Z 被击穿后，注入 T_1 管基极的电流和 R_2 的电流增加，使得 T_1 导通，从而进一步限制 T 管的发射极电流，降低管耗。

(2) 过热保护电路。功率器件长时间工作在大功率状态下，其自身的管耗将使结温升高，当结温升高到一定程度就会使管子损坏。除了外部增加散热片等措施外，也需要在电路内增加过热保护电路。集成稳压器的一种过热保护电路如图 Z6-2 所示。

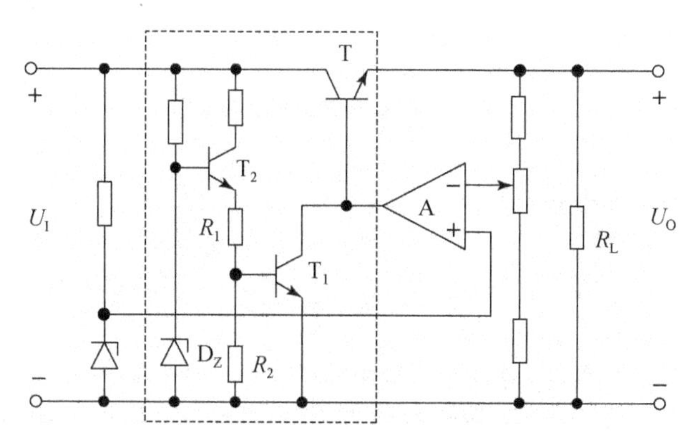

图 Z6-2　过热保护电路

集成稳压器中的调整管结温升高则使整个芯片的温度升高。图 Z6-2 所示电路中，稳压管 D_Z、三极管 T_1 和 T_2 组成过热保护电路，它们靠近调整管 T，都属于半导体温度敏感器件。稳压管 D_Z 具有正温度系数，即温度升高其稳定电压 U_Z 升高；而三极管的 U_{BE} 具有负温度系数，即温度升高 U_{BE} 下降。图中 T_1 管的 U_{BE} 为

$$U_{BE1}=U_{R_2}=\frac{R_2}{R_1+R_2}(U_Z-U_{BE2})$$

芯片未过热时,$U_{BE1}<U_{on1}$,T_1 管截止。当芯片温度上升,U_Z 增大,U_{BE2} 减小,即 U_{BE1} 增大,而 T_1 管的开启电压 U_{on1} 却减小。当芯片温度过高,即超过一定数值(150℃左右),则使 T_1 管导通,其集电极将从调整管 T 的基极分流,从而使 T 管的输出电流减小、功耗下降,芯片温度不再升高,起到过热保护作用。

案例 2 线性直流稳压电源设计实例。设计要求:输出电压 U_o 为 3~12 V 连续可调,输出电流最大值为 $I_{omax}=0.6$ A。

根据设计要求,稳压电路选用三端可调输出集成稳压器 W117,其输出电压为 1.25 V~37 V,最大输出电流为 1.5 A;整流滤波电路采用桥式整流电容滤波电路。组成的直流稳压电源电路如图 Z6-3 所示。

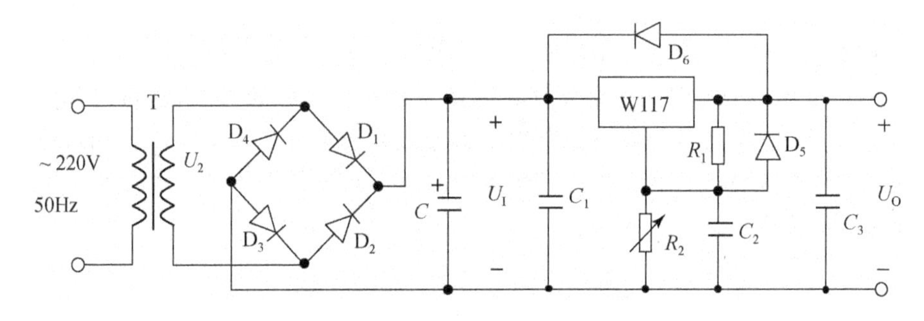

图 Z6-3 直流稳压电源实例电路

(1) 集成稳压器电路设计。

由式(6.47)可知

$$U_o = 1.25\left(1+\frac{R_2}{R_1}\right)$$

取 $R_1=240\ \Omega$,使得 W117 经 R_1 的泄放电流约 5 mA,则 $R_{2min}=336\ \Omega$,$R_{2max}=2064\ \Omega$,故取 R_2 为 4.7 kΩ 的精密线绕可调电位器。C_1 取 0.1 μF 用来补偿电解电容 C 在高频时的电感效应,并防止稳压器自激,C_2 取 10 μF 以减小纹波,C_3 取 1 μF 以进一步改善输出电压瞬态特性。由于 W117 承受反向耐压较低,使用两个二极管 D_5,D_6 提供保护,当稳压电路输入或输出发生短路时,D_6,D_5 可为 C_3,C_2 提供放电通路,均选用 1N4148,其 $I_F=200$ mA。

(2) 电源变压器选择。

W117 的最小输入-输出电压差 $(U_I-U_o)_{min}=3$ V,最大输入-输出电压差 $(U_I-U_o)_{max}=40$ V,可得输入电压 U_I 的范围为

$$U_{omax}+(U_I-U_o)_{min}\leqslant U_I\leqslant U_{omin}+(U_I-U_o)_{max}$$

即

$$15\ \mathrm{V} \leqslant U_{\mathrm{I}} \leqslant 43\ \mathrm{V} \tag{6.48}$$

根据式(6.24)，变压器副边交流电压有效值

$$12.5\ \mathrm{V} \leqslant U_2 \leqslant 35.8\ \mathrm{V}$$

考虑到电网波动10%，则需$U_2 \geqslant 13.9$ V，取U_2为15 V，则U_{I}的变化范围为16.2～19.8 V，满足式(6.48)要求。

故电源变压器副边电压有效值取$U_2=15\ V$，电流$I_2>I_{omax}=0.6\ A$，取$I_2=1\ A$，则要求变压器副边功率$P_2 \geqslant I_2U_2=15\ W$。变压器效率约为$\eta \approx 0.7$，则要求原边功率为

$$P_1 \geqslant \frac{P_2}{\eta} = 21.4\ \mathrm{W}$$

为留有余地，选择功率为25 W的电源变压器。

(3) 整流二极管和滤波电容选择。

由于$I_{omax}=0.6\ A$，整流二极管$D_1 \sim D_4$选择1N4001，其极限参数为$I_F=1\ A$，$U_{Rm}=50\ V$，满足设计要求。

集成稳压器电路作为整流滤波电路的负载，当U_I最小且I_o最大时，此负载值最小

$$R_{\mathrm{Lmin}} = \frac{16.2\ \mathrm{V}}{0.6\ \mathrm{A}} = 27\ \Omega$$

根据式(6.25)，得滤波电容C的值为

$$C > \frac{(3 \sim 5)\mathrm{T}}{2R_{\mathrm{Lmin}}} = 1111\ \mu\mathrm{F} \sim 1852\ \mu\mathrm{F}$$

可选取标称值2200 μF，耐压25 V的电容器。

(4) 电路安装与测试。

稳压电源电路功率较大，印刷电路板上的连线需尽可能的粗。元器件布局要合理，集成稳压器外围的元器件要尽可能靠近稳压器。安装调试时注意用电安全，可采取分级安装测试，最后进行整体电路联调。

先安装变压器和整流滤波电路，此步骤需注意整流二极管和滤波电容的极性不能接反。安装完成后，输入220 V交流电，用万用表直流挡测量整流滤波电路输出电压。由于此时未接入后面的稳压器，相当于负载开路，故输出电压为+21 V左右。

再安装稳压器电路，W117要加适当大小的散热片，也需注意二极管和电容的极性。其输入端外加18 V左右直流电压，用万用表直流挡测量输出电压U_o。调节电位器R_2，U_o随之变化，则说明稳压器电路正常工作。

最后将变压器、整流滤波和稳压器电路连接进行整体测试，使用万用表直流

档测量输出电压和输出电流,外接滑线变阻器作为负载。调节电位器 R_2,输出电压 U_o 随之变化;调节负载电阻,输出电流 I_o 随之变化,并分别核实是否满足设计要求。电压、电流调整率等指标可按定义进行测量,纹波电压需要使用交流毫伏表进行测量。

本章小结

(1) 直流稳压电源由变压、整流、滤波和稳压四部分电路组成。

(2) 整流电路的作用是将交流电压变为单向脉动的直流电压。利用二极管的单向导电特性可组成半波或全波整流电路。单相桥式整流电路输出直流电压平均值高、脉动小,变压器利用率高,整流管反向耐压值要求不高,从而得到了广泛应用。

(3) 滤波电路的作用是滤掉整流电路输出电压中的脉动成分,使直流电压平滑。滤波电路采用电容、电感等组成的无源滤波电路。由于电容滤波电路实现简单、体积小,因此在小功率稳压电源中被广泛使用。

(4) 稳压电路的作用是当电网电压波动或负载电流变化时,保持输出电压的稳定。稳压管稳压电路结构简单,适用于输出电压固定,负载电流较小,且稳压精度要求不高的场合。串联型稳压电路由取样、基准、比较放大和调整四部分电路组成,通过深度电压负反馈,使输出直流电压的稳定性提高,并且输出电流大,输出电压连续可调。

(5) 集成稳压器将稳压电路和保护电路等集成在一个硅片上,体积小、可靠性高、温度特性好。广泛使用的三端集成稳压器分为固定输出电压和可调输出电压两类,每类又分为正电压输出和负电压输出,输出电流也分为三个级别,使用时可根据需要进行选择。

思考题

6-1 直流稳压电源由哪几部分组成?各部分的功能是什么?

6-2 图 6.3 桥式整流电路中,若有一只二极管短路、断路或反接时,将产生什么现象?

6-3 桥式整流电路除了用于直流稳压电源的整流电路外,还能用于什么场合?

6-4 当考虑整流电路内阻的影响时,桥式整流电容滤波电路的输出电压波形如图 6.7 所示,为什么?

6-5 桥式整流电容滤波电路中,若负载电阻不变,改变滤波电容值,那么二极管的导通角如何变化?若电容值不变,改变负载电阻值呢?

6-6　说明稳压管稳压电路中的限流电阻 R 的作用。在允许的范围内，R 的取值应偏大些，还是偏小些？为什么？

6-7　串联型稳压电路由哪几部分组成？各部分的功能是什么？

6-8　串联型稳压电路是否可以看成一个直流功率放大电路？其输入信号是什么？

6-9　图 T6-1 所示电路中，三极管 T_0 和电阻 R_0 组成了调整管 T_1 的过流保护电路，试分析其工作原理。

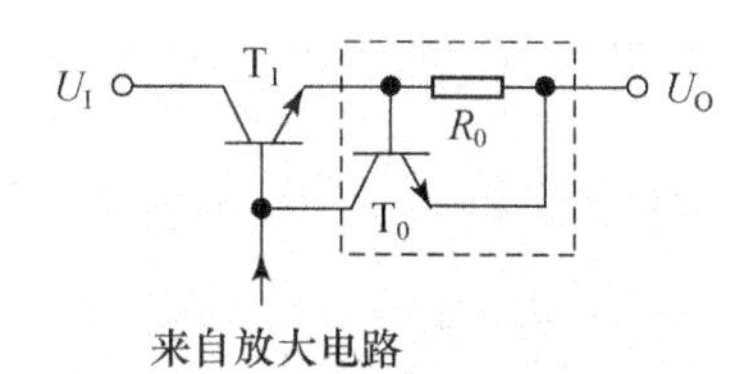

图 T6-1　思考题 6-9 图

6-10　试用负反馈理论说明：当图 6.12 串联型直流稳压电路的输出电压增大或减小时，其稳定性的变化情况。

6-11　三端固定输出稳压器的输出端和公共端也保持稳定的电压差，能否用它们组成类似图 6.17 所示的输出电压可调电路？会存在什么问题？

6-12　图 T6-2 所示电路为一恒流电路，试分析其工作原理。该电路输出最小电流为多少？若想得到较小的恒流输出，应如何改进电路？

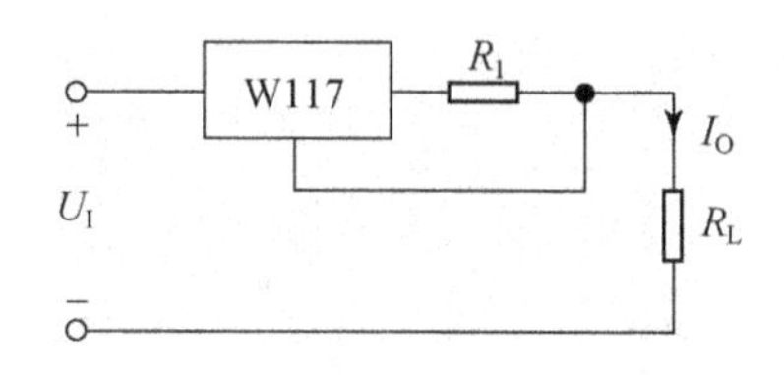

图 T6-2　思考题 6-12 图

练　习　题

6-1　全波整流电路如图 P6-1 所示。

(1) 求输出电压平均值 U_{OAV} 和二极管承受的最大反向电压 U_{Rm}，并画出 u_O 的波形；

(2) 若二极管 D_2 断路，再求 U_{OAV} 和 U_{Rm}，并画出 u_O 的波形；

(3) 若二极管 D_2 反接，将会发生什么现象？

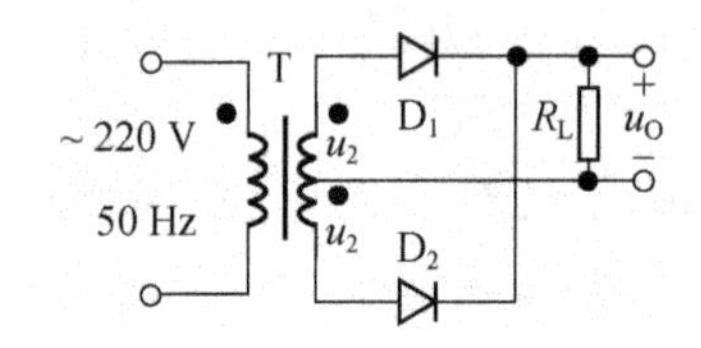

图 P6-1　练习题 6-1 图

6-2　图 $P6$-2 所示的桥式整流电路，能输出正、负两种整流输出电压，设 $U_{21}>U_{22}$。求 U_{OAV1} 和 U_{OAV2}，并画出 u_{O1} 和 u_{O2} 的波形。

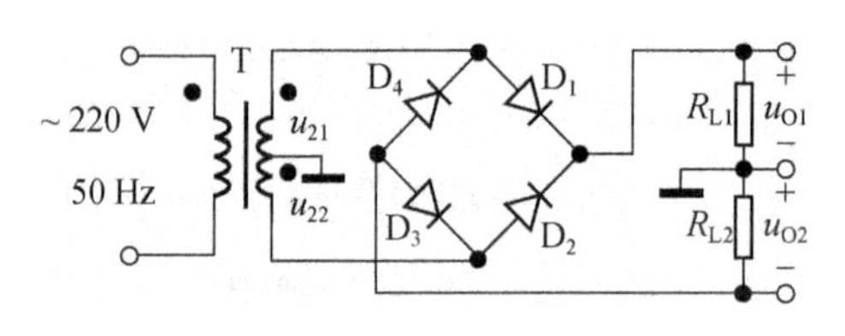

图 P6-2　练习题 6-2 图

6-3　图 $P6$-3 所示的桥式整流电容滤波电路中，测得输出电压 $U_{OAV}=24V$，$R_L=120\,\Omega$，且满足：$R_LC>3T/2$（T 为交流电的周期）。

(1) 求变压器副边电压有效值 U_2；

(2) 求电容承受的最大电压 U_{Cm}、二极管承受的最大反向电压 U_{Rm} 和正向平均电流 I_{DAV}；

(3) 若负载 R_L 开路，U_{OAV} 为多少？

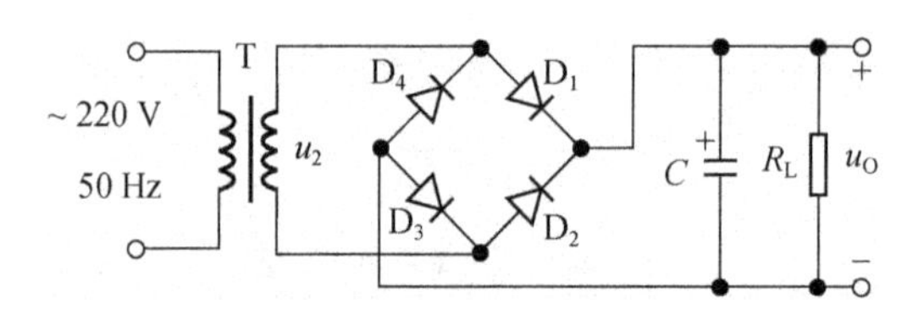

图 P6-3　练习题 6-3 图

6-4　图 $P6$-4 所示的稳压管稳压电路中，已知 $U_I=12V(\pm10\%)$；稳压管的稳定电压 $U_Z=6V$，最小稳定电流 $I_{Zmin}=5\,mA$，最大耗散功率 $P_{Zmax}=180\,mW$，动态电阻 $r_Z=10\,\Omega$；限流电阻 $R=200\,\Omega$。

(1) 当负载电阻 $R_L=600\,\Omega$ 时，求稳压管中电流 I_{D_Z} 的变化范围；

(2) 求稳压电路的稳压系数 S_r；

(3) 要保证电路正常工作，负载电阻 R_L 的取值范围为多少？

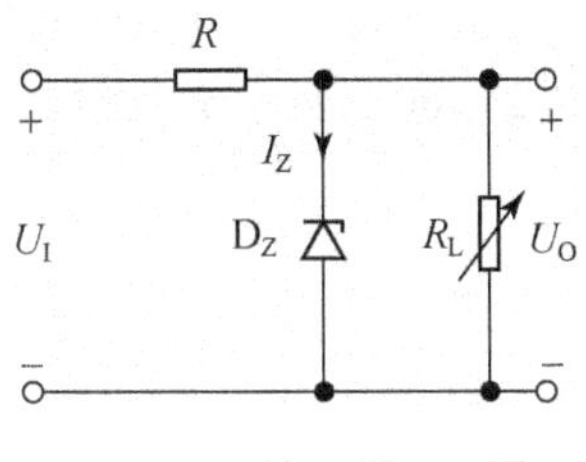

图 P6-4　练习题 6-4 图

6-5　图 $P6$-5 所示的串联型稳压电路中，已知 $U_I=28\,V$，$R_1=6\,k\Omega$，$R_2=3\,k\Omega$，$U_Z=5\,V$，调整管 T_1 的 $P_{CM}=3\,W$，要保证 T_1 安全工作，负载 R_L 的最小值为多少？

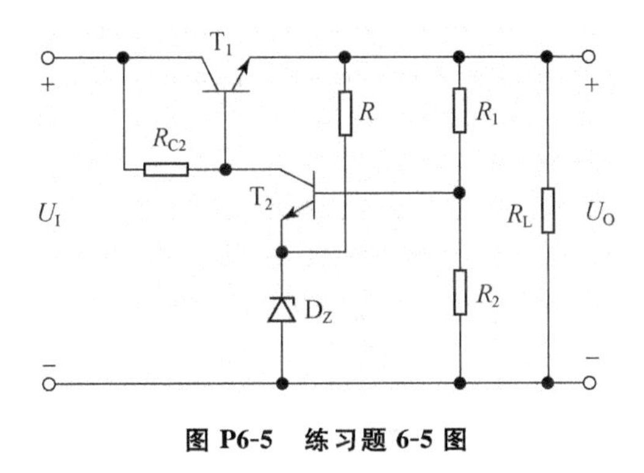

图 P6-5　练习题 6-5 图

6-6　图 $P6$-6 所示的串联型稳压电路中，已知 $R_1=2\,k\Omega$，$U_Z=3\,V$，输出电压 U_O 的可调范围为 6～10 V，负载电阻 R_L 的变动范围为 50～600 Ω，电网电压波动范围为±10%。

(1) 确定电阻 R_2 和 R_W 的取值；

(2) 为保证调整管的 $U_{CE}>3\,V$，求变压器副边电压有效值 U_2 至少为多少？(C 足够大)

(3) 若集成运放的最大输出电流为 0.4 mA，则要求复合调整管的 β 值至少为多少？

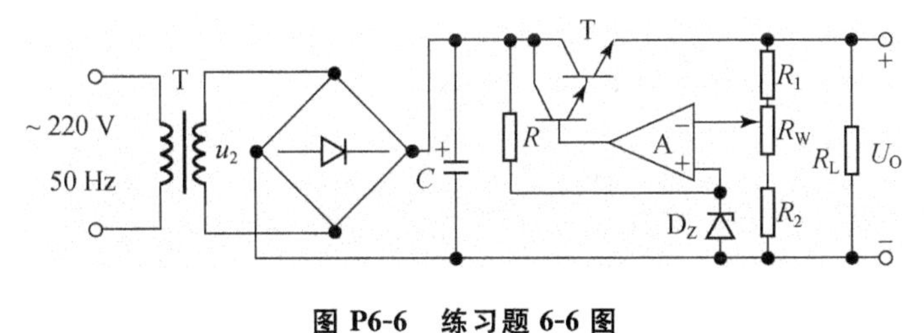

图 P6-6　练习题 6-6 图

6-7 用三端固定输出集成稳压器 7805,构成的输出电压可调稳压电源如图 $P6$-7 所示,$R_1=R_W=R_2=2\,k\Omega$。试说明集成运放的作用,并求输出电压 U_O 的可调范围。

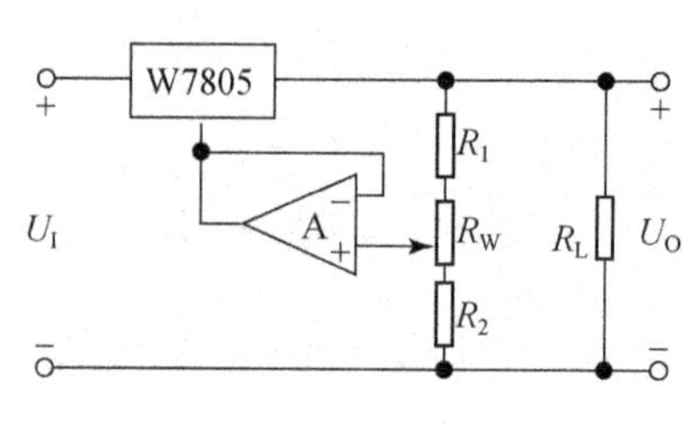

图 P6-7 练习题 6-7 图

6-8 用稳压器 $W117$ 构成的输出电压可调稳压电源如图 $P6$-8 所示,$R_1=240\,\Omega$,$R_2=3\,k\Omega$。试说明电容 C 和二极管 D 的作用,并求输出电压 U_O 的可调范围。

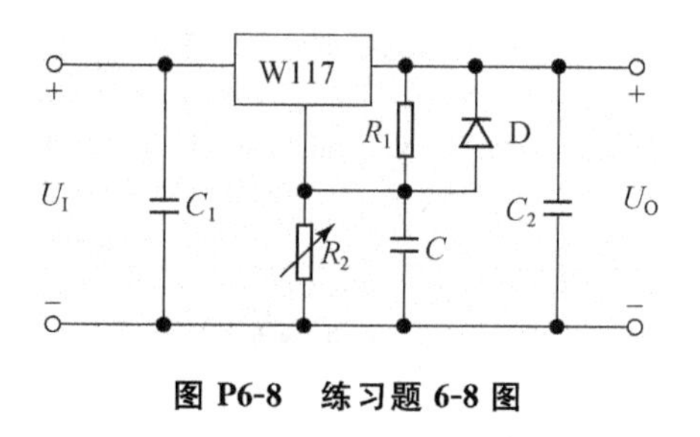

图 P6-8 练习题 6-8 图

6-9 参考图 6.15 电路,画出用稳压器 7905 组成的 $-5\,V$ 固定输出电压的直流稳压电源。

第 7 章 数字电路基础

本章介绍数字电路部分的基础知识。首先介绍数字信号、数字电路的特点，数字电路的基本逻辑单元——门电路的工作原理和电气特性，接着讨论数字电路分析和设计中所使用的逻辑函数的表示方法以及逻辑函数的转换和化简方法。

7.1 数字电路概述

7.1.1 数字电路的特点

数字电路是处理数字信号的电路，而数字信号在时间上和幅值上都是离散的。在数字电子技术中，常采用只有 0 和 1 两种取值的二进制体系，既可以用多位由 0 和 1 组成的二进制数表示不同的数值大小，也可以用 0 和 1 来表示两种不同的状态，即对立的逻辑关系，故数字电路又称为数字逻辑电路，简称为逻辑电路。

当用 0 和 1 来表示某一事物相互对立的两种不同状态时，例如，是和非、真和假、开和关、好和坏等等，这里的 0 和 1 不是数值，而是逻辑 0 和逻辑 1。以“是”和“非”两种状态为例，根据事先的约定，逻辑 1 既可以表示“是”状态，也可以表示“非”状态。这种只有两种对立逻辑状态的逻辑关系称为二值逻辑。

在数字逻辑电路中，利用电子器件的导通和截止可以方便地实现二值逻辑，体现在具体的电路中，就是输出电压的高电平和低电平两种状态。在本书中，使用的是正逻辑，即高电平对应逻辑 1，低电平对应逻辑 0。

在实际电路中，高、低电平的取值只要能够有效地区别开就行了，所以高、低电平都不是一个固定的电压值，而是指一个电压范围。表 7.1 表示的是一类 TTL 器件的电压范围和逻辑电平的关系。由表中可知，只要电压在 2.1～5 V 的范围内，即表示逻辑 1，对应的逻辑电平为 H，对应的电压记做 U_H。这样就可以忽略信号的具体电压值，而只研究信号之间的逻辑关系。

表 7.1 电压范围和逻辑电平的关系

电压	逻辑	电平
2.1～5 V	1	H(高电平)
0～0.7 V	0	L(低电平)

数字信号的这些特点,使数字电路的结构和分析方法与模拟电路相比有很大的优势。

首先,数字电路的基本单元结构简单,对元件的精度和工作条件(如电源电压和环境温度)的要求不高,抗干扰能力强,工作可靠,稳定性好,而且易于集成。

其次,数字电路的主要功能是对数字信号进行逻辑运算和处理,使用的数学工具是逻辑代数。只要能够将逻辑状态可靠地区分开,数字电路就能正常工作,因此数字电路的分析和设计相对较容易。另外,借助计算机技术,可以使用电子设计自动化(electronic design automation,EDA)工具软件来进行分析和设计,便于处理复杂的数字电路系统。

随着计算机技术和集成电路技术突飞猛进的发展,用数字电路进行信号处理的优势也日益突出,数字电路已经广泛用于电子技术几乎所有的应用领域。现代电子系统中,数字化是一个不可或缺的环节,先将需要处理的模拟信号按比例转换成数字信号,然后通过数字电路系统或计算机进行处理、存储和传输,还可以根据需要将处理结果转换成模拟信号输出。

7.1.2 数制

数制是使用多位数码来表示数值大小的方法,它规定了每一位数码的构成方式以及从低位向高位的进位规则,如普遍使用的十进制计数方法。在数字电路中,更多的是采用二进制和十六进制。

1. 十进制

十进制是使用最为广泛的数制。在十进制中,每一位可以取 0～9 这十个数码,计数的基数是 10,当数值超过 9 时,要采用多位数表示,低位向高位进位的规则是“逢十进一”,故称为十进制。由此可知,处于不同位置的数码所代表的数值是不同的。例如,十进制数 123.45 可以表示为

$$(123.45)_{10}=1\times10^2+2\times10^1+3\times10^0+4\times10^{-1}+5\times10^{-2}$$

一般的,任意一个具有 n 位整数和 m 位小数的十进制数可以表示为

$$\begin{aligned}(D_{n-1}\cdots D_1D_0.D_{-1}\cdots D_{-m})_{10} &= D_{n-1}\times10^{n-1}+\cdots+D_1\times10^1+D_0\times10^0+\\ &\quad D_{-1}\times10^{-1}+\cdots+D_{-m}\times10^{-m}\\ &=\sum_{i=n-1}^{-m}D_i\times10^i \end{aligned}\tag{7.1}$$

式中,D_i 是第 i 位的系数,可以取 0～9 这十个数码的任何一个。10^i 称为十进制第 i 位的权。

2. 二进制

在数字电路中,往往采用二进制来计数。它的每一位只有 0 和 1 两种取值,即计数的基数是 2,计数规则是“逢二进一”。一般的,任意一个具有 n 位整数和 m 位小数的二进制数可以表示为

$$(B_{n-1}\cdots B_1 B_0.B_{-1}\cdots B_{-m})_2 = B_{n-1}\times 2^{n-1}+\cdots+B_1\times 2^1+B_0\times 2^0+ B_{-1}\times 2^{-1}+\cdots+B_{-m}\times 2^{-m} = \sum_{i=n-1}^{-m} B_i\times 2^i \tag{7.2}$$

式中，B_i 是第 i 位的系数，可以取 0 或 1。2^i 称为二进制第 i 位的权。

3. 任意进制（R 进制）

在十进制和二进制讨论的基础上，可以得到任意进制（R 进制）的特点是：基本数码为 R 个，基数为 R，逢 R 进一。R 也称为计数制的模，R 进制也称为模 R 制，如十进制又称为模十制，二进制又称为模二制。

如果用 R 取代式(7.1)中的 10，即可将十进制的表示方法推广到任意进制，得到具有 n 位整数和 m 位小数的任意进制（R 进制）数的表示方法为

$$(K_{n-1}\cdots K_1 K_0.K_{-1}\cdots K_{-m})_R = \sum_{i=n-1}^{-m} K_i\times R^i \tag{7.3}$$

式中，K_i 是第 i 位的系数，可以取 0～$(R-1)$ 这 R 个数码的任何一个。R^i 称为 R 进制第 i 位的权。

在数字电路中，还经常采用十六进制数和八进制数。表 7.2 是十进制、二进制、八进制、十六进制的对照表。

表 7.2　几种常用数制对照表

十进制	二进制	八进制	十六进制
0	0	0	0
1	1	1	1
2	10	2	2
3	11	3	3
4	100	4	4
5	101	5	5
6	110	6	6
7	111	7	7
8	1000	10	8
9	1001	11	9
10	1010	12	A
11	1011	13	B
12	1100	14	C
13	1101	15	D
14	1110	16	E
15	1111	17	F
16	10000	20	10

4. 数制的相互转换

(1) R 进制转换成十进制。

方法是将 R 进制数按权展开,并在十进制中求和,得到的数值就是十进制数。

例 7-1 将二进制数$(1101.011)_2$转换成十进制数。

解 $(1101.011)_2 = 1\times2^3+1\times2^2+0\times2^1+1\times2^0+0\times2^{-1}+1\times2^{-2}+1\times2^{-3}$
$= 8+4+0+1+0+0.25+0.125$
$= (13.375)_{10}$

例 7-2 将十六进制数$(13C.A)_{16}$转换成十进制数。

解 $(13C.A)_{16} = 1\times16^2+3\times16^1+12\times16^0+10\times16^{-1}$
$= 256+48+12+0.625 = (316.625)_{10}$

(2) 十进制转换成 R 进制。

方法是将十进制分成整数部分和纯小数部分分别进行转换。对于整数部分,除以基数 R 取余数,直到商为零,所得余数按逆序排列;对于纯小数部分,乘以基数 R 取整数,按精度要求确定位数,结果按顺序排列。

例 7-3 将十进制数$(13.375)_{10}$转换成二进制数。

解 将 13.375 分成整数 13 和纯小数 0.375 两部分,

整数部分			小数部分		
2⌊13	--- 余 1	(最低位)	$0.375\times2=0.75$	取整得 0	(最高位)
2⌊6	--- 余 0	↑	剩余 $0.75\times2=1.5$	取整得 1	↓
2⌊3	--- 余 1		剩余 $0.5\times2=1$	取整得 1	(最低位)
2⌊1	--- 余 1	(最高位)	剩余 0	转换完毕	
0					

$(13.375)_{10} = (1101.011)_2$

(3) 其他进制的相互转换。

通用的方法是先将其转换成十进制,再转换成需要的进制。

对于二进制和八进制、十六进制数的相互转换,则可以直接转换,因为 3 位二进制数有 8 个状态,4 位二进制数有 16 个状态,正好分别跟八进制和十六进制的 1 位的状态数相等,故可以用 3 位二进制数来表示 1 位八进制数,4 位二进制数表示 1 位十六进制数。

以二进制到十六进制的转换为例,转换的方法是:以小数点为中心,向两边将二进制数分成 4 位 1 组,不足 4 位的在两端补零,然后将每 4 位二进制数转换成 1 位十六进制数,即完成了二进制到十六进制的转换。而要将十六进制数转换成二进制数,则将每位十六进制数转换成 4 位二进制数,再顺序排列即可。

例 7-4　将二进制数$(111100.10101)_2$转换成十六进制数。

解　$(\underbrace{\overbrace{00}^{补0}11}_{3}\underbrace{1100}_{C}.\underbrace{1010}_{A}\underbrace{1\overbrace{000}^{补0}}_{8})_2=(3C.A8)_{16}$

例 7-5　将十六进制数$(6A5.F2)_{16}$转换成二进制数。

解　(6　A　5.　F　$2)_{16}$

⇓　⇓　⇓　⇓　⇓

$=(0110\ \ 1010\ \ 0101.\ \ 1111\ \ 0010)_2=(11010100101.1111001)_2$

7.1.3　码制

码制是使用多位数码来区分不同的事物或表示事物的不同状态的方法，它只是一个代码，没有大小的分别，如日常使用的邮政编码。在数字电路中，常用一定位数的二进制数码来表示十进制数值、字母或符号，这些数码称为代码，建立代码与表示对象一一对应关系的过程称为二进制编码。

1. 十进制代码

十进制代码是用二进制数码来表示十进制数值的方法。为了能够表示十进制数的 0～9 这十种状态，至少需要 4 位二进制代码。4 位二进制代码一共有 16 种编码(0000～1111)，其中只用到 10 个，另外 6 个无效，是禁止出现的代码。

如何建立 10 个 4 位二进制代码与 10 个十进制数值的对应关系，有多种不同的方案。表 7.3 列出了几种常见的十进制代码。

表 7.3　几种常见的十进制代码

十进制数值＼编码种类	8421 码(BCD 码)	2421 码	5211 码	余 3 码	余 3 循环码
0	0 0 0 0	0 0 0 0	0 0 0 0	0 0 1 1	0 0 1 0
1	0 0 0 1	0 0 0 1	0 0 0 1	0 1 0 0	0 1 1 0
2	0 0 1 0	0 0 1 0	0 1 0 0	0 1 0 1	0 1 1 1
3	0 0 1 1	0 0 1 1	0 1 0 1	0 1 1 0	0 1 0 1
4	0 1 0 0	0 1 0 0	0 1 1 1	0 1 1 1	0 1 0 0
5	0 1 0 1	1 0 1 1	1 0 0 0	1 0 0 0	1 1 0 0
6	0 1 1 0	1 1 0 0	1 0 0 1	1 0 0 1	1 1 0 1
7	0 1 1 1	1 1 0 1	1 1 0 0	1 0 1 0	1 1 1 1
8	1 0 0 0	1 1 1 0	1 1 0 1	1 0 1 1	1 1 1 0
9	1 0 0 1	1 1 1 1	1 1 1 1	1 1 0 0	1 0 1 0
权	8 4 2 1	2 4 2 1	5 2 1 1		

8421 码又称为 BCD(Binary Coded Decimal)码,是十进制代码中最常用的一种。它是一种有权代码,代码中各位的权分别是 8,4,2,1,将它们进行加权求和,得到的结果就是它所代表的十进制数码。

2421 码也是一种有权代码,各位的权分别是 2,4,2,1。从表中可以看出,2421 码的前 5 个编码与 8421(BCD)码相同,而后 5 个编码与前 5 个互补,将具有这种特点的代码称为自补码。5211 码是另一种有权代码。

余 3 码不是有权代码,它是在对应的 8421(BCD)码基础上加 3(对应二进制 0011)得到的,故称为余 3 码。余 3 码也是自补码。

所谓自补码,是指 0 和 9,1 和 8,2 和 7,3 和 6,4 和 5 的代码互为反码,即这些代码是互补的。

2. 格雷码

格雷码(Gray Code)又称为循环码,其编码表如表 7.4 所示,格雷码的特点是任何两个相邻的二进制代码中仅有一位不同,并且最大码组 1000 和最小码组 0000 头尾相接使全部码组按一定的顺序循环。格雷码属于无权码,表 7.4 中格雷码的实现方法是:在二进制数最高位前加一个 0,再对相邻的两位进行异或逻辑运算得到。

表 7.4 格雷码编码表

二进制码	格雷码	二进制码	格雷码
0000	0000	1000	1100
0001	0001	1001	1101
0010	0011	1010	1111
0011	0010	1011	1110
0100	0110	1100	1010
0101	0111	1101	1011
0110	0101	1110	1001
0111	0100	1111	1000

格雷码的优点是当代码连续转换时不会产生“过渡噪声”。在其他二进制代码中,如 8421(BCD)码,当数值从 7 转换到 8 时,代码将从 0111 转变为 1000,如果最高位的变化比其他三位的变化慢,当其他三位都变为 0 时,它还没有变成 1,就会在一个非常短的时间内出现 0000 状态,即产生过渡噪声。而格雷码可以避免这种错误代码的出现。

表 7.3 中的余 3 循环码是取 4 位格雷码的 10 个代码组成的,具有格雷码的优点,即两个相邻代码之间仅有一位不同,且首尾相接按序循环。

7.2　基本逻辑门电路

逻辑门电路简称门电路，是构成各种数字电路的基本逻辑单元。

在数字电路中，基本的逻辑关系是“与”“或”“非”，相应的有“与门”“或门”“非门”三种基本的逻辑门电路。将这些逻辑门电路组合起来，可以构成复合逻辑关系，如“与非”“或非”“与或非”“异或”等等，这些逻辑关系也有相应的门电路。

7.2.1　晶体三极管的开关特性

数字电路中是通过高电平、低电平来表示逻辑 1 和逻辑 0 的，而高、低电平则由电路中的二极管、三极管或 MOS 管的导通和截止来实现。门电路就是通过这些具有开关功能的电子器件实现逻辑功能的。

在介绍基本的逻辑门电路之前，我们有必要了解一下电子器件的开关特性。以下我们以晶体三极管为例讨论它的开关特性。

1. 三极管的开关工作状态

在线性放大电路中，晶体三极管基本上工作在三极管输出特性曲线的放大区。在放大区里，三极管的发射结正偏，集电结反偏，集电极电流 I_C 和基极电流 I_B 满足 $I_C \approx \beta I_B$ 线性关系，晶体三极管具有电流放大作用。

除了工作在放大区，三极管还有可能工作在饱和区或截止区。在这两个区内，三极管的集电极电流 I_C 和基极电流 I_B 不再保持线性关系，而使三极管表现出类似开关闭合或断开的性质。以图 7.1(a)所示 NPN 型硅晶体三极管电路为例来进行讨论。

当输入为低电平时，例如 $u_I = U_{IL} = 0\,V$ 时，三极管的基极和发射极电压相等($u_{BE} = 0$)，集电结处于反偏状态($u_{BC} < 0$)。此时 $i_B = 0$，集电极只有很小的反向穿透电流 I_{CEO}流过(通常情况下，用于开关电路的三极管的 $I_{CEO} < 1\,\mu A$)，可以认为 $i_C = I_{CEO} \approx 0$，电阻 R_C 上几乎没有压降，$u_O = u_{CE} \approx V_{CC}$。三极管工作于图 7.1(b)中的 A 点，处于截止状态，在集电极回路中的 c、e 极之间近似于开路，此时的三极管相当于一个断开的开关。

当输入为高电平时，例如 $u_I = U_{IH} = V_{CC}$时，调节 R_B，使 $i_B = I_{BS} = \frac{V_{CC}}{\beta R_C}$，三极管工作于图 7.1(b)中的 B 点。由于受 R_C 的限制，集电极回路的最大电流为 V_{CC}/R_C。所以 i_C，i_B 不再满足在放大区时的线性关系 $i_C = \beta i_B$，可以认为 i_C 已达到饱和，三极管工作点进入饱和区。I_{BS}称为基极临界饱和电流，B 点称为临界饱和点。此时，$u_{BC} = 0\,V$，$u_O = u_{CE} = 0.7\,V$。如果输入电压继续增加，则基极电流也会增大,三极管工作点继续向左移动,饱和程度加深,集电结开始正偏,u_{CE}将减小。通常情况下,工作在饱和区的三极管的集电极与发射极之间的电压差u_{CE}约为0.2～0.3 V,这个电压称为三极管的饱和压降U_{CES}。在深度饱和状态下,U_{CES}可以低至0.1 V。三极管工作于饱和状态时,在集电极回路中的c,e极之间流过较大的电流,而且u_{CE}很小,近似于短路,相当于开关的闭合。

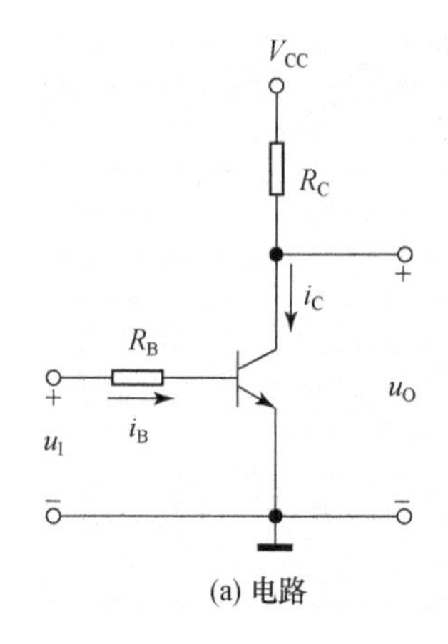

(a) 电路

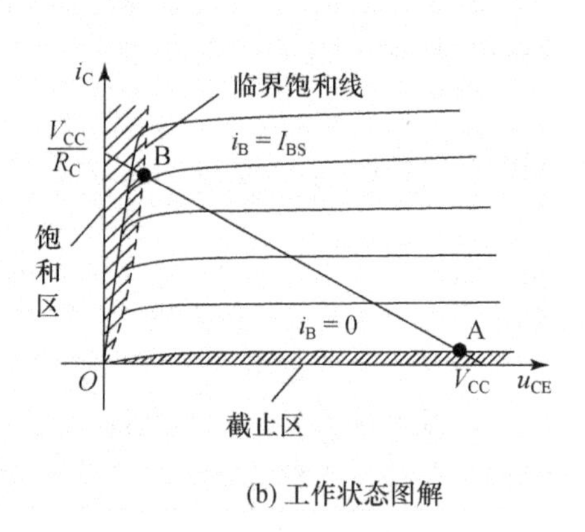

(b) 工作状态图解

图 7.1　三极管的开关工作状态

综上所述,三极管工作在截止状态的条件是$u_{BE}<0$,工作在饱和状态的条件是$i_B>I_{BS}$。改变u_I的值,可以分别满足这两种条件,这样三极管的c,e极之间就相当于一个受控的开关。只要选择合适的电路参数,就能保证当输入为低电平($u_I=U_{IL}$)时,晶体管截止,相当于开关断开,输出高电平U_{OH};当输入为高电平($u_I=U_{IH}$)时,晶体管饱和,相当于开关闭合,输出低电平U_{OL}。

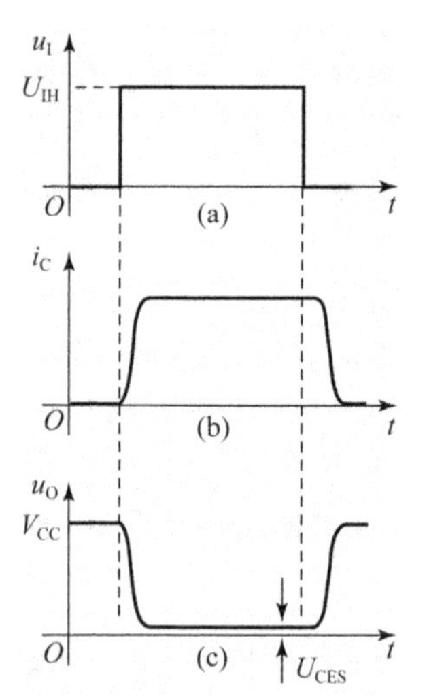

图 7.2　三极管的开关过程

2. 三极管的开关时间

三极管的开关过程是指三极管在饱和和截止两种状态之间相互转换的过程。由于三极管内部电流的“建立”和“消散”需要一定的时间,将导致电路的输出信号相对于输入信号存在一定程度的滞后。这种现象也可以用三极管的结电容效应来理解。

当图7.1(a)所示电路的输入端加入一个如图7.2(a)所示脉冲信号时,晶体管的集电极电流和电路输出信号的波形分别如图7.2(b)和(c)所示。通常将相对于u_I上升沿的延时称为开启时间,用t_{on}表示,它反映了晶体管从截止状态转变到饱和状态所需的时间，可以看作是基区电荷的建立时间。将相对于 u_I 下降沿的延时称为关闭时间，用 t_{off} 表示，它反映了晶体管从饱和状态转变到截止状态所需的时间，可以看作是基区电荷的消散时间。

7.2.2　二极管门电路

1. 二极管与门

能实现“与”逻辑运算的电路称为与门电路，简称与门。图 7.3(a)所示为由二极管和电阻构成的最简单的与门电路，有两个输入端 A 和 B，输出端为 Y。图 7.3(b)是与门的逻辑符号。

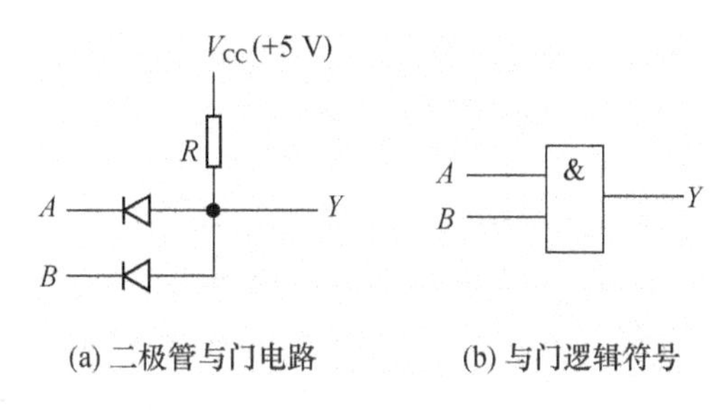

(a) 二极管与门电路　　(b) 与门逻辑符号

图 7.3　与门电路及符号

当输入端 A，B 中任意一个为低电平(0 V)时，则相应的二极管将导通，二极管上的压降为 0.7 V，此时输出端 Y 的电压将被钳位在 0.7 V，输出为低电平。只有当 A，B 均为高电平(5 V)时，两个二极管均截止，输出端 Y 才是高电平(5 V)。可见，该电路的输出变量 Y 与输入变量 A，B 间满足“与”逻辑关系，即只有全部输入为高电平时，输出才是高电平，否则输出就是低电平。

在正逻辑中，用逻辑 1 表示高电平，用逻辑 0 表示低电平。将电路输入端的所有逻辑状态组合和与之对应的输出端的逻辑状态列成表格，就得到了这种关系的真值表。“与”逻辑的真值表如表 7.5 所示。

表 7.5　“与”逻辑真值表

输入		输出
A	B	Y
0	0	0
0	1	0
1	0	0
1	1	1

“与”逻辑关系也可以用逻辑函数表达式来描述，写作 $Y=A\cdot B$，读作“A 与

B”,其中的“·”是与逻辑运算符,也称为“逻辑乘”,在表达式中往往可以省略。

2. 二极管或门

能实现“或”逻辑运算的电路称为或门电路,简称或门。图 7.4(a)所示为由二极管构成的或门电路,它有两个输入端 A 和 B,输出端为 Y。图 7.4(b)是或门的逻辑符号。

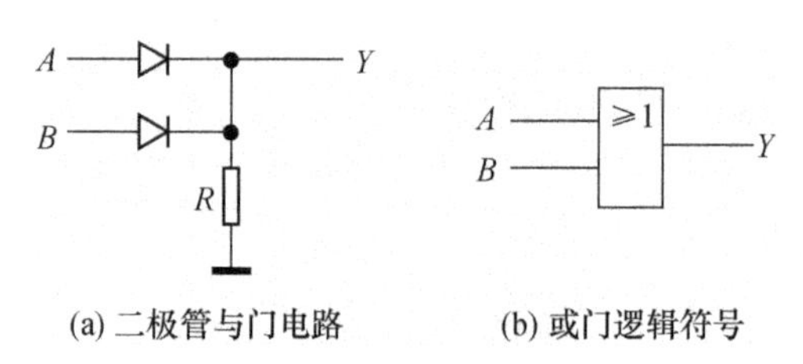

图 7.4 或门电路及符号

当输入端 A,B 中任意一个为高电平时,则相应的二极管将导通,输出端 Y 的电压为高电平减去二极管导通压降 0.7 V,仍为高电平。只有当 A,B 均为低电平(0 V)时,两个二极管均截止,输出端 Y 才是低电平(0 V)。可见,该电路的输出变量 Y 与输入变量 A,B 间满足“或”逻辑关系,即只有全部输入为低电平时,输出才是低电平,否则输出就是高电平。表 7.6 为“或”逻辑的真值表。

表 7.6 “或”逻辑真值表

输入		输出
A	B	Y
0	0	0
0	1	1
1	0	1
1	1	1

“或”逻辑关系也可以用逻辑函数表达式来描述,写作 $Y=A+B$,读作“A 或 B”,其中的“+”是或逻辑运算符,也称为“逻辑加”。

由二极管构成的门电路结构十分简单,但应用时存在着严重的缺点。首先,二极管导通时产生的电压降会导致电平的偏移,尤其当多个门串接时,积累的电平偏移会引起逻辑状态的改变,产生逻辑错误。其次,当输出端有负载时,负载电阻的变化会影响输出的高电平,因此,二极管门电路驱动负载的能力较弱。

7.2.3 三极管非门电路

能实现“非”逻辑运算的电路称为非门电路,简称非门。“非”逻辑要求输出端的逻辑电平与输入端的逻辑电平相反,故非门是一个反相器,只有一个输入端。在讨论图 7.1(a)给出的三极管开关电路时，当输入为低电平时输出为高电平，而输入为高电平时输出为低电平。因此该电路的输出和输入的电平构成反相关系，实际上就是一个非门。

在实用的非门电路中，为了保证三极管在输入低电平时可靠截止，常采用图 7.5(a)所示的电路形式。图 7.5(b)是非门的逻辑符号。

由于在电路中增加了一个电阻 R_2 和负电源 $-V_{EE}$，即使输入低电平的电压值略大于零，也能使三极管的基极为负电位，满足 $u_{BE}<0$ 的截止条件，使三极管可靠的截止，输出高电平。

当输入为高电平时，只要电路参数选择适当，就能满足三极管的饱和条件 $i_B>I_{BS}$，使三极管工作在饱和状态，输出低电平。表 7.7 为“非”逻辑的真值表。

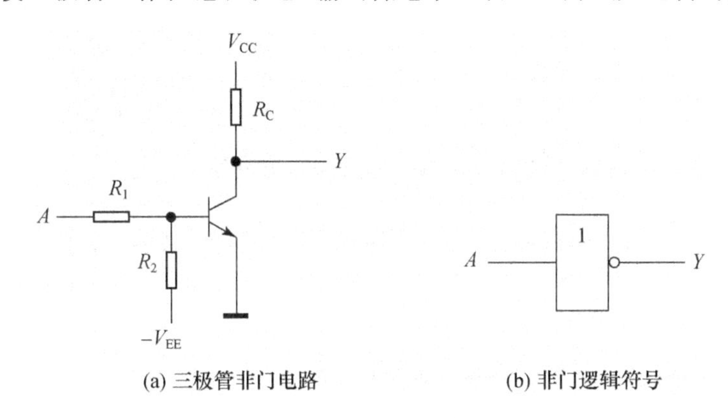

(a) 三极管非门电路　　(b) 非门逻辑符号

图 7.5　非门电路及符号

“非”逻辑关系也可以用逻辑函数表达式来描述，写作 $Y=\overline{A}$，读作“A 非”，式中 A 上面的横线表示非逻辑运算符。

表 7.7　“非”逻辑真值表

A	Y	A	Y
0	1	1	0

7.2.4　复合门电路

将基本的门电路组合起来，可以实现复合逻辑关系，以“与非”逻辑关系为例来介绍复合门电路的构成。如图 7.6(a)所示的电路是由一个二极管与门和一个三极管非门构成的与非门电路，这类电路称为二极管-三极管逻辑门，或称 DTL(diode-transistor logic)电路。图 7.6(b)是与非门的逻辑符号。

当输入端 A 和 B 都接高电平(如 5 V)时，二极管 D_1，D_2 截止，D_3，D_4 和 T 导

通,此时图中 P 点的电压被钳位在 $u_P=2u_D+u_{BE}=2.1\text{ V}$ 上,三极管的基极电流为

$$i_B=\frac{V_{CC}-u_P}{R_1}-\frac{u_{BE}}{R_2}=\frac{5-2.1}{2}-\frac{0.7}{5}=1.31(\text{mA})$$

而基极临界饱和电流 $I_{BS}=\frac{V_{CC}}{\beta R_C}=\frac{1.66}{\beta}$ mA,很容易满足三极管可靠饱和条件 $i_B>I_{BS}$,三极管工作在饱和状态,输出为低电平(约 0.2 V)。

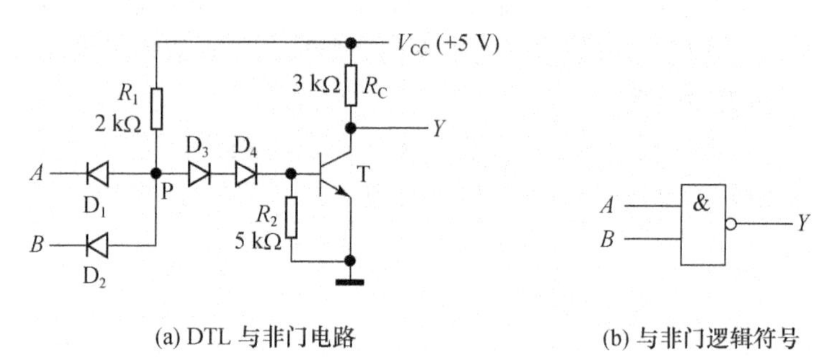

(a) DTL 与非门电路　　(b) 与非门逻辑符号

图 7.6　DTL 与非门电路及符号

当至少一个输入端接低电平时,不防设 $u_A=0.2\text{ V}$,则 D_1 导通,P 点的电压被钳位在 $u_P=0.2\text{ V}+u_D\approx1\text{ V}$ 上,这个电压小于三个 PN 结的导通电压之和,故 D_3,D_4 和 T 都是截止的,输出为高电平(5 V)。

表 7.8 为"与非"逻辑的真值表,其逻辑表达式为 $Y=\overline{AB}$。

表 7.8　"与非"逻辑真值表

输入		输出
A	B	Y
0	0	1
0	1	1
1	0	1
1	1	0

7.3　TTL 集成门电路

目前广泛使用的集成逻辑电路有 TTL 集成门电路和 MOS 集成门电路两类。TTL(transistor-transistor logic)集成门电路是晶体管-晶体管逻辑门,它的输入端和输出端都是晶体三极管,这种结构可以改善 DTL 逻辑门电路在工作速度和带负载能力等电气性能方面存在的缺陷。

7.3.1　TTL 与非门的电路结构和工作原理

1. 电路结构

图 7.7 所示为 74 系列 TTL 与非门的典型电路由输入级、中间级、输出级三部分组成。

输入级包括多发射极晶体三极管 T_1、电阻 R_1、二极管 D_1、D_2，实现与逻辑功能。D_1，D_2 是钳位二极管，当输入端出现较大的负电压信号或干扰时，能将输入端电压钳位在 -0.7 V，防止三极管 T_1 的发射极电流过大，起到保护作用。

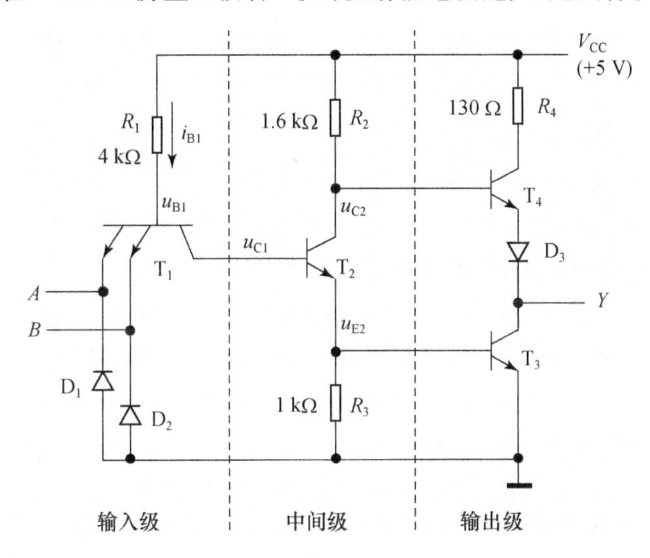

图 7.7　TTL 与非门电路

T_1 为多发射极晶体三极管，它在基区上扩散了两个高浓度 N 型区，形成两个独立的发射极。可以看作是两个三极管的并联，其符号及等效电路如图 7.8 所示。由等效电路可以看出，与逻辑功能就是由 T_1 实现的。

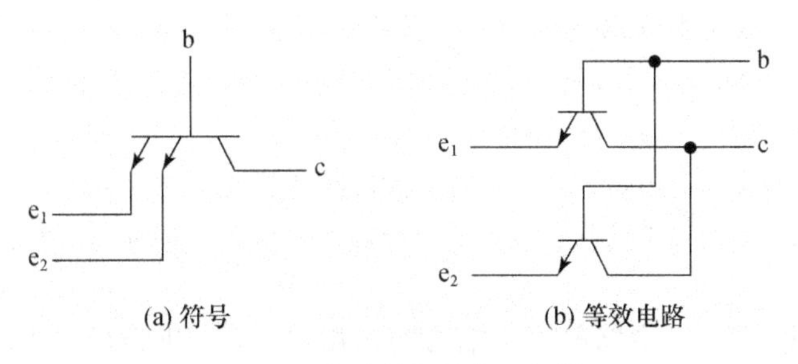

图 7.8　多发射极晶体三极管

中间级由三极管 T_2、电阻 R_2、R_3 构成,它提供两个变化方向相反的电压信号 u_{C2},u_{E2},产生推拉工作方式,分别驱动输出级的三极管 T_4 和 T_3。

输出级由三极管 T_3、T_4、电阻 R_4、二极管 D_3 构成,三极管 T_3 和 T_4 组成推拉式电路,在稳定状态下,T_3 和 T_4 总是一个导通而另一个截止,这样既可以降低输出端的静态功耗,又可以提高电路驱动负载的能力。二极管 D_3 的作用是为了确保 T_3 饱和时 T_4 可靠截止。

2. 工作原理

当至少有一个输入端接低电平($u_I=U_{IL}=0.2\ V$)时,对应的发射结将导通,T_1 的基极电压被钳在 $u_{B1}=u_I+0.7\ V=0.9\ V$,这时流过 T_1 基极的电流

$$i_{B1}=\frac{V_{CC}-u_{B1}}{R_1}=1(mA)$$

由于 T_1 的集电极回路电阻为 R_2 加上三极管 T_2 的集电结反向电阻,阻值很大,显然 i_{B1} 远大于 T_1 的基极临界饱和电流。因而 T_1 工作在深度饱和状态,$u_{CE1}\approx 0.1\ V$,则 $u_{C1}=u_I+u_{CE1}=0.3\ V$。$T_2$ 截止,u_{E2} 为低电平,T_3 截止,u_{C2} 为高电平,T_4,D_3 导通,输出为高电平 U_{OH}。

$$U_{OH}=V_{CC}-u_{BE4}-u_{D3}-i_{R2}R_2$$

式中 u_{BE4} 和 u_{D3} 为 PN 结的导通电压,均等于 0.7 V,$i_{R2}R_2$ 是电阻 R_2 上的电压降,i_{R2} 是 T_1 的集电极电流,尽管 T_1 处于深度饱和状态,这个电流也不大。一般情况下,$i_{R2}R_2\approx 0.2\ V$,于是

$$U_{OH}=5-0.7-0.7-0.2=3.4\ (V)$$

当两个输入端都接高电平($u_I=U_{IH}=3.4\ V$)时,如果没有三极管 T_2,T_1 的基极电压为 $u_{B1}=u_I+0.7\ V=4.1\ V$。但由于 T_2,T_3 的发射结和 T_1 的集电结通过 R_1 构成回路,在 V_{CC} 的作用下这三个 PN 结均正向导通,u_{B1} 被钳位在 $u_{B1}=u_{BC1}+u_{BE2}+u_{BE3}=2.1\ (V)$,则 T_1 的发射结处于反偏状态。此时的 T_1 处于集电结正偏、发射结反偏的"倒置"放大状态。T_1 的基极电流和所有的发射极电流都流向三极管 T_2 的基极,使 T_2 的基极电流大于 $i_{B1}=(V_{CC}-u_{B1})/R_1=(5-2.1)/4=0.7(mA)$,这个电流很容易超过 T_2 的基极临界饱和电流,使 T_2 工作于饱和状态。$u_{C2}=u_{BE3}+U_{CES2}=0.7+0.2=0.9(V)$,这个电压不足以使 T_4 和 D_3 导通,故 T_4 和 D_3 截止。

由于 T_4 和 D_3 截止,三极管 T_3 的集电极电流近似为零,而 T_3 的基极从 T_2 的发射极得到很大的电流,使 T_3 处于饱和状态。此时输出为低电平 $U_{OL}=U_{CES3}=0.2\ V$。

综上所述,图 7.7 电路的输出端与输入端之间是与非逻辑关系,它是一个与非门。电路正常工作时,输出端的高电平为 3.4 V,低电平为 0.2 V。因此,在分析电源电压为 5 V 的 TTL 电路时,常将 3.4 V 和 0.2 V 作为高、低电平的参

考值。

3. 电压传输特性

将图7.7电路的两个输入端 A 和 B 并联接同一个输入信号，把电路的输出电压随输入电压的变化描绘成曲线，就得到与非门的电压传输特性，如图7.9所示。

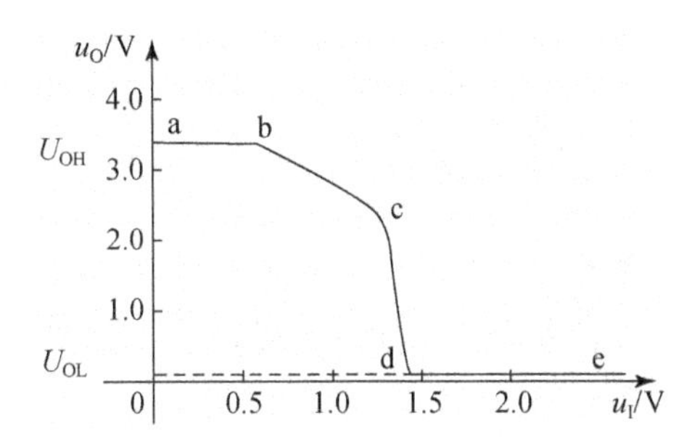

图7.9　TTL与非门的电压传输特性

在曲线的ab段，$u_I<0.6\ V$，T_1 深度饱和，$u_{C1}=u_I+U_{CES1}<0.7\ V$，$T_2$，$T_3$ 截止而 T_4 导通，输出高电平 $U_{OH}=3.4\ V$。这一段曲线称为截止区。

在曲线的bc段，$0.6\ V<u_I<1.3\ V$，随着 u_I 的增大，u_{C1} 超过0.7 V，T_2 开始导通，但 T_3 仍然截止。T_2 进入放大区，u_{C2} 将随 u_I 增大线性下降，T_4 构成射极跟随器，故输出电压随 u_I 线性下降。这一段称为特性曲线的线性区。

u_I 继续增大，使 T_3 也转为导通状态，输出电压急剧下降，表现为曲线的cd段，这一段称为转折区。当 u_I 升高到1.4 V以后，u_{B1} 被钳位在2.1 V，T_1 处于倒置放大工作状态，T_4 截止，T_2，T_3 饱和导通，输出为低电平 $U_{OL}=0.2\ V$，相当于特性曲线的de段，这段曲线称为饱和区。

4. 输入端噪声容限

在实际应用中，门电路的输入端不可避免地会叠加上外界干扰信号，使输入端的总电压发生变化，甚至会造成逻辑上的错误。引入噪声容限的概念，规定了保证门电路可靠工作的前提下，允许承受的最大干扰电压值。噪声容限反映门电路抗干扰的能力，容限值越大，抗干扰能力越强，反之则越弱。

为了便于解释，先了解一下开门电压和关门电压这两个概念。

开门电压 U_{ON} 是指在保证输出为规定低电平的情况下，输入端所允许的最小电压值；关门电压 U_{OFF} 是指在保证输出为规定高电平的情况下，输入端所允许的最大电压值。这些参数可以在集成门电路的参数手册中查到，在手册里，U_{ON} 相当于输入高电平的最小值，典型值为2 V，U_{OFF} 相当于输入低电平的最大值，典型值为0.8 V。

噪声容限分为低电平噪声容限U_{NL}和高电平噪声容限U_{NH}两种。在由多个门电路相互连接组成的电路中,前级门电路的输出就是后级门电路的输入,所以比较前级门电路的输出电压范围和后级门电路的开、关门电压就可以得到这两种噪声容限。低电平噪声容限等于后级允许输入低电平的最大值$U_{IL(max)}$(即U_{OFF})与前级输出低电平的最大值$U_{OL(max)}$之差;高电平噪声容限等于前级输出高电平的最小值$U_{OH(min)}$与后级输入高电平的最小值$U_{IH(min)}$(即U_{ON})之差。$U_{OL(max)}$和$U_{OH(min)}$可以在手册里查到,典型值分别是0.4 V和2.4 V。则

$$U_{NL}=U_{OFF}-U_{OL(max)}=0.8-0.4=0.4(V)$$

$$U_{NH}=U_{OH(min)}-U_{ON}=2.4-2=0.4(V)$$

对于门电路来说,若关门电平U_{OFF}越接近开门电平U_{ON},传输特性曲线的转折部分就越陡峭,即特性曲线越接近理想,噪声容限值就越大,抗干扰能力就越强。

7.3.2 TTL与非门的主要性能参数

1. 输入特性

输入特性是描述输入电流与输入电压之间的关系曲线。如果门电路是级联工作的,后级门电路的输入电流就是前级门电路的负载。

如果只考虑输入信号为高电平和低电平两种情况,可以将图7.7中的T_2和T_3等效成两个二极管,如图7.10(a)所示,图中标出的电流i_I为正值时代表电流流入门电路,对前级构成拉电流负载,电流流出门电路时为负值,对前级构成灌电流负载。图7.10(b)是TTL与非门的输入特性。

当$u_I<U_{OFF}$时,T_2和T_3截止,输出高电平。以$u_I=0.2$ V为例,此时输入电流为

$$I_{IL}=-\frac{V_{CC}-u_{BE1}-u_I}{R_1}=-1(mA)$$

当$u_I=0$时,输入端相当于对地短路,这时的输入电流I_{IS}称为输入短路电流,可以在手册上查到。I_{IS}在数值上比I_{IL}略大,在近似分析时,可以用I_{IS}来替代I_{IL}计算。

当$u_I>U_{ON}$时,T_2和T_3饱和,T_4截止,输出低电平。以$u_I=3.4$ V为例,此时三极管T_1的基极被钳位在2.1 V,发射结反偏,集电结正偏,T_1处于倒置工作状态。倒置工作状态下三极管的β极小,可以认为$\beta\approx0$,输入电流只是T_1的发射结反向电流。故这个电流I_{IH}称为输入漏电流,在手册中,$I_{IH}=20\ \mu A$。

当u_I介于U_{OFF}与U_{ON}之间时,情况比较复杂,T_2会出现线性工作状态。由于这个区间是门电路的过渡区,不属于正常工作的稳定状态,这里就不详细讨论了。

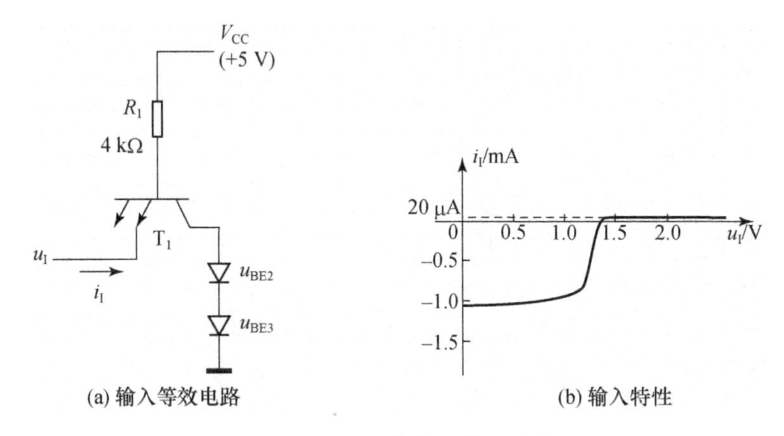

(a) 输入等效电路　　　　(b) 输入特性

图 7.10　TTL 与非门输入特性

2. 输入端负载特性

在使用 TTL 与非门时，经常需要在输入端与地之间或输入端与信号源之间通过电阻 R_P 相连，图 7.11(a)给出输入端通过电阻接地的情况。

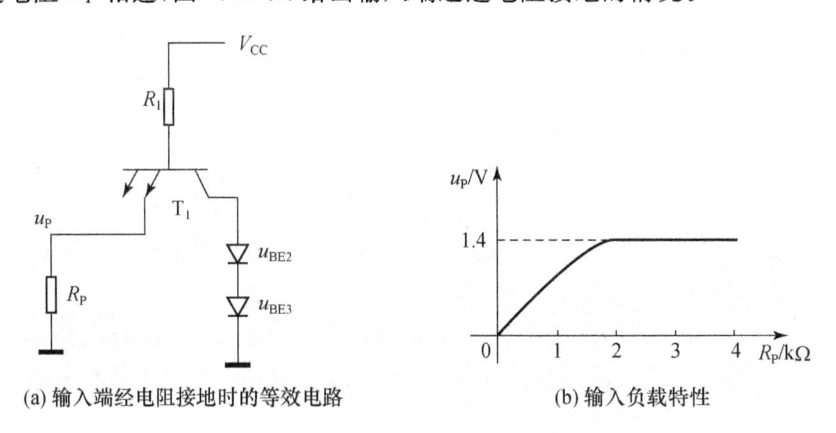

(a) 输入端经电阻接地时的等效电路　　　　(b) 输入负载特性

图 7.11　TTL 与非门输入端负载特性

当有电流流过 R_P 时，就会在 R_P 两端产生压降，且 R_P 越大，u_p 就越大。把 u_p 与 R_P 之间的关系称为输入负载特性，如图 7.11(b)所示。由图可知

$$u_P \approx \frac{V_{CC} - u_{BE1}}{R_1 + R_P} R_P \tag{7.4}$$

当 R_P 较小时，u_p 几乎与 R_P 成正比。但当 u_p 上升到 1.4 V 以后，由于 T_2，T_3 都导通，T_1 的基极电压被钳位在 2.1 V，输出由原来的高电平变为低电平。如果再增大 R_P，u_p 也不再增大，此时式(7.4)不再成立，u_p 趋于一条水平线。

由负载特性可以看出，为了保证高低电平的正确传递，负载电阻 R_P 的取值是有限制的。保证输出为高电平的 R_P 最大值，称为关门电阻，用 R_{OFF} 表示。保

证输出为低电平的 R_P 最小值,称为开门电阻,用 R_{ON} 表示。通常情况下,R_{OFF} 的值约为 700 Ω,而 R_{ON} 的值约为 2 kΩ。

3. 输出特性

输出特性是描述输出电压与负载电流之间的关系曲线。与非门正常工作时,输出有两种状态,即输出高电平和输出低电平。对应的输出特性也有高电平输出特性和低电平输出特性两种,以下分别讨论。

(1) 输出为高电平时的输出特性。

输出高电平时,T_2,T_3 截止,T_4,D_3 导通,此时负载为拉电流负载,即电流方向从输出端流向负载。输出端等效电路如图 7.12(a),图 7.12(b)为输出特性。

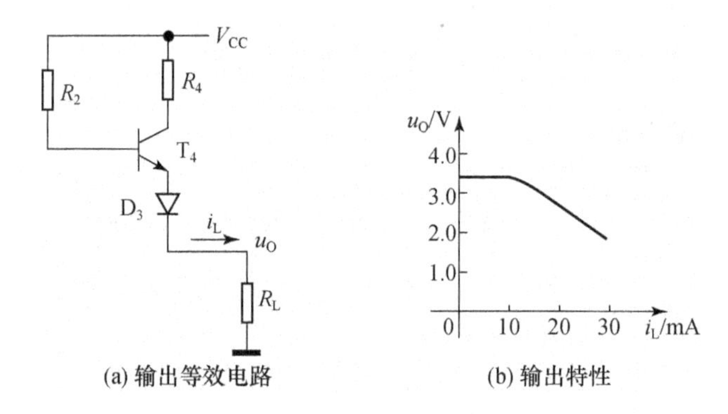

图 7.12　TTL 与非门输出高电平的输出特性

当负载电流 i_L 较小时,T_4 工作在放大区,构成射极跟随器,电路的输出电阻很小,输出电压基本不变。

当 i_L 增大时,电阻 R_4 上的分压随之增加,T_4 集电极电压下降,进而使 T_4 的集电结正偏,T_4 进入饱和状态,失去跟随功能。因此输出电压迅速下降。

(2) 输出为低电平时的输出特性。

输出低电平时,T_4,D_3 截止,T_2,T_3 饱和,此时负载为灌电流负载,即电流方向是流入输出端的。输出等效电路如图 7.13(a),图 7.13(b)为输出特性。

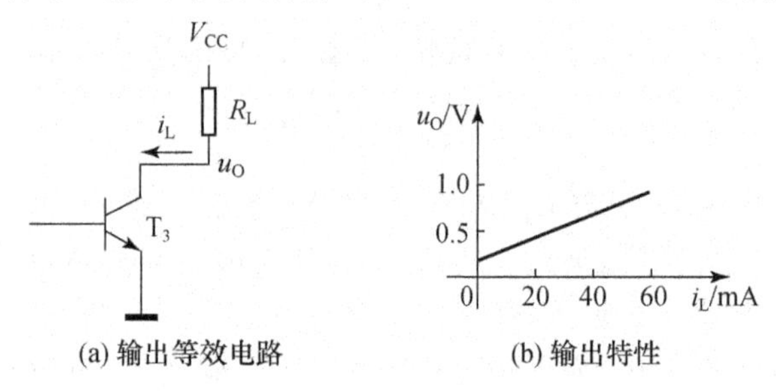

图 7.13　TTL 与非门输出低电平的输出特性

T_3 工作在饱和区，其 c-e 间的饱和导通内阻很小（通常在 10 Ω 以内），所以输出电压随 i_L 的增加缓慢升高，并在较大的范围内保持线性。

4. 负载能力

TTL 集成门电路的负载能力用扇出系数来表示。扇出系数是指一种 TTL 门电路能带同类门的最大数目，记做 N。

在讨论输出特性时，与非门的负载有拉电流负载和灌电流负载两类。对于拉电流负载，即输出为高电平，此时后级电路的输入电流为几十微安，因此，与非门可以驱动较多的同类门而不影响输出高电平。而对于灌电流负载，即输出为低电平，此时每一路负载的输入电流都达到毫安量级，如果带的门过多，则灌电流过大，会改变与非门的输出逻辑。所以为了保证电路正常工作，扇出系数由灌电流负载门数来衡量。一般手册上给出 $N=8$。

5. 平均延迟时间

由于三极管输出端在输入信号跳变时表现出一定的滞后，TTL 与非门的输入信号发生变化时，输出端电压也会出现一定的延迟，图 7.14 是与非门输出电压随输入电压变化的示意图。

如图 7.14 所示，从输入信号 u_I 上升沿 $0.5U_M$ 处至输出信号 u_O 下降沿的 $0.5U_M$ 处的时间间隔，称为导通传输时间 t_{pdL}；从输入信号 u_I 下降沿的 $0.5U_M$ 处至输出信号 u_O 上升沿的 $0.5U_M$ 处的时间间隔，称为截止传输时间 t_{pdH}。平均传输时间 t_{pd} 定义为二者的平均值

$$t_{pd}=\frac{1}{2}(t_{pdL}+t_{pdH})$$

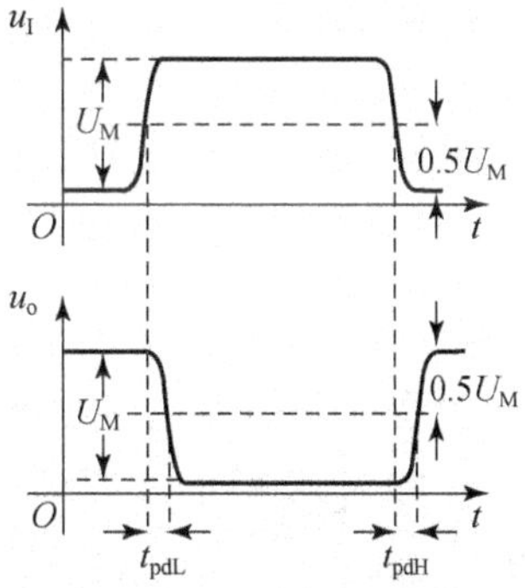

图 7.14　与非门的延迟时间

典型的 TTL 与非门延迟时间 t_{pd} 约为 10～20 ns。

6. 功耗

TTL 集成门电路工作时，器件本身要消耗一定的功率，功耗也是门电路的特性指标之一。由于功耗随负载的不同而变化，为了简便起见，通常以空载功耗来表征。空载功耗是与非门空载时的电源总电流与电源电压的乘积。当输出为低电平时的空载功耗称为导通功耗，用 P_{ON} 表示；当输出为高电平时的空载功耗称为截止功耗，用 P_{OFF} 表示。P_{OFF} 总是小于 P_{ON}。这两个功耗的平均值为空载功耗，约为 20～30 mW。

需要说明的是，与非门的平均功耗与门电路的工作频率有关，工作频率越高，平均功耗就越大。这是由于与非门由低电平快速转变为高电平时，T_3 退出饱和状态之前 T_4 就导通了，会在很短的瞬间使电源和地之间出现一个低阻回路，形成一个尖峰电流，这个电流将增加与非门的平均功耗。

7.3.3 抗饱和 TTL 与非门电路

在 TTL 的平均延迟时间中,三极管退出原来的深度饱和状态所需的时间是其中的一个主要部分。如果能使三极管不处于深度饱和状态,则平均延迟时间将大幅度减小。在 74S 系列的 TTL 门电路中,就采用了抗饱和三极管来达到较小延迟时间、提高门电路工作频率的效果。

抗饱和三极管是在普通三极管的 b-c 间并联一个肖特基势垒二极管(Schottky barrier diode,SBD)得到的,如图 7.15(a)所示。图 7.15(b)是符号。

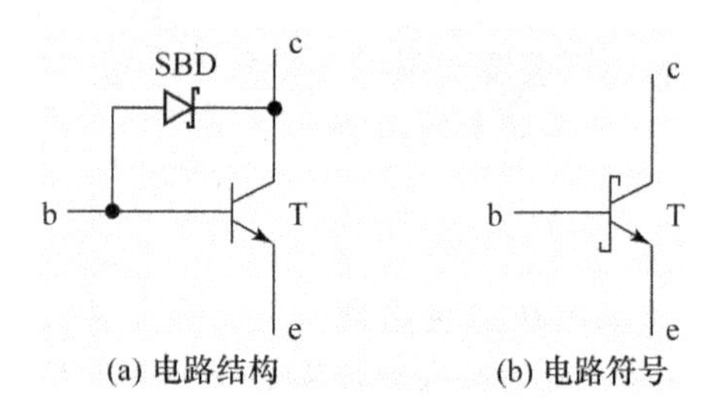

图 7.15 抗饱和三极管

由于 SBD 的正向导通压降较低,约 0.4 V 左右,当三极管集电结正偏时,SBD 首先导通,并将三极管的集电结电压钳位在 0.4 V,使三极管的 c-e 间电压保持在 0.3 V,有效地避免了三极管进入深度饱和状态,起到抗饱和效果。

图 7.16 所示为 74S 系列与非门的典型电路。电路中除 T_4 外都采用了抗饱和三极管,T_4 不采用抗饱和三极管的原因是集电结不会正偏。

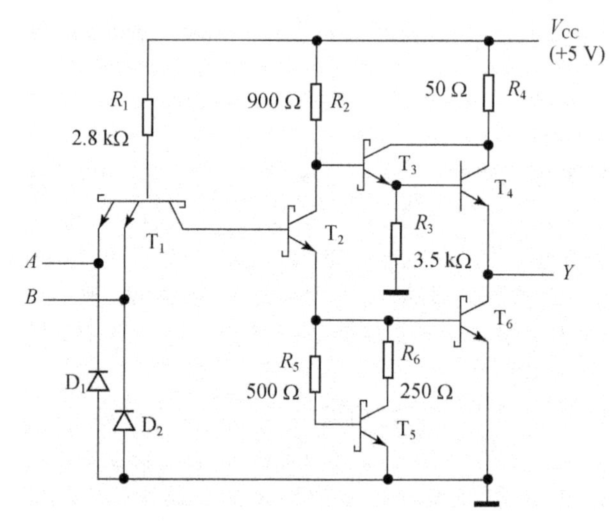

图 7.16 抗饱和 TTL 与非门电路

比较图7.16和图7.7所示电路，除了电阻值有所减小外，还采取了两项措施来改进与非门的性能。

首先是用T_3，T_4，R_3组成的复合管代替图7.7中的T_4和D_3。由于复合管的电流增益很大，输出电阻将减小，有利于缩短延迟时间。

其次是用T_5，R_5，R_6组成的有源电路代替图7.7中的R_3。一方面可以加快T_6的开关速度，另一方面可以改善门的电压传输特性。如图7.17所示，与TTL与非门相比，由于T_5的存在，T_2，T_6几乎同时导通，传输特性曲线中的线性区不存在了，曲线的转折部分非常陡峭。

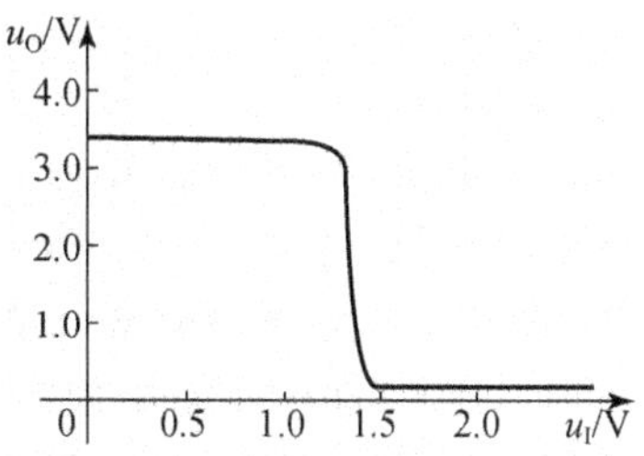

图7.17　抗饱和TTL与非门的电压传输特性

7.3.4　集电极开路与非门和三态输出与非门

1. 集电极开路与非门

集电极开路(open collector)与非门简称OC门，电路如图7.18(a)所示，图7.18(b)是它的符号。OC门的特点是工作时需要外接电阻和电源，好处是可以将多个OC门的输出端直接用导线连在一起，实现"线与"功能，如图7.18(c)所示。而普通的TTL与非门是不能将输出端直接相连的，因为若输出分别为高电平和低电平的两个门输出端接在一起，输出低电平的与非门相当于将输出高电平的与非门短路，会在两个与非门的输出回路中产生一个很大的电流，引起输出端的逻辑错误，甚至会损坏门电路。

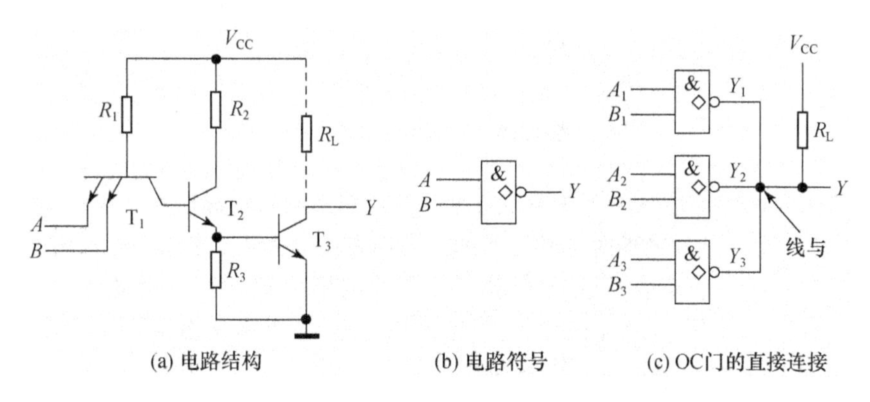

图7.18　集电极开路与非门

在连接OC门实现线与时，要求选择适当的负载电阻值和电源电压，既能够保证输出的高、低电平符合要求，又避免输出端三极管的负载电流过大。此时

$$Y=Y_1 \cdot Y_2 \cdot Y_3=\overline{A_1B_1} \cdot \overline{A_2B_2} \cdot \overline{A_3B_3}$$

2. 三态输出与非门

三态输出与非门又称 TSL(tristate logic)门。正常情况下,普通的 TTL 门电路的输出端只有两个状态,即输出高电平状态和输出低电平状态,这两种状态的输出电阻都较小。而三态门除了有这两种状态外,还能实现第三种状态,称为高阻态,或禁止态,这时输出相当于开路。

TSL 门的电路结构如图 7.19(a)所示,图 7.19(b)为它的符号。图中 C 为控制信号输入端,A,B 为数据输入端。

当 C 接高电平时,T_1 中相应的发射结截止,二极管 D_1 截止,与 C 相连的两条通路都相当于断开,三态与非门的工作状态与普通与非门相同,完全取决于输入信号 A 和 B,即 $Y=\overline{AB}$。这种状态称为 TSL 门的使能态。

当 C 接低电平时,T_1 深度饱和,T_2,T_3 截止。另一方面二极管 D_1 导通,T_2 的集电极电压不足以使 T_4 和 D_2 导通,故 T_4,D_2 截止。因而从输出端看进去,电路相当于开路,处于高阻状态,这就是三态与非门的第三种状态。

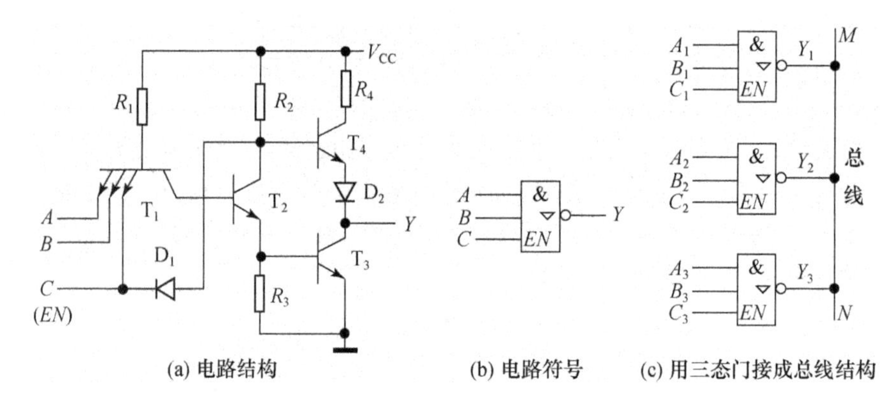

图 7.19 三态输出与非门

因为电路在 C 接高电平时正常工作,所以称为控制端高电平有效。除此之外,还有一种 C 接低电平时正常工作的三态与非门,称为控制端低电平有效。

三态门的一个重要用途是将多个三态门的输出端接在一根总线上,如图 7.19(c)所示,只要将各个门的控制端轮流接高电平,就能将各个门的输出数据依次送到总线上,实现分时传递数据的功能。

除了与非门电路,TTL 逻辑门电路还有非门、或非门、异或门等等许多类型,限于篇幅,它们的电路结构和工作原理就不一一介绍了。

7.4　MOS集成门电路

TTL集成门电路由三极管构成，由于三极管存在静态功耗，故功耗比较大是TTL电路最大的缺点，使它无法进行大规模集成。而MOS集成门电路由MOS管构成，MOS集成门电路的突出特点是功耗很小，尤其是CMOS门电路，非常适合大规模集成。另外，还有抗干扰能力强、工作电压范围宽、工艺简单等诸多优点。随着制造工艺的不断改进，MOS集成门电路已经取代TTL电路成为逻辑器件的主流产品。

按采用器件结构不同，MOS集成门电路可分为NMOS，PMOS和CMOS三种。NMOS和PMOS分别由N沟道MOS管和P沟道MOS管构成，而CMOS是由PMOS管和NMOS管构成的互补型电路。目前MOS门电路采用的几乎都是CMOS工艺，故我们只介绍CMOS集成门电路。

7.4.1　CMOS非门

1. 电路结构和工作原理

CMOS非门的电路结构如图7.20(a)所示。图中T_N为N沟道增强型MOSFET，T_P为P沟道增强型MOSFET。两个MOS的栅极连在一起作为输入端，漏极连在一起作为输出端。

如果T_N和T_P的开启电压分别为$U_{GSN(th)}$和$U_{GSP(th)}$，为了使电路能正常工作，要求电源电压$V_{DD}>U_{GSN(th)}+|U_{GSP(th)}|$。

当输入u_I为低电平(0 V)时，T_N截止，T_P导通，输出为高电平，$u_O=U_{OH}\approx V_{DD}$。

当输入u_I为高电平(V_{DD})时，T_N导通，T_P截止，输出为低电平，$u_O=U_{OL}\approx 0$。

可见，CMOS非门的输出和输入为非逻辑关系，而且正常工作时两个管子总是处在一个导通，另一个截止的工作状态，这两个管子是互补的。管子在截止状态时，呈现出高阻，漏电流极小，在nA量级，所以CMOS管的静态功耗非常小。

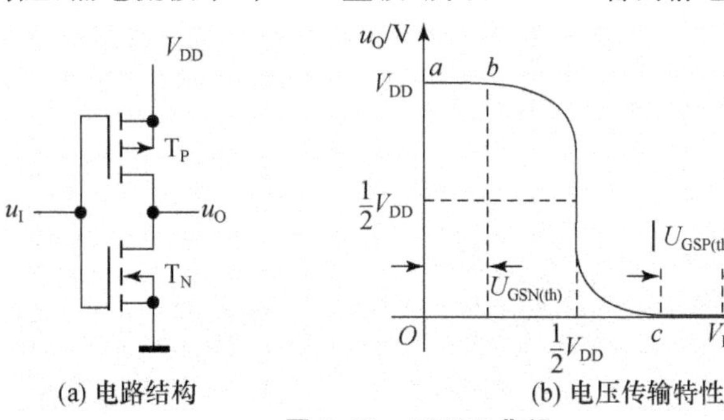

(a) 电路结构　　(b) 电压传输特性

图7.20　CMOS非门

2. 电压传输特性

CMOS 非门的电压传输特性如图 7.20(b)所示。在曲线的 ab 段,T_N 截止,T_P 导通,输出高电平;在曲线的 cd 段,T_N 导通,T_P 截止,输出低电平。而曲线的 bc 段,即 u_I 介于 $V_{GSN(th)}$ 和 $V_{DD}-|U_{GSP(th)}|$之间,此时,T_N,T_P 都导通,工作在可变电阻区,u_O 由两个管子的电阻分压比决定。如果 T_N 和 T_P 的参数完全对称(在集成电路中这很容易实现),则 $u_I=0.5V_{DD}$时 T_N 和 T_P 的导通电阻相等,此时 $u_O=0.5V_{DD}$。

CMOS 非门的特性曲线中的转折区十分陡峭,说明 CMOS 电路的噪声容限比较大,抗干扰能力较强。手册中的数据反映出 CMOS 电路的低电平噪声容限和高电平噪声容限均为电源电压的 30%左右。

7.4.2 其他 CMOS 门电路

1. CMOS 与非门

图 7.21 所示为二输入端 CMOS 与非门电路,包括两个串联的 N 沟道增强型 MOS 管和两个并联的 P 沟道增强型 MOS 管。每个输入端分别与一个 NMOS 和一个 PMOS 的栅极相连。

当输入端 A,B 至少有一个接低电平时,与低电平输入端相连的 NMOS 将截止,而相应的 PMOS 将导通,输出高电平。只有当输入端 A,B 都接高电平时,串联在一起的 NMOS 才会一起导通,而两个 PMOS 将均截止,输出低电平。

可见,电路实现的逻辑功能是与非逻辑,即 $Y=\overline{AB}$。

2. CMOS 或非门

图 7.22 所示为二输入端 CMOS 或非门电路,包括两个并联的 N 沟道增强型 MOS 管和两个串联的 P 沟道增强型 MOS 管。每个输入端分别与一个 NMOS 和一个 PMOS 的栅极相连。

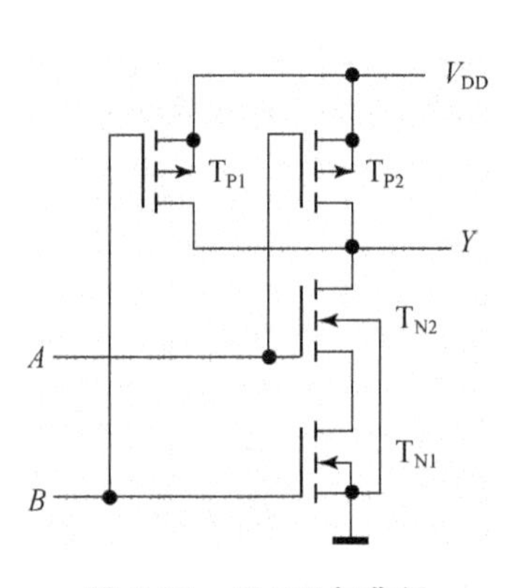

图 7.21 CMOS 与非门

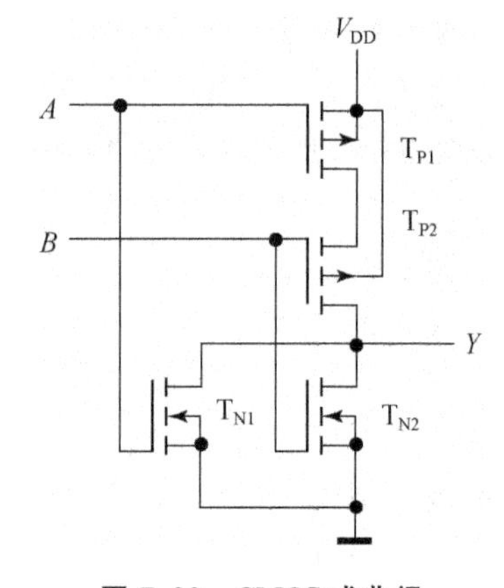

图 7.22 CMOS 或非门

当输入端 A,B 至少有一个接高电平时,与高电平输入端相连的 PMOS 将截止,而相应的 NMOS 将导通,输出低电平。只有当输入端 A,B 都接低电平时,串联在一起的 PMOS 才会一起导通,而两个 NMOS 将均截止,输出高电平。

可见,电路实现的逻辑功能是或非逻辑,即 $Y=\overline{A+B}$。

至于其他的 CMOS 门电路,不再进行讨论,可以查找相关资料。

7.4.3　CMOS 门电路与 TTL 门电路的连接

在 TTL 门电路与 CMOS 门电路并存的电路中,常会遇到两种器件相互连接的问题。这两类器件在连接时,将前级称为驱动门,后级称为负载门。为保证电路的逻辑关系正常,连接的原则是:驱动门要给负载门提供合乎要求的高、低电平和足够的驱动电流。

为了便于比较,表 7.9 列出了常见的 TTL 和 CMOS 系列门电路在电源电压为 5 V 时的输出电压和输入电压的相关参数。

表 7.9　TTL 与 CMOS 系列门电路的输出、输入电压

门电路系列 / 参数名称	TTL 74 系列	TTL 74S 系列	TTL 74LS 系列	CMOS 4000 系列	高速 CMOS 74HC 系列	高速 CMOS 74HCT 系列
U_{OHmin}/V	2.4	2.7	2.7	4.95	3.7	3.7
U_{OLmax}/V	0.4	0.5	0.5	0.05	0.33	0.33
U_{IHmin}/V	2	2	2	3.5	3.15	2
U_{ILmax}/V	0.8	0.8	0.8	1.5	1.35	0.8

1. 用 CMOS 门电路驱动 TTL 门电路

从表 7.9 给出的参数可知,CMOS 门电路的输出高、低电平符合 TTL 门电路的要求,可以直接与 TTL 负载门相连。

需要指出的是,当用 4000 系列 CMOS 门电路驱动 TTL 门电路时,由于输出电流较小,不满足 TTL 门电路对驱动电流的要求。解决的办法可以是用多个同一类型的门电路并联起来(相应的输入端分别并接在一起,输出端也并接在一起),共同来驱动 TTL 门电路。也可以在 CMOS 门电路的输出端和 TTL 门电路的输入端之间加一级电流放大器来扩展电流。

2. 用 TTL 门电路驱动 CMOS 门电路

TTL 门电路的输出低电平是满足 CMOS 门电路的输入低电平要求的,但输出高电平则小于 CMOS 门电路输入高电平的要求。用 TTL 门电路驱动 CMOS 门电路时必须使用电平移动电路将 TTL 门电路的输出电压抬高以保证逻辑关系的正确。

最简单的电平移动电路是将 TTL 门电路的输出端通过一个电阻接到 CMOS 门电路的电源 V_{DD}上,这个电阻称为上拉电阻,如图 7.23 所示。当 TTL 与非门输出高电平时,输出级的 T_3 管和 T_4 管同时截止,此时

$$U_{OH}=V_{DD}-R_X(I_{OH}+I_{IH})$$

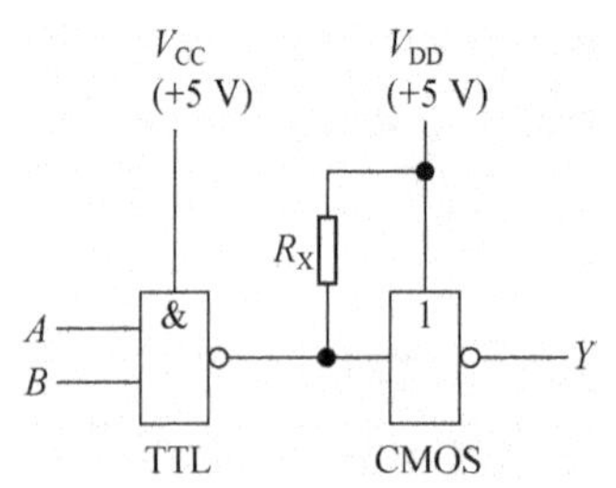

图 7.23 用上拉电阻抬高输出高电平

式中 I_{OH}为 T_3 管的漏电流,I_{IH}为 CMOS 电路的输入电流,这两个电流都很小,只要 R_X 的阻值不太大,就能将输出高电平抬高到 $U_{OH}\approx V_{DD}$,R_X 一般取 kΩ 量级。

在门电路的应用中,有时还需要处理多余的输入端,为了防止外界干扰影响输出电平,多余的输入端一般不要悬空,而是将与门的多余输入端接高电平,或门的多余输入端接低电平。接高、低电平的方法可以是直接接电源或地;也可以串一个电阻再连电源或地,对于 TTL 门电路,串电阻接地时要考虑输入端负载特性。如果驱动电流足够大,多余的输入端也可以和其他输入端并联起来使用。

7.5 逻辑函数及其表示方法

7.5.1 逻辑函数

在前面对逻辑门电路的讨论中,输入信号和输出信号通常只有两种状态,即高电平和低电平。在正逻辑体系中,高电平对应逻辑 1,低电平对应逻辑 0。如果用逻辑 1 和逻辑 0 来描述高、低电平,逻辑门电路的输入、输出信号就可以抽象为二值逻辑变量。输入信号称为输入逻辑变量,输出信号称为输出逻辑变量。

二值逻辑是只有两种取值的逻辑,代表某一事物的相互对立的逻辑状态,如好和坏、有和无、开和关等等。二值逻辑变量可以用常量表示,也可以用某一字母如 A 和$\overline{A}$(读作 A 非)来表示。

输入逻辑变量和输出逻辑变量之间的关系是一种因果关系,当输入变量的取值确定之后,输出变量的取值也就被唯一地确定下来。它们之间的规律可以用函数来表示,称为逻辑函数,记作 $Y=F(A,B,\cdots)$。其中 $A,B,\cdots$为输入逻辑变量,Y 是输出逻辑变量,F 是逻辑函数。

在数字电路中,无论电路有多复杂,输入信号和输出信号之间的关系都可以用一个逻辑函数来描述。

7.5.2 逻辑函数的表示方法

常用的逻辑函数表示方法有真值表、逻辑函数表达式、逻辑图、波形图和卡

诺图等。以下用一个简单实例来介绍前四种表示方法，卡诺图表示法将在逻辑函数化简时介绍。

例7-6　有一个奇偶校验电路，当3个输入变量中有奇数个1时输出为1，否则输出为0。试用逻辑函数来描述这种逻辑关系。

1. 真值表

例7-6中已知有3个输入逻辑变量，分别用A,B,C表示，还有一个输出逻辑变量，用Y表示。真值表就是穷举出输入变量的所有不同组合，根据逻辑关系找出对应的输出变量的值，并将所有结果制成表格得到的。逻辑函数的真值表是唯一的。符合例7-6要求的真值表如表7.10所示。

表7.10　例7-6的真值表

输入变量			输出变量
A	B	C	Y
0	0	0	0
0	0	1	1
0	1	0	1
0	1	1	0
1	0	0	1
1	0	1	0
1	1	0	0
1	1	1	1

2. 逻辑函数表达式

逻辑函数表达式是将输入变量与输出变量之间的逻辑关系写成与、或、非等逻辑运算的组合式。组合的方法不同，就可以得到不同的逻辑函数表达式，即逻辑函数表达式不是唯一的。

在例7-6中，找奇数个1的运算是一种“异或”运算，即两个逻辑变量同为1或0时，输出为0；一个为0另一个为1时输出为1。故逻辑函数表达式为

$$Y = A \oplus B \oplus C \tag{7.5}$$

式中“$\oplus$”为异或的逻辑运算符。

对于复杂的逻辑关系，逻辑函数表达式无法直接写出时，可以根据真值表来得到。在真值表中，输入变量的每一种取值组合可以用“与”逻辑关系来描述，表明输入变量的取值是同时出现的。写成表达式时，如果组合中输入变量的值等于1，就写成原变量形式，如果输入变量的值等于0，就写成反变量形式，例如，$A=0,B=1,C=0$的组合，可以写成表达式$\overline{A}B\,\overline{C}$(其中的与运算符“·”被省略了)。然后找出使输出变量为1的所有输入变量组合，将它们写成“或”运算形

式,表示只要其中的任一项为1,输出就为1。这样就得到了逻辑函数表达式,这种形式的表达式称为“与或标准型”表达式。

对应于表7.10,可以写出逻辑函数表达式为

$$Y=\overline{A}\,\overline{B}C+\overline{A}B\,\overline{C}+A\,\overline{B}\,\overline{C}+ABC \tag{7.6}$$

3. 逻辑图

将逻辑函数表达式中变量的逻辑关系用逻辑符号和连线表示出来,就得到了逻辑函数的逻辑图,也称为逻辑电路图。

例7-6中逻辑函数的逻辑图如图7.24所示,(a)是异或门符号,(b)是根据式(7.5)画出的逻辑图,(c)是根据式(7.6)画出的逻辑图。

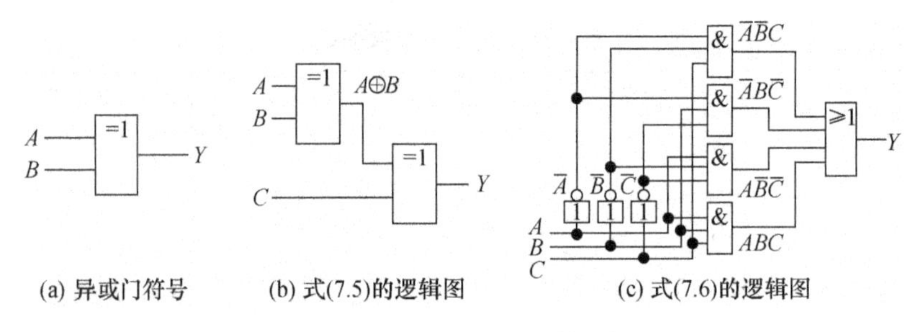

图7.24 例7-6逻辑函数的逻辑图

4. 波形图

将逻辑函数真值表的每一项用逻辑电平的形式按时间顺序依次排列起来,就得到了逻辑函数的波形图,也称为时序图,如图7.25所示。波形图在计算机仿真中经常使用。

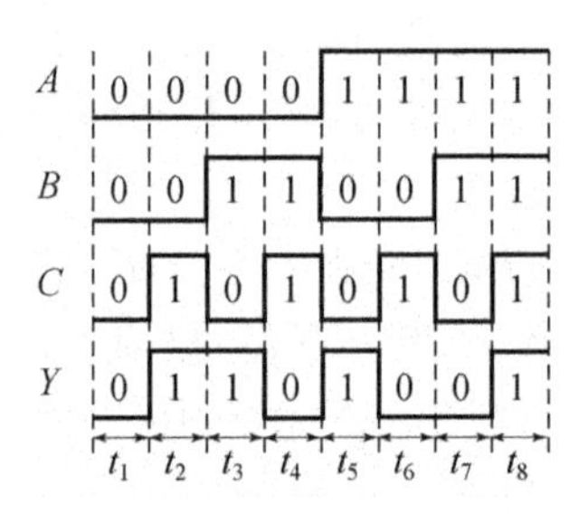

图7.25 例7-6逻辑函数的波形图

7.5.3 常见的逻辑运算

逻辑运算可以分成基本逻辑运算和复合逻辑运算。在以前的章节里已经介绍过一些逻辑运算,现总结如下。

1. 基本逻辑运算

基本逻辑运算有与、或、非三种，是构成复合逻辑运算的基础。

“与”运算可以用图7.26(a)所示电路来举例说明。在图中可以看出，只有开关A,B都闭合，灯Y才会亮。即只有决定事件结果的全部条件都具备时，结果才会发生，这种因果关系就是逻辑与，也称逻辑乘，表达式为$Y=AB$。

“或”运算可以用图7.26(b)所示电路来举例说明。在图中可以看出，只要开关A,B至少有一个闭合，灯Y就会亮。即在决定一个事件结果的诸条件中只要具备任何一个，结果就会发生，这种因果关系就是逻辑或，也称逻辑相加，表达式为$Y=A+B$。

“非”运算可以用图7.26(c)所示电路来举例说明。在图中，只要开关A闭合，灯Y不亮，A断开，灯Y亮。即条件具备，结果不会发生，而条件不具备时结果一定发生。这种因果关系就是逻辑非，也称逻辑求反，表达式为$Y=\overline{A}$。

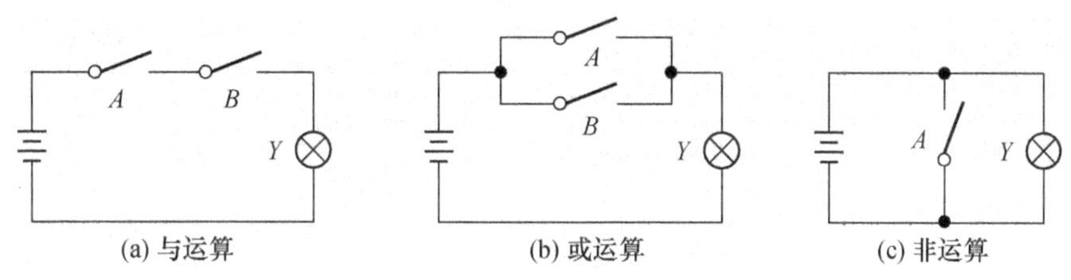

图7.26　与、或、非逻辑运算的实例电路

与、或、非运算的符号见图7.27，真值表分别如表7.11、表7.12、表7.13所示。

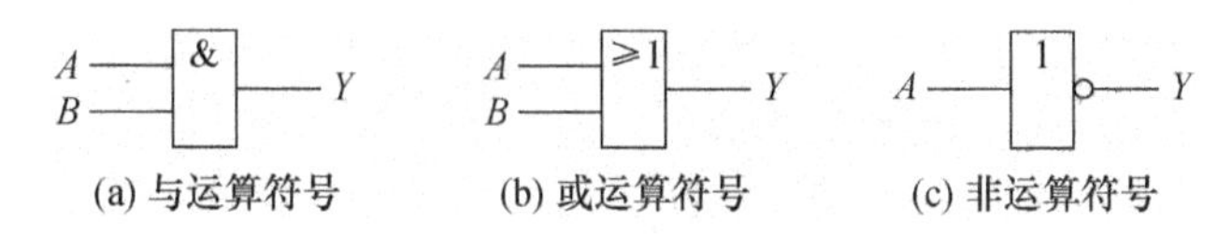

图7.27　与、或、非逻辑运算符号

表7.11　与运算真值表

A	B	Y
0	0	0
0	1	0
1	0	0
1	1	1

表7.12　或运算真值表

A	B	Y
0	0	0
0	1	1
1	0	1
1	1	1

表7.13　非运算真值表

A	Y
0	1
1	0

2. 复合逻辑运算

常见的复合逻辑运算有与非、或非、异或、同或等，是由基本逻辑运算组合而

成。如与非运算是将输入变量先进行与运算,再将所得结果求反得到的,即先与后非;或非运算则是先或后非。异或、同或运算比较复杂,异或运算是对输入变量求异,即两个输入变量取值相同时得 0,不同时得 1;而同或运算则是对输入变量求同,即两个输入变量取值相同时得 1,不同时得 0。可见异或运算和同或运算是互非的。

图 7.28 给出了这几种复合运算的符号,它们的真值表分别由表 7.14、表 7.15、表 7.16 和表 7.17 所示。

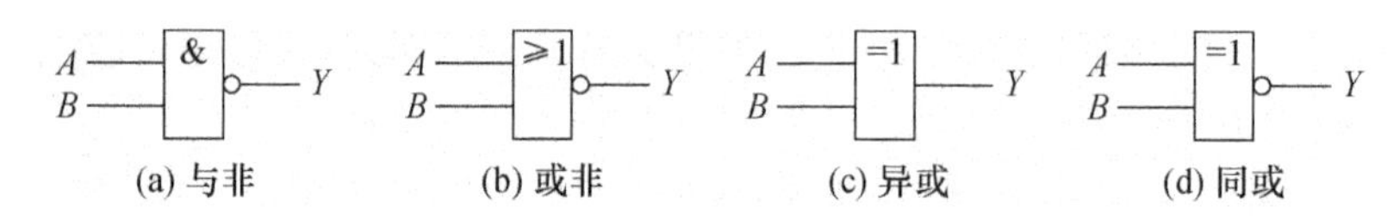

图 7.28 常见的复合逻辑运算符号

表 7.14 与非运算真值表

A	B	Y
0	0	1
0	1	1
1	0	1
1	1	0

表 7.15 或非运算真值表

A	B	Y
0	0	1
0	1	0
1	0	0
1	1	0

表 7.16 异或运算真值表

A	B	Y
0	0	0
0	1	1
1	0	1
1	1	0

表 7.17 同或运算真值表

A	B	Y
0	0	1
0	1	0
1	0	0
1	1	1

这几种复合逻辑运算的表达式分别是

与非运算:$Y=\overline{AB}$

或非运算:$Y=\overline{A+B}$

异或运算:$Y=A\oplus B=\overline{A}B+A\overline{B}$

同或运算:$Y=A\odot B=\overline{A}\,\overline{B}+AB$

7.6 逻辑函数的化简法

根据逻辑函数表达式或逻辑图,可以选择相应的门电路构成逻辑电路。然而逻辑函数表示不是唯一的,如果能找到其中最简单的表达式并构成电路,可以节省器件、降低成本,提高电路的可靠性。要找到这个最简表达式,就必须对逻辑函数进行化简。所使用的工具是逻辑代数。

7.6.1 逻辑代数的公式和规则

1. 逻辑函数相等的条件

判断两个逻辑函数相等的条件和方法是:如果两个逻辑函数的真值表相

同，则这两个逻辑函数相等。逻辑代数相关公式就是依此条件来证明的。

例7-7　用真值表证明$\overline{A+B}=\overline{A}\cdot\overline{B}$和$\overline{A\cdot B}=\overline{A}+\overline{B}$。

证明：列出相关函数的真值表，如表7.18所示。

表7.18　例7-7中函数的真值表

A	B	$\overline{A+B}$	$\overline{A}\cdot\overline{B}$	$\overline{A\cdot B}$	$\overline{A}+\overline{B}$
0	0	1	1	1	1
0	1	0	0	1	1
1	0	0	0	1	1
1	1	0	0	0	0

由表7.18可知，$\overline{A+B}=\overline{A}\cdot\overline{B}$、$\overline{A\cdot B}=\overline{A}+\overline{B}$。

2. 基本定律

逻辑代数有以下一些基本公式，它们可以看作是不用证明的定律。

公式1　0-1律

$$A\cdot 0=0\qquad A+1=1$$

公式2　还原律

$$\overline{\overline{A}}=A$$

公式3　重迭律

$$A\cdot A=A\qquad A+A=A$$

公式4　互补律

$$A\cdot\overline{A}=0\qquad A+\overline{A}=1$$

公式5　交换律

$$A\cdot B=B\cdot A\qquad A+B=B+A$$

公式6　结合律

$$A\cdot(B\cdot C)=(A\cdot B)\cdot C\quad A+(B+C)=(A+B)+C$$

公式7　分配律

$$A\cdot(B+C)=A\cdot B+A\cdot C\quad A+B\cdot C=(A+B)\cdot(A+C)$$

公式8　反演律(也称摩根定理)

$$\overline{A\cdot B}=\overline{A}+\overline{B}\qquad \overline{A+B}=\overline{A}\cdot\overline{B}$$

3. 常用公式

利用前面介绍的基本公式，可以得到如下公式。

公式1　$A+A\cdot B=A$

证明：　$A+A\cdot B=A(1+B)$　　　分配律

$=A\cdot 1=A$　　　0-1律

公式2　$A\cdot B+A\cdot\overline{B}=A$

证明：$A\cdot B+A\cdot\overline{B}=A\cdot(B+\overline{B})$　　分配律

$=A\cdot 1=A$　　互补律

公式 3　$A+\overline{A}\cdot B=A+B$

证明：$A+\overline{A}\cdot B=(A+\overline{A})\cdot(A+B)$　　分配律

$=A+B$　　互补律

公式 4　$A\cdot B+\overline{A}\cdot C+B\cdot C=A\cdot B+\overline{A}\cdot C$

证明：

$A\cdot B+\overline{A}\cdot C+B\cdot C=A\cdot B+\overline{A}\cdot C+B\cdot C\cdot(A+\overline{A})$　　互补律

$=\underline{A\cdot B}+\underline{\underline{\overline{A}\cdot C}}+\underline{A\cdot B\cdot C}+\underline{\underline{\overline{A}\cdot B\cdot C}}$　　分配律

$=A\cdot B\cdot(1+C)+\overline{A}\cdot C\cdot(1+B)$　　分配律

$=A\cdot B+\overline{A}\cdot C$　　0-1 律

公式 4 还可以推广，$A\cdot B+\overline{A}\cdot C+B\cdot C\cdot D\cdot\ldots=A\cdot B+\overline{A}\cdot C$，证明从略。

4. 逻辑代数的基本规则

(1) 代入规则。在任何一个含有变量 A 的逻辑等式中，在 A 出现的所有位置都代之以同一个逻辑函数，则等式仍然成立，这个规则称为代入规则。

代入规则可以将逻辑代数公式的应用范围大大扩展。如在公式$\overline{A\cdot B}=\overline{A}+\overline{B}$中，将所有的 B 用逻辑函数 $C\cdot D$ 代替，等式仍成立，即$\overline{A\cdot(C\cdot D)}=\overline{A}+\overline{(C\cdot D)}=\overline{A}+\overline{C}+\overline{D}$。这样就将二变量的摩根定理扩展为三变量的摩根定理。

(2) 反演规则。对应任一逻辑表达式 Y，若将其中所有的“+”换成“·”，“·”换成“+”，1 换成 0，0 换成 1，原变量换成反变量，反变量换成原变量，得到的函数表达式就是该函数的反函数$\overline{Y}$。这就是反演规则。利用反演规则可以很容易求出一个函数的反函数。

在使用反演规则时，需注意以下两点：

① 替换时需遵守先括号、然后与、最后或的运算顺序；

② 不是单个变量上的非号应保持不变。

例 7-8　用反演规则写出 $Y=\overline{A}B+A\overline{B}$的反函数。

解　依据反演规则，$\overline{Y}=(A+\overline{B})(\overline{A}+B)=AB+\overline{A}\,\overline{B}$

例 7-9　已知函数 $Y=\overline{\overline{A+BC}+D}$，求$\overline{Y}$。

解　依据反演规则，$\overline{Y}=\overline{A(\overline{B}+\overline{C})}\,\overline{D}$

(3) 对偶规则。如果两个逻辑函数式相等，则它们的对偶式也相等，这个规则称为对偶规则。

求对偶式的方法是：将逻辑函数 Y 中所有的“+”换成“·”，“·”换成“+”，1 换成 0，0 换成 1，而变量保持不变，就得到了该函数的对偶函数 Y'。变化时仍要需遵守先括号、然后与、最后或的顺序。

对偶规则指出，如果能证明两个函数式的对偶式相等，那么就可以证明这两个函数式相等。例如已知$\overline{A \cdot B}=\overline{A}+\overline{B}$，由于$\overline{A \cdot B}$的对偶式是$\overline{A+B}$，而$\overline{A}+\overline{B}$的对偶式是$\overline{A} \cdot \overline{B}$，即可知$\overline{A+B}=\overline{A} \cdot \overline{B}$，在基本公式中成对出现的公式都是互为对偶式的。

7.6.2　逻辑函数的代数化简法

逻辑函数化简的目的就是要找出逻辑函数的最简形式。逻辑函数的最简形式是不唯一的，它有多种类型，如与-或表达式、或-与表达式、与非-与非表达式、或非-或非表达式和与-或-非表达式。例如

$$
\begin{aligned}
Y &= \overline{A}B + AC && \text{与-或表达式} \\
&= (\overline{A} + C)(A + B) && \text{或-与表达式} \\
&= \overline{\overline{\overline{A}B}\;\overline{AC}} && \text{与非-与非表达式} \\
&= \overline{\overline{\overline{A} + C} + \overline{A + B}} && \text{或非-或非表达式} \\
&= \overline{A\overline{C} + \overline{A}\,\overline{B}} && \text{与-或-非表达式}
\end{aligned}
$$

在这些类型中与-或表达式更为常用些，所以以下的讨论主要围绕与-或式的化简展开。最简的与-或式的要求是：乘积项最少、每个乘积项中所含变量的个数也最少。

公式法化简的方法是使用逻辑代数的基本公式和常用公式来消去逻辑函数表达式中多余的乘积项或乘积项中多余的因子，使其成为最简与-或式。

公式法化简没有固定的步骤，常使用的方法有：

(1) 并项法。利用公式 $A \cdot B + A \cdot \overline{B} = A$，可以将两项合并成一项，并消去一个因子。例如：

$$
\begin{aligned}
Y &= \overline{A}B\overline{C} + \overline{A}BC + AB\overline{C} + ABC \\
&= (\overline{A} + A)B\overline{C} + (\overline{A} + A)BC \\
&= (\overline{C} + C)B \\
&= B
\end{aligned}
$$

(2) 吸收法。利用公式 $A + AB = A$，可以消去 AB 项。例如：

$$
\begin{aligned}
Y &= AC + ACD\overline{E} + AC(B + \overline{\overline{D} + E}) \\
&= AC
\end{aligned}
$$

(3) 消去法。利用公式 $A + \overline{A}B = A + B$，可以消去多余的因子。例如：

$$
\begin{aligned}
Y &= AC + \overline{A}B + B\overline{C} \\
&= AC + (\overline{A} + \overline{C})B
\end{aligned}
$$

$$= AC + \overline{AC}B$$
$$= AC + B$$

(4) 配项法。利用公式 $A+A=A$,可以在式中重复写入某项,以获得更加简单的结果。例如:

$$\begin{aligned} Y &= ABC + \overline{A}BC + \overline{A}B\overline{C} \\ &= ABC + \overline{A}BC + \overline{A}B\overline{C} + \overline{A}BC \\ &= (A+\overline{A})BC + \overline{A}B(\overline{C}+C) \\ &= \overline{A}B + BC \end{aligned}$$

用公式法化简逻辑函数时,要灵活地综合使用上述技巧,才能得到最简的结果。

例 7-10 化简以下逻辑函数

$$Y_1 = AB + AD + AC\overline{D} + \overline{A}C + A\overline{B}DEF + \overline{B}EF$$
$$Y_2 = \overline{\overline{AB+C} + A(\overline{B}+\overline{C})}$$

解

$$\begin{aligned} Y_1 &= AB+AD+AC\overline{D}+\overline{A}C+\underline{A\overline{B}DEF}+\underline{\overline{B}EF} \\ &= AB+A(\underline{D+C\overline{D}})+\overline{A}C+\overline{B}EF && \text{(吸收法)} \\ &= AB+AD+AC+\overline{A}C+\overline{B}EF && \text{(消去法)} \\ &= AB+AD+C+\overline{B}EF && \text{(并项法)} \end{aligned}$$

$$\begin{aligned} Y_2 &= \overline{\overline{AB+C}+A(\overline{B}+\overline{C})} \\ &= (AB+C)\overline{A(\overline{B}+\overline{C})} && \text{(反演律)} \\ &= (AB+C)(\overline{A}+\overline{\overline{B}+\overline{C}}) && \text{(反演律)} \\ &= (AB+C)(\overline{A}+BC) && \text{(反演律)} \\ &= \overline{A}C+ABC+BC && \text{(结合律)} \\ &= \overline{A}C+BC && \text{(吸收法)} \end{aligned}$$

7.6.3 逻辑函数的卡诺图化简法

公式法化简需要熟练掌握逻辑代数的公式,还要求一定的技巧,而且结果还无法判断是否最简。故在逻辑变量不超过 4 个的情况下,常用卡诺图化简法。卡诺图是 20 世纪 50 年代美国工程师 M. Karnaugh 提出的,是逻辑函数的图形表示方法。卡诺图化简法具有直观、简便的优点,而且有规律可循。

1. *逻辑函数的最小项表达式*

卡诺图的画法是建立在逻辑函数的最小项表达式上的,所谓最小项,就是标准的乘积项。n 个变量 $A_1, A_2, \cdots, A_n$ 的最小项是 n 个因子的乘积项,每个变量都以它的原变量或者反变量的形式在乘积项中出现,且仅出现一次。

由最小项的概念可知,n 个变量一共有 2^n 个最小项,例如 3 个逻辑变量 A、

B、C的最小项有8个，分别是$\overline{A}\,\overline{B}\,\overline{C}$，$\overline{A}\,\overline{B}\,C$，$\overline{A}B\overline{C}$，$\overline{A}BC$、$A\,\overline{B}\,\overline{C}$，$A\overline{B}C$，$AB\overline{C}$，$ABC$，如表7.19所示。

表7.19　三变量最小项表

输入变量			对应的十进制数 K	最小项	最小项代表符号 m_K
A	B	C			
0	0	0	0	$\overline{A}\,\overline{B}\,\overline{C}$	m_0
0	0	1	1	$\overline{A}\,\overline{B}C$	m_1
0	1	0	2	$\overline{A}B\,\overline{C}$	m_2
0	1	1	3	$\overline{A}BC$	m_3
1	0	0	4	$A\,\overline{B}\,\overline{C}$	m_4
1	0	1	5	$A\,\overline{B}C$	m_5
1	1	0	6	$AB\,\overline{C}$	m_6
1	1	1	7	ABC	m_7

从表7.19可以看出，最小项有如下性质：

(1) 对于任意一个最小项，只有一组输入变量的取值可以使其为1，而输入变量取其他值时，这个最小项的值都是0；

(2) 任意两个不同最小项之积等于0；

(3) 所有最小项之和等于1。

为了方便书写，常对最小项进行编号，并用代表符号来表示。编号的方法是：在最小项中，用1代替原变量，用0代替反变量，将变量组合看成一个二进制数，与其对应的十进制数就是该最小项的编号，如表7.19所示。

利用逻辑代数的基本公式，可以把任意一个逻辑函数化成若干个最小项之和的形式，称为最小项表达式。一个逻辑函数的最小项表达式是唯一的。

例如，要写出逻辑函数$Y(A,B,C)=A\overline{B}+BC$的最小项表达式，可利用$A+\overline{A}=1$，将每个乘积项都化成最小项。即

$$\begin{aligned}Y(A,B,C)&=A\,\overline{B}(C+\overline{C})+(A+\overline{A})BC=A\overline{B}C+A\,\overline{B}\,\overline{C}+ABC+\overline{A}BC\\&=m_3+m_4+m_5+m_7=\sum(3,4,5,7)\end{aligned}\tag{7.7}$$

根据真值表也可以得到逻辑函数的最小项表达式，在7.5.2节中根据真值表得到逻辑函数表达式的与-或标准式，就是最小项表达式。

2. 逻辑函数的卡诺图表示法

要将逻辑函数表示成卡诺图形式，就要先画出卡诺图。一个n变量逻辑函数的卡诺图是由2^n个小方格组成，每个小方格代表一个最小项，这些小方格按规律排列，使几何位置相邻的两个最小项只有一位变量互为反变量，是互补的，而其他变量都相同。因此，相邻的两个最小项可以合并以消去那个互补的变量，

从而使函数表达式简化。

图 7.29(a),(b)分别给出了三变量和四变量卡诺图的画法,从图中可以看出,卡诺图边框外标注的变量取值是按照循环码编码的,这样就保证了相邻的方格只有一位变量不同。图中每个方格对应的最小项用最小项代表符号标出。需要注意的是,卡诺图中每行和每列的两端也是相邻的,它们也只有一个变量不同。

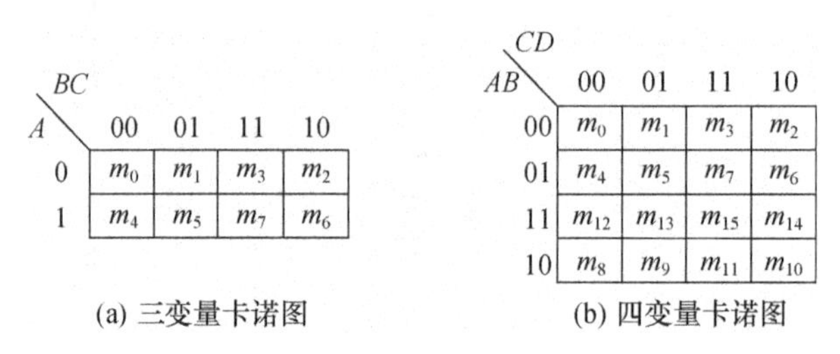

图 7.29　卡诺图画法

将逻辑函数化成最小项表达式,将表达式中出现的最小项按照编号在对应的卡诺图方格中填入 1,其余的方格填入 0,就得到了逻辑函数的卡诺图形式。例如式(7.7)的卡诺图表示形式如图 7.30 所示。

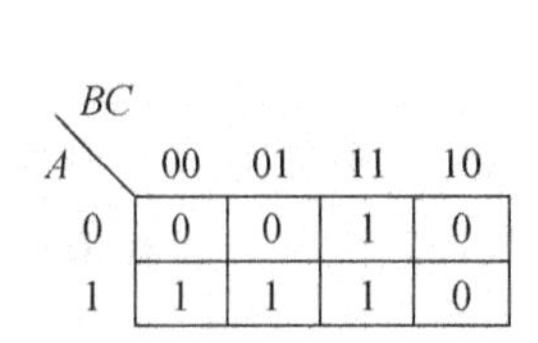

图 7.30　式(7.7)的卡诺图表示法

AB \ CD	00	01	11	10
00	0	0	0	0
01	0	0	0	0
11	1	1	1	1
10	0	0	0	1

图 7.31　例 7-11 的卡诺图表示法

例 7-11　用卡诺图表示逻辑函数 $Y=AB+AC\overline{D}$。

解

$$\begin{aligned}Y(A,B,C,D)&=AB(\overline{C}\,\overline{D}+\overline{C}D+C\overline{D}+CD)+A(B+\overline{B})C\overline{D}\\&=m_{10}+m_{12}+m_{13}+m_{14}+m_{15}=\sum(10,12,13,14,15)\end{aligned}$$

Y 的卡诺图如图 7.31 所示。

3. 用卡诺图化简逻辑函数

由于卡诺图中任意两个相邻项仅有一个变量互反,那么合并两个最小项为 1 的相邻方格可以消去一个因子,例如合并图 7.31 中卡诺图的 m_{10} 和 m_{14},所得结果为

$$A\overline{B}C\overline{D}+ABC\overline{D}=AC\overline{D}(\overline{B}+B)=AC\overline{D}$$

结果中消去了因子 B。而合并四个最小项为 1 的相邻方格可以消去两个因子,例如合并图 7.31 中卡诺图的 m_{12},m_{13},m_{14} 和 m_{15},所得结果为

$$AB\,\overline{C}\,\overline{D}+ABC\,\overline{D}+AB\,\overline{C}D+ABCD=AB\,\overline{C}(D+\overline{D})+ABC(D+\overline{D})$$
$$=AB\,\overline{C}+ABC=AB$$

结果中消去了因子 C 和 D。这就是卡诺图化简的依据和方法。

用卡诺图化简逻辑函数的步骤如下：

(1) 将函数化为最小项表达式。

(2) 画出表示该函数的卡诺图。

(3) 合并最小项，将相邻的 2^k($k=0,1,2,3$)个为 1 的最小项圈起来，每个圈合并为一个乘积项。

圈最小项时应遵循两个原则，即圈最大原则和圈最少原则。

圈最大原则：使圈内包含的为 1 的最小项尽可能多，圈越大，消去的变量就越多，得到的乘积项就越简单。画圈时注意处于边、角位置的最小项，且每个为 1 的方格可以重复使用。

圈最少原则：在覆盖所有为 1 最小项的前提下，尽量使圈的数目最少，也就是使乘积项的数目越少越好。

(4) 写出合并后的最简与-或式。

例 7-12　用卡诺图化简逻辑函数 $Y(A,B,C,D)=\sum(0,2,4,5,6,7,8,10,14,15)$。

解　画出函数 Y 的卡诺图，如图 7.32 所示。

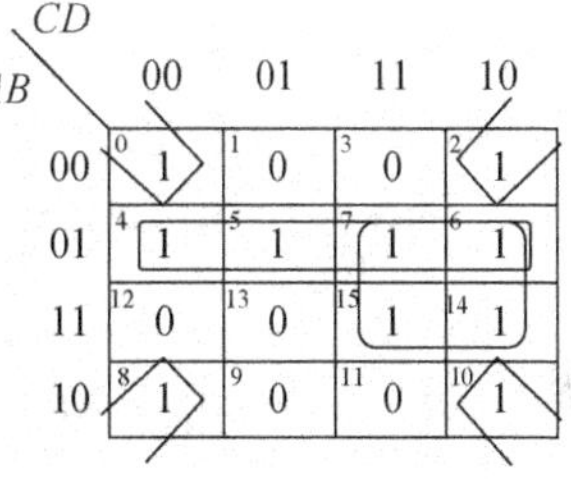

图 7.32　例 7-12 的卡诺图

图中最大的圈是含 4 个最小项的，可以圈出 3 个，分别是 m_0,m_2,m_8,m_{10}；m_4,m_5,m_6,m_7 和 m_6,m_7,m_{14},m_{15}。

图中还有两个含有 4 个最小项的圈，分别是 m_2,m_6,m_{10},m_{14}；m_0,m_2,m_4,m_6。但这不符合圈最少原则，即这两个圈中的全部最小项都已经包含在画出的三个圈中。这也是用卡诺图化简时需要注意的地方，即新增的圈必须含有新的最小项。

合并最小项，可得化简结果，

$$Y(A,B,C,D)=\overline{A}B+\overline{B}\,\overline{D}+BC$$

在为 1 的方格数量较多时，也可以对为 0 的方格来化简，这样得到的结果是原函数的反函数，只要对结果取反就可得到原函数的最简或-与式。如在例 7-12 中，若对 0 化简，则可分为两组，即 m_1,m_3,m_9,m_{11}；m_{12},m_{13}。合并后可得 $\overline{Y}=\overline{B}D+AB\,\overline{C}$，则

$$Y=\overline{\overline{B}D+AB\,\overline{C}}=(B+\overline{D})(\overline{A}+\overline{B}+C)$$

例 7-13　用卡诺图化简逻辑函数 $Y=AB\,\overline{C}D+\overline{A}BCD+A\,\overline{B}+A\,\overline{D}$。

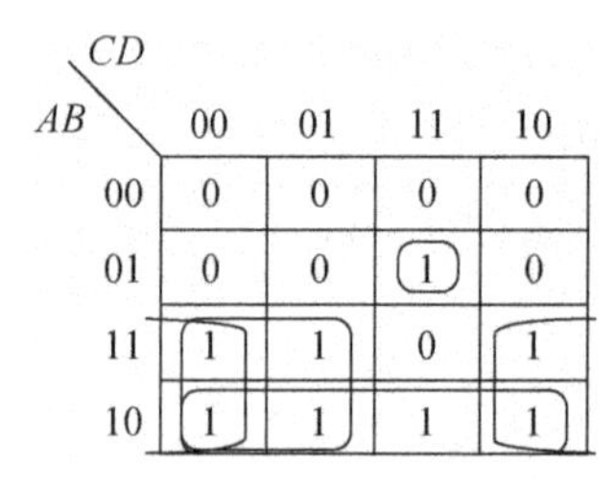

图 7.33 例 7-13 的卡诺图

解 对于已经写出与-或式的逻辑函数,可以不化成最小项表达式而直接填卡诺图。

先画出 4 变量的卡诺图,如图 7.33 所示。

Y 中的前两项是最小项,直接在相应的方格中填 1。对于 $A\overline{B}$ 项,只要找到 A 为 1、B 为 0 的四个方格并填入 1 即可,而 $A\overline{D}$ 项则找 A 为 1、D 为 0 的四个方格。

合并最小项,写出最简与-或表达式,即

$$Y=A\overline{B}+A\overline{D}+A\overline{C}+\overline{A}BCD$$

4. 具有无关项的逻辑函数的化简

在实际应用中,经常会遇到这样的情况,输入变量的某些取值组合是不关心的或者是被禁止的,这些最小项称为无关项或约束项。例如,在 8421 码的编码过程中,代表十进制数 10～15 的六种组合就不允许出现在输入变量中,它们就是无关项。

由于无关项是不会出现的,无关项对应的输出值是 1 还是 0 都对逻辑函数没有影响,所以在具有无关项的逻辑函数中,可以视情况让无关项为 1 或者 0,以期达到进一步简化逻辑函数的目的。

无关项在卡诺图中用"X"表示,如果对函数化简有益就把无关项看作 1,参与最小项的合并;如果对函数化简没有帮助就把无关项看作 0,不必处理。

例 7-14 用卡诺图化简逻辑函数 $Y(A,B,C,D)=\sum(2,3,4,6,8)$,且约束条件为 $AB+AC=0$。

解 由约束条件 $AB+AC=0$ 可知,$AB=0$、$AC=0$,即所有使 $AB=1$ 或 $AC=1$ 的最小项都是禁止出现的,也就是无关项。展开可得无关项为 $\sum_d(10,11,12,13,14,15)$。

画出卡诺图,如图 7.34 所示。

AB \ CD	00	01	11	10
00	0	0	1	1
01	1	0	0	1
11	X	X	X	X
10	1	0	X	X

图 7.34 例 7-14 的卡诺图

合并最小项,写出最简与-或式

$$Y=B\overline{D}+A\overline{D}+\overline{B}C$$

可见,合理选取无关项的取值,可以获得更简单的化简结果。

综合案例

案例 1 对于 TTL 电路来说,二输入的与非门、与门、或非门和或门等逻辑门电路中,以与非门的电路结构最简单,工作速度最快,所需的晶体管数量最少。另一方面,与非门可以用于实现任何逻辑函数,从而使逻辑电路中包含的集成电路芯片的种类最少，达到降低电路成本的目的。实际上，与非门的使用非常广泛，除了最常见的二输入、三输入和四输入与非门外，还有八输入和十三输入的与非门产品。

以下将讨论如何用与非门来实现其他逻辑功能。

(1) 用与非门实现非逻辑。

如图 Z7-1 所示，将与非门的两个输入端连接在一起，此时的与非门就构成一个反相器，实现“非”逻辑功能。类似的，无论与非门具有多少个输入端，只要将所有输入端连接在一起，其作用就是一个非门。

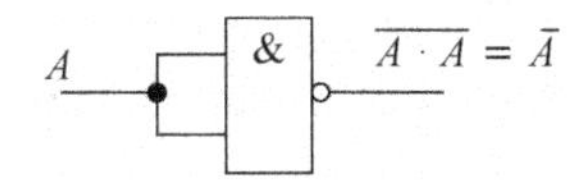

图 Z7-1　用与非门实现非逻辑

(2) 用与非门实现与门功能。

图 Z7-2 所示电路显示了如何用与非门实现与门功能的方法，其中第二个与非门完成的就是非门的功能，通过双重否定去掉与非门输出的非逻辑，实现的就是与门的功能。

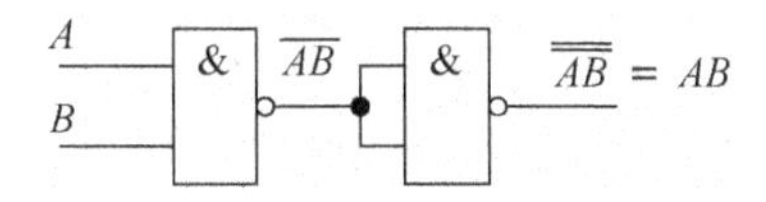

图 Z7-2　用与非门实现与门功能

(3) 用与非门实现或门、或非门功能。

或门和或非门的输出结果是互反的，只需在输出端接一个非门就能完成或门、或非门之间的相互转换。如图 Z7-3，图 Z7-4 所示的电路分别表示了与非门实现或门和或非门功能的方法，其中或非门电路就是通过在或门电路的输出端接一个由与非门构成的非门来实现的。

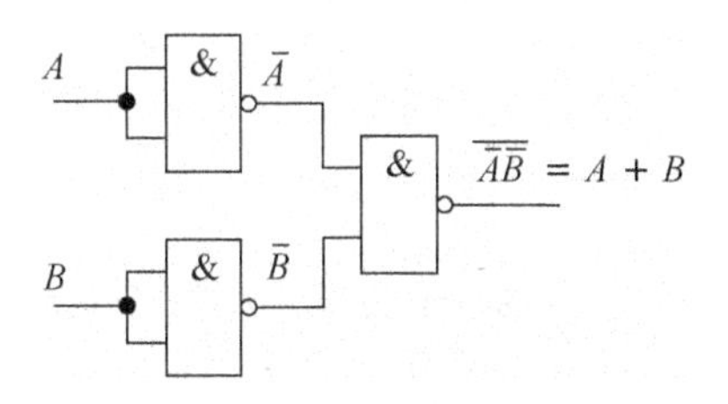

图 Z7-3　用与非门实现或门功能

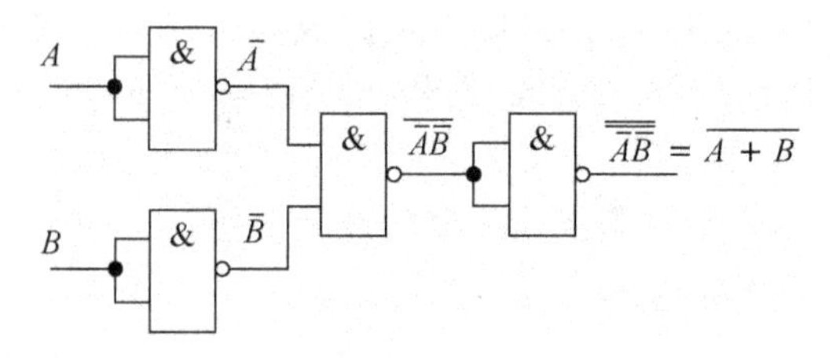

图 Z7-4 用与非门实现或非门功能

(4) 用与非门实现异或门、同或门功能。

异或逻辑和同或逻辑同样是一对互反的逻辑运算,也可以通过在输出端接非门实现相互转换,图 Z7-5 给出了用与非门实现异或逻辑的电路,实现同或逻辑的电路不再赘述。

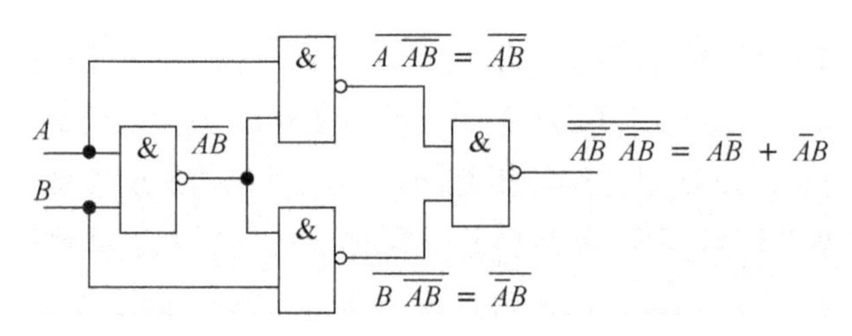

图 Z7-5 用与非门实现异或逻辑

通过以上的例子,我们不难发现,要用与非门实现其他逻辑功能,只需将该逻辑函数表达式转换为与非-与非表达式形式,并用与非门实现出来即可。事实上,对于任何逻辑函数,只要将其表达式转换为与非-与非表达式,都可以通过与非门实现。仍以异或门为例,异或逻辑函数的表达式为:

$$Y = A \oplus B = A\bar{B} + \bar{A}B = \overline{\overline{A\bar{B}}\;\overline{\bar{A}B}}$$

实现该与非-与非表达式的电路如图 Z7-6 所示。

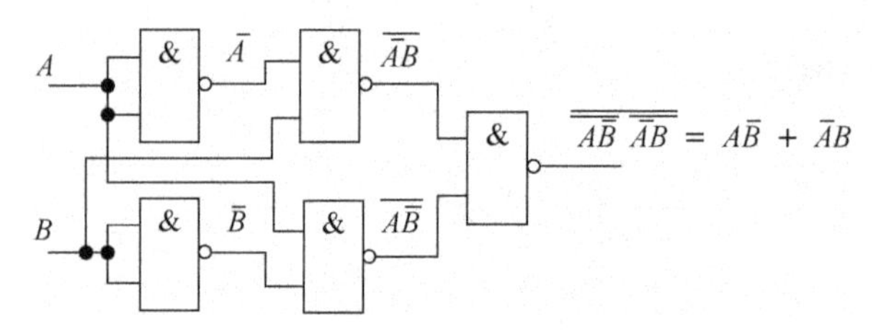

图 Z7-6 实现与非-与非表达式的异或逻辑

案例 2 卡诺图化简法是化简逻辑函数的一种非常简单有效的方法,尤其是包含无关项的逻辑函数，用卡诺图可以得到更为简单的与或表达式。然而，卡诺图化简具有一定的局限性，原因是卡诺图化简的基础是建立在相邻小格的逻辑相邻性上，对于三变量、四变量的卡诺图来说，具有逻辑相邻性的小格的排列位置都是相邻的（或者处于边、角处），化简时一目了然，而输入逻辑变量超过四个时，具有逻辑相邻性的小格会出现不相邻的情况，化简时不太容易被发现，导致化简的结果不是最简式。一般情况下，对于超过四个输入逻辑变量的函数都是通过卡诺图的计算机程序来化简的。

如图 Z7-7 所示为五变量的卡诺图，图中的第二列和第七列、第三列和第六列的对应小格都具有逻辑相邻性，但由于平面的局限使其不能靠在一起，化简时容易产生疏漏。

逻辑相邻

AB \ CDE	000	001	011	010	110	111	101	100
00	m_0	m_1	m_3	m_2	m_6	m_7	m_5	m_4
01	m_8	m_9	m_{11}	m_{10}	m_{14}	m_{15}	m_{13}	m_{12}
11	m_{24}	m_{25}	m_{27}	m_{26}	m_{30}	m_{31}	m_{29}	m_{28}
10	m_{16}	m_{17}	m_{19}	m_{18}	m_{22}	m_{23}	m_{21}	m_{20}

图 Z7-7　五变量（A、B、C、D、E）卡诺图

例：用卡诺图化简逻辑函数 $Y(A,B,C,D,E)=\sum(1,5,6,7,9,13,17,21,25,29)$

函数 Y 的卡诺图如图 Z7-8 所示，如果没有考虑到第二列和第七列小格的逻辑相邻性，得到的化简结果就会变成三项，即

$$Y=\overline{C}\,\overline{D}E+C\overline{D}E+\overline{A}\,\overline{B}CD$$

用代数法可以看出，该结果的前两项可以合并，说明卡诺图的化简结果不是最简，没有满足卡诺图化简要求的圈最大原则。

AB \ CDE	000	001	011	010	110	111	101	100
00	0	1	0	0	1	1	1	0
01	0	1	0	0	0	0	1	0
11	0	1	0	0	0	0	1	0
10	0	1	0	0	0	0	1	0

图 Z7-8　函数 Y 的卡诺图

为了便于找出具有逻辑相邻性的小格，可以将五变量的卡诺图分为两层表示，即将包含$\overline{A}$的最小项小格画在下面一层（对应最小项为 $m_0\sim m_{15}$），将包含 A 的最小项小格画在上面一层（对应最小项为 $m_{16}\sim m_{31}$）。采用这种方法得到的函数 Y 的卡诺图如图 Z7-9 所示，图中可以更直观地画出更大的圈，得到更简单的化简结果，即

$$Y=\overline{D}E+\overline{A}\,\overline{B}CD$$

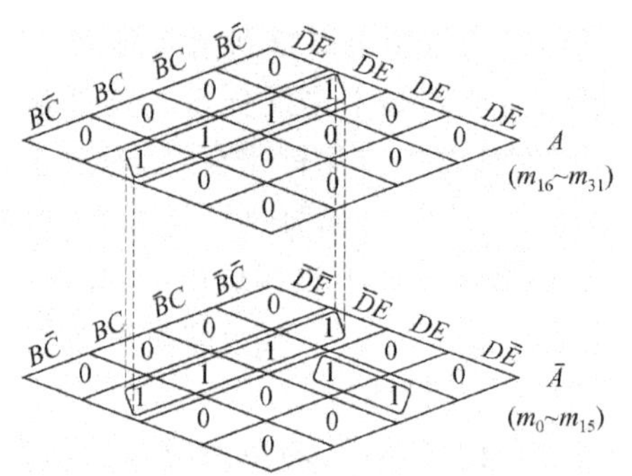

图 Z7-9　函数 Y 的卡诺图分层画法

本章小结

(1) 数字电路多采用二进制。0 和 1 既可以表示数值大小,也可以表示不同的逻辑状态。

(2) 数制是用数码计数时的进位制规则,常用的数制有十进制、二进制和十六进制几种。不同的数制之间可以相互转换。

(3) 数字电路中,也可以用二进制数码来表示不同的事物或不同的状态,这些数码没有大小的分别,故称为代码。常见的有 BCD 码、格雷码等。

(4) 基本逻辑运算为与、或、非,基本逻辑门电路为与门、或门、非门。

(5) 门电路是构成各种复杂数字电路的基本逻辑单元,学习时要重点掌握门电路的逻辑功能和电气特性。

(6) 目前应用最广的集成门电路有 TTL 和 CMOS 两类。逻辑门电路的主要技术参数有开关门电平、噪声容限、传输延迟时间、扇出系数和功耗等。

(7) TTL 逻辑门电路是由晶体管构成的,输出级采用推拉式电路结构,可以提高开关速度和带负载能力。利用肖特基二极管构成抗饱和 TTL 电路,可以有效提高开关速度。

(8) CMOS 逻辑门电路是应用最广泛的逻辑门电路,其优点是功耗低、集成度高、带负载能力强、噪声容限大。

(9) 逻辑函数的表示方法有真值表、逻辑函数表达式、逻辑图、波形图和卡诺图,它们相互间可以转换。

(10) 逻辑函数的化简有公式法和卡诺图法。公式法是利用逻辑代数的公式进行化简,没有逻辑变量数量的限制,但要求有一定的技巧和经验。卡诺图法简单、直观,有规律可循,但要求输入变量数量一般不超过四个。

思　考　题

7-1　数字电路有什么优点?

7-2　在你使用过的电子装置中,你估计哪些装置中有逻辑电路?为什么?

7-3　二进制和十六进制之间如何转换?

7-4　若给定一个十进制数$(N)_{10}$,用什么办法可以判断等值的二进制数有几位?

7-5　BCD 码是有权编码还是无权编码?其编码规则是什么?

7-6　怎样利用算术运算,将两位 BCD 码转换成二进制码?

7-7　基本逻辑关系有哪几类?试举几个相关的实例。

7-8　确保三极管工作于开关状态的条件是什么?

7-9　抗饱和 TTL 电路为什么能提高开关速度?

7-10　跟 TTL 电路相比,CMOS 电路的优点有哪些?

7-11　如果要将与非门、或非门当作非门(反相器)使用,输入端该如何连接?

7-12　查阅集成电路手册,了解几种逻辑门的主要参数、封装形式与引脚图。

7-13　逻辑函数的表示方法有哪几种?如何从真值表写出逻辑函数表达式。

7-14　最小项有什么特点?使用卡诺图化简逻辑函数的依据是什么?

7-15　什么是无关项?怎样利用无关项使逻辑函数更简单?

练　习　题

7-1　将下列二进制数转换为八进制数、十进制数和十六进制数。

(1) $(1001)_2$;　　(2) $(1011001111)_2$;

(3) $(10111.1)_2$;　　(4) $(101010.011)_2$。

7-2　将下列十进制数转换为二进制数,小数保留 4 位有效数字。

(1) $(35)_{10}$;　(2) $(206)_{10}$;　(3) $(3.125)_{10}$;　(4) $(25.3)_{10}$。

7-3　将下列十六进制数转换为二进制数。

(1) $(17)_{16}$;　(2) $(ADF)_{16}$;　(3) $(4C.5)_{16}$;　(4) $(F.E3)_{16}$。

7-4　写出下列十进制数的 8421BCD 码和余 3 码。

(1) 239;　(2) 36.5。

7-5　图 P7-1 所示电路中,已知二极管导通压降为 0.7 V。

(1) A 端接地,B 接 4 V 时,Y 的电压是多少?

(2) B 悬空,A 接 3 V,Y 端电压是多少?

(3) B 悬空,A 通过 10 kΩ 电阻接地,Y 端电压是多少?

7-6　三极管非门电路如图 P7-2 所示,已知三极管的 $\beta=30$。

(1) 计算使 T 可靠截止,u_I 低电平的最大值;

(2) 计算使 T 可靠饱和，u_I 高电平的最小值。

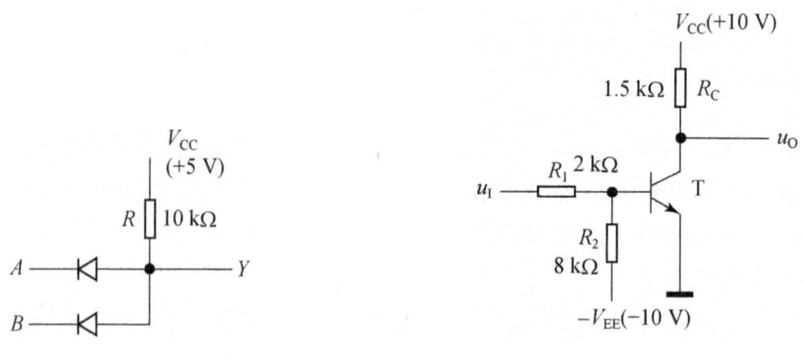

图 P7-1　练习题 7-5 图　　**图 P7-2　练习题 7-6 图**

7-7　已知输入信号波形如图 P7-3(a)所示，试画出图(b)、(c)、(d)、(e)各门的输出波形。

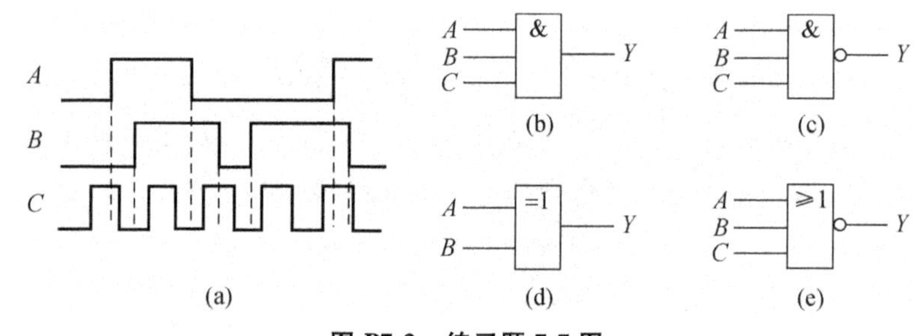

图 P7-3　练习题 7-7 图

7-8　分析图 P7-4 中各电路的逻辑功能，写出其逻辑函数表达式。

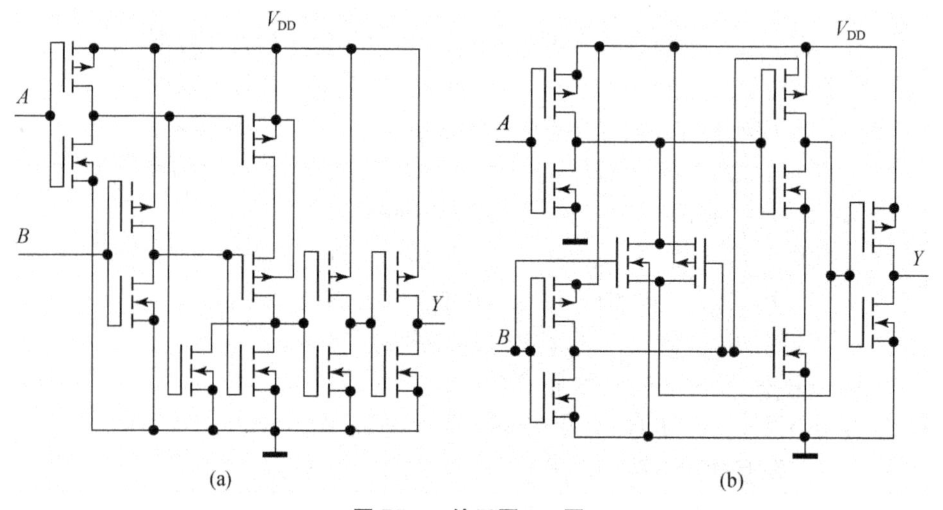

图 P7-4　练习题 7-8 图

7-9　图 P7-5 中各门电路均为 74 系列 TTL 电路，指出它们的输出状态（高电平、低电平或高阻态）。

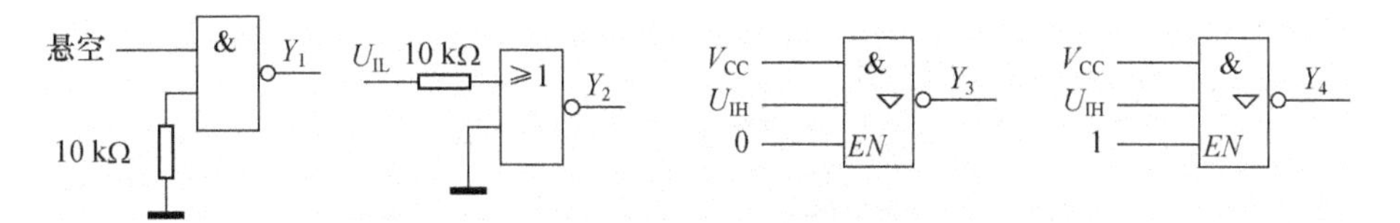

图 P7-5　练习题 7-9 图

7-10　TTL 门电路如图 P7-6(a)、(b)所示。图中与非门的参数为：$U_{OH}/U_{OL}=3.4\ \mathrm{V}/0.2\ \mathrm{V}$，$U_{IHmin}/U_{ILmax}=2.8\ \mathrm{V}/0.4\ \mathrm{V}$，$I_{IH}/I_{IL}=20\ \mu\mathrm{A}/(-1.0\ \mathrm{mA})$，$I_{OH}/I_{OL}=500\ \mu\mathrm{A}/(-10\ \mathrm{mA})$。要确保电路中的 $Y_1=\overline{AB}$，$Y_2=\overline{\overline{AB}}$ 逻辑关系，试确定电阻 R 的取值范围。

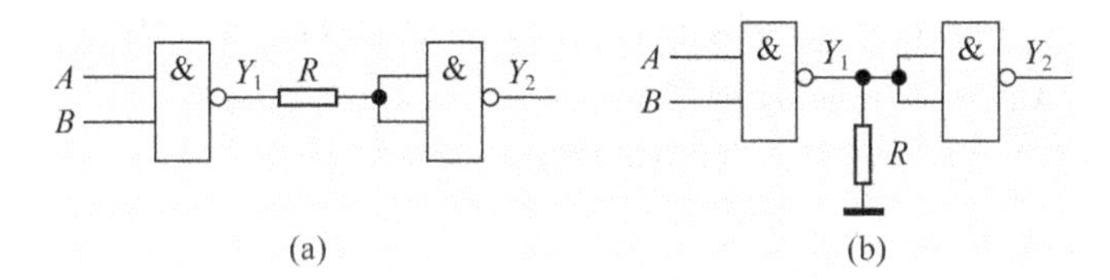

图 P7-6　练习题 7-10 图

7-11　已知逻辑函数的真值表如表 P7-1 所示，写出该函数的逻辑表达式并化简。

表 P7-1　练习题 7-11 真值表

输入变量			输出变量
A	*B*	*C*	*Y*
0	0	0	1
0	0	1	1
0	1	0	0
0	1	1	0
1	0	0	0
1	0	1	1
1	1	0	0
1	1	1	0

7-12　试用与非门和非门实现下列逻辑函数。

(1) $Y=A\overline{BC}+\overline{\overline{A}\,\overline{B}}+\overline{A}B+B\overline{C}$；

(2) $Y=A\oplus B\oplus C$。

7-13 写出下列函数的反函数和对偶函数,不要求化简。

(1) $Y=\overline{(A+\overline{B})(\overline{A}+C)}BC$;

(2) $Y=A+\overline{B+\overline{C}+\overline{\overline{D}+E}}$;

(3) $Y=(A\oplus B)C+(B\odot C)D$。

7-14 用代数法证明下列等式。

(1) $AB+\overline{A}C+(\overline{B}+\overline{C})D=AB+\overline{A}C+D$;

(2) $(\overline{A}+\overline{B})(\overline{A}+B)(A+\overline{B})(A+B)=0$;

(3) $A\overline{B}+B\overline{C}+C\overline{A}=\overline{A}B+\overline{B}C+\overline{C}A$;

(4) $A\odot B=\overline{\overline{AB}\cdot A}\cdot\overline{\overline{AB}\cdot B}$。

7-15 用代数法化简下列函数为最简与-或式。

(1) $Y=AB+\overline{A}C+\overline{ABC+ABD+AB\overline{C}+BC+\overline{A}C}$;

(2) $Y=AC+\overline{B}\,\overline{C}+\overline{A}D+\overline{A}\,\overline{B}\,\overline{D}+\overline{A}BE+A\overline{B}FG+BCDH$;

(3) $Y=\overline{\overline{A}\,\overline{B}+AB}\cdot(B+CD)$;

(4) $Y=D+AB(C+D)+\overline{D}(A+B)(\overline{B}+\overline{C})$;

(5) $Y=(A\oplus B)C+ABC$;

(6) $Y=\overline{A\overline{B}+B\overline{C}+C\overline{A}}\cdot(\overline{A}B+\overline{B}C+\overline{C}A)$。

7-16 用卡诺图法化简下列函数为最简与-或式。

(1) $Y=\overline{A}\,\overline{B}+AC+\overline{B}C$;

(2) $Y=AC+\overline{A}D+\overline{A}\,\overline{B}\,\overline{D}+\overline{A}BC+\overline{A}B\overline{C}\,\overline{D}$;

(3) $Y=\overline{AC+\overline{A}BC+\overline{B}C}+AB\overline{C}$;

(4) $Y(A,B,C)=\sum(0,3,4,7)$;

(5) $Y(A,B,C,D)=\sum(1,3,4,6,9,11,12,14)$;

(6) $Y(A,B,C,D)=\sum(2,3,5,6,7,8,9,12,13,15)$。

7-17 用卡诺图法化简下列含有无关项的函数为最简与-或式。

(1) $Y=A\overline{C}D+\overline{A}\,\overline{B}D+\overline{A}BC$,约束条件为 $ABC+\overline{A}B\overline{C}=0$;

(2) $Y=\overline{A}\,\overline{B}\,\overline{C}+\overline{A}B\overline{D}+\overline{A}CD+ABC$,约束条件为 $A\overline{B}=0$;

(3) $Y(A,B,C,D)=\sum(5,6,8,10)+\sum_{d}(0,1,2,14)$;

(4) $Y(A,B,C,D)=\sum(0,1,3,5,8,9)+\sum_{d}(4,11,12,13,15)$。

第 8 章　组合逻辑电路

按照电路结构和逻辑功能的不同，数字电路可分为组合逻辑电路和时序逻辑电路两大类。本章首先介绍组合逻辑电路的一般性分析与设计方法，然后讨论几种典型的组合逻辑功能器件，包括编码器、译码器、数据选择器、数据分配器、数值比较器、半加器和全加器，最后介绍可编程逻辑器件的原理和应用。

8.1　组合逻辑电路的分析和设计

8.1.1　组合逻辑电路的一般框图

组合逻辑电路简称为组合电路，这种电路的输出状态在任一时刻只取决于该时刻的输入状态，而与电路原来的状态无关，其输出变量和输入变量之间没有反馈通路，即这种电路没有存储能力，这是组合逻辑电路在逻辑功能上的共同特点。

一般情况下，对于有 n 个输入逻辑变量和 m 个输出逻辑变量的组合逻辑电路可以用图 8.1 所示的框图来表示。图中 $A_1, A_2, \cdots, A_n$ 为输入逻辑变量，$Y_1, Y_2, \cdots, Y_m$ 为输出逻辑变量。它们之间的逻辑关系可以用如下一组逻辑函数来描述，

$$\begin{cases} Y_1 = F_1(A_1, A_2, \cdots, A_n) \\ Y_2 = F_2(A_1, A_2, \cdots, A_n) \\ \qquad\vdots \\ Y_m = F_m(A_1, A_2, \cdots, A_n) \end{cases} \tag{8.1}$$

也可以将式(8.1)写成向量形式，即 $\dot{Y} = \dot{F} \cdot \dot{A}$。

图 8.1　组合逻辑电路的一般框图

8.1.2 组合逻辑电路的分析方法

分析组合电路的目的在于找出给定逻辑电路的逻辑功能。通常情况下,可以采用如下步骤来进行:

(1) 根据给出的逻辑图写出逻辑函数表达式,并进行化简;

(2) 根据逻辑函数表达式列真值表;

(3) 根据真值表对逻辑电路进行分析,确定其逻辑功能。

例 8-1 分析图 8.2 所示逻辑电路的功能。

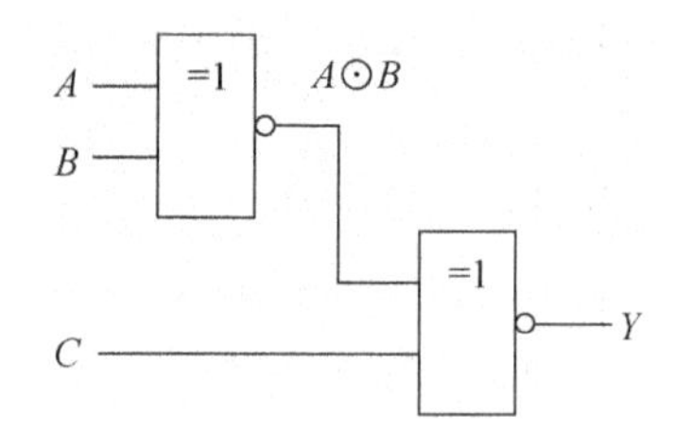

图 8.2 例 8-1 逻辑图

解 (1) 电路是由同或门构成的,可以直接写出电路的函数表达式

$$Y = A \odot B \odot C \tag{8.2}$$

该表达式已经比较简单,所以不必再化简。

(2) 根据式(8.2),可以列出真值表,如表 8.1 所示。

表 8.1 图 8.2 的真值表

输入			输出
A	B	C	Y
0	0	0	0
0	0	1	1
0	1	0	1
0	1	1	0
1	0	0	1
1	0	1	0
1	1	0	0
1	1	1	1

(3) 从表 8.1 可以看出,当 3 个输入变量 A,B,C 中出现奇数个 1 时,输出为 1,否则为 0。说明这是一个偶校验电路。

8.1.3　组合逻辑电路的设计方法

设计组合电路的过程与分析相反，目的是根据给出的实际逻辑问题，找出满足这一逻辑功能的最简单逻辑电路。设计电路时通常采用如下步骤：

(1) 根据实际逻辑问题确定电路要完成的逻辑功能，定义输入变量和输出变量，并列出逻辑真值表；

(2) 根据真值表写出逻辑函数表达式，结合给定或选定的逻辑器件对表达式进行化简和转换，得到合适的函数表达式。如只允许使用与非门，就要把函数写成与非-与非形式；

(3) 根据表达式，画出电路图。

例 8-2　在举重比赛中，有三名裁判判决举重的成绩，只有在两名或以上裁判亮白灯表示成功的情况下，本次试举才是成功的。试设计逻辑电路实现这一功能。

解　(1) 首先确定输入、输出变量。根据题意，很容易确定出输入变量有三个，分别用 A,B,C 表示，白灯亮定义为逻辑 1。输出变量有一个，用 Y 表示，定义 Y 等于 1 时表示试举成功。根据题中描述的逻辑关系，列出真值表，如表 8.2 所示。

表 8.2　例 8-2 的真值表

输　入			输　出
A	B	C	Y
0	0	0	0
0	0	1	0
0	1	0	0
0	1	1	1
1	0	0	0
1	0	1	1
1	1	0	1
1	1	1	1

(2) 根据真值表，写出表达式，

$$Y = \overline{A}BC + A\overline{B}C + AB\overline{C} + ABC \tag{8.3}$$

上式比较简单，可以直接用公式法化简，即

$$Y = \overline{A}BC + A\overline{B}C + AB\overline{C} + ABC = AB + AC + BC \tag{8.4}$$

对于比较复杂的表达式，一般用卡诺图化简，式(8.3)的卡诺图如图 8.3 所示。

合并最小项,得

$$Y = AB + AC + BC$$

结果同式(8.4)。

(3) 选用与门和或门,组成如图 8.4 所示逻辑图。

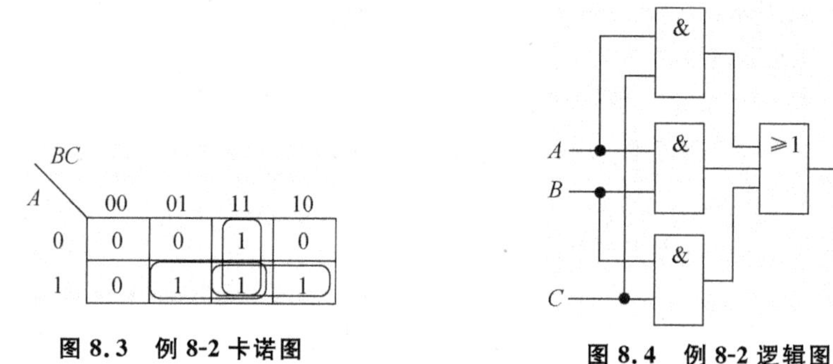

图 8.3 例 8-2 卡诺图

图 8.4 例 8-2 逻辑图

如果有要求只能使用与非门组建逻辑图,则要用反演律对式(8.4)进行转换。

$$Y = AB + AC + BC = \overline{\overline{AB} \cdot \overline{AC} \cdot \overline{BC}} \tag{8.5}$$

按照式(8.5)组成的逻辑图如图 8.5 所示。

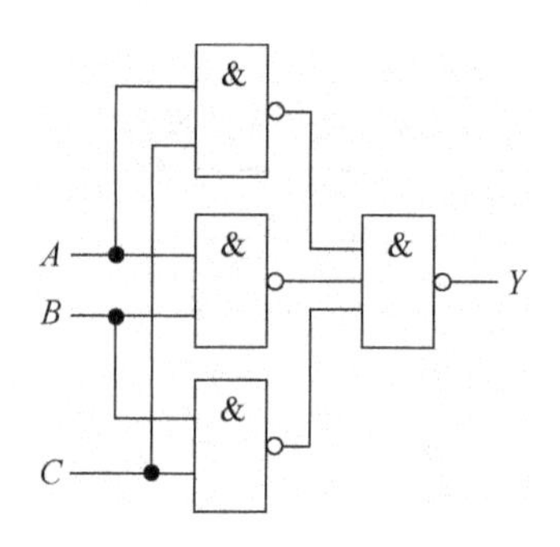

图 8.5 用与非门构成的逻辑图

8.1.4 组合逻辑电路的竞争冒险现象

在分析和设计组合电路时,通常不考虑信号在电路中的传输时间。事实上,信号通过门电路时会有一定的延迟时间,而且不同路径上门的级数不同,产生的延时也会不一样,到达终点的时刻将有先有后,这种现象称为竞争。由于这种时间差,电路在信号电平变化的瞬间可能产生一个尖峰脉冲,从而对电路的逻辑功能产生干扰。这种现象称为竞争冒险。

以下用两个例子来说明组合电路的竞争冒险现象。在图 8.6(a)所示电路中,输出、输入变量的逻辑关系为 $Y = A \cdot \overline{A} = 0$,输出应为恒低电平。但由于非门信号传输存在延时，使$\overline{A}$到达与门输入端的时间略后于A，当A由低电平变成高电平时，输出端会出现一个短暂的高电平脉冲，如图 8.6(b)所示。这类竞争冒险称为“1”型竞争冒险。

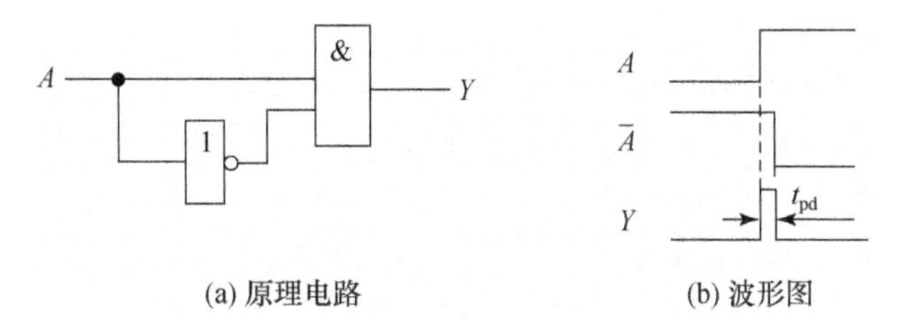

(a) 原理电路　　(b) 波形图

图 8.6　“1”型竞争冒险

同理，在图 8.7(a)所示电路中，输出、输入变量的逻辑关系为$Y=A+\overline{A}=1$，输出应为恒高电平。但由于竞争，当A由高电平变成低电平时，输出端会出现一个短暂的低电平脉冲，如图 8.7(b)所示。这类竞争冒险称为“0”型竞争冒险。

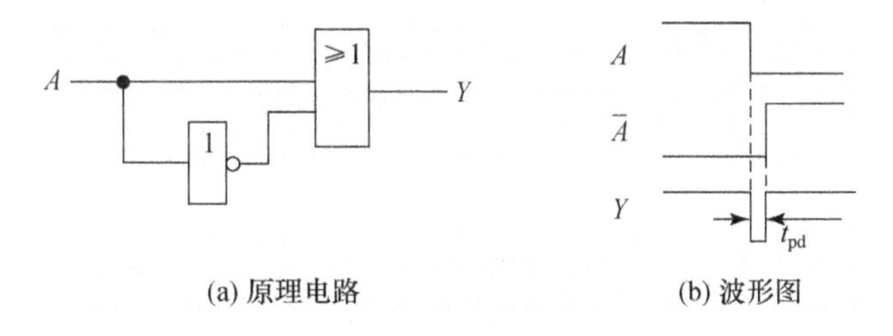

(a) 原理电路　　(b) 波形图

图 8.7　“0”型竞争冒险

竞争冒险有可能导致电路出现逻辑错误，尤其对时序逻辑电路的影响更为显著。所以要采取措施加以消除，通常消除竞争冒险的方法有增加冗余项、引入选通脉冲、用电容滤波等许多种，在此不做详细介绍。

8.2　编　码　器

将二进制数按一定的规律组合成二进制代码，使每组代码都具有特定的含义，这个过程称为编码。能完成编码过程的逻辑电路称为编码器，如图 8.8 所示。为了能用m位二进制代码表示n个事件，要求$n \leqslant 2^m$。常见的编码器有普通编码器和具有优先级的优先编码器两类。

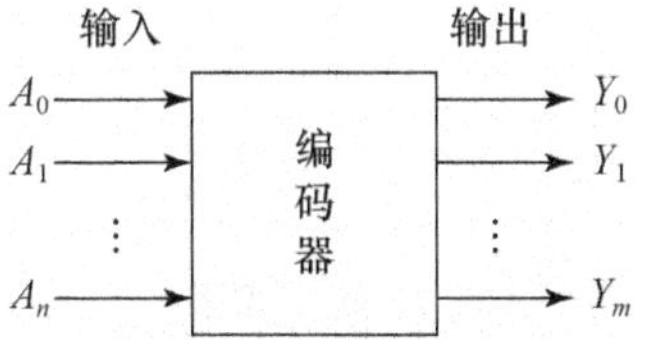

输入　输出

A_0 A_1 ⋮ A_n　编码器　Y_0 Y_1 ⋮ Y_m

图 8.8　编码器框图

8.2.1 普通编码器

普通编码器要求在正常情况下,任何时刻只允许输入一个待编码信号,否则将无法得到正确的编码信息。

现以4-2线普通编码器为例介绍编码器的工作原理。4-2线编码器有4个输入信号,只需要两位二进制代码就能完成对输入信号的编码,即输出只用两个逻辑变量,故称为4-2线编码器。

4-2线编码器的真值表如表8.3所示,按照普通编码器的要求,输入信号只能有4种组合,其余12种组合被禁止,可以将它们视为约束项,用于化简 Y_0 和 Y_1 的表达式。

表8.3 4-2线编码器真值表

输入				输出	
A_0	A_1	A_2	A_3	Y_1	Y_0
1	0	0	0	0	0
0	1	0	0	0	1
0	0	1	0	1	0
0	0	0	1	1	1

根据真值表可以写出 Y_0 和 Y_1 的表达式如下

$$\begin{cases} Y_0 = \overline{A_0}A_1\overline{A_2}\,\overline{A_3} + \overline{A_0}\,\overline{A_1}\,\overline{A_2}A_3 \\ Y_1 = \overline{A_0}\,\overline{A_1}A_2\overline{A_3} + \overline{A_0}\,\overline{A_1}\,\overline{A_2}A_3 \end{cases}$$

对 Y_0 和 Y_1 进行化简的卡诺图分别见图8.9和图8.10,合并最小项后,可得

$$\begin{cases} Y_0 = \overline{A_0}\,\overline{A_2} = \overline{A_0 + A_2} \\ Y_1 = \overline{A_0}\,\overline{A_1} = \overline{A_0 + A_1} \end{cases}$$

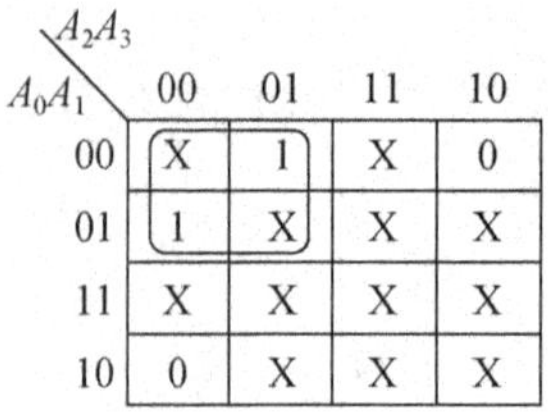

A_0A_1 \ A_2A_3	00	01	11	10
00	X	1	X	0
01	1	X	X	X
11	X	X	X	X
10	0	X	X	X

图8.9 Y_0 的卡诺图

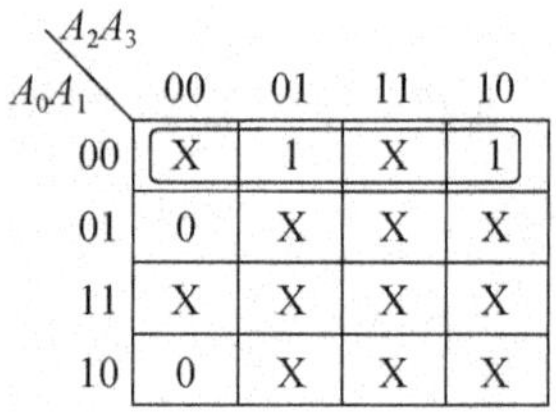

A_0A_1 \ A_2A_3	00	01	11	10
00	X	1	X	1
01	0	X	X	X
11	X	X	X	X
10	0	X	X	X

图8.10 Y_1 的卡诺图

由上式可以画出逻辑图,如图 8.11 所示。

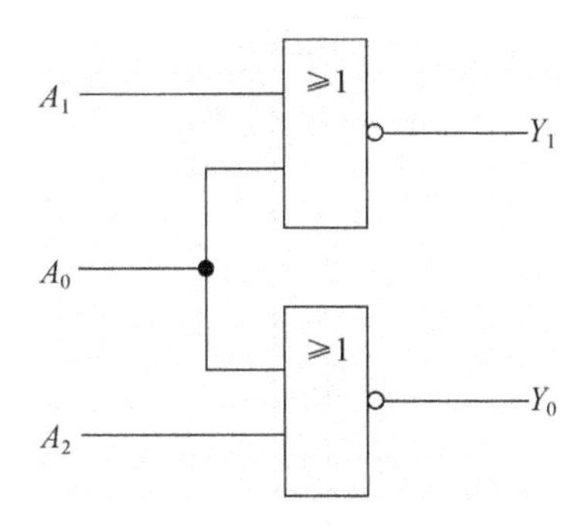

图 8.11　4-2 线编码器逻辑图

在图 8.11 中,如果 $A_0 \sim A_3$ 中有 2 个或 2 个以上的取值同时为 1 时,输出会出现编码错误。例如,若 A_1 和 A_2 同时取 1 时,输出 Y_1Y_0 为 00,和 A_0 为 1 时的编码相同。而实际应用中,这种情况很难避免,所以要对参与编码的事件设置优先级,只对优先级高的事件进行编码,就不至于在多个事件同时出现时输出错误编码。

8.2.2　优先编码器

优先编码器可以保证在任何时候都只接收一个事件输入,当多个事件同时有效时,只对优先级高的输入信号编码,优先级低的输入信号则不起作用。

中规模集成电路 74HC147 是二-十进制(10-4 线)优先编码器,其逻辑图如图 8.12 所示。由逻辑图可以写出各输出变量的表达式,

$$\begin{cases} \overline{Y_3} = \overline{A_8}\,\overline{A_9} \\ \overline{Y_2} = \overline{A_4\,\overline{A_8}\,\overline{A_9}} \cdot \overline{A_5\,\overline{A_8}\,\overline{A_9}} \cdot \overline{A_6\,\overline{A_8}\,\overline{A_9}} \cdot \overline{A_7\,\overline{A_8}\,\overline{A_9}} \\ \overline{Y_1} = \overline{A_2\,\overline{A_4}\,\overline{A_5}\,\overline{A_8}\,\overline{A_9}} \cdot \overline{A_3\,\overline{A_4}\,\overline{A_5}\,\overline{A_8}\,\overline{A_9}} \cdot \overline{A_6\,\overline{A_8}\,\overline{A_9}} \cdot \overline{A_7\,\overline{A_8}\,\overline{A_9}} \\ \overline{Y_0} = \overline{A_1\,\overline{A_2}\,\overline{A_4}\,\overline{A_6}\,\overline{A_8}\,\overline{A_9}} \cdot \overline{A_3\,\overline{A_4}\,\overline{A_6}\,\overline{A_8}\,\overline{A_9}} \cdot \overline{A_5\,\overline{A_6}\,\overline{A_8}\,\overline{A_9}} \cdot \overline{A_7\,\overline{A_8}\,\overline{A_9}} \cdot \overline{A_9} \end{cases} \tag{8.6}$$

根据式(8.6)可以写出 74HC147 的真值表如表 8.4 所示。由真值表可以看出,74HC147 的输出为 BCD 码的反码形式,而且$\overline{A_9}$ 的优先级最高,$\overline{A_1}$ 的优先级最低。当$\overline{A_i}$ 有效时,优先级低于它的$\overline{A_{i-1}}$,$\overline{A_{i-2}}$,…都不起作用。当$\overline{A_1} \sim \overline{A_9}$ 均为高电平时,表示输入十进制 0,所以只需用 9 个输入信号就能表示十进制的 10 个数。

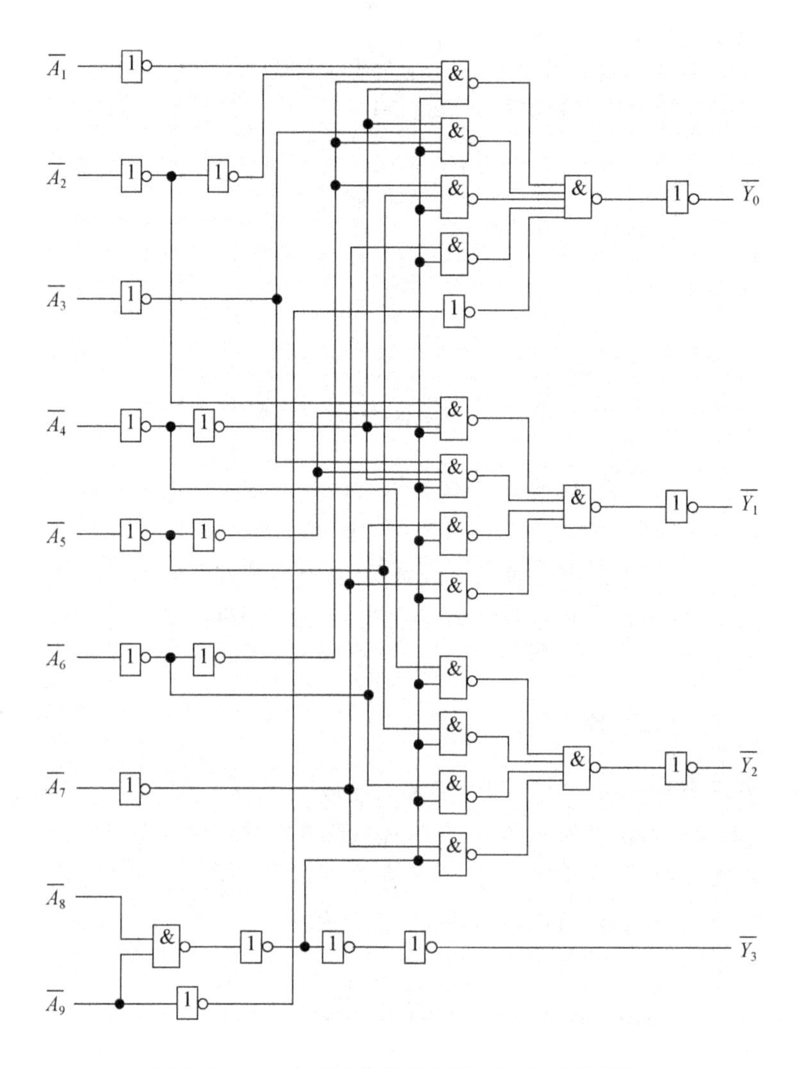

图 8.12　二-十进制优先编码器 74HC147 逻辑图

对于中规模集成电路构成的应用电路中,集成电路常用逻辑框图来表示,逻辑框图只标注输入、输出变量的名称,而略去内部的逻辑电路图。74HC147 的逻辑框图如图 8.13 所示,因为 74HC147 的输入和输出信号均为低电平有效,故在框图外相应的输入、输出端加画了小圆圈,且输入、输出变量也以反变量形式表示。

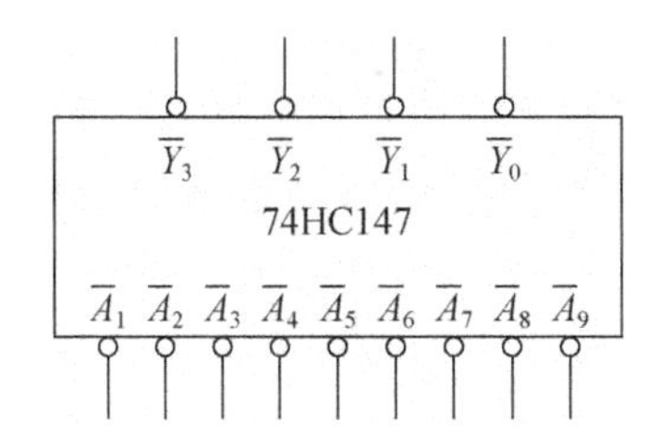

图 8.13　74HC147 逻辑框图

表 8.4　74HC147 真值表

输入									输出			
$\overline{A}_1$	$\overline{A}_2$	$\overline{A}_3$	$\overline{A}_4$	$\overline{A}_5$	$\overline{A}_6$	$\overline{A}_7$	$\overline{A}_8$	$\overline{A}_9$	$\overline{Y}_3$	$\overline{Y}_2$	$\overline{Y}_1$	$\overline{Y}_0$
1	1	1	1	1	1	1	1	1	1	1	1	1
X	X	X	X	X	X	X	X	0	0	1	1	0
X	X	X	X	X	X	X	0	1	0	1	1	1
X	X	X	X	X	X	0	1	1	1	0	0	0
X	X	X	X	X	0	1	1	1	1	0	0	1
X	X	X	X	0	1	1	1	1	1	0	1	0
X	X	X	0	1	1	1	1	1	1	0	1	1
X	X	0	1	1	1	1	1	1	1	1	0	0
X	0	1	1	1	1	1	1	1	1	1	0	1
0	1	1	1	1	1	1	1	1	1	1	1	0

8.3　译　码　器

译码是编码的逆过程，即把有特定含义的二进制代码“翻译”出来，还原成对应的输出信号。具有译码功能的逻辑电路称为译码器。译码器的原理框图如图 8.14 所示，它有 n 个输入端、m 个输出端（$2^n \geqslant m$）和一个使能端，使能端也称控制端，当它有效时，译码器才开始正常工作。

常用的译码器有二进制译码器、二-十进制译码器和显示译码器三类。

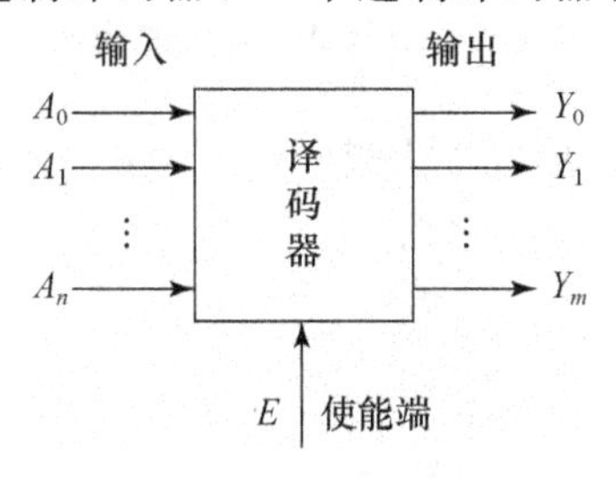

图 8.14　译码器框图

8.3.1 二进制译码器

二进制译码器通常有 n 个输入端和 2^n 个输出端,对应每一组输入代码,只有一个输出端为有效电平。它常用于计算机中对存储单元地址的译码,也称为唯一地址译码器。

下面以 2-4 线译码器为例来说明它的工作原理。根据逻辑关系,列出 2-4 线译码器的真值表如表 8.5 所示。其逻辑图如图 8.15 所示。

表 8.5 2-4 线译码器真值表

输入			输出			
E	A_1	A_0	Y_3	Y_2	Y_1	Y_0
0	X	X	0	0	0	0
1	0	0	0	0	0	1
1	0	1	0	0	1	0
1	1	0	0	1	0	0
1	1	1	1	0	0	0

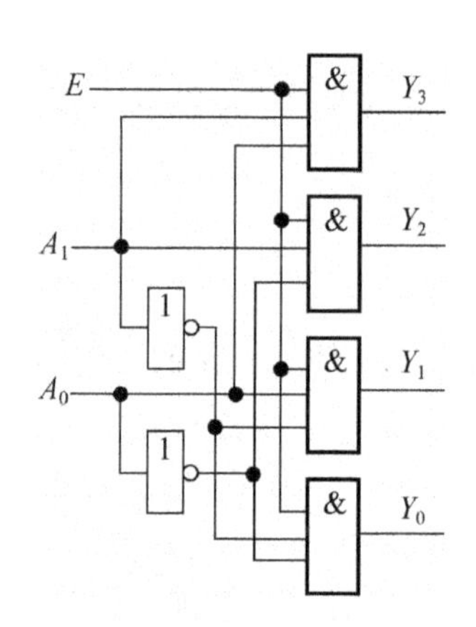

图 8.15 2-4 线译码器逻辑图

根据真值表和逻辑图,写出 2-4 线译码器的表达式为

$$\begin{cases} Y_3 = EA_1A_0 \\ Y_2 = EA_1\overline{A_0} \\ Y_1 = E\overline{A_1}A_0 \\ Y_0 = E\overline{A_1}\,\overline{A_0} \end{cases}$$

当使能端有效(此处 $E=1$)时,译码器按照对应关系将且仅将一个输出变量置为高电平(有效电平);而当 $E=0$ 时,所有输出都为低电平。

例 8-3　图 8.15 所示译码器输入信号的波形如图 8.16(a)所示,试画出输出信号 $Y_3 \sim Y_0$ 的波形。

解　根据译码器真值表和输入波形,可以得到输出端 $Y_3 \sim Y_0$ 的波形,如图 8.16(b)所示。

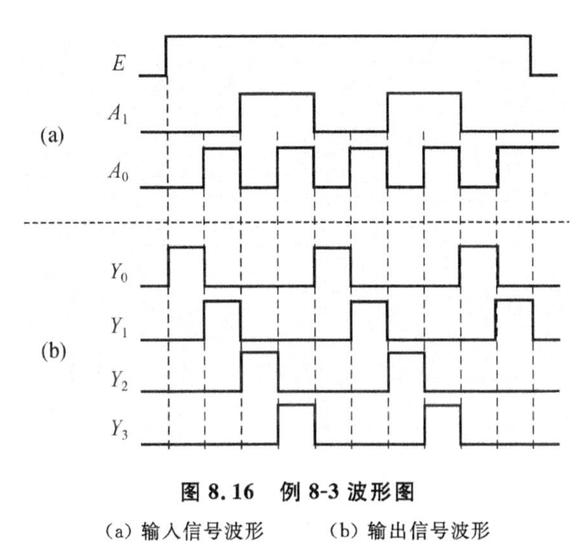

图 8.16　例 8-3 波形图

(a) 输入信号波形　　(b) 输出信号波形

从图中看出,在使能端保持高电平时,如果输入信号由小到大依次反复出现,译码器的输出端 $Y_0 \sim Y_3$ 将依次出现高电平脉冲,这组脉冲可以作为控制信号,控制系统进行事先编好的一系列操作,故译码器也可以当作顺序脉冲发生器使用。

8.3.2　二-十进制译码器

二-十进制译码器能够将输入的 BCD 码译成十进制数。它的输入为 4 位的 BCD 码,输出端有 10 个,对应输入 BCD 码数值的输出端将输出有效电平。

74HC42 是集成二-十进制译码器,其逻辑图如图 8.17 所示,逻辑框图如图 8.18 所示。74HC42 的 4 个输入端为高电平有效,10 个输出端为低电平有效。

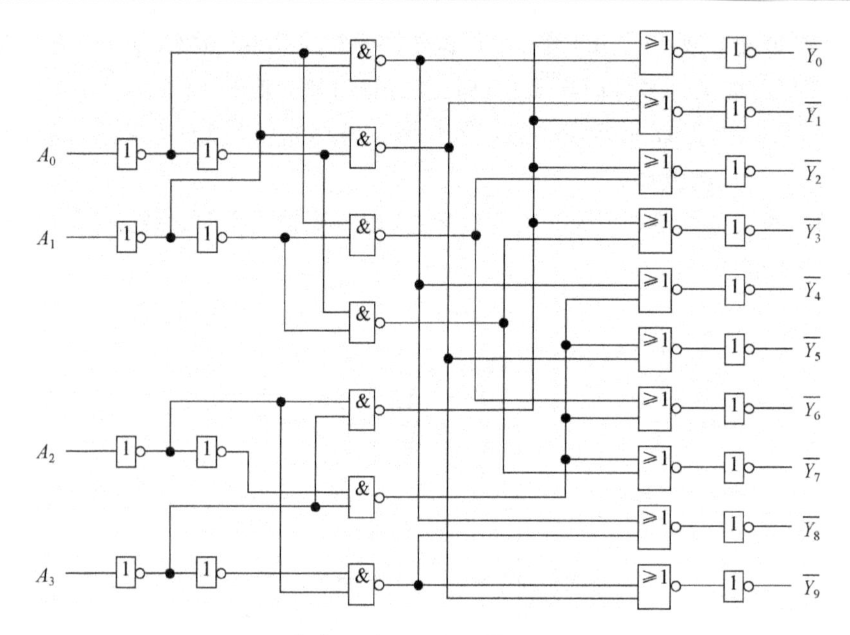

图 8.17　集成二-十进制译码器 74HC42 逻辑图

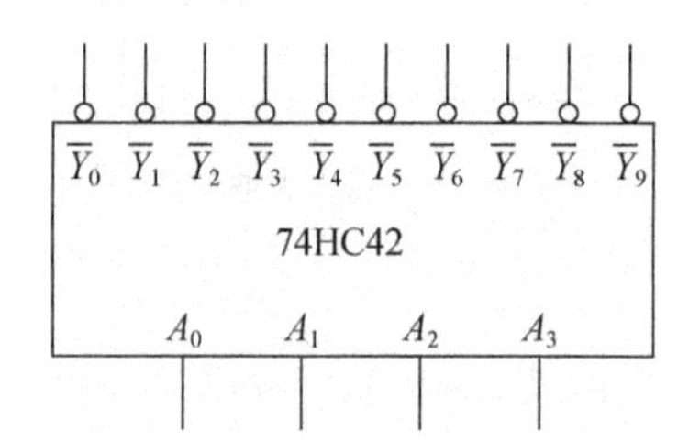

图 8.18　74HC42 的逻辑框图

根据逻辑图可以写出 74HC42 的输出变量的表达式

$$\begin{cases}\overline{Y_0}=\overline{\overline{A_3}\,\overline{A_2}\,\overline{A_1}\,\overline{A_0}} & \overline{Y_1}=\overline{\overline{A_3}\,\overline{A_2}\,\overline{A_1}A_0}\\ \overline{Y_2}=\overline{\overline{A_3}\,\overline{A_2}A_1\,\overline{A_0}} & \overline{Y_3}=\overline{\overline{A_3}\,\overline{A_2}A_1A_0}\\ \overline{Y_4}=\overline{\overline{A_3}A_2\,\overline{A_1}\,\overline{A_0}} & \overline{Y_5}=\overline{\overline{A_3}A_2\,\overline{A_1}A_0}\\ \overline{Y_6}=\overline{\overline{A_3}A_2A_1\,\overline{A_0}} & \overline{Y_7}=\overline{\overline{A_3}A_2A_1A_0}\\ \overline{Y_8}=\overline{A_3\,\overline{A_2}\,\overline{A_1}\,\overline{A_0}} & \overline{Y_9}=\overline{A_3\,\overline{A_2}\,\overline{A_1}A_0}\end{cases} \tag{8.7}$$

由式(8.7)得出 74HC42 的真值表如表 8.6 所示，由真值表可知，74HC42 的输入端为高电平有效，输出端为低电平有效。由于逻辑图对输入逻辑变量的其余六种状态没有定义，故当输入端出现 BCD 码中的约束组合(对应十进制的 10～15)时，输出端全为无效电平，说明 74HC42 可以识别禁止出现的伪码，不会产生错误输出。

表 8.6　74HC42 真值表

序号	输入				输出									
	A_3	A_2	A_1	A_0	$\overline{Y_9}$	$\overline{Y_8}$	$\overline{Y_7}$	$\overline{Y_6}$	$\overline{Y_5}$	$\overline{Y_4}$	$\overline{Y_3}$	$\overline{Y_2}$	$\overline{Y_1}$	$\overline{Y_0}$
0	0	0	0	0	1	1	1	1	1	1	1	1	1	0
1	0	0	0	1	1	1	1	1	1	1	1	1	0	1
2	0	0	1	0	1	1	1	1	1	1	1	0	1	1
3	0	0	1	1	1	1	1	1	1	1	0	1	1	1
4	0	1	0	0	1	1	1	1	1	0	1	1	1	1
5	0	1	0	1	1	1	1	1	0	1	1	1	1	1
6	0	1	1	0	1	1	1	0	1	1	1	1	1	1
7	0	1	1	1	1	1	0	1	1	1	1	1	1	1
8	1	0	0	0	1	0	1	1	1	1	1	1	1	1
9	1	0	0	1	0	1	1	1	1	1	1	1	1	1
禁用	1	0	1	0	1	1	1	1	1	1	1	1	1	1
	1	0	1	1	1	1	1	1	1	1	1	1	1	1
	1	1	0	0	1	1	1	1	1	1	1	1	1	1
	1	1	0	1	1	1	1	1	1	1	1	1	1	1
	1	1	1	0	1	1	1	1	1	1	1	1	1	1
	1	1	1	1	1	1	1	1	1	1	1	1	1	1

8.3.3　显示译码器

1. 七段显示译码器

在许多数字电路系统中，如各种数字仪表，需要将数字直观地显示出来。目前应用广泛的数字显示元件为七段数码管，它由七段可发光的线段拼合而成，图 8.19(a)为七段数码管的组成形式，图 8.19(b)为不同数字显示时的组合形式。

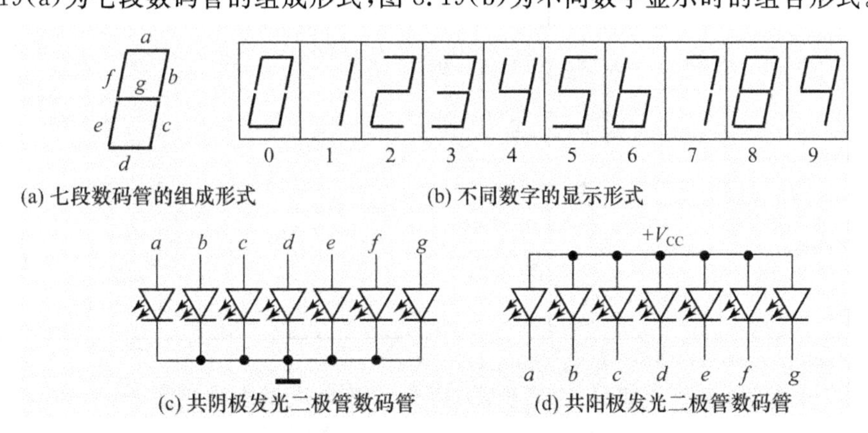

(a) 七段数码管的组成形式　(b) 不同数字的显示形式

(c) 共阴极发光二极管数码管　(d) 共阳极发光二极管数码管

图 8.19　七段数码管

常见的七段数码管有发光二极管数码管和液晶显示器两种。其中发光二极管组成的七段显示器有 7 个发光二极管,在电路结构上有共阴极和共阳极两种类型可供选择,分别如图 8.19(c)和图 8.19(d)所示。对于共阴极数码管,信号为高电平时二极管发光,共阳极则相反。

七段数码管通常和七段显示译码器配合使用,七段显示译码器的功能是将 BCD 码译成七段数码管所需的七个发光段的控制信号,以正确显示数字。根据图 8.19(b)给出的显示形式,共阴极七段显示译码器的真值表如表 8.7 所示。

根据真值表可以写出各段的逻辑表达式,并进行化简,化简时可将 10～15 对应的二进制码作为无关项考虑。在表 8.7 所示的输出变量中,1 的数量比 0 多,如果对 0 进行化简得到的表达式会比较简单,而得到的结果是原变量的反变量,称作负逻辑表达式。按照负逻辑表达式构成的逻辑图可以直接用于共阳极的数码管上,显示的结果也是正确的。

表 8.7　七段显示译码器真值表

输入					输出							
数字	A_3	A_2	A_1	A_0	a	b	c	d	e	f	g	字形
0	0	0	0	0	1	1	1	1	1	1	0	0
1	0	0	0	1	0	1	1	0	0	0	0	1
2	0	0	1	0	1	1	0	1	1	0	1	2
3	0	0	1	1	1	1	1	1	0	0	1	3
4	0	1	0	0	0	1	1	0	0	1	1	4
5	0	1	0	1	1	0	1	1	0	1	1	5
6	0	1	1	0	0	0	1	1	1	1	1	6
7	0	1	1	1	1	1	1	0	0	0	0	7
8	1	0	0	0	1	1	1	1	1	1	1	8
9	1	0	0	1	1	1	1	0	0	1	1	9

以 a 为例,卡诺图如图 8.20 所示,可得 a 的负逻辑表达式为

$$\overline{a} = \overline{A_3}\,\overline{A_2}\,\overline{A_1}A_0 + A_2\overline{A_0} = \overline{\overline{\overline{A_3}\,\overline{A_2}\,\overline{A_1}A_0}\cdot\overline{A_2\overline{A_0}}}$$

上式写成了与非-与非表达式，可以只用与非门和非门来构成逻辑图。

A_3A_2 \ A_1A_0	00	01	11	10
00	1	0	1	1
01	0	1	1	0
11	X	X	X	X
10	1	1	X	X

图 8.20　*a* 段卡诺图

同理，可以化简得到其他输出的负逻辑表达式

$$\overline{b}=\overline{\overline{A_2\overline{A_1}A_0}\cdot\overline{A_2A_1\overline{A_0}}}\qquad\overline{c}=\overline{\overline{\overline{A_2}A_1\overline{A_0}}}$$

$$\overline{d}=\overline{\overline{\overline{A_2}\,\overline{A_1}A_0}\cdot\overline{A_2\overline{A_1}\,\overline{A_0}}\cdot\overline{A_2A_1A_0}}\qquad\overline{e}=\overline{\overline{A_0}\cdot\overline{A_2\overline{A_1}}}$$

$$\overline{f}=\overline{\overline{A_1A_0}\cdot\overline{\overline{A_2}A_1}\cdot\overline{\overline{A_3}\,\overline{A_2}A_0}}\qquad\overline{g}=\overline{\overline{\overline{A_3}\,\overline{A_2}\,\overline{A_1}}\cdot\overline{A_2A_1A_0}}$$

根据 $a\sim g$ 的负逻辑表达式可以构成逻辑图，如图 8.21 所示。

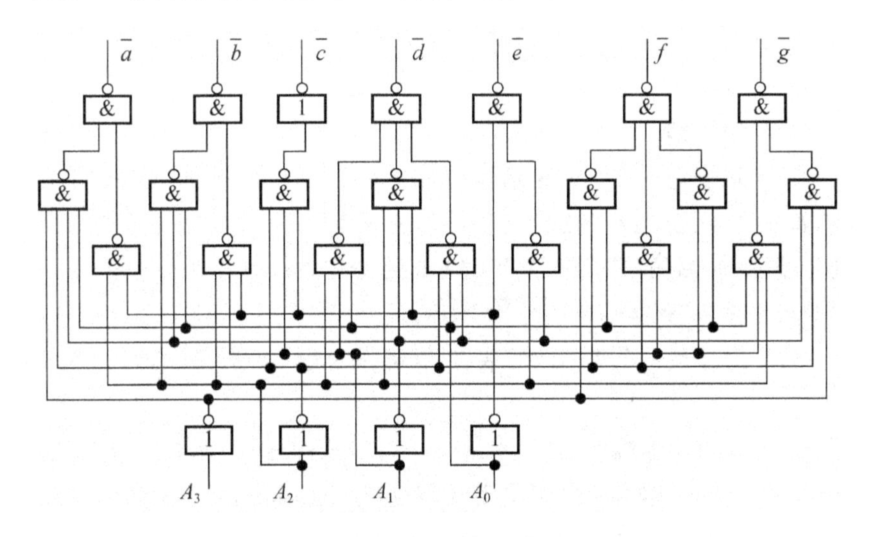

图 8.21　BCD 码七段显示译码器逻辑图

2. 集成 BCD-七段显示译码器

7446 是集成的 BCD-七段显示译码器，它具有一定的驱动能力，可以直接驱动共阳极数码管。7448 则是可以直接驱动共阴极数码管的集成 BCD-七段显示译码器。

7446 除了能驱动数码管显示数字 0～9 外，还定义了 10～15 的显示图形，如图 8.22 所示。因此，电路要比图 8.21 复杂一些，其逻辑图如图 8.23 所示，逻辑框图如图 8.24 所示。

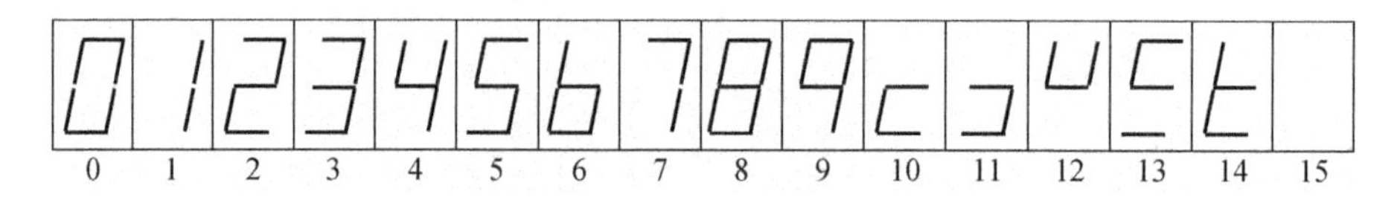

图 8.22　7446 译码器显示图形

通常数字的显示往往多于 1 位，所以数码管往往需级联使用，为了更好地满足显示需求，7446 还集成了几个控制信号，分别是灯测试输入信号$\overline{LT}$、灭零输入信号$\overline{RBI}$、灭灯输入/灭零输出信号$\overline{BI}/\overline{RBO}$。它们的功能和使用方法解释如下。

(1) 灯测试输入信号$\overline{LT}$。

$\overline{LT}$信号用于检查数码管各发光段能否正常工作，当$\overline{LT}$有效(低电平)且$\overline{BI}/\overline{RBO}=1$ 时，无论输入信号状态如何，七个发光段同时发光。要让译码器正常译码，$\overline{LT}$应处在高电平。

(2) 灭零输入信号$\overline{RBI}$。

$\overline{RBI}$信号用于熄灭多余的显示为零的数码管。例如一个 6 位的数字显示电路，整数部分为 4 位，小数部分为 2 位。当输入为 20.1 时，将显示成“0020.10”。如果想不显示前、后的“0”，需要将不显示的数码管的$\overline{RBI}$置成低电平。

(3) 灭灯输入/灭零输出信号$\overline{BI}/\overline{RBO}$。

$\overline{BI}/\overline{RBO}$信号是一个双功能的端口，既可作为输入端使用，也可作为输出端使用。

$\overline{BI}/\overline{RBO}$作为输入端使用时，对应于灭灯输入信号$\overline{BI}$，即$\overline{BI}=0$ 时，各发光段均熄灭。$\overline{BI}/\overline{RBO}$作为输出端使用时，对应于灭零输出信号$\overline{RBO}$。从功能表可以看出，只有当 $A_3=A_2=A_1=A_0=0$ 且$\overline{RBI}=0$ 时，才有$\overline{RBO}=0$，这个信号可以作为其他数码管的$\overline{RBI}$信号，使之处在熄灭状态。

将数码管级联使用时，对于小数点左边的整数部分，可以使最高位 7446 的$\overline{RBI}=0$，然后依次将高位的$\overline{RBO}$(此时$\overline{BI}/\overline{RBO}$作为输出端使用)连到低一位的$\overline{RBI}$，直到十位。个位的$\overline{RBI}$要接高电平，以保证显示个位的“0”。对于小数点右边的小数部分，则可将低位的$\overline{RBO}$接到高一位的$\overline{RBI}$。这样就可以实现多位数码显示中的灭零控制。

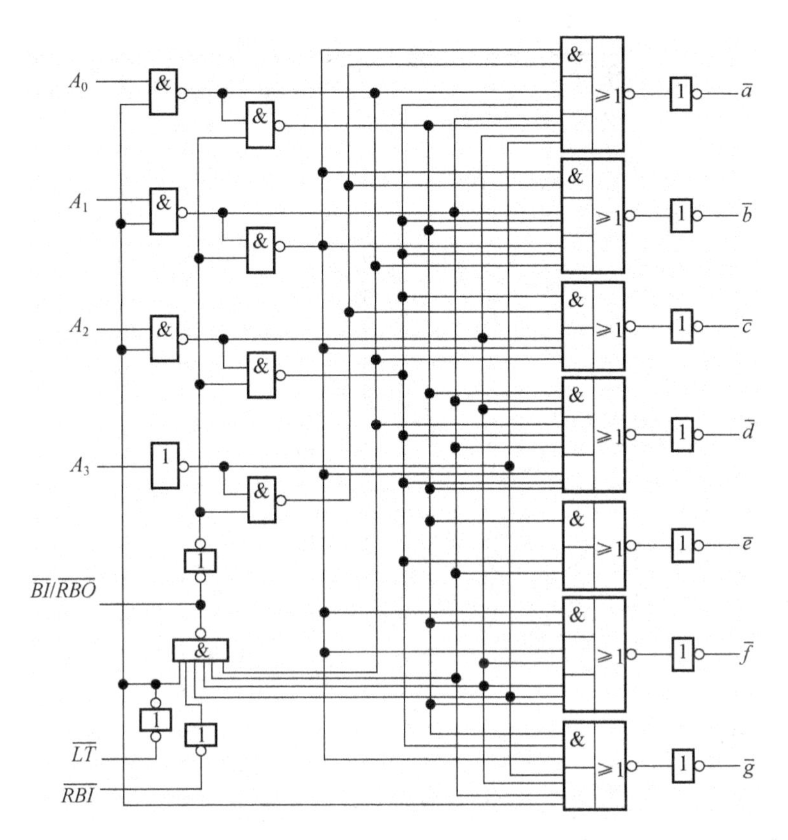

图 8.23 集成 BCD 码-七段显示译码器 7446 逻辑图

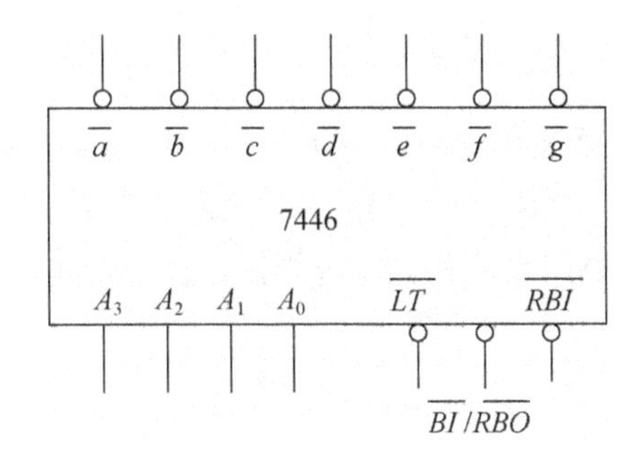

图 8.24 7446 逻辑框图

从以上分析可以得到 7446 的功能表(真值表)如表 8.8 所示。从表中看出,输出为低电平有效,适合驱动共阳极数码管。

表 8.8　7446BCD-七段译码器功能表

数字与控制	输入						$\overline{BI}$/	输出						
	$\overline{LT}$	$\overline{RBI}$	A_3	A_2	A_1	A_0	$\overline{RBO}$	$\overline{a}$	$\overline{b}$	$\overline{c}$	$\overline{d}$	$\overline{e}$	$\overline{f}$	$\overline{g}$
0	1	1	0	0	0	0	1	0	0	0	0	0	0	1
1	1	X	0	0	0	1	1	1	0	0	1	1	1	1
2	1	X	0	0	1	0	1	0	0	1	0	0	1	0
3	1	X	0	0	1	1	1	0	0	0	0	1	1	0
4	1	X	0	1	0	0	1	1	0	0	1	1	0	0
5	1	X	0	1	0	1	1	0	1	0	0	1	0	0
6	1	X	0	1	1	0	1	1	1	0	0	0	0	0
7	1	X	0	1	1	1	1	0	0	0	1	1	1	1
8	1	X	1	0	0	0	1	0	0	0	0	0	0	0
9	1	X	1	0	0	1	1	0	0	0	1	1	0	0
10	1	X	1	0	1	0	1	1	1	1	0	0	1	0
11	1	X	1	0	1	1	1	1	1	0	0	1	1	0
12	1	X	1	1	0	0	1	1	0	1	1	1	0	0
13	1	X	1	1	0	1	1	0	1	1	0	1	0	0
14	1	X	1	1	1	0	1	1	1	1	0	0	0	0
15	1	X	1	1	1	1	1	1	1	1	1	1	1	1
$\overline{BI}$	X	X	X	X	X	X	0	1	1	1	1	1	1	1
$\overline{RBI}$	1	0	0	0	0	0	0	1	1	1	1	1	1	1
$\overline{LT}$	0	X	X	X	X	X	1	0	0	0	0	0	0	0

8.4　数据选择器

数据选择器是在通道选择信号的控制下从多路输入中选择其中的一路作为输出,又称为多路开关,用 MUX (multiplexer)表示。图 8.25 为数据选择器的示意图。一个具有 n 位通道选择信号的数据选择器最多可以实现对 2^n 路信号的选择。

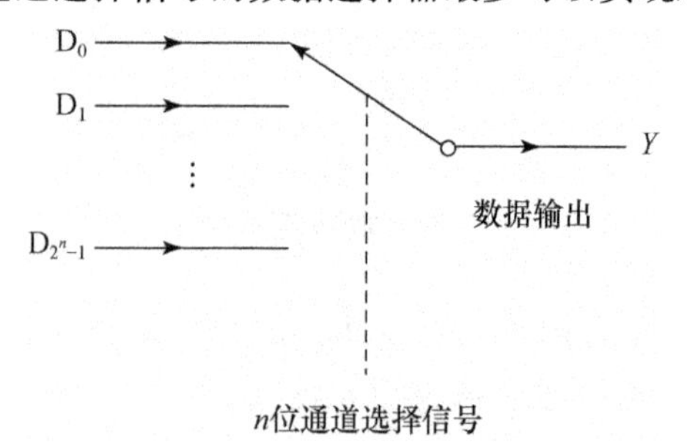

图 8.25　数据选择器示意图

8.4.1　4 选 1 数据选择器

现以 4 选 1 数据选择器为例介绍数据选择器的工作原理。4 选 1 数据选择器的逻辑图如图 8.26 所示，真值表如表 8.9 所示。

图 8.26 中的 G_4 门为与或门，G_3 门的逻辑功能与非门完全一致，将小圆圈画在输入端是为了表明使能端“低电平有效”，使能端也用反变量形式$\overline{E}$表示。

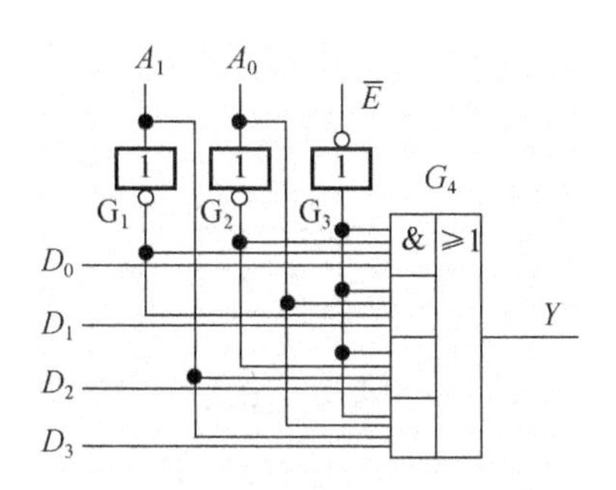

图 8.26　4 选 1 数据选择器逻辑图

表 8.9　4 选 1 数据选择器真值表

输　　入			输　　出
使能端	地址码		
$\overline{E}$	A_1	A_0	Y
1	X	X	0
0	0	0	D_0
0	0	1	D_1
0	1	0	D_2
0	1	1	D_3

要对 4 路数据进行选择，必须要有 4 个通道选择信号，用 2 位地址码可以产生 4 个地址信号，分别控制 4 个与门的开、闭，故任何时候只有一路数据与 Y 相连。根据逻辑图和真值表，可以写出 Y 的表达式为

$$Y=(D_0\overline{A_1}\,\overline{A_0}+D_1\overline{A_1}A_0+D_2A_1\overline{A_0}+D_3A_1A_0)E$$

使能端$\overline{E}$为高电平时，所有与门都被封锁，$Y=0$。使能端$\overline{E}$为低电平时，封锁解除，选择器根据地址码选择相应的数据传送给输出端 Y。

8.4.2　集成数据选择器

集成数据选择器有多种类型，如 4 选 1 数据选择器 74157、双 4 选 1 数据选择器 74153、8 选 1 数据选择器 74151、16 选 1 数据选择器 74150 等，下面以

74HC151 为例进行介绍。

74HC151 属于 CMOS 集成电路,是 8 选 1 数据选择器,它的逻辑框图如图 8.27 所示。由图中可知,74HC151 有 3 位地址码,分别是 $A_2 \sim A_0$,控制选通 $D_0 \sim D_7$ 8 个数据通道,还提供正、负逻辑输出端口可供灵活选用。$\overline{E}$为使能端,低电平有效。其真值表如表 8.10 所示。

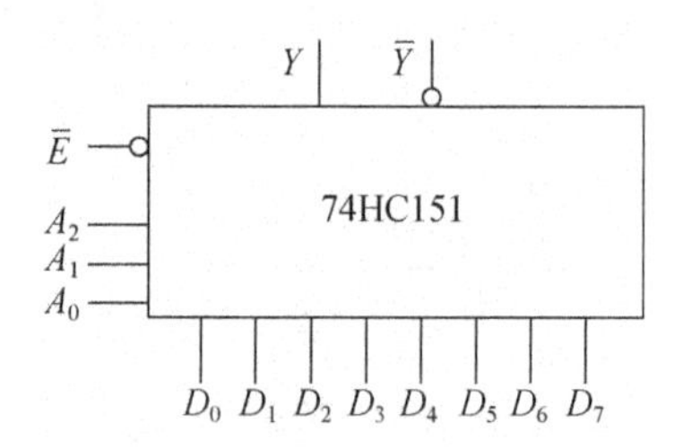

图 8.27 集成 8 选 1 数据选择器框图

表 8.10 8 选 1 数据选择器真值表

输入				输出	
使能端	地址			Y	$\overline{Y}$
$\overline{E}$	A_2	A_1	A_0		
1	X	X	X	0	1
0	0	0	0	D_0	$\overline{D_0}$
0	0	0	1	D_1	$\overline{D_1}$
0	0	1	0	D_2	$\overline{D_2}$
0	0	1	1	D_3	$\overline{D_3}$
0	1	0	0	D_4	$\overline{D_4}$
0	1	0	1	D_5	$\overline{D_5}$
0	1	1	0	D_6	$\overline{D_6}$
0	1	1	1	D_7	$\overline{D_7}$

根据真值表,当使能端有效时,输出端的表达式为

$$\begin{cases} Y = \sum_{i=0}^{7} m_i D_i \\ \overline{Y} = \overline{\sum_{i=0}^{7} m_i D_i} \end{cases} \tag{8.8}$$

式(8.8)中的 m_i 是地址码 $A_2A_1A_0$ 的最小项,例如 $A_2A_1A_0=100$ 时,最小项 m_4 为 1,其余最小项均为 0,故 $Y=D_4$,$\overline{Y}=\overline{D_4}$。

74HC151 是 8 选 1 数据选择,只有 8 个数据通道,如果需要选择的数据通道超过 8 个，则需要进行扩展，用多个 74HC151 来实现对多个数据通道的选择。

例 8-4　试用 2 片 74HC151 和适当的门电路实现 16 选 1 逻辑功能。

解　要选择 16 个数据通道，地址码必须是 4 位，而 74HC151 只提供 3 位地址码输入，这时可以将最高位地址码作为使能控制信号使用，如图 8.28 所示。最高位地址码 A_3 经过非门连到第二片 74HC151 的使能端，当 $A_3=0$ 时，第一片 74HC151 工作，第二片封锁，选择低 8 位数据通道；当 $A_3=1$ 时，第一片 74HC151 封锁，第二片工作，选择高 8 位数据通道。

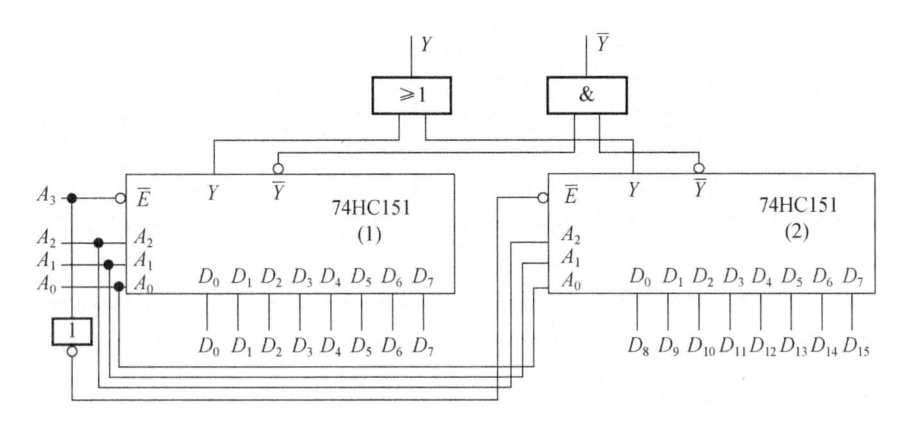

图 8.28　用 2 片 74HC151 构成 16 选 1 数据选择逻辑图

除了选择数据通道外，根据式(8.8)描述的输出端的函数表达式，可以利用数据选择器产生逻辑函数。方法是先将逻辑函数写成最小项表达式，然后与式8.8进行比较，令在表达式中出现的最小项对应的 D_i 值为 1，其余的 D_i 为 0。这样就使数据选择器的输出端表达式与所需逻辑函数的表达式一致，输出所需的逻辑关系。

例 8-5　试用 8 选 1 数据选择器产生逻辑函数 $L=AB+\overline{B}C$。

解　将逻辑函数写成最小项表达式

$$L(A,B,C)=\overline{A}\,\overline{B}C+A\overline{B}C+AB\overline{C}+ABC=m_1+m_5+m_6+m_7$$

比较式(8.8)，令 $D_0=D_2=D_3=D_4=0$，$D_1=D_5=D_6=D_7=1$，则 8 选 1 数据选择器的输出为

$$Y=\sum_{i=0}^{7}m_iD_i=(m_0+m_2+m_3+m_4)\cdot 0+(m_1+m_5+m_6+m_7)\cdot 1$$

$$=m_1+m_5+m_6+m_7$$

Y 即是所需的逻辑函数，其逻辑图如图 8.29 所示。为了让数据选择器正常工作，还要将使能端置 0，方法是直接接地即可。

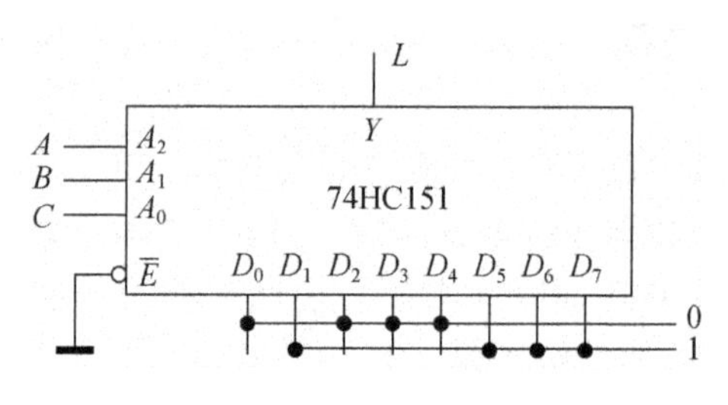

图 8.29 例 8-5 逻辑图

8.5 数据分配器

数据分配器的功能与数据选择器恰好相反,数据选择器是在多路数据通道中选择一路输出,而数据分配器则是将一路数据分配到多个数据通道上去,也称为多路分配器,用 DMUX (demultiplexer)表示。图 8.30 为数据分配器的示意图。

在 8.3.1 节中,如果把 2-4 线译码器的使能端 E 看作数据,A_1,A_0 看作选通地址码,则图 8.15 就是一个 1 位 4 路的数据分配器。为了说明数据分配的原理,列出将图 8.15 视为数据分配器的真值表如表 8.11 所示。

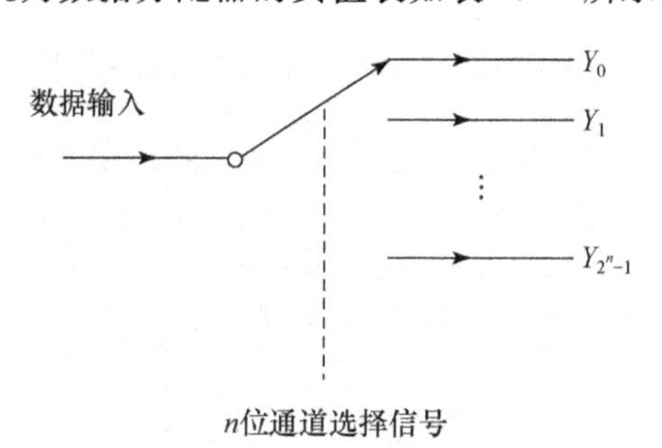

图 8.30 数据分配器示意图

表 8.11 图 8.15 逻辑图用于数据分配器的真值表

输入		输出			
A_1	A_0	Y_3	Y_2	Y_1	Y_0
0	0	0	0	0	E
0	1	0	0	E	0
1	0	0	E	0	0
1	1	E	0	0	0

从上面的分析可以看出，译码器和数据分配器是同一种器件，只是数据端和控制端相互对换而已。CMOS 集成电路 74HC138 就是这样一种器件，它的逻辑框图和功能表分别如图 8.31 和表 8.12 所示。

当 74HC138 用于译码器时，它是一个 3-8 线二进制译码器，$A_2 \sim A_0$ 是二进制代码，E_1，$\overline{E_2}$是使能信号（$\overline{E_2}=\overline{E_{2A}}+\overline{E_{2B}}$），$E_1$ 高电平有效，$\overline{E_2}$低电平有效。

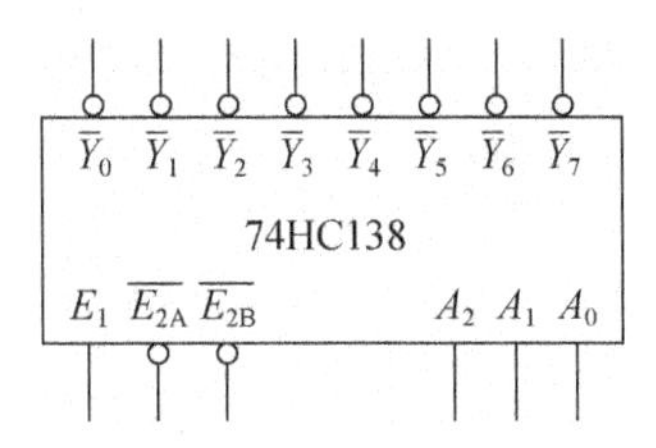

图 8.31　74HC138 逻辑框图

当 74HC138 用于数据分配器时，$A_2 \sim A_0$ 是选通地址码，数据从 E_1 或$\overline{E_2}$输入。如果希望输出信号与输入信号相同，则使 $E_1=1$，$\overline{E_{2B}}=0$，数据从$\overline{E_{2A}}$输入，也可以令 $E_1=1$，$\overline{E_{2A}}=0$，数据从$\overline{E_{2B}}$输入；如果希望输出信号与输入信号相反，则可使$\overline{E_{2A}}$，$\overline{E_{2B}}$同时接低电平，数据从 E_1 端输入。

表 8.12　74HC138 功能表

输入					输出							
使能端		地址选择										
E_1	$\overline{E_2}$	A_2	A_1	A_0	$\overline{Y_0}$	$\overline{Y_1}$	$\overline{Y_2}$	$\overline{Y_3}$	$\overline{Y_4}$	$\overline{Y_5}$	$\overline{Y_6}$	$\overline{Y_7}$
X	1	X	X	X	1	1	1	1	1	1	1	1
0	X	X	X	X	1	1	1	1	1	1	1	1
1	0	0	0	0	0	1	1	1	1	1	1	1
1	0	0	0	1	1	0	1	1	1	1	1	1
1	0	0	1	0	1	1	0	1	1	1	1	1
1	0	0	1	1	1	1	1	0	1	1	1	1
1	0	1	0	0	1	1	1	1	0	1	1	1
1	0	1	0	1	1	1	1	1	1	0	1	1
1	0	1	1	0	1	1	1	1	1	1	0	1
1	0	1	1	1	1	1	1	1	1	1	1	0

8.6　数值比较器

数值比较器是能够比较两个二进制数大小的组合逻辑部件。

8.6.1 1位数值比较器

1位数值比较器用于比较两个1位二进制数A,B的大小,结果有三种可能:$A>B$,$A=B$和$A<B$,即1位数值比较器有三个输出端,其真值表如表8.13所示。

表8.13 1位数值比较器真值表

输 入		输 出		
A	B	$F_{A>B}$	$F_{A=B}$	$F_{A<B}$
0	0	0	1	0
0	1	0	0	1
1	0	1	0	0
1	1	0	1	0

根据真值表,写出各输出变量的表达式

$$\begin{cases} F_{A>B} = A\overline{B} \\ F_{A<B} = \overline{A}B \\ F_{A=B} = \overline{A}\,\overline{B} + AB = A \odot B \end{cases} \tag{8.9}$$

由式(8.9)可以画出1位数值比较器的逻辑图,如图8.32所示。

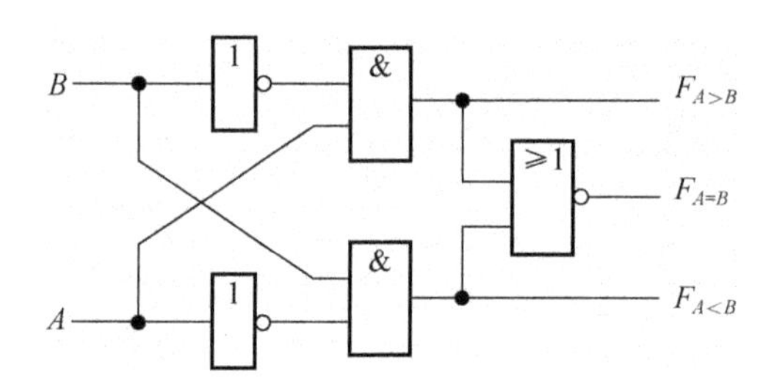

图8.32 1位数值比较器逻辑图

8.6.2 集成数值比较器

对于多位数值的比较,与十进制的数值比较一样,先对最高位数值进行比较,如果最高位相等,则比较次高位,直至最低位数值。为了方便应用,数值比较器也有多种集成化产品,如4位数值比较器74HC85,8位数值比较器74HC688等。下面以74HC85

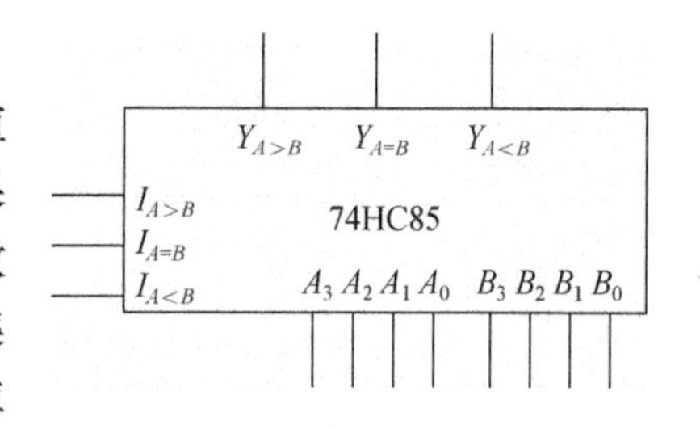

图8.33 74HC85逻辑框图

为例介绍其工作原理。

74HC85 是 4 位 CMOS 集成数值比较器，它的逻辑框图和功能表分别如图 8.33 和表 8.14 所示。

表 8.14　74HC85 功能表

比较输入				级联输入			输出		
A_3,B_3	A_2,B_2	A_1,B_1	A_0,B_0	$I_{A>B}$	$I_{A=B}$	$I_{A<B}$	$Y_{A>B}$	$Y_{A=B}$	$Y_{A<B}$
$A_3>B_3$	X	X	X	X	X	X	1	0	0
$A_3<B_3$	X	X	X	X	X	X	0	0	1
$A_3=B_3$	$A_2>B_2$	X	X	X	X	X	1	0	0
$A_3=B_3$	$A_2<B_2$	X	X	X	X	X	0	0	1
$A_3=B_3$	$A_2=B_2$	$A_1>B_1$	X	X	X	X	1	0	0
$A_3=B_3$	$A_2=B_2$	$A_1<B_1$	X	X	X	X	0	0	1
$A_3=B_3$	$A_2=B_2$	$A_1=B_1$	$A_0<B_0$	X	X	X	1	0	0
$A_3=B_3$	$A_2=B_2$	$A_1=B_1$	$A_0<B_0$	X	X	X	0	0	1
$A_3=B_3$	$A_2=B_2$	$A_1=B_1$	$A_0=B_0$	1	0	0	1	0	0
$A_3=B_3$	$A_2=B_2$	$A_1=B_1$	$A_0=B_0$	0	0	1	0	0	1
$A_3=B_3$	$A_2=B_2$	$A_1=B_1$	$A_0=B_0$	X	1	X	0	1	0
$A_3=B_3$	$A_2=B_2$	$A_1=B_1$	$A_0=B_0$	1	0	1	0	0	0
$A_3=B_3$	$A_2=B_2$	$A_1=B_1$	$A_0=B_0$	0	0	0	1	0	1

74HC85 的端口包括输入端 $A_3\sim A_0$ 和 $B_3\sim B_0$，输出端 $Y_{A>B}$，$Y_{A=B}$ 和 $Y_{A<B}$ 以及用于扩展的输入端 $I_{A>B}$，$I_{A=B}$ 和 $I_{A<B}$，当将 74HC85 级联成更多位数值比较器时，$I_{A>B}$，$I_{A=B}$ 和 $I_{A<B}$ 用来接收来自低位数值的比较结果。如果不级联或处于级联的最低位时，级联输入端应设置合适的值，即 $I_{A>B}=0$，$I_{A=B}=1$，$I_{A<B}=0$。图 8.34 给出了用 2 片 74HC85 级联构成 8 位数值比较器的逻辑图。

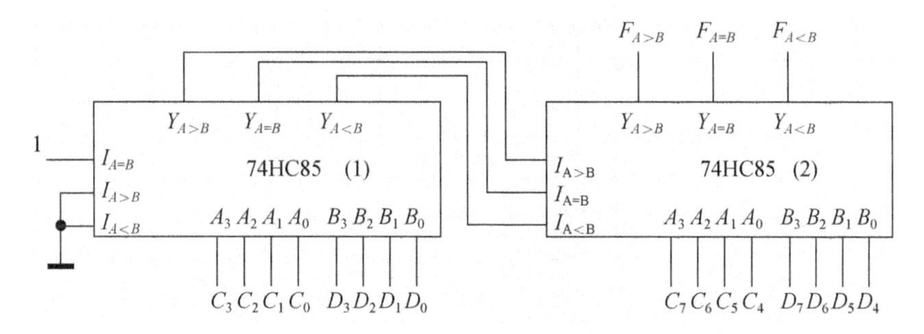

图 8.34　用 2 片 74HC85 构成 8 位数值比较器逻辑图

8.7 半加器和全加器

加法运算是数字电路中的基本运算单元。能完成加法运算的逻辑电路称为加法器。其中只对本位的数值求和,不考虑来自低位进位数的加法器称为半加器,用 HA(half-adder)表示;既对本位的数值求和,还对来自低位的进位数求和的加法器称为全加器,用 FA(full adder)表示。

8.7.1 1位半加器

由半加器的功能可知,1 位半加器有两个输入端(加数 A,B)和两个输出端(和 S、进位数 C),其真值表如表 8.15 所示。

根据真值表,可以写出 S 和 C 的逻辑表达式

$$\begin{cases} S = \overline{A}B + A\overline{B} = A \oplus B \\ C = AB \end{cases} \tag{8.10}$$

图 8.35(a)给出了由异或门和与门组成的 1 位半加器的逻辑图,图 8.35(b)是 1 位半加器的逻辑符号。

表 8.15 1位半加器真值表

输入		输出	
A	B	S	C
0	0	0	0
0	1	1	0
1	0	1	0
1	1	0	1

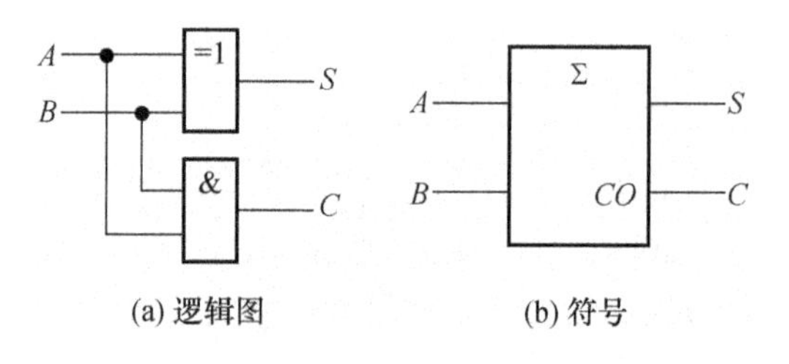

(a) 逻辑图 (b) 符号

图 8.35 1位半加器

8.7.2 1位全加器

1 位全加器的输入端增加了来自低位的进位,其真值表如表 8.16 所示。

表 8.16　1 位全加器真值表

输　　入			输　　出	
A_i	B_i	C_{i-1}	S_i	C_i
0	0	0	0	0
0	0	1	1	0
0	1	0	1	0
0	1	1	0	1
1	0	0	1	0
1	0	1	0	1
1	1	0	0	1
1	1	1	1	1

根据真值表，可以写出 S_i 和 C_i 的逻辑表达式

$$\begin{cases} S_i = \overline{A_i}\,\overline{B_i}C_{i-1} + \overline{A_i}B_i\,\overline{C_{i-1}} + A_i\,\overline{B_i}\,\overline{C_{i-1}} + A_iB_iC_{i-1} \\ \quad = (A_i \oplus B_i)\,\overline{C_{i-1}} + (A_i \odot B_i)C_{i-1} = A_i \oplus B_i \oplus C_{i-1} \\ C_i = \overline{A_i}B_iC_{i-1} + A_i\,\overline{B_i}C_{i-1} + A_iB_i\,\overline{C_{i-1}} + A_iB_iC_{i-1} \\ \quad = (A_i + B_i)C_{i-1} + A_iB_i \end{cases} \tag{8.11}$$

由式(8.11)可以画出 1 位全加器的逻辑图如图 8.36(a)所示，图 8.36(b)为 1 位全加器的逻辑符号。

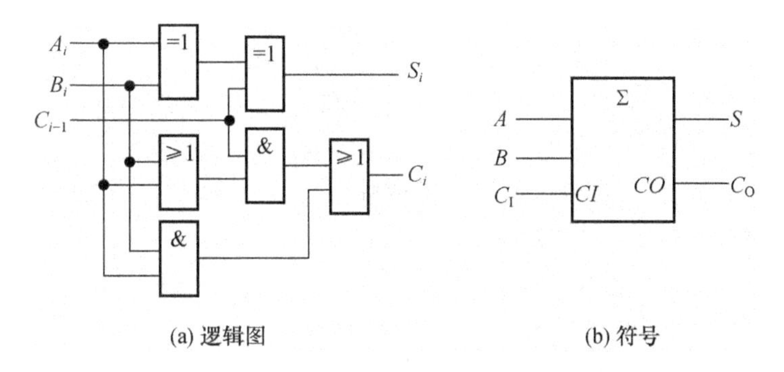

(a) 逻辑图　　　　(b) 符号

图 8.36　1 位全加器

8.7.3　多位加法器

实际使用的加法电路是多位的，需要将多个 1 位的加法器级联在一起，多位加法涉及低位向高位的进位，其中的加法器只能采用全加器。

1. 串行进位加法器

图 8.37 所示电路为 4 位串行进位加法器，它是依次将低位全加器的进位输出端接到相邻高位全加器的进位输入端构成的，结构简单。但运算过程中，高位

的全加器必须要等低位全加器运算结束并产生进位信号后,输出的运算结果才是正确的。每个全加器都有一定的延迟时间,4 位串行进位加法器要经过 4 个延迟时间后才能得到正确的结果,而且位数越多,所需的时间就越长,故串行进位加法器不能用于高速运算。

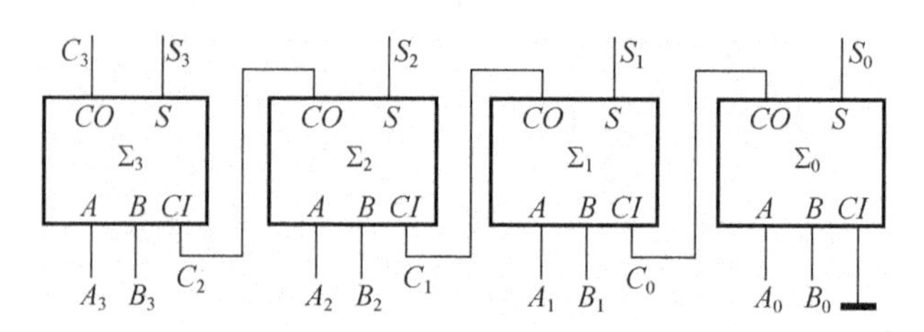

图 8.37　4 位串行进位加法器逻辑图

2. 超前进位加法器

为了克服串行进位加法器延迟时间长的缺点,提出了超前进位的设计,通过增加适当的逻辑电路使加法器提前判断出进位输入的值,可以让各级全加器几乎同时产生正确的结果,从而大大缩短加法器的延迟时间。采用这种结构的加法器称为超前进位加法器。

下面仍以 4 位加法器来讨论提前进位的工作原理。

全加器 $\sum_i$ 的输出端 CO 的表达式为

$$C_i = (A_i + B_i) \cdot C_{i-1} + A_i B_i \tag{8.12}$$

为讨论方便,令 $P_i = A_i + B_i$,$G_i = A_i B_i$,则式(8.12)可以改写成

$$C_i = P_i C_{i-1} + G_i$$

对于 4 位加法器,各位全加器的进位输出为

$$\begin{cases} C_0 = P_0 \cdot 0 + G_0 = G_0 \\ C_1 = P_1 \cdot C_0 + G_1 = P_1 G_0 + G_1 \\ C_2 = P_2 \cdot C_1 + G_2 = P_2 P_1 G_0 + P_2 G_1 + G_2 \\ C_3 = P_3 \cdot C_2 + G_3 = P_3 P_2 P_1 G_0 + P_3 P_2 G_1 + P_3 G_2 + G_3 \end{cases} \tag{8.13}$$

按照式(8.13)构成逻辑电路可以得到超前进位值,将结果直接连到高一位的进位输入端,就能实现超前进位功能。

74HC283 是具有超前进位功能的 4 位集成加法器,它的逻辑框图如图 8.38 所示。利用串行进位连接方式,可以将 74HC283 级联成为更多位的加法运算电路。

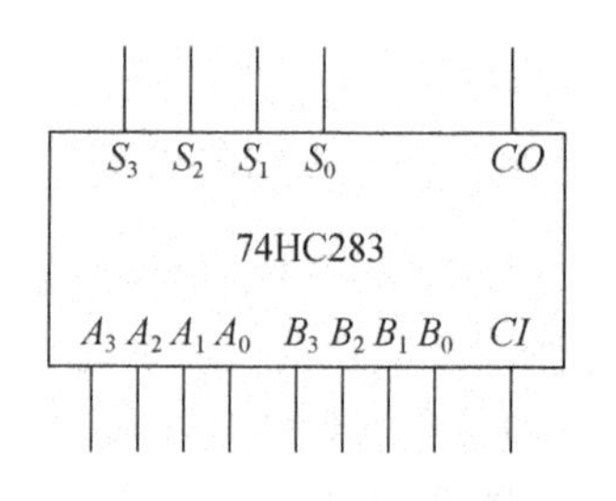

图 8.38　74HC283 逻辑框图

用加法器也可以产生逻辑函数，只要待实现的逻辑函数可以转换成输入变量与输入变量相加的形式，就可以用加法器配合简单的门电路实现该逻辑函数。

例 8-6　试用 1 片 74HC283 和门电路实现将 4 位二进制码转成 BCD 码的逻辑功能。

解　根据题意列出真值表如表 8.17 所示。当输入二进制码的值小于 10 时，输出的 BCD 码与输入一致；当输入二进制码的值等于 10～15 时，输出的 BCD 码为 0～5 并且产生进位输出，这个过程相当于当输入的二进制码的值大于等于 10 时，要在二进制码的基础上加 6(对应二进制码 0110)。用门电路设计出是否加 6 的判断电路，就可以实现二进制码到 BCD 码的转换。

表 8.17　例 8-6 真值表

十进制数	输入				输出				
	二进制码				进位	BCD 码			
	B_3	B_2	B_1	B_0	D_C	D_3	D_2	D_1	D_0
0	0	0	0	0	0	0	0	0	0
1	0	0	0	1	0	0	0	0	1
2	0	0	1	0	0	0	0	1	0
3	0	0	1	1	0	0	0	1	1
4	0	1	0	0	0	0	1	0	0
5	0	1	0	1	0	0	1	0	1
6	0	1	1	0	0	0	1	1	0
7	0	1	1	1	0	0	1	1	1
8	1	0	0	0	0	1	0	0	0
9	1	0	0	1	0	1	0	0	1
10	1	0	1	0	1	0	0	0	0
11	1	0	1	1	1	0	0	0	1
12	1	1	0	0	1	0	0	1	0
13	1	1	0	1	1	0	0	1	1
14	1	1	1	0	1	0	1	0	0
15	1	1	1	1	1	0	1	0	1

由图 8.39 所示 D_C 的卡诺图可得，判断输入二进制数的值大于等于 10 的逻辑表达式为

$$Y = B_3B_2 + B_3B_1 \tag{8.14}$$

即当 $Y=1$ 时，需对输入信号加 6。由此可以画出实现码制转换的逻辑电路如图 8.40 所示。

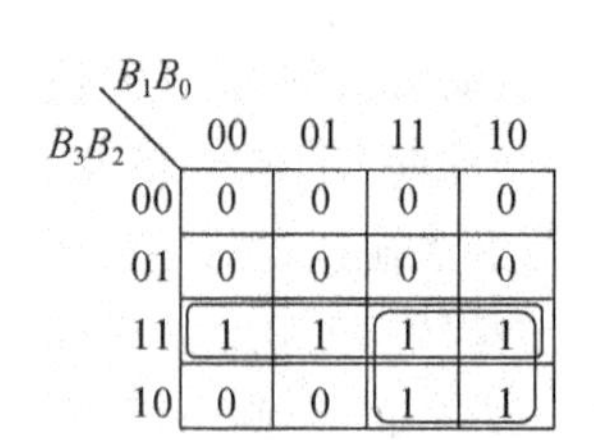

图 8.39 例 8-6D_C 的卡诺图

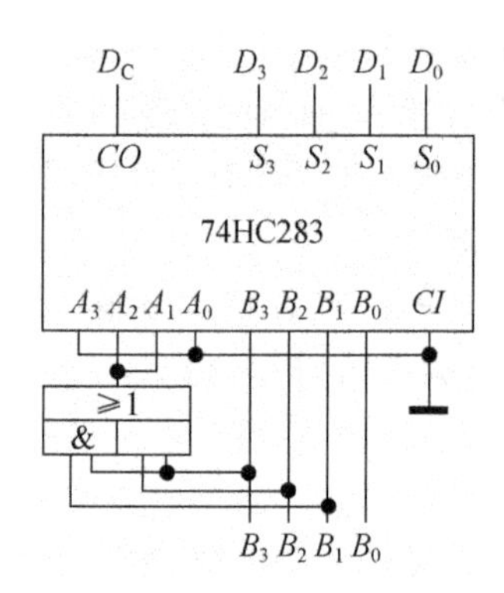

图 8.40 例 8-6 逻辑图

8.8 可编程逻辑器件

前几节介绍的中、小规模集成电路的逻辑功能较为简单,而且是固定不变的,用它们可以组成较复杂的数字电路系统。但一个大型的复杂电路中如果使用的器件过多,不仅会占用比较大的体积,消耗比较大的功率,而且存在可靠性差、检修困难的严重问题。利用可编程逻辑器件来实现复杂数字电路系统,则可以较好地解决上述问题。可编程逻辑器件(programmable logic device,PLD)是由用户来定义、配置逻辑功能的通用性逻辑器件,具有集成度高、使用灵活等特点。利用专用的计算机辅助设计和开发工具,用户通过编程可以很容易地实现复杂的逻辑功能,设计周期短,可靠性高,因而得到了广泛应用,发展非常迅速。

8.8.1 可编程逻辑器件的结构和表示方法

1. PLD 的基本结构

可编程逻辑器件的基本结构由输入电路、与阵列、或阵列和输出电路组成,如图 8.41 所示。输入电路由输入缓冲器组成,可以将输入信号转换成互补的信号送到与阵列;与阵列和或阵列是 PLD 的核心部分,通过对它们的编程可以实现所需的逻辑功能;输出电路则是由三态门构成的输出缓冲器。

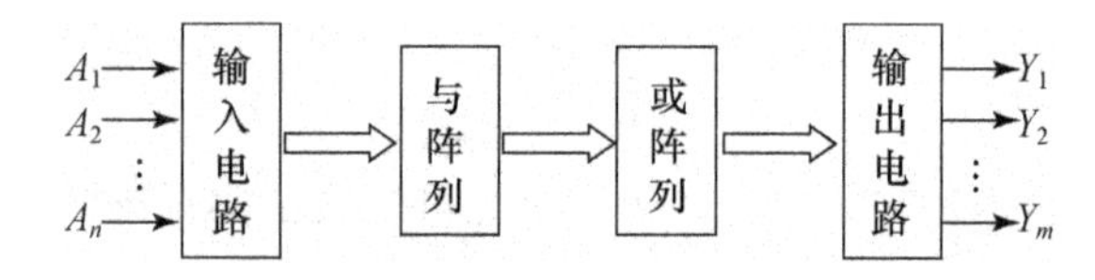

图 8.41 PLD 的基本结构

2. PLD 的表示方法

PLD 的与阵列和或阵列中包含的门电路数量较多，给逻辑图的绘制带来不便，为此，采用一套简便的方法来表示这些门电路以便保持阵列的形状。

在 PLD 中，门阵列的交叉点有三种情况，分别是硬连接、被编程连接和断开，其符号分别如图 8.42(a)，(b)，(c)所示。其中硬连接是固定连接状态，不允许用户编程改变连接方式，用交叉处的圆点表示；被编程连接是靠用户编程来实现连接的，用交叉处的“X”来表示；而断开状态是用户编程使之断开的，也称为被编程擦除，表示断开时，在交叉处不加任何符号。

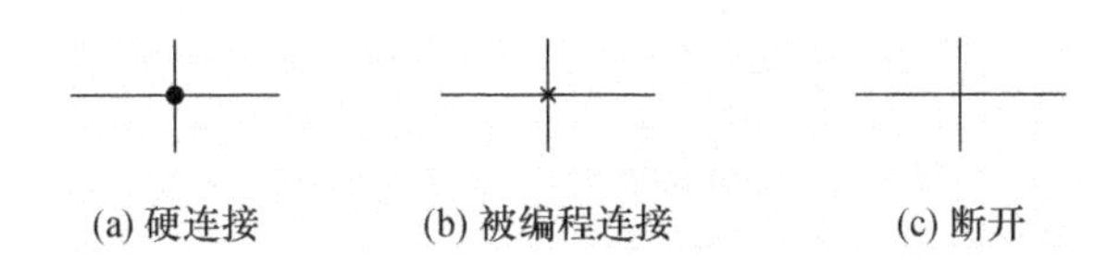

图 8.42　PLD 内部的连接方式

PLD 中的门电路画法也与普通组合逻辑电路中门电路的画法不一致，图 8.43给出了几种常见的 PLD 内部门电路的画法，图 8.43(a)为与门；图 8.43(b)为或门；图 8.43(c)为带互补输出的输入缓冲器。图中可以看出，硬连接和被编程连接在逻辑关系上是等同的，而图 8.43(b)中变量 B 是和或门断开的，所以不出现在或门的输入端。这一点在读 PLD 的逻辑图时要特别注意。

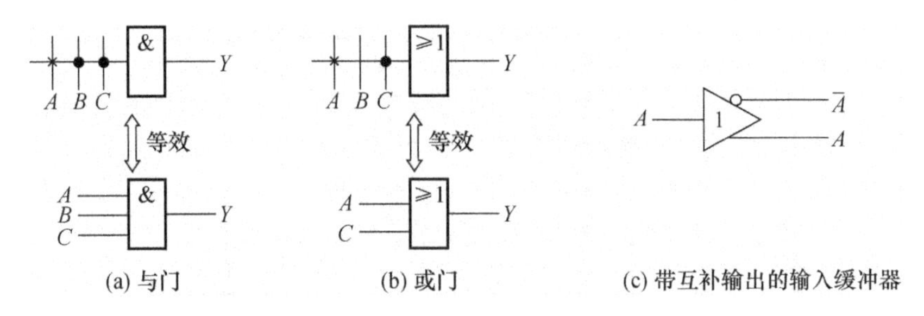

图 8.43　PLD 门电路表示方式

8.8.2　可编程逻辑器件的类型和应用

1. PLD 的类型

PLD 是一类器件的泛称，自问世以来，已经发展出许多不同类型的系列产品，从低速到高速、从低密度集成到高密度集成、从简单结构到复杂结构甚至“片上系统”，PLD 的性能在不断改进和提高。先后出现的类型有可编程只读存储器(programmable read only memory，PROM)、可编程逻辑阵列(programmable logic array,PLA)、可编程阵列逻辑(programmable array logic,PAL)、通用阵列逻辑(generic array logic,GAL)、复杂可编程逻辑器件(complex PLD,CPLD)和现场可编程门阵列(field programmable gate array,FPGA)。

PROM是早期的PLD,主要用于存储器,它由固定的与阵列和可编程的或阵列组成,单元连接由晶体管和金属熔丝串联而成,编程时用大电流烧断不需要连接的熔丝即可,只能编写一次。后来,为便于修改设计,采用浮栅MOS管代替熔丝,生产出用紫外线擦除的EPROM和用电擦除的E^2PROM。

在上述类型的PLD中,PROM,PLA,PAL和GAL属于低密度集成的PLD,集成度在1000门以下,而CPLD和FPGA属于高密度集成,FPGA的集成度可达百万门以上。

下面仅以PLA为例讨论PLD的原理及应用。

2. 用PLA实现逻辑函数

可编程组合逻辑阵列PLA的基本结构如图8.44所示,与阵列和或阵列都是可编程的,使用起来非常方便。图中的与阵列最多可以产生6个可编程的乘积项,或阵列最多可以产生3个组合逻辑函数。

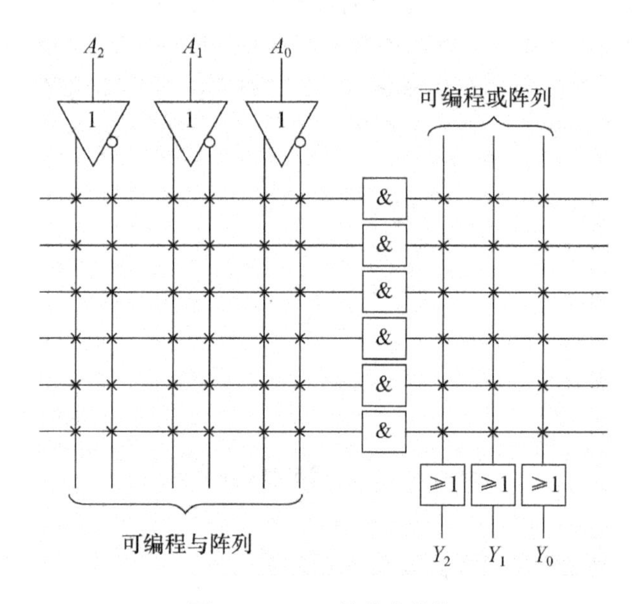

图8.44 PLA的基本结构

用PLA实现逻辑函数的方法是:将函数化简为最简与或式,然后先在与阵列上实现与运算,再在或阵列上实现或运算即可。画逻辑图的方法是在相应的交叉点标上连接符号。

例 8-7　用 PLA 实现下列逻辑函数。

$$Y_1 = A\overline{B}C + AB\overline{C} + \overline{A}BC$$

$$Y_2 = \overline{AC + B\overline{C}} + BC$$

解　Y_1 已经是最简与-或式。将 Y_2 化简

$$\begin{aligned} Y_2 &= \overline{ABC + A\overline{B}C + AB\overline{C} + \overline{A}B\overline{C}} + BC \\ &= \overline{A}\,\overline{B}\,\overline{C} + \overline{A}\,\overline{B}C + \overline{A}BC + A\,\overline{B}\,\overline{C} + BC \\ &= \overline{B}\,\overline{C} + \overline{A}C + BC \end{aligned}$$

逻辑图如图 8.45 所示。

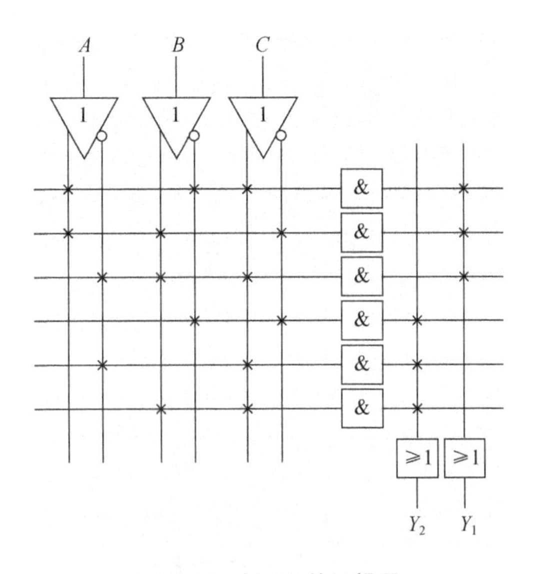

图 8.45　例 8-7 的逻辑图

综合案例

案例 1　逻辑门电路符号的等效变换及其在分析组合逻辑电路中的应用。

在中规模集成电路的内部逻辑电路中，为了强调输入端“低电平有效”，经常出现在逻辑门电路符号的输入端加小圆圈的现象，这是逻辑门符号的变换形式，如图 Z8-1 所示译码器/数据分配器 74HC138 逻辑图中的 G_1～G_9门。

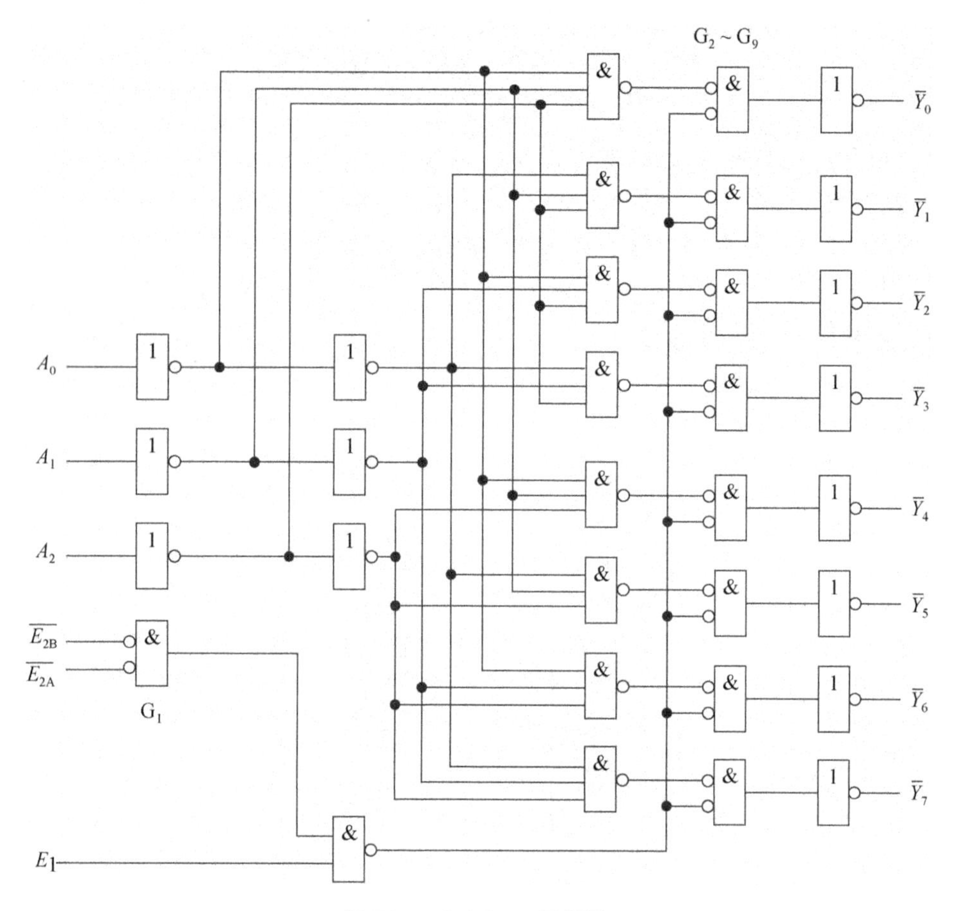

图 Z8-1　74HC138 逻辑图

对于逻辑门符号这种画法，输入端的小圆圈在逻辑功能上表示输入信号经过求反后送入逻辑门，相当于加了一个非门。G_1 门的等效电路如图 Z8-2 所示，从等效电路可知，G_1 门的逻辑功能与或非门是一致的，可以将它看作是或非门的等效变换。

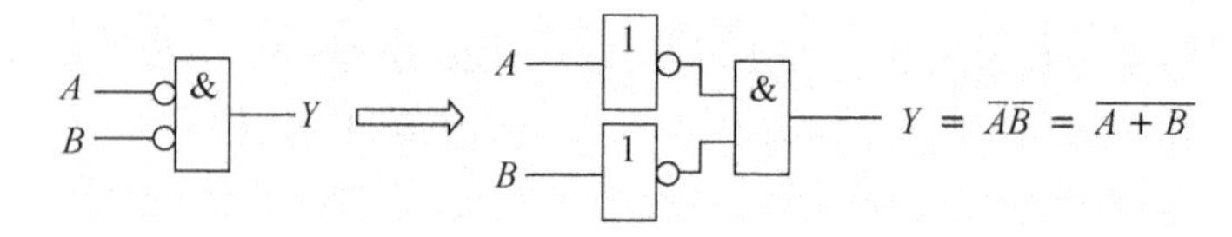

图 Z8-2　G_1 逻辑门的等效电路

同样的，与非门也有类似的等效变换，如图 Z8-3 所示。

根据逻辑门符号等效变换的规则，逻辑电路有以下两个特性：

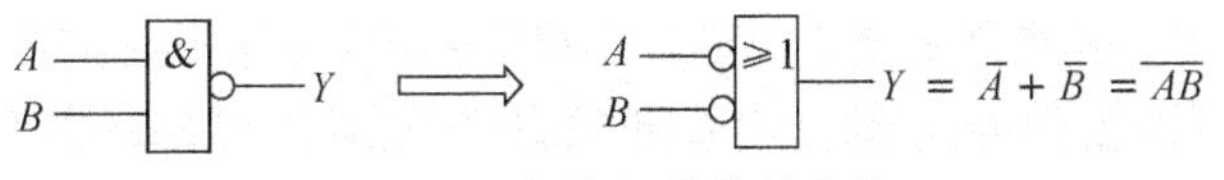

图 Z8-3　与非门的等效变换

(1) 逻辑电路中，连接逻辑门的任一条线的两端同时加上或消去小圆圈，电路的逻辑功能不变。

如图 Z8-4 所示，左图中，连接 G_1 输出端与 G_2 输入端的连线两端都加上了小圆圈，而右图中该连线两端的小圆圈均被消去，由逻辑函数表达式可以看出，这两个电路的逻辑功能是一致的。

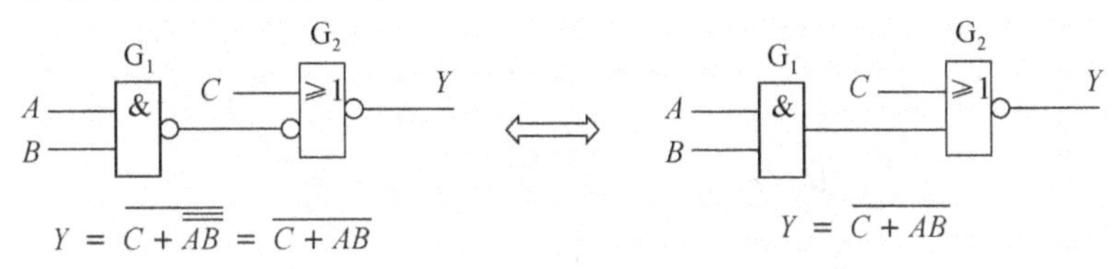

图 Z8-4　同时加上/消去小圆圈的逻辑电路

(2) 逻辑电路中，任一条线上的小圆圈从一端移到另一端，电路的逻辑功能不变。

如图 Z8-5 所示，小圆圈从 G_1 的输出端移到了 G_2 的输入端，电路的逻辑功能保持不变。

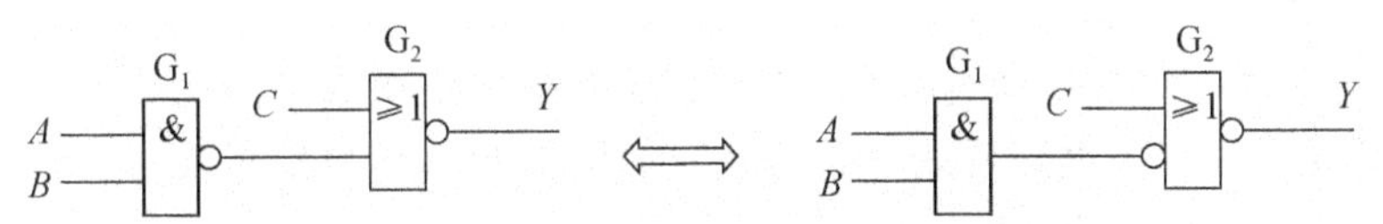

图 Z8-5　移动小圆圈位置的逻辑电路

在分析组合逻辑电路时，如果电路由同一类型的逻辑门组成，且级数较多时，如果采用逻辑门的等效变换形式对电路进行隔级变换，将更方便地得到逻辑函数表达式。

图 Z8-6 所示的逻辑电路是由与非门构成的四级逻辑电路，如果直接逐级推导逻辑表达式，会出现许多跨多个变量的反号，书写极为不便。

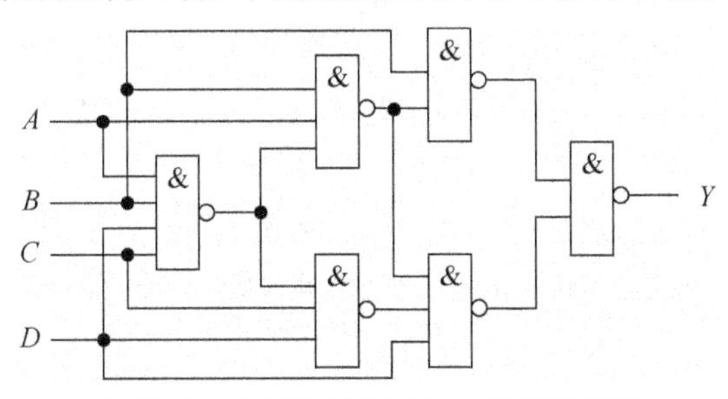

图 Z8-6　由与非门构成的四级逻辑电路

利用与非门的等效变换替换掉第二级和第四级的与非门,得到Z8-7(a)所示的等效电路,再消去同时出现在连线两端的小圆圈,得到Z8-7(b)所示的简化电路。

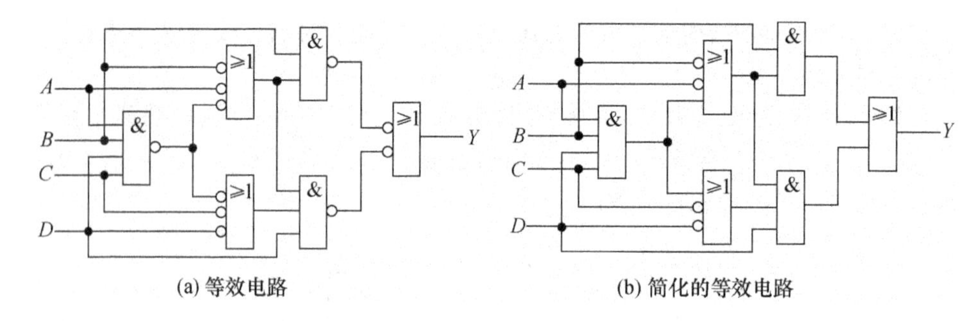

图 Z8-7　图 Z8-6 逻辑图的等效变换

对图Z8-7(b)电路进行逐级推导,可以方便地得到输出Y的函数表达式。

$$
\begin{aligned}
Y &= (\overline{A}+\overline{B}+ABCD)B+(\overline{A}+\overline{B}+ABCD)(\overline{C}+\overline{D}+ABCD)D \\
&= \overline{A}B+BCD+(\overline{A}+\overline{B}+ABCD)(\overline{C}D+ABCD) \\
&= \overline{A}B+BCD+\overline{A}\,\overline{C}D+\overline{B}\,\overline{C}D
\end{aligned}
$$

案例 2　用中规模集成电路实现组合逻辑函数。

组合逻辑电路的设计过程中,使用标准的中规模集成电路产品来实现逻辑函数,不仅可以减少电路连线,缩小电路的体积,提高电路的可靠性,而且省工、省钱,在设计过程中达到事半功倍的效果。

中规模集成电路的内部电路是不可更改的,其输出变量与输入变量的逻辑函数关系已经固化在芯片中,所以用中规模集成电路实现组合逻辑函数的基本方法是比较法,即比较固化在芯片中的逻辑函数和待实现的逻辑函数表达式,并用少量的逻辑门电路将两者匹配起来。在这些中规模集成电路中,使用最多的是译码器、数据选择器和全加器。

(1) 用译码器74HC138设计组合逻辑电路。

用74HC138实现一位可控全加、全减器电路,即当控制信号为0时,电路完成全加运算($A_i+B_i+C_{i-1}$);当控制信号为1时,电路完成全减运算($A_i-B_i-C_{i-1}$)。

设控制信号为K,列出一位可控全加、全减器真值表如表Z8-1所示。表中,当$K=0$时,S_i/D_i表示全加和S_i;当$K=1$时,S_i/D_i表示全减差D_i。

表 Z8-1　一位可控全加、全减器真值表

K	A_i	B_i	C_{i-1}	S_i/D_i	C_i	K	A_i	B_i	C_{i-1}	S_i/D_i	C_i
0	0	0	0	0	0	1	0	0	0	0	0
0	0	0	1	1	0	1	0	0	1	1	1
0	0	1	0	1	0	1	0	1	0	1	1
0	0	1	1	0	1	1	0	1	1	0	1
0	1	0	0	1	0	1	1	0	0	1	0
0	1	0	1	0	1	1	1	0	1	0	0
0	1	1	0	0	1	1	1	1	0	0	0
0	1	1	1	1	1	1	1	1	1	1	1

由表 Z8-1 可得输出变量 S_i/D_i 和 C_i 的最小项表达式，

$$S_i/D_i(K,A_i,B_i,C_{i-1})=\sum(1,2,4,7,9,10,12,15)$$

$$C_i(K,A_i,B_i,C_{i-1})=\sum(3,5,6,7,9,10,11,15)$$

74HC138 是 3-8 线译码器，又是最小项发生器，输出低电平有效。可用两片 74HC138 扩展成 4-16 线译码器，将 A_i,B_i,C_{i-1} 当作地址码使用，分别连接地址输入端 A_2,A_1,A_0，控制信号 K 作为使能信号，比较 74HC138 的功能表和待实现的组合逻辑函数，可得图 Z8-8 所示的逻辑电路。

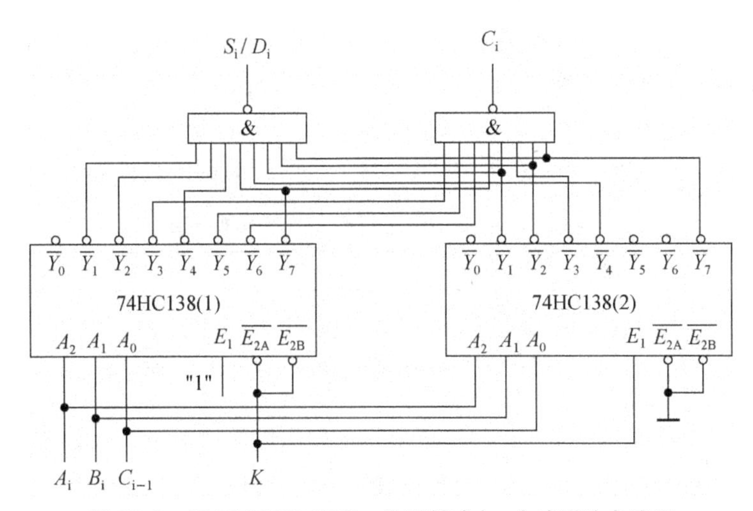

图 Z8-8　用 74HC138 实现一位可控全加、全减器的电路图

当 $K=0$ 时，74HC138(1)工作，实现全加逻辑运算，74HC138(2)使能端无效，输出为全高电平，不影响与非门输出结果。此时

$$S_i/D_i(A_i,B_i,C_{i-1})=\sum(1,2,4,7)=m_1+m_2+m_4+m_7=\overline{\overline{m_1}\cdot\overline{m_2}\cdot\overline{m_4}\cdot\overline{m_7}}$$

$$C_i(A_i,B_i,C_{i-1})=\sum(3,5,6,7)=m_3+m_5+m_6+m_7=\overline{\overline{m_3}\cdot\overline{m_5}\cdot\overline{m_6}\cdot\overline{m_7}}$$

当 $K=1$ 时,74HC138(2)工作,74HC138(1)输出为全高电平,电路实现全减逻辑运算。此时

$$S_i/D_i(A_i,B_i,C_{i-1})=\sum(9,10,12,15)=m_9+m_{10}+m_{12}+m_{15}$$
$$=\overline{\overline{m_9}\cdot\overline{m_{10}}\cdot\overline{m_{12}}\cdot\overline{m_{15}}}$$
$$C_i(A_i,B_i,C_{i-1})=\sum(9,10,11,15)=m_9+m_{10}+m_{11}+m_{15}$$
$$=\overline{\overline{m_9}\cdot\overline{m_{10}}\cdot\overline{m_{11}}\cdot\overline{m_{15}}}$$

(2) 用数据选择器 74HC151 设计组合逻辑电路。

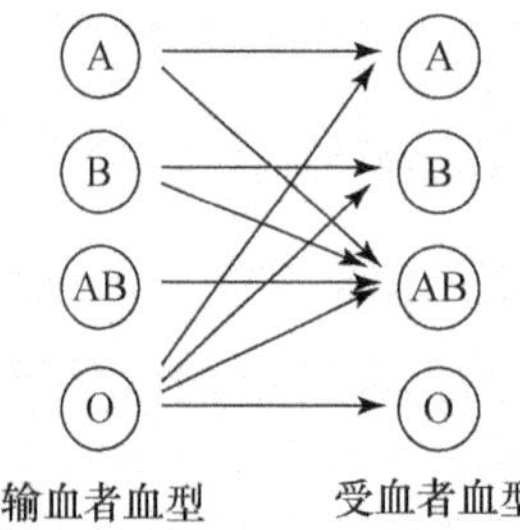

图 Z8-9 输血血型授受关系

在 ABO 血型系统中,血型有 A,B,AB 和 O 型四种类型,输血时必须按照图 Z8-9 所示的授受关系来匹配输血者和受血者的血型。试用 8 选 1 数据选择器 74HC151 设计逻辑电路,判断输血者与受血者的血型是否匹配。

首先进行逻辑抽象,确定输入逻辑变量。可以对四种血型进行二进制编码,用两位二进制码的四种组合对应四种血型,不妨定义“00”对应 A 型,“01”对应 B 型,“10”对应 AB 型,“11”对应 O 型。

输血者血型用变量 JK 表示,受血者血型用变量 MN 表示,J,K,M,N 为输入逻辑变量。输出逻辑变量用 Y 表示,$Y=0$ 表示血型不匹配,$Y=1$ 表示血型匹配,可以输血。

根据图 Z8-9 所示授受关系,判断血型是否匹配的函数真值如表 Z8-2 所示。

表 Z8-2 判断血型是否匹配的函数真值表

J	K	M	N	Y	J	K	M	N	Y
0	0	0	0	1	1	0	0	0	0
0	0	0	1	0	1	0	0	1	0
0	0	1	0	1	1	0	1	0	1
0	0	1	1	0	1	0	1	1	0
0	1	0	0	0	1	1	0	0	1
0	1	0	1	1	1	1	0	1	1
0	1	1	0	1	1	1	1	0	1
0	1	1	1	0	1	1	1	1	1

将 K,M,N 看作地址码分别连接 74HC151 的 A_2,A_1,A_0 输入端,从真值表可得逻辑函数表达式

$$
\begin{aligned}
Y &= \overline{J}(m_0 + m_2 + m_5 + m_6) + J(m_2 + m_4 + m_5 + m_6 + m_7) \\
&= \overline{J}m_0 + m_2 + Jm_4 + m_5 + m_6 + Jm_7
\end{aligned}
$$

比较上式与 74HC151 的逻辑函数关系式，可以确定 74HC151 各数据输入端的连接值，得到逻辑电路如图 Z8-10 所示。

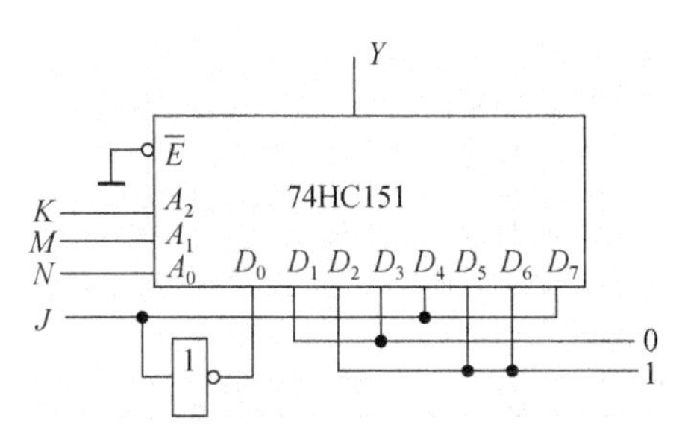

图 Z8-10　判断血型是否匹配的逻辑电路

本章小结

(1) 按照逻辑功能的不同，可以将数字逻辑电路分为组合逻辑电路和时序逻辑电路两大类。组合逻辑电路的特点是在任何时刻的输出状态只取决于该时刻的输入状态，而与电路原来的状态无关。

(2) 本章介绍了几种常用的组合逻辑电路，它们的电路结构和逻辑功能各不相同，但分析方法和设计方法都是相同的。本章的学习重点是通过对不同组合电路的分析和讨论来掌握分析和设计的一般方法，而不必记住具体的逻辑电路。

(3) 分析组合逻辑电路的目的是确定已知电路的逻辑功能，分析的一般步骤是：根据电路写出逻辑函数表达式并化简；列出真值表；确定逻辑功能。

(4) 设计组合逻辑电路的一般步骤是：根据逻辑要求进行逻辑抽象，确定输入、输出逻辑变量；列出真值表；写出逻辑函数表达式；化简表达式或转换成适当的形式；画出逻辑电路。

(5) 竞争冒险是数字逻辑电路在工作状态转换过程中常出现的现象，表现为短暂的尖脉冲，会对电路的正常工作产生影响，应该加以抑制。

(6) 典型的中规模组合逻辑器件包括编码器、译码器、数据选择器、数据分配器、数值比较器和加法器等，为了方便使用或功能扩展，多数组合逻辑器件附加了控制端口，如使能端、扩展端口等。

(7) 跟门电路一样，中规模集成组合逻辑电路也可用于产生逻辑函数。应用时要善于利用集成电路中的控制端口，以达到简化设计的目的。

(8) 可编程逻辑器件(PLD)是由用户通过编程来设置逻辑功能的器件，用它来实现组合逻辑电路,不仅方便灵活而且可靠性高。

思 考 题

8-1 什么是组合逻辑电路?它的主要特点是什么?

8-2 组合电路分析的目的是什么?组合电路设计的一般步骤是什么?

8-3 什么是组合逻辑电路的竞争冒险?了解消去竞争冒险的方法。

8-4 编码和优先编码的区别在哪里?

8-5 二进制译码器和数据分配器在使用中有何不同?

8-6 在七段显示数码管工作过程中,若译码电路输出竞争冒险信号,会对显示的字符产生什么影响?

8-7 集成数值比较器级联构成多位比较器时,低位比较器的输出端应如何处理?

8-8 半加器和全加器有何不同?

8-9 超前进位加法器是如何实现提前进位的?与串行进位加法器相比它有什么优点?

8-10 PLD 由哪几部分构成?PLD 的类型有哪几种?

8-11 对于同一逻辑电路,用小规模集成门电路组成和用专用集成电路相比较,可能有哪些差异?

练 习 题

8-1 逻辑电路如图 P8-1 所示,列出真值表,写出逻辑表达式,并分析其逻辑功能。

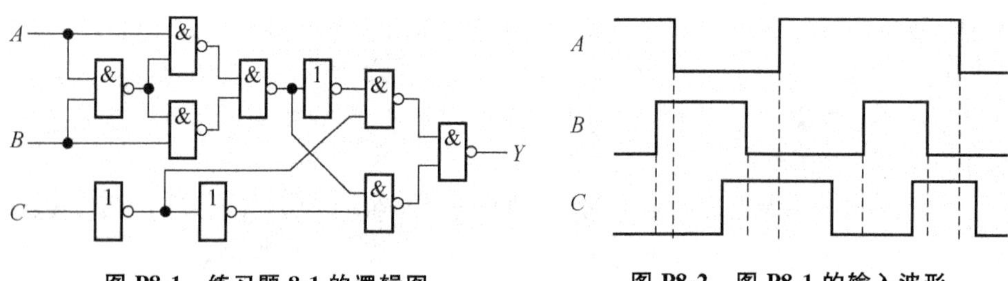

图 P8-1 练习题 8-1 的逻辑图　　图 P8-2 图 P8-1 的输入波形

8-2 若图 P8-1 所示逻辑图的 3 个输入端的波形如图 P8-2 所示,画出输出端的波形图。

8-3 已知组合逻辑电路的输入信号 A,B,C 和输出信号 Y 的波形如图 P8-3所示,求 Y 的逻辑表达式,并画出用与非门和非门实现的逻辑图。

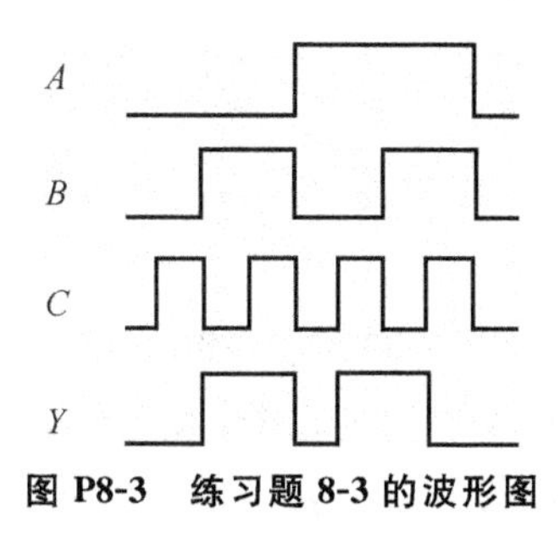

图 P8-3　练习题 8-3 的波形图

8-4　已知逻辑电路如图 P8-4 所示，写出 Y_1，Y_2 的逻辑表达式，列出真值表，说明该电路能完成什么功能。

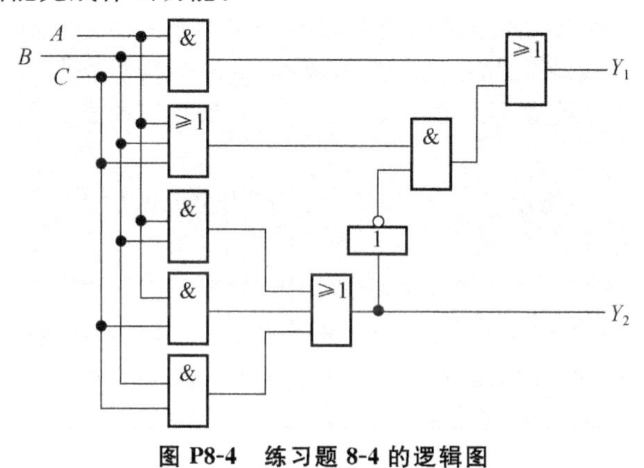

图 P8-4　练习题 8-4 的逻辑图

8-5　已知组合电路的真值表如表 P8-1(a)，(b)所示。试画出用与非门实现的电路图。

表 P8-1(a)　题 8-5 的真值表

A	B	C	D	Y
0	0	0	0	1
0	0	0	1	0
0	0	1	0	1
0	0	1	1	0
0	1	0	0	0
0	1	0	1	1
0	1	1	0	1
0	1	1	1	0
1	0	0	0	0
1	0	0	1	1

表 P8-1(b)　题 8-5 的真值表

A	B	C	D	Y_1	Y_2
0	0	1	0	0	1
0	1	1	0	1	0
0	1	1	1	1	0
0	1	0	1	1	1
0	1	0	0	1	1
1	1	0	0	0	0
1	1	0	1	0	0
1	1	1	1	1	1
1	1	1	0	0	0
1	0	1	0	0	1

8-6 设计一个 4 变量的多数票表决电路，当输入出现 3 个或 4 个 1 时输出为 1。

8-7 在 BCD-七段译码器中，若要求显示 6 时 a 段也亮，显示 9 时 d 段也亮，求 a，d 段的逻辑表达式。

8-8 有一 3 按键的门控、报警装置，当 3 个键都不按下时，不开门也不报警；当只有一个键被按下时，不开门但报警；当任意 2 个键按下时，门打开但不报警；当 3 个键都被按下时，门打开且报警。设计此逻辑电路，要求：

(1) 用门电路实现；

(2) 用 3-8 线译码器和门电路实现。

8-9 用门电路设计半减器和全减器。

8-10 一个超前进位的 2 位数全加器的输入为二进制数 A_1A_0 和 B_1B_0，输出为和数 S_1S_0 和进位数 C。写出电路输出变量的逻辑函数表达式，并用门电路实现之。

8-11 用 8 选一数据选择器 74HC151 产生逻辑函数。

(1) $Y = AB + \overline{B}\,\overline{C}$；

(2) $Y = A\overline{B}C + ABC\overline{D} + \overline{B}\,\overline{C}D + \overline{A}C$。

8-12 用 74HC151 组成的电路如图 P8-5(a)所示，已知各输入端信号波形如图 P8-5(b)所示，画出输出端 Y 的波形图。

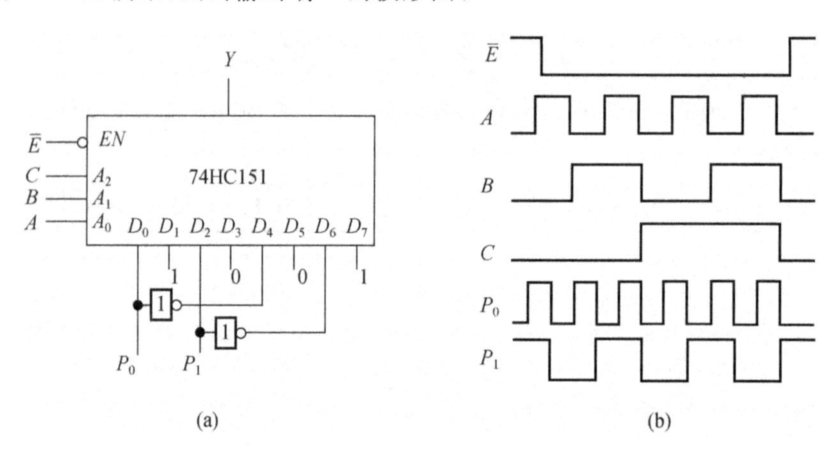

图 P8-5 练习题 8-12 的逻辑图和输入波形

8-13 用 8 选一数据选择器 74HC151 设计电路，控制一个有 3 个开关的指示灯，要求任何一个开关都能让指示灯由灭变亮和由亮变灭。

8-14 画出用 4 片 74HC85 级联构成 16 位二进制比较器的连线图。

8-15 用 4 位加法器 74HC283 设计电路，将 8421BCD 码转换为余 3 码。

8-16　用全加器和门电路实现 2 位二进制数相乘。

8-17　可编程逻辑阵列 PLA 电路如图 P8-6 所示，写出输出逻辑函数表达式。

8-18　用 PLA 实现全加器和全减器。

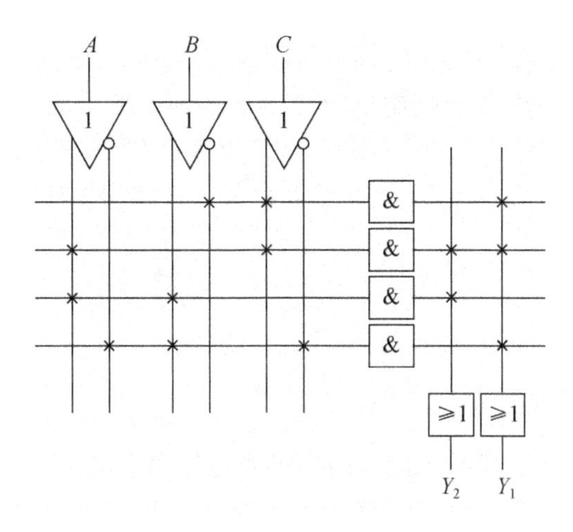

图 P8-6　练习题 8-17 逻辑图

第9章　触发器和时序逻辑电路

本章介绍时序逻辑电路。时序逻辑电路具有存储能力，锁存器和触发器是它的基本逻辑单元电路。首先讨论锁存器和几种触发器的电路结构、工作原理和实现的逻辑功能，接着介绍时序逻辑电路的分析方法，着重讨论两种常用的时序逻辑电路——寄存器和计数器，介绍它们的工作原理和使用方法。

9.1　时序逻辑电路

9.1.1　时序逻辑电路的一般框图

数字电路分为组合逻辑电路和时序逻辑电路两大类。组合逻辑电路的特点是电路的输出状态在任一时刻只取决于该时刻的输入状态，而与电路原来的状态无关。而在时序逻辑电路中，任一时刻电路的输出状态不仅与该时刻的输入状态有关，而且与电路原来的状态有关。时序逻辑电路区别于组合逻辑电路的重要特性就是时序逻辑电路具有记忆功能，或称为存储功能。用原来的状态影响现在的状态的方法类似于模拟电路中的反馈，所以时序逻辑电路除了包含正向传输的组合逻辑电路外，还要有反馈网络。在数字电路中，反馈网络称作存储电路，由触发器或其他存储器件构成。

时序逻辑电路的一般框图如图9.1所示。图中，逻辑变量 $A_1, A_2, \cdots, A_i$ 是电路的输入信号；逻辑变量 $Y_1, Y_2, \cdots, Y_j$ 是电路的输出信号；逻辑变量 $Z_1, Z_2, \cdots, Z_k$ 是存储电路的输入信号，称为激励信号；逻辑变量 $Q_1, Q_2, \cdots, Q_l$ 是存储电路的输出信号，表明了内部存储单元(触发器或存储器)的状态，通常用它来表示时序电路当前的状态，故称为状态信号。

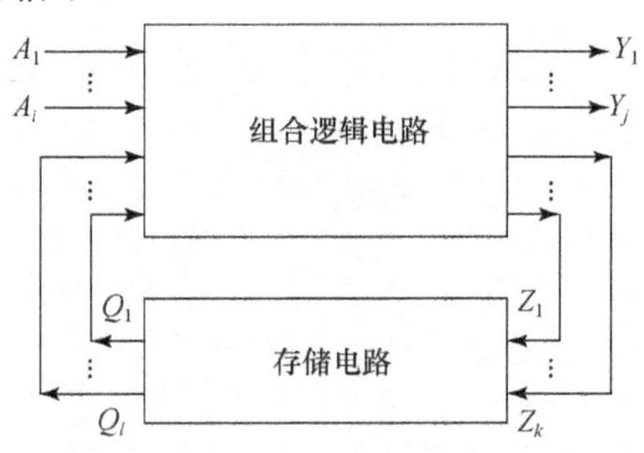

图9.1　时序逻辑电路的一般框图

通常存储电路中的存储单元是在周期脉冲信号控制下进行存储工作的，这个周期脉冲信号称作时钟信号，用 CP(clock pulse)表示。在前后两个时钟脉冲的间隔期间，时序电路的输出状态是不会改变的。利用时钟信号可以将时序电路的输出信号分割成一个时间上的状态序列，将时钟脉冲到来之前的输出状态称作现态，用 Q^n 或 Q 表示，将时钟脉冲作用之后的输出状态称作次态，用 Q^{n+1} 表示。

时序逻辑电路中的4组逻辑变量间的关系用以下3个方程组来描述

$$\begin{cases} Y_1 = F_1(A_1, A_2, \cdots A_i, Q_1, Q_2, \cdots Q_l) \\ Y_2 = F_2(A_1, A_2, \cdots A_i, Q_1, Q_2, \cdots Q_l) \\ \vdots \qquad\qquad \vdots \\ Y_j = F_j(A_1, A_2, \cdots A_i, Q_1, Q_2, \cdots Q_l) \end{cases} \tag{9.1}$$

$$\begin{cases} Z_1 = G_1(A_1, A_2, \cdots A_i, Q_1, Q_2, \cdots Q_l) \\ Z_2 = G_2(A_1, A_2, \cdots A_i, Q_1, Q_2, \cdots Q_l) \\ \vdots \qquad\qquad \vdots \\ Z_k = G_k(A_1, A_2, \cdots A_i, Q_1, Q_2, \cdots Q_l) \end{cases} \tag{9.2}$$

$$\begin{cases} Q_1^{n+1} = H_1(A_1, A_2, \cdots A_i, Q_1^n, Q_2^n, \cdots Q_l^n) \\ Q_2^{n+1} = H_2(A_1, A_2, \cdots A_i, Q_1^n, Q_2^n, \cdots Q_l^n) \\ \vdots \qquad\qquad \vdots \\ Q_l^{n+1} = H_l(A_1, A_2, \cdots A_i, Q_1^n, Q_2^n, \cdots Q_l^n) \end{cases} \tag{9.3}$$

式(9.1)称为输出方程，表示电路的输出信号与输入信号、状态信号之间的关系；式(9.2)称为驱动方程，也称为激励方程，表示激励信号与输入信号、状态信号之间的关系；式(9.3)称为状态方程，表示状态信号的次态与输入信号、状态信号的现态之间的关系。状态方程描述了时序电路状态的转换规律，常用于分析时序电路的逻辑功能。

按照电路中存储单元的工作方式不同，时序电路可以分为异步时序电路和同步时序电路两种。在异步时序电路中，存储单元的状态转换不是在同一个时钟脉冲控制下进行的，或者电路中没有时钟脉冲信号；而在同步时序电路中，所有的存储单元是在同一个时钟脉冲作用下进行状态转换的。

9.1.2 时序逻辑电路的分析方法

跟组合电路一样，分析时序电路的目的也是找出电路的逻辑功能。如果将时序电路的现态看作电路的输入变量的话，可以利用分析组合电路的方法来对时序电路进行分析。为了加以区分，组合电路中逻辑功能的表示方法在时序电路中有些不同，如逻辑函数表达式用状态方程代替，真值表由特性表或状态转换表代替,波形图由时序图代替,这些不同的表示方法将在以后的章节中详细介绍。

同步时序电路分析的一般方法是:

(1) 根据给出的逻辑图写出每个存储单元的驱动方程,进而得到每个存储单元的状态方程,确定时序电路的状态方程组;

(2) 根据状态方程组,列出时序电路的状态转换表,画出状态图或时序图;

(3) 由状态转换表、状态图或时序图确定电路的逻辑功能。

对于异步时序电路,在进行上述步骤前还要先确定各存储单元的时钟脉冲情况,并按照时钟信号的先后逐级分析各存储单元的状态。

9.2 双稳态触发器

双稳态触发器是常用的存储单元,它可以存储1位二进制数据(包括二进制数和二进制代码)。顾名思义,双稳态触发器有两个稳定的状态("0"状态和"1"状态),在没有外界触发信号的情况下,这两个状态可以保持不变(意味着保存或记忆),而一旦有合适的外界信号作用时,这两个状态可以相互转换。双稳态触发器有多种不同的类型,如 SR 触发器、JK 触发器、D 触发器等等,以下对它们进行详细介绍。

9.2.1 *SR* 触发器

1. *SR* 锁存器

SR 锁存器是最简单的双稳态电路,是构成其他触发器的基础。图9.2(a),(b)分别是由与非门组成的 SR 锁存器逻辑图和逻辑符号。图中与非门 G_1,G_2 的输出端相互送回到对方的输入端构成反馈。它有两个输入信号 $\overline{S}$,$\overline{R}$,两个输出端,正常工作时,这两个输出端的状态是互反的,故用 Q,$\overline{Q}$ 表示,通常将输出端 Q 的状态称作锁存器的状态。输入变量用反变量形式出现和逻辑符号中输入端的小圆圈均表示低电平有效。

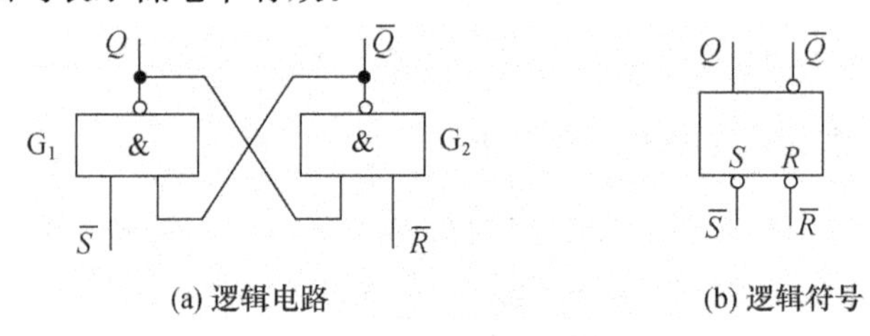

图9.2 *SR* 锁存器

下面分析 SR 锁存器的工作原理。为了讨论方便，将输入信号作用前的输出状态作为锁存器的现态，将输入信号作用后的输出状态作为锁存器的次态。

(1) $\overline{S}=0,\overline{R}=1$ 时，不论$\overline{Q}$的现态如何，G_1 均输出高电平，即 $Q^{n+1}=\overline{\overline{Q^n}\,\overline{S}}=1$，此时 G_2 的两个输入端均为高电平，故 G_2 输出低电平，即$\overline{Q^{n+1}}=\overline{\overline{R}Q^{n+1}}=0$。锁存器的状态为 1 状态，这个过程称为置位(Set)或置 1，$\overline{S}$端称为置位端或置 1 端。

(2) $\overline{S}=1,\overline{R}=0$ 时，不论 Q 的现态如何，G_2 均输出高电平，即$\overline{Q^{n+1}}=\overline{\overline{R}Q^n}=1$，此时 G_1 的两个输入端均为高电平，故 G_1 输出低电平，即 $Q^{n+1}=\overline{\overline{Q^{n+1}}\,\overline{S}}=0$。锁存器的状态为 0 状态，这个过程称为复位(Reset)或置 0，$\overline{R}$端称为复位端或置 0 端。

(3) $\overline{S}=1,\overline{R}=1$ 时，G_1 输出为 $Q^{n+1}=\overline{\overline{S}\,\overline{Q^n}}=Q^n$，$G_2$ 输出为$\overline{Q^{n+1}}=\overline{\overline{R}Q^n}=\overline{Q^n}$，此时锁存器的次态与输入信号作用前的现态相同，这种情况称为保持。正是因为这种情况的出现，SR 锁存器具有记忆原来状态的功能，也就是存储功能。

(4) $\overline{S}=0,\overline{R}=0$ 时，G_1，G_2 都输出高电平，即 $Q^{n+1}=\overline{Q^{n+1}}=1$，此时锁存器的输出端出现了逻辑混乱，既不是 0 状态也不是 1 状态。并且当$\overline{S}$，$\overline{R}$同时由 0 变到 1 时，与非门 G_1，G_2 将同时翻转，而它们又是互非的，将导致触发器的状态取决于 G_1，G_2 的延迟时间，出现无法确定的情况。这种情况称为不定状态，必须加以约束，不允许$\overline{S}=0,\overline{R}=0$ 的输入组合出现。故$\overline{S}+\overline{R}=1$ 是 SR 锁存器输入端的约束条件。

将输入信号、锁存器现态、锁存器次态的逻辑关系制成表格，就得到了 SR 锁存器的特性表，如表 9.1 所示。表中为了强调$\overline{S}$、$\overline{R}$同时由 0 变到 1 后锁存器出现的不确定状态，将$\overline{S}=0,\overline{R}=0$ 对应的次态标记为不定。

将图 9.2 中 G_1，G_2 改成或非门也可构成 SR 锁存器，随着输入信号的不同组合也会出现复位、置位、保持和不确定态等几种情况，为避免不确定态的出现，对输入信号同样有约束条件，这里不再详细讨论。

表 9.1　*SR* 锁存器特性表

$\overline{S}$	$\overline{R}$	Q^n	Q^{n+1}	
1	1	0	0	保持
1	1	1	1	
0	1	0	1	置位
0	1	1	1	
1	0	0	0	复位
1	0	1	0	
0	0	0	不定	约束
0	0	1	不定	

例 9-1 图 9.2 所示 SR 锁存器的输入信号波形如图 9.3(a)所示,画出输出信号的波形。

解 根据表 9.1,画出输出信号波形如图 9.3(b)所示。图中对应输入信号 $\overline{S}=0,\overline{R}=0$ 区间的两个输出信号均为 1,出现了逻辑混乱。

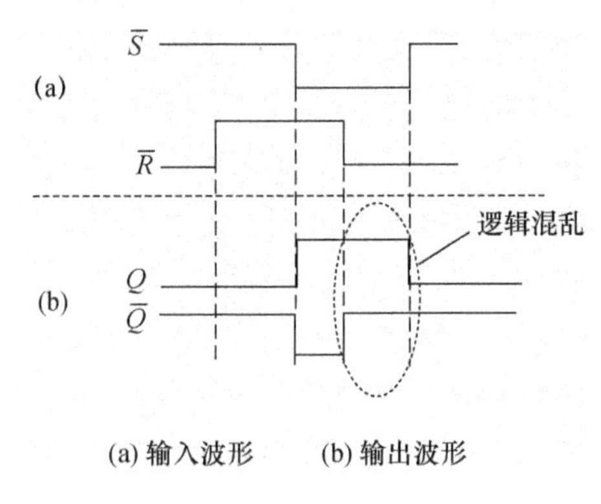

图 9.3 例 9-1 波形图

图 9.3(b)是在不考虑与非门的延迟时间下得到的,如果考虑门的延迟时间,输出端 Q 和$\overline{Q}$的脉冲宽度是不一样的。

例 9-2 图 9.2 所示 SR 锁存器的输入信号波形如图 9.4(a)所示,若与非门的平均延迟时间为 t_{pd},画出输出信号的波形。

解 输出信号波形如图 9.4(b)所示。触发器置位的过程是:$\overline{S}=0 \to G_1$ 翻转,$Q=1 \to G_2$ 翻转,$\overline{Q}=0$;触发器复位的过程是:$\overline{R}=0 \to G_2$ 翻转,$\overline{Q}=1 \to G_1$ 翻转,$Q=0$。可见,$\overline{Q}$的脉冲宽度比 Q 的脉宽小 $2t_{pd}$。

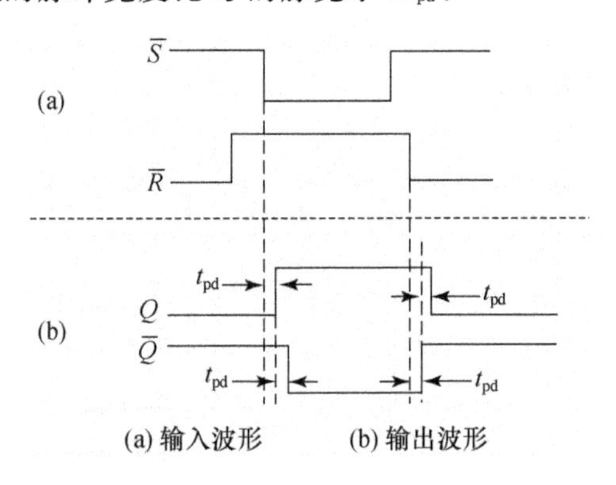

图 9.4 例 9-2 波形图

为了便于讨论电路的逻辑功能和时序关系,以后的波形图(时序图)分析均不考虑门的延迟时间。

2. 电平触发 SR 触发器

SR 锁存器中没有时钟信号，输出状态直接随输入信号的变化而改变，现态和次态的间隔不明显，实际应用中很少单独使用。在 SR 锁存器的基础上增加一个用于同步控制的时钟信号就构成了电平触发 SR 触发器，如图 9.5(a)所示。图 9.5(b)是逻辑符号，符号中的输入端没有加小圆圈，表明电平触发 SR 触发器为高电平有效。时钟信号的输入端标为“C1”表示该输入为控制信号，而 S、R 输入信号标为“1S”“1R”表示这两个输入端受“C1”的控制，只有在“C1”有效时，这两个信号才能起作用(关于逻辑符号的画法，可以参看国家标准 GB/T 4728.12-2008《电气简图用图形符号 第 12 部分：二进制逻辑元件》的相关规定)。有了时钟信号，不仅可以有效区分电路的前后状态，而且整个电路将在时钟信号的统一控制下同步工作。

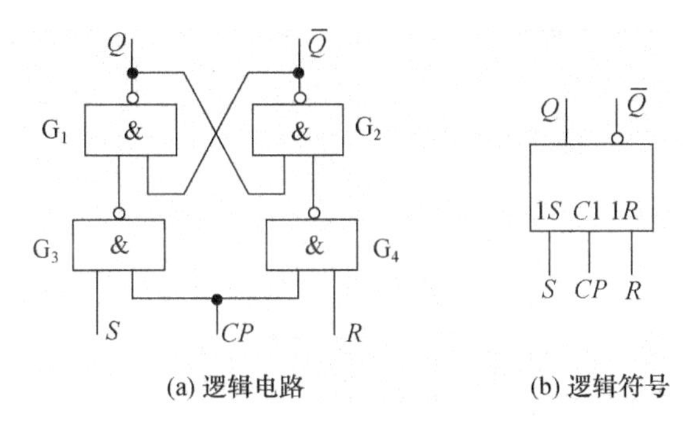

(a) 逻辑电路　　(b) 逻辑符号

图 9.5　电平触发 SR 触发器

当 $CP=0$ 时，无论 S,R 是 1 还是 0，G_3,G_4 门均输出 1，由 G_1,G_2 构成的 SR 锁存器处于保持状态，相当于 CP 将输入信号 S,R 封锁了。

当 $CP=1$ 时，CP 对输入信号 S,R 的封锁解除，G_3 门输出为$\bar{S}$，G_4 门输出为$\bar{R}$，由 G_1,G_2 构成的 SR 锁存器的输出状态由$\bar{S},\bar{R}$决定。表 9.2 给出了电平触发 SR 触发器的特性，为了确保电路正常工作，S,R 需满足约束条件 $SR=0$。否则，若 S,R 同时由 1 回到 0 或 $S=R=1$ 时 CP 由 1 回到 0(这种情况更易发生)时，触发器状态将无法确定。

表 9.2　电平触发 SR 触发器特性表

CP	S	R	Q^n	Q^{n+1}	
0	×	×	0	0	封锁
0	×	×	1	1	
1	0	0	0	0	保持
1	0	0	1	1	

续表

CP	S	R	Q^n	Q^{n+1}	
1	1	0	0	1	置位
1	1	0	1	1	
1	0	1	0	0	复位
1	0	1	1	0	
1	1	1	0	不定	约束
1	1	1	1	不定	

根据表 9.2,只考虑 CP 有效的情况,即 $CP=1$ 时,将 S,R,Q^n 看作输入信号,则 Q^{n+1} 的表达式为

$$Q^{n+1}=\overline{S}\,\overline{R}Q^n+S\overline{R}\,\overline{Q^n}+S\overline{R}Q^n \tag{9.4}$$

式(9.4)描述了触发器次态与输入信号和触发器现态的逻辑关系,称为触发器的特性方程。将约束条件 $SR=0$ 作为无关项对式(9.4)进行化简,可以得到电平触发 SR 触发器的特性方程为

$$\begin{cases}Q^{n+1}=S+\overline{R}Q^n\\ SR=0\text{—— 约束条件}\end{cases} \tag{9.5}$$

例 9-3 图 9.5 所示电平触发 SR 触发器的控制信号和输入信号波形如图 9.6(a)所示,画出输出信号的波形,设触发器初态为 0。

解 输出信号波形如图 9.6(b)所示。

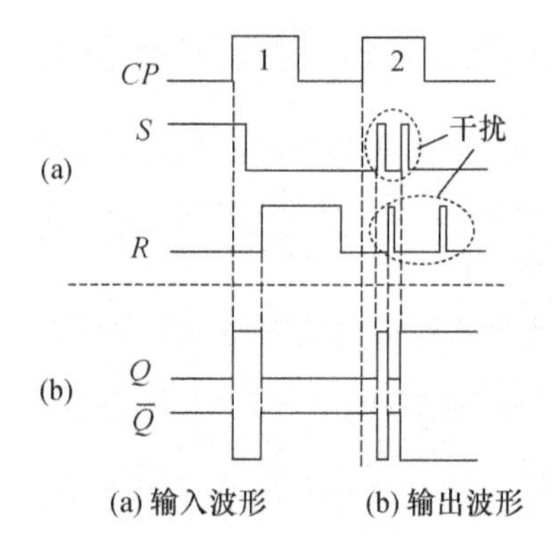

图 9.6 例 9-3 波形图

在第一个时钟周期 $CP=1$ 时,输出信号在 S,R 的作用下翻转(状态变化)了 2 次;在第二个时钟周期 $CP=1$ 时,输出信号受输入干扰信号的影响翻转了 3 次。这种在一个时钟周期内,触发器状态翻转两次或更多次的现象称为触发器的空翻。

一般情况下，在一个时钟周期内触发器的状态翻转最好不超过一次，空翻的出现，尤其是干扰所引起的空翻，有可能影响电路的正常工作。

为了避免空翻的出现，在电平触发触发器的基础上，设计了主从结构的触发器电路。

9.2.2　主从触发器

1. 主从 *SR* 触发器

主从 *SR* 触发器的逻辑图和逻辑符号如图 9.7(a)和(b)所示，它由两个受互反时钟控制的电平触发 *SR* 触发器构成，由 $G_5 \sim G_8$ 门构成的触发器称为主触发器，由 $G_1 \sim G_4$ 门构成的电平触发 *SR* 触发器称为从触发器。逻辑符号中时钟信号输入端的“∧”符号表示触发器状态的翻转只发生在时钟信号 *CP* 的脉冲边沿，而时钟信号输入端加有小圆圈表示翻转发生在时钟脉冲的下降沿，这种工作方式称为下降沿触发。

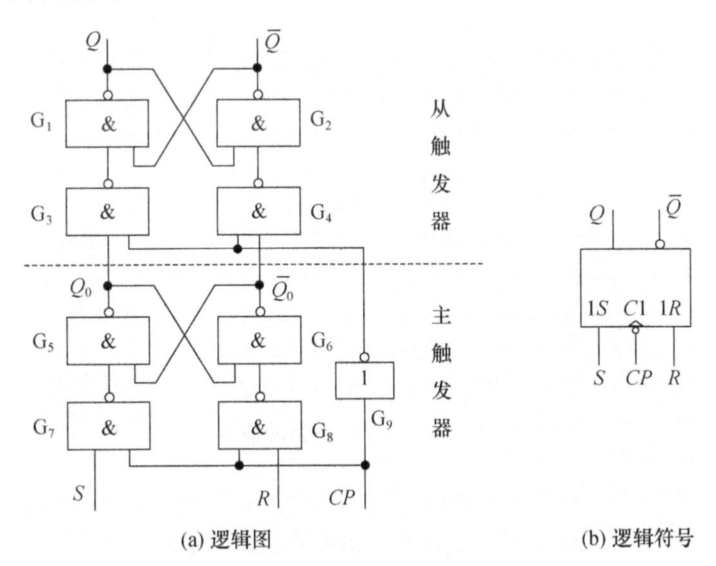

图 9.7　主从 *SR* 触发器

当 $CP=1$ 时，门 G_7，G_8 打开，主触发器状态根据输入信号 S，R 的变化可以发生多次翻转，特性方程为 $Q_0^{n+1}=S+\overline{R}Q_0^n$，同时 G_9 输出为 0，封锁 G_3，G_4 门，从触发器状态保持不变。

当 *CP* 由 1 返回到 0 时，G_7，G_8 门被封锁，主触发器不再受 S，R 的状态变化影响，同时 G_9 输出为 1，G_3，G_4 打开，*CP* 下降沿对应的主触发器状态被存入从触发器，$Q^{n+1}=Q_0^{n+1}$，$\overline{Q^{n+1}}=\overline{Q_0^{n+1}}$，而且从触发器状态在 $CP=0$ 期间不再改变。

可见,主从 SR 触发器的状态在一个时钟脉冲中最多发生一次翻转,它很好地解决了电平触发 SR 触发器空翻的问题。但主触发器是电平触发 SR 触发器,仍然要受约束条件 $SR=0$ 的限制,否则当 CP 返回 0 后,主触发器的状态将无法确定,从触发器的状态也就无法确定。

输入信号的约束条件给电路设计造成不便,有必要对主从 SR 触发器进行改进,构成主从 JK 触发器可以去除约束条件。

2. 主从 JK 触发器

主从 JK 触发器是将主从 SR 触发器的从触发器输出端送回到主触发器输入端而构成的,其逻辑图和逻辑符号如图 9.8(a)和(b)所示。为了区别主从 SR 触发器,将 S 端称为 J,将 R 端称为 K。

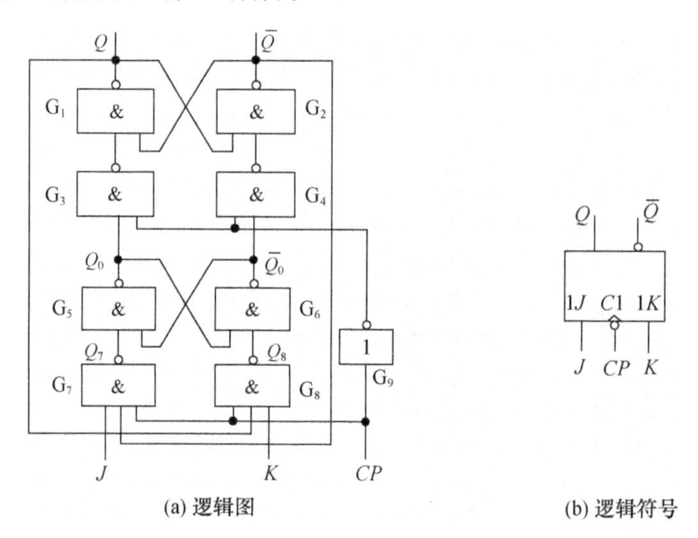

(a) 逻辑图 (b) 逻辑符号

图 9.8 主从 JK 触发器

如果将 G_7 门的输入信号视作 $S=J\overline{Q}$,G_8 门的输入信号视作 $R=KQ$,则 $SR=J\overline{Q}\cdot KQ=0$,可见,主从 JK 触发器自然满足约束条件。

当 $J=1,K=0$ 时,$CP=1$ 时,$Q_8^{n+1}=1$,$Q_7^{n+1}=\overline{J\overline{Q^n}}=Q^n=Q_0^n$。若 $Q_0^n=0$,主触发器将被置位,$Q_0^{n+1}=1$;若 $Q_0^n=1$,主触发器将不变,$Q_0^{n+1}=Q_0^n=1$。故无论主触发器的现态如何,主触发器的次态均为 1。CP 由 1 回到 0 时,从触发器被置位。

当 $J=0,K=1$ 时,$CP=1$ 时,$Q_7^{n+1}=1$,$Q_8^{n+1}=\overline{KQ^n}=\overline{Q^n}=\overline{Q_0^n}$。若 $Q_0^n=0$,主触发器将不变,$Q_0^{n+1}=Q_0^n=0$;若 $Q_0^n=1$,主触发器将被复位,$Q_0^{n+1}=0$。故无论主触发器的现态如何,主触发器的次态均为 0。CP 由 1 回到 0 时,从触发器被复位。

当 $J=0,K=0$ 时,$CP=1$ 时,$Q_7^{n+1}=Q_8^{n+1}=1$,主触发器将保持现态不变,CP 由 1 回到 0 时,从触发器也保持现态不变。

当 $J=1$,$K=1$ 时,$CP=1$ 时,$Q_7^{n+1}=\overline{J\,\overline{Q^n}}=Q^n=Q_0^n$,$Q_8^{n+1}=\overline{KQ^n}=\overline{Q^n}=\overline{Q_0^n}$。若 $Q_0^n=0$,主触发器将被置位,$Q_0^{n+1}=1$;若 $Q_0^n=1$,主触发器将被复位,$Q_0^{n+1}=0$,这两种情况可以综合为 $Q_0^{n+1}=\overline{Q_0^n}$。$CP$ 由 1 回到 0 时,$Q^{n+1}=\overline{Q^n}$,即此时触发器处于翻转状态,每个时钟脉冲的下降沿触发器都会发生翻转,这种工作方式又被称为计数工作方式。

根据以上讨论,可得主从 JK 触发器的特性表如表 9.3 所示。表中 CP 的向下箭头表示时钟脉冲的下降沿,即主从 JK 触发器的状态翻转发生在时钟脉冲的下降沿。

表 9.3　主从 JK 触发器特性表

CP	J	K	Q^n	Q^{n+1}
0	×	×	0	0
0	×	×	1	1
↓	0	0	0	0
↓	0	0	1	1
↓	1	0	0	1
↓	1	0	1	1
↓	0	1	0	0
↓	0	1	1	0
↓	1	1	0	1
↓	1	1	1	0

根据表 9.3,用卡诺图对触发器次态化简如图 9.9 所示。

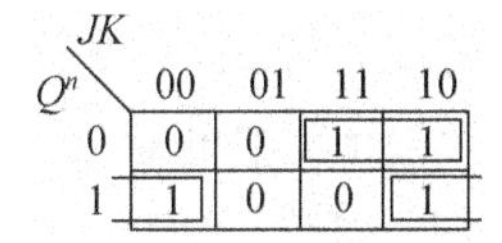

图 9.9　主从 JK 触发器次态卡诺图

可得主从 JK 触发器的特性方程

$$Q^{n+1}=J\,\overline{Q^n}+\overline{K}Q^n \tag{9.6}$$

实际应用中,往往会在电路里增加两个输入端用来设置触发器的初始状态,称为直接置位端和直接复位端,带有直接置位端和直接复位端的主从 JK 触发器的逻辑图和逻辑符号如图 9.10(a),图 9.10(b)所示,这两个输入端均为低电平有效。

由图 9.10 可知,当$\overline{S_d}=0$ 时,无论有没有 CP 信号,主触发器和从触发器都被置位;当$\overline{R_d}=0$ 时,无论有没有 CP 信号,主触发器和从触发器都被复位,所以称它们为直接置位端和直接复位端。

当$\overline{S_d}$,$\overline{R_d}$均为高电平(无效)时,触发器开始接受时钟脉冲的控制和输入信号的激励。

$\overline{S_d}$,$\overline{R_d}$不能同时有效,否则将会出现触发器状态无法确定的问题,为了避免这种情况的发生,有些主从 JK 触发器只设置了直接复位端而取消了直接置位端。

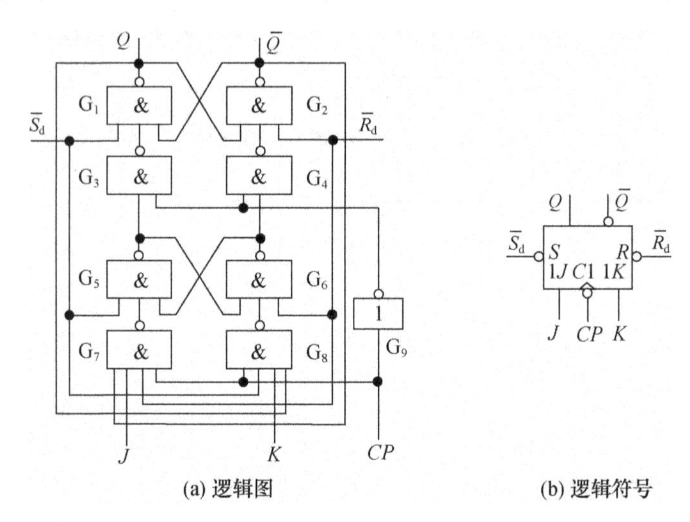

(a) 逻辑图　　　(b) 逻辑符号

图 9.10　包含直接置位端和直接复位端的主从 *JK* 触发器

例 9-4　图 9.10 所示主从 JK 触发器的控制信号和输入信号波形如图 9.11(a)所示,画出输出信号的波形,设触发器初态为 0。

解　根据主从 JK 触发器的工作原理,只要找到时钟脉冲下降沿对应的 J,K 的状态,再由特性表就可以确定触发器的状态。由题中给出的输入波形可以得出触发器的输出信号波形如图 9.11(b)所示。图中可以看到,第 4 个时钟脉冲的下降沿对应的 J,K 复位输入被直接置位端封锁了,第 6 个时钟脉冲的下降沿对应的置位输入组合也被直接复位端封锁了。

需要说明的是,主从触发器中的主触发器在 $CP=1$ 期间是会随输入信号的变化而翻转状态的,主从 JK 触发器的主触发器由于受到 Q 和$\overline{Q}$的影响,在 $CP=1$期间,如果 J 或者 K 的变化超过一次,用时钟脉冲下降沿的 J,K 状态来判断触发器状态可能会出现错误。

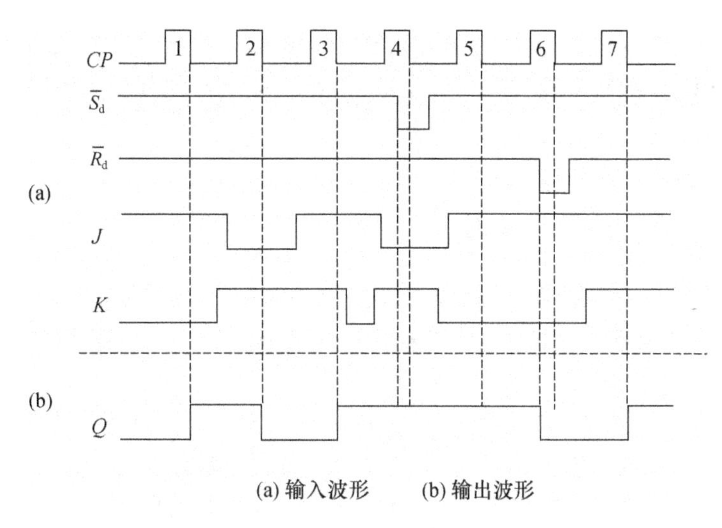

(a) 输入波形　　(b) 输出波形

图 9.11　例 9-4 波形图

例 9-5　图 9.8 所示主从 JK 触发器的控制信号和输入信号波形如图 9.12(a) 所示，画出信号 Q 和 Q_0 的波形，设触发器初态为 0。

解　输出信号波形如图 9.12(b)所示。第 2 个时钟脉冲下降沿对应的 $JK=00$，触发器应保持高电平不变，但在 $CP=1$ 期间，$Q=1$，故 $\overline{Q}=0$，G_7 门被 $\overline{Q}$ 封锁输出为 1，当 K 由 0 变 1 时，G_8 门输出为 0，主触发器被复位，而 K 由 1 变回到 0 时，主触发器保持状态不变，当 CP 下降沿到来时，从触发器被复位。

再看第 3 个时钟脉冲，下降沿对应的 $JK=01$，触发器应复位，但在 $CP=1$ 期间，$Q=0$，G_8 门被 Q 封锁输出为 1，当 J 由 0 变 1 时，G_7 门输出为 0，主触发器被置位，而 J 由 1 变回到 0 时，主触发器保持状态不变，当 CP 下降沿到来时，从触发器被置位。

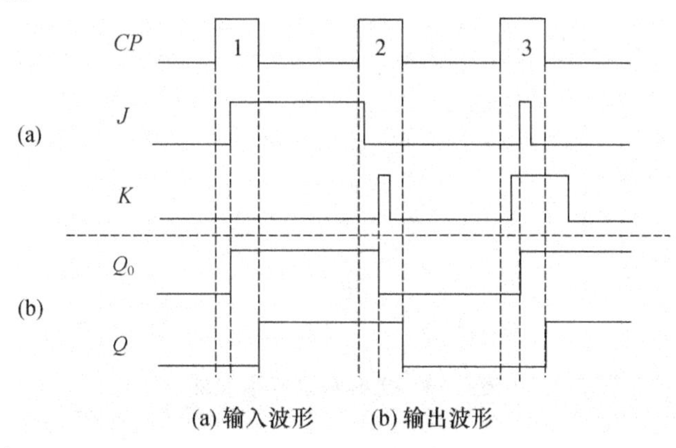

(a) 输入波形　　(b) 输出波形

图 9.12　例 9-5 波形图

从上例可以看出,在 $CP=1$ 期间若 J 和 K 不变或只变一次,是可以用下降沿对应的 JK 状态来分析触发器状态的。否则,就要仔细分析 $CP=1$ 期间主触发器的翻转情况。

使用边沿触发器可以解决这一问题。

9.2.3 维持阻塞 D 触发器

维持阻塞 D 触发器是一种边沿触发器。所谓边沿触发器,是指只有在时钟脉冲的边沿(上升沿或下降沿)时输入信号才能激励触发器产生翻转,其余时间输入信号都被封锁的触发器。

维持阻塞 D 触发器的逻辑图和符号如图 9.13(a),(b)所示。图中包含了直接置位端$\overline{S_d}$和直接复位端$\overline{R_d}$,$\overline{S_d}$和$\overline{R_d}$的功能与主从 JK 触发器中的相同,这里不再详细讨论。逻辑符号中的 CP 端没有小圆圈,表示维持阻塞 D 触发器是上升沿触发的。

在$\overline{S_d}$,$\overline{R_d}$无效的情况下,当 $CP=0$ 时,$Q_3=Q_4=1$,G_5,G_6 门打开,Q_3 同时解除对 G_4 门的封锁,输入信号 D 作用于触发器,$Q_6=\overline{D}$,$Q_5=\overline{Q_6}=D$。

CP 由 0 变到 1 时,G_3,G_4 门打开,$Q_3=\overline{Q_5}=\overline{D}$,$Q_4=\overline{Q_6}=D$。若 $D=0$,则 $Q_4=0$,Q_4 会立即封锁 G_6 门,使 $Q_6=1$,阻塞输入信号 D;若 $D=1$,则 $Q_3=0$,Q_3 会立即封锁 G_4,G_5 门,同样阻塞输入信号 D。

另一方面,CP 的上升沿使 $Q_3=\overline{D}$,$Q_4=D$,则 $Q=D$,$\overline{Q}=\overline{D}$。由此可以得到维持阻塞 D 触发器的特性方程

$$Q^{n+1}=D \tag{9.7}$$

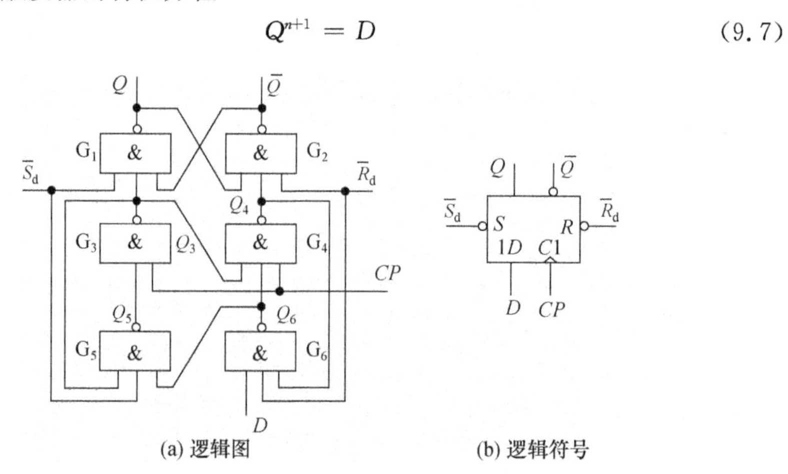

(a) 逻辑图　　(b) 逻辑符号

图 9.13　维持阻塞 D 触发器

由上面的分析可知,只要找出时钟脉冲上升沿对应的输入信号 D 的状态,

很容易确定维持阻塞 D 触发器的状态。

例 9-6　图 9.14 所示维持阻塞 D 触发器的控制信号和输入信号波形如图 9.14(a)所示，画出输出信号 Q 的波形。

解　输出信号波形如图 9.14(b)所示。

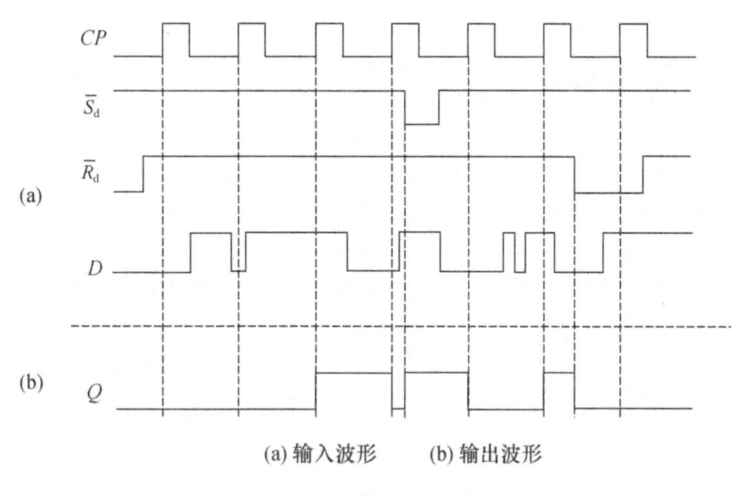

图 9.14　例 9-6 波形图

9.2.4　不同触发器之间的转换

从前面的讨论中，我们可以发现 JK 触发器和 D 触发器没有约束条件，且逻辑功能比较完善，在集成电路有多种产品，如集成双 JK 触发器 74HC107、集成双 D 触发器 74HC74 等。而其他触发器则通常没有独立的产品，为了实现这些触发器的逻辑功能，可以用 JK 触发器或 D 触发器配合门电路来代替。

不同触发器实现相互转换的方法是，比较两种触发器的特性方程，然后用组合逻辑电路的设计方法，在一种触发器特性方程的基础上添加门电路以产生另一种触发器的特性方程，即可实现另一种触发器的逻辑功能。

1. 用 JK 触发器构成 T 触发器

T 触发器是一种特殊的触发器，它有一个输入端和一个时钟控制端，当 $T=0$ 时，触发器保持不变；而 $T=1$ 时，触发器处于计数态，即每一个时钟脉冲到达后，触发器都发生翻转。由此可以写出 T 触发器的特性方程为

$$Q^{n+1} = T\overline{Q^n} + \overline{T}Q^n \tag{9.8}$$

比较式(9.8)和 JK 触发器的特性方程 $Q^{n+1}=J\overline{Q^n}+\overline{K}Q^n$ 可知，只要满足 $T=J=K$，即将 J,K 连在一起作为输入端，就得到了用 JK 触发器实现的 T 触发器，如图 9.15 所示。表 9.4 是 T 触发器的特性表。

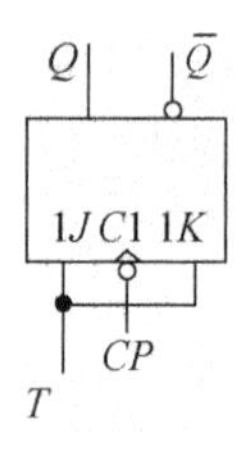

图 9.15　用 JK 触发器构成的 T 触发器

表 9.4　用 JK 触发器构成的 T 触发器的特性表

CP	T	Q^n	Q^{n+1}
↓	0	0	0
↓	0	1	1
↓	1	0	1
↓	1	1	0

2. 用 JK 触发器构成 D 触发器

D 触发器的特性方程为

$$Q^{n+1}=D=D\overline{Q^n}+DQ^n \tag{9.9}$$

比较式(9.9)和 JK 触发器的特性方程 $Q^{n+1}=J\overline{Q^n}+\overline{K}Q^n$ 可知,若 $J=D$、$K=\overline{D}$即可满足要求。电路如图 9.16 所示。

3. 用 D 触发器构成 JK 触发器

为了满足 JK 触发器的特性方程 $Q^{n+1}=J\overline{Q^n}+\overline{K}Q^n$,必须使 $D=J\overline{Q^n}+\overline{K}Q^n$,将该式用门电路实现的电路如图 9.17 所示。

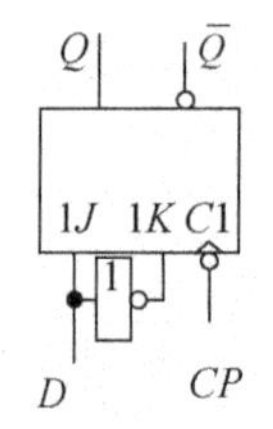

图 9.16　用 JK 触发器构成的 D 触发器

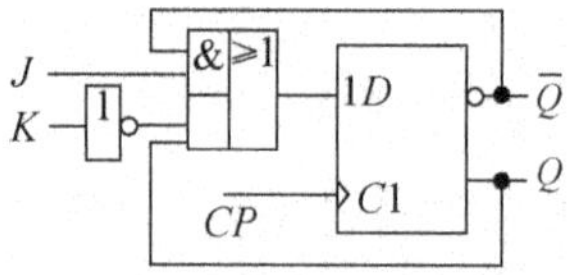

图 9.17　用 D 触发器构成的 JK 触发器

由以上电路可知,用触发器加门电路构成的新的触发器中,其状态翻转的触发方式仍旧和原来的触发器一致。

9.3　寄　存　器

9.3.1　数据寄存器

数据寄存器是能够存储二进制数据(数值或代码)的时序逻辑电路,是数字电路系统不可缺少的组成部分。数据寄存器由具有存储能力的触发器和组合电路构成,每一个触发器可以存储一位二进制数据,要存储 n 位二进制数据需要 n 个触发器并联使用。

1. 用 SR 锁存器构成的数据寄存器

图 9.18 所示电路是用 4 个 SR 锁存器构成的 4 位数据寄存器。待寄存的二进制数据通过与非门以互反的形式分别接锁存器的 S 端和 R 端，使置位端和复位端不同时有效，自然满足 SR 锁存器的约束条件。

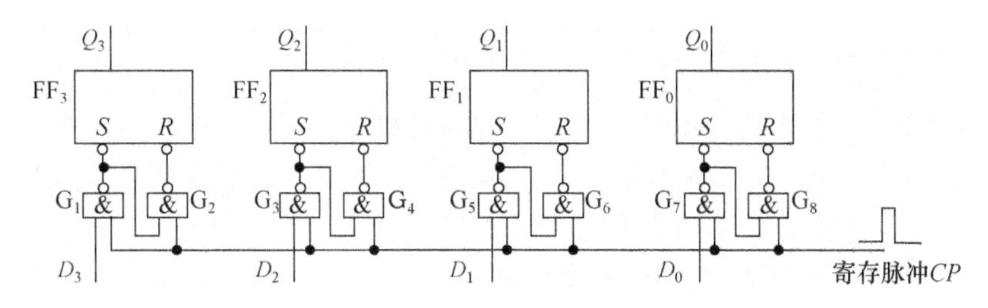

图 9.18　用 SR 锁存器构成的数据寄存器

寄存脉冲 CP 用于控制寄存过程，当 $CP=0$ 时，所有与非门都被封锁，锁存器的 S 端和 R 端都为高电平，锁存器保持状态不变。当 $CP=1$ 时，与非门打开，锁存器 FF_0 的 $S=\overline{D_0}$，$R=\overline{S}=D_0$。若 $D_0=0$，锁存器复位，$Q_0=0$；若 $D_0=1$，锁存器置位，$Q_0=1$。这两种情况下都有 $Q_0=D_0$，即 D_0 被寄存到锁存器 FF_0 中。同理，其余锁存器也寄存了各自的输入信号。在 $CP=1$ 期间，$Q_3Q_2Q_1Q_0=D_3D_2D_1D_0$。

2. 用 D 触发器构成的数据寄存器

数据寄存器也可以用其他触发器构成，图 9.19 所示的 4 位数据寄存器是用 4 个 D 触发器构成的。由 D 触发器特性可知，在每个时钟脉冲的上升沿，触发器的输入信号都会被寄存在输出端，即 $Q_3Q_2Q_1Q_0=D_3D_2D_1D_0$。为了方便使用，图 9.19 电路中还利用 D 触发器的直接复位端，只要令 $\overline{R_d}=0$，可以立即使 $Q_3Q_2Q_1Q_0=0000$。

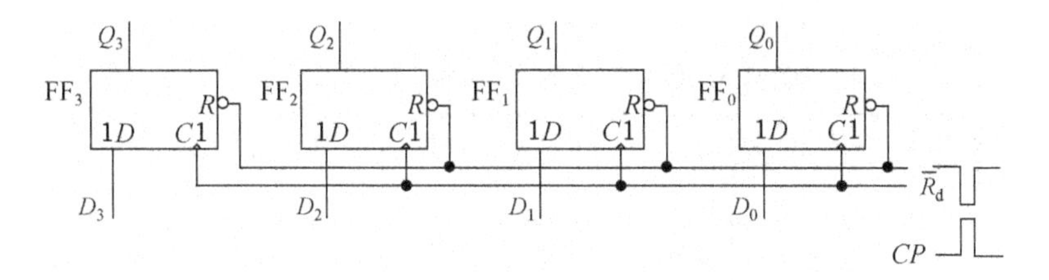

图 9.19　用 D 触发器构成的数据寄存器

相比用 SR 锁存器构成的数据寄存器，用 D 触发器构成的数据寄存器结构简单、性能可靠，是较为常用的电路。如集成电路 74HC175 就是用 D 触发器构成的 4 位数据寄存器，其内部逻辑图与图 9.19 一致，只是在每个触发器上增加了一个输出端$\overline{Q}$。

从以上分析可以看出,数据寄存器在存储数据的过程中,n 位二进制数据是同时送入触发器中存储的,也是同时出现在 n 个触发器的输出端,这种输入、输出方式称为并行输入、并行输出方式。

9.3.2 移位寄存器

移位寄存器由触发器级联而成,除了能存储二进制数据外,还可对寄存的数据进行移位操作,完成数值运算(二进制运算中,左移一位相当于×2,右移一位相当于÷2),或实现串行、并行传输的相互转换。

1. 由触发器构成的移位寄存器

由 4 个 D 触发器级联而成的 4 位移位寄存器电路如图 9.20 所示。串行二进制数据由 D 端输入,根据 D 触发器的特性,在 CP 时钟的控制下,该数据依次存入下一级 D 触发器。

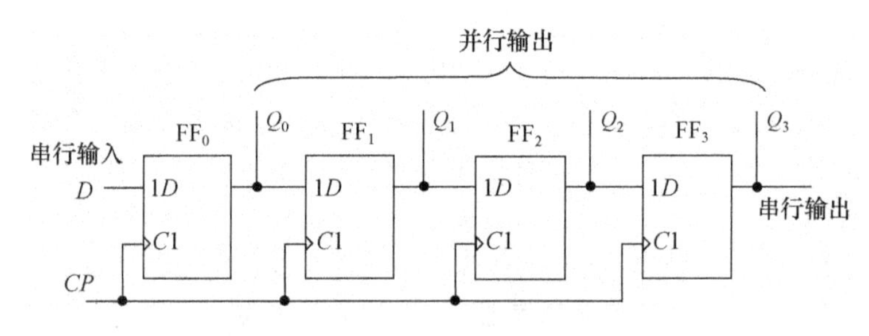

图 9.20 用 D 触发器构成的移位寄存器

设触发器的初态为 $Q_3Q_2Q_1Q_0=0000$,输入的串行数据为 $D_3D_2D_1D_0=1101$,在 CP 的控制下,数据在各触发器的移动情况如表 9.5 所示,各触发器的输出波形如图 9.21 所示。

表 9.5 数据在图 9.20 电路中的移位情况

CP 序号	D	Q_0	Q_1	Q_2	Q_3
0	0	0	0	0	0
1	1	1	0	0	0
2	1	1	1	0	0
3	0	0	1	1	0
4	1	1	0	1	1

由电路的波形图和状态移动表可以看出,输入数据是由低位依次向高位移动的,为保证数据的正确,输入时要先输入最高位 D_3。在 4 个时钟脉冲过后,各

触发器的输出端状态为 $Q_3Q_2Q_1Q_0=1101$，此时串行输入的二进制数据就可以实现并行输出。如果希望将数据串行输出的话，只要继续提供 CP 脉冲，在触发器 FF_3 的输出端 Q_3 就可以得到串行输出的数据。

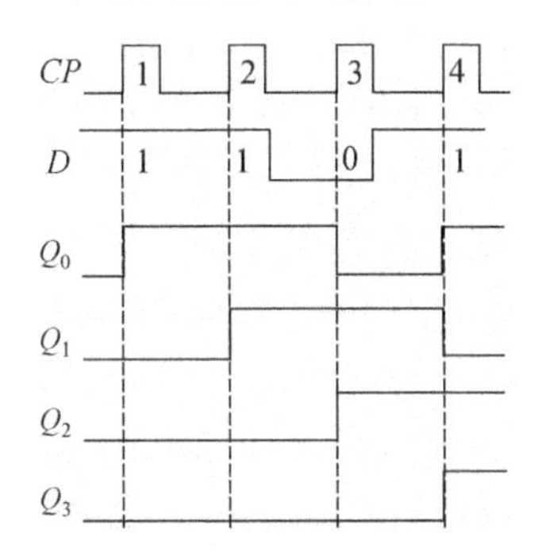

图 9.21　图 9.20 电路输出波形图

2. 集成移位寄存器

4 位通用双向移位寄存器 74HC194 是集成移位寄存器，其内部逻辑图如图 9.22 所示，是由 4 个 SR 触发器和用于控制的组合电路构成，在输入控制信号的作用下可以实现串行输入、并行输入、左移、右移、串行输出、并行输出、复位和保持等功能，使用十分方便。图 9.23 所示为 74HC194 的逻辑框图。

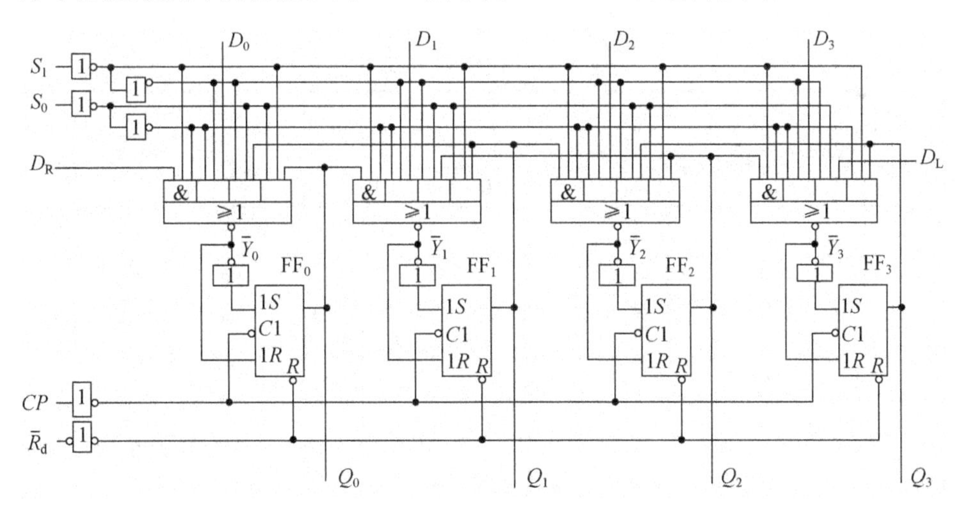

图 9.22　74HC194 内部逻辑图

图中$\overline{R_d}$为直接复位端，当$\overline{R_d}=0$ 时，可直接使 $Q_0Q_1Q_2Q_3=0000$，电路正常工作时，应将$\overline{R_d}$置为高电平。虽然 SR 触发器是下降沿触发，但经过一个非门后，电路由时钟 CP 的上升沿触发。

对于每一个 SR 触发器,输入端 S,R 是互非的,自然满足约束条件,若与或非门的输出为$\overline{Y}$,则 $Q^{n+1}=S+\overline{R}Q^{n}=Y+YQ^{n}=Y$。

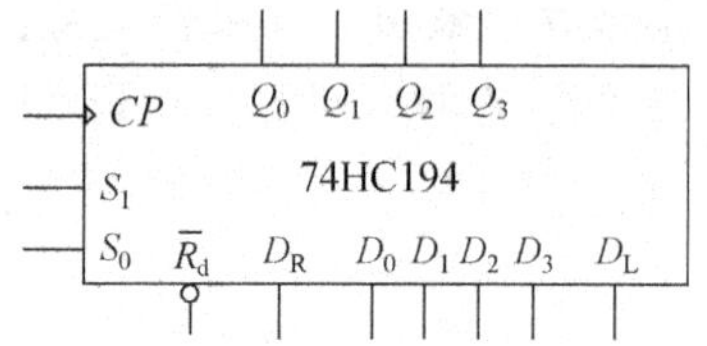

图 9.23　74HC194 逻辑框图

与或非门实现 4 选 1 数据选择器功能,S_1,S_0 为地址码,通过不同的地址组合,可实现如下功能:

$S_1S_0=00$ 时,与或非门输出为$\overline{Y_0}\,\overline{Y_1}\,\overline{Y_2}\,\overline{Y_3}=\overline{Q_0^n}\,\overline{Q_1^n}\,\overline{Q_2^n}\,\overline{Q_3^n}$,在 CP 的作用下,电路的输出为 $Q_0^{n+1}Q_1^{n+1}Q_2^{n+1}Q_3^{n+1}=Q_0^nQ_1^nQ_2^nQ_3^n$,处于保持状态;

$S_1S_0=01$ 时,与或非门输出为$\overline{Y_0}\,\overline{Y_1}\,\overline{Y_2}\,\overline{Y_3}=\overline{D_R}\,\overline{Q_0^n}\,\overline{Q_1^n}\,\overline{Q_2^n}$,在 CP 的作用下,电路的输出为 $Q_0^{n+1}Q_1^{n+1}Q_2^{n+1}Q_3^{n+1}=D_RQ_0^nQ_1^nQ_2^n$,数据向右移动一位,此时电路处于右移状态,右移串行数据由 D_R 端输入;

$S_1S_0=10$ 时,与或非门输出为$\overline{Y_0}\,\overline{Y_1}\,\overline{Y_2}\,\overline{Y_3}=\overline{Q_1^n}\,\overline{Q_2^n}\,\overline{Q_3^n}\,\overline{D_L}$,在 CP 的作用下,电路的输出为 $Q_0^{n+1}Q_1^{n+1}Q_2^{n+1}Q_3^{n+1}=Q_1^nQ_2^nQ_3^nD_L$,数据向左移动一位,此时电路处于左移状态,左移串行数据由 D_L 端输入;

$S_1S_0=11$ 时,与或非门输出为$\overline{Y_0}\,\overline{Y_1}\,\overline{Y_2}\,\overline{Y_3}=\overline{D_0}\,\overline{D_1}\,\overline{D_2}\,\overline{D_3}$,在 CP 的作用下,电路的输出为 $Q_0^{n+1}Q_1^{n+1}Q_2^{n+1}Q_3^{n+1}=D_0D_1D_2D_3$,此时电路完成了并行输入功能。

综合上述分析,列出 74HC194 的功能表如表 9.6 所示。

表 9.6　74HC194 功能表

输入										输出			
复位$\overline{R_d}$	控制端		时钟 CP	串行输入		并行输入				Q_0^{n+1}	Q_1^{n+1}	Q_2^{n+1}	Q_3^{n+1}
	S_1	S_0		D_R	D_L	D_0	D_1	D_2	D_3				
0	X	X	X	X	X	X	X	X	X	0	0	0	0
1	X	X	0	X	X	X	X	X	X	Q_0^n	Q_1^n	Q_2^n	Q_3^n
1	0	0	X	X	X	X	X	X	X	Q_0^n	Q_1^n	Q_2^n	Q_3^n
1	0	1	↑	0	X	X	X	X	X	0	Q_0^n	Q_1^n	Q_2^n
1	0	1	↑	1	X	X	X	X	X	1	Q_0^n	Q_1^n	Q_2^n
1	1	0	↑	X	0	X	X	X	X	Q_1^n	Q_2^n	Q_3^n	0
1	1	0	↑	X	1	X	X	X	X	Q_1^n	Q_2^n	Q_3^n	1
1	1	1	↑	X	X	d_0	d_1	d_2	d_3	d_0	d_1	d_2	d_3

若需要产生串行输出,则右移数据在 Q_3 输出,左移数据在 Q_0 输出。

将两片 74HC194 级联起来可以形成 8 位双向移位寄存器,级联的方法比较简单,只要将高 4 位的 Q_3 接低 4 位的右移输入端 D_R,低 4 位的 Q_0 接高 4 位的

左移输入端 D_L，并将两片 74HC194 的 S_0，S_1，CP 和$\overline{R_d}$分别并联起来就行了，具体的接法如图 9.24 所示。

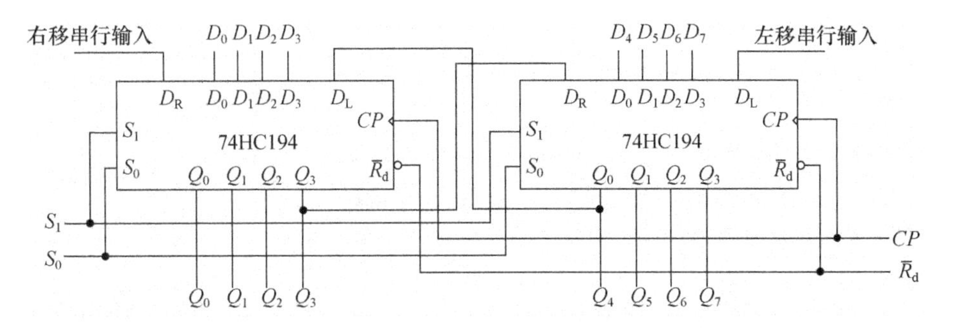

图 9.24　将两片 74HC194 级联形成 8 位双向移位寄存器

例 9-7　用集成移位寄存器 74HC194 和集成 4 位加法器 74HC283 组成的运算电路如图 9.25 所示，试分析在如图 9.26 所示输入信号作用下，t_3 时刻后，电路的输出 $Y(Y_7\sim Y_0)$ 与输入二进制数 $M(M_3\sim M_0)$ 和 $N(N_3\sim N_0)$ 的数值关系。

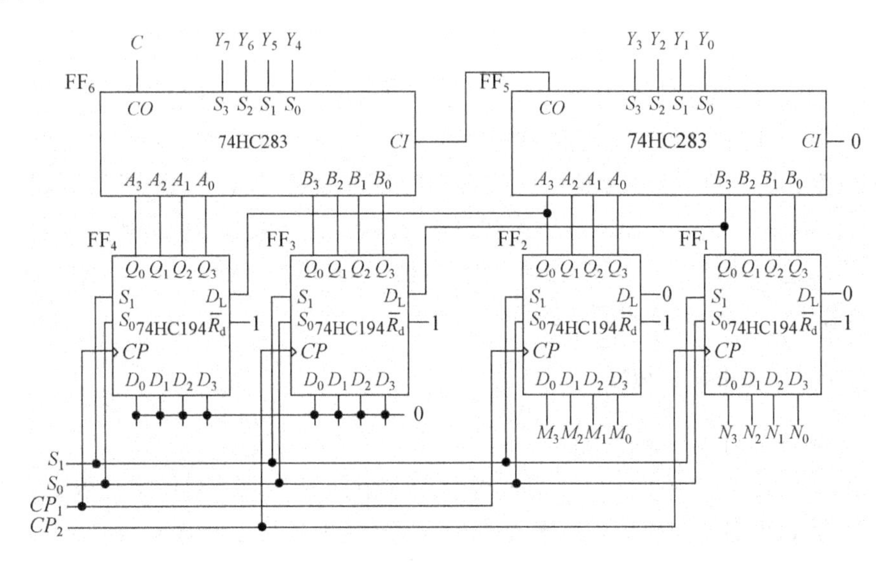

图 9.25　例 9-7 逻辑图

解　图 9.25 电路中，FF_3 和 FF_1 组成一个 8 位左移移位寄存器，FF_4 和 FF_2 组成另一个 8 位左移移位寄存器，这两个寄存器的输出在由 FF_6 和 FF_5 组成 8 位加法器上求和，输出 Y 就是求和结果，如果有进位，则由变量 C 输出。

在 $t=t_1$ 时,$S_1S_0=11$,74HC194 处于并行输入状态,在 CP_1,CP_2 作用下,FF_3 和 FF_4 被清零(并入全零),输入二进制数 $M(M_3M_2M_1M_0)$ 被存入 FF_2 $(Q_0Q_1Q_2Q_3=M_3M_2M_1M_0)$,输入二进制数 $N(N_3N_2N_1N_0)$ 被存入 FF_1 $(Q_0Q_1Q_2Q_3=N_3N_2N_1N_0)$。

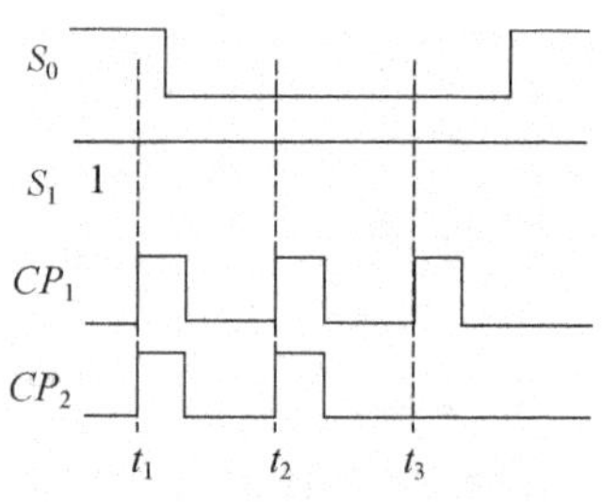

图 9.26 例 9-7 的输入波形

在 $t=t_2$ 时,$S_1S_0=10$,74HC194 处于左移状态,在 CP_1,CP_2 作用下,FF_4 和 FF_2 左移一位,输出的 8 位二进制数在数值上等于 $M\times2$,FF_3 和 FF_1 左移一位,相当于 $N\times2$。

在 $t=t_3$ 时,$S_1S_0=10$,74HC194 仍处于左移状态,在 CP_1 的作用下,FF_4 和 FF_2 继续左移一位,在数值上相当于 $M\times4$,而 CP_2 没有触发脉冲,FF_3 和 FF_1 保持不变。

此时,在加法器上得到的结果为

$$Y=4M+2N$$

9.4 计　数　器

计数器也是常用的时序逻辑电路,它不仅可以对时钟脉冲进行计数,还可以用于分频、定时和产生特定的脉冲序列等。计数器的种类很多,按计数器中触发器的触发方式分类,可分为异步计数器和同步计数器;按计数数值增减趋势分类,可分为加法计数器、减法计数器和可逆计数器;按计数数值的编码方式分类,可分为二进制计数器和二-十进制计数器等。有时还用计数器的计数容量来分类,如七进制计数器、十进制计数器等。

9.4.1 二进制计数器

1. 异步二进制加法计数器

图 9.27 所示电路是由 4 个 JK 触发器组成的异步二进制加法计数器。图中每个 JK 触发器的输入端 J,K 都接高电平,触发器处于计数态,即每一个时钟下降沿到来时,触发器均发生翻转。计数脉冲作为第一级 JK 触发器的时钟脉冲信号,第一级的输出信号 Q_0 作为第二级的时钟脉冲信号,依此类推,前一级的输出信号作为后一级触发器的时钟脉冲信号。可见各触发器的时钟是各不相同的,各触发器也不会同时翻转,故该计数器属于异步计数器。

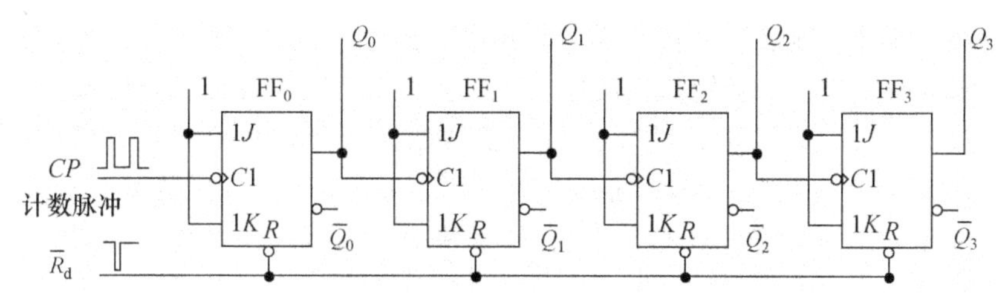

图 9.27　用 *JK* 触发器组成的异步二进制加法计数器

计数时先输入一个复位脉冲($\overline{R_d}=0$)，使触发器复位，即令 $Q_3Q_2Q_1Q_0=0000$，然后在触发器 FF_0 的时钟信号输入端输入计数脉冲，在计数脉冲的作用下，各触发器的输出波形图如图 9.28 所示。

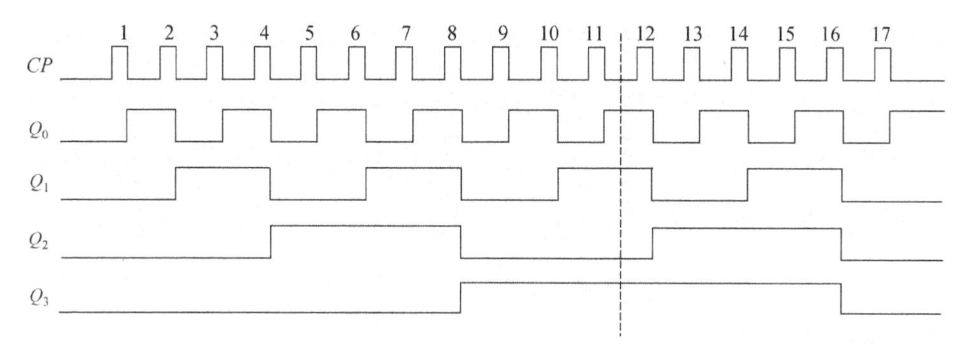

图 9.28　异步二进制加法计数器的输出波形

由波形图可知，每一个计数脉冲过后，由 $Q_3Q_2Q_1Q_0$ 表示的计数值都增加 1，所以该计数器为加法计数器。例如在第 11 个计数脉冲过后，触发器状态为 $Q_3Q_2Q_1Q_0=1011$，对应十进制数 11，表明计数器为二进制计数器。综合这些特点，图 9.27 所示电路为异步二进制加法计数器。

在第 16 个计数脉冲过后，计数器又回到了初始状态 $Q_3Q_2Q_1Q_0=0000$，并在第 17 个计数脉冲到来时开始了下一个计数循环，且每 16 个计数脉冲重复一次，该计数器称为十六进制计数器，或称为模 16 计数器。

从各触发器输出波形的频率看，Q_0 的频率是计数脉冲 CP 频率的一半，即对 CP 信号进行了二分频，Q_1 的频率是 Q_0 频率的一半，是计数脉冲 CP 频率的四分之一，即对 CP 信号进行了四分频，同理，输出信号 Q_2 和 Q_3 分别对 CP 进行了八分频和十六分频。故计数器可以作为分频器使用。

异步二进制计数器的电路结构简单，但触发器不是同时翻转的，输出信号间存在一定的延时。以第 8 个计数脉冲为例，输出状态由 0111 变成 1000 的过程是，计数脉冲下降沿触发 FF_0 翻转，经过一个平均延迟时间 t_{pd}后，Q_0 由 1 变 0；Q_0 的下降沿触发 FF_1 翻转，经过一个平均延迟时间 t_{pd}后，Q_1 由 1 变 0；Q_1 的下

降沿触发 FF_2 翻转,经过一个平均延迟时间 t_{pd}后,Q_2 由 1 变 0;Q_2 的下降沿触发 FF_3 翻转,经过一个平均延迟时间 t_{pd}后,Q_3 由 0 变 1。可见,经过 $4t_{pd}$后,输出状态才完成 0111 到 1000 的转变。为了正确地读出计数器的数值,必须在各触发器翻转完毕后读取,要求计数脉冲的周期 T 满足 $T \geqslant 4t_{pd}$的条件。对于由 N 个 JK 触发器组成的异步计数器来说,必须满足 $T \geqslant Nt_{pd}$的条件,这将影响计数器的工作速度。

2. 异步二进制减法计数器

图 9.29 所示电路为由 JK 触发器组成的 4 位异步二进制减法计数器。它与图 9.27 所示电路非常相似,只是将直接复位信号换成了直接置位信号,将前一级的输出端$\overline{Q}$作为后一级的时钟信号。

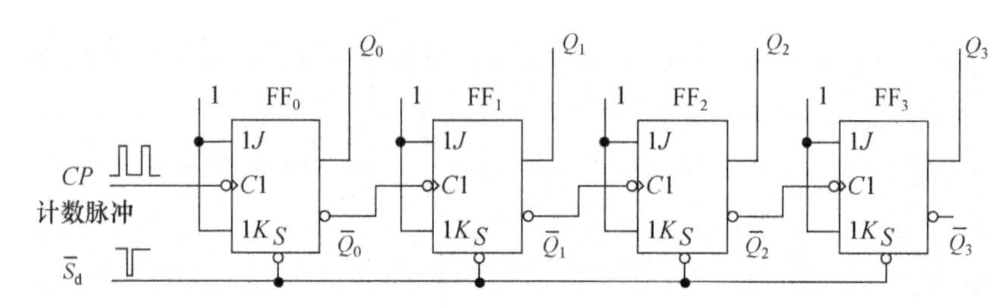

图 9.29 用 JK 触发器组成的异步二进制减法计数器

计数器工作时,先输入一个置位脉冲($\overline{S_d}=0$),使 $Q_3Q_2Q_1Q_0=1111$,然后输入计数脉冲,计数器的计数值随计数脉冲递减。由于触发器 $FF_1 \sim FF_3$ 的翻转发生在前一级$\overline{Q}$的下降沿,也就是输出端 Q 的上升沿,其输出波形如图 9.30 所示。例如在第 11 个计数脉冲过后,计数器的状态为 $Q_3Q_2Q_1Q_0=0100$,对应十进制数 4,正是初态 15 减去 11 的结果,所以该电路为减法计数器。

与加法计数器一样,异步二进制减法计数器也是模 16 计数器,即每 16 个计数脉冲,计数器状态重复出现。

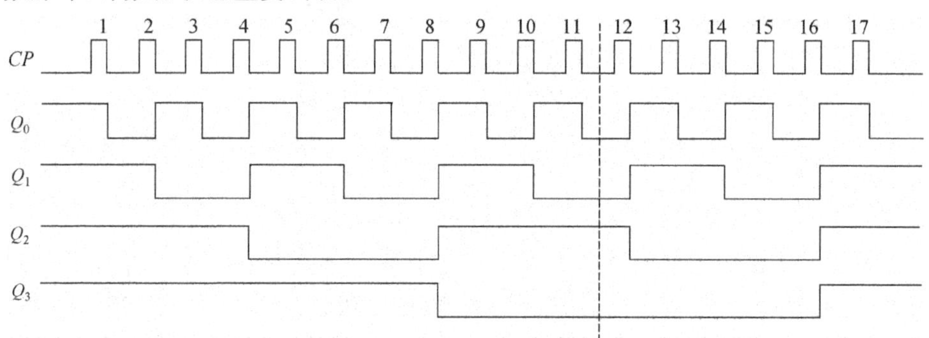

图 9.30 异步二进制减法计数器的输出波形

3. 异步二进制可逆计数器

在异步二进制加、减法计数器的基础上，如果通过增加门电路，使后级的时钟信号可以根据控制信号选择前一级的 Q 或 $\overline{Q}$，即可实现异步二进制可逆计数器。图 9.31 所示电路为由 JK 触发器组成的 4 位异步二进制可逆计数器，图中触发器的 J，K 端悬空可看作接高电平，加、减法工作方式由模式控制信号 M 决定。

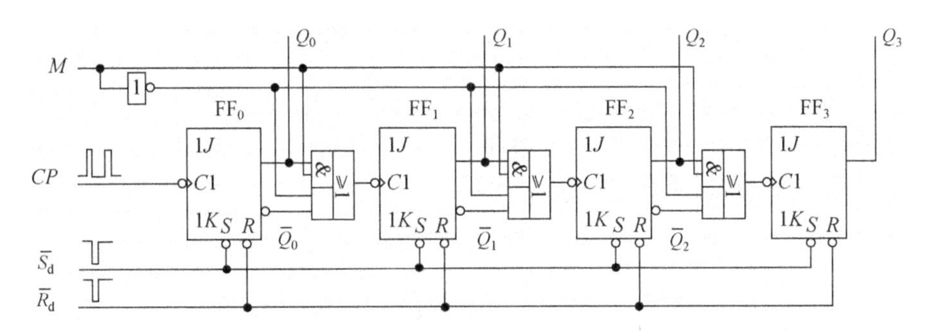

图 9.31　用 JK 触发器组成的异步二进制可逆计数器

$M=1$ 时，与或门输出为 Q，计数器工作在加法计数模式，计数前应对计数器进行复位操作（$\overline{R_d}=0$）；$M=0$ 时，与或门输出为 $\overline{Q}$，计数器工作在减法计数模式，计数前应对计数器进行置位操作（$\overline{S_d}=0$）。

4. 同步二进制加法计数器

为克服异步计数器工作速度慢的缺点，可以使用同步计数器。同步计数器中所有触发器使用同一个时钟脉冲，同时翻转，计数器状态改变只需一个平均延迟时间 t_{pd}，从而大大提高了计数速度。

为了满足加法计数器的时序关系，要增加组合电路来控制触发器的翻转。由图 9.28 所示的异步二进制加法计数器的输出波形图可知，Q_0 的翻转发生在计数脉冲的下降沿，触发器 FF_0 的驱动方程为 $J_0=K_0=1$ 即可产生这种结果；Q_1 的翻转发生在 $Q_0=1$ 时，则触发器 FF_1 的驱动方程为 $J_1=K_2=Q_0$，即 $Q_0=0$ 时，触发器保持状态不变，而 $Q_0=1$ 时，则在计数脉冲作用下翻转；同理，Q_2 的翻转发生在 $Q_0=Q_1=1$ 时，触发器 FF_2 的驱动方程为 $J_2=K_2=Q_1Q_0$；Q_3 的翻转发生在 $Q_0=Q_1=Q_2=1$ 时，触发器 FF_3 的驱动方程为 $J_3=K_3=Q_2Q_1Q_0$。图 9.32 所示电路就是根据以上驱动方程得到的同步二进制加法计数器。

在图 9.32 所示电路中，所有触发器的时钟信号都来自计数脉冲，触发器的翻转也都发生在计数脉冲的下降沿，故电路为同步计数器。各触发器输出状态随计数脉冲的变化情况与异步二进制加法计数器一致，同样是模 16 计数器。

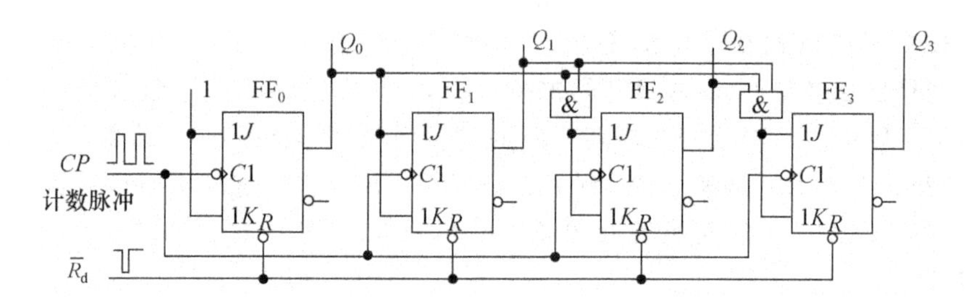

图 9.32 用 JK 触发器组成的同步二进制加法计数器

中规模集成电路 74161 是 4 位同步二进制计数器,它在同步二进制加法计数器的基础上,增加了一些控制电路,可以实现异步清零、保持、预置数和进位输出等功能。其内部逻辑图如图 9.33 所示。

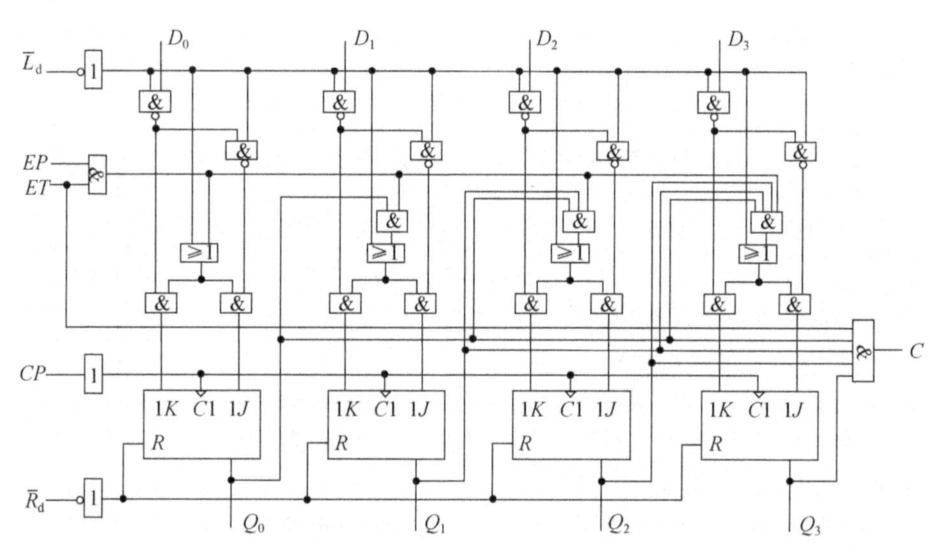

图 9.33 集成同步二进制计数器 74161 逻辑图

图中各 JK 触发器的直接复位端是高电平有效的,故当 $\overline{R_d}=0$ 时,经过非门后可将所有触发器复位,使 $Q_3Q_2Q_1Q_0=0000$。触发器的时钟信号输入端没有小圆圈,触发器是时钟上升沿触发的,时钟信号 CP 经由缓冲门送到各触发器以减小 CP 的负载。

信号 $\overline{L_d}$ 是预置数控制端,低电平有效,当 $\overline{L_d}=0$ 时,经过一个时钟脉冲后,输入信号 $D_3D_2D_1D_0$ 将存储到各触发器中。例如若 $D_0=1$,则 $K_0=0$,$J_0=1$,时钟上升沿时 Q_0 将被置 1。同理可知 $Q_3Q_2Q_1Q_0=D_3D_2D_1D_0$,即完成了对计数器中的计数值的预设置。

EP 和 ET 信号为控制信号,当 $EP\cdot ET=1$,计数器开始计数,否则计数器保持现态不变。$ET=0$ 还可以使进位输出信号 C 复位。

当计数器达到全 1 状态($Q_3Q_2Q_1Q_0=1111$)时，将产生一个进位输出信号($C=1$)，进位输出信号可以用于将 74161 级联起来构成多位同步计数器。

74161 的功能表如表 9.7 所示。

表 9.7　74161 功能表

$\overline{R_d}$	$\overline{L_d}$	EP	ET	CP	功能
0	X	X	X	X	复位
1	0	X	X	↑	预置数
1	1	0	1	X	保持
1	1	X	0	X	保持且 $C=0$
1	1	1	1	↑	计数

利用 74161 提供的控制功能，在 74161 的基础上附加门电路可以构成任意进制计数器，当所需计数器容量小于 16 时，只需 1 片 74161，否则需要多片 74161 级联而成。

例 9-8　用 74161 和门电路组成十进制计数器。

解　用 74161 组成十进制计数器的方法是，当 74161 的计数值为 9(对应输出状态 $Q_3Q_2Q_1Q_0=1001$)时，在下一个计数脉冲到来时，让 74161 的输出变成 $Q_3Q_2Q_1Q_0=0000$，提前进入下一个计数循环。这样就使 74161 的计数输出只能有 10 种状态，组成十进制计数器。

让 74161 的计数值提前归零的方法有两种，分别称为清零法和预置零法。

用清零法组成十进制计数器的电路如图 9.34(a)所示，当 $Q_3Q_2Q_1Q_0=1010$ 时，立即产生一个异步清零脉冲，使 $Q_3Q_2Q_1Q_0=0000$，同时清零脉冲消失，计数器开始下一个计数循环。这种方法会在输出端出现一个十分短暂的 1010 状态，对其他电路存在干扰。

用预置零法组成十进制计数器的电路如图 9.34(b)所示，当 $Q_3Q_2Q_1Q_0=1001$ 时，通过门电路使 $\overline{L_d}=0$，按照表 9.7 所示，在下一个时钟脉冲作用下，预置数 $D_3D_2D_1D_0=0000$ 被置入计数器使 $Q_3Q_2Q_1Q_0=0000$。

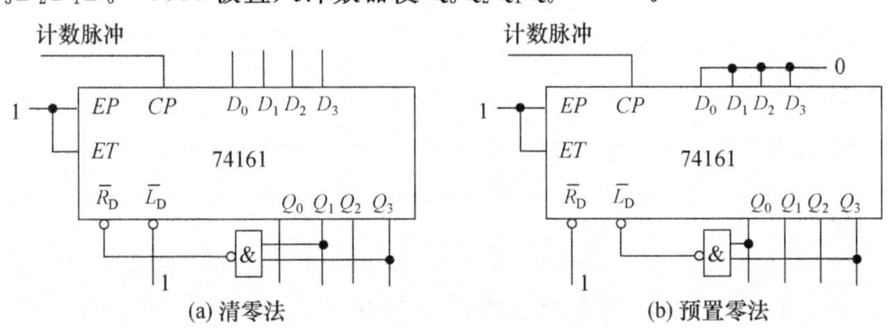

图 9.34　用 74161 和门电路组成十进制计数器

通过增加组合电路来控制计数方式,可以得到同步二进制可逆计数器,市场上已有产品,如中规模集成4位同步二进制可逆计数器74191,除了可以根据控制实现加、减法计数外,它也有74161的预置数、保持和进位输出等功能。

9.4.2 非二进制计数器

除了二进制计数器以外的所有编码计数器统称为非二进制计数器,其中以二-十进制计数器为常见,而二-十进制的编码有许多种,二-十进制计数器也有许多种,其中又以BCD码十进制计数器(简称十进制计数器)最为常见。

1. 异步十进制加法计数器

从例9-8中可以看出,如果可以让4位异步二进制计数器在计数时跳过1010～1111这六个状态,就形成十进制计数器。图9.35所示电路就是用上述方法得到的异步十进制加法计数器的典型电路。图中JK触发器的悬空输入端可视为接高电平,触发器FF_3的输入端J_3同时接两个输入信号属于多输入端JK触发器,其逻辑功能相当于两个输入信号经过一个与门后再接J_3,即$J_3=Q_1Q_2$。

图中触发器FF_0的时钟为计数脉冲,FF_1,FF_3的时钟为FF_0的输出信号Q_0,FF_2的时钟为FF_1的输出信号Q_1,电路属于异步计数器,各触发器的翻转只发生在各自时钟信号的下降沿。至于是否会翻转则取决于各触发器输入信号的状态。

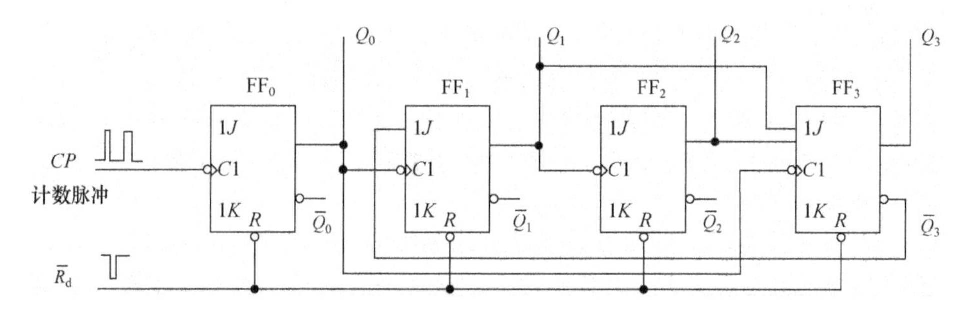

图9.35 由JK触发器组成的异步十进制加法计数器

电路中各触发器的驱动方程为

$$\begin{cases} J_0 = K_0 = 1 \\ J_1 = \overline{Q_3}, \quad K_1 = 1 \\ J_2 = K_2 = 1 \\ J_3 = Q_2Q_1, \quad K_3 = 1 \end{cases} \tag{9.10}$$

将式(9.10)代入JK触发器的特性方程$Q^{n+1}=J\,\overline{Q^n}+\overline{K}Q^n$,即可得到各触发器的状态方程

$$\begin{cases} Q_0^{n+1} = \overline{Q_0^n} \quad (CP_0 = CP) \\ Q_1^{n+1} = \overline{Q_3^n}\,\overline{Q_1^n} \quad (CP_1 = Q_0) \\ Q_2^{n+1} = \overline{Q_2^n} \quad (CP_2 = Q_1) \\ Q_3^{n+1} = \overline{Q_3^n} Q_2^n Q_1^n \quad (CP_3 = Q_0) \end{cases} \tag{9.11}$$

计数时，先对计数器清零，使 $Q_3Q_2Q_1Q_0=0000$。根据式(9.11)和各自的触发时钟，各触发器的输出信号波形如图 9.36 所示。

在前 6 个时钟脉冲，由于 $J_3=Q_2Q_1=0$，使 FF_3 的输出 $Q_3=0$，则 $J_1=\overline{Q_3}=1$，触发器 FF_0～FF_2 的输出状态随计数脉冲转换的情况与异步二进制加法计数器相同；第 7 个时钟下降沿时，尽管 $J_3=Q_2Q_1=1$，但触发器 FF_3 没有时钟信号下降沿触发，故状态保持不变，$Q_3Q_2Q_1Q_0$ 由 0110 转换成 0111；第 8 个时钟下降沿时，触发器 FF_0 翻转，Q_0 出现下降沿，而此时 $J_3=Q_2Q_1=1$，故触发器 FF_3 翻转，$Q_3=1$，同时 FF_1 翻转、FF_2 翻转，各触发器状态为 $Q_3Q_2Q_1Q_0=1000$；第 9 个时钟下降沿时，FF_0 翻转，$Q_0=1$，但 FF_1～FF_3 没有时钟信号下降沿触发，状态保持不变，$Q_3Q_2Q_1Q_0=1001$；第 10 个时钟下降沿时，FF_0 翻转，Q_0 出现下降沿，$J_1=\overline{Q_3}=0$，触发器 FF_1 复位，$J_3=Q_2Q_1=0$，触发器 FF_3 复位，而触发器 FF_2 没有时钟信号下降沿触发，状态保持不变，这样计数器的输出状态就回到了初态，$Q_3Q_2Q_1Q_0=0000$，并准备进入下一个计数循环。

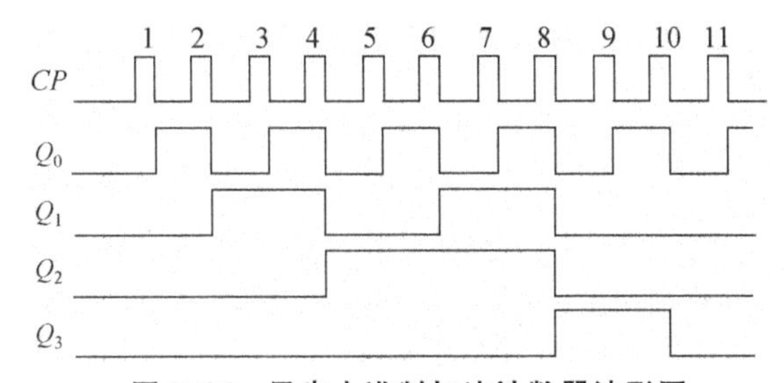

图 9.36　异步十进制加法计数器波形图

2. 同步十进制加法计数器

与异步十进制计数器相似，图 9.37 所示的同步十进制加法计数器是在同步二进制计数器的基础上修改而成。

图中各触发器的驱动方程为

$$\begin{cases} J_0 = K_0 = 1 \\ J_1 = \overline{Q_3}Q_0, \quad K_1 = Q_0 \\ J_2 = K_2 = Q_1Q_0 \\ J_3 = Q_2Q_1Q_0, \quad K_3 = Q_0 \end{cases} \tag{9.12}$$

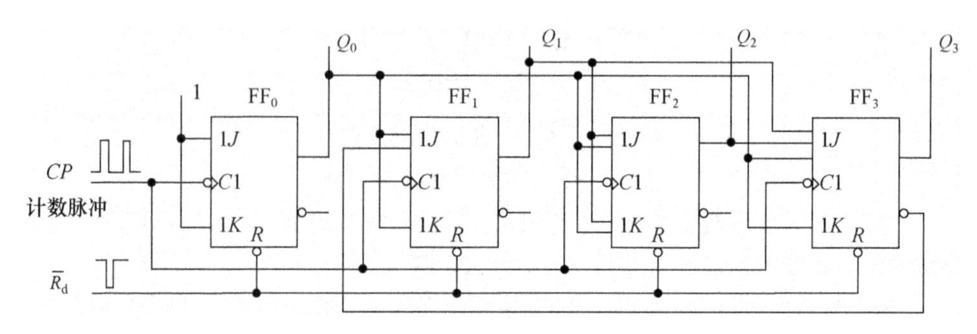

图 9.37 同步十进制加法计数器

将式(9.12)代入 JK 触发器的特性方程,可得各触发器的状态方程为

$$\begin{cases} Q_0^{n+1} = \overline{Q_0^n} \\ Q_1^{n+1} = \overline{Q_3^n}\,\overline{Q_1^n}Q_0^n + Q_1^n\,\overline{Q_0^n} \\ Q_2^{n+1} = \overline{Q_2^n}Q_1^nQ_0^n + Q_2^n\,\overline{Q_1^nQ_0^n} \\ Q_3^{n+1} = \overline{Q_3^n}Q_2^nQ_1^nQ_0^n + Q_3^n\,\overline{Q_0^n} \end{cases} \tag{9.13}$$

计数时,先对计数器清零,使 $Q_3Q_2Q_1Q_0=0000$。在每个计数脉冲的下降沿,根据式(9.13)判断触发器的输出状态,计数器的输出波形与图 9.36 相同。

中规模集成电路 74160 是同步十进制加法计数器,与集成同步二进制加法计数器 74161 一样,它也有异步清零、保持、预置数和进位输出等功能。其内部逻辑图如图 9.38 所示。

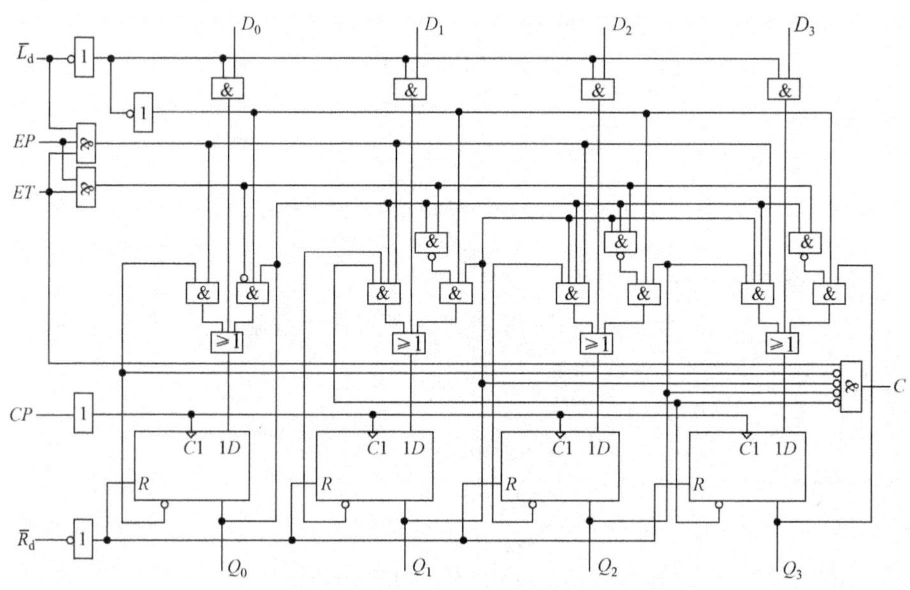

图 9.38 集成同步十进制计数器 74160 逻辑图

图中采用 D 触发器构成计数器，当 $\overline{R_d}=0$ 时，所有触发器复位 $Q_3Q_2Q_1Q_0=0000$。

信号 $\overline{L_d}$ 是预置数控制端，低电平有效，当 $\overline{L_d}=0$ 时，经过一个时钟脉冲后，输入信号 $D_3D_2D_1D_0$ 将存储到各触发器中，完成对计数器中的计数值的预设置。

EP 和 ET 信号为控制信号，当 $EP \cdot ET=1$，计数器开始计数，否则计数器保持现态不变。$ET=0$ 还可以使进位输出信号 C 复位。

当计数器计数值等于 9（$Q_3Q_2Q_1Q_0=1001$）时，将产生一个进位输出信号（$C=1$），进位输出信号可以用于将 74160 级联起来构成多位同步计数器。

74160 的功能表与 74161 相同，可参见表 9.7。

与用 74161 构成任意进制计数器一样，用 74160 也可以构成任意进制计数器。

例 9-9　用 74160 和门电路组成二十九进制计数器。

解　用 74160 组成任意进制计数器的方法有清零法和预置零法两种，由于清零法会产生干扰脉冲，故以下设计采用预置零法。

用预置零法构成的二十九进制计数器如图 9.39 所示。

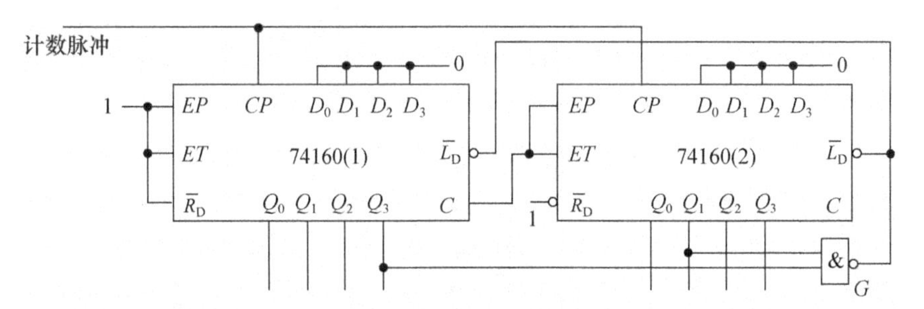

图 9.39　用 74160 组成的二十九进制同步加法计数器

74160 是十进制计数器，要产生二十九进制计数器，必须使用两片 74160 级联而成。级联的方法是将 74160(1)的进位输出作为 74160(2)的计数控制信号，当 74160(1)计到 9 时，进位输出为高电平，此时 74160(2)为计数状态，在下一个计数脉冲到来时，74160(1)计数值回到 0 的同时 74160(2)计数值为 1。随后 74160(1)的进位输出回到 0，74160(2)将处于保持状态，直到 74160(1)产生下一个进位输出。

要实现二十九进制计数器，须在计数值等于 28 时，产生预置脉冲 $\overline{L_d}$，将预置的全 0 数置入计数器。当 74160(1)的 $Q_3=1$（相当于 8）且 74160(2)的 $Q_1=1$（相当于 20）时，与非门 G 输出低电平，使两片 74160 的预置数控制信号有效，在下一个计数脉冲到来时，计数器状态将置 0，并开始下一个计数周期。

如果要实现其他进制的计数器，只要所需的进制小于 100，仍可使用图 9.39 所示电路，只需改变预置数控制端的判断电路即可。

3. 扭环计数器

将图 9.20 所示的移位寄存器中 FF_3 的输出端 $\overline{Q_3}$ 接到 FF_0 的输入端 D,就构成了扭环计数器,如图 9.40 所示。

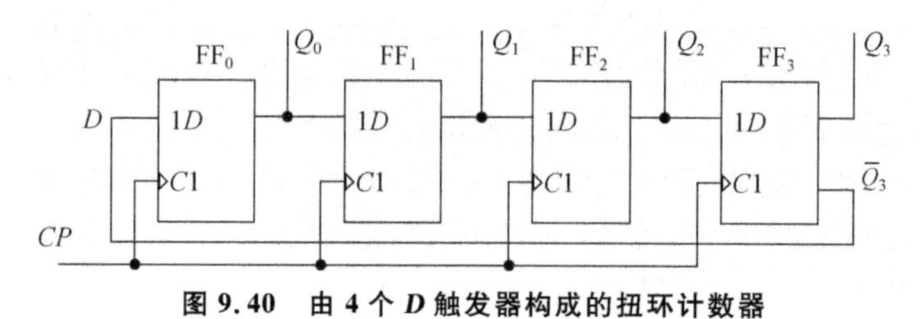

图 9.40　由 4 个 D 触发器构成的扭环计数器

设计数器的初态为 $Q_3Q_2Q_1Q_0=0000$,则在 CP 的作用下,各触发器状态转换情况如表 9.8 所示。

表 9.8　扭环计数器的状态转换表

CP	Q_3	Q_2	Q_1	Q_0
0	0	0	0	0
1	0	0	0	1
2	0	0	1	1
3	0	1	1	1
4	1	1	1	1
5	1	1	1	0
6	1	1	0	0
7	1	0	0	0
8	0	0	0	0

可见,输出状态将在这 8 种状态间循环,为了更直观反映这种情况,可以用图 9.41 所示的状态图来表示,图中的箭头指出下一个时钟脉冲时的输出状态转换情况。

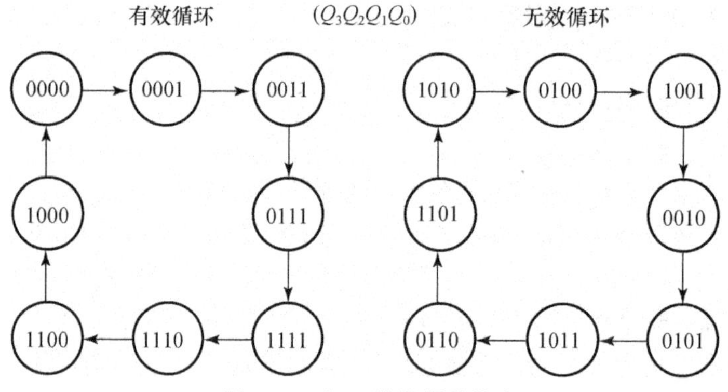

图 9.41　扭环计数器的状态图

表 9.8 列出的 8 种输出状态构成一个封闭的循环，这个循环符合需求，称为有效循环。除了有效循环外，还存在一个由 8 种状态组成的无效循环。这两个循环互不相交，一旦计数器状态进入无效循环，除非人为将计数器设置成有效循环的某一状态，计数器状态将不会进入有效循环中。这种情况称为不能自启动。

为了便于使用，往往要求扭环计数器具有自启动能力，即当计数器状态脱离了有效循环时，在有限的几个时钟脉冲作用下能够自动回到有效循环的能力。

为实现自启动，要对图 9.40 所示电路进行修改，修改后的电路如图 9.42 所示。

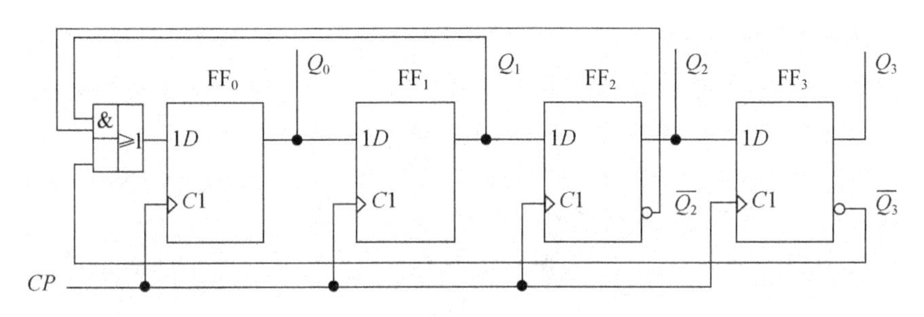

图 9.42　能自启动的扭环计数器

图 9.42 电路的状态图如图 9.43 所示，从图中可以看出，计数器的有效循环没有变化，而一旦脱离了有效循环，最多经过 5 个时钟脉冲，计数器就能自动回到有效循环。

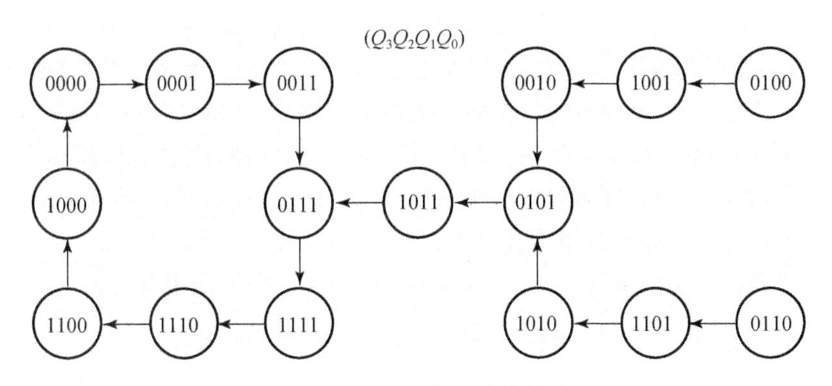

图 9.43　图 9.42 所示扭环计数器的状态图

综 合 案 例

案例 1　触发器的状态图。

触发器的逻辑功能除了用特性表、特性方程来描述以外，还可以用状态图来描述。状态图也称作状态转换图，它通过图形来表示触发器状态的转换关系，具有形象直观的特点。

图 Z9-1(a)所示是 SR 触发器的状态图,图中用分别填入 0 和 1 的两个圆圈代表 SR 触发器的两种状态,用箭头表示状态的转换方向,同时在箭头旁边注明了实现该转换的输入信号取值,即转换条件。

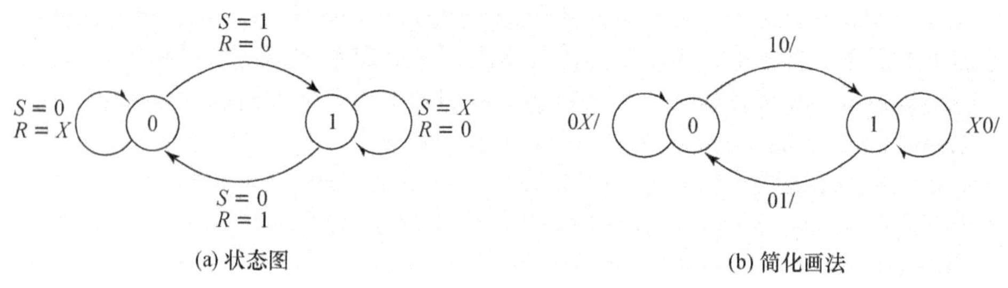

图 Z9-1　*SR* 触发器的状态图

图 Z9-1(a)说明,若触发器处于 0 状态,当输入信号 $S=1,R=0$ 时,触发器的次状态将转换为 1 状态;当输入信号 $S=0,R=X$(X 表示任意值,即 $R=0$ 或 $R=1$ 均可)时,触发器的次状态将保持在 0 状态。另一方面,若触发器处于 1 状态,当输入信号 $S=0,R=1$ 时,触发器的次状态将转换为 0 状态;当输入信号 $S=X,R=0$ 时,触发器的次状态将保持在 1 状态。图中给出的转换条件中不包含 $S=1,R=1$ 这种取值组合,表明该组合不允许出现。

图 Z9-1(b)是状态图的简化画法,图中省略了输入变量的名称,直接给出了它们的取值组合。对于包含输出逻辑变量的时序逻辑电路,画状态图时,不仅要标注输入逻辑变量的取值,还要标注输出逻辑变量的值。用斜号"/"将输入、输出隔开,输入逻辑变量的取值写在斜号的左上方,输出逻辑变量的取值写在斜号的右下方。本例中,由于 SR 触发器没有输出逻辑变量,所以斜线的右下方空白。另外,输入逻辑变量的排列顺序与触发器名称一致,对于 SR 触发器,先写 S 的取值,再写 R 的取值,取值为任意时,用 X 表示。

同样的,JK 触发器和 D 触发器也可以用状态图来描述逻辑功能,分别如图 Z9-2 和图 Z9-3 所示。

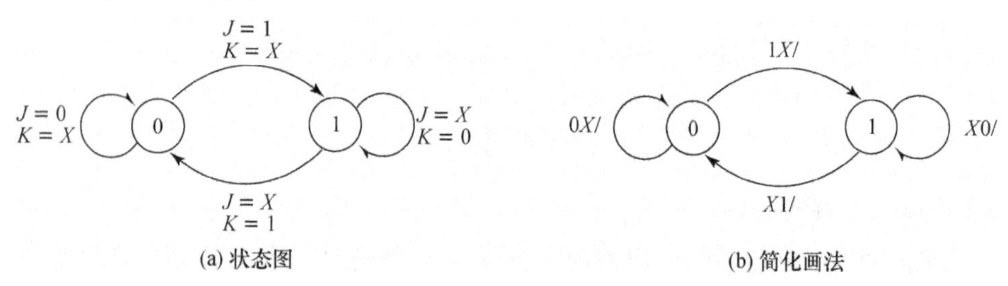

图 Z9-2　*JK* 触发器的状态图

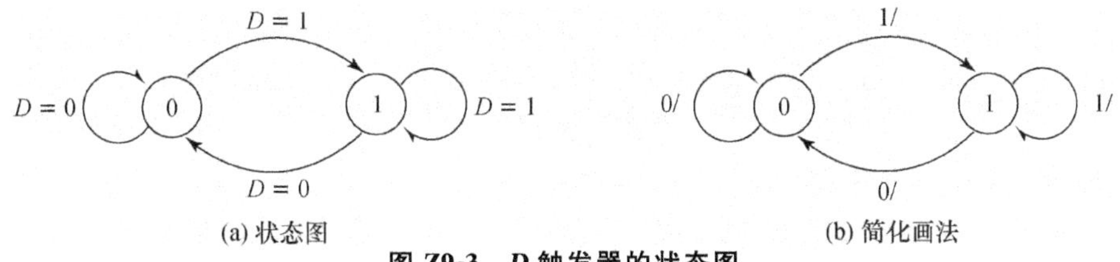

图 Z9-3　*D* 触发器的状态图

触发器的状态图很容易与特性表对应起来，而从状态图推导特性方程也是比较方便的，其做法与从特性表得到特性方程相同，即找到所有次状态为 1 的箭头，将每一个箭头对应的初状态、输入逻辑变量的取值写成一个与项，再对所有与项求或，即得到触发器的特性方程。

以 JK 触发器为例，图 Z9-2 所示的状态图中，指向 1 状态的箭头有两个，而每个箭头的转换条件都包含一个任意值，故每一个箭头包含两个与项，写出特性方程为

$$\begin{aligned} Q^{n+1} &= \overline{Q^n}J\,\overline{K} + \overline{Q^n}JK + Q^n\,\overline{J}\,\overline{K} + Q^nJ\,\overline{K} \\ &= J\,\overline{Q^n} + \overline{K}Q^n \end{aligned}$$

案例 2　D 触发器的应用举例。

(1) 二分频电路。将 D 触发器的反向输出端连接到输入端，如图 Z9-4(a)所示，此时 D 触发器工作在翻转状态，即每个时钟上升沿到来，输出都会翻转一次，其输出波形如图 Z9-4(b)所示。比较输出信号与输入信号的频率可知，输出信号的频率是输入信号频率的一半，其功能相当于二分频电路。

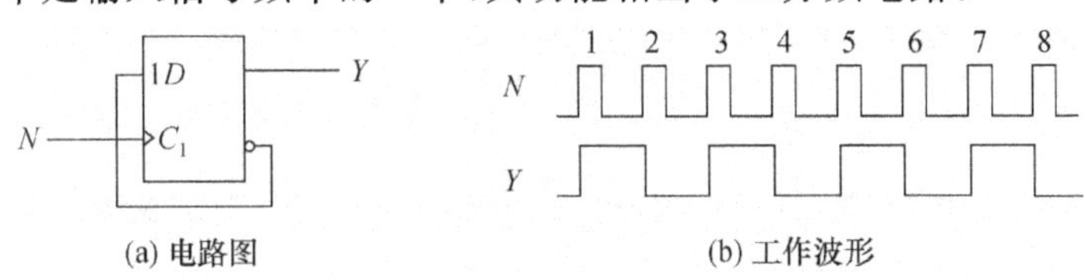

图 Z9-4　*D* 触发器构成的二分频电路

(2) 异步二进制加法计数器。如图 Z9-4(a)所示，电路中 D 触发器也可视作计数状态，很容易将其扩展成异步二进制加法计数器，如图 Z9-5 所示。

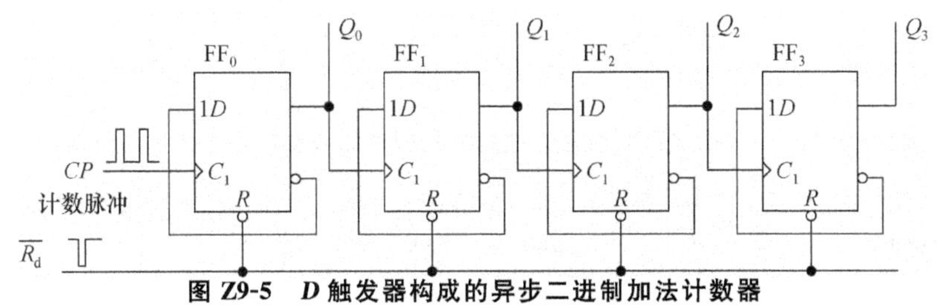

图 Z9-5　*D* 触发器构成的异步二进制加法计数器

(3) 顺序脉冲发生器。在数字电路系统中,往往要求按照事先规定的先后顺序对某些设备进行运算或操作,这就要求系统的控制部分能给出一组在时间上有一定先后顺序的脉冲信号,能够产生这种信号的电路称为顺序脉冲发生器,也称为节拍脉冲发生器。

用 D 触发器构成的顺序脉冲发生器如图 Z9-6(a)所示,触发器 FF_0～FF_3 组成移位寄存器,其中 $D_0=\overline{Q_0+Q_1+Q_2}$,在时钟信号 CP 的作用下,Q_0～Q_3 依次输出正脉冲,并不断循环,电路工作时的输出波形如图 Z9-6(b)所示。

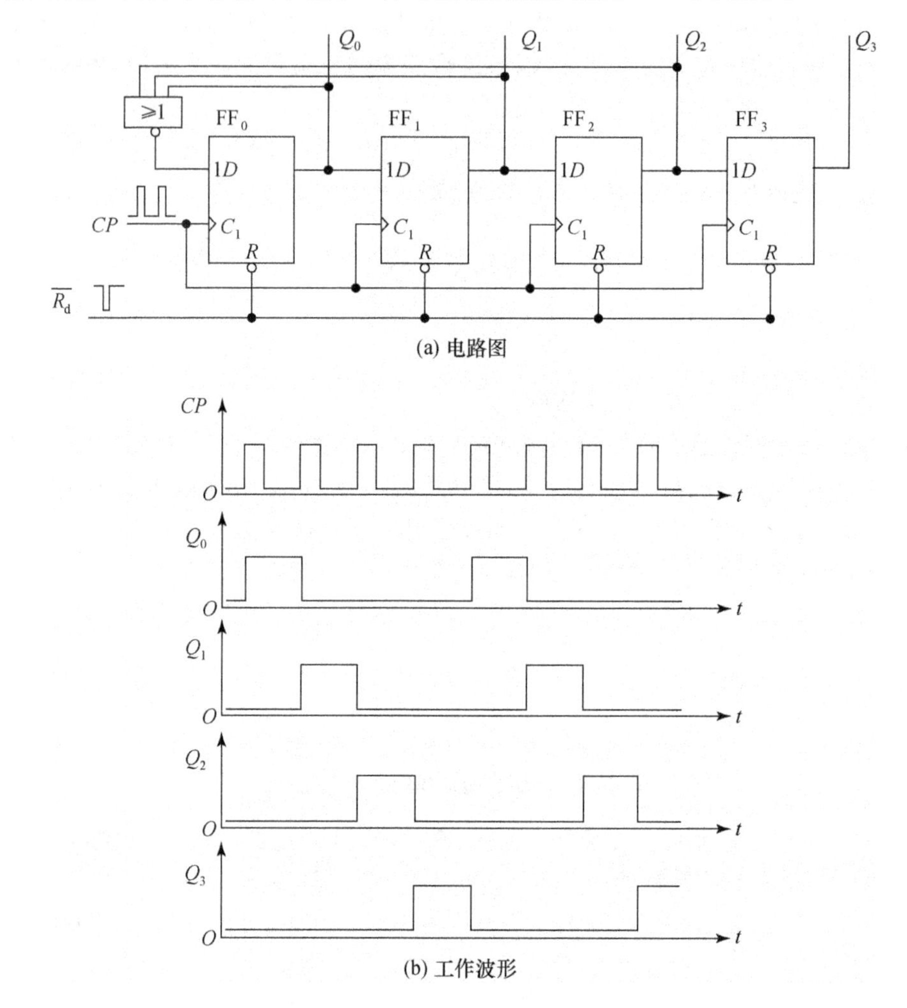

(a) 电路图

(b) 工作波形

图 Z9-6　D 触发器构成的顺序脉冲发生器

案例 3　用 JK 触发器实现同步六进制加法计数器。

计数器的工作特点是在时钟信号作用下自动进行状态转换，属于没有输入逻辑变量的简单时序逻辑电路。用触发器构成的计数器电路中，JK 触发器是最常见的。用 JK 触发器实现计数器的设计目标是，找到各个触发器的驱动方程和时钟信号，对于同步计数器，只需找到各触发器的驱动方程即可。

本例中要设计六进制计数器，需要 3 个 JK 触发器。分析 JK 触发器驱动方程的方法有两种：其一是将各触发器的初状态和次状态列成状态转换表，由状态转换表得到各触发器的状态方程，然后对比 JK 触发器的特性方程，得到各触发器的驱动方程；其二是参照 JK 触发器的状态图，列出符合要求的状态转换条件表，直接得到各触发器的驱动方程。这两种方法分述如下。

(1) 求解状态方程。计数器初状态与次状态的转换关系如表 Z9-1 所示，将初状态看作输入逻辑变量，次状态看作输出逻辑变量，可以得到触发器的状态方程。其中对应十进制数 6 和 7 的两组初状态是不允许出现的，化简时可以当作无关项处理。

表 Z9-1　状态转换表

初状态			次状态		
Q_2^n	Q_1^n	Q_0^n	Q_2^{n+1}	Q_1^{n+1}	Q_0^{n+1}
0	0	0	0	0	1
0	0	1	0	1	0
0	1	0	0	1	1
0	1	1	1	0	0
1	0	0	1	0	1
1	0	1	0	0	0
1	1	0	X	X	X
1	1	1	X	X	X

Q_2^{n+1}，Q_1^{n+1}，Q_0^{n+1} 的卡诺图如图 Z9-7 所示，化简后各触发器的状态方程为

$$\begin{cases} Q_2^{n+1} = Q_2^n\,\overline{Q_0^n} + Q_1^n\,Q_0^n \\ Q_1^{n+1} = \overline{Q_2^n}\,\overline{Q_1^n}\,Q_0^n + Q_1^n\,\overline{Q_0^n} \\ Q_0^{n+1} = \overline{Q_0^n} \end{cases} \tag{9.14}$$

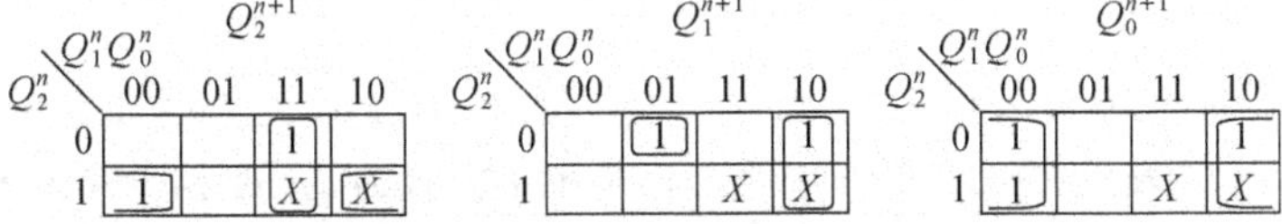

图 Z9-7　Q_2^{n+1}，Q_1^{n+1}，Q_0^{n+1} 的卡诺图

对比 JK 触发器的特性方程：$Q^{n+1}=J\overline{Q^n}+\overline{K}Q^n$，可将式(9.14)改写为

$$\begin{cases} Q_2^{n+1}=Q_2^n\overline{Q_0^n}+Q_1^nQ_0^n=(Q_1^nQ_0^n)\overline{Q_2^n}+(\overline{Q_0^n})Q_2^n \\ Q_1^{n+1}=\overline{Q_2^n}\,\overline{Q_1^n}\,Q_0^n+Q_1^n\overline{Q_0^n}=(\overline{Q_2^n}Q_0^n)\overline{Q_1^n}+(\overline{Q_0^n})Q_1^n \\ Q_0^{n+1}=\overline{Q_0^n}=(1)\overline{Q_0^n}+(0)Q_0^n \end{cases}$$

可得各触发器的驱动方程为

$$\begin{cases} J_2=Q_1Q_0 \qquad K_2=Q_0 \\ J_1=\overline{Q_2}Q_0 \qquad K_1=Q_0 \\ J_0=K_0=1 \end{cases}$$

(2) 求解驱动方程。表 Z9-2 给出了计数器各状态按照顺序转换时输入信号需满足的转换条件，表中将六进制计数器包含的 6 种状态分别用 $S_0\sim S_5$ 表示，且 S_5 的次状态为 S_0，依此循环。

以 S_0 到 S_1 的转换为例，要实现 $Q_2Q_1Q_0=000$ 到 $Q_2Q_1Q_0=001$ 的转换，各触发器需要满足的输入信号取值(即转换条件)为：对于 Q_2，要完成的转换关系为 0→0，根据 JK 触发器的转换图，转换条件为 $J=0$，$K=X$(任意值)，即只要满足 $J_2=0$，$K_2=X$ 的转换条件，Q_2 将从 0 状态转换为 0 状态；同理可得 $J_1=0$，$K_1=X$；对于 Q_0，要完成的转换关系为 0→1，根据 JK 触发器的转换图，转换条件为 $J=1$，$K=X$，即只要满足 $J_0=1$，$K_0=X$ 的转换条件，Q_0 将从 0 状态转换为 1 状态。依次类推可以得到表中其余的 J，K 的取值。

表 Z9-2　状态转换条件表

状态转换顺序	状态值			转换条件					
	Q_2	Q_1	Q_0	J_2	K_2	J_1	K_1	J_0	K_0
S_0	0	0	0	0	X	0	X	1	X
S_1	0	0	1	0	X	1	X	X	1
S_2	0	1	0	0	X	X	0	1	X
S_3	0	1	1	1	X	X	1	X	1
S_4	1	0	0	X	0	0	X	1	X
S_5	1	0	1	X	1	0	X	X	1
S_0	0	0	0						

确定了状态转换条件表后，将 Q_2，Q_1，Q_0 视为输入逻辑变量，可以得到各触发器 J，K 的表达式，即驱动方程。化简时，取值为 X 的卡诺图小格视为无关项，对应十进制数 6 和 7 的两组状态值也视为无关项，各变量的卡诺图如图 Z9-8 所示。

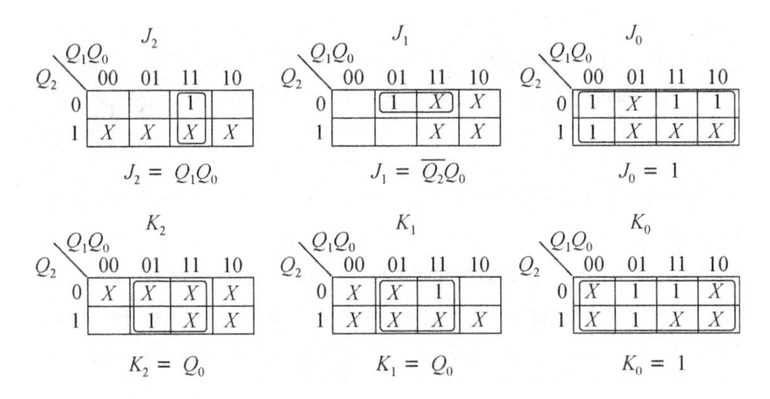

图 Z9-8　状态转换条件表的卡诺图化简

根据驱动方程，同步六进制加法计数器的逻辑图如图 Z9-9 所示。

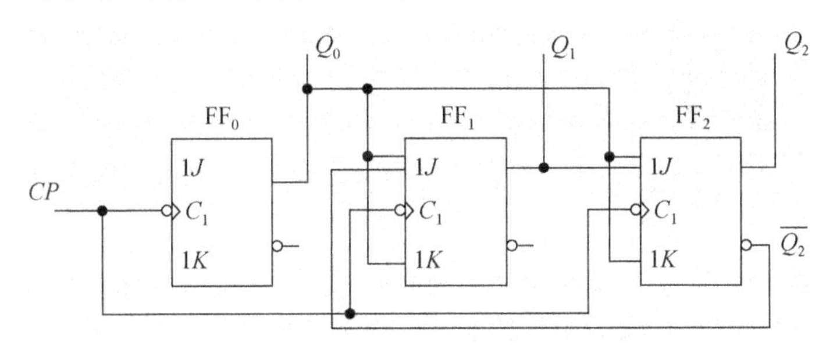

图 Z9-9　同步六进制加法计数器的逻辑图

最后检查计数器的自启动能力，从图 Z9-10 的状态图可知，该计数器具有自启动能力。

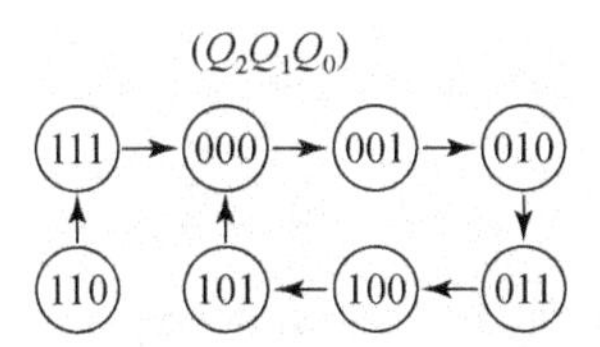

图 Z9-10　同步六进制加法计数器的状态图

本 章 小 结

(1) 时序逻辑电路在任何时刻的输出状态不仅取决于该时刻的输入信号状态，而且与电路原来的状态有关。它由组合电路和存储单元构成。

(2) 就工作方式而言，时序逻辑电路可分为同步和异步两大类。同步时序电路中所有触发器受同一时钟脉冲控制,而异步时序电路中触发器则受不同的时钟脉冲控制。同步时序电路的工作速度比异步时序电路高。

(3) 分析时序逻辑电路时,首先写出各触发器的驱动方程,代入特性方程就可以得到状态方程,由状态方程可以画出状态转换表、状态图和时序图(输出波形图),进而确定电路的逻辑功能。对于异步时序电路来说,还要分析各触发器的时钟信号。

(4) 触发器是组成时序电路的存储单元,每一个触发器可以存储1位二进制数据。由于电路结构和输入信号不同,各种触发器的逻辑功能也是不一样的。触发器包括 SR 触发器、JK 触发器和 D 触发器、T 触发器等几种类型,这些触发器的逻辑功能可以用特性表和特性方程来描述。不同的触发器状态翻转的时钟触发方式是不同的,画电路输出波形时要注意区分。

(5) 触发器的电路结构和逻辑功能之间没有必然的联系。例如 JK 触发器既有主从结构的,也有维持阻塞结构的。通过增加门电路,不同触发器的逻辑功能是可以相互转换的。

(6) 寄存器和计数器是比较常用的时序电路,在对它们的分析中要把握时序电路的一般分析方法。对于各种集成数字电路产品,则要了解它们的逻辑功能,并学会应用它们来解决实际问题。

(7) 移位寄存器除了可以存储二进制数据外,还可对存储的数据进行移位操作,实现串行、并行传输的相互转换。配合加法器使用还能完成数值运算。若将移位寄存器首尾相连组成扭环计数器,则可作为顺序脉冲发生器使用。

(8) 按照不同的方法,计数器可以分为很多种类。如按触发器的触发方式,可分为异步计数器和同步计数器;按计数数值增减趋势,可分为加法计数器、减法计数器和可逆计数器;按计数数值的编码方式,可分为二进制计数器和二-十进制计数器等。使用预置零法可以用集成计数器件构成任意进制计数器。

思 考 题

9-1 什么是时序逻辑电路?它由哪几部分组成?它和组合逻辑电路在结构和逻辑功能上有什么区别?

9-2 异步时序电路和同步时序电路有何不同点?

9-3 分析同步时序电路的一般步骤是什么?怎样通过输出方程组和状态方程组得到状态表,进而导出状态图和时序图?

9-4 从模拟电路分析的角度看,图9.2(a)所示电路是正反馈电路,为什么它不会产生振荡,反而能长期保持状态不变?

9-5 电平触发 SR 触发器在应用时为什么要遵守 $SR=0$ 的约束条件?

9-6　什么是电平触发 SR 触发器的空翻？应当如何避免？

9-7　主从 SR 触发器和主从 JK 触发器在逻辑功能上有什么不同？

9-8　边沿触发器的特点是什么？维持阻塞 D 触发器是如何实现边沿触发的？

9-9　写出 SR 触发器、JK 触发器和 D 触发器的特性方程，并归纳它们的工作原理和动作特点。

9-10　数码寄存器和移位寄存器的逻辑功能是什么？在应用方面有何不同？

9-11　如何用双向移位寄存器实现二进制数的 $\times 2^n$ 和 $\div 2^n$ 运算？

9-12　异步和同步二进制计数器各有什么特点？

练　习　题

9-1　由或非门组成的 SR 锁存器如图 P9-1(a)所示，分析其逻辑功能，并列出特性表。若输入信号波形如图 P9-1(b)所示，画出输出信号 Q 和 $\overline{Q}$ 的波形图。

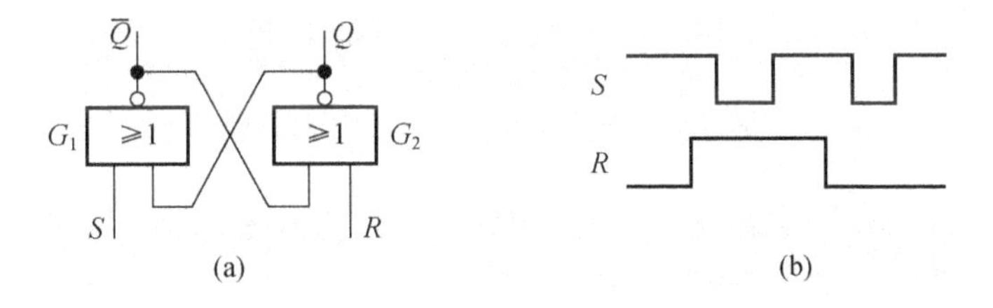

图 P9-1　练习题 9-1 逻辑图和输入波形

9-2　电平触发 SR 触发器的输入信号波形如图 P9-2 所示，画出输出信号 Q 和 $\overline{Q}$ 的波形图。设触发器初态为 $Q=0$。

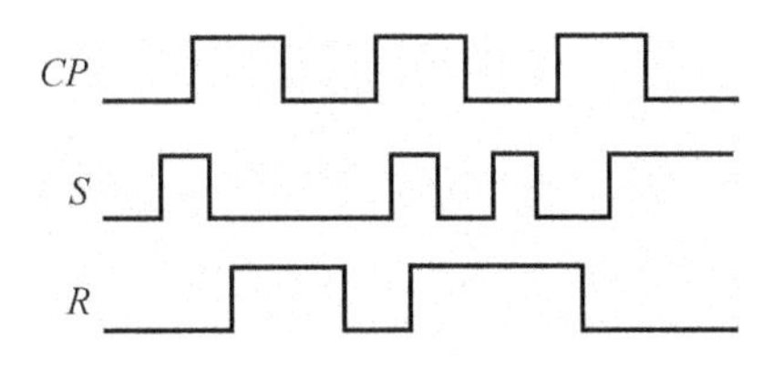

图 P9-2　练习题 9-2 的输入信号波形

9-3　主从 JK 触发器的输入信号波形如图 P9-3 所示，画出输出信号 Q 的波形图。设触发器初态为 $Q=0$。

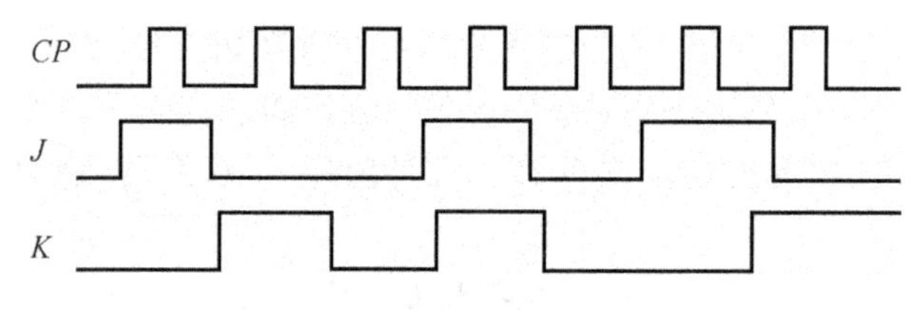

图 P9-3 练习题 9-3 的输入信号波形

9-4 维持阻塞 D 触发器的输入信号波形如图 P9-4 所示,画出输出信号 Q 的波形图。

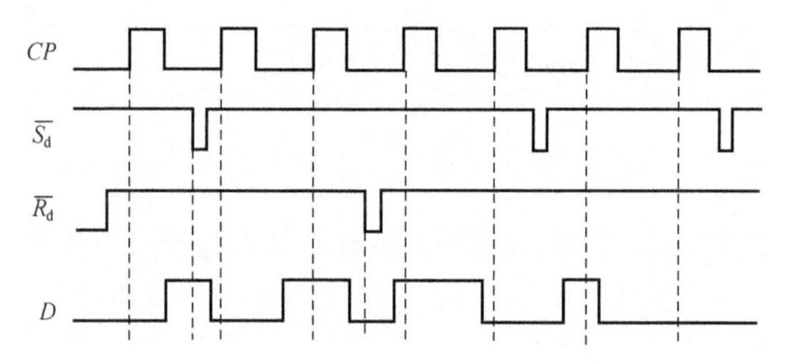

图 P9-4 练习题 9-4 的输入信号波形

9-5 设图 P9-5 中各 TTL 触发器的初态均为 $Q=0$,画出在连续 CP 时钟脉冲信号下的输出信号 Q 的波形。

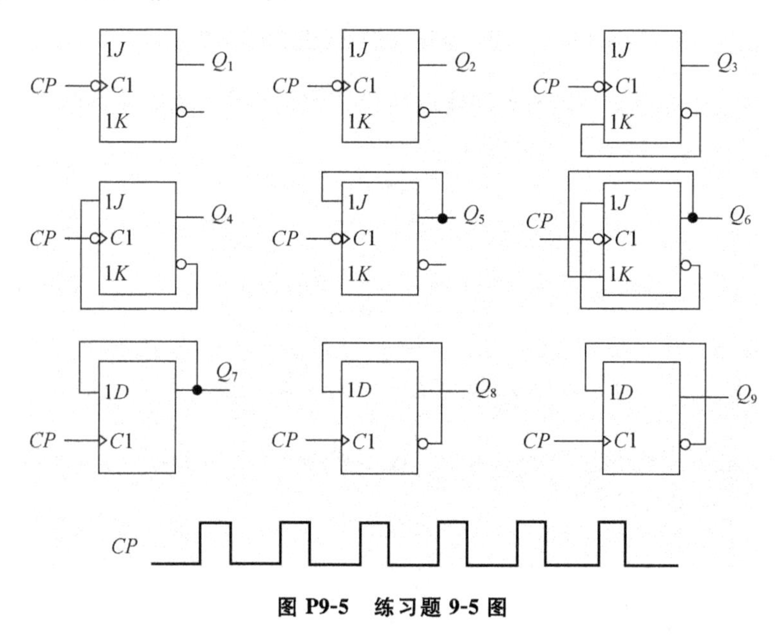

图 P9-5 练习题 9-5 图

9-6　设图 P9-6(a)中各 JK 触发器的初态均为 $Q=0$，若输入信号如 P9-6(b)所示，画出各触发器输出信号 Q 的波形。

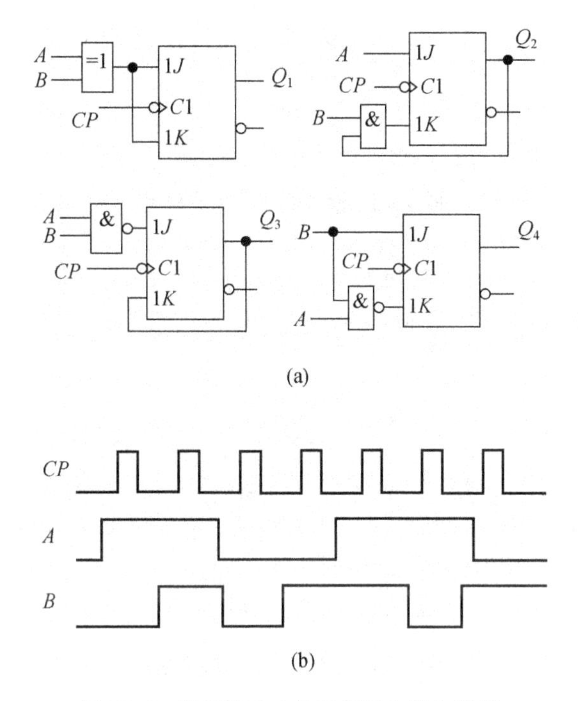

图 P9-6　练习题 9-6 的逻辑图和输入波形

9-7　由 JK 触发器组成的异步计数器如图 P9-7 所示，写出各触发器驱动方程和状态方程，画出时序图，并指出该电路是几进制计数器。

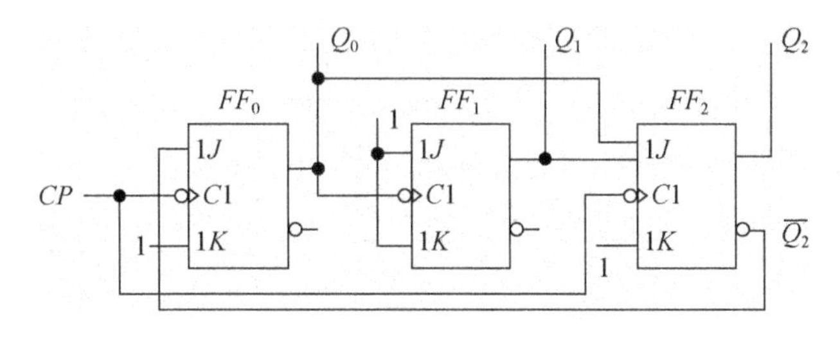

图 P9-7　练习题 9-7 的逻辑图

9-8　画出图 P9-7 中电路的状态图，判断电路是否能自启动。

9-9　由 JK 触发器组成的同步计数器如图 P9-8 所示，写出各触发器驱动方程和状态方程，画出时序图，并指出该电路是几进制计数器。

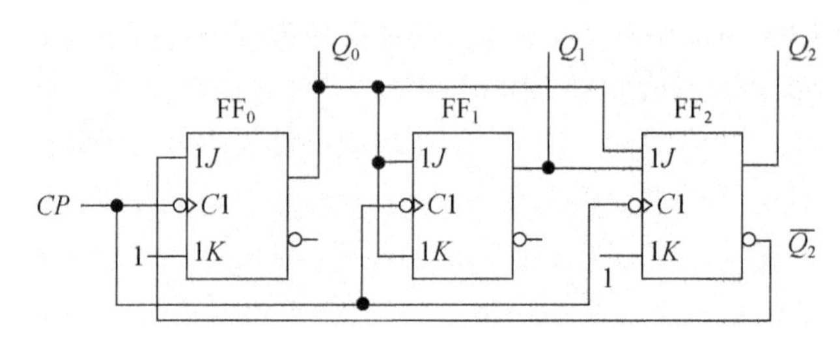

图 P9-8 练习题 9-9 的逻辑图

9-10 由 JK 触发器和门电路组成的异步计数器如图 P9-9 所示,写出各触发器的驱动方程和状态方程,画出 $Q_3Q_2Q_1Q_0$ 的状态图,并判断该电路是否能自启动。

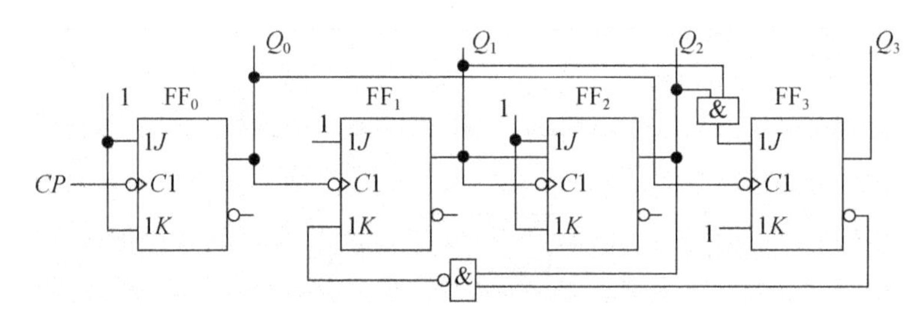

图 P9-9 练习题 9-10 逻辑图

9-11 4 位累加器电路如图 P9-10 所示,试分析它的逻辑功能,若两个移位寄存器的初态数据为 $A_3A_2A_1A_0=1010$,$B_3B_2B_1B_0=0011$,且 $Q=0$,经过 4 个 CP 脉冲后,寄存器的数据各是什么?

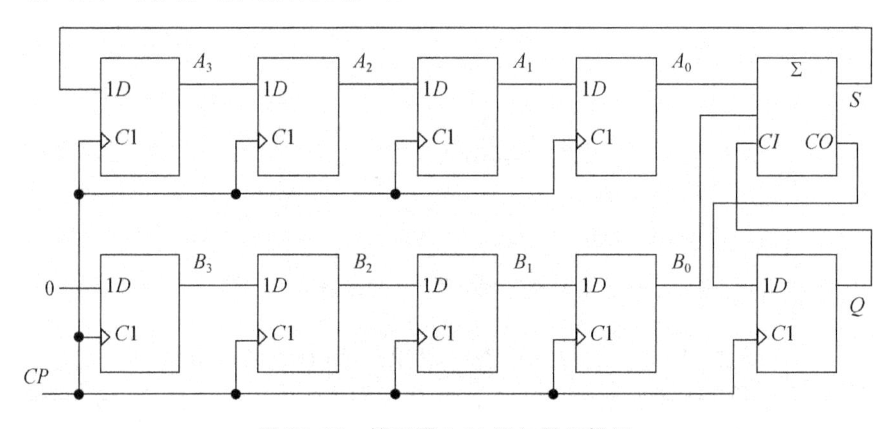

图 P9-10 练习题 9-11 累加器逻辑图

9-12　计数器逻辑图如图 P9-11 所示，画出电路的状态图，分析电路是否能自启动。

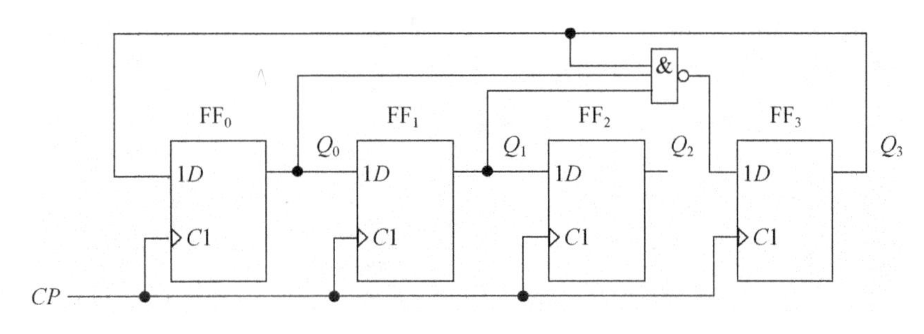

图 P9-11　练习题 9-12 逻辑图

9-13　用 74161 组成的电路如图 P9-12(a)，(b)所示，试分析电路是几进制计数器。

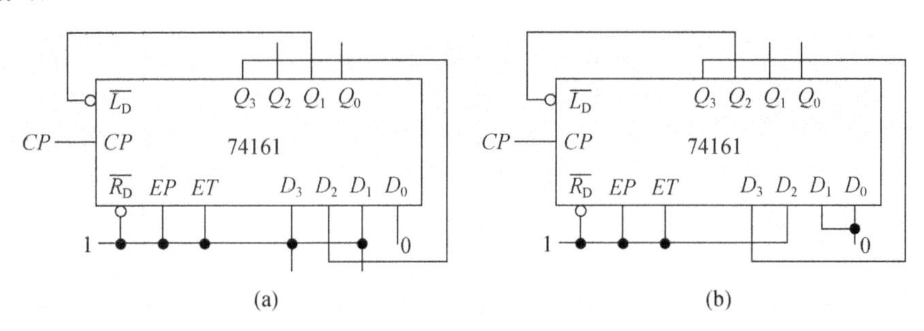

图 P9-12　练习题 9-13 逻辑图

9-14　试用两片集成二进制计数器 74161 和门电路组成二十四进制加法计数器。

9-15　两片 74160 芯片组成如图 P9-13 所示电路，试分析 74160(Ⅰ)和 74160(Ⅱ)分别构成几进制计数器。若电路作为分频器使用，则 74160(Ⅱ)的输出端 C 与时钟 CP 的分频比是多少？

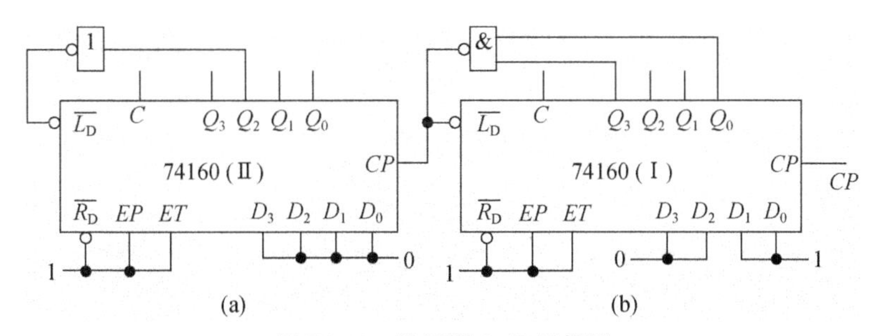

图 P9-13　练习题 9-15 逻辑图

9-16 试用两片集成十进制计数器 74160 和门电路组成六十进制加法计数器。

9-17 由集成二进制计数器 74HC161 和集成 3-8 线译码器组成的顺序脉冲发生器如图 P9-14 所示，试画出$\overline{Y_0}$～$\overline{Y_7}$的波形图。

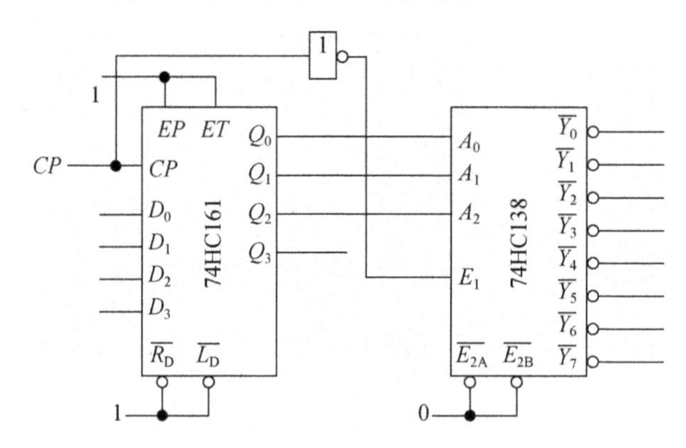

图 P9-14　练习题 9-17 逻辑图

第 10 章　脉冲电路与电子测量系统

脉冲信号在模拟电路和数字电路中都是常见的信号。本章首先介绍数字电路中脉冲信号整形电路——单稳态触发器以及脉冲信号产生电路——多谐振荡器,接着讨论 555 定时器在脉冲信号产生和处理电路中的应用,然后介绍模拟信号和数字信号间的相互转换技术,最后对通用电子测量系统的基本构成单元和分析方法进行讨论。

10.1　单稳态触发器

顾名思义,单稳态触发器只有一个稳态。在上一章介绍的各种双稳态触发器都具有两个稳定的状态,如果没有外界信号的触发,可以长时间保持在任何一种状态不变。而单稳态触发器在没有外界信号触发时,只能长时间保持在一种状态,这种状态称为稳态。只有在合适的外界信号触发下,才能进入另一种状态,称为暂稳态,而且经过一定时间后,单稳态触发器会自动从暂稳态回到稳态。暂稳态持续时间由单稳态触发器内部的延时单元决定,与外界信号无关。

10.1.1　用门电路组成的微分型单稳态触发器

1. 电路结构

图 10.1 所示电路是由 CMOS 与非门和非门构成的单稳态触发器,由于图中用于延时的 *RC* 电路接成微分电路形式,又称为微分型单稳态触发器。通常 CMOS 门电路的输入端都会设置如图 10.2 所示的输入保护电路,以防止输入电压过高或过低时损坏门电路,从图中可以看出,当输入电压超过 V_{DD} 或低于 0 时都将被二极管钳位。

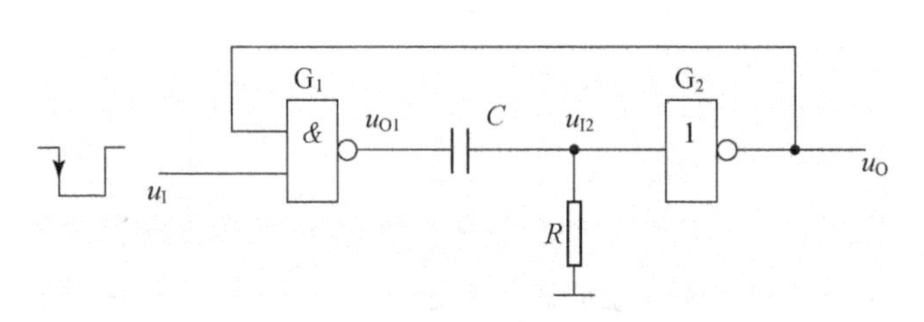

图 10.1　微分型单稳态触发器

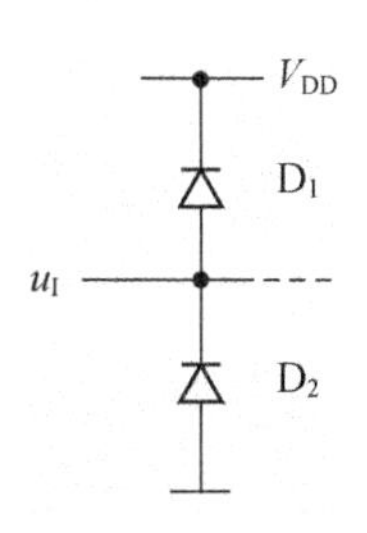

图 10.2　CMOS 门电路的输入保护电路

在没有外界触发信号时($u_I=1$),RC 电路的暂态过程结束后,电阻 R 上的电流为零,$u_{I2}=0$,故 $u_O=1$,这样与非门 G_1 的两个输入端均为高电平,$u_{O1}=0$,电容两端没有电压差。此时电路处于稳态,如果没有外界输入信号触发,电路将一直保持在稳态。

若有低电平触发脉冲 u_I 加到 G_1 的输入端,为了便于讨论,可以认为在输入信号到达阈值电压(CMOS 门电路电压传输特性的中点,记做 V_{TH},通常 $V_{TH}\approx 1/2V_{DD}$,参见图 7.20)时门电路发生翻转。当 u_I 下降到 G_1 门的阈值电压 V_{TH} 时,G_1 翻转,$u_{O1}=1$,由于电容两端电压不能突变,u_{I2} 将跳变为高电平,使 G_2 翻转,$u_O=0$,此时电路进入暂稳态,即使 u_I 回到高电平,u_{O1} 也将保持高电平。

与此同时,u_{O1} 开始对电容 C 充电,由于 CMOS 门的输出电阻较小而输入电阻较大,充电回路的时间常数可以近似为 $\tau=RC$。随着电容电压的增大,u_{I2} 不断减小,当电容两端电压达到 V_{TH} 时,$u_{I2}=V_{DD}-u_C=V_{DD}-V_{TH}\approx 1/2V_{DD}$,$G_2$ 翻转,$u_O=1$。若此时 u_I 已回到高电平,则 $u_{O1}=0$,电容上的电压将通过 G_2 门的保护二极管迅速放电到零,电路由暂稳态回到稳态。

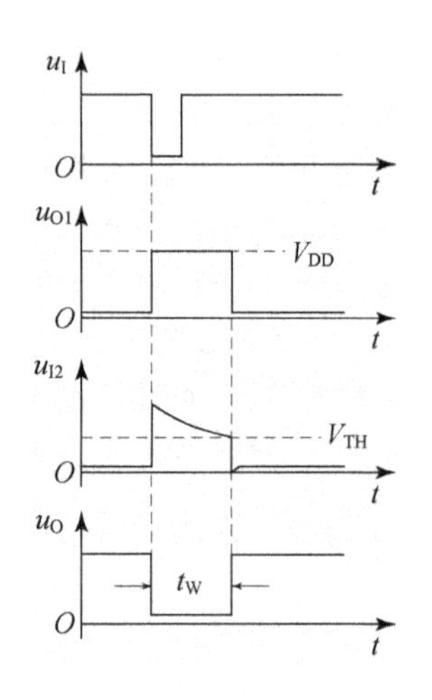

图 10.3　图 10.1 电路的波形图

从图 10.3 可以看出,由与非门构成的微分型单稳态电路是下降沿触发的,而且电路处于暂稳态的持续时间 t_W 等于电阻上的电压 u_{I2} 从 V_{DD} 降到 V_{TH} 所需的时间,用三要素法可以得出

$$t_W=RC\ln\frac{u_R(0^+)-u_R(\infty)}{V_{TH}-u_R(\infty)}$$

式中,$u_R(0^+)=V_{DD}$,$u_R(\infty)=0$,代入可得

$$t_W=RC\ln\frac{V_{DD}-0}{V_{TH}-0}\approx 0.7RC \tag{10.1}$$

要使单稳态触发器正常工作,不仅要求触发脉冲宽度要小于单稳态输出脉冲宽度,而且连续触发的最小时间间隔 T_{min} 应满足 $T_{min}\geqslant t_W+t_{re}$,其中 t_{re} 称为恢复时间,是电容通过保护二极管放电到零所需的时间。因此,单稳态触发器的最高工作频率为

$$f_{\max} = \frac{1}{T_{\min}} \leqslant \frac{1}{t_{W} + t_{re}} \tag{10.2}$$

可以看出，单稳态触发器可用于脉冲信号整形、延时（产生滞后于触发脉冲的脉冲信号）和定时（产生固定时间宽度的脉冲）等应用。

10.1.2　集成单稳态触发器

目前集成单稳态触发器产品有可重复触发和不可重复触发两种，它们的工作波形分别如图 10.4(a)，(b)所示，图中设单稳态触发器为上升沿触发。

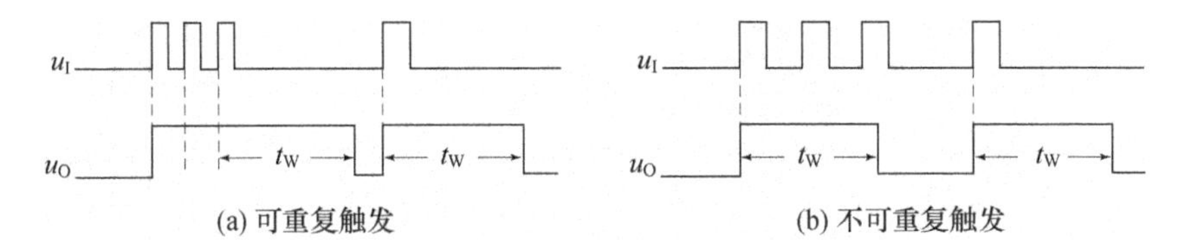

图 10.4　集成单稳态触发器工作波形图

可重复触发的单稳态触发器在进入暂稳态后，如果在暂稳态期间输入端出现新的触发脉冲，则单稳态触发器重新被触发，重新进入一个脉冲宽度为 t_w 的暂稳态过程，这类产品有 74122，74123，74HC123，CD4528 等。而不可重复触发的单稳态触发器在进入暂稳态后，不再接受外界触发，只有在暂稳态结束后，才能接受信号触发进入暂稳态，这类触发器包括 74121，74LS221，74HC221 等。

下面以不可重复触发的集成单稳态触发器 74121 为例，介绍其电路结构和工作原理。

1. 电路结构

74121 的逻辑原理图如图 10.5 所示，图中虚线框内的部分是 74121 内部电路，电容 C 和电阻 R_{ext} 是外接电路。

74121 的内部电路可以分为输入控制电路、微分型单稳态触发器和输出缓冲电路三部分。其中输入控制电路由门 $G_1 \sim G_4$ 组成，输出一个触发窄脉冲，满足微分型单稳态触发器对触发脉冲宽度的要求，A_1，A_2 和 B 为输入信号，提供上升沿触发和下降沿触发两种触发方式，上升沿触发信号从 B 端输入，下降沿触发信号从 A_1 或 A_2 输入。

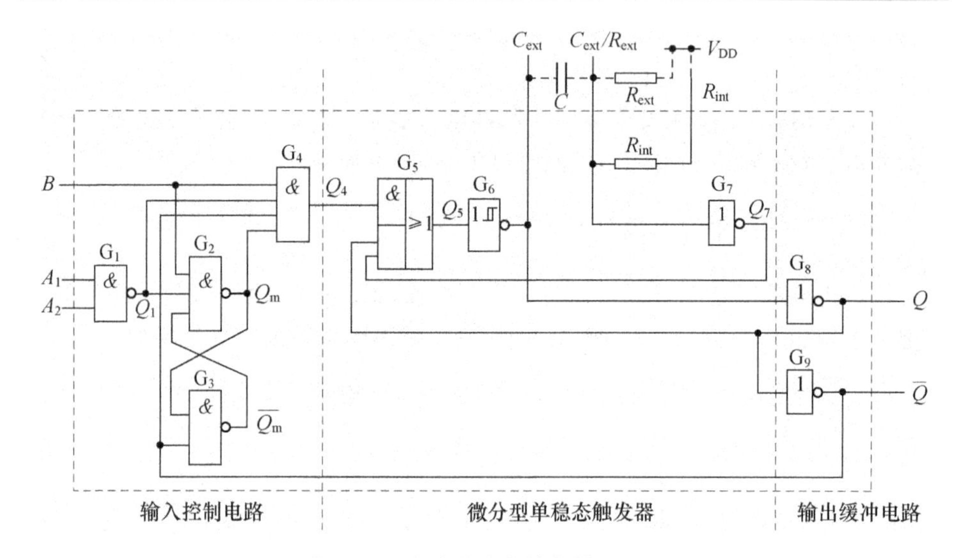

图 10.5 集成单稳态触发器 74121

G_5～G_7 组成微分型单稳态触发器,与图 10.1 所示的与非门组成的微分型单稳态触发器不同,这个单稳态触发器可以看作是由或非门构成的。其中 G_6 门是施密特反相器,具有施密特触发特性。触发器的 RC 延迟电路可以由外接电容 C 和外接电阻 R_{ext} 组成,也可以由外接电容 C 和内部电阻 R_{int}(通常 $R_{int}=2\ \mathrm{k\Omega}$)组成。

G_8,G_9 组成输出缓冲电路,可以提高电路的带负载能力。

2. 工作原理

稳态时,$Q=0$,$\overline{Q}=1$,在没有外界触发信号的情况下,即 $B=0$ 或 $A_1=A_2=1$,使得 $Q_4=0$,则 $Q_5=Q_4+QQ_7=0$,Q_6 输出高电平,电容两端没有电压差。此时,G_2,G_3 组成的 SR 锁存器处于置位状态,$Q_m=1$。$\overline{Q}$,Q_m 解除了对 G_4 的封锁,允许触发信号的输入。

要实现上升沿触发,要求 A_1 和 A_2 至少有一个接低电平,上升沿触发信号由 B 端输入,则 Q_4 将产生一个上升沿;而要实现下降沿触发,要求 B 端接高电平,下降沿触发信号由 A_1 或 A_2 中的任意一个或两个同时输入,不用的输入端接高电平,这样 Q_1 将产生一个上升沿信号,使 Q_4 同样产生一个上升沿。无论哪种触发方式,SR 锁存器均处于保持状态。

当 Q_4 由 0 变 1 时,将使 G_5 翻转,$Q_5=1$,G_6 翻转输出低电平,则 $Q=1$,$\overline{Q}=0$。而一旦 $\overline{Q}$ 由 1 变 0,将直接封锁 G_4,使 $Q_4=0$。同时,$\overline{Q}$ 使 SR 锁存器复位,$Q_m=0$,对 G_4 构成双重封锁。可见,不管输入信号的脉冲宽度如何,Q_4 的

脉冲宽度相当于几个门平均传输时间之和，是一个脉宽非常小的触发脉冲信号。

另一方面，G_6 输出低电平后，由于电容电压不能突变，故 G_7 的输入端也是低电平，则 $Q_7=1$，它和 Q 一起，在 Q_4 回到 0 后维持 Q_5 的高电平状态。

在 $\overline{Q}=0$ 期间，G_4 一直被 $\overline{Q}$ 封锁，不再接受新的触发，故 74121 是不可重复触发的单稳态触发器。另外，如果外界触发信号脉宽大于 74121 的暂稳态脉冲宽度，$\overline{Q}$ 将回到高电平，此时 SR 锁存器处于保持状态，$Q_m=0$，维持对 G_4 的封锁。可见，74121 具有边沿触发特性。

当电路进入暂稳态后，电源 V_{DD} 将通过外接电阻 R_{ext} 或内部电阻 R_{int} 对电容 C 充电，当电容电压达到 G_7 门的开门电压时，G_7 翻转，使 $Q_7=0$，则 $Q_5=0$，G_6 翻转输出高电平，$Q=0$，$\overline{Q}=1$，暂稳态结束。同时，电容 C 两端的电压通过保护二极管迅速放电到零，电路回到稳定状态。

综合以上分析，可以列出 74121 的功能表如表 10.1 所示。

表 10.1　集成单稳态触发器 74121 功能表

输入			输出	
A_1	A_2	B	Q	$\overline{Q}$
0	X	1	0	1
X	0	1	0	1
X	X	0	0	1
1	1	X	0	1
1	↓	1	⊓	⊔
↓	1	1	⊓	⊔
↓	↓	1	⊓	⊔
0	X	↑	⊓	⊔
X	0	↑	⊓	⊔

74121 输出脉冲宽度 t_W 为

$$t_W = 0.7RC \tag{10.3}$$

式中的 R 可以是外接的 R_{ext}，也可以用内部电阻 R_{int}，连接方法如图 10.6 所示。但 R_{int} 的值较小，如果要获得较宽的输出脉冲，仍需使用外接电阻。一般情况下，外接电容 C 的取值范围在 10 pF～1000 μF 之间，外接电阻 R_{ext} 的取值范围在 2～40 kΩ，配合使用，可以获得 20 ns～28 s 的输出脉冲宽度。需要指出的是，受电路内部传输延时的影响，最小脉宽值通常在 30～45 ns 之间，具体取值由集成芯片的参数手册给出。

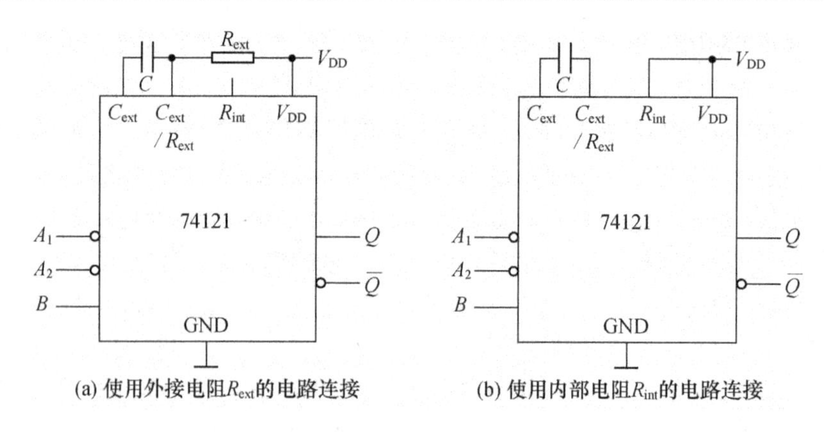

(a) 使用外接电阻R_{ext}的电路连接　　(b) 使用内部电阻R_{int}的电路连接

图 10.6　74121RC 延迟电路的连接方法

10.1.3　单稳态触发器的应用

1. 延时

由于不可重复触发的单稳态触发器的暂态时间只与电路内部参数有关，当触发器内部参数确定后暂态时间是固定的，与外界信号无关，利用这个特性可以实现对脉冲信号的延时。

用两片 74121 和门电路组成的脉冲等延时电路原理图如图 10.7(a)所示。

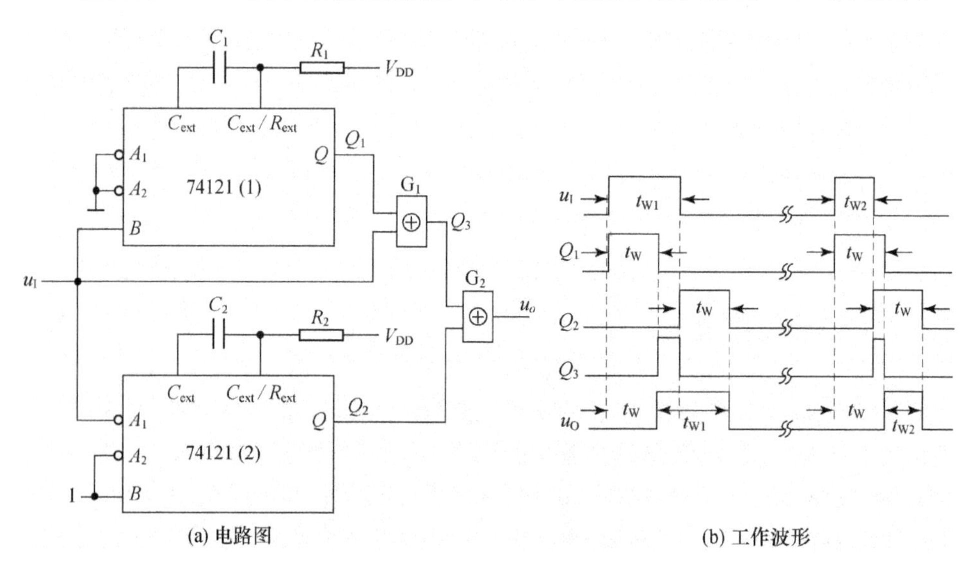

(a) 电路图　　(b) 工作波形

图 10.7　74121 组成的脉冲等延时电路

电路中两片 74121 分别被输入脉冲的前后沿触发，产生暂态过程，如果外界电阻、电容取相同值，即 $C_1=C_2=C, R_1=R_2=R$，配合适当的门电路，在电路输出端 u_O 处可以得到与输入脉冲 u_I 脉宽相等的脉冲信号，而且相对于 u_I 延时了单稳态电路的输出脉宽 t_W 时间。其输出波形如图 10.7(b)所示。若同时改变 R_1, R_2, C_1, C_2 的值，可以产生需要的延时时间。

2. 定时

利用单稳态触发器输出固定宽度脉冲的特点，可将单稳态电路的输出脉冲作为控制信号，使系统的某部分工作一定的时间。

图 10.8 所示电路是用三个 74121 组成的时间程序控制电路，电路的输出波形如图 10.9 所示。

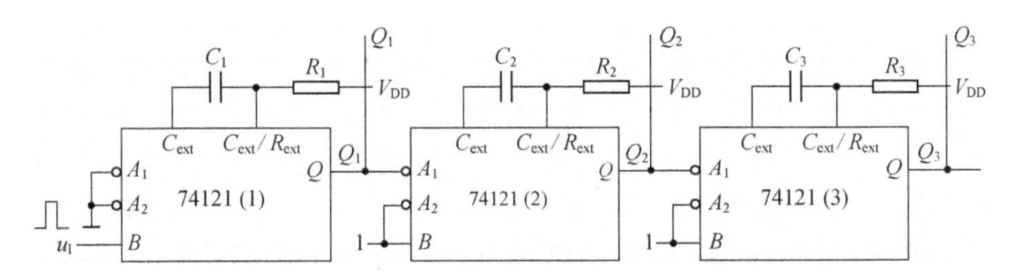

图 10.8　74121 组成的时间程序控制电路

当电路的启动信号 u_I 到来时，在 u_I 的触发下，第一级单稳态触发器输出高电平，经过 t_{W1} 时间后，触发第二级单稳态触发器输出高电平，经过 t_{W2} 时间后，触发第三级单稳态触发器输出高电平，再经过 t_{W3} 时间，电路恢复到初始状态，等待下一次启动。如果将单稳态触发器的输出通过继电器去控制机电设备执行某些动作，就可以实现三道工序的定时顺序控制。

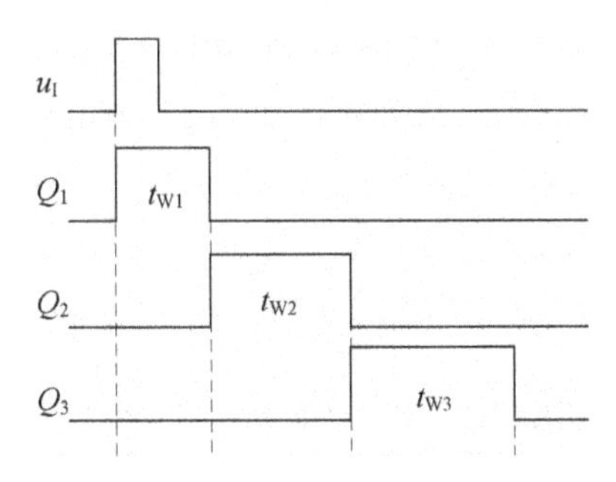

图 10.9　图 10.8 电路的输出波形

10.2　多谐振荡器——无稳态触发器

多谐振荡器也称为无稳态触发器，它的两种输出状态都是暂稳态，无需外界触发,两个暂稳态会自动相互跳变,从而在输出端得到周期性的矩形脉冲信号,即形成了振荡。由于输出的矩形脉冲含有丰富的谐波分量,所以称为多谐振荡器。

10.2.1 环形振荡器

图 10.10 所示电路是最简单的多谐振荡器,它由 3 个(或更多奇数个)非门首尾相接而成,称为环形振荡器。由图可知,对任一非门来说,经过三个非门反相后回到该非门输入端的信号与原输入信号是反相的,这样电路将无法稳定,各门一直处于翻转状态。为便于讨论,设各门的传输延迟时间均为 t_{pd}。

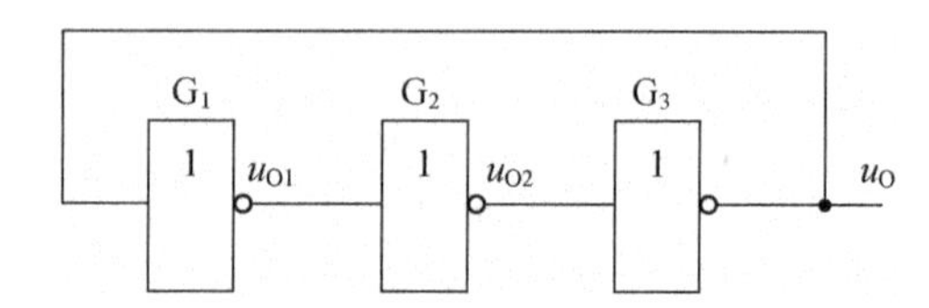

图 10.10 由 3 个非门构成的环形振荡器

若在某个时刻 G_1 输出低电平,即 $u_{O1}=0$,经过一个传输延迟时间 t_{pd}后,G_2 发生翻转使 u_{O2}从 0 变成 1,再经过一个传输延迟时间 t_{pd}后,G_3 翻转使 u_O 从 1 变成 0,这个低电平将使 G_1 翻转,经过一个传输延迟时间 t_{pd}后,u_{O1}从 0 变成 1,使 G_2 翻转……如此周而复始,就形成了振荡。图 10.11 所示为各门的工作波形。

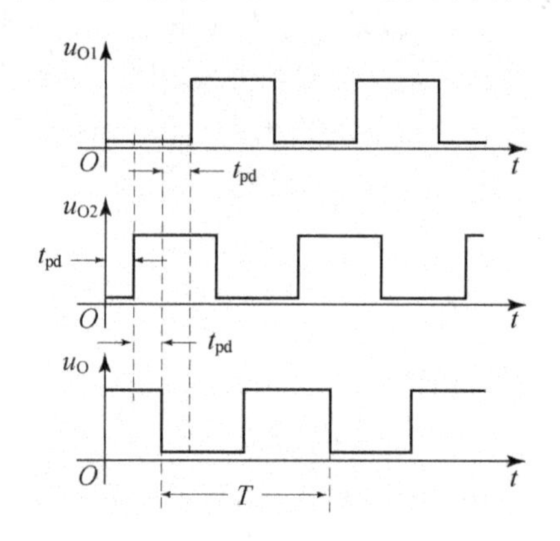

图 10.11 图 10.10 电路的工作波形

从图 10.11 可以看出,由 3 个非门构成的环形振荡器的周期是

$$T = 6t_{pd} \tag{10.4}$$

由上述原理分析可知,由更多奇数个非门构成的环形振荡器的周期是

$$T = 2nt_{pd} \tag{10.5}$$

其中 n 是所用非门的个数。

环形振荡器电路简单,但不实用,因为门电路的传输延迟时间 t_{pd}很小,只有

几个到几十个纳秒，故环形振荡器的振荡频率在 MHz 量级，而且频率无法调节。为了获得较低的振荡频率，可以在串联回路的任两个非门间增加 RC 延迟电路，通过改变 R,C 的大小来得到可调的低频信号。

10.2.2 非对称式多谐振荡器

由两个 CMOS 非门和 RC 延迟电路构成的多谐振荡器如图 10.12(a)所示，它的电路结构是不对称的，故称为非对称式多谐振荡器。由于 CMOS 门电路的输入保护电路(参见图 10.2)，输入信号的最大值为 $V_{DD}+V_D$，最小值为 $-V_D$，V_D 为保护二极管的导通压降，约 0.7 V，为便于计算，往往将 V_D 忽略。

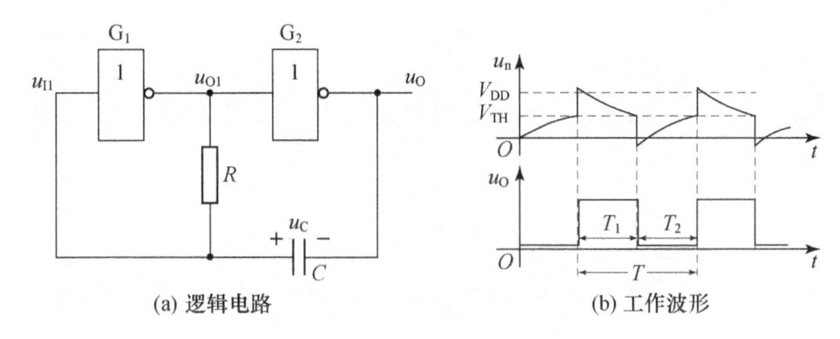

图 10.12 非对称式多谐振荡器

设电路的初态为 $u_O=0$，电容 C 上没有电压，$u_C=0$。

$u_{I1}=u_O+u_C=0$，则 G_1 输出高电平，$u_{O1}\approx V_{DD}$，使 G_2 输出低电平，保持 $u_O=0$ 状态。同时 u_{O1} 开始对电容 C 充电，由于 CMOS 电路的输入电阻较大，对电阻 R 来说可视为开路，而输出电阻较小，对 R 来说可视为短路，故充电回路的时间常数为 $\tau\approx RC$。随着充电的进行，u_{I1} 逐渐增大。

当 u_{I1} 增大到 G_1 门的阈值电压 V_{TH} 时，G_1 翻转，$u_{O1}\approx 0$，则 G_2 翻转输出高电平，$u_O\approx V_{DD}$，电路进入第一暂稳态。此时，u_{I1} 将被保护二极管钳位在 $V_{DD}+V_D\approx V_{DD}$，电容上的电压会通过保护二极管迅速放电到 0。u_O 开始对电容 C 反向充电，u_{I1} 逐渐减小，时间常数仍可近似为 $\tau\approx RC$。

当 u_{I1} 减小到 G_1 门的阈值电压 V_{TH} 时，G_1 翻转输出高电平，$u_{O1}\approx V_{DD}$，则 G_2 翻转，使 $u_O=0$，第一暂稳态结束，电路进入第二暂稳态。此时，u_{I1} 将被保护二极管钳位在 $-V_D\approx 0$，电容上的电压会通过保护二极管迅速放电到 0。u_{O1} 又开始对电容 C 充电，使 u_{I1} 逐渐增大。

如此循环下去，电路在第一和第二暂稳态之间不断跳转，在输出端 u_O 就得到了周期性矩形脉冲。电路的工作波形如图 10.12(b)所示。

由工作波形图可知，第一暂稳态持续时间 T_1 是电压 u_{I1} 从 V_{DD} 放电到 V_{TH} 的时间，一般情况下，$V_{TH}=1/2V_{DD}$，用三要素法可以求出

$$T_1 = RC\ln\frac{V_{DD}}{V_{TH}} \approx 0.7RC \tag{10.6}$$

第二暂稳态持续时间 T_2 是电压 u_{I1} 从 0 充电到 V_{TH} 的时间,同样用三要素法可以求出

$$T_2 = RC\ln\frac{V_{DD}}{V_{DD}-V_{TH}} \approx 0.7RC \tag{10.7}$$

则振荡周期为

$$T = T_1 + T_2 \approx 1.4RC \tag{10.8}$$

10.2.3 其他多谐振荡器

1. 对称式多谐振荡器

图 10.13 所示电路是另一种多谐振荡器,由于电路具有对称性,故称为对称式多谐振荡器。在实际应用中,常取 $R_1=R_2=R, C_1=C_2=C$。

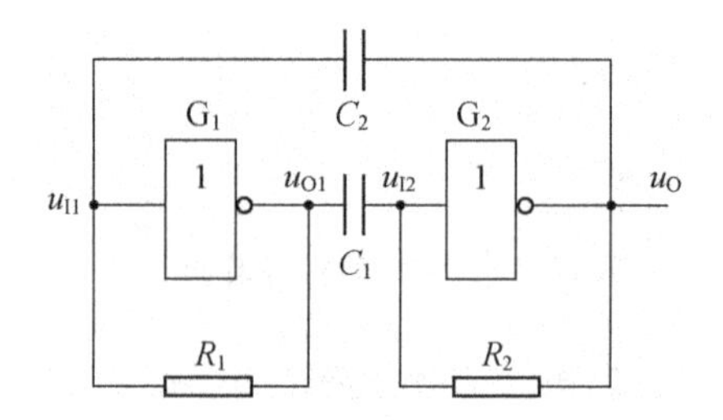

图 10.13 对称式多谐振荡器

电路进入第一暂稳态时,u_{O1} 为低电平,u_O 为高电平。此时 u_O 通过电阻 R_2 开始对电容 C_1 充电,u_{I2} 随之增大,同时 u_O 通过电阻 R_1 对电容 C_2 反向充电,使 u_{I1} 减小。

当 u_{I2} 达到 G_2 门的开门电压时,G_2 翻转,使 u_O 跳变为低电平,则 G_1 翻转,使 u_{O1} 为高电平,电路进入第二暂稳态。u_{O1} 开始通过电阻 R_1 开始对电容 C_2 充电,u_{I1} 随之增大,同时 u_{O1} 通过电阻 R_2 对电容 C_1 反向充电,使 u_{I2} 减小。

如此循环,在输出端 u_O 就形成了振荡。

2. 石英晶体多谐振荡器

数字系统中,多谐振荡器产生的矩形脉冲通常作为时钟或同步信号使用,在许多高速电路的场合,对脉冲信号频率的稳定性要求很高。而本章介绍过的几种多谐振荡器的输出频率受到电源电压、环境温度变化以及外界干扰的影响,振荡频率的稳定性往往不能满足要求。

目前高稳定度振荡器多采用由石英晶体构成的多谐振荡器，如图10.14所示。将石英晶体与对称式多谐振荡器的电容串联起来构成选频网络，使电路的输出信号频率等于石英晶体的固有谐振频率。而石英晶体的固有谐振频率只与晶体的结晶方向和外形尺寸有关，是石英晶体的内部属性，与电源电压和外界电容、电阻均无关，因而具有极高的频率稳定性。

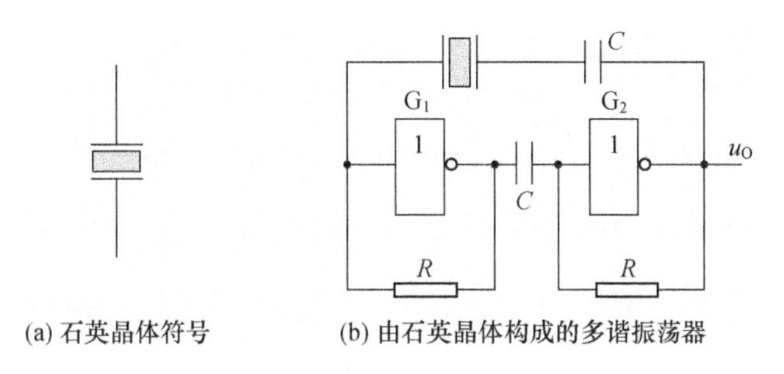

(a) 石英晶体符号　(b) 由石英晶体构成的多谐振荡器

图10.14　石英晶体多谐振荡器

10.3　555定时器

555定时器是一种模拟和数字电路相混合的通用集成电路，只需增加少数元件，就可以构成脉冲信号的产生和变换电路，使用灵活、方便，在电路控制、电子玩具、家用电器等领域得到了广泛的应用。

10.3.1　555定时器的结构和功能

555定时器的内部电路原理图和外部引脚号如图10.15所示。555定时器的内部电路由电阻分压器、电压比较器 C_1 和 C_2、带直接复位端的 *SR* 锁存器、放电三极管T和输出缓冲极构成。

电阻分压器由3个5 kΩ的电阻构成，分别给电压比较器 C_1，C_2 提供 $\frac{2}{3}V_{CC}$ 和 $\frac{1}{3}V_{CC}$ 的基准电压。电路还允许通过引脚⑤直接设置比较器 C_1 的基准电压 u_{IC}，此时比较器 C_2 的基准电压为 $\frac{1}{2}u_{IC}$。当不使用 u_{IC} 时，应将引脚⑤通过0.01 μF的滤波电容接地。

比较器 C_1 构成同相输入电压比较器，输入电压 u_{I1} 称为阈值输入。比较器 C_2 构成反相输入电压比较器，输入电压 u_{I2} 称为触发输入。比较器 C_1，C_2 的输出作为 *SR* 锁存器的输入信号控制锁存器的输出。*SR* 锁存器还具有直接复位功能,当直接复位端有效($\overline{R_d}=0$)时,无论比较器输出状态如何,都将使 $Q=0$,输出端 $u_O=0$。

当 $Q=0$ 时,放电管 T 处于导通状态,放电端电压 u_{OD}将通过 T 放电。而 $Q=1$ 时,放电管 T 处于截止状态,放电端电压 u_{OD}保持不变。

在没有输入控制电压(即引脚⑤通过 0.01 μF 电容接地)的情况下,当 $u_{I1}>\frac{2}{3}V_{CC}$,$u_{I2}>\frac{1}{3}V_{CC}$时,C_1 输出高电平,C_2 输出低电平,SR 锁存器被复位,$Q=0$,555 定时器输出 $u_O=0$,放电管 T 导通。

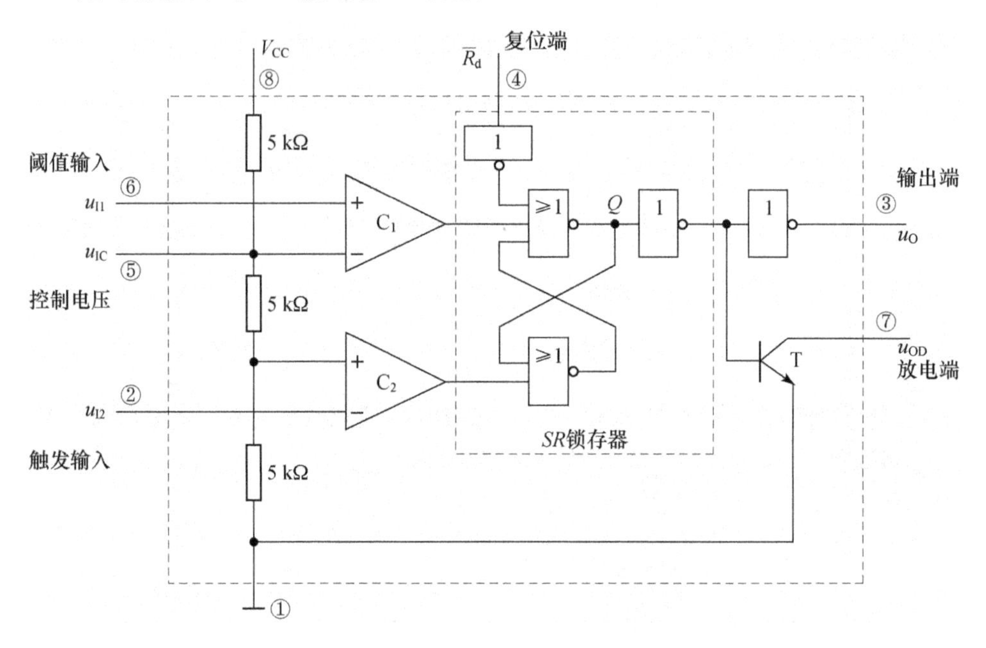

图 10.15　555 定时器

当 $u_{I1}<\frac{2}{3}V_{CC}$,$u_{I2}<\frac{1}{3}V_{CC}$时,C_1 输出低电平,C_2 输出高电平,SR 锁存器被置位,$Q=1$,555 定时器输出 $u_O=1$,放电管 T 截止。

当 $u_{I1}<\frac{2}{3}V_{CC}$,$u_{I2}>\frac{1}{3}V_{CC}$时,C_1,C_2 均输出低电平,SR 锁存器保持不变,555 定时器输出和放电管的状态也保持不变。

当 $u_{I1}>\frac{2}{3}V_{CC}$,$u_{I2}<\frac{1}{3}V_{CC}$时,C_1,C_2 均输出高电平,SR 锁存器属非法状态,这种组合应受到约束。

根据以上讨论,可以得到 555 定时器的功能表,如表 10.2 所示。

表 10.2　555 定时器的功能表

输入			输出	
$\overline{R_d}$	u_{I1}	u_{I2}	u_O	T
0	×	×	0	导通
1	$>\frac{2}{3}V_{CC}$	$>\frac{1}{3}V_{CC}$	0	导通
1	$<\frac{2}{3}V_{CC}$	$>\frac{1}{3}V_{CC}$	不变	不变
1	$<\frac{2}{3}V_{CC}$	$<\frac{1}{3}V_{CC}$	1	截止

10.3.2　用 555 定时器构成施密特触发器

将 555 定时器的阈值输入端和触发输入端连在一起作为信号输入端，就构成了施密特触发器，其原理电路和简化电路如图 10.16(a)，(b)所示。

若 u_I 从低电平开始增大，当 $u_I<\frac{1}{3}V_{CC}$ 时，从 555 定时器的功能表可知，输出电压 u_O 为高电平；当 $\frac{1}{3}V_{CC}<u_I<\frac{2}{3}V_{CC}$ 时，u_O 保持不变仍为高电平；当 u_I 继续增加，达到 $u_I>\frac{2}{3}V_{CC}$ 时，u_O 将从高电平跳变到低电平。

若 u_I 从高电平开始减小，当 $u_I>\frac{2}{3}V_{CC}$ 时，555 定时器的输出电压 u_O 为低电平；当 $\frac{1}{3}V_{CC}<u_I<\frac{2}{3}V_{CC}$ 时，u_O 保持不变仍为低电平；而当 u_I 继续减小，达到 $u_I<\frac{1}{3}V_{CC}$ 时，u_O 将从低电平跳变到高电平。

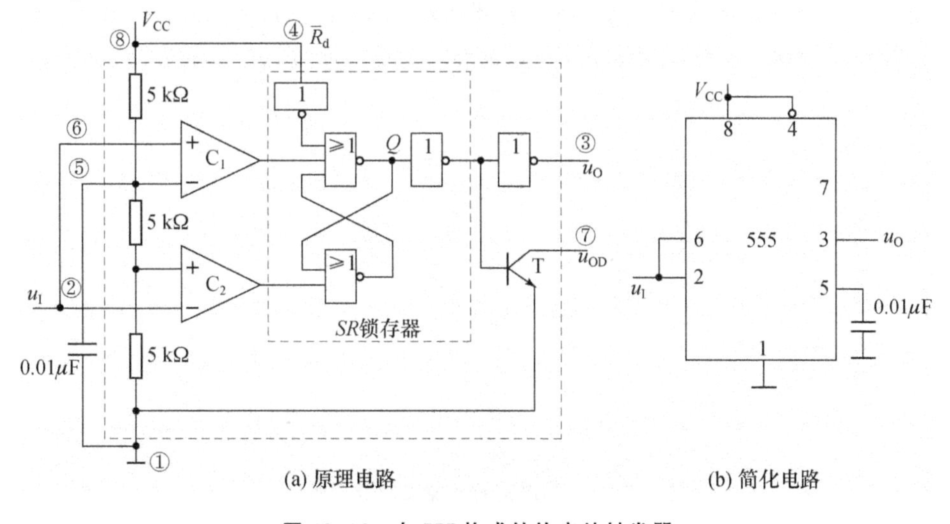

(a) 原理电路　　(b) 简化电路

图 10.16　由 555 构成的施密特触发器

可见,输入电压由低变高和由高变低时的翻转电压是不一致的,图 10.17(a)给出了 555 定时器构成的施密特触发器的电压传输特性,由此可得电路的回差电压 ΔU_T 为

$$\Delta U_T = \frac{2}{3}V_{CC} - \frac{1}{3}V_{CC} = \frac{1}{3}V_{CC} \tag{10.9}$$

若输入信号为锯齿波信号,则电路的输出波形如图 10.17(b)所示。

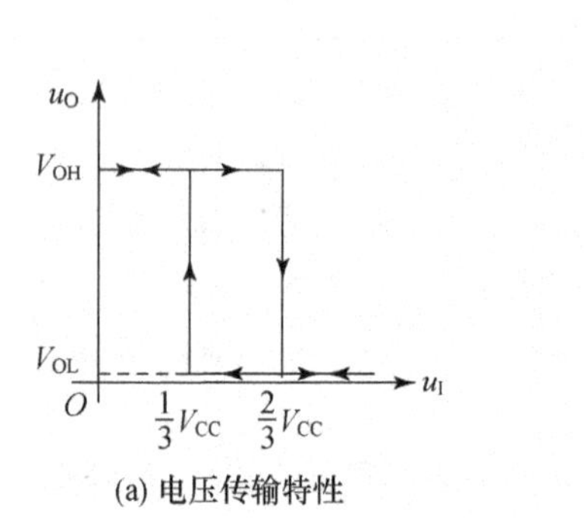

(a) 电压传输特性

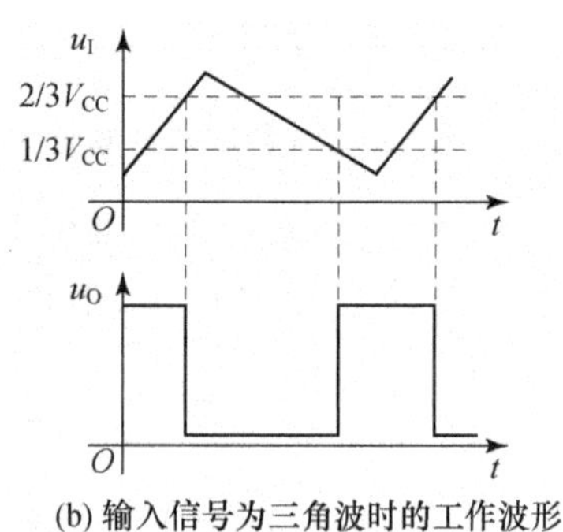

(b) 输入信号为三角波时的工作波形

图 10.17　施密特触发器的电压传输特性和工作波形

在脉冲电路中,施密特触发器主要用于波形变换、脉冲整形和脉冲幅度鉴别等,利用它的脉冲整形功能可显著提高电路的抗干扰能力。在数字电路中,矩形脉冲在传输过程中常会发生波形畸变。如当传输线上有较大的电容时,波形的上升沿和下降沿会有明显延迟,如图 10.18(a)所示;而当接收端的阻抗与传输线阻抗不匹配时,波形的上升沿和下降沿会产生阻尼振荡,如图 10.18(b)所示。如果上、下阈翻转电压选择合适,这些波形畸变都能通过施密特触发器得到理想的整形效果。

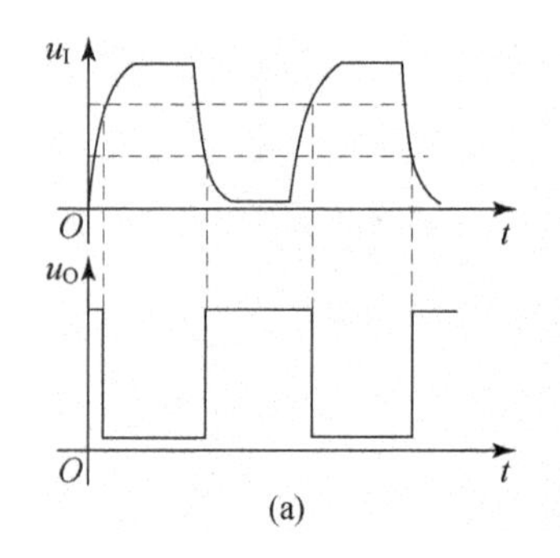

(a)

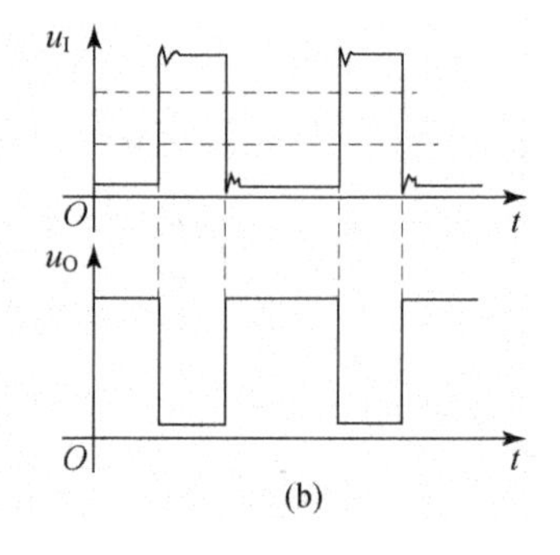

(b)

图 10.18　用施密特触发器对脉冲整形

例 10-1 图10.19(a)所示为顶部发生严重畸变的脉冲信号，将它作为输入信号输入到图10.16电路的输入端，画出输出端的波形，设 $V_{CC}=5$ V。若要得到理想的整形效果，应如何对电路进行修改。

解 在 $V_{CC}=5$ V下，上、下阈电压分别为3.33 V和1.67 V，这样可得电路的输出波形如图10.19(b)所示。

为了得到理想的整形波形，需要调整电路的上、下阈电压，若保持 $V_{CC}=5$ V不变，可以在555定时器的控制电压输入端(管脚⑤)处加参考电压，用以改变上、下阈电压，如取逻辑高电平的最小值2.4 V，如图10.20(a)所示。这样，上、下阈电压分别为2.4 V和1.2 V，此时就能得到理想的矩形输出，如图10.20(b)所示。

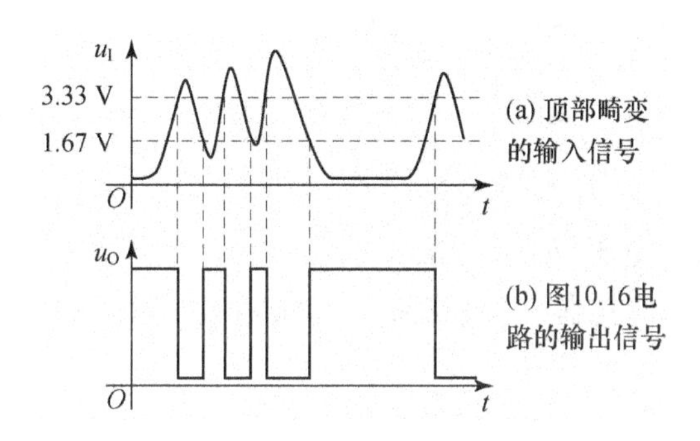

图10.19 用施密特触发器对脉冲整形

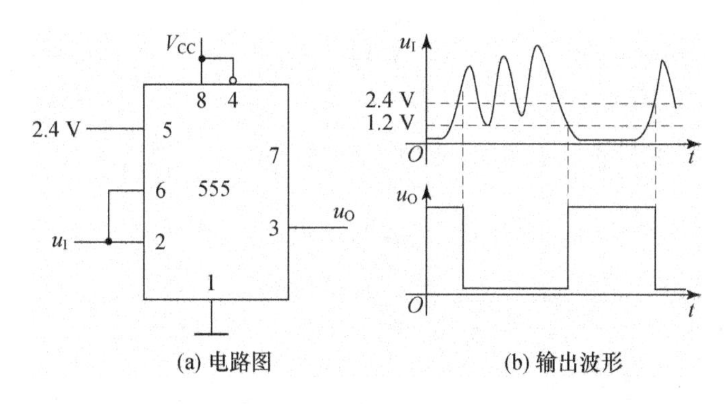

图10.20 改进的施密特触发器电路及输出波形

10.3.3 用555定时器构成单稳态触发器

用555定时器构成的单稳态触发器如图10.21所示。

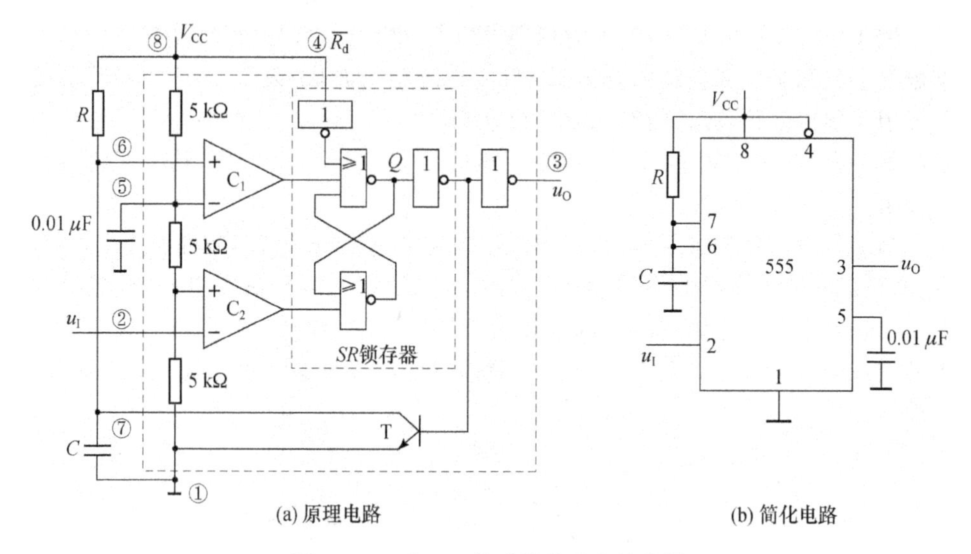

(a) 原理电路　　(b) 简化电路

图 10.21　由 555 构成的单稳态触发器

稳态时，u_I 为高电平，输出电压 u_O 为低电平，放电管 T 导通，电容两端短路，电容电压为零。阈值输入低于$\frac{2}{3}V_{CC}$，输出端保持低电平状态。

若在输入端出现一个下降沿触发信号(满足 $u_I<\frac{1}{3}V_{CC}$)，则输出端将由低电平跳变到高电平，电路进入暂稳态。放电管 T 截止，电源电压 V_{CC} 开始通过电阻 R 对电容 C 充电。若输入信号回到了高电平状态，在电容电压达到$\frac{2}{3}V_{CC}$以前，电路都将保持高电平输出状态。当电容电压达到$\frac{2}{3}V_{CC}$时，输出电压 u_O 将由高电平跳变回低电平，暂稳态结束。同时放电管 T 导通，电容电压迅速通过 T 放电。电路又回到稳态，等待下一次触发。

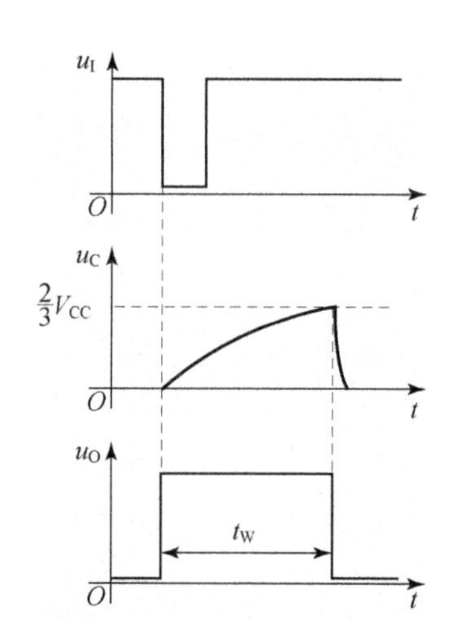

图 10.22　单稳态触发器工作波形

电路的工作波形如图 10.22 所示，如果忽略放电管 T 的饱和压降，输出脉冲宽度 t_w 等于电容电压从 0 充到$\frac{2}{3}V_{CC}$所需时间。用三要素法可以得到

$$t_W = RC\ln\frac{V_{CC}}{V_{CC}-\frac{2}{3}V_{CC}} = RC\ln 3 \approx 1.1RC \tag{10.10}$$

例 10-2　图 10.23(a)所示电路为由 555 定时器构成的可重复触发的单稳态触发器。试分析晶体管 T 的作用并画出电路的工作波形。

解　图中晶体管 T 的作用是将电容放电到零，使电路开始一个新的暂稳态过程，实现电路的可重复触发。

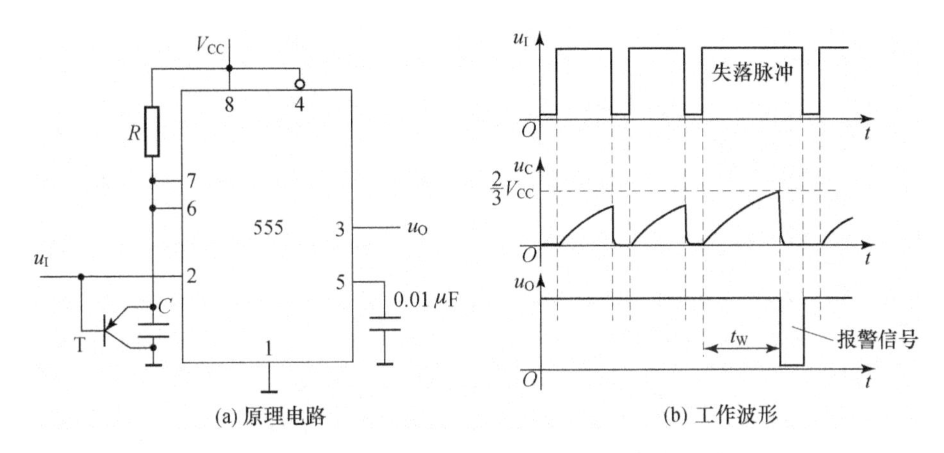

图 10.23　由 555 构成的可重复触发的单稳态触发器

当触发信号有效(低电平)时，输出为高电平，晶体管 T 导通，处于饱和状态，电容两端电压近似为零。当输入信号回到高电平，晶体管 T 截止，V_{CC}开始对电容 C 充电。

若在电容电压增加到$\frac{2}{3}V_{CC}$之前又出现了一个触发脉冲，则晶体管 T 导通，将电容电压迅速放电到零，维持输出高电平不变。

只有在触发脉冲间隔超过暂稳态时间 t_W(此时可以看作出现了失落脉冲情况)时，电路才从暂稳态回到稳态，在输出端出现一个下降沿。若检测的信号是人体的心率或电机的转子信号，输出端的下降沿可以作为报警信号使用。电路的工作波形如图 10.23(b)所示。

10.3.4　用 555 定时器构成多谐振荡器

用 555 定时器构成的多谐振荡器如图 10.24 所示。图中将 555 定时器的阈值输入和触发输入并联构成施密特触发器，利用放电管的导通和截止来控制 RC 延迟电路的充放电过程，再将电容电压作为施密特触发器的输入信号，就构成了多谐振荡器。

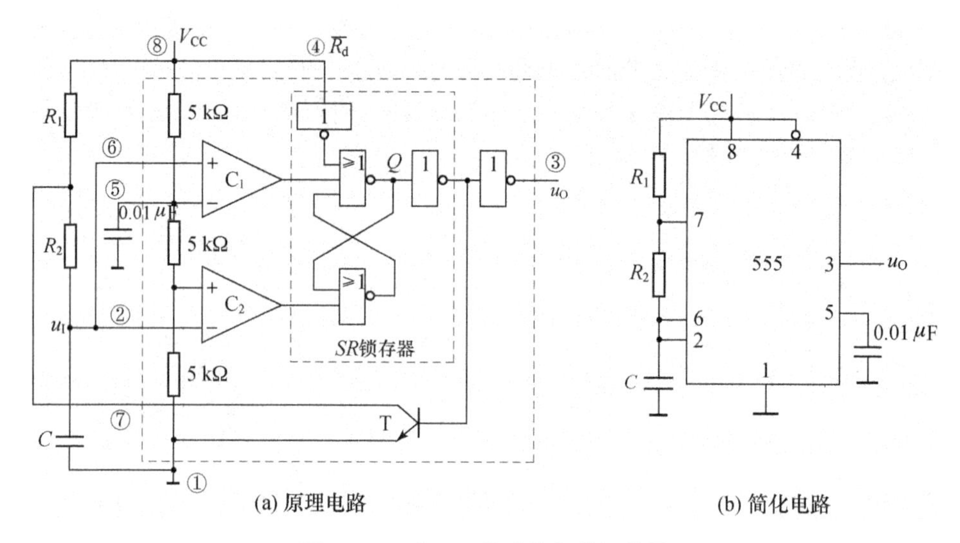

(a) 原理电路　　　　(b) 简化电路

图 10.24　由 555 构成的多谐振荡器

电路接通电源后，输出端 u_O 为高电平，放电管 T 截止，V_{CC}通过电阻 R_1 和 R_2 对电容 C 充电，充电的时间常数为 $\tau_1 \approx (R_1 + R_2)C$。当电容电压达到$\frac{2}{3}V_{CC}$时，$u_O$ 跳变为低电平，放电管 T 导通，电容电压通过电阻 R_2 和放电管 T 放电，电容电压下降，电容放电的时间常数为 $\tau_2 \approx R_2 C$。

当电容电压下降到$\frac{1}{3}V_{CC}$时，u_O 跳变为高电平，放电管 T 截止，V_{CC}又开始通过电阻 R_1 和 R_2 对电容充电。这样，电容电压在$\frac{1}{3}V_{CC} \sim \frac{2}{3}V_{CC}$之间不断反复振荡，在输出端 u_O 将产生周期性的矩形脉冲信号。其工作波形如图 10.25 所示。

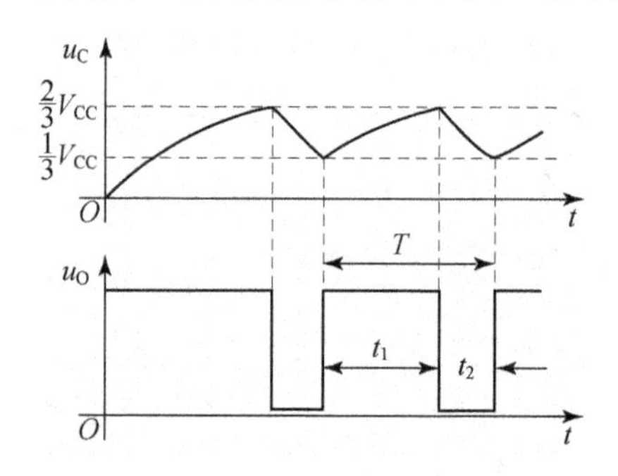

图 10.25　多谐振荡器工作波形

由图中可以得到电容充电时间 t_1 和放电时间 t_2 的表达式为

$$t_1 = (R_1 + R_2)C\ln\frac{V_{CC} - \frac{1}{3}V_{CC}}{V_{CC} - \frac{2}{3}V_{CC}} \approx 0.7(R_1 + R_2)C \tag{10.11}$$

$$t_2 = R_2 C\ln\frac{\frac{2}{3}V_{CC}}{\frac{1}{3}V_{CC}} \approx 0.7R_2 C \tag{10.12}$$

则电路的振荡周期和频率为

$$T = t_1 + t_2 \approx 0.7(R_1 + 2R_2)C \tag{10.13}$$

$$f = \frac{1}{T} \approx \frac{1}{0.7(R_1 + 2R_2)C} \tag{10.14}$$

由式(10.11)和式(10.13)还可以得到输出周期脉冲的占空比

$$D = \frac{t_1}{T} = \frac{R_1 + R_2}{R_1 + 2R_2} \tag{10.15}$$

式10.15中的占空比D值大于50%，为了得到小于50%并且可调的占空比，可以对图10.24电路进行改进，如图10.26所示，通过二极管的单向导电性改变电容的充、放电回路，调节电位器R_2，可以在保持周期不变的情况下调节电路输出脉冲的占空比。

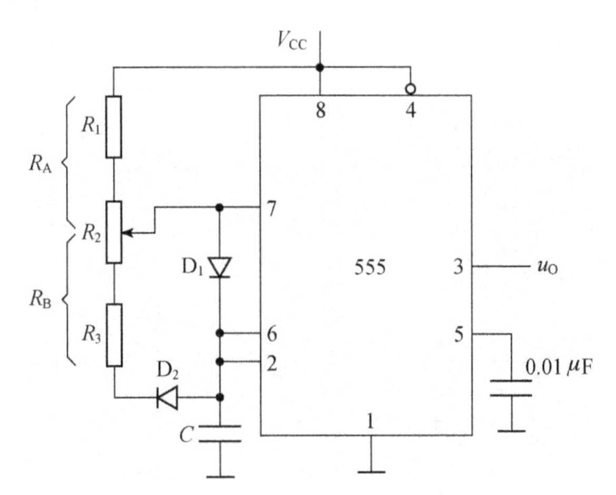

图10.26　占空比可调的多谐振荡器

为便于讨论，将图中电阻R_1和电位器R_2触点以上部分定义为电阻R_A，将图中电阻R_3和电位器R_2触点以下部分定义为电阻R_B。

由于二极管的单向导电性，电容的充放电回路被分开，V_{CC}通过电阻R_A，D_1对电容C充电，而电容通过R_B，D_2和放电管T放电。

则输出脉冲的参数为

$$t_1 \approx 0.7R_A C \tag{10.16}$$

$$t_2 \approx 0.7R_B C \tag{10.17}$$

$$T = t_1 + t_2 \approx 0.7(R_A + R_B)C = 0.7(R_1 + R_2 + R_3)C \tag{10.18}$$

$$f = \frac{1}{T} \approx \frac{1}{0.7(R_1 + R_2 + R_3)C} \tag{10.19}$$

$$D = \frac{t_1}{T} = \frac{R_A}{R_1 + R_2 + R_3} \tag{10.20}$$

调节电位器,可得占空比的调节范围为

$$\frac{R_1}{R_1 + R_2 + R_3} \leqslant D \leqslant \frac{R_1 + R_2}{R_1 + R_2 + R_3} \tag{10.21}$$

例 10-3 图 10.27 所示电路为由 555 定时器构成的双音门铃。试分析电路的工作原理。

解 该电路采用 4 节 5 号干电池供电。电路的核心部分是由 555 定时器构成的多谐振荡器,通过二极管 D_1 的单向导电性实现按钮 S 按下和放开时发出不同频率的声音。电阻 R_4 和电容 C_3 构成延迟回路,配合 555 定时器的复位端,使门铃在响一段时间后自动关闭。

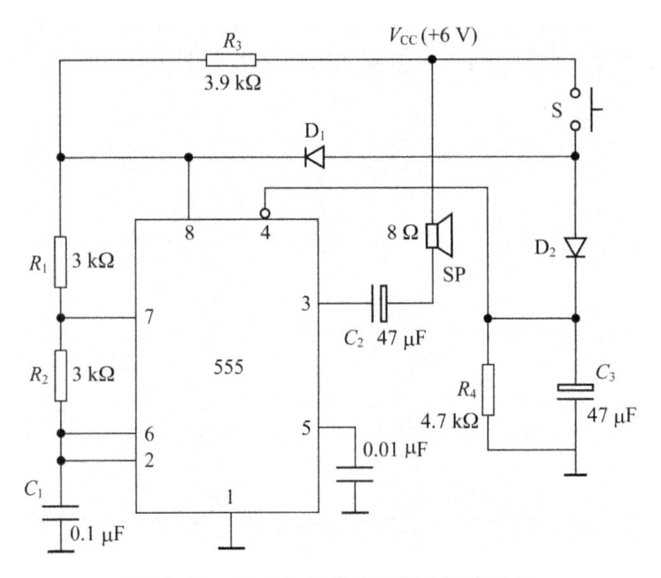

图 10.27 由 555 构成的双音门铃电路图

当门铃的按钮 S 被按下后,V_{CC}通过导通的二极管 D_2 对电容 C_3 充电,由于二极管导通电阻很小,很快可以将电容 C_3 充满,555 的复位端接高电平,555 开始工作。另一方面,二极管 D_1 导通将电阻 R_3 短路,多谐振荡器的振荡频率为

$$f_1 \approx \frac{1}{0.7(R_1 + 2R_2)C_1} = 1587(\text{Hz}) \tag{10.22}$$

当放开按钮 S 后,二极管 D_1 开路,多谐振荡器的振荡频率为

$$f_1 \approx \frac{1}{0.7(R_1 + R_3 + 2R_2)C_1} = 1107(\text{Hz}) \tag{10.23}$$

同时，电容 C_3 上的电压通过电阻 R_4 放电，经过 5 个时间常数约 1 秒后，电容放电完毕，555 的复位端为低电平，555 的输出端被复位，声音终止。多谐振荡器的输出波形含有丰富的谐波分量，整个过程在输出扬声器 SP 上将发出“叮—咚——”的乐音。

10.4　A/D 和 D/A 转换器

随着数字技术和计算机技术的飞速发展，用数字电路和计算机来处理模拟信号已经在测量、控制和通信等领域得到了广泛的应用。

要用数字电路处理模拟信号，必须先将模拟信号转换成数字信号，经过数字电路处理后还要将数字信号转换成模拟信号作为最终的输出信号。能够将模拟信号转换成数字信号的电路称为模数转换器，简称 A/D 转换器或 ADC；能够将数字信号转换成模拟信号的电路称为数模转换器，简称 D/A 转换器或 DAC。

转换精度和转换速度是衡量 A/D 转换器和 D/A 转换器性能的主要指标，转换精度反映转换前后的准确程度，而为了适用于实时测量和处理的场合，还要求转换速度足够快。

10.4.1　D/A 转换器

D/A 转换的方法类似于二进制数转换成十进制数，即加权求和。先将数字量按照权重转换成对应的模拟量，再经过加法电路求和，就得到了与输入数字信号对应的模拟信号。

实现数字量按权重转换的方法有许多种，形成了不同的 D/A 转换器，如权电阻网络 DAC、权电流网络 DAC、倒 T 形电阻网络 DAC、权电容网络 DAC 等。下面以权电阻网络 DAC 和倒 T 形电阻网络 DAC 为例介绍 D/A 转换器的工作原理。

1. 权电阻网络 D/A 转换器

图 10.28 所示电路为 4 位权电阻网络 D/A 转换器的原理图，它由权电阻网络、模拟开关和反向求和放大器组成。

电路工作时，当相应的数字量为 1 时，模拟开关接 V_{REF}，通过权电阻网络产生一个与该位数字量权重成正比的电流值；当相应的数字量为 0 时，模拟开关接地，没有电流产生。这样，在求和点 $\sum$ 处就可以得到与输入数字量加权求和值成正比的电流值，经过运放后可以得到相应的模拟电压。

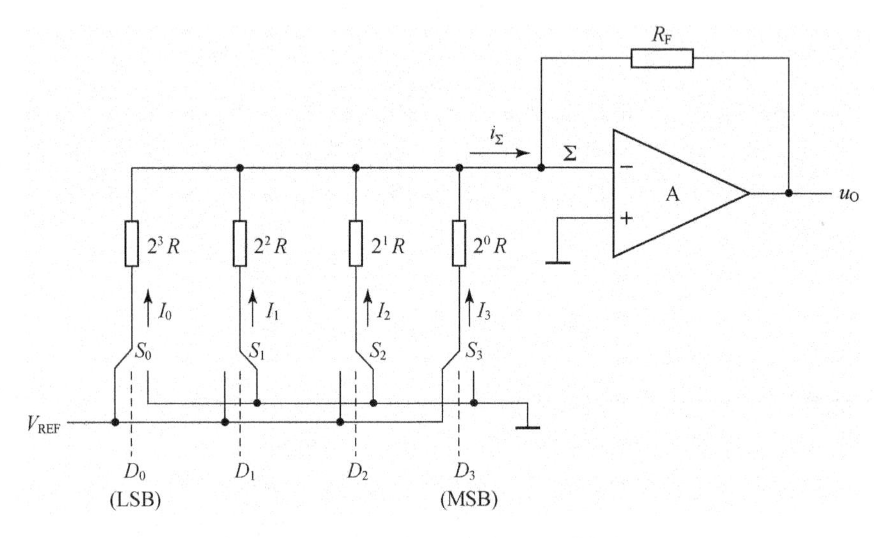

图 10.28　4 位权电阻网络 D/A 转换器

图中求和点 $\sum$ 是虚地点,故流过 $\sum$ 的电流为

$$i_{\Sigma} = V_{REF}\left(\frac{D_3}{R}+\frac{D_2}{2R}+\frac{D_1}{4R}+\frac{D_0}{8R}\right)$$

则输出端电压 u_O 为

$$u_O = -i_{\Sigma}R_F = -R_F\left(\frac{D_3}{R}+\frac{D_2}{2R}+\frac{D_1}{4R}+\frac{D_0}{8R}\right)V_{REF} \tag{10.24}$$

若取 $R_F = R/2$,则式(10.24)可变换为

$$u_O = -\frac{V_{REF}}{2^4}(D_3\times 2^3 + D_2\times 2^2 + D_1\times 2^1 + D_0\times 2^0)$$

$$= -\frac{V_{REF}}{2^4}\sum_{i=0}^{3}D_i\times 2^i \tag{10.25}$$

对于 n 位的权电阻 D/A 转换器,若满足 $R_F = R/2$,输出模拟电压可以写成

$$u_O = -\frac{V_{REF}}{2^n}\sum_{i=0}^{n-1}D_i\times 2^i \tag{10.26}$$

式(10.26)表明,输出的模拟电压与输入的数字量的值成正比,从而实现了数字量到模拟量的转换。

权电阻 D/A 转换器的结构简单,但转换的精度取决于权电阻网络的相对精度,当输入的数字量位数较多时,权电阻网络的精度很难保证。另外,在数字量由 0 变 1 时,该支路的电流有一个建立的过程,将使输出信号产生尖脉冲。

2. 倒 T 形电阻网络 D/A 转换器

图 10.29 所示电路为 4 位倒 T 形电阻网络 D/A 转换器的原理图。图中使

用 R 和 $2R$ 两种电阻构成倒 T 形网络，用于将输入数字量转换成对应权重的电流值，然后在求和点 $\sum$ 处相加，经反相放大后输出。

输入的数字量 $D_3D_2D_1D_0$ 分别控制模拟开关 S_i，当 $D_i=0$ 时，S_i 接地；当 $D_i=1$ 时，S_i 接运放的反相输入端（按图中接法的输入数字量为 $D_3D_2D_1D_0=0110$）。

在反相放大器中，由于 $\sum$ 为虚地点，无论 S_i 接地还是接反相端，对与之相连的 $2R$ 电阻来说都相当于接地，故流经 $2R$ 电阻的电流与输入数字量无关。

对于 R-$2R$ 电阻网络来说，从参考电压 V_{REF} 看进去，是两个等效电阻为 $2R$ 的电阻支路并联，故每条支路的电流等于干路电流的一半。而且每左移一个节点看过去，都是两个等效电阻为 $2R$ 的电阻支路的并联，这样，从右到左各 $2R$ 支路上的电流依次减半，分别等于主干路电流 $I\left(I=\frac{V_{REF}}{R}\right)$ 的 $\frac{1}{2}$，$\frac{1}{4}$，$\frac{1}{8}$，$\frac{1}{16}$。

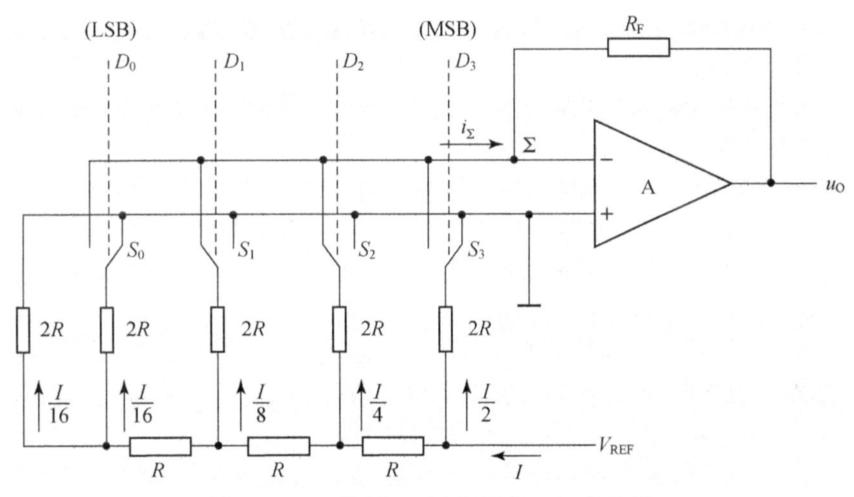

图 10.29　4 位倒 T 形电阻网络 D/A 转换器

因此，在求和点 $\sum$ 处的电流为

$$i_{\sum}=I\left(\frac{D_3}{2}+\frac{D_2}{4}+\frac{D_1}{8}+\frac{D_0}{16}\right)$$

$$=\frac{V_{REF}}{2^4R}\sum_{i=0}^{3}D_i\times 2^i \tag{10.27}$$

则输出电压为

$$u_O=-i_{\sum}R_F=-\frac{R_F}{R}\frac{V_{REF}}{2^4}\sum_{i=0}^{3}D_i\times 2^i \tag{10.28}$$

增加 R-$2R$ 网络的节点可以将图 10.29 电路扩展成更多位的 D/A 转换器，对于 n 位倒 T 形电阻网络 D/A 转换器来说，其输出模拟量与输入数字量的一般关系式为

$$u_O=-\frac{R_F}{R}\frac{V_{REF}}{2^n}\sum_{i=0}^{n-1}D_i\times 2^i \tag{10.29}$$

式(10.29)的输出值与输入数字量的大小成正比，故完成了 D/A 转换。

倒 T 形电阻网络 D/A 转换器只有两个电阻值，不仅有利于保证转换精度，而且便于集成。在输入数字量变化时，支路电流也不存在建立过程，输出信号上的尖脉冲要小得多。因此，倒 T 形电阻网络 D/A 转换器的应用比较广泛，已有许多产品问世，如 10 位集成 D/A 转换器 AD7520。

3. D/A 转换器的转换精度和转换速度

(1) 转换精度。

D/A 转换器的转换精度可以用分辨率和转换误差来描述。

分辨率用输入数字量的位长来描述，表示 D/A 转换器输出模拟量的最小值，是 D/A 转换器在理想状况下达到的转换精度。分辨率为 n 位的 D/A 转换器有 2^n-1 个不同的输出模拟量值，若 D/A 转换器的最大输出值为 U_{max}，则输出模拟量的最小值为 $U_{max}/(2^n-1)$。

有时也用输出模拟量的最小值与最大值之比来表示分辨率，如 10 位 D/A 转换器的分辨率为 $1/(2^{10}-1)\approx 10^{-3}$。

在实际的 D/A 转换器电路中，由于参考电压 V_{REF} 的波动、运算放大器的零漂、模拟开关的导通电压和导通电阻的影响以及电阻网络中电阻的偏差等原因，实际的输出曲线与理想输出曲线之间必然存在误差，D/A 转换器的转换误差被定义为这些误差的最大值。

转换误差可以分为线性误差和非线性误差两种，其中线性误差又可分为比例系数误差和漂移误差。这几种误差的示意图如图 10.30 所示，图中虚线表示理想的输出曲线，实线表示实际的输出曲线。

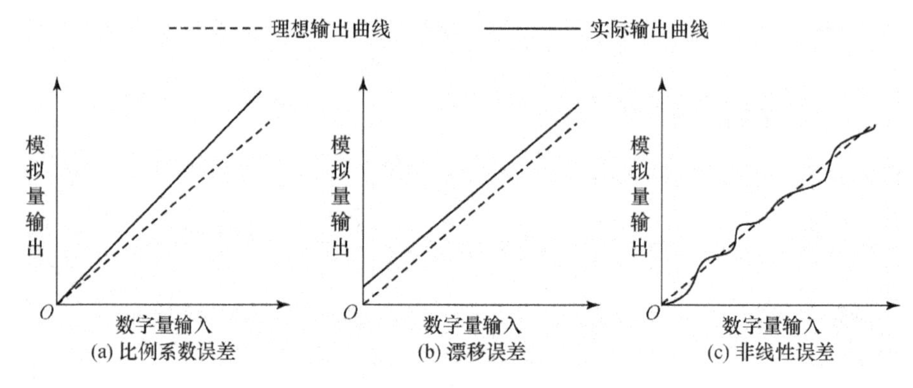

图 10.30　D/A 转换器的转换误差

比例系数误差是由参考电压 V_{REF} 偏离标准值引起的，而运算放大器的零漂则导致漂移误差，这两类误差属于线性误差，可以通过适当的外部电路加以校正。而非线性误差则无法通过外部电路校正，它是由电路内部的模拟开关、电阻网络中的电阻值的相对偏差引起的，是影响 D/A 转换器转换精度的主要因素。

以上三种误差是同时存在的，共同影响 D/A 转换器的转换精度。

(2) 转换速度。

D/A 转换器的转换速度用建立时间 t_S 来描述，反映 D/A 转换器从输入数字量的改变起到产生相应的稳定输出所需要的时间。通常建立时间的定义是：当输入数字量由全 0 跳变为全 1 时，从跳变开始到输出电压与稳定值的误差达到 ±LSB/2(输出最小值的一半)时所需的时间，如图 10.31 所示。由于输入数字量的变化越大，所需的建立时间就越长，所以产品手册中的建立时间是指输入量从全 0 跳变到全 1 的建立时间。

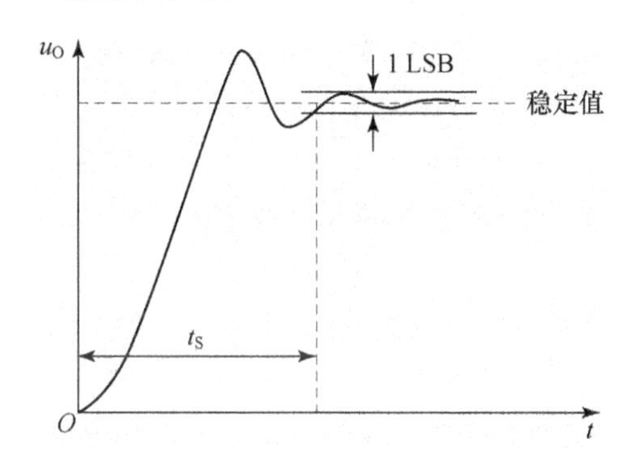

图 10.31 D/A 转换器的建立时间

4. D/A 转换器的输出波形

由于数字量是不连续的，D/A 转换器的输出模拟量也是不连续的。当用 D/A 转换器重建经由数字电路处理后的模拟信号时，输出波形是对模拟信号波形曲线的阶梯状逼近，如图 10.32(a)所示。为了能得到平滑的输出曲线，要对 D/A 转换器的输出信号进行滤波处理。

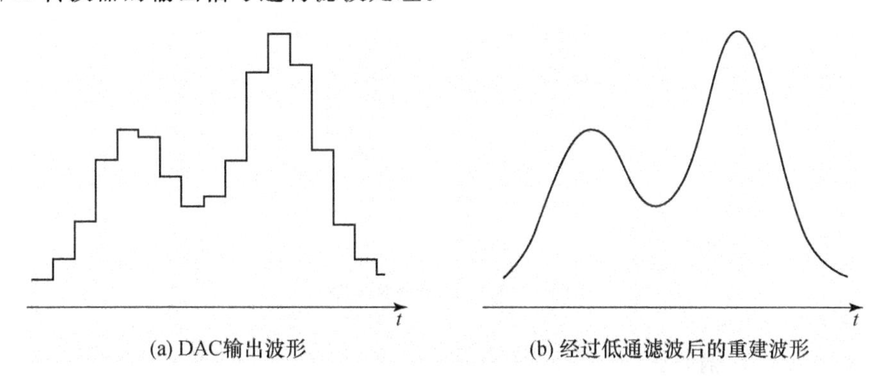

(a) DAC输出波形 (b) 经过低通滤波后的重建波形

图 10.32 D/A 转换器的输出波形

使用低通滤波器(称为重建滤波器)消除高频分量,即 D/A 转换器输出阶梯状曲线的快速变化部分,就能重建出平滑的模拟信号,如图 10.32(b)所示。

10.4.2 A/D 转换器

1. A/D 转换的一般步骤

A/D 转换是将在时间上连续的模拟信号转换成离散的数字信号,只能在一些离散的瞬间对模拟信号进行取样,然后将其转换成数字信号。一般情况下,A/D 转换要经过取样、保持、量化和编码 4 个步骤。

(1) 取样保持电路。

A/D 转换的取样和保持过程通常由取样保持电路完成,取样是用周期性的取样信号将连续的模拟量转换成离散的模拟量,而保持则是使取样得到的瞬时模拟量维持一段时间,以便于后续的量化和编码。

根据取样定理,为了使取样样本能够正确地表示模拟信号,取样信号的频率 f_s 与模拟信号频谱中的最大频率 f_{imax} 之间必须满足

$$f_s \geqslant 2f_{imax} \tag{10.30}$$

在实际应用中,常使 $f_s=(3\sim5)f_{imax}$。

取样保持电路的原理电路和工作波形如图 10.33 所示。电路中,运算放大器 A_1,A_2 组成电压跟随器,起电压隔离作用。取样信号控制模拟开关 S,当 $CP_S=1$ 时,开关 S 闭合,此时电容 C 两端电压跟随输入电压 u_I 变化。当 $CP_S=0$ 时,开关 S 断开,电容 C 上的电压等于 CP_S 下降沿对应的输入电压瞬时值。由于运放 A_2 的输入电阻很大,可以认为在 $CP_S=0$ 期间电容电压没有损失,即在 $CP_S=0$ 期间输出信号 u_O 一直保持着 CP_S 下降沿对应的输入电压瞬时值。

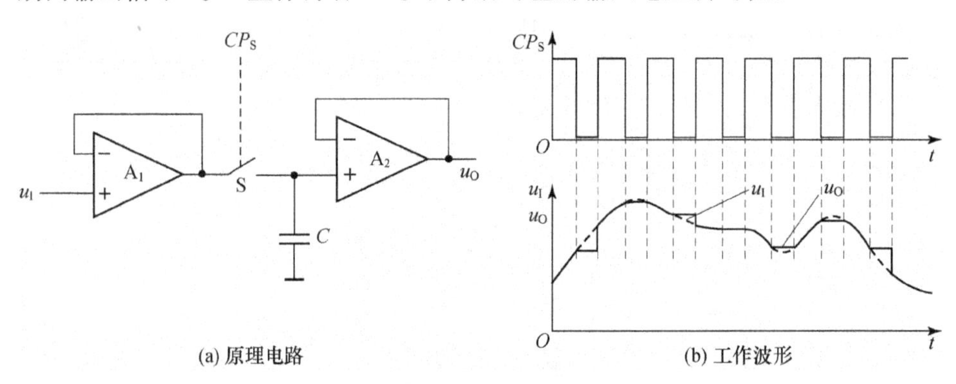

图 10.33 取样保持电路

(2) 量化和编码。

在 D/A 转换中,由于输入的数字信号是离散信号,故 D/A 转换的输出模拟信

号是某个最小值的整数倍，在数值上是离散的。而 A/D 转换过程是 D/A 转换的逆过程，所以 A/D 转换就是将连续的模拟信号转换成某个最小值的整数倍，这个过程称为量化。转换中使用的最小值称为量化单位，用 Δ 表示。量化单位 Δ 是输出数字信号中最低位为 1、其他高位均为 0 时(即 1LSB)所对应的模拟量。

将连续的模拟信号转换成离散值时必然会产生误差，这是 A/D 转换的系统误差，称为量化误差，用 ε 表示。采用不同的量化方式产生的最大量化误差 ε_{max} 是不一样的。

量化方式有两种，分别称为舍尾取整法和四舍五入法。舍尾取整的量化方式是：输入电压 u_I 介于两个相邻量化值之间时，输出结果取较低量化值，即若 $(n-1)\Delta \leqslant u_I < n\Delta$ 时，输出结果等于 $(n-1)\Delta$ 对应的数字量。可见，这种方式的最大量化误差为 $\varepsilon_{max}=1\text{LSB}$。

而四舍五入的量化方式是：输入电压 u_I 介于两个相邻量化值之间时，若 $(n-1)\Delta \leqslant u_I < \left(n-\frac{1}{2}\right)\Delta$ 时，输出结果等于 $(n-1)\Delta$ 对应的数字量，若 $\left(n-\frac{1}{2}\right)\Delta \leqslant u_I < n\Delta$ 时，输出结果等于 $n\Delta$ 对应的数字量。采用这种量化方式产生的最大量化误差为 $|\varepsilon_{max}|=\frac{1}{2}\text{LSB}$。

例如，要将电压范围在 0～1 V 的模拟信号转换成 3 位二进制代码。采用舍尾取整的量化方式时，量化单位取 $\frac{1}{8}$ V。如图 10.34(a)所示，模拟信号电压在 $0\sim\frac{1}{8}$ V 时，输出数字量为 000(即 0Δ)；当模拟信号电压在 $\frac{1}{8}\sim\frac{2}{8}$ V 时，输出数字量为 001(即 1Δ)；当模拟信号电压在 $\frac{2}{8}\sim\frac{3}{8}$ V 时，输出数字量为 010(即 2Δ)；……从图中可以看出，这种方式的最大量化误差为 $\frac{1}{8}$ V，即 1LSB。

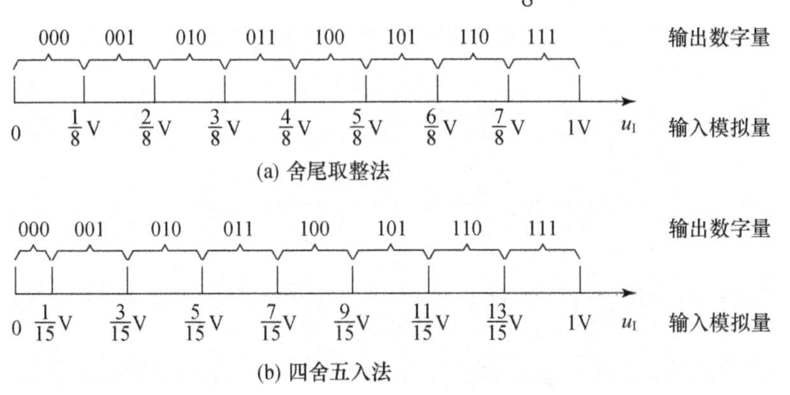

图 10.34　量化的两种不同方式

采用四舍五入量化方式的输入输出关系示意图如图 10.34(b)所示,这种方式的量化单位为$\frac{2}{15}$ V。模拟信号电压在 0～$\frac{1}{15}$ V 时,输出数字量为 000(即 0Δ);当模拟信号电压在$\frac{1}{15}$～$\frac{3}{15}$ V 时,输出数字量为 001(即 1Δ);当模拟信号电压在$\frac{3}{15}$～$\frac{5}{15}$ V 时,输出数字量为 010(即 2Δ);……从图中可以看出,输出数字量对应的模拟电压值为相应量化区间的中间值,故这种方式的最大量化误差为 $\pm\frac{1}{15}$ V,即 $\pm\frac{1}{2}$LSB。

A/D 转换的输出结果通常用二进制码形式表示,对于不是二进制码形式的量化结果还要进行编码,形成最终的 A/D 转换结果。

按照工作原理不同,A/D 转换器可分为直接 A/D 转换器和间接 A/D 转换器两类。其中直接 A/D 转换器是将输入的模拟信号直接转换成数字信号,而间接 A/D 转换器则是先将模拟信号转换成某种中间量如时间、频率信号等,再将中间量转换成数字量。由于存在中间过程,间接 A/D 转换器相比直接 A/D 转换器需要更多的转换时间。

2. 并行比较型 A/D 转换器

并行比较型 A/D 转换器属于直接 A/D 转换器,图 10.35 所示电路为 3 位

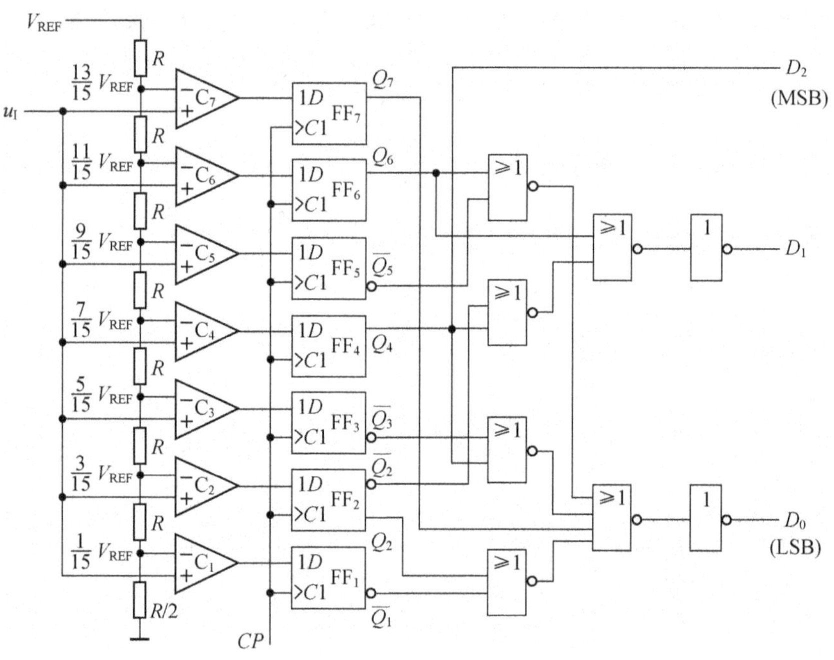

图 10.35　3 位并行比较型 A/D 转换器

并行比较型A/D转换器的原理电路图。它由电阻分压器、电压比较器、寄存器和编码器等四部分组成。输入模拟信号 u_I 的范围是 $0\sim V_{REF}$，输出数字量为 $D_2D_1D_0$，D_2 是最高位(MSB)，D_0 是最低位(LSB)。

电阻分压器由 7 个电阻值为 R 的电阻和 1 个电阻值为 $R/2$ 的电阻组成，产生四舍五入量化方式的量化区间，这些量化电平被分别加到电压比较器 $C_1\sim C_7$ 的反相输入端。而输入信号 u_I 则同时加到 $C_1\sim C_7$ 的同相输入端，与量化电平进行比较。比较结果送给由 D 触发器组成的寄存器，寄存器 $FF_1\sim FF_7$ 将 CP 上升沿对应的比较器输出寄存下来。由于该结果并非所需的二进制编码，所以还要经过编码电路进行编码，最终得到以二进制码形式输出的数字量 $D_2D_1D_0$。

根据 A/D 转换规则可以列出电路的输入输出关系表如表 10.3 所示。

表 10.3　并行比较型 A/D 转换器输入输出关系表

模拟输入	寄存器输出							数字输出		
u_I	Q_1	Q_2	Q_3	Q_4	Q_5	Q_6	Q_7	D_2	D_1	D_0
$u_I<1/15\ V_{REF}$	0	0	0	0	0	0	0	0	0	0
$1/15\ V_{REF}\leqslant u_I<3/15\ V_{REF}$	1	0	0	0	0	0	0	0	0	1
$3/15\ V_{REF}\leqslant u_I<5/15\ V_{REF}$	1	1	0	0	0	0	0	0	1	0
$5/15\ V_{REF}\leqslant u_I<7/15\ V_{REF}$	1	1	1	0	0	0	0	0	1	1
$7/15\ V_{REF}\leqslant u_I<9/15\ V_{REF}$	1	1	1	1	0	0	0	1	0	0
$9/15\ V_{REF}\leqslant u_I<11/15\ V_{REF}$	1	1	1	1	1	0	0	1	0	1
$11/15\ V_{REF}\leqslant u_I<13/15\ V_{REF}$	1	1	1	1	1	1	0	1	1	0
$13/15\ V_{REF}\leqslant u_I$	1	1	1	1	1	1	1	1	1	1

电路正常工作时，比较器 $C_1\sim C_7$ 的输出状态组合只有 8 种，同样，寄存器的输出状态组合 $Q_1\sim Q_7$ 也只有 8 种，对应 3 位二进制输出码的 8 种状态。

除了表 10.3 中的 8 种组合外，寄存器输出组合不会出现其他状态，这样在设计编码电路时，可以不经过组合逻辑电路的一般步骤，而是直接写出 $D_2\sim D_0$ 的逻辑表达式。

比较输出变量 $D_2\sim D_0$ 和寄存器 $FF_1\sim FF_7$ 的输出 $Q_1\sim Q_7$ 可知，当 Q_4 为高电平时 D_2 也为高电平，而当 Q_4 为低电平时 D_2 也为低电平，这样可得 $D_2=Q_4$。

对于输出变量 D_1，当 Q_6 为高电平时 D_1 也为高电平，而当 $Q_2\overline{Q_4}=1$ 时 D_1 也为高电平，可以将 D_1 看成这两部分的或运算，即 $D_1=Q_2\overline{Q_4}+Q_6$。

同理可得，$D_0=Q_1\overline{Q_2}+Q_3\overline{Q_4}+Q_5\overline{Q_6}+Q_7$。

将上述 $D_2\sim D_0$ 的逻辑表达式写成或非-或非式，可得

$$
\begin{cases}
D_2 = Q_4 \\
D_1 = Q_2\overline{Q_4} + Q_6 = \overline{\overline{\overline{\overline{Q_2}+Q_4}+Q_6}} \\
D_0 = Q_1\overline{Q_2} + Q_3\overline{Q_4} + Q_5\overline{Q_6} + Q_7 = \overline{\overline{\overline{\overline{Q_1}+Q_2}+\overline{\overline{Q_3}+Q_4}+\overline{\overline{Q_5}+Q_6}+Q_7}}
\end{cases}
\tag{10.31}
$$

图 10.35 中的编码电路是根据式(10.31)构成的。

在并行比较型 A/D 转换器的工作过程中,除了触发器和门电路的延迟时间外,没有附加的时间延迟,故并行比较型 A/D 转换器的转换速度非常快,目前集成并行比较 A/D 转换器的转换时间可达 1 ns 以内,这是并行比较型 A/D 转换器最大的优点。而且用于寄存的 D 触发器具有边沿触发性质,所以在应用并行比较 A/D 转换器的情况下,可以不使用取样保持电路。

并行比较型 A/D 转换器的缺点是电路需要较多的电压比较器和触发器,而且随着输出数字信号位数增大呈几何级数增长,导致电路的集成度迅速增大。另一方面,并行比较型 A/D 转换器的转换精度受电阻分压网络精度的影响,分压电阻越多,越容易产生电阻值的不均匀,对转换精度的影响越大。

3. 逐次渐近型 A/D 转换器

逐次渐近型 A/D 转换器也属于直接 A/D 转换器,它的转换过程类似于天平称重过程。用天平称重时,先将最重的砝码放在天平上,经过与物体比较重量后决定是否保留该砝码,然后放上次重砝码,再次比较重量,……,直到重量最小的砝码。逐次渐近型 A/D 转换器的转换过程也是如此,只是每次增加的砝码是上一次增加砝码重量的一半。

逐次渐近型 A/D 转换器的原理框图如图 10.36 所示。它由 DAC、比较器、寄存器和控制逻辑电路等几部分组成。为了实现四舍五入的量化方式,在 DAC 的输出端进行量化区间的校正。

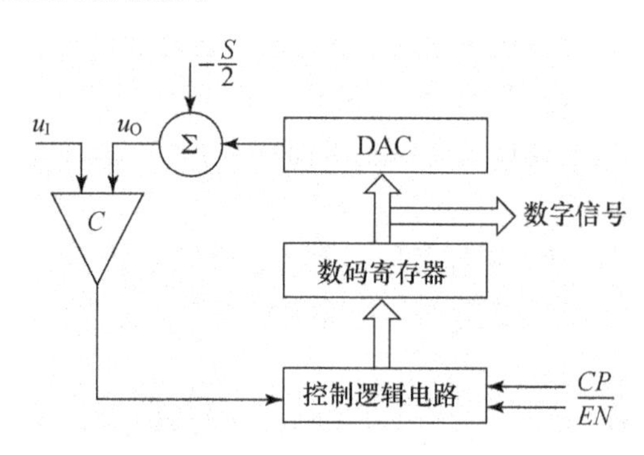

图 10.36 逐次渐近型 A/D 转换器原理框图

当开始转换信号$\overline{EN}$有效时,在 CP 信号的作用下,从最高位开始依次置位,然后通过 DAC 转换成相应的模拟信号并与输入的模拟信号进行比较，比较器的输出结果决定是否要对上一次被置位的寄存器复位，直到最低位寄存器被置位并比较完成，此时数码寄存器中的数码就是此次 A/D 转换的结果。

图 10.37 所示电路是 3 位逐次渐近型 A/D 转换器的原理电路图。触发器 $FF_1 \sim FF_5$ 组成环形移位寄存器，在 CP 作用下完成依次置位功能并在完成转换后将转换结果通过 $G_6 \sim G_8$ 送到数据总线上。门 $G_1 \sim G_5$ 组成复位判断电路，在比较器 C 的输出 u_C 的作用下进行复位操作。触发器 $FF_A \sim FF_C$ 组成数码寄存器，它的输出通过 3 位 D/A 转换器产生相应的模拟量与输入信号 u_I 进行比较。

图 10.37 所示电路的工作过程是：首先对触发器 $FF_1 \sim FF_5$ 进行初始化，使各触发器的输出为 $Q_1Q_2Q_3Q_4Q_5=10000$，此时 SR 触发器 FF_A 的输入信号为 $SR=10$，在下一个 CP 上升沿将被置位，而 SR 触发器 FF_B 和 FF_C 的输入信号均为 $SR=01$，在下一个 CP 上升沿都将被复位。

当开始转换信号有效（即$\overline{EN}=0$）时，G_9 门开门，A/D 转换在 CP 信号的控制下开始进行。第一个 CP 上升沿到来时，FF_A 被置位，$Q_AQ_BQ_C=100$，同时，环形移位寄存器右移 1 位，$Q_1Q_2Q_3Q_4Q_5=01000$。此时 FF_B 的输入信号为 $SR=10$，在下一个 CP 上升沿将被置位，而触发器 FF_C 的输入信号为 $SR=00$，在下一个 CP 上升沿将保持 0 状态。

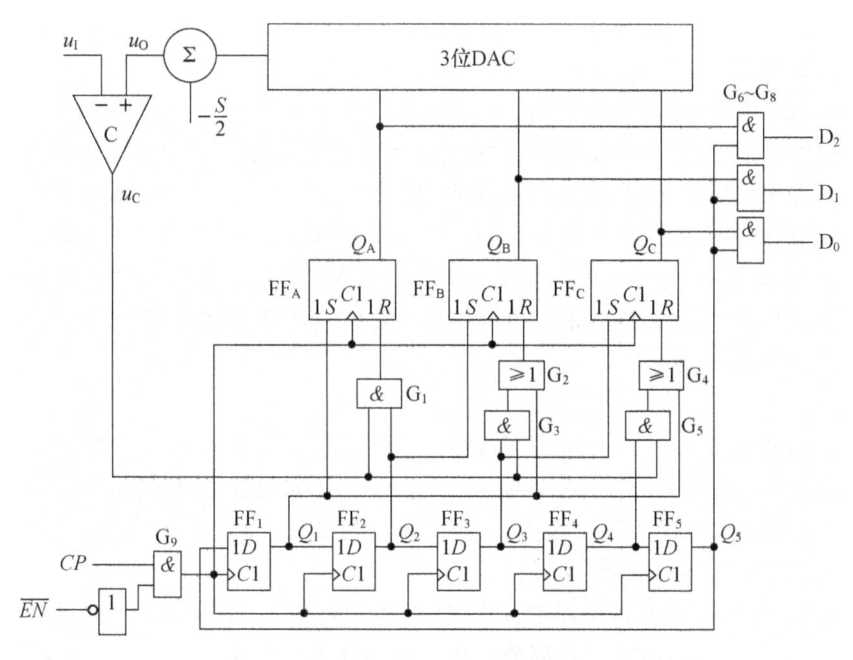

图 10.37　3 位逐次渐近型 A/D 转换器原理电路图

另一方面，D/A 转换器将数字量 $Q_AQ_BQ_C=100$ 转换成相应的模拟信号，经过误差修正后得到模拟信号 u_O，u_O 和输入信号 u_I 在比较器 C 中进行比较，比较结果将决定最高位 1 的去留。若 $u_I \geqslant u_O$，$u_C=0$，触发器 FF_A 的输入信号为 $SR=00$，意味着保留最高位的 1；若 $u_I<u_O$，$u_C=1$，触发器 FF_A 的输入信号为 $SR=01$，在下一个 CP 上升沿 Q_A 将被复位。

第二个 CP 上升沿到来时，FF_A 根据比较结果判断是否要复位，同时 FF_B 被置位，$Q_B=1$，环形移位寄存器右移 1 位，使 $Q_1Q_2Q_3Q_4Q_5=00100$。此时 FF_C 的输入信号变为 $SR=10$，在下一个 CP 上升沿将被置位，而触发器 FF_A 的输入信号为 $SR=00$，在下一个 CP 上升沿将保持现在的状态。触发器 FF_B 的输入信号状态则由新的比较结果决定，若 $u_I \geqslant u_O$，$SR=00$，$Q_B=1$ 将被保留；反之则 $SR=01$，在下一个 CP 上升沿 Q_B 将被复位。

第三个 CP 上升沿到来时，完成对 $Q_B=1$ 的去留并将 FF_C 置位，使 $Q_C=1$，再次进行比较。同时，环形移位寄存器再次右移 1 位，$Q_1Q_2Q_3Q_4Q_5=00010$。

第四个 CP 上升沿到来时，根据比较结果完成 $Q_C=1$ 的去留操作，A/D 转换结束。同时环形移位寄存器再次右移 1 位，使 $Q_1Q_2Q_3Q_4Q_5=00001$。由于 $Q_5=1$，对 $G_6 \sim G_8$ 的封锁被解除，A/D 转换结果出现在总线上并在 $CP=1$ 期间保持不变。

第五个 CP 上升沿到来时，环形移位寄存器右移 1 位，$Q_1Q_2Q_3Q_4Q_5=10000$，回到初始状态。同时门 $G_6 \sim G_8$ 被封锁，总线上的数据被清除。

此时如果开始转换信号仍有效，电路将开始下一次 A/D 转换过程。

根据以上分析，3 位逐次渐近型 A/D 转换器的转换时间为 5 个时钟周期，而 n 位逐次渐近型 A/D 转换器的转换时间为 $n+2$ 个时钟周期，所以逐次渐近型 A/D 转换器的转换速度虽然比不上并行比较型 A/D 转换器，但也属于比较快的 A/D 转换器。另外，逐次渐近型 A/D 转换器的电路规模受输出位数的影响不大，很容易实现高精度的 A/D 转换。因此，逐次渐近型 A/D 转换器是使用最广的 A/D 转换器。

4. 双积分型 A/D 转换器

双积分型 A/D 转换器属于间接 A/D 转换器，它是先将输入模拟信号转换成相应的时间信号，然后在这个时间内对固定的周期信号计数，计数的结果就是 A/D 转换的输出数字信号。这种工作方式称为电压-时间变换型 A/D 转换器，是应用广泛的间接 A/D 转换器。

双积分 A/D 转换器原理电路图如图 10.38 所示。它由积分器、过零比较器、计数器和控制门电路等几部分构成。u_I 为输入模拟信号，电压范围是 $0 \leqslant u_I \leqslant V_{REF}$。

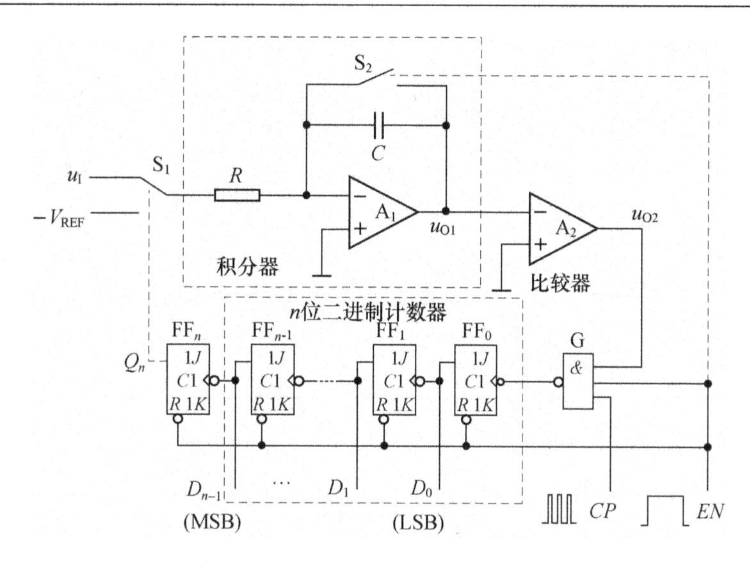

图 10.38　双积分型 A/D 转换器原理电路图

电路的工作波形如图 10.39 所示。在转换控制信号 $EN=0$ 时，触发器 FF_0～FF_n 被直接复位，模拟开关 S_1 接输入信号 u_I，模拟开关 S_2 闭合，电容 C 完全放电。

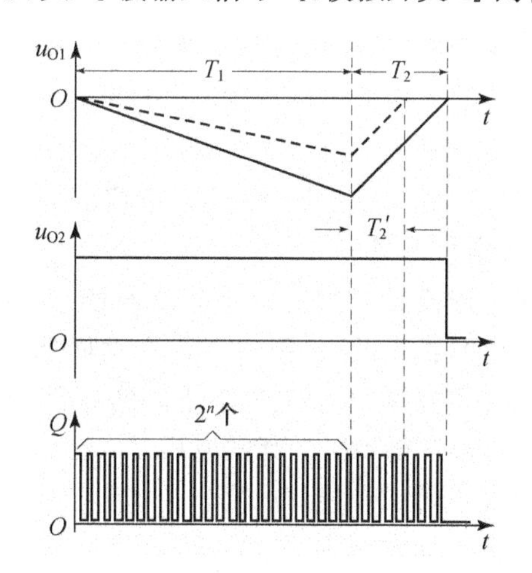

图 10.39　图 10.38 电路工作波形

设 $t=0$ 时 $EN=1$，A/D 转换开始。模拟开关 S_2 断开，积分器开始对 u_I 积分，$u_{O1}<0$，则过零比较器输出 $u_{O2}=1$，与非门 G 解除封锁，计数器开始对 CP 计数。

经过 2^n-1 个 CP 脉冲，由 FF_0～FF_{n-1} 组成的 n 位异步二进制加法计数器状态从 00…00 变成 11…11，再来一个 CP 脉冲时，n 位计数器将回到全 0 状态，同时触发器 FF_n 翻转使 $Q_n=1$，模拟开关 S_1 接通 $-V_{REF}$，第一次积分过程结束。

此时积分器的输出电压为

$$u_{O1}=-\frac{1}{C}\int_{0}^{T_1}\frac{u_I}{R}dt=-\frac{T_1}{RC}u_I \tag{10.32}$$

式中,$T_1=2^nT_{CP}$,T_{CP}为时钟信号 CP 的周期。可见 T_1 为固定值,则第一次积分结束后积分器的输出电压与输入电压 u_I 成正比。

当 S_1 接通 $-V_{REF}$ 时,积分器开始对 $-V_{REF}$ 进行积分,u_{O1} 开始增大,同时 n 位计数器从 00…00 开始计数。当 u_{O1} 增大到 0 时,比较器输出 $u_{O2}=0$,与非门 G 被封锁,计数停止。这段时间间隔 T_2 满足以下关系

$$u_{O1}=\frac{1}{C}\int_{0}^{T_2}\frac{V_{REF}}{R}dt-\frac{T_1}{RC}u_I=0 \tag{10.33}$$

解得

$$T_2=\frac{T_1}{V_{REF}}u_I \tag{10.34}$$

由于 T_1 和 V_{REF} 为固定值,式(10.34)说明,第二次计数时间 T_2 与 u_I 成正比,即此时的 n 位计数器的输出状态就是 u_I 对应的数字量。

若输入信号较小,则积分器上的波形如图 10.39 中的虚线所示,在第一次积分结束后的输出信号将变小,同时第二次积分时间 T_2' 也相应减小。

双积分 A/D 转换器的转换时间较长,通常在几十到几百毫秒的量级。但双积分 A/D 转换器的优点是工作性能稳定,从上述分析可知,由于转换结果是相对比值,只要保证在两次积分过程中电路参数不变,就能得到高精度的转换结果。故双积分 A/D 转换器对积分电路中电阻、电容的精度以及参考电压、时钟信号的长期稳定性的要求都不高。

另外,积分过程对平均值为零的周期性噪声信号有抑制作用。如对工业系统中广泛存在的工频干扰,若将 T_1 设置为工频干扰周期的整数倍,对工频干扰有很好的抑制效果。所以在对转换速度要求不高的场合(如温度测量、数字电压表等),双积分型 A/D 转换器得到了广泛的应用。

5. A/D 转换器的转换精度和转换速度

(1) 转换精度。

与 D/A 转换器一样,A/D 转换器的转换精度也可以用分辨率和转换误差来描述。

A/D 转换器的分辨率用输出二进制数的位数表示,n 位输出的 A/D 转换器可以分辨 2^n 个输入模拟量的不同等级区间,是 A/D 转换器在理想状况下达到的转换精度。

A/D 转换器的转换误差定义为实际输出数字量与理想情况下的输出的最大误差,一般用最低位(LSB)的倍数给出。

(2) 转换速度。

A/D 转换器的转换速度与转换电路的类型有关,不同转换电路的转换速度有很大的差别。在前面介绍的几种 A/D 转换器中,并行比较型 A/D 转换器的转换速度最高,逐次渐近型 A/D 转换器的转换速度次之,而双积分型 A/D 转换器的转换速度则慢得多。

10.5　电子测量系统

10.5.1　电子测量系统概述

1. 电子测量技术

电子测量是指以电子技术为基本手段,对各种电量或非电量进行测量。要实现对非电量的电子测量,需要通过合适的传感器将非电量转变成相应的电量。

随着传感器技术、电子和微电子技术、计算机技术和集成工艺的发展,电子测量技术已经被广泛应用于各个学科领域的科研工作中。市场上也出现了种类繁多的电子测量仪器。

常见的电子测量有:

(1) 能量测量:包括对信号电压、电流、功率以及电场强度等参量的测量;

(2) 电路参数测量:包括对电阻、电感、电容、阻抗、品质因数、损耗率、电子器件参数等参量的测量;

(3) 信号特性测量:包括对频率、周期、时间、相位、调制系数、失真度、噪声、数字信号的逻辑状态等参量的测量;

(4) 电子设备性能测量:包括对放大倍数、通频带、选择性、衰减、灵敏度、信噪比等参量的测量;

(5) 特性曲线测量:包括对幅频特性、相频特性、器件特性等特性曲线的测量。

上述各种测量参量中,电压测量是最基本、最重要的测量内容。

对比其他的测量方式,电子测量有以下优点:

(1) 测量频率范围宽。被测信号的频率范围很宽,除测量直流信号外,测量交流信号的频率范围可达 $10^{-6}\sim10^{12}$ Hz。

(2) 量程范围宽。电子测量仪器具有非常宽的量程,如高灵敏度的数字万用表可以测出从纳伏(nV)至千伏(kV)的电压,量程达 12 个数量级;而电子频率计的量程更可跨越 17 个数量级。

(3) 测量准确度高。总体而言,电子测量的准确度比其他测量方法要高得多,尤其是对频率和时间的测量,由于采用了原子频标和原子秒作为基准,可以使误差减小到 $10^{-13}\sim10^{-14}$的量级。

(4) 测量速度快。电子测量具有其他测量方法无法比拟的高速度,在很多领域可以实现"在线实时测量",这是它之所以得到广泛应用的重要原因之一。

(5) 易于实现遥测和长期不间断测量。在人无法停留或无法到达的场所(如极端恶劣环境或太空)中以及需要长期不间断测量的场合,电子测量可以方便地完成测量工作,并将结果存储起来或通过某种通信方式传到观测站。

(6) 易于实现测量过程的自动化和测量仪器智能化。随着计算机技术引入电子测量仪器,测量的自动化和智能化已成为现实。通过计算机软件和网络,可以将多台仪器整合成自动测量系统,快速准确地完成大量测试任务。

随着新材料、新工艺的不断出现,电子测量的精度、灵敏度和速度将不断提高。另一方面,电子测量技术与计算机、通信、网络、软件技术的日益融合,智能化、模块化、多功能化和使用的便利性都将不断完善和发展。

2. 电子测量系统的一般框图

简单的电子测量系统一般包括传感器、放大电路、滤波电路、ADC 和控制/显示等几部分,其一般框图如图 10.40 所示。

传感器的作用是将非电量(温度、湿度、压力、位移、光强等)变换为微弱电信号。放大电路的作用是对微弱电信号进行放大。要求放大电路具有高输入阻抗、高增益、低漂移(温度)、低噪声、高共模抑制比。由于大多数传感器输出的电信号变化较慢,因而对放大电路的带宽要求不高,实际中常使用集成运算放大器。滤波电路的作用是滤除干扰信号或噪声信号,通常为低通或带通滤波电路,实际中常使用 RC 有源滤波。ADC 的作用是将放大、滤波后的模拟信号转换为数字量,以利于后续数字电路进行数字信号处理。可根据实际需要选择 ADC 的分辨率和转换速度,对变化缓慢的模拟信号,常采用双积分型 ADC,这样可提高转换的抗干扰能力和稳定性。控制/显示部分的作用是对数字信号进行信号处理、存储和显示,其核心通常是微控制器或计算机。

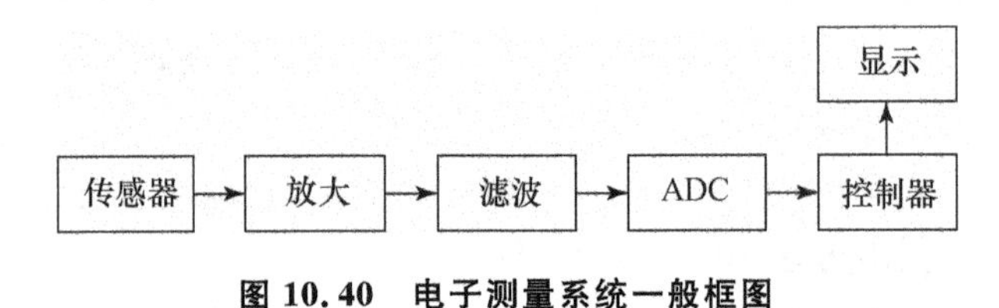

图 10.40 电子测量系统一般框图

电子测量系统是一个能够完成一定测量功能的综合性系统,在分析时应从系统的总体功能入手,首先查找系统中包含的大、中规模集成芯片,根据型号查出芯片的功能和管脚排列情况,然后按照一般框图将系统分成各个部分并找出它们之间的联系,最后分析各部分内部电路的结构和作用,就可以对整个测量系统的工作原理和特性有清楚、全面的了解。

在以下的讨论中，将以数字温度计为例，简要介绍电子测量系统的分析方法。

10.5.2　数字温度计

1. 数字温度计的结构

数字温度计的功能是测量环境温度并以十进制数的形式显示出来。本例中十进制数的位数有 4 位，其中最高位只有 0 和 1 两种取值(1/2 位)，温度测量范围是−50～150 ℃。图 10.41 是以集成双积分型 A/D 转换器 MC14433 为核心组成

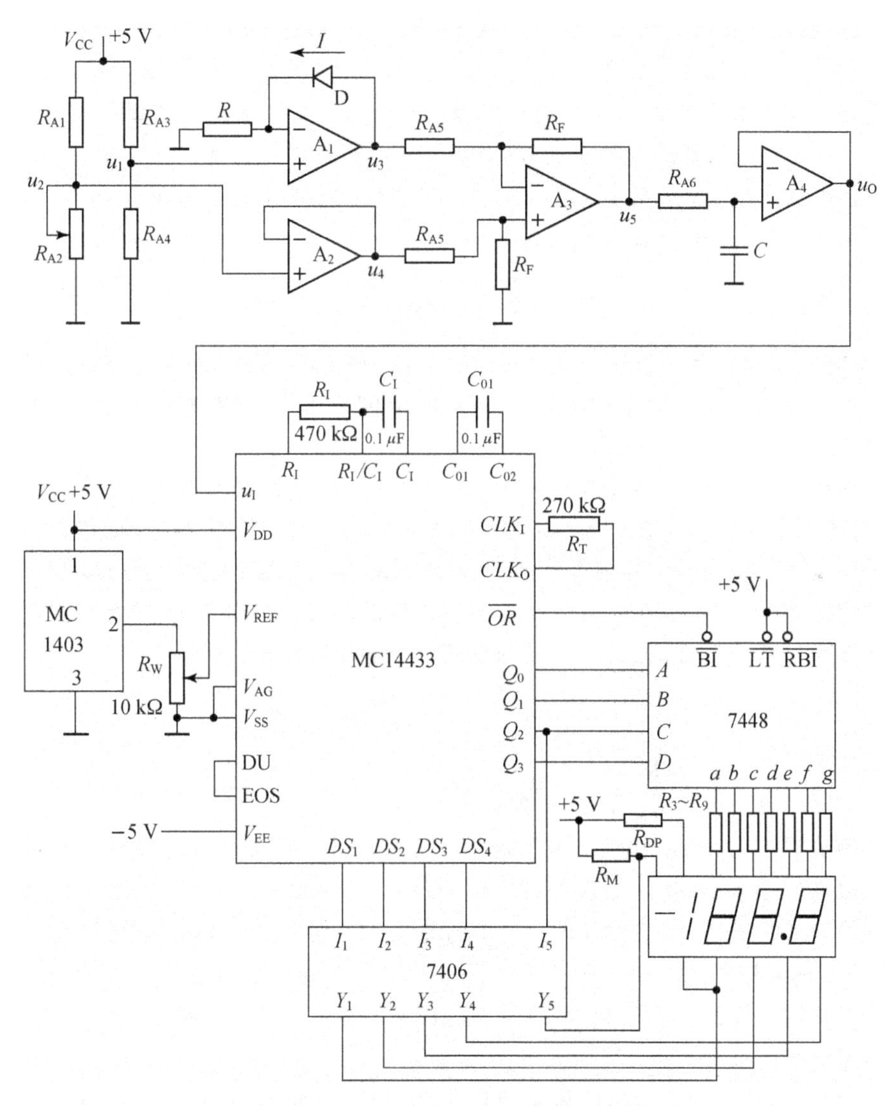

图 10.41　数字温度计结构原理图

的数字温度计电路图。图中包含了二极管温度传感器、信号放大和滤波电路、A/D转换器和显示电路等部分。集成芯片除了运算放大器和MC14433外,还包括基准电压芯片MC1403、集电极开路的反相器7406、集成7段显示译码器7448,显示部分由4个共阴极LED数码管和辅助的LED管(小数点和负号)构成。

2. 传感器和信号调整电路

温度传感器的种类有很多种,如热敏电阻、铂电阻、晶体管、石英晶体、热辐射温度传感器等,本电路使用的是二极管温度传感器,其原理是利用二极管PN结电压随温度变化的特性,将温度变化转换为PN结电压的变化。

图10.41电路中采用的二极管D是玻璃封装的开关二极管1N4148,这种二极管在正向恒流导通时,PN结电压随温度每升高1℃而下降约2 mV,而且在−50～150℃的温度区间内具有良好的线性,具有很高的性价比。

运算放大器A_1组成恒流源为二极管温度传感器提供合适的正向电流,由电路可知,流过二极管D的电流为

$$I = I_R = \frac{u_1}{R} = \frac{R_{A4}}{R(R_{A4}+R_{A3})}V_{CC} \tag{10.35}$$

式(10.35)中的参数均为恒定值,故流过二极管的电流为常数。而$u_3=u_1+u_D$,其中u_D为二极管压降。测量时只处理u_D的变化量(即PN结电压的变化),通过调节零点可以消除其他不变的电压降。

运算放大器A_2组成电压跟随器,起缓冲作用;运算放大器A_3组成差动放大器,调节二极管结电压的变化和显示温度变化之间的线性关系;运算放大器A_4组成有源低通滤波器,选择合适的参数可以使其截止频率低于50 Hz,能够有效滤除工频干扰等信号,而对于环境温度这样的慢变化信号来说,其传输系数为1,计算时可忽略不计。这样,信号调整部分的输出电压u_O为

$$\begin{aligned} u_O = u_5 &= \frac{R_F}{R_{A5}}(u_4-u_3) = \frac{R_F}{R_{A5}}(u_2-u_1-u_D) \\ &= \frac{R_F}{R_{A5}}\left(\frac{R_{A2}}{R_{A1}+R_{A2}}V_{CC} - \frac{R_{A4}}{R_{A4}+R_{A3}}V_{CC} - u_D\right) \end{aligned} \tag{10.36}$$

调节R_{A2},使u_O在温度为0℃时等于0 V,这样,u_O与$-\Delta u_D$成比例关系。

根据二极管结电压随温度的变化规律,当温度为100℃时结电压减小200 mV。如果A/D转换器MC14433的基准电压取2 V的话,即满量程显示199.9℃时对应的输入电压为2 V,显示100.0℃时输入电压应为1 V,这样就得到了差动放大器的放大倍数为1 V/200 mV=5倍。选择合适的R_F和R_{A5}值,就可满足上述要求。

此时,调整电路的输出信号就可以作为A/D转换器的输入信号,通过数字化的显示结果直观地反映当前的温度值。

3. 集成电路的功能

(1) 集成双积分型 A/D 转换器 MC14433。

集成双积分型 A/D 转换器 MC14433 是采用 CMOS 工艺制作的大规模集成电路,使用时只需要外加两个电阻和两个电容,即可组成 A/D 转换器。它具有如下特点:

① 双电源供电,工作电压范围是±4.5～±8 V,典型值为±5 V。工作电流小于 2 mA,功耗约 8 mW。

② 转换精度为±0.05%±1 个字,即显示的最低位有±1 的变化。

③ 电压量程有两档:200 mV,2 V。最大显示值分别为 199.9 mV 和 1.999 V。量程与基准电压 V_{REF} 相同。

④ 具有自动调零和自动转换极性的功能。

⑤ 芯片内部包含时钟振荡器,使用时只需外接一个振荡电阻。也可以采用外接时钟信号方式工作,时钟频率范围大约为 48～160kHz。

⑥ 有多路调制的 BCD 码输出,可直接配计算机或打印机。

⑦ 能获得超量程和欠量程信号,便于实现自动量程转换。

⑧ 采用动态扫描显示方式,通常配合共阴极 LED 数码管使用。

此外,MC14433 还具有抗干扰能力强的优点,它的缺点是转换速度低,只能达到 3～10 次/秒。

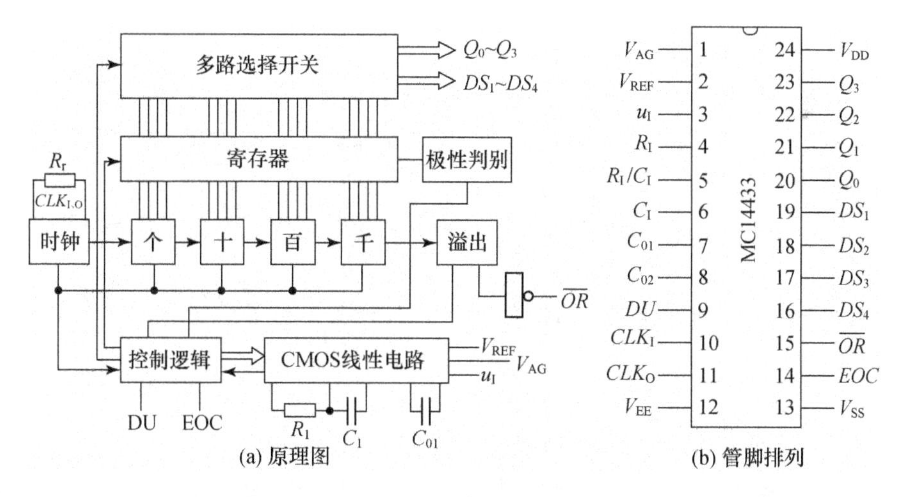

图 10.42 MC14433 的原理图和管脚排列

图 10.42(a)所示为 MC14433 的原理图,MC14433 采用 24 引线双列直插式封装,管脚排列顺序如图 10.42(b)所示。各管脚功能如下:

V_{AG}——模拟地,各电压以此为基准。

V_{REF}——基准电压输入端，V_{REF}可以选2 V或200 mV，分别对应量程2 V和200 mV。当取$V_{REF}=2$ V时，通常用基准电压芯片MC1403作为基准电压，MC1403可以输出高稳定的2.5 V基准电压，通过电位器可以调成2 V。

u_I——模拟电压输入端，输入电压的范围是$-V_{REF}\sim+V_{REF}$。

$R_I, R_I/C_I, C_I$——积分电路的外界元件R_I, C_I的连接端，R_I, C_I的取值应满足

$$R_I C_I \geqslant 4000|u_{Imax}|/[f_{cp}(V_{DD}-V_{REF}-0.5] \tag{10.37}$$

式中f_{CP}为时钟频率，若$f_{CP}=82$ kHz(对应每秒转换5次)，$V_{DD}=5$ V，$V_{REF}=2$ V，输入信号u_I的最大值为2 V，由式(10.37)可以算出$R_I C_I \geqslant 0.039$ S，若取$C_I=0.1\ \mu$F，则R_I可取470 kΩ。

C_{01}, C_{02}——失调电压补偿电容连接端，一般取$C_{01}=0.1\ \mu$F，以供自动调零。

DU——实时输出控制端。将一个正脉冲送至DU，则本次转换周期的转换结果可送入寄存器输出，否则寄存器保持原来的转换结果。若将DU端与EOC端相连，则每次转换结果都可以输出。

CLK_I, CLK_O——时钟信号输入、输出端。若使用外部时钟，外部时钟从CLK_I端输入，从CLK_O端输出；若使用内部时钟，则在CLK_I, CLK_O之间加电阻R_T以调整时钟频率，具体数值可以查参数表，当$R_T=270$ kΩ时，输出时钟频率为$f_{CP}=82$ kHz，若取$R_T=200$ kΩ，则$f_{CP}=147$ kHz。

V_{EE}——负电源输入端，一般接-5 V。

V_{SS}——电源公共端，一般将V_{SS}与V_{AG}相连。

EOC——转换周期结束标志。每次转换结束，在EOC端输出一个宽为1/2时钟周期的正脉冲。

$\overline{OR}$——溢出标志，当输入信号超过基准电压时，$\overline{OR}=0$，表示溢出，否则$\overline{OR}=1$。

$DS_1\sim DS_4$——位输出选通信号，$DS_1\sim DS_4$分别选通千位、百位、十位和个位输出。

$Q_3Q_2Q_1Q_0$——转换结果的BCD码输出端。

V_{DD}——正电源输入端，一般接$+5$ V。

当正负电源接通后，MC14433不断进行A/D转换，每次转换结束后，在管脚EOC产生一个正脉冲，随后依次产生$DS_1\sim DS_4$脉冲，依千、百、十、个的顺序轮流输出，$Q_3Q_2Q_1Q_0$出现相应位的BCD码。MC14433的输出时序图如图10.43所示，图中T为时钟脉冲周期。

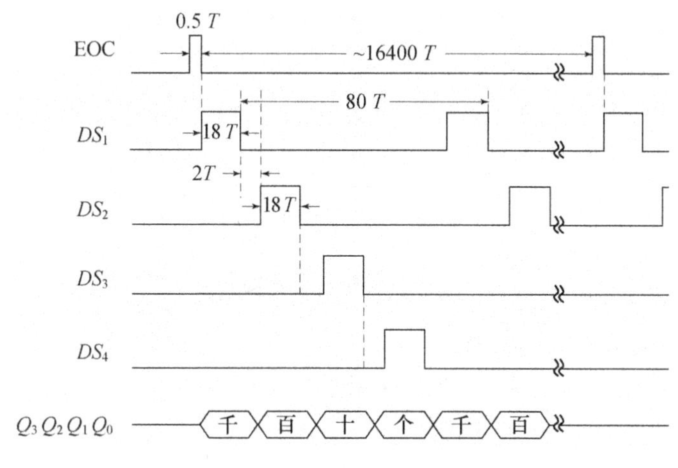

图 10.43　MC14433 的输出时序图

由于千位只有 0 和 1 两种状态，不需要 4 位 BCD 码。为了显示输入信号的极性，在 $DS_1=1$ 时，对 $Q_3Q_2Q_1Q_0$ 各输出端进行了重新定义，如表 10.4 所示。

表 10.4　在 $DS_1=1$ 时 $Q_3Q_2Q_1Q_0$ 的含义

Q_3	Q_2	Q_1	Q_0	含义
1	1	1	0	+0
1	0	1	0	−0
1	1	1	1	+0 *UR*（欠量程）
1	0	1	1	−0 *UR*（欠量程）
0	1	0	0	+1
0	0	0	0	−1
0	1	1	1	+1 *OR*（过量程）
0	0	1	1	−1 *OR*（过量程）

表中，Q_3 表示千位的值，$Q_3=1$ 时，千位为 0，$Q_3=0$ 时，千位为 1；Q_2 表示模拟电压的极性，输入为正信号时，$Q_2=1$，而输入为负信号时，$Q_2=0$；$Q_0=Q_3=1$ 时表示欠量程，$Q_0=1$，$Q_3=0$ 时表示过量程，可用于仪表自动量程切换。

（2）集成 BCD 码显示译码器 7448。

7448 的原理与 8.3.3 节中介绍的 7446 相同，只是输出端 $a\sim g$ 再经过一次反相，使输出端为高电平有效，需配合共阴极 LED 数码管使用。其逻辑框图如图 10.44 所示，各端口定义参见 8.3.3 节。

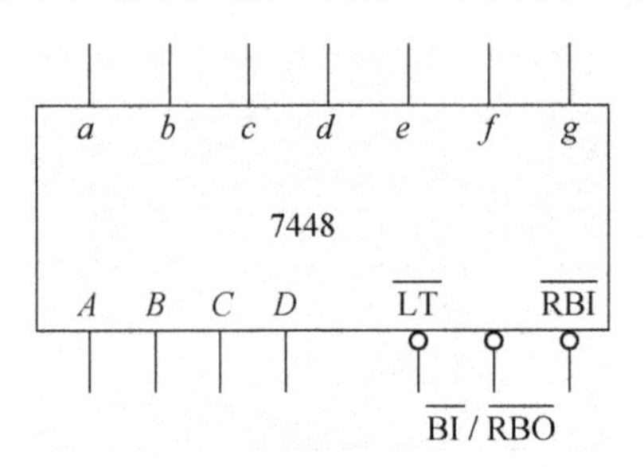

图 10.44　7448 的逻辑框图

(3) 集成反相缓存/驱动器 7406。

集成反相缓存/驱动器 7406 的输出端为集电极开路结构,以驱动数码管发光。其逻辑框图如图 10.45 所示。

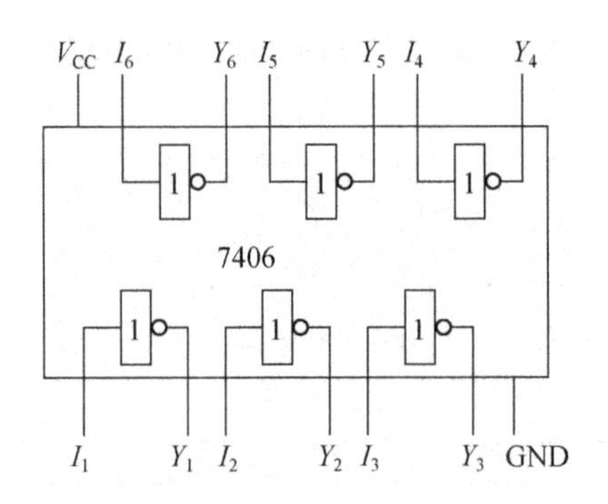

图 10.45　7406 的原理图

(4) 基准电压芯片 MC1403。

MC1403 的工作电压范围很宽,可达 4.5～40 V,而输出电压保持在 2.5 V±25 mV,经过电位器分压后,可以给 MC14433 提供高稳定的基准电压。

4. 数字温度计的工作过程

温度变化经过传感器转变为电压变化,再经过放大电路和滤波电路的调整后,由 MC14433 转换成数字量,以 BCD 码的形式送给七段显示译码器 7448,经过译码后送到共阴极 LED 数码管显示出来。

MC14433 的参考电压由 MC1403 提供。7406 对 MC14433 的选通脉冲 $DS_1 \sim DS_4$ 进行驱动,相应的输出端 $Y_1 \sim Y_4$ 分别接 4 个数码管的阴极,4 个数码管的输入端 $a \sim g$ 分别并联在一起连接 7448 的译码输出。在一个扫描周期内,MC14433 依次使选通脉冲 $DS_1 \sim DS_4$ 有效,使 4 个数码管轮流工作,这种方式称为动态扫描显示。

符号位数码管的阴极接 Y_1,阳极接 Y_5,当 MC14433 的输入信号为负值时,在 $DS_1 = 1$ 有效时,$Q_2 = 0$,经 7406 反相后 Y_1 为低电平,Y_5 为高电平,符号位亮，显示“—”号。而当 MC14433 的输入信号为正值时，在 $DS_1=1$ 有效时，$Q_2=1$，Y_1，Y_5 均为低电平，符号位熄灭，不显示“—”号。小数点的阴极也接 Y_1，故每次 $DS_1=1$ 时，小数点都会亮起来。

电路工作时，MC14433 输出的 BCD 码按“千、百、十、个”位数的顺序依次送给译码器，此时的选通信号则恰好接通相应的数码管，将对应的数值显示出来。由于动态扫描显示的循环周期为 80 个时钟周期，若时钟频率为 82 kHz，则动态扫描频率约为 1 kHz，由于视觉的暂留作用，观察者感觉不到数码管的闪烁，看到的显示数字是稳定的。

综 合 案 例

案例 1　门电路构成的施密特触发器。

施密特触发器的电压传输具有滞回特性（参见本书第 5.2.2 节），广泛用于波形变换、整形和脉冲鉴幅电路。除了可以用 555 定时器构成外，还可以用门电路构成，如图 Z10-1(a)所示，电路中 G_1，G_2 是 CMOS 非门，且 $R_1<R_2$，电阻 R_2 构成正反馈回路，还能加速门电路的翻转，使得输出电压的波形边沿陡峭。

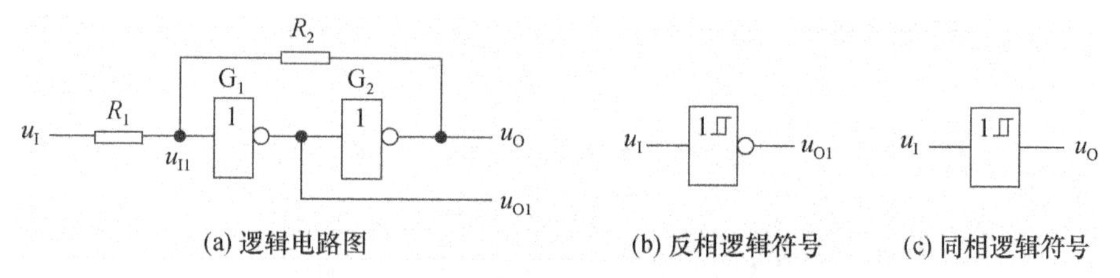

(a) 逻辑电路图　(b) 反相逻辑符号　(c) 同相逻辑符号

图 Z10-1　施密特触发器的逻辑图和符号

电路有两个输出信号，如果选择 u_{O1} 输出，输出电压与输入电压是反相的，构成反向输出施密特触发器，如图 Z10-1(b)所示；如果从 u_O 端输出，输出电压与输入电压是同相的，构成同相输出施密特触发器，如图 Z10-1(c)所示。

根据叠加定理，

$$u_{I1}=\frac{R_2}{R_1+R_2}u_I+\frac{R_1}{R_1+R_2}u_O$$

对于 CMOS 门电路，输出高电平时，$u_O=U_{OH}\approx V_{DD}$，输出低电平时，$u_O=U_{OL}\approx 0$，设阈值电压 $U_{th}=\frac{1}{2}V_{DD}$，可得门限电压和回差为

$$U_{T+}=\left(1+\frac{R_1}{R_2}\right)\frac{V_{DD}}{2}$$

$$U_{T-}=\left(1-\frac{R_1}{R_2}\right)\frac{V_{DD}}{2}$$

$$\Delta U_{\mathrm{T}}=U_{\mathrm{T+}}-U_{\mathrm{T-}}=\frac{R_1}{R_2}V_{\mathrm{DD}}$$

根据以上分析,可以画出电路的电压传输特性和工作波形如图 Z10-2 所示。

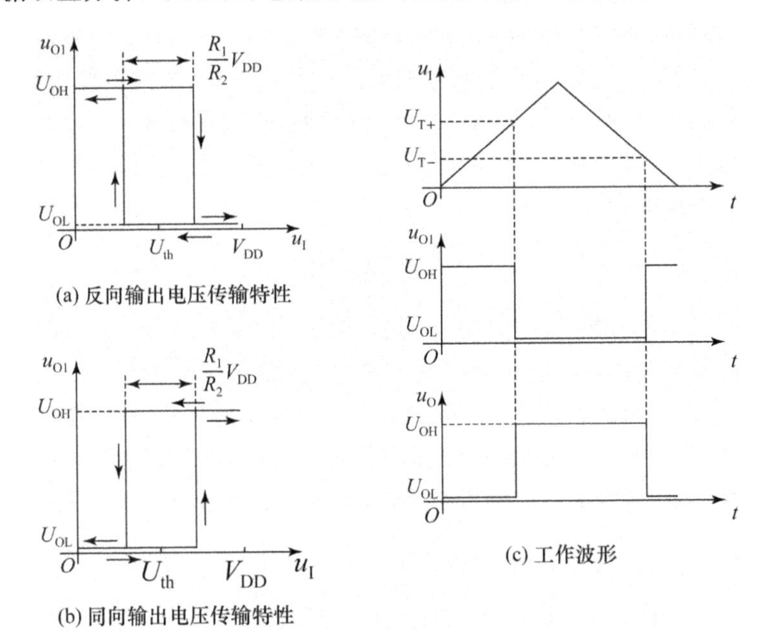

图 Z10-2　施密特触发器的电压传输特性和工作波形

类似运算放大器构成的方波发生电路(参见本书第 5.2.4 节),用施密特触发器与 RC 电路也可构成多谐振荡器,电路及工作波形如图 Z10-3 所示。

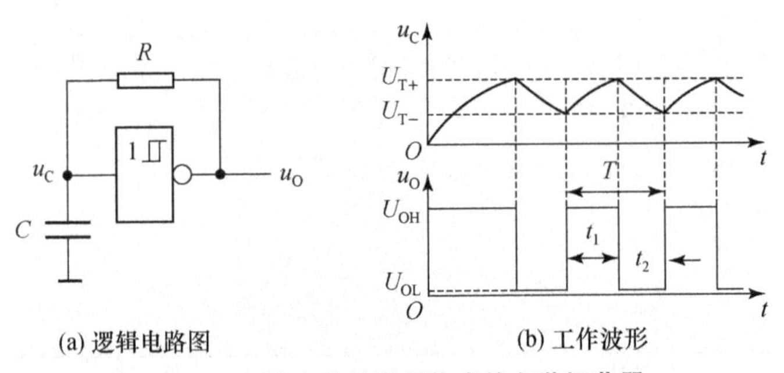

图 Z10-3　施密特触发器构成的多谐振荡器

设 $t=0$ 时电源接通且电容 C 的初始电压为 0,此时输出电压 u_O 为高电平 $U_{OH}(U_{OH}\approx V_{DD})$,$u_O$ 通过 R 对电容充电,当电容电压 u_C 增大到 U_{T+} 时,施密特触发器翻转,u_O 跳变为低电平 $U_{OL}(U_{OL}\approx 0)$,此时电容通过 R 开始放电,u_C 下降,当 u_C 降到 U_{T-} 时,施密特触发器再次翻转,u_O跳变为高电平并开始对电容充电,如此不断重复,在输出端可得到矩形波。

根据三要素法，可以得到矩形波的周期为

$$t_1 = RC\ln\frac{V_{DD} - U_{T-}}{V_{DD} - U_{T+}}$$

$$t_2 = RC\ln\frac{U_{T+}}{U_{T-}}$$

$$T = t_1 + t_2 = RC\ln\left(\frac{V_{DD} - U_{T-}}{V_{DD} - U_{T+}} \cdot \frac{U_{T+}}{U_{T-}}\right)$$

式中 U_{T+}，U_{T-} 可以通过查门电路参数表得到，从而计算出振荡周期。

案例 2　电压-频率变换型。

间接 A/D 转换包含两种类型，一种是电压-时间变换型，简称 V-T 变换型，如双积分型 ADC，另一种是电压-频率变换型，简称 V-F 变换型。V-F 变换型 ADC 先将模拟信号转换成频率与其成正比的周期脉冲信号，然后在固定的时间内对该脉冲信号计数，计数的结果即为 ADC 的输出数字信号。

V-F 变换器的原理电路如图 Z10-4(a)所示，转换开始时，$u_{O1}=0$，比较器输出低电平，$u_O=0$，开关 S 断开，积分器开始对 u_I 积分，u_{O1} 下降，当 u_{O1} 小于 $-V_{REF}$ 时，比较器输出高电平，$u_O=1$，开关 S 闭合，电容迅速放电，u_{O1} 回到 0，比较器翻转使 $u_O=0$，并断开 S 重新开始对 u_I 积分，如此周而复始，如果 u_I 保持不变，电路输出一个周期脉冲信号，电路的工作波形如图 Z10-4(b)所示。

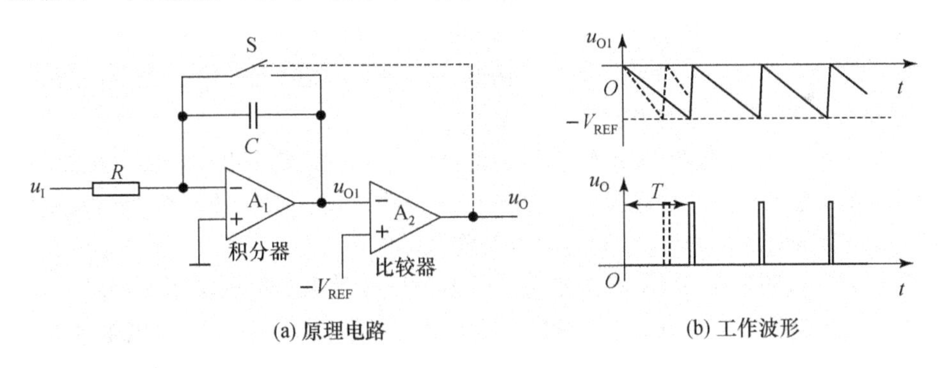

(a) 原理电路　　(b) 工作波形

图 Z10-4　电压-频率变换器

如果 u_I 增大，积分过程将缩短，输出信号的频率增大，如图 Z10-4(b)中虚线所示。

假设输出信号的脉宽很短，则输出信号的周期 T 相当于 u_{O1} 从 0 积分到 $-V_{REF}$ 所需的时间，即

$$-V_{REF} = -\frac{1}{RC}\int_0^T u_I \mathrm{d}t$$

如果 u_I 不变,则

$$f=\frac{1}{T}=\frac{1}{RC}\frac{u_I}{V_{REF}}$$

可见,f 正比于 u_I。通过固定时间的闸门信号控制对 u_O 脉冲信号计数,计数结果即为 ADC 的输出数字信号,如图 Z10-5 所示。

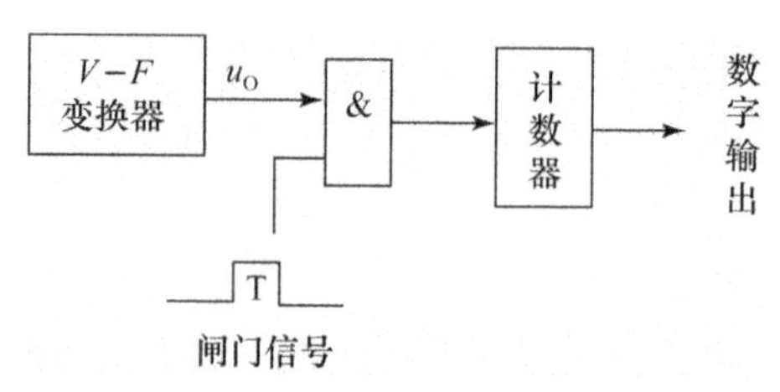

图 Z10-5　电压-频率变换型 ADC

本章小结

(1) 单稳态触发器是脉冲整形电路,它只有一个稳态,在受外界触发进入暂稳态后,经过一定的时间会自动回到稳态。单稳态触发器输出信号的宽度由电路内部参数决定,与触发信号无关。

(2) 多谐振荡器没有稳态,无需外界触发,电路会在两个暂稳态之间来回跳变,形成振荡。多谐振荡器是脉冲产生电路,输出矩形脉冲信号参数由电路内部决定。

(3) 555 定时器是一种应用广泛的集成器件,只需外加少量元件,可以构成施密特触发器、单稳态触发器和多谐振荡器。

(4) A/D 转换器和 D/A 转换器是连接模拟电路和数字电路的接口电路,在现代测量、控制和信号处理系统中是不可缺少的重要部件。转换精度和转换速度是 A/D 转换器和 D/A 转换器的两个最重要指标。

(5) 权电阻网络 D/A 转换器用不同的加权电阻来实现电流的加权求和,结构简单,但支路电流存在建立时间,对输出的影响较大,而且多个权电阻的相对精度很难保证。

(6) 倒 T 形电阻网络 D/A 转换器中只采用 R 和 $2R$ 两种阻值的电阻,各支路电流没有建立时间,所以具有较高的转换速度,是广泛采用的类型。

(7) A/D 转换的一般步骤是取样、保持、量化和编码。量化方式有舍尾取整和四舍五入两种,四舍五入的量化方式具有较小的量化误差。

(8) A/D 转换器有直接 A/D 转换器和间接 A/D 转换器两类。不同结构的 A/D 转换器有各自不同的特点,并行比较型 A/D 转换器的转换速度高,但受电路的集成度影响精度不高;逐次渐进型 A/D 转换器的转换速度和转换精度都比较高，因而应用普遍；而双积分型 A/D 转换器属于间接 A/D 转换器，转换速度低，但转换精度高，而且具有较强的抗干扰能力。

(9) 电子测量系统通常由传感器、放大电路、滤波电路、ADC 和控制/显示等几部分构成，实现对电量和非电量的测量。

思 考 题

10-1 单稳态触发器的暂稳态持续时间由哪些因素决定？与触发脉冲的宽度有无关系？

10-2 单稳态触发器的触发脉冲宽度大于输出脉冲宽度时，电路会产生什么现象？

10-3 集成单稳态触发器有哪两种类型？它们有何不同？

10-4 本章介绍的几种多谐振荡器各有什么特点？哪种是利用正反馈产生振荡的？哪种是利用负反馈产生振荡的？

10-5 555 定时器有哪几种典型应用电路？

10-6 影响 D/A 转换器转换精度的主要因素有哪些？

10-7 试用 DAC 组成一可调节稳压电源。要求在启动时，电压逐渐上升至指定值；在掉电时，电压逐渐下降至最小值后断电。提出一个简单实用的方案。

10-8 在 A/D 转换的过程中，量化电路前增加取样-保持电路的作用是什么？若输入模拟信号是直流信号，是否可以不用取样-保持电路？

10-9 量化有哪两种方法，它们各自产生的量化误差是多少？

10-10 A/D 转换器的电路结构有哪些类型？各有何优缺点？应用时应如何根据实际要求进行选择？

练 习 题

10-1 由 CMOS 或非门组成的微分型单稳态触发器如图 P10-1 所示，说明 C_I，R_I 的作用，分析其工作原理，并画出电路的工作波形图。

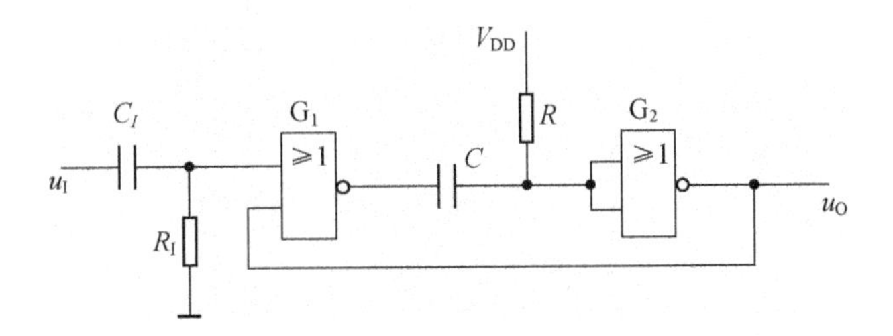

图 P10-1　练习题 10-1 的电路图

10-2 在图 P10-1 电路中，若 $V_{DD}=12$ V，$C_I=0.01$ μF，$R_I=10$ kΩ，$C=$

0.1 μF,R=51 kΩ,求输出脉冲宽度。

10-3 集成单稳态触发器 74121 组成如图 P10-2(a)所示电路,图 P10-2(b)是输入信号 u_I 的波形,画出 u_O 的波形,并说明电路的功能。

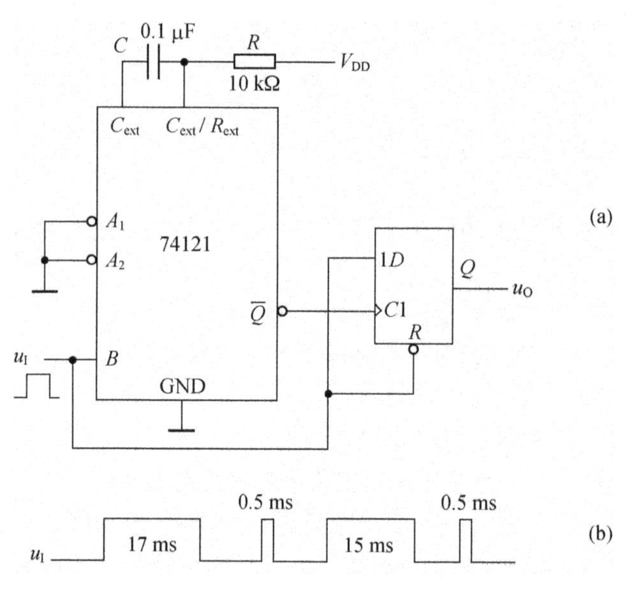

图 P10-2 练习题 10-3 的电路图

10-4 由集成单稳态触发器 74121 组成的延时电路如图 P10-3 所示,计算输出脉宽的变化范围,并说明为什么在电位器 R_1 上要串接电阻 R_2。

10-5 图 P10-4 电路是用 555 定时器组成的压控振荡器,试求输入控制电压 u_I 与振荡频率之间的关系。当 u_I 增大时振荡频率是升高还是降低?

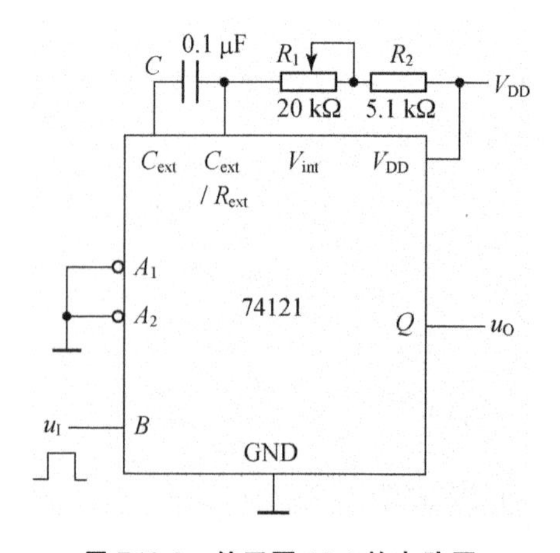

图 P10-3 练习题 10-4 的电路图

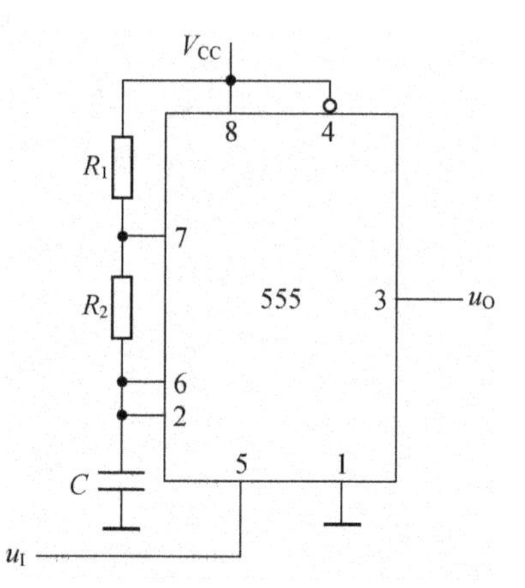

图 P10-4 练习题 10-5 的电路图

10-6　两片 555 定时器构成如图 P10-5 所示电路，计算 u_{O1}，u_{O2} 端的振荡周期，并定性画出 u_{O1}，u_{O2} 的波形，说明电路的功能。

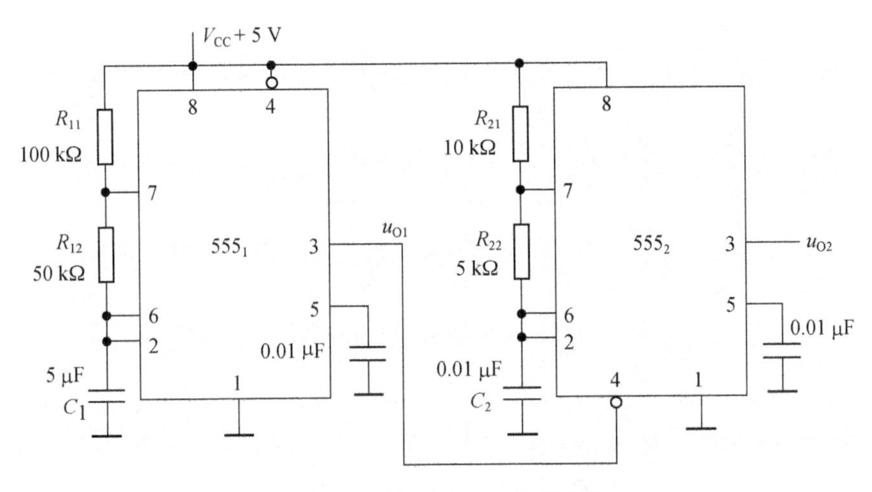

图 P10-5　练习题 10-6 的电路图

10-7　图 P10-6 所示电路为一简易十键玩具电子琴的原理图，已知晶体管 T 的 $\beta=100$。分析电路的工作原理，并求当琴键 S_1 按下后，扬声器 SP 发出声音的频率。

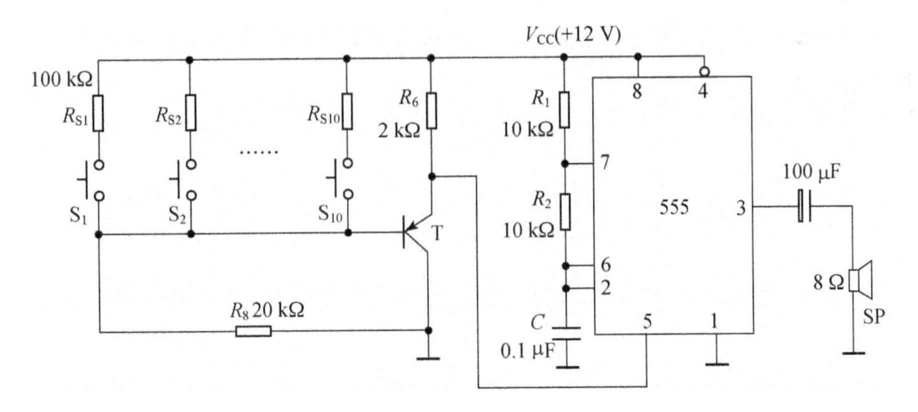

图 P10-6　练习题 10-7 的电路图

10-8　权电阻网络 D/A 转换器的原理图如图 P10-7 所示，试推导 u_O 的表达式。若 $V_{REF}=-10$ V，$R_F=R=20$ kΩ，求 u_O 的输出范围。

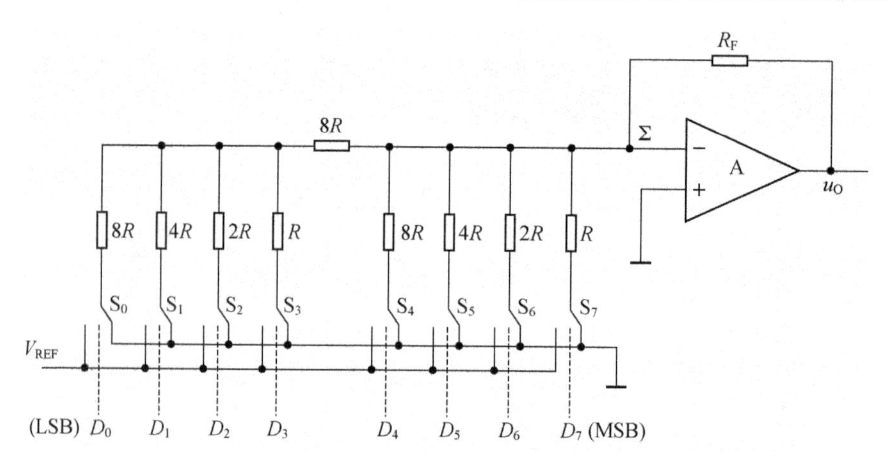

图 P10-7　练习题 10-8 的电路图

10-9　在 10 位二进制数 D/A 转换器中,已知其最大满刻度输出模拟电压 $U_{max}=5$ V,求最小分辨电压 U_{LSB}。

10-10　在图 10.36 所示的逐次渐近型 A/D 转换器中,若 $n=10$,已知时钟频率为 1 MHz,则完成一次转换所需时间是多少?如果要求完成一次转换的时间小于 100 μS,时钟频率应选多高?

10-11　如图 10.38 所示的双积分 A/D 转换器中,若计数器为 10 位二进制,时钟信号频率为 100 kHz,试计算转换器的最大转换时间是多少?

10-12　如果要将一个最大幅值为 6.0 V 的模拟信号转换为数字信号,要求模拟信号每变化 15 mV 能使数字信号最低位发生变化,试确定所用的 ADC 至少要多少位。

第 11 章　EDA 软件在电子技术中的应用

利用电子设计自动化(electronic design automation,EDA)工具软件对电路系统进行计算机辅助分析和设计,已经成为当今电子设计的主流手段。通过 EDA 工具软件,不仅可以仿真硬件调试过程,提高设计效率,而且还可以分析在实际实验中难以观察到的现象。常用的 EDA 软件有 OrCAD,Multisim,MATLAB,Proteus 和 Altium Designer 等。本章结合电子技术基础课程的有关内容,给出了基于 OrCAD 工具软件的 8 个电路仿真分析实例。

11.1　方波激励的一阶 RC 电路仿真分析

1. 仿真电路

仿真电路如图 11.1 所示,电阻、电容值如图所标,输入信号 u_S 为 0～5 V 的方波信号。

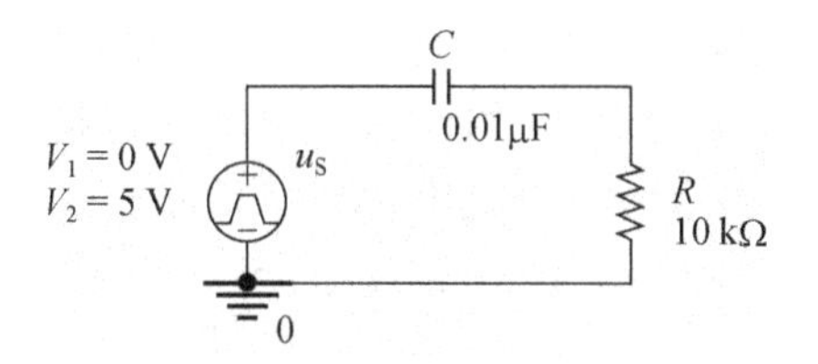

图 11.1　一阶 RC 电路

2. 仿真内容

(1) 输入方波周期 T=4 ms,分别观测电容和电阻两端电压 u_C 和 u_R;

(2) 改变输入方波周期为 T=0.1 ms,再分别观测电容和电阻两端电压 u_C 和 u_R。

3. 仿真结果与分析

方波的正半周期电容充电,负半周期电容放电,充、放电时间常数 τ=0.1 ms。

(1) 当方波周期 T=4 ms 时,$T/2\gg\tau$,每半周期电容都充分充电或放电,因此,各周期的过程彼此独立,u_C 和 u_R 的仿真波形如图 11.2 所示。

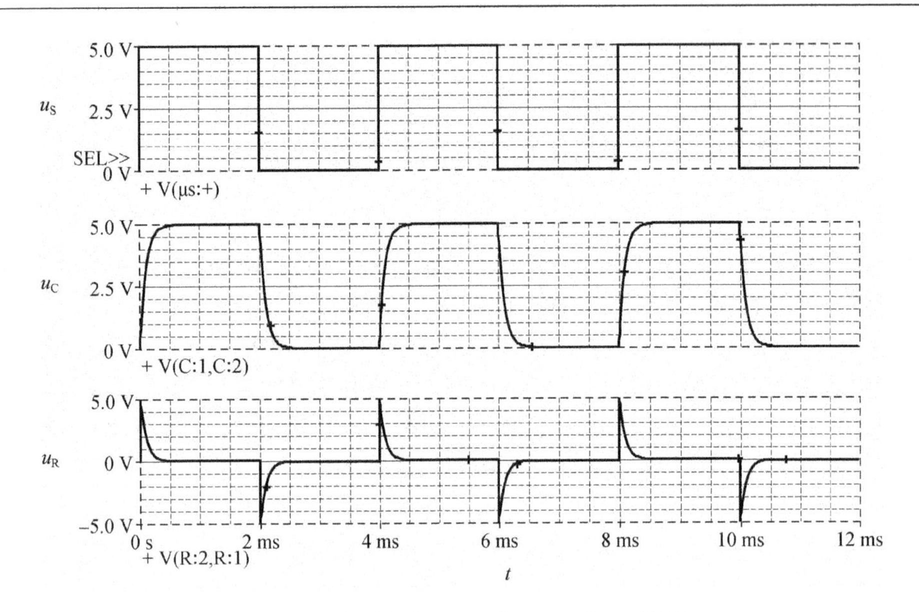

图 11.2 方波周期 4 ms 时,u_S、u_C 和 u_R 波形

(2) 当方波周期 $T=0.1$ ms 时,$T/2<\tau$,每半周期电容充电或放电均不充分。在最初几个周期内,电容的充电幅度(初值与稳态值 5 V 之差)大于放电幅度(初值与稳态值 0 V 之差),使得充电时电压上升的值大于放电时电压下降的值,电路处于过渡过程。经过若干周期后,电容的充电幅度才等于放电幅度,电路进入稳态过程,u_C 和 u_R 的仿真波形如图 11.3 所示。

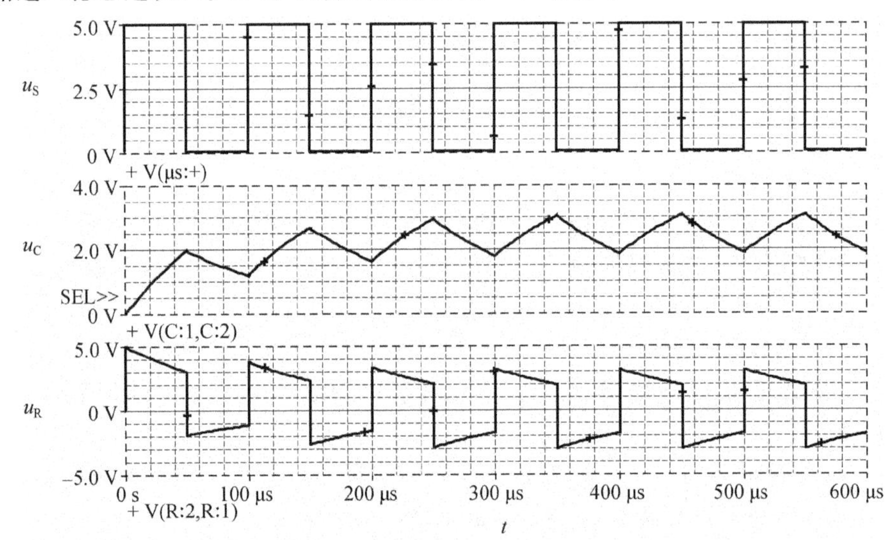

图 11.3 方波周期 0.1 ms 时,u_S,u_C 和 u_R 波形

11.2　单管共射放大电路仿真分析

1. 仿真电路

仿真电路如图 11.4 所示，元器件参数如图所标，输入正弦信号 u_S 的幅度为 10 mV，频率为 1 kHz。(SETval 表示 R_E 上半部分电阻的比例)。

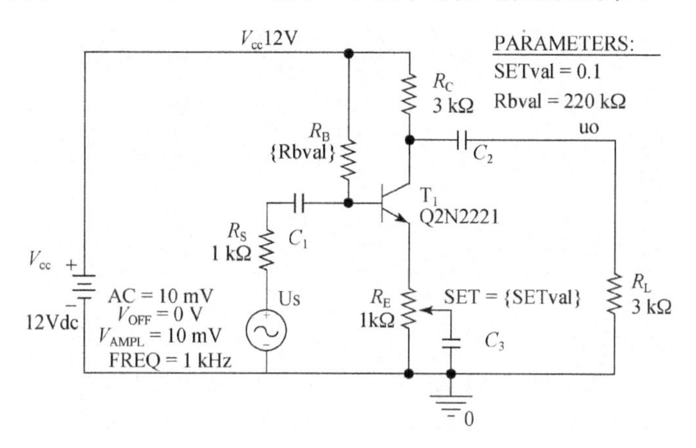

图 11.4　单管共射放大电路

2. 仿真内容

(1) 测量电路静态工作点、电压放大倍数，观测输出信号波形；

(2) 改变 R_E 滑动端位置，再测静态工作点、电压放大倍数，观测输出信号波形；

(3) 改变 R_B，再测静态工作点，观测输出信号波形。

3. 仿真结果与分析

(1) 取 SETval＝0.1，R_B＝220 kΩ，测得电路的静态工作点为：U_{BQ}＝3.3 V，U_{EQ}＝2.6 V，U_{CQ}＝5.3 V。输出不失真信号波形如图 11.5 所示，电压放大倍数为 116(mV)/10(mV)＝11.6。

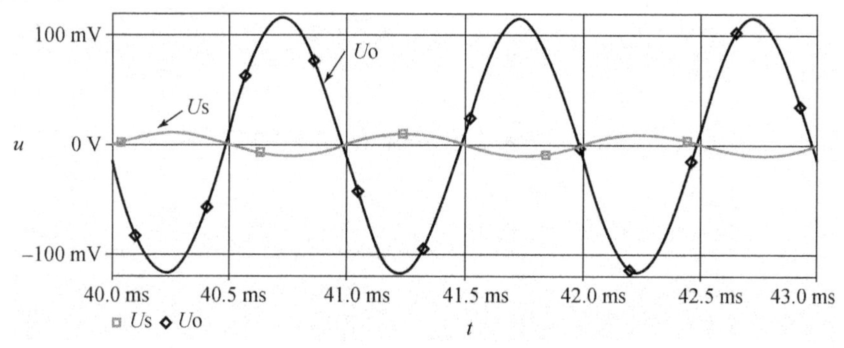

图 11.5　输入、输出信号波形

(2) 改变 R_E 滑动端位置,静态工作点值不变,输出不失真信号波形如图11.6所示。当SETval变大,R_E 的交流通路接入电阻变大,则电路输入电阻变大,输入电流变小,在相同电流增益下,输出电流随之变小,从而导致输出电压变小,呈现出如图所示的电压增益变小的现象。

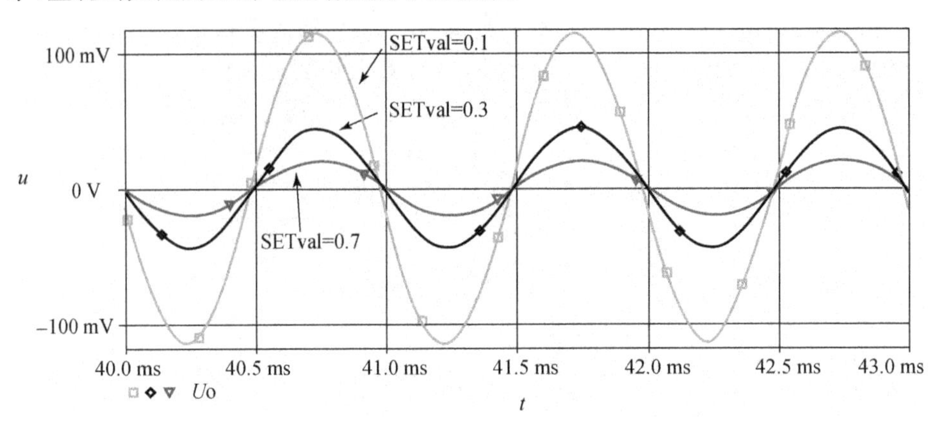

图 11.6 改变 R_E 滑动端位置时的输出信号波形

(3) 改变 R_B=170 kΩ,静态工作点值变为:U_{BQ}=3.7 V,U_{EQ}=3.0 V,U_{CQ}=5.3 V。工作点靠近饱和区,输出信号产生非线性失真,信号波形如图11.7所示。

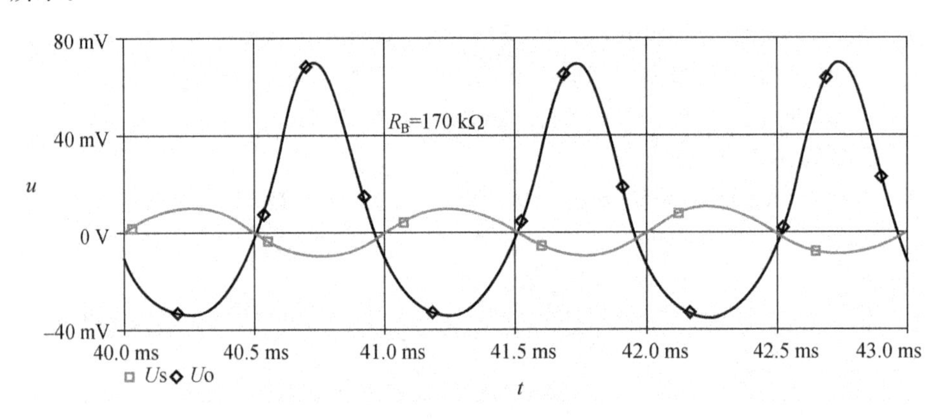

图 11.7 输出信号产生饱和失真波形

11.3 负反馈放大电路仿真分析

1. 仿真电路

仿真电路及元器件参数值如图11.8所示,输入信号 u_S 为频率1 kHz,幅度

10 mV 的正弦信号，R_L 默认值为 1 kΩ。

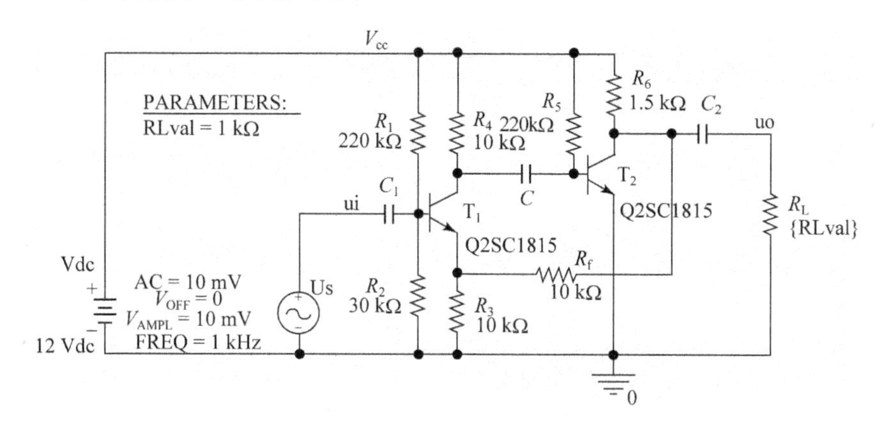

图 11.8　电压串联负反馈放大电路

图 11.8 电路中引入了电压串联负反馈，其无反馈基本放大电路（考虑了反馈网络的负载效应）如图 11.9 所示。

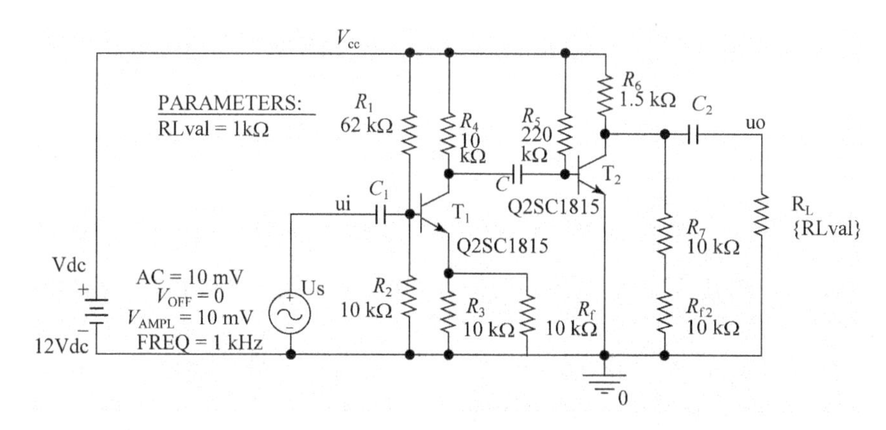

图 11.9　无反馈基本放大电路

2. 仿真内容

(1) 分别测量有反馈和无反馈放大电路的中频电压放大倍数、频响曲线；

(2) 改变 R_L，再分别测量有反馈和无反馈放大电路的中频电压放大倍数。

3. 仿真结果与分析

(1) 有反馈时，放大电路的频响曲线如图 11.10 所示，测得中频电压放大倍数为 1.76，电路通频带约为 3.56 MHz。

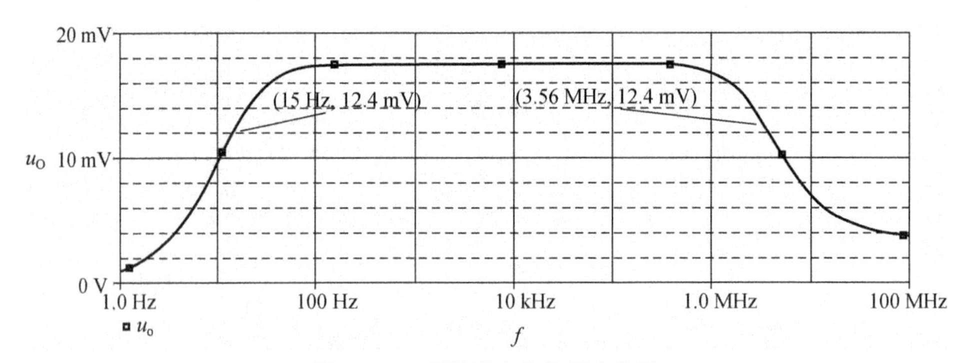

图 11.10　反馈放大电路频响曲线

无反馈时，放大电路的频响曲线如图 11.11 所示，测得中频电压放大倍数为 11.45，电路通频带约为 369.7 kHz。

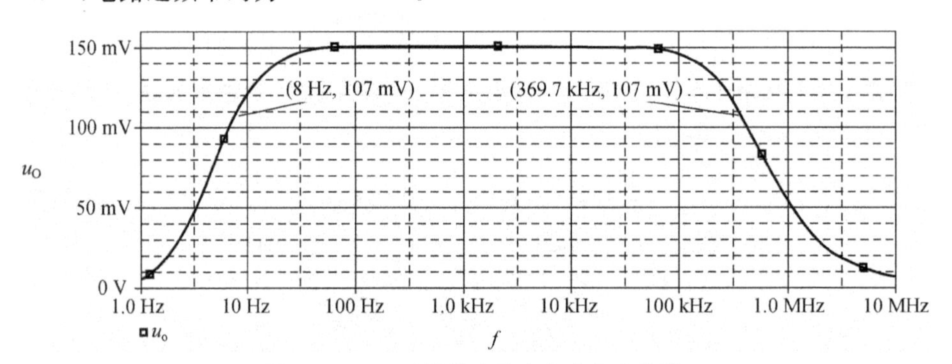

图 11.11　无反馈基本放大电路频响曲线

通过以上对比可知，负反馈的引入，可使电路的通频带展宽，但电路增益却减小了。

(2) 有反馈时，R_L 取值为 10 kΩ 和 100 kΩ 时，电路的频率响应曲线如图 11.12 所示。中频电压放大倍数分别为 1.87，1.89。

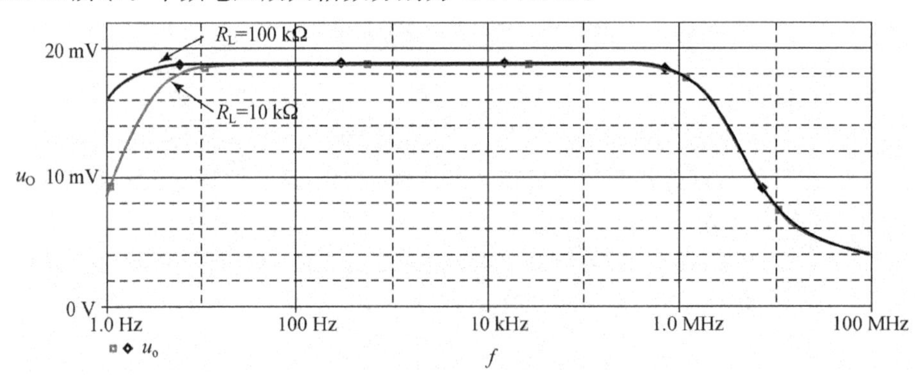

图 11.12　反馈放大电路负载对增益的影响

无反馈时，R_L 取值为 10 kΩ 和 100 kΩ 时，电路的频率响应曲线如图 11.13 所示。中频电压放大倍数分别为 23.66，26.49。

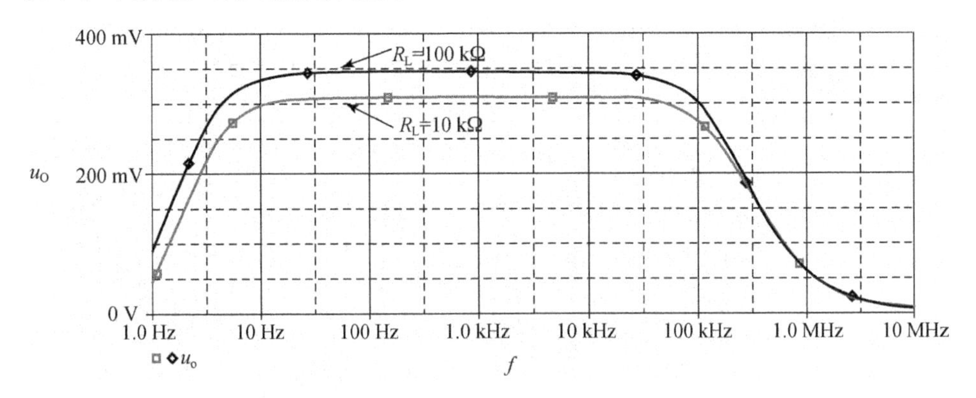

图 11.13　无反馈基本放大电路负载对增益的影响

易得，R_L 由 10 kΩ 变化到 100 kΩ 时，有反馈电路中频增益的变化量为1.1%，而无反馈电路增益的变化量为 12%，即负反馈提高了电路增益的稳定性。

11.4　*RC* 正弦波振荡电路仿真分析

1. 仿真电路

仿真电路及元器件参数值如图 11.14 所示。

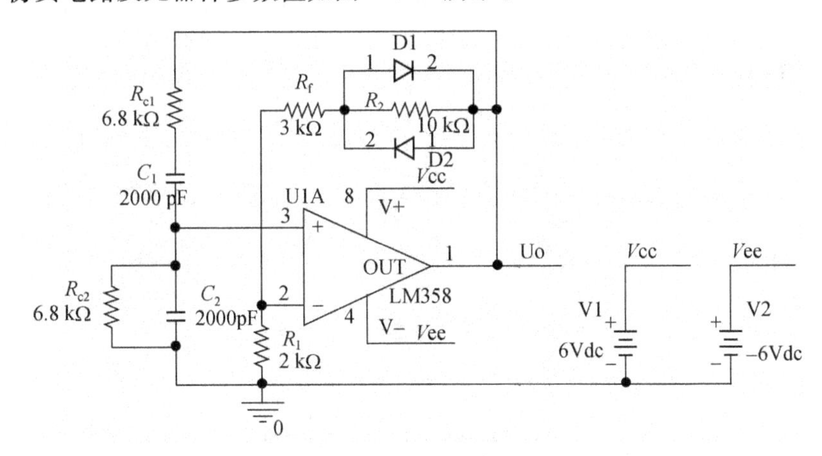

图 11.14　*RC* 正弦波振荡电路

2. 仿真内容

(1) 观察电路起振过程，测量振荡频率 f_0 和振幅 U_m；

(2) 断开两个二极管,再观察振荡波形。

3. 仿真结果与分析

(1) 起振过程波形如图 11.15 所示,测得振荡频率 f_0 为 10.2 kHz,振幅 U_m 为 1.87 V。振荡频率理论计算值为 $f_0=(2\pi RC)^{-1}=11.7$ kHz,与仿真结果基本相符。

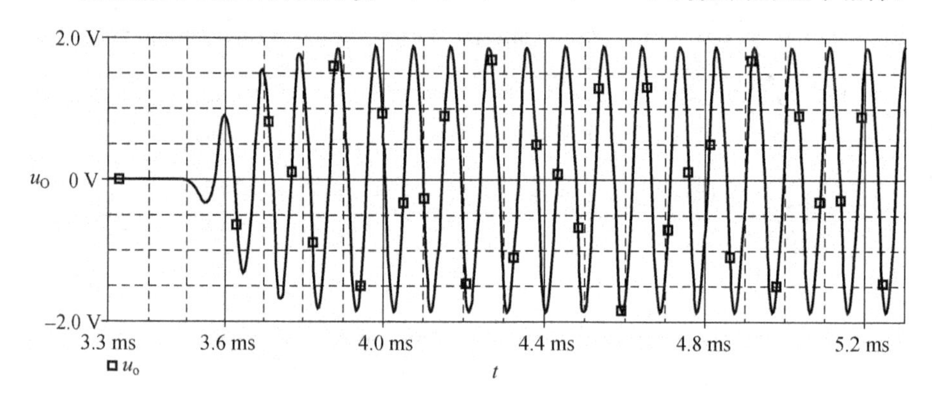

图 11.15 *RC* 正弦波振荡电路起振过程

(2) 断开两个二极管,振荡输出波形如图 11.16 所示,输出波形出现失真。这是由于断开两个二极管后,同相比例运算电路的电压放大倍数为 $A_u=1+13/2=7.5\gg3$,电路无稳幅环节,从而出现了非线性失真。

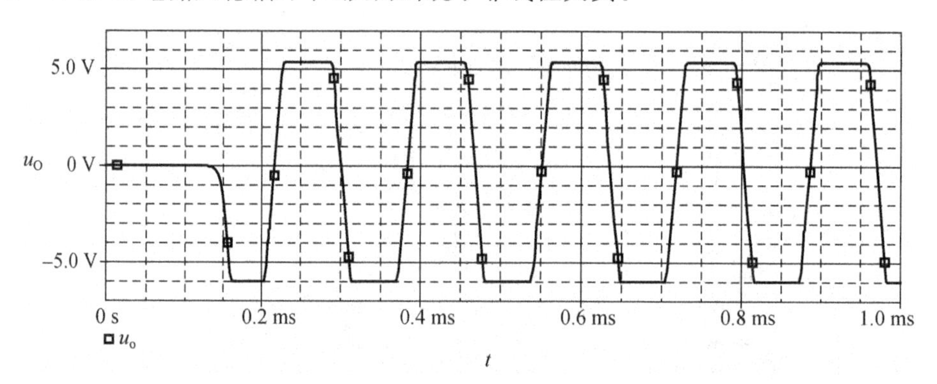

图 11.16 断开二极管的失真振荡波形

11.5 *RC* 有源滤波电路仿真分析

1. 仿真电路

仿真电路如图 11.17 所示,电路通过低通和高通滤波电路串联来实现带通滤波电路。低通和高通滤波电路均为三阶 RC 有源滤波电路，分别采用一阶节和二阶节串联方式来实现。仿真输入信号为幅度 1 V 的正弦波。

低通电路元件：$R_1=R_2=R_3=2.34\ \mathrm{k\Omega}$，$C_1=20\ \mathrm{nF}$，$C_2=40\ \mathrm{nF}$，$C_3=10\ \mathrm{nF}$；

高通电路元件：$C_1=C_2=C_3=10\ \mathrm{nF}$，$R_1=53\ \mathrm{k\Omega}$，$R_2=26.5\ \mathrm{k\Omega}$，$R_3=106\ \mathrm{k\Omega}$。

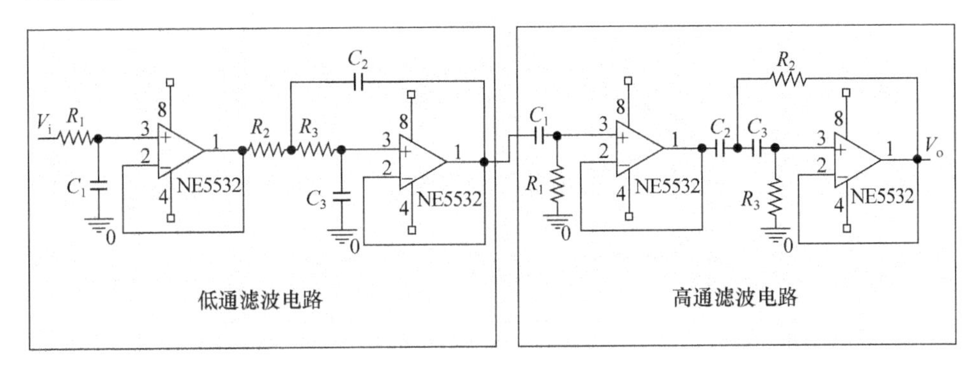

图 11.17　RC 有源带通滤波电路

2. 仿真内容

测量滤波电路的幅频特性。

3. 仿真结果与分析

(1) 低通滤波电路的幅频特性如图 11.18 所示，图中显示了一阶节、二阶节以及一阶和二阶串联后的三阶幅频特性。可以看出，三阶电路过渡带衰减斜率大于一阶和二阶电路的衰减斜率。三阶低通电路的截止频率 $f_H=3.39\ \mathrm{kHz}$。

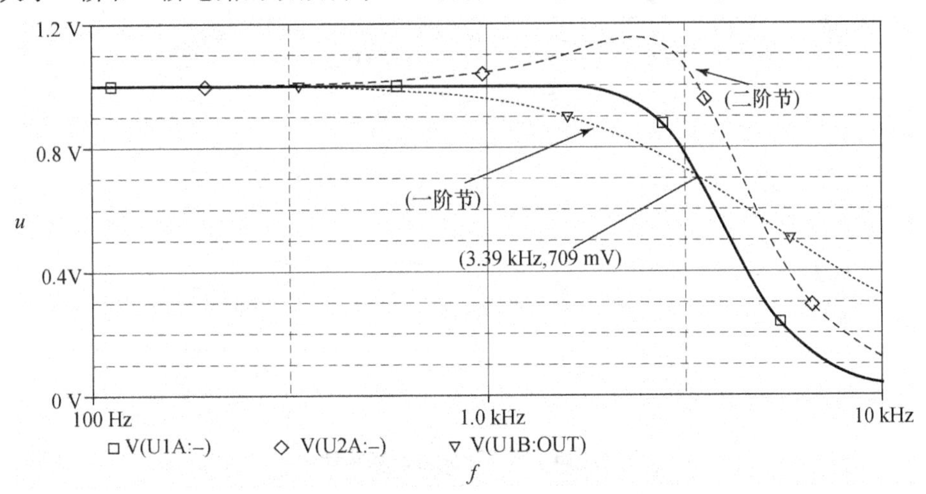

图 11.18　低通滤波电路幅频特性

(2) 高通滤波电路的幅频特性如图 11.19 所示,图中显示了一阶节、二阶节以及一阶和二阶串联后的三阶幅频特性。可以看出,三阶电路过渡带衰减斜率大于一阶和二阶电路的衰减斜率。三阶高通电路的截止频率 $f_L=301$ Hz。

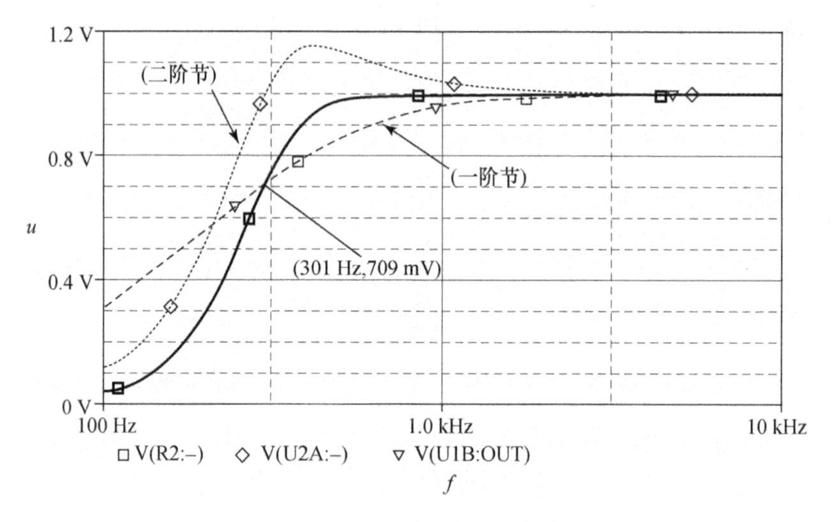

图 11.19 高通滤波电路幅频特性

(3) 低通和高通滤波电路串联后的带通幅频特性如图 11.20 所示。可以看出,带通滤波电路的频带范围为 300 Hz～3.4 kHz,通带放大倍数为 1,过渡带衰减斜率为 15 dB/倍频。

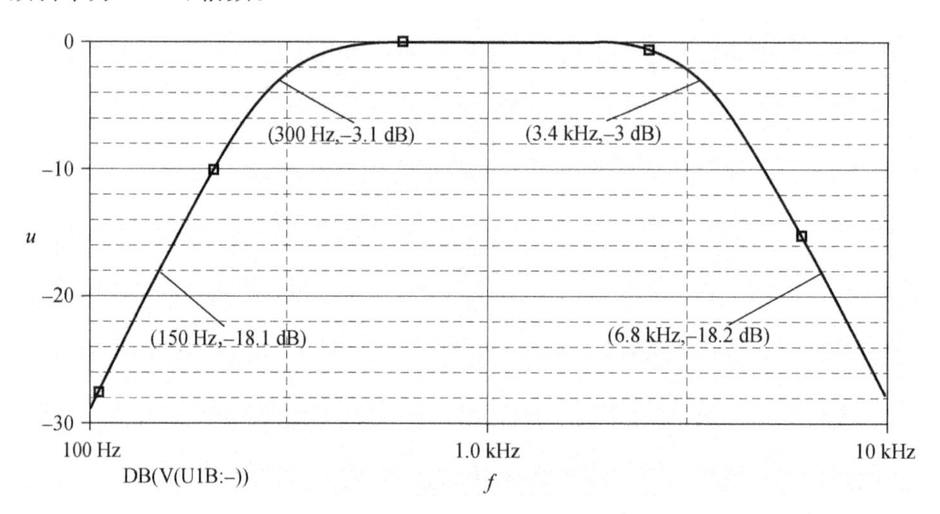

图 11.20 带通滤波电路幅频特性

11.6　组合逻辑电路仿真分析

1. 仿真电路

仿真电路如图 11.21 所示，译码器为 74LS138，输入为 3 路(A,B,C)数字信号，译码器数据通过四与门 74LS21 和反相器 74LS04 输出。

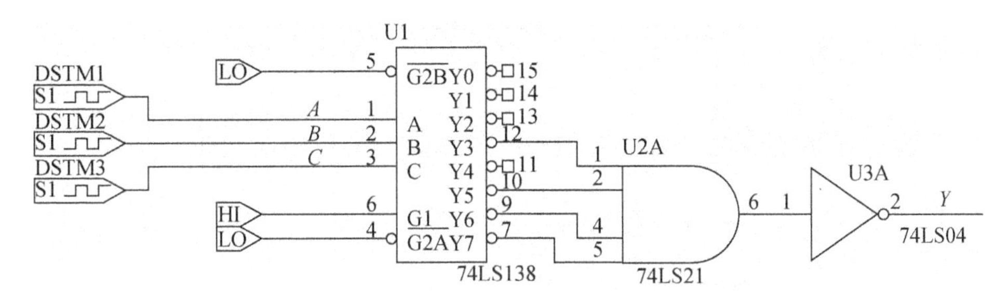

图 11.21　138 译码器应用电路

2. 仿真内容

仿真图 11.21 所示 138 译码器组合逻辑应用电路的逻辑功能。

3. 仿真结果与分析

根据 138 译码器的真值表，容易写出电路输出 Y 的表达式，为

$$Y=\overline{\overline{AB\overline{C}}\cdot\overline{A\overline{B}C}\cdot\overline{\overline{A}BC}\cdot\overline{ABC}}=AB\overline{C}+A\overline{B}C+\overline{A}BC+ABC$$

得到电路输出 Y 的逻辑真值表：

C	B	A	Y
0	0	0	0
0	0	1	0
0	1	0	0
0	1	1	1
1	0	0	0
1	0	1	1
1	1	0	1
1	1	1	1

可见，电路实现了三输入多数表决功能。

在仿真中，遍历输入变量 A,B,C 的 8 种组合，得到输出 Y 的逻辑值，波形如图 11.22 所示。可以看出，Y 的逻辑取值与理论分析的逻辑表达式是一致的，电路实现了三输入多数表决功能。

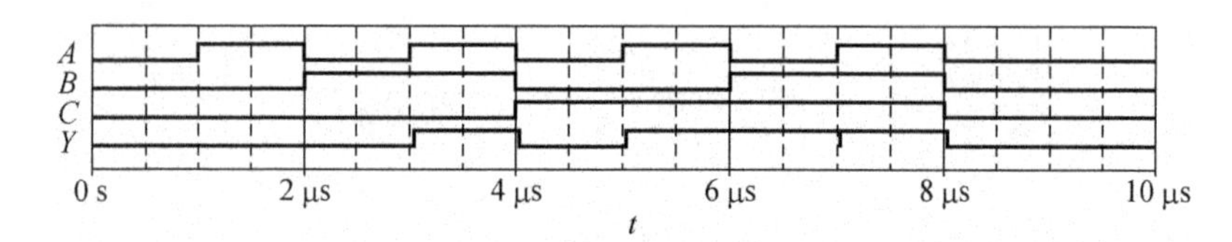

图 11.22　仿真输入、输出波形

11.7　时序逻辑电路仿真分析

1. 仿真电路

仿真电路如图 11.23 所示,该电路构成计数器。仿真时钟 CLK 频率为 100 kHz。

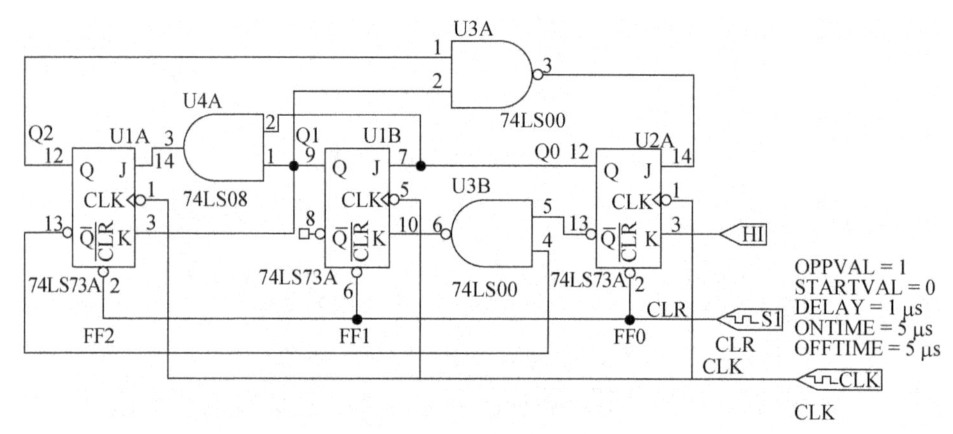

图 11.23　计数器电路

2. 仿真内容

仿真图 11.23 所示计数器时序逻辑电路的功能。

3. 仿真结果与分析

首先对电路进行理论分析。

已知 JK 触发器的特征方程,为

$$Q^{n+1}=J\cdot\overline{Q^n}+\overline{k}\cdot Q^n$$

JK 触发器的驱动方程,为

$$\begin{cases}J_0=\overline{Q_1\cdot Q_2}=\overline{Q_1}+\overline{Q_2}\\K_0=1\end{cases}\qquad\begin{cases}J_1=Q_0\\K_1=\overline{\overline{Q_0}\cdot\overline{Q_2}}=Q_0+Q_2\end{cases}\qquad\begin{cases}J_2=Q_0\cdot Q_1\\J_2=Q_1\end{cases}$$

可得到 JK 触发器的状态方程,为

$$Q_0^{n+1}=(\overline{Q_1^n}+\overline{Q_2^n})\cdot\overline{Q_0^n}+\overline{1}\cdot Q_0^n=\overline{Q_0^n}\cdot\overline{Q_1^n}+\overline{Q_0^n}\cdot\overline{Q_2^n}$$

$$Q_1^{n+1}=Q_0^n\cdot\overline{Q_1^n}+\overline{Q_0^n}\cdot\overline{Q_2^n}\cdot Q_1^n=Q_0^n\cdot\overline{Q_1^n}+\overline{Q_0^n}\cdot Q_1^n\cdot\overline{Q_2^n}$$

$$Q_2^{n+1}=Q_0^n\cdot Q_1^n\cdot\overline{Q_2^n}+\overline{Q_1^n}\cdot Q_2^n$$

画出状态转换图,如图 11.24 所示。

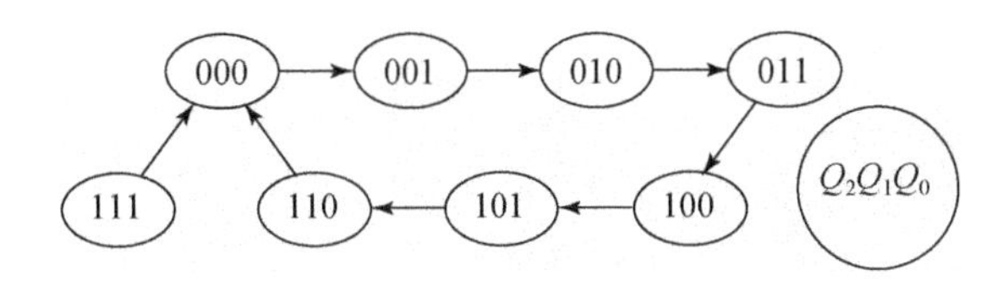

图 11.24　电路状态转换图

可见，电路为 7 进制计数器。

仿真出的电路工作波形如 11.25 所示。可以看出仿真结果与理论分析是一致的。

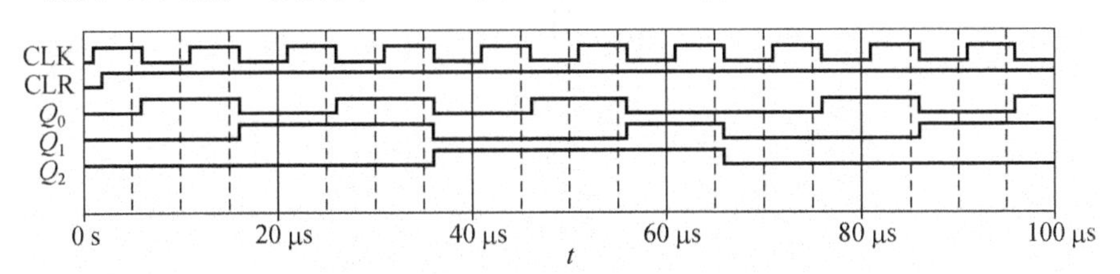

图 11.25　计数器电路仿真波形

11.8　A/D 转换电路仿真分析

1. 仿真电路

仿真电路如图 11.26 和图 11.27 所示，图 11.26 为采样保持电路部分，图 11.27 为双积分型 A/D 转换电路部分，元器件参数如图中所标。采样信号 V_{s1} 为 1 kHz 脉冲信号，脉宽 100 μs，时钟 CP 为 50 kHz，输入信号 U_{in} 可为 0～5 V 的模拟信号。

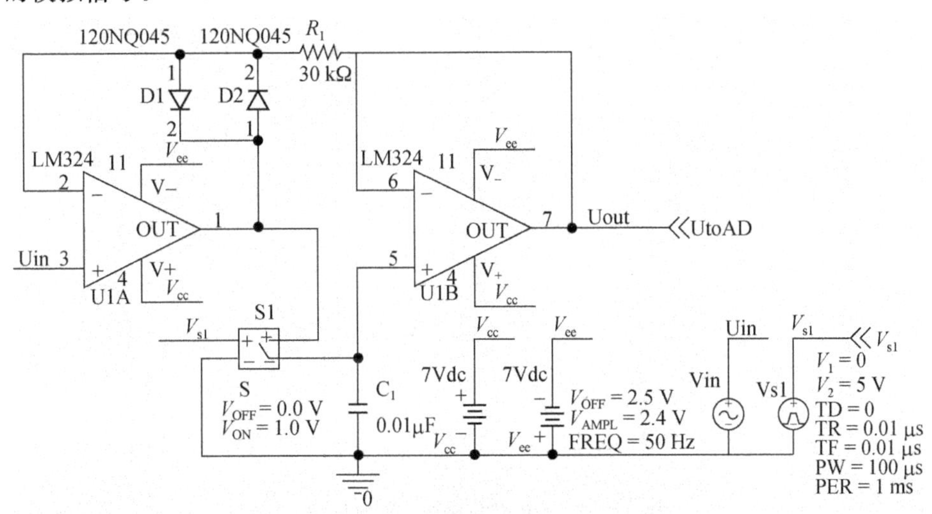

图 11.26　采样保持电路

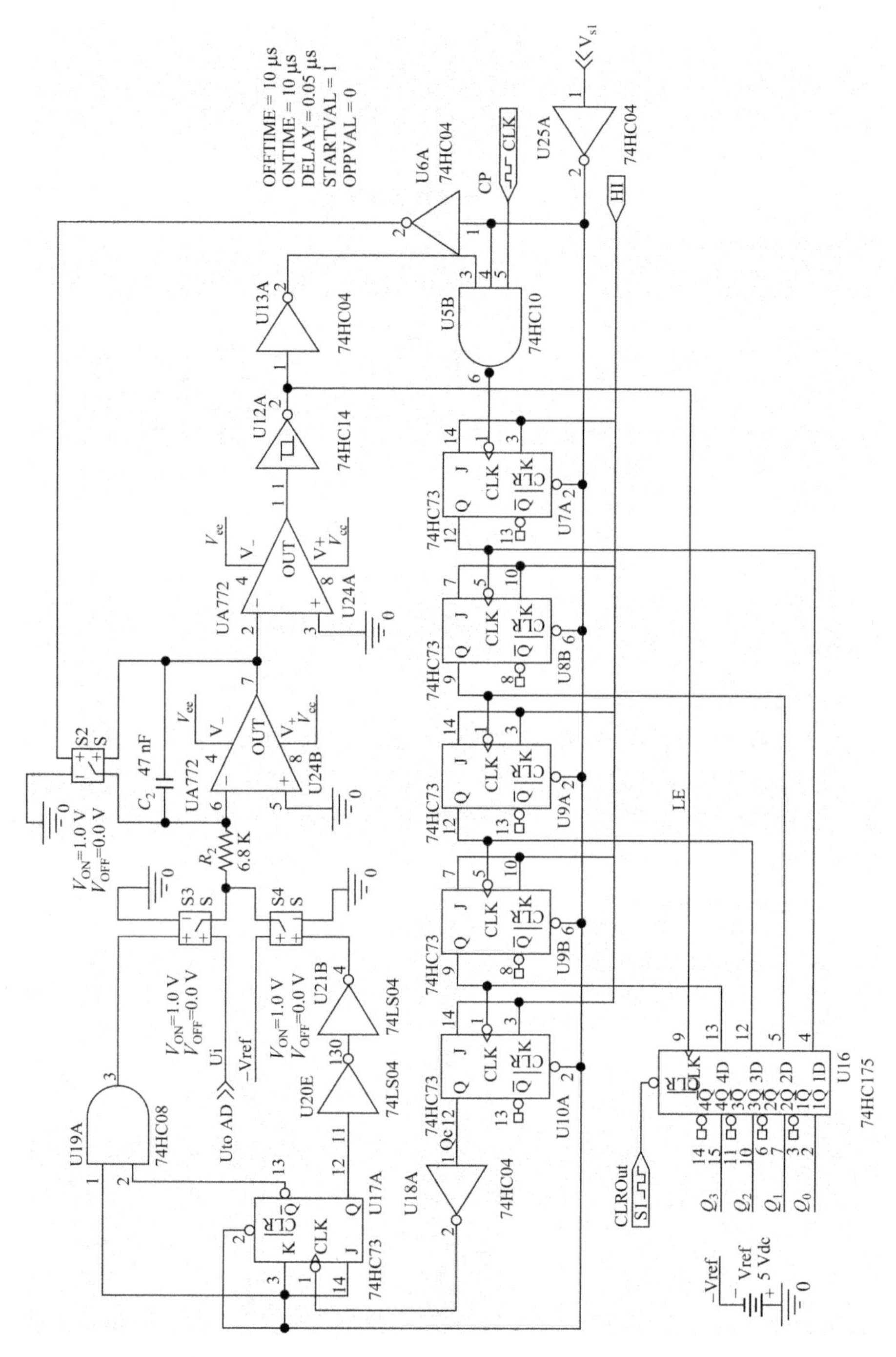

图 11.27 4 位双积分型 AD 转换电路

2. 仿真内容

(1) 仿真采样保持电路，观测电路输出波形；

(2) 仿真测试正弦信号经 A/D 转换后的输出数字量。

3. 仿真结果与分析

(1) 对采样保持电路进行仿真的结果如图 11.28 所示。

图中输入正弦波信号 $U_{in}=A\times\sin(2\pi ft)+B$，其中 $A=2.5$ V，$f=50$ Hz，$B=2.5$ V；$V_{sample}=V_{s1}\times U_{in}$，$U_{toAD}$为采样保持电路的输出信号。

可以看出，当采样脉冲 V_{s1} 为高电平时，电路的输出随输入信号变化；当采样脉冲为低电平时，电路的输出一直保持着采样脉冲下降沿时输入信号的电平值，直到下一次采样脉冲到来，为后级 A/D 转换电路提供稳定的信号，保证 A/D 转换结果的准确。

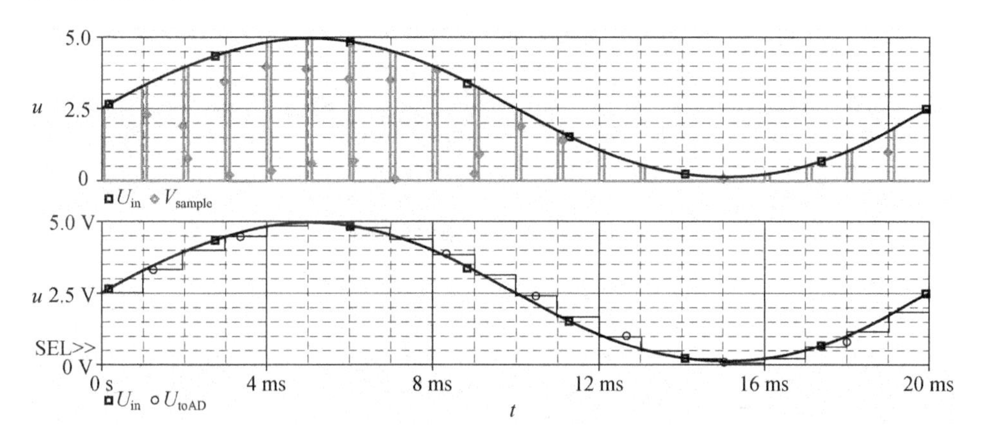

图 11.28　采样保持电路仿真结果

(2) 双积分型 A/D 转换器是一种间接 A/D 转换器。图 11.27 为 4 Bit A/D 转换电路，电路主要由积分器(图中 U24B 及周边电路)、过零比较器(图中 U24A)、计数器(图中 U8，U9，U10)和控制器(图中其他电路)四个部分组成。每个 A/D 转换周期内积分器进行两次积分，第一次积分是对采样信号 U_{toAD} 进行积分，第二次积分是对参考电压 $-V_{ref}$ 进行积分，同时进行比较、量化和数字输出。

A/D 转换电路仿真结果如图 11.29 所示，DataOut 为 A/D 转换电路输出的数字量。

图 11.29 中 10～11 ms 的一个转换周期的放大图如图 11.30 所示。其工作过程是：采样信号 V_{s1} 为高电平时，A/D 转换电路复位；V_{s1} 下跳为低电平时，电路开始转换，首先积分器对 u_{toAD} 进行积分，积分器输出电压 U_{int} 负向线性变化，

同时计数器开始加法计数;当计数器计满 16 个脉冲时,计数器回到全零状态,同时产生进位脉冲 Q_C,使得积分器切换到对参考电压 $-V_{ref}$ 进行积分,积分器输出电压 U_{int} 正向线性变化,同时计数器加法计数;当 U_{int} 回到零值时,过零比较器输出 LE 由低电平上跳为高电平,将当前的计数值(7)锁存输出,即为 A/D 转换电路输出的数字量。

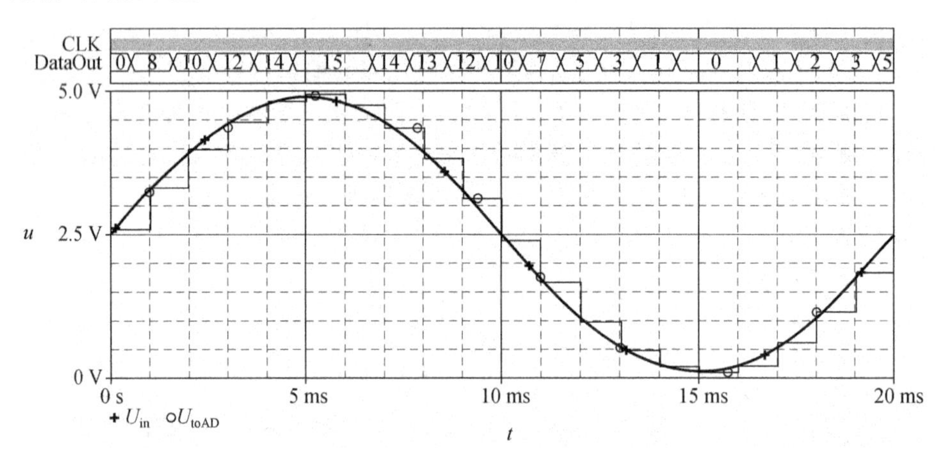

图 11.29 A/D 转换仿真结果

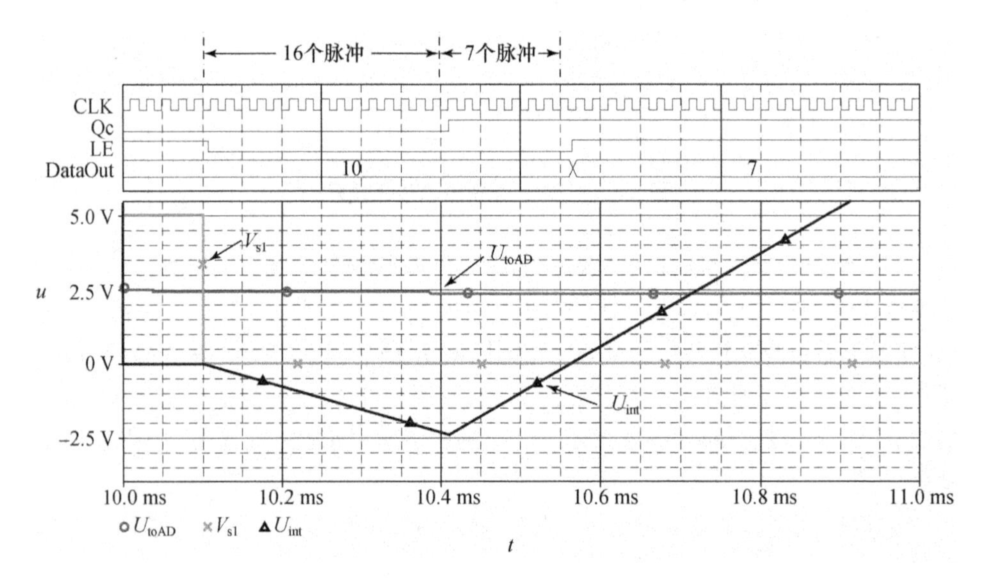

图 11.30 A/D 转换过程中的一个周期

练　习　题

11-1　二极管应用电路如图2.13所示，设计电路中元器件参数取值。

(1) 对不同的输入直流电压，测量流过二极管的电流和二极管两端电压，分析二极管电流和电压的关系；

(2) 输入正弦信号，观察测量电阻两端的整流输出信号波形。

11-2　OCL功率放大电路如图P3-19所示，设计电路中元器件参数取值。

(1) 调节输入正弦信号的幅度，观察输出信号波形；当输出达到最大不失真输出时，测量计算输出功率、电源功率和效率；

(2) 断开电阻 R_1，观察输出信号波形，分析原因；

(3) 断开二极管 D_1，观察输出信号波形，分析原因；

(4) 改动电路，观察输出波形的交越失真。

11-3　积分运算电路如图P5-10(a)所示，设计电路中元器件参数取值。

(1) 输入方波信号，观察测量输出信号波形；改变电容值，观察输出波形的变化；

(2) 输入正弦波信号，观察测量输出信号波形。

11-4　滞回比较电路如图P5-20所示，设计电路中元器件参数取值。

(1) 仿真测量比较电路的电压传输特性；

(2) 输入幅度足够大的正弦信号，观察测量输出信号波形。

11-5　矩形波发生电路如图P5-22所示，设计电路中元器件参数取值。

(1) 观察输出信号波形，测量振荡周期；

(2) 调节电位器滑动端的位置，观察输出矩形波占空比的变化。

11-6　串联型稳压电路如图6.11所示，设计电路中元器件参数取值。

(1) 调节电位器 R_W 滑动端的位置，观察输出直流电压的变化；

(2) 测量稳压电路的稳压系数和输出电阻。

11-7　数据选择器组合逻辑电路如图8.29所示，试仿真分析电路实现的逻辑功能。

11-8　由74161构成的计数器逻辑电路分别如图9.34(a)和(b)所示，试分别仿真分析电路实现的逻辑功能。

11-9　由555定时器构成的双音门铃电路如图10.27所示，试仿真分析电路实现的功能，并观察输出信号波形，测量振荡频率。

11-10　倒T形电阻网络D/A转换电路如图10.29所示，试仿真分析输出模拟电压与输入数字量之间的关系。

部分练习题参考答案

第 1 章

1-1 $f(t)=\frac{4E_m}{\pi}\left(\cos\omega_1 t-\frac{1}{3}\cos3\omega_1 t+\frac{1}{5}\cos5\omega_1 t-\frac{1}{7}\cos7\omega_1 t+\cdots\right)$

1-2 $i=-4\ \text{A}$　**1-3** $u=-2\ \text{V}$　$u_{ab}=-1\ \text{V}$　**1-4** $u=u_{S2}-u_{S1}$

1-5 $u=10\ \text{V}$　$i_S=-5\ \text{A}$　**1-6** $u=4\ \text{V}$　$i=0.5\ \text{A}$　**1-7** $u_S=12\ \text{V}$

1-8 $i_S=\frac{u_S}{24R}$　$R_o=3R$　**1-9** $u_S=12\ \text{V}$　$R_o=1.6\ \Omega$　$i_L=3\ \text{A}$

1-10 $h_{11}=R_1$　$h_{12}=0$　$h_{21}=a$　$h_{22}=\frac{1}{R_2}$　$R_i=R_1$　$R_o=R_2$

$A_u=-\frac{aR_2R_L}{(R_2+R_L)R_1}$　$A_i=\frac{aR_2}{R_2+R_L}$

1-11 $R_i=R_1+(1+a)R_2$　$R_o=\infty$　$A_u=-\frac{aR_L}{R_1+(1+a)R_2}$　$A_i=a$

1-12 $u_C(t)=4(2-e^{-\frac{t}{2}})\ \text{V}$

1-13 (1) $u_1(t)=(10-4e^{-1000t})\ \text{V}$　$0\leqslant t<10\ \text{ms}$

$u_1(t)=4e^{-1000\left(t-\frac{1}{100}\right)}\ \text{V}$　$10\ \text{ms}\leqslant t<20\ \text{ms}$

$u_2(t)=6e^{-1000t}\ \text{V}$　$0\leqslant t<10\ \text{ms}$

$u_2(t)=-6e^{-1000\left(t-\frac{1}{100}\right)}\ \text{V}$　$10\ \text{ms}\leqslant t<20\ \text{ms}$

(2) $t_{r1}\approx2.3\tau=2.3\ \text{ms}$　(3) $t_{W2}\approx0.7\tau=0.7\ \text{ms}$

1-14 $u_C(t)=(5-3e^{-2000t})\ \text{V}$　$0\leqslant t<10\ \text{ms}$

$u_C(t)=[2+3e^{-3000\left(t-\frac{1}{100}\right)}]\ \text{V}$　$10\ \text{ms}\leqslant t<20\ \text{ms}$

$u_R(t)=(2.5+1.5e^{-2000t})\ \text{V}$　$0\leqslant t<10\ \text{ms}$

$u_R(t)=[1-3e^{-3000\left(t-\frac{1}{100}\right)}]\ \text{V}$　$10\ \text{ms}\leqslant t<20\ \text{ms}$

第 2 章

2-2 $-0.7\ \text{V}<u_o<5.7\ \text{V}$

2-4 (1) $I_m=1\ \text{A}$　$U_{Rm}=7\ \text{V}$　(2) $I_m=0.3\ \text{A}$　$U_{Rm}=7\ \text{V}$

(3) $I_m=0.03\ \text{A}$　$U_{Rm}=7\ \text{V}$　(4) $U_{BR}>14\ \text{V}$

2-5 (a) $u<0$ 时，$i=0$；$u>0$ 时，$u=iR$

(b) $u<0$ 时，$u=iR_1$；$u>0$ 时，$u=iR_1 /\!/ R_2$

(c) $u<0$ 时，$i=0$；$u<E$ 时，$u=iR_1$；$u>E$ 时，$u=iR_1 /\!/ R_2$

2-6 (1) $-5\ \text{V}<u_i<6\ \text{V}$ 时，$u_o=u_i$；

$u_i>6\ \text{V}$ 时，$u_o=3+u_i/2$；

$u_i<-5\ \text{V}$ 时，$u_o=-2.5+u_i/2$

(3) $U_{R1m}=12\ \text{V}$；$U_{R2m}=13\ \text{V}$

2-7 或门，$C=A+B$ **2-8** $-6.7\ \text{V}<u_o<6.7\ \text{V}$ **2-9** $u_{o1}=5\ \text{V}$ $u_{o2}=6\ \text{V}$

2-10 (1) $275\ \Omega<R<533\ \Omega$ (2) $P_{Rm}=0.44\ \text{W}$

2-11 (1) $r_Z=10\ \Omega$ (2) $\Delta u_o=0.1\ \text{V}$

2-12 (a) 为 PNP 锗管；(b) 为 NPN 硅管

2-13 A：饱和，$I_C=5.9\ \text{mA}$，$U_{CE}=0.3\ \text{V}$

B：放大，$I_C=3.8\ \text{mA}$，$U_{CE}=4.4\ \text{V}$

C：截止，$I_C=0$，$U_{CE}=12\ \text{V}$

2-14 $0<u_S<5.8\ \text{V}$，$0.3\ \text{V}<u_o<12\ \text{V}$

2-15 $P_{CM}=75\ \text{mW}$，$I_{CM}=30\ \text{mA}$，$U_{(BR)CEO}=20\ \text{V}$，$\beta=200$

2-16 (a) 与门，$C=A\cdot B$ (b) 或门，$C=A+B$

2-17 (a) N 沟道增强型 MOSFET，无 I_{DSS}，$U_{GS(th)}=4\ \text{V}$

(b) N 沟道耗尽型 MOSFET，$I_{DSS}=2\ \text{mA}$，$U_{GS(off)}=-3\ \text{V}$

(c) N 沟道 JFET，$I_{DSS}=3\ \text{mA}$，$U_{GS(off)}=-4\ \text{V}$

2-18 (a) 截止区；(b) 可变电阻区；(c) 恒流区；(d) 截止区

2-19 恒流区；$R_D=4\ \text{k}\Omega$，$R_S=1\ \text{k}\Omega$ **2-20** $R_S=397\ \Omega$

第 3 章

3-1 (a) 否 (b) 是 (c) 否 (d) 是

3-2 (1) $I_{BQ}=47\ \mu\text{A}$ $I_{CQ}=2.35\ \text{mA}$ $U_{CEQ}=7.3\ \text{V}$ 放大区

(2) $I_{BQ}=2.05\ \text{mA}$ $I_{CQ}=5.85\ \text{mA}$ $U_{CEQ}=0.3\ \text{V}$ 饱和区

(3) 三极管将被烧毁

3-3 (1) $V_{CC}=12\ \text{V}$ $R_B=280\ \text{k}\Omega$ $R_C=3\ \text{k}\Omega$

(2) 截止失真，$U_{rms}=2.8\ \text{V}$

(3) $I_m=40\ \mu\text{A}$

3-4 (1) $R_C=4\ \text{k}\Omega$ (2) $R_L=2.4\ \text{k}\Omega$ (3) $u_{Sm}=60\ \text{mV}$

3-5 $I_{BQ}=27\ \mu\text{A}$ $I_{CQ}=2.7\ \text{mA}$ $U_{CEQ}=2.4\ \text{V}$

$R_i=1.2\ \text{k}\Omega$ $R_o=3\ \text{k}\Omega$ $A_u=-156$ $A_{us}=-58.5$

3-6 (1) $I_{BQ}=20\ \mu\text{A}$ $I_{CQ}=2\ \text{mA}$ $U_{CEQ}=4.4\ \text{V}$

(2) $R_i=31.8\ \text{k}\Omega$ $R_o=3\ \text{k}\Omega$ $A_u=-6.3$ $A_{us}=-5.4$

(3) $I_{BQ}=21.4\ \mu\text{A}$ $I_{CQ}=1.3\ \text{mA}$ $U_{CEQ}=7.1\ \text{V}$

3-7 (1) $I_{BQ}=16\ \mu\text{A}$ $I_{CQ}=1.6\ \text{mA}$ $U_{CEQ}=5.9\ \text{V}$

(2) $R_i=6.1\ \text{k}\Omega$ $R_o=3\ \text{k}\Omega$ $A_u=-6.3$ $A_{us}=-3.5$

(3) $I_{BQ}=27\ \mu\text{A}$ $I_{CQ}=1.6\ \text{mA}$ $U_{CEQ}=5.9\ \text{V}$

(4) 不能,三极管进入饱和区

3-8 $I_{BQ}=25\ \mu\text{A}$ $I_{CQ}=1.5\ \text{mA}$ $U_{CEQ}=4.4\ \text{V}$

3-9 (1) $I_{BQ}=10\ \mu\text{A}$ $I_{CQ}=0.7\ \text{mA}$ $U_{CEQ}=3.9\ \text{V}$

(2) $R_i=12\ \text{k}\Omega$ $R_o=17.6\ \text{k}\Omega$ $A_u=-67.8$ $A_{us}=-37$

3-10 (1) $I_{BQ}=13\ \mu\text{A}$ $I_{CQ}=1.3\ \text{mA}$ $U_{CEQ}=5.5\ \text{V}$

(2) $R_i=12\ \text{k}\Omega$ $R_o=30\ \Omega$ $A_u=0.99$ $A_{us}=0.91$

3-11 (1) $R_i=r_{be}+(1+\beta)(R_{B1}/\!/R_{B2}/\!/R_E/\!/R_L)$ $R_o=\dfrac{r_{be}+R_S}{1+\beta}/\!/R_{B1}/\!/R_{B2}/\!/R_E$

$$A_u=\frac{(1+\beta)(R_{B1}/\!/R_{B2}/\!/R_E/\!/R_L)}{r_{be}+(1+\beta)(R_{B1}/\!/R_{B2}/\!/R_E/\!/R_L)}\qquad A_{us}=\frac{(1+\beta)(R_{B1}/\!/R_{B2}/\!/R_E/\!/R_L)}{r_{be}+R_S+(1+\beta)(R_{B1}/\!/R_{B2}/\!/R_E/\!/R_L)}$$

(2) $R_i=(R_{B3}+R_{B1}/\!/R_{B2})/\!/[r_{be}+(1+\beta)(R_E/\!/R_L)]$

3-12 (1) $A_{u1}=-\dfrac{\beta R_C}{r_{be}+(1+\beta)R_E}$ $A_{u2}=\dfrac{(1+\beta)R_E}{r_{be}+(1+\beta)R_E}$

(2) 大小相等,相位相反

(3) 负载接 u_{o1} 输出端时,u_{o1} 减小,u_{o2} 基本不变;

负载接 u_{o2} 输出端时,u_{o1} 增大,u_{o2} 变化不大

3-13 (1) $I_{BQ1}=10\ \mu\text{A}$ $I_{CQ1}=1\ \text{mA}$ $U_{CEQ1}=3\ \text{V}$

$I_{BQ2}=43\ \mu\text{A}$ $I_{CQ2}=4.3\ \text{mA}$ $U_{CEQ2}=3.9\ \text{V}$

$A_u=-95$ $R_i=2.8\ \text{k}\Omega$ $R_o=36\ \Omega$

(2) $A_u=-15$ $R_o=3\ \text{k}\Omega$

3-14 (1) $I_{BQ1}=19\ \mu\text{A}$ $I_{CQ1}=1.9\ \text{mA}$ $U_{CEQ1}=6.3\ \text{V}$

$I_{BQ2}=10\ \mu\text{A}$ $I_{CQ2}=1\ \text{mA}$ $U_{CEQ2}=6\ \text{V}$

$A_{us}=-51$ $R_i=72\ \text{k}\Omega$ $R_o=3\ \text{k}\Omega$

(2) $A_{us}=-17.7$ $R_i=1\ \text{k}\Omega$

3-15 $u_{Id}=10\ \text{mV}$ $u_{Ic}=15\ \text{mV}$ $u_o=-1150\ \text{mV}$

3-16 (1) $I_{BQ}=11\ \mu\text{A}$ $I_{CQ}=0.55\ \text{mA}$ $U_{CEQ}=7.2\ \text{V}$

$R_{id}=25.4\ \text{k}\Omega$ $R_{ic}=516\ \text{k}\Omega$

(2) $A_d=-13.1$ $A_c=0$ $R_o=20\ \text{k}\Omega$ $K_{CMR}=\infty$

(3) $A_d=-9.8$ $A_c=-0.24$ $R_o=10\ \text{k}\Omega$ $K_{CMR}=40.8$

3-17 (1) 恒流源,$I_{CQ1}=I_{CQ2}=0.1\ \text{mA}$ $I_{CQ3}=0.2\ \text{mA}$

(2) $A_d=-37.7$ $R_{id}=53\ \text{k}\Omega$ $R_o=20\ \text{k}\Omega$

3-18 (1) $R_{C3}=6.8\ \text{k}\Omega$ (2) $A_d=-235$ $R_{id}=5.6\ \text{k}\Omega$ $R_o=76\ \Omega$

3-19 (2) $P_o=1\ \text{W}$ $P_V=3.8\ \text{W}$ $P_T=1.4\ \text{W}$ $\eta=26.3\%$

(3) $P_{om}=7.6\ \text{W}$ $\eta=72.4\%$

(4) $P_{CM}>1.8\ \text{W}$ $I_{CM}>1.5\ \text{A}$ $U_{(BR)CEO}>24\ \text{V}$

3-20 (2) $P_o=1\ \text{W}$ $P_V=1.9\ \text{W}$ $P_T=0.45\ \text{W}$ $\eta=52.6\%$

(3) $P_{om}=1.6\ \text{W}$ $\eta=66.7\%$

(4) $P_{CM}>0.45$ W　$I_{CM}>0.75$ A　$U_{(BR)CEO}>12$ V

3-21 (1) $P_o=1$ W　$P_V=3.8$ W　$P_T=1.37$ W

(2) $P_{om}=6.7$ W　$\eta=67.7\%$

3-22 (1) $R_2=1.7$ kΩ　(2) $P_o=4$ W　$\eta=49.4\%$　(3) 输出信号失真

3-24 (1) 输入级：共集-共射，中间级：共集-共射，输出级：共集

(2) 反相输入端：u_{I1}，同相输入端：u_{I2}

(3) 提供偏置电流，作为有源负载

(4) D_1 和 D_2 用于消除交越失真；D_3、D_4 和 R 构成过流保护电路

第4章

4-1 (a) 正反馈　(b) 无反馈　(c) 直流负反馈　(d) 交直流负反馈

4-2 (a) 电流并联负反馈　(b) 电压串联负反馈　(c) 电流串联负反馈

(d) 电压并联负反馈

4-3 (a) 电流，输入电阻减小，输出电阻增加　(b) 电压，输入电阻增加，输出电阻减小

(c) 电流，输入电阻增加，输出电阻增加　(d) 电压，输入电阻减小，输出电阻减小

4-4 (1) 电压并联负反馈　(2) 电流串联负反馈　(3) 电流串联负反馈

(4) 电压并联负反馈

4-5 不能

4-6 $\dot{F}=0.0196$，$\dot{U}_f=98$ mV，$\dot{U}_i=98.005$ mV，$\dot{U}_d=0.005$ mV，$\dot{A}_{uf}=51$

4-7 $(1+\dot{A}\dot{F})=19608$，$f_{BWf}=196$ kHz，$A_{uo}\cdot f_{BWo}=A_{uf}\cdot f_{BWf}=10^7$

4-8 (a) $A_{uf}\approx\dfrac{R_E(R_F+R_C)}{R_CR_1}$

(b) $A_{uf}\approx1+\dfrac{R_4}{R_3}$

(c) $A_{uf}\approx-\dfrac{R_4(R_3+R_2+R_5)}{R_5R_3}$

(d) $A_{uf}\approx-\dfrac{R_F}{R_S}$

4-9 电压并联负反馈，$A_{usf}\approx-\dfrac{(R_F+R_{C3}')(R_{C3}+R_F/\!/R_{C3}')}{R_SR_{C3}'}$

4-10 电流串联负反馈，$A_{usf}\approx-\dfrac{(R_F+R_{E1}+R_{E3})(R_L/\!/R_{C3})}{R_{E3}R_{E1}}\cdot\dfrac{R_{B1}/\!/R_{B2}}{R_S+R_{B1}/\!/R_{B2}}$

4-11 电压串联负反馈，$A_{usf}\approx1+\dfrac{R_2}{R_3}$，$R_{if}\approx\infty$，$R_{of}\approx0$

4-12 $u_{Im}\approx0.64$ V

第5章

5-1 (1) $A_{uf}=6$　$R_2=8.3$ kΩ

(2) $U_{pp1}=12\text{ V}$　$U_{pp2}=20\text{ V}$

5-2　$0<R_X<16.7\text{ k}\Omega$

5-3　$u_O=\left[\frac{(R_1+R_2)R_4}{R_1(R_2/\!/R_3/\!/R_4)}-\frac{R_4}{R_2}\right]u_I$

5-4　(1) $A_{uf}=-\frac{R_2}{R_1}$　$R_i=\frac{RR_1}{R-R_1}$　　(2) $R_i=10\text{ M}\Omega$

5-5　$u_O=\frac{R_F}{R_1}u_{I1}+\frac{R_F}{R_2}u_{I2}+\frac{R_F}{R_3}u_{I3}$

5-6　$u_O=\frac{(R_1+R_2)R_F}{R_2R}(u_{I2}-u_{I1})$

5-8　(1) A_1 完成同相比例运算,A_2 完成差分比例运算,电路完成差分比例运算;

(2) $u_O=\left(1+\frac{R_1}{R_2}\right)(u_{I2}-u_{I1})$

5-12　(1) $u_O=-\frac{R_2}{R_1}u_I-\frac{1}{R_1C}\int u_I\,dt$

5-13　(1) $u_O=-\frac{1}{C}\int\left(\frac{u_{I1}}{R_1}+\frac{u_{I2}}{R_2}\right)dt$

5-14　$u_O=\frac{R_3}{R_1}\cdot\frac{1}{RC}\int u_{I1}\,dt-\frac{R_3}{R_2}u_{I2}$

5-15　(a) $u_O=\frac{2}{RC}\int u_I\,dt$　(b) $u_O=\frac{1}{RC}\int(u_{I2}-u_{I1})\,dt$

5-16　(1) 低通,$\dot{A}_u=-\frac{R_2}{R_1}\cdot\frac{1}{1+j\omega R_2C}$　　(2) $\dot{A}_{um}=-\frac{R_2}{R_1}$　$f_H=\frac{1}{2\pi R_2C}$

5-17　(1) 高通,$\dot{A}_u=-\frac{R_2}{R_1}\cdot\frac{1}{1-j\frac{1}{\omega R_1C}}$　　(2) $\dot{A}_{um}=-\frac{R_2}{R_1}$　$f_L=\frac{1}{2\pi R_1C}$

5-18　(a) 低通　(b) 带通

5-19　(1) A_1:文氏桥正弦波振荡器;A_2:过零比较器

(2) 负的温度系数,$R_t>2R_1=20\text{ k}\Omega$

(3) $f_0=1.6\text{ kHz}$

5-20　(a) 能　(b) 不能

5-21　(a) $U_T=-1\text{ V}$　(b) $U_{T+}=6\text{ V}, U_{T-}=0$

(c) $U_{T+}=3\text{ V}, U_{T-}=-3\text{ V}$　(d) $U_{TH}=4\text{ V}, U_{TL}=2\text{ V}$

5-22　(1) $U_{T+}=3\text{ V}, U_{T-}=0, \Delta U_T=3\text{ V}$

5-23　(1) A_1:方波振荡器;A_2:积分器

(2) $T=1.1\text{ ms}$

5-24　(1) $T=4.2\text{ ms}$;D: 8.3～92%

5-25　$\pm U_Z=\pm 6\text{ V}, C=0.01\ \mu\text{F}$

第 6 章

6-1　(1) $U_{OAV}\approx 0.9U_2$　$U_{Rm}=2\sqrt{2}U_2$

(2) $U_{OAV} \approx 0.45U_2$　$U_{Rm} = \sqrt{2}U_2$

(3) 二极管、变压器烧毁。

6-2 $U_{OAV1} = -U_{OAV2} \approx 0.45(U_{21} + U_{22})$

6-3 (1) $U_2 \approx 20$ V

(2) $U_{Cm} = U_{Rm} = \sqrt{2}U_2 = 28.3$ V　$I_{DAV} = 0.1$ A

(3) $U_{OAV} = 28.3$ V

6-4 (1) 14 mA $\leqslant I_{D_Z} \leqslant$ 26 mA　(2) $S_r = 10\%$　(3) 316 Ω $\leqslant R_L \leqslant$ 1 kΩ

6-5 $R_{Lmin} = 65$ Ω

6-6 (1) $R_2 = 1.2$ kΩ　$R_W = 0.8$ kΩ　(2) $U_2 \geqslant 12$ V　(3) $\beta \geqslant 500$

6-7 7.5 V $\leqslant U_O \leqslant$ 15 V　**6-8** 1.25 V $\leqslant U_O \leqslant$ 16.9 V

第 7 章

7-1 (1) $(1001)_2 = (11)_8 = (9)_{10} = (9)_{16}$

(2) $(1011001111)_2 = (1317)_8 = (719)_{10} = (2CF)_{16}$

(3) $(10111.1)_2 = (27.4)_8 = (23.5)_{10} = (17.8)_{16}$

(4) $(101010.011)_2 = (52.3)_8 = (42.375)_{10} = (2A.6)_{16}$

7-2 (1) $(100011)_2$　(2) $(11001110)_2$　(3) $(11.001)_2$　(4) $(11001.01001)_2$

7-3 (1) $(10111)_2$　(2) $(101011011111)_2$　(3) $(1001100.0101)_2$

(4) $(1111.11100011)_2$

7-4 (1) $(239)_{10} = (1000111001)_{BCD码} = (10101101100)_{余3码}$

(2) $(36.5)_{10} = (110110.0101)_{BCD码} = (1101001.1)_{余3码}$

7-5 (1) $U_Y = 0.7$ V　(2) $U_Y = 3.7$ V　(3) $U_Y = 2.85$ V

7-6 (1) 2.5 V　(2) 3.8 V

7-7 各门输出波形如图 PA7-1 所示。

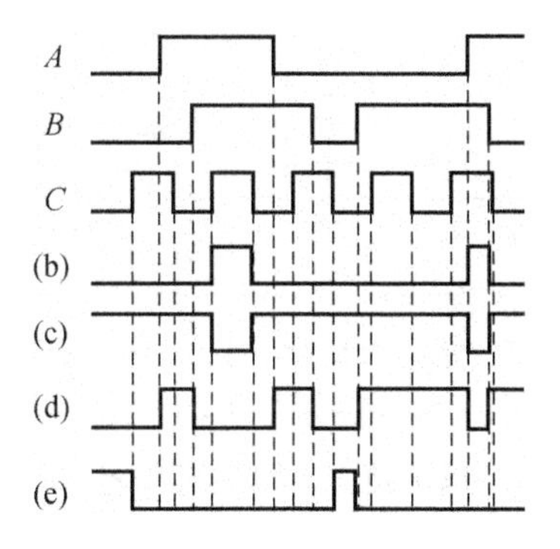

图 PA7-1　习题 7-7 答案

7-8 (a) $Y = AB$　(b) $Y = A \oplus B$

7-9 Y_1 为低电平,Y_2 为低电平,Y_3 为高阻态,Y_4 为低电平。

7-10 (a) $R<200\ \Omega$; (b) $R>6.8\ \text{k}\Omega$

7-11 $Y=\bar A\bar B\bar C+\bar A\bar BC+A\bar BC=\bar A\bar B+\bar BC$

7-13 (1) $\bar Y=\overline{\bar AB+A\bar C}+\bar B+\bar C, Y'=\overline{A\bar B+\bar AC}+B+C$

(2) $\bar Y=\bar A\overline{\bar BC\overline{D\bar E}}, Y'=A\overline{B\bar C\overline{\bar DE}}$

(3) $\bar Y=[(\bar A+B)(A+\bar B)+\bar C][(\bar B+\bar C)(B+C)+\bar D]$,

$Y'=[(\bar A+B)(A+\bar B)+C][(\bar B+\bar C)(B+C)+D]$

7-15 (1) $Y=1$ (2) $Y=\bar B+AC+\bar AD+\bar AE$ (3) $Y=A\bar BCD+\bar AB$

(4) $Y=A+D+B\bar C$ (5) $Y=AC+BC$ (6) $Y=0$

7-16 (1) $Y=\bar A\bar B+AC$ (2) $Y=\bar A+C$ (3) $Y=\bar C$

(4) $Y=BC+\bar B\bar C$ (5) $Y=\bar BD+B\bar D$ (6) $Y=A\bar C+BD+\bar AC$

7-17 (1) $Y=\bar AB+\bar AD+\bar CD$ (2) $Y=BC+\bar BD+\bar A\bar C\bar D$

(3) $Y=\bar B\bar D+C\bar D+\bar A\bar CD$ (4) $Y=\bar C+\bar BD$

第 8 章

8-1

A	B	C	Y	A	B	C	Y
0	0	0	1	1	0	0	0
0	0	1	0	1	0	1	1
0	1	0	0	1	1	0	1
0	1	1	1	1	1	1	0

$$Y=\bar ABC+A\bar BC+AB\bar C+\bar A\bar B\bar C$$

这是一个偶校验电路,当 3 个输入端中有偶数(包括 0) 个 1 时输出为 1,否则为 0。

8-2 输出波形如图 PA8-1 所示。

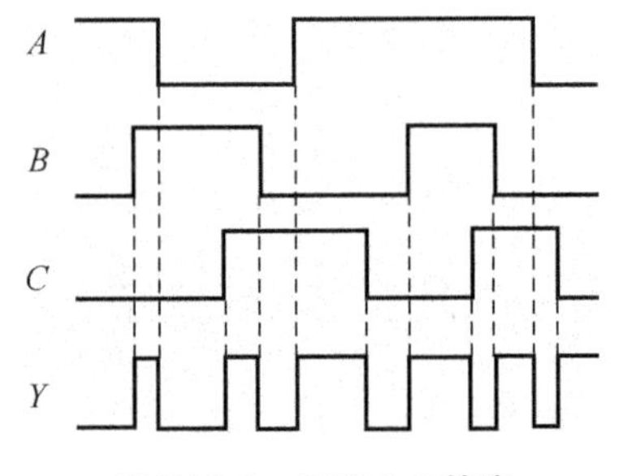

图 PA8-1 习题 8-2 答案

8-3 $Y(A,B,C)=\sum(2,3,5,6)=\overline{\overline{\bar AB}\cdot\overline{B\bar C}\cdot\overline{A\bar BC}}$,逻辑图略。

8-4 $Y_1=\bar A\bar BC+\bar AB\bar C+A\bar B\bar C+ABC$

$Y_2=AB+AC+BC$

这是一个全加器电路。真值表略。

8-5 $Y=\overline{\overline{AD}\cdot\overline{C\bar{D}}\cdot\overline{\bar{A}\bar{B}\bar{D}}\cdot\overline{B\bar{C}D}}$

$Y_1=\overline{\overline{\bar{A}\bar{B}}\cdot\overline{CD}}, Y_2=\overline{\overline{\bar{A}\bar{C}}\cdot\overline{\bar{B}\bar{D}}\cdot\overline{ACD}}$

8-7 $\bar{a}=\overline{A_3}\,\overline{A_2}\,\overline{A_1}A_0+A_2\overline{A_1}\,\overline{A_0}$

$\bar{d}=\overline{A_3}\,\overline{A_2}\,\overline{A_1}A_0+A_2\overline{A_1}\,\overline{A_0}+A_2A_1A_0$

8-8 开门信号为 Y_1,报警信号为 Y_2,输入信号为 A、B、C。

(1) $Y_1=AB+BC+AC$、$Y_2=A\oplus B\oplus C$,如图 PA8-2(a)所示。

(2) $Y_1(A,B,C)=\sum(3,5,6,7)=\overline{\overline{m_3}\,\overline{m_5}\,\overline{m_6}\,\overline{m_7}}$

$Y_2(A,B,C)=\sum(1,2,4,7)=\overline{\overline{m_1}\,\overline{m_2}\,\overline{m_4}\,\overline{m_7}}$

如图 PA8-2(b) 所示。

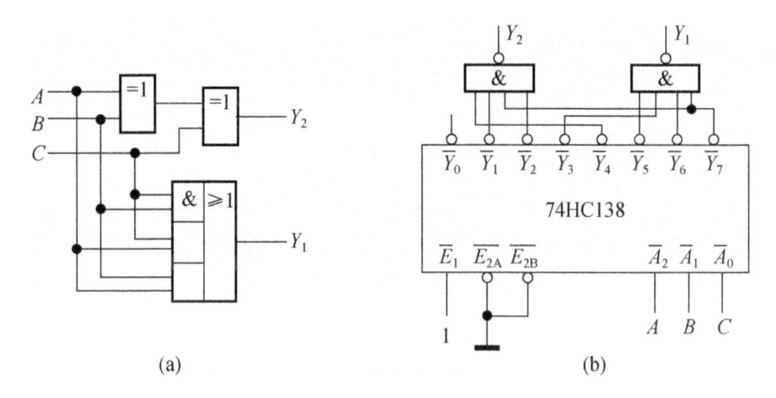

图 PA8-2 习题 8-8 答案

8-11 (1) $Y(A,B,C)=\sum(0,4,6,7)$,如图 PA8-3(a)所示。

(2) $Y(A,B,C)=\sum(1,3,5)+D\sum(0,4)+\bar{D}\sum(7)$,如图 PA8-3(b) 所示。

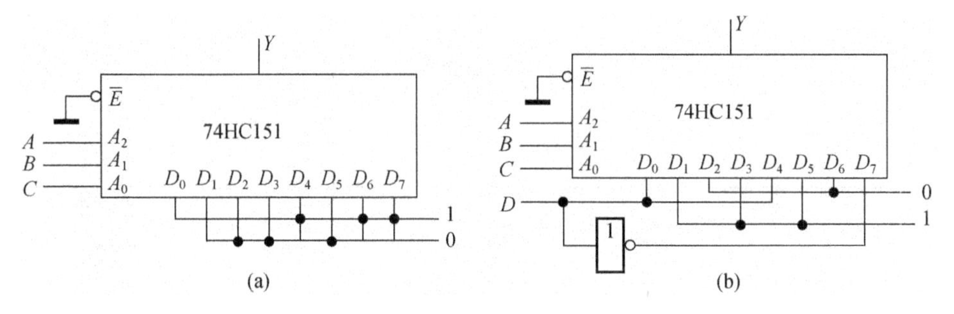

图 PA8-3 习题 8-11 答案

8-15 $D_3D_2D_1D_0=B_3B_2B_1B_0+0011$,逻辑图如图 PA8-4 所示。

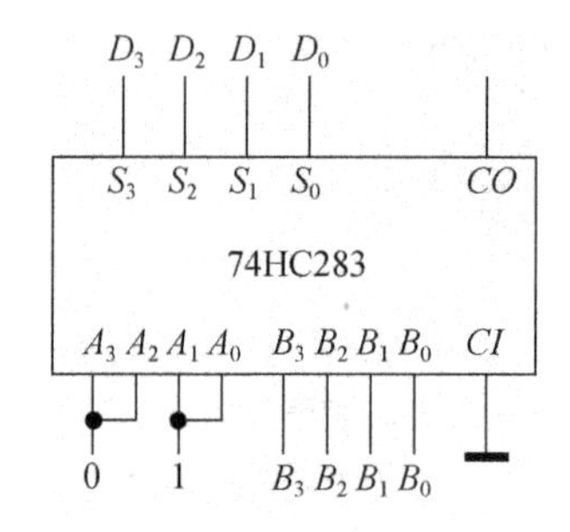

图 PA8-4 习题 8-15 答案

8-16 $A_1A_0 \times B_1B_0 = Y_3Y_2Y_1Y_0$,逻辑图如图 PA8-5 所示。

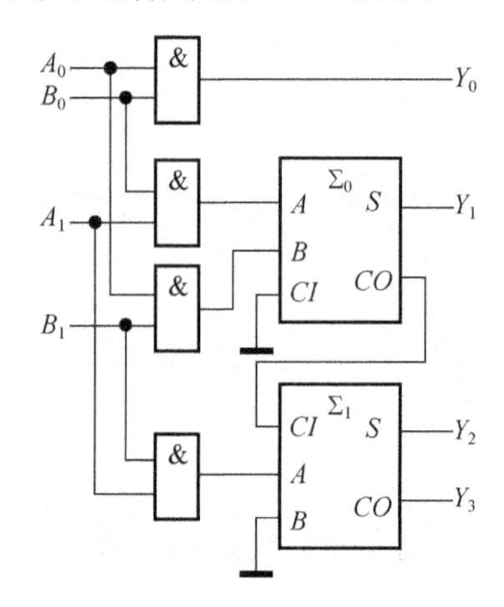

图 PA8-5 习题 8-16 答案

8-17 $Y_1 = \overline{A}B\,\overline{C} + AC + \overline{B}C$,$Y_2 = AB + AC$

第 9 章

9-1 特性表。

S	R	Q^{n+1}	逻辑功能
0	0	Q^n	保持
1	0	1	置位
0	1	0	复位
1	1	不定	约束

9-2 波形图如图 PA9-1 所示。

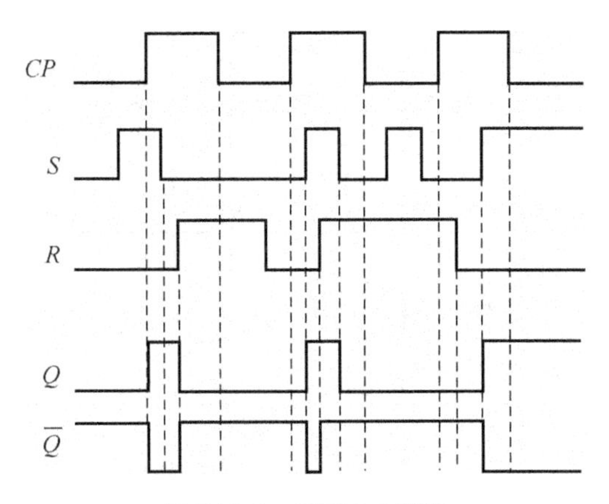

图 PA9-1　习题 9-2 答案

9-3　波形图如图 PA9-2 所示。

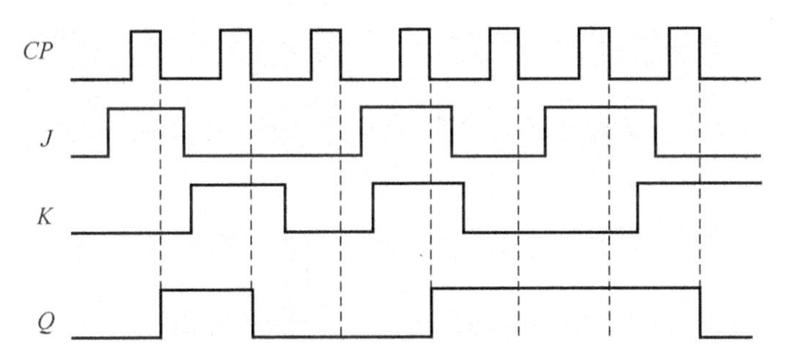

图 PA9-2　习题 9-3 答案

9-4　波形图如图 PA9-3 所示。

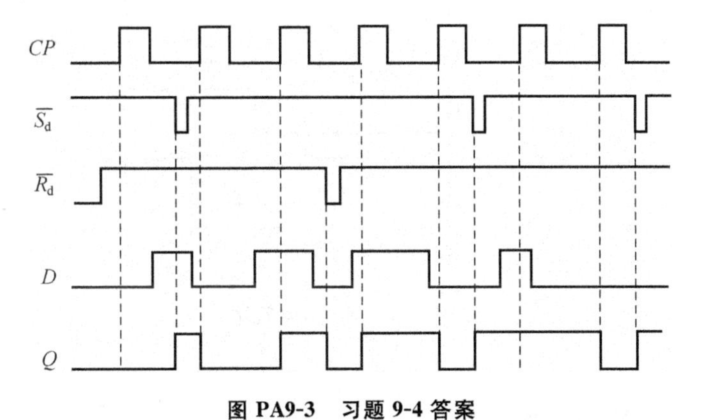

图 PA9-3　习题 9-4 答案

9-5　波形图如图 PA9-4 所示。

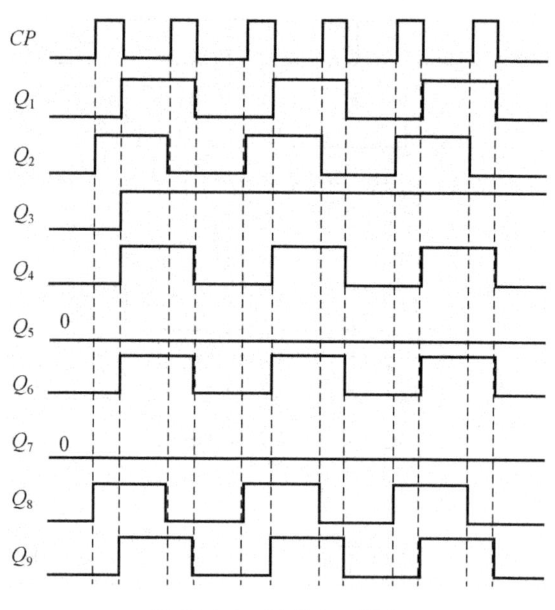

图 PA9-4　习题 9-5 答案

9-6　波形图如图 PA9-5 所示。

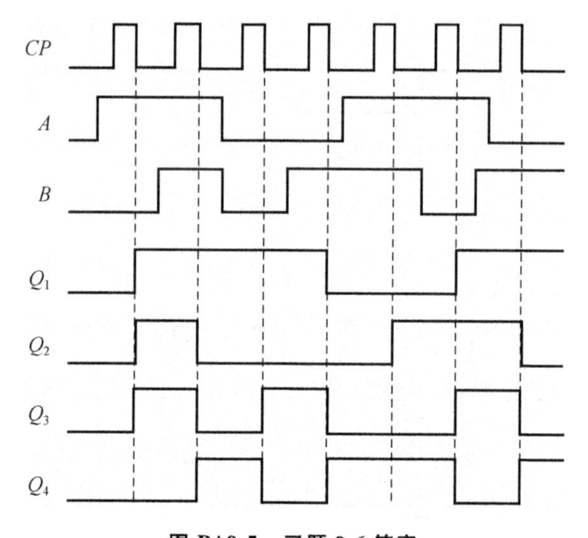

图 PA9-5　习题 9-6 答案

9-7　五进制计数器

9-8　状态图如图 PA9-6 所示。

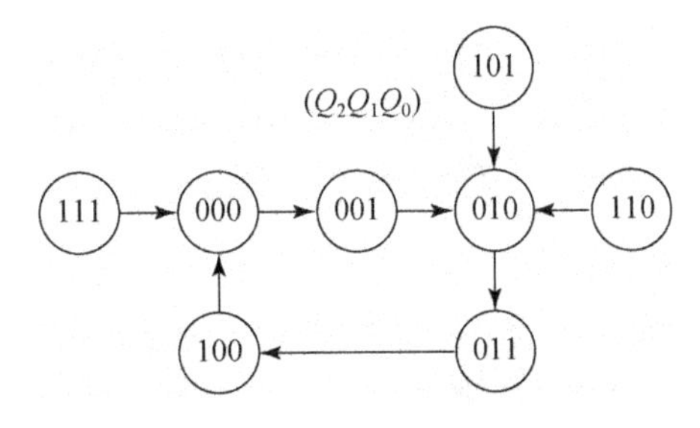

图 PA9-6　习题 9-8 答案

9-9　五进制计数器

9-11　完成 $A_3A_2A_1A_0+B_3B_2B_1B_0$，并将结果存入 $A_3A_2A_1A_0$

9-13　(a) 为六进制，(b) 为十进制

9-15　(Ⅰ) 为七进制，(Ⅱ) 为五进制，分频比为 1/35

第 10 章

10-1　C_I、D_I 组成微分电路，确保触发脉冲宽度小于电路的输出脉宽。

10-2　3.5 ms　　**10-3**　抑制噪声信号　　**10-4**　0.35～1.76 ms

10-6　u_{O1} 为 0.7 s，u_{O2} 为 0.14 ms。间歇振荡器。

10-8　$$u_O=-\frac{R_F}{R}V_{REF}\left[\left(D_7+\frac{D_6}{2}+\frac{D_5}{2^2}+\frac{D_4}{2^3}\right)+\frac{1}{16}\left(D_3+\frac{D_2}{2}+\frac{D_1}{2^2}+\frac{D_0}{2^3}\right)\right]$$

0～19.92 V

10-9　5 mV　　**10-11**　20.47 ms

参 考 文 献

[1] 梁明理.电子线路(第三版)[M].北京：高等教育出版社,1993.

[2] 李瀚荪.简明电路分析基础[M].北京：高等教育出版社,2002.

[3] 王楚,余道衡.电路分析[M].北京：北京大学出版社,2000.

[4] 邱关源,罗先觉.电路(第5版)[M].北京：高等教育出版社,2006.

[5] 清华大学电子学教研组,童诗白,华成英.模拟电子技术基础(第五版)[M].北京：高等教育出版社,2015.

[6] 清华大学电子学教研组,阎石.数字电子技术基础(第六版)[M].北京：高等教育出版社,2016.

[7] 王楚,余道衡.电子线路[M].北京：北京大学出版社,2003.

[8] 王楚,沈伯弘.数字逻辑电路[M].北京：高等教育出版社,1999.

[9] 李洁.电子技术基础(第二版)[M].北京：清华大学出版社,2012.

[10] 陈国联.电子技术[M].陕西：西安交通大学出版社,2002.

[11] 傅丰林.低频电子线路(第二版)[M].北京：高等教育出版社,2008.

[12] 郑君里,应启珩,杨为理.信号与系统(第三版)[M].北京：高等教育出版社,2011.

[13] 清华大学电子学教研组,杨素行.模拟电子技术基础简明教程(第三版)[M].北京：高等教育出版社,2006.

[14] 华中科技大学电子技术课程组,康华光.电子技术基础模拟部分(第六版)[M].北京：高等教育出版社,2013.

[15] 华中科技大学电子技术课程组,康华光.电子技术基础数字部分(第六版)[M].北京：高等教育出版社,2014.

[16] 唐竞新.数字电子电路[M].北京：清华大学出版社,2003.

[17] 宋文涛.模拟电子线路习题精解[M].北京：科学出版社,2003.

[18] 唐竞新.数字电子电路解题指南[M].北京：清华大学出版社,2006.

[19] 从宏寿,程卫群,李绍铭.Multisim8仿真与应用实例开发[M].北京：清华大学出版社,2007.

[20] Paul Horowitz, Winfield Hill. The Art of Electronics (3rd ed). New York: Cambridge University Press,2015.

[21] Stanley G. Burns, Paul R. Bond. PRINCIPLES OF ELECTRONIC CIRCUITS (Second Edition)[M]. PWS Publishing Company,1997.